Springer-Lehrbuch

Christian P. Schaaf
Johannes Zschocke

Basiswissen Humangenetik

Mit 165 vierfarbigen Abbildungen und 37 Tabellen

Dr. med. Christian Schaaf
Baylor College of Medicine
Department of Molecular
and Human Genetics
One Baylor Plaza, BCM 225
Houston, TX 77030, USA
E-Mail: schaaf@bcm.edu

Prof. Dr. Dr. med. Johannes Zschocke
Institut für Humangenetik
Im Neuenheimer Feld 366
69120 Heidelberg
E-Mail:
johannes.zschocke@med.uni-heidelberg.de

ISBN-13 978-3-540-71222-0   Springer Medizin Verlag Heidelberg

Bibliografische Information der Deutschen Nationalbibliothek
Die Deutsche Nationalbibliothek verzeichnet diese Publikation in der Deutschen Nationalbibliografie;
detaillierte bibliografische Daten sind im Internet über http://dnb.d-nb.de abrufbar.

Dieses Werk ist urheberrechtlich geschützt. Die dadurch begründeten Rechte, insbesondere die der Übersetzung, des Nachdrucks, des Vortrags, der Entnahme von Abbildungen und Tabellen, der Funksendung, der Mikroverfilmung oder der Vervielfältigung auf anderen Wegen und der Speicherung in Datenverarbeitungsanlagen, bleiben, auch bei nur auszugsweiser Verwertung, vorbehalten. Eine Vervielfältigung dieses Werkes oder von Teilen dieses Werkes ist auch im Einzelfall nur in den Grenzen der gesetzlichen Bestimmungen des Urheberrechtsgesetzes der Bundesrepublik Deutschland vom 9. September 1965 in der jeweils geltenden Fassung zulässig. Sie ist grundsätzlich vergütungspflichtig. Zuwiderhandlungen unterliegen den Strafbestimmungen des Urheberrechtsgesetzes.

Springer Medizin Verlag
springer.de

© Springer Medizin Verlag Heidelberg 2008

Produkthaftung: Für Angaben über Dosierungsanweisungen und Applikationsformen kann vom Verlag keine Gewähr übernommen werden. Derartige Angaben müssen vom jeweiligen Anwender im Einzelfall anhand anderer Literaturstellen auf ihre Richtigkeit überprüft werden.

Die Wiedergabe von Gebrauchsnamen, Warenbezeichnungen usw. in diesem Werk berechtigt auch ohne besondere Kennzeichnung nicht zu der Annahme, dass solche Namen im Sinne der Warenzeichen- und Markenschutzgesetzgebung als frei zu betrachten wären und daher von jedermann benutzt werden dürfen.

Planung: Kathrin Nühse, Heidelberg
Fachlektorat: Ursula Illig, Stockdorf
Projektmanagement: Rose-Marie Doyon, Heidelberg
Umschlaggestaltung & Design: deblik Berlin
Titelbild: Mit freundlicher Genehmigung von Familie Vetter-Parra
Satz: Fotosatz-Service Köhler GmbH, Würzburg

SPIN 11677987

Gedruckt auf säurefreiem Papier.   15/2117 – 5 4 3 2 1 0

Vorwort

Liebe Leserin, lieber Leser,

Herzlich willkommen in der Humangenetik! Wir hoffen, mit diesem Buch Ihre Begeisterung für dieses überaus spannende, vielseitige und interdisziplinäre Fach gewinnen zu können.

Spätestens seit Abschluss des Humangenomprojektes ist die Humangenetik in aller Munde und manche halten sie gar für eine der Schlüsseldisziplinen der modernen Medizin. Ohne genetisches Grundlagenwissen kann molekulare Medizin nicht praktiziert werden. Das Fach Humangenetik greift auf diesem Weg praktisch in alle Fachbereiche der Medizin hinein.

Wir hoffen, Ihnen mit diesem Buch die entsprechenden Grundlagen gut verständlich vermitteln zu können. Es handelt sich um ein kombiniertes Lehrbuch. Während die Sektionen 1 und 2 den Lehrstoff der Vorklinik abdecken und die wesentlichen Grundlagen der Molekulargenetik und der klinischen Genetik behandeln, sind die Sektionen 3 und 4 sehr stark klinisch ausgerichtet. Differentialdiagnostische Überlegungen und Ansätze zur Therapie und dem Management klinisch genetischer Krankheiten lagen uns dabei besonders am Herzen – ganz im Sinne einer Ausrichtung auf die praktisch-klinischen Anforderungen des neuen Gegenstandskataloges.

Dies ist die erste Auflage eines neuen Lehrbuchs. Wir bitten Sie daher ganz besonders um Ihre Hilfe und konstruktive Kritik.

Für die Bereitstellung von Abbildungen danken wir sehr herzlich den abgebildeten Patientinnen und Patienten bzw. ihren Eltern sowie den folgenden Kolleginnen und Kollegen: Prof. Gholamali Tariverdian, Dr. Theda Voigtländer, Prof. Bart Janssen, Dr. Hans-Dieter Hager, Prof. Anna Jauch (Institut für Humangenetik), Prof. Georg F. Hoffmann, Prof. Andreas Kulozik, PD. Dr. Marcus Mall (Pädiatrie), PD. Dr. Jens-Peter Schenk (Pädiatrische Radiologie), Dr. Martina Kadmon (Chirurgie), Dr. Matthias Kloor (Institut für Pathologie, alle im Universitätsklinikum Heidelberg), Prof. Volker Voigtländer (Klinikum Ludwigshafen), Prof. Raoul Hennekam (Institute of Child Health, London) und Prof. Richard A. Lewis (Baylor College of Medicine, Houston). Herr Prof. Claus Bartram hat große Teile des Manuskripts durchgesehen und uns mit konstruktiven Verbesserungsvorschlägen besonders unterstützt. Die Autoren danken von ganzem Herzen sowohl Frau Nühse und Frau Doyon aus der Abteilung Lehrbuch Medizin des Springer-Verlags für die angenehme Zusammenarbeit, als auch Frau Illig für das Lektorat dieses Buches. Ein ganz besonderer Dank geht an unsere Familien, die mit großer Geduld uns und dieses Buchprojekt begleitet haben und an vielen Sonn-, Feier- und Ferientagen auf uns zugunsten des Buches verzichten mussten.

Christian Schaaf und Johannes Zschocke

Die Autoren

Christian P. Schaaf

Christian Schaaf wurde 1978 in Speyer am Rhein geboren, entstammt einem kurpfälzisch/rheinhessischen Genpool und verbrachte Kindheit, Jugend und Studienzeit in und um Heidelberg. Umwelteinflüsse wirkten sich früh positiv auf seine Begeisterung für Kinderheilkunde und Humangenetik aus. Er promovierte im Bereich der Tumorgenetik.

Zu verzeichnen ist eine zunehmende migratorische Aktivität seit 2000 mit Studienaufenthalten und Famulaturen in Freiburg, Wien, Toronto, New York, Tasmanien und am Baylor College of Medicine in Houston, Texas. Seit 2006 arbeitet Christian Schaaf am Baylor College als Assistenzarzt für Klinische Genetik, Kinderheilkunde und Innere Medizin. Er ist glücklich verheiratet, ein Genfluss mit Einbringung kurpfälzischer Allele in den US-amerikanischen Genpool ist allerdings bislang nicht berichtet worden.

Johannes Zschocke

Johannes Zschocke wurde 1964 in Köln geboren. Während des Medizinstudiums in Freiburg im Breisgau promovierte er über Wahrnehmungsprozesse bei Schizophrenie. Nach einem Jahr als *Junior House Officer* in Belfast wechselte er mit einer Ph.D.-Arbeit zur Molekulargenetik der Phenylketonurie in Nordirland ins Labor. Das für die Humangenetik typische Spannungsfeld zwischen Klinik und Grundlagenforschung (mit Schwerpunkt Pädiatrie und erbliche Stoffwechselkrankheiten) blieb danach das konstante Element, sowohl bei der Arbeit an der Universitäts-Kinderklinik Marburg, als auch (seit 2000) am Institut für Humangenetik der Universität Heidelberg, inzwischen als Leiter der Genetischen Poliklinik. Johannes Zschocke ist Autor zahlreicher Originalarbeiten, Buchbeiträge und Bücher. Er ist verheiratet und hat vier Kinder.

Basiswissen Humangenetik

Kapitel 3 · Mutationen und genetische Variabilität

3 Mutationen und genetische Variabilität

3.1 Mutation oder Polymorphismus?

Genetische Veränderungen sind häufig. Es wird geschätzt, dass in jeder neu befruchteten Eizelle mindestens 100 Punktmutationen (Veränderungen von Einzelnukleotiden in der DNA) vorliegen, die in keinem der elterlichen Genome nachweisbar wären. Dabei gilt zu beachten, dass die allermeisten genetischen Veränderungen keine erkennbare funktionelle Relevanz aufweisen, da sie z.B. in den nichtkodierenden Bereichen der DNA liegen, oder in kodierenden Bereichen keine funktionelle Relevanz haben.

Tab. 3.1. Wichtige Trinukleotid-Krankheiten

Krankheit	Vererbung	Repeat	Lokalisation des Repeats	Normalallel (Repeatzahl)	Vollmutation (Repeatzahl)
Chorea Huntington	Autosomal-dominant	CAG	Kodierende Region (Polyglutamin-Trakt)	26 oder weniger	40 und mehr
Spinozerebelläre Ataxien (verschiedene Subtypen)	Autosomal-dominant	CAG	Kodierende Region (Polyglutamin-Trakt)	Je nach Subtyp verschieden	Je nach Subtyp verschieden

Robertson-Translokationen. Es handelt sich um die Fusion zweier akrozentrischer Chromosomen in den Zentromeren (zentrische Fusion), unter Verlust der jeweiligen kurzen Arme (Abb. 3.4). Die Gesamtchromosomenzahl reduziert sich hierbei auf 45. Da die kurzen Arme der akrozentrischen Chromosomen nur hochrepetitive Satelliten-DNA tragen, führt deren Verlust in der Regel zu keinem klinischen

> **Wichtig**
>
> Einen normalen diploiden Chromosomensatz (2n) von 46 Chromosomen bezeichnet man als **Euploidie** (46,XX oder 46,XY). Unter einer **Aneuploidie** versteht man die Abweichung der Chromosomenzahl vom normalen diploiden Chromosomensatz (z. B. 47,XY,+21). Handelt es sich um ein Vielfaches des haploiden Chromosomensatzes von >2n, dann nennt man dies **Polyploidie** (z. B. 69,XXX).

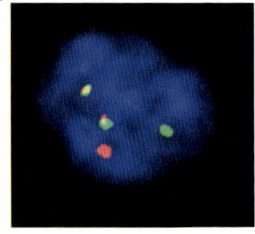

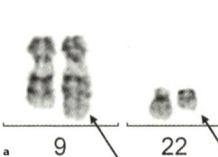

Abb. 3.2a, b. Nachweis einer Philadelphia-Translokation [t(9;22)] mittels klassischer Chromosomenanalyse und Interphase-FISH-Analyse. Die Derivat-Chromosomen sind durch Pfeile gekennzeichnet (**a**). In der FISH-Analyse (**b**) zeigt sich die Translokation durch zwei Fusionssignale der Sonden für das ABL-Gen auf Chromosom 9q34 (rot) und der *breakpoint cluster region* (BCR) auf Chromosom 22q11 (grün). (Mit freundlicher Genehmigung von H.-D. Hager und A. Jauch, Institut für Humangenetik Heidelberg)

3.6 · Dynamische Mutationen, Trinukleotid-Repeats

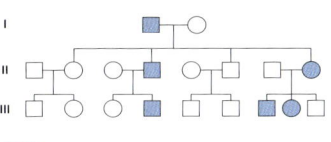

Abb. 5.1. Typischer Stammbaum einer autosomal-dominant erblichen Krankheit

■ ● = betroffen

Myotone Dystrophie (Morbus Curshmann-Steinert, Dystrophia myotonica Typ I)

Die Geschichte der Myotonen Dystrophie weist womöglich viele hunderttausend Jahre in die Menschheitsgeschichte zurück. Man findet diese Krankheit nur in der europäischen und der asiatischen Bevölkerung, nicht bei den Menschen Zentralafrikas, und die Mutation ist bei allen untersuchten Patienten mit einem gemeinsamen Haplotypen assoziiert. Dies legt die Vermutung nahe, dass die erste, ursprüng

Praxisfall
Herr Schmidt ist 44 Jahre alt. Vor kurzem wurde bei ihm eine myotone Dystrophie diagnostiziert, und er möchte sich nun über diese Krankheit informieren. Wie Herr Schmidt berichtet, traten erste Zeichen einer Muskelkrankheit vor etwa 15 Jahren auf, als er Ende 20 Jahre alt war. Zunächst bemerkte er, dass er Gegenstände nicht problemlos wieder

Epidemiologie

Klinische Merkmale

Genetik und Ätiopathognese

Diagnostik

Differenzialdiagnose

Therapie und Management

Prognose

Abb. 13.7. Fetales Alkoholsyndrom

■ ■ ■ Allel
Ein weiterer Begriff, der oft ungenau verwendet wird, ist das Allel. Dieser Begriff kommt aus dem Griechischen von »allelon«, was soviel bedeutet wie »zueinander gehörig«. Es bezeichnet eine spezifische Zustandsform, Version oder Variante eines Gens oder eines Chromosomenabschnitts. Der Begriff versteht sich immer in Abgrenzung zu einem anderen Allel (oder zu mehreren anderen Allelen).

Inhaltsverzeichnis

Biologische Grundlagen

1 Einleitung ... 3
1.1 Genetik – Schlüsseldisziplin der modernen Medizin ... 3
1.2 Häufigkeit genetischer Krankheiten ... 4

2 Molekulare Grundlagen ... 7
2.1 DNA ... 7
2.2 Gene ... 11
2.3 Repetitive Sequenzen ... 15
2.4 Vom Gen zur mRNA ... 16
2.5 Von der mRNA zum Protein ... 20
2.6 Chromosomen ... 24
2.7 Besonderheiten der Geschlechtschromosomen ... 27
2.8 Mitose, Meiose ... 31
2.9 RNA ... 37

3 Mutationen und genetische Variabilität ... 40
3.1 Mutation oder Polymorphismus? ... 40
3.2 Mutationstypen ... 43
3.3 Zahlenmäßige Chromosomenstörungen ... 44
3.4 Strukturelle Chromosomenstörungen ... 46
3.5 Genmutationen ... 51
3.6 Dynamische Mutationen, Trinukleotid-Repeats ... 56

4 Pathomechanismen genetischer Krankheiten ... 66
4.1 Vom Genotyp zum Phänotyp ... 66
4.2 Dominant und rezessiv ... 68
4.3 Epigenetik und genomisches Imprinting ... 77
4.4 Mosaike ... 91

5 Vererbungsformen ... 95
5.1 Autosomal-dominante Vererbung ... 95
5.2 Autosomal-rezessive Vererbung ... 97
5.3 X-chromosomal-rezessive Vererbung ... 100

5.4	X-chromosomal-dominante Vererbung	102
5.5	Y-chromosomale Vererbung	103
5.6	Mitochondriale Vererbung	104
5.7	Multifaktorielle Vererbung	108
6	**Mehrlingsschwangerschaften**	112
7	**Tumorgenetik**	115
7.1	Krebs ist eine genetische Erkrankung	115
7.2	Onkogene	117
7.3	Tumorsuppressorgene	118
8	**Altern und Genetik**	122
8.1	Veränderungen auf Proteinebene	122
8.2	Veränderung auf DNA-Ebene	124
9	**Pharmakogenetik**	127
9.1	Grundlagen des Arzneimittelstoffwechsels	127
9.2	Pharmakogenetik in der Praxis	128
9.3	Pharmakogenetische Krankheiten	131
9.4	Pharmakogenomik	133

Humangenetik als ärztliches Fach

10	**Humangenetik als ärztliches Fach**	137
11	**Genetische Beratung**	140
11.1	Aufgaben und Ziele der genetischen Beratung	140
11.2	Besondere Beratungssituationen	142
11.3	Non-Direktivität	145
12	**Zugang zum Patienten**	146
12.1	Eigenanamnese	146
12.2	Familienanamnese und Stammbaumanalyse	148
12.3	Klinisch genetische Untersuchung	150
12.4	Verhaltensauffälligkeiten	155
12.5	Weiterführende Untersuchungen	155

Inhaltsverzeichnis

13 Fehlbildungen und andere morphogenetische Störungen 159
13.1 Embryologie 159
13.2 Morphologische Einzeldefekte 162
13.3 Multiple morphologische Defekte 165
13.4 Teratogene Faktoren 170

14 Risikoberechnung 182
14.1 Wahrscheinlich oder Unwahrscheinlich? 182
14.2 Regeln der Risikoberechnung 183
14.3 Das Hardy-Weinberg-Gesetz 188
14.4 Faktoren, die das Hardy-Weinberg-Gleichgewicht stören 191

15 Genetische Labordiagnostik 196
15.1 Zytogenetik 196
15.2 Molekulare Zytogenetik 200
15.3 Molekulargenetik 204

16 Stoffwechseldiagnostik und Neugeborenenscreening 215
16.1 Stoffwechseldiagnostik 215
16.2 Grundlagen des Neugeborenenscreenings 216
16.3 Durchführung des Neugeborenenscreenings 218
16.4 Wichtige im Neugeborenenscreening erfasste Krankheiten ... 219

17 Pränataldiagnostik 223
17.1 Ultraschalluntersuchungen 225
17.2 Biochemische Parameter 228
17.3 Invasive Untersuchungsmethoden 229

18 Humangenetik – eine ethische Herausforderung 233
18.1 Pränataldiagnostik und Schwangerschaftsabbruch 234
18.2 Präimplantationsdiagnostik 236
18.3 Genetische Diagnostik und Versicherungsschutz 237
18.4 Prädiktive Gesundheitsinformationen bei Einstellungsuntersuchungen 238
18.5 Eugenik 240

XIV Inhaltsverzeichnis

Klinische Genetik

19 Chromosomale Krankheiten 245
19.1 Numerische Chromosomenaberrationen 245
19.2 Strukturelle Chromosomenaberrationen 267

20 Haut und Bindegewebe 275
20.1 Erbliche Hautkrankheiten 275
20.2 Erbliche Bindegewebskrankheiten 280

21 Kreislaufsystem und Hämatologie 288
21.1 Angeborene Herzfehler 288
21.2 Kardiomyopathie 296
21.3 Erbliche Rhythmusstörungen 297
21.4 Blutgruppen 297
21.5 Anämien 299
21.6 Erbliche Blutungsneigung 306
21.7 Erbliche Thromboseneigung (Thrombophilie) 310

22 Atmungssystem 313
22.1 Monogene Lungenkrankheiten 313
22.2 Multifaktorielle Lungenkrankheiten 320

23 Verdauungssystem 322
23.1 Fehlbildungen des Gastrointestinaltrakts 322
23.2 Leberfunktionsstörungen 326
23.3 Ikterus und Hyperbilirubinämie 331

24 Stoffwechselkrankheiten 333
24.1 Störungen des Intermediärstoffwechsels 333
24.2 Störungen des lysosomalen Stoffwechsels 345
24.3 Störungen des Lipidstoffwechsels 347
24.4 Störungen anderer Stoffwechselwege 351

25 Endokrinium und Immunsystem 355
25.1 Diabetes mellitus 355
25.2 Adrenogenitales Syndrom 357
25.3 Autoimmun-Polyendokrinopathien 362

26 Skelett und Bewegungssystem ... 363
26.1 Abnorme Knochenbrüchigkeit ... 363
26.2 Skelettdysplasien ... 363
26.3 Kraniosynostosen ... 367
26.4 Metabolische Knochenkrankheiten ... 371
26.5 Multifaktorielle angeborene Skelettfehlbildungen ... 373

27 Harntrakt ... 376
27.1 Angeborene Nierenfehlbildungen ... 376
27.2 Zystische Nierenkrankheiten ... 377
27.3 Krankheiten des renalen Tubulussystems ... 378

28 Genitalorgane und Sexualentwicklung ... 380
28.1 Störungen der Geschlechtsentwicklung ... 380
28.2 Genitalfehlbildungen ... 383

29 Augen ... 385
29.1 Angeborene Störungen des Farbensehens ... 385
29.2 Katarakt ... 386
29.3 Blindheit ... 387

30 Ohren und Gehör ... 391
30.1 Erbliche Formen der Gehörlosigkeit ... 391
30.2 Umweltfaktoren und Taubheit ... 392

31 Neurologische und neuromuskuläre Krankheiten ... 394
31.1 Neurodegenerative Krankheiten des zentralen Nervensystems ... 394
31.2 Andere Krankheiten des zentralen Nervensystems ... 409
31.3 Krankheiten des peripheren Nervensystems ... 427
31.4 Erbliche Muskelkrankheiten ... 429

32 Tumorerkrankungen ... 435
32.1 Leukämien und Lymphome ... 435
32.2 Solide maligne Tumoren des Kindesalters ... 437
32.3 Brust- und Ovarialkrebs ... 441
32.4 Kolorektale Tumoren ... 445
32.5 Multiple endokrine Neoplasien (MEN) ... 454
32.6 Hamartosen ... 457
32.7 Störungen der DNA-Reparatur ... 465
32.8 Andere familiäre Krebsprädispositionssyndrome ... 469

Besondere klinische Probleme

33 Sterilität und Infertilität 475
33.1 Infertilität des Mannes 476
33.2 Sterilität/Infertilität der Frau................................ 479

34 Fehlgeburten 482

35 Wachstumsstörungen 486
35.1 Kleinwuchs 486
35.2 Großwuchs 489
35.3 Adipositas 491
35.4 Dystrophie.. 494

36 Abnormer Kopfumfang 496
36.1 Mikrozephalie... 496
36.2 Makrozephalie 500

37 Erhöhte Infektanfälligkeit.................................. 502

Patientenberichte

38 Patienten und deren Familien berichten..................... 509
38.1 Felix 509
38.2 Zum 50. Geburtstag einer Frau mit Triple-X-Syndrom.......... 510
38.3 Simon... 512

Anhang

Quellenverzeichnis 516

Sachverzeichnis 518

Biologische Grundlagen

1 Einleitung – 3
1.1 Genetik – Schlüsseldisziplin der modernen Medizin – 3
1.2 Häufigkeit genetischer Krankheiten – 4

2 Molekulare Grundlagen – 7
2.1 DNA – 7
2.2 Gene – 11
2.3 Repetitive Sequenzen – 15
2.4 Vom Gen zur mRNA – 16
2.5 Von der mRNA zum Protein – 20
2.6 Chromosomen – 24
2.7 Besonderheiten der Geschlechtschromosomen – 27
2.8 Mitose, Meiose – 31
2.9 RNA – 37

3 Mutation und genetische Variabilität – 40
3.1 Mutation oder Polymorphismus? – 40
3.2 Mutationstypen – 43
3.3 Zahlenmäßige Chromosomenstörungen – 44
3.4 Strukturelle Chromosomenstörungen – 46
3.5 Genmutationen – 51
3.6 Dynamische Mutationen, Trinukleotid-Repeats – 56

4 Pathomechanismen genetischer Krankheiten – 66
4.1 Vom Genotyp zum Phänotyp – 66
4.2 Dominant und rezessiv – 68
4.3 Epigenetik und genomisches Imprinting – 77
4.4 Mosaike – 91

5 Vererbungsformen – 95

5.1 Autosomal-dominante Vererbung – 95
5.2 Autosomal-rezessive Vererbung – 97
5.3 X-chromosomal-rezessive Vererbung – 100
5.4 X-chromosomal-dominante Vererbung – 102
5.5 Y-chromosomale Vererbung – 103
5.6 Mitochondriale Vererbung – 104
5.7 Multifaktorielle Vererbung – 108

6 Mehrlingsschwangerschaften – 112

7 Tumorgenetik – 115

7.1 Krebs ist eine genetische Erkrankung – 115
7.2 Onkogene – 117
7.3 Tumorsuppressorgene – 118

8 Altern und Genetik – 122

8.1 Veränderungen auf Proteinebene – 122
8.2 Veränderung auf DNA-Ebene – 124

9 Pharmakogenetik – 127

9.1 Grundlagen des Arzneimittelstoffwechsels – 127
9.2 Pharmakogenetik in der Praxis – 128
9.3 Pharmakogenetische Krankheiten – 131
9.4 Pharmakogenomik – 133

1 Einleitung

1.1 Genetik – Schlüsseldisziplin der modernen Medizin

Jeder ist ein wenig wie alle
ein bisschen wie manche
ein Stück einmalig wie niemand sonst.
(Unbekannt)

Alle Menschen sind gleich. Und doch so verschieden. Wir alle haben, bis auf winzige Abweichungen, die gleichen Erbinformationen in uns. Und doch unterscheiden wir uns in Aussehen, unserem Charakter, Verhalten und unserer gesundheitlichen Konstitution. Das Wissen über die genetischen Grundlagen gesundheitlicher Konstitution hat sich in den vergangenen Jahren rasant verändert. Mit dem Abschluss des **Humangenomprojekts** steht uns eine nahezu vollständige Karte des menschlichen Genoms zur Verfügung. Die mehr als 3 Milliarden Buchstaben eines einfachen menschlichen Chromosomensatzes liegen vor und wir können sie lesen, mit zunehmender Geschwindigkeit. Bald wird es möglich sein, das vollständige Genom eines Menschen an einem Tag zu sequenzieren. Und dennoch: wirklich verstehen können wir bislang nur einen kleinen Teil davon. Und erst seit wenigen Jahren wird die grundsätzliche Bedeutung von DNA-kodierten kleinen RNA-Molekülen oder von den vielfältigen epigenetischen Veränderungen in Ansätzen erkennbar. Wir sind erst am Anfang eines langen Weges der »Molekularen Medizin« – einer Medizin, die die genetischen Komponenten der Entstehung von Krankheiten für die Prävention, Diagnose und Therapie nutzbar macht.

Die **Humangenetik**, die Lehre von den Mechanismen und Prinzipien, mittels derer die genetische Information Gesundheit und Krankheit des Menschen beeinflusst, hat die Medizin in ihren Grundfesten verändert. Das Wissen um die genetischen Ursachen von Krankheiten reicht in den praktischen Alltag eines jeden Arztes hinein – wenn wir wollen, dass unsere Patienten und ihre Familien in vollem Maße von den Fortschritten der modernen Medizin profitieren, dann kommen wir an der Humangenetik nicht vorbei. Die Frage nach genetischen Veränderungen und Varianten eines Gens innerhalb einer Population, die Frage nach den Zusammenhängen zwischen Genotyp und Phänotyp, die Bedeutsamkeit von Gen-Gen- und Gen-Umwelt-Interaktionen, die Rolle somatischer Mutationen bei der Tumorentstehung, die Möglichkeiten pränataler Diagnostik, die Hoffnung auf gentherapeutische Behandlungsstrategien – das alles sind Themen und Fragen, die in viele medizinische Fachrichtung hineinreichen und die in Zukunft wichtiger werden.

Die Humangenetik hat insofern eine wichtige Brückenfunktion zwischen den biologisch-wissenschaftlich orientierten Grundlagenfächern auf der einen Seite und dem praktisch-klinischen Alltag auf der anderen Seite. Sie ist ein Metafach, das alle medizinischen Disziplinen durchdringt und speziell bei der Diagnose von genetischen Faktoren in der Krankheitsentstehung sowie der interdisziplinären Betreuung von Personen mit genetisch (mit)bedingten Krankheiten hilft. Und sie erfüllt besondere Aufgaben in der Vermittlung von Informationen zur Krankheitsentstehung und Krankheitsbedeutung im Rahmen der genetischen Beratung.

Die 50 Jahre von der Entdeckung der DNA-Doppelhelix durch Watson und Crick im Jahr 1953 bis hin zur Bekanntgabe der Sequenz von 99,99% des menschlichen Genoms im Jahr 2003 repräsentieren eine der wichtigsten Epochen der Medizingeschichte. Langsam beginnen wir, die gewonnenen Erkenntnisse über die menschliche Genetik und das menschliche Genom umzusetzen und nutzen zu lernen. Unser Verständnis von Gesundheit und Kranheit wird sich wesentlich verändern. Die Grundlagen der Humangenetik sind heute Grundlagen der Medizin insgesamt.

1.2 Häufigkeit genetischer Krankheiten

Genetische Erkrankungen finden sich mit unterschiedlicher Häufigkeit in jedem Lebensalter. Schätzungsweise bis zu 50% aller **Konzeptionen** abortieren, noch bevor sie als solche erkannt werden, aufgrund einer numerischen Chromosomenstörung. Von allen wahrgenommenen **Schwangerschaften** endet jede sechste in einer Fehlgeburt, meist im ersten Trimenon. 50–60% davon sind ebenfalls auf Chromosomenaberrationen zurückzuführen.

Im **Kindesalter** tragen genetische Krankheiten in erheblichem Maße zur Gesamtmortalität und -morbidität bei. Während in Entwicklungsländern mehr als 95% aller pädiatrischen Aufnahmen im Krankenhaus auf nichtgenetische Ursachen zurückgehen (vor allem Infektionen), weisen die Patienten der Kinderkliniken entwickelter Länder in bis zu 25% eine genetisch (mit)bedingte Krankheit auf. Unter allen Fällen von Lernbehinderung (18 von 1.000 Schulkindern) sind 50% auf genetische Ursachen zurückzuführen.

Im **Erwachsenenalter** sind kardiovaskuläre Krankheiten und Krebs die häufigsten Todesursachen. Krebs lässt sich als genetische Krankheit betrachten, die auf der Akkumulation somatischer Mutationen auf dem Hintergrund von bislang im Ansatz bekannten unspezifischen, erebten genetischen Varianten beruht. In der Entstehung von kardiovaskulären Krankheiten spielt das Zusammenwirken von nichtgenetischen und genetischen Faktoren eine zentrale Rolle.

1.2 · Häufigkeit genetischer Krankheiten

Tab. 1.1. Häufigkeiten genetischer Krankheiten

Art der Störung	Detektion vor dem 25. Lebensjahr	Detektion nach dem 25. Lebensjahr	Gesamthäufigkeit
Chromosomale Aberrationen[1]	2/1.000	2/1.000	4/1.000
Monogene Krankheiten[2]	3,5/1.000	16,5/1.000	20/1.000
Multifaktorielle Krankheiten (mit genetischer Komponente)	46/1.000	600/1.000[3]	646/1.000
Somatische Mutationen	–	240/1.000	240/1.000[4]

[1] ohne balancierte Translokationen
[2] ohne die Träger von Prämutationen
[3] es handelt sich um eine Schätzung der Gesamtprävalenz
[4] diese Zahl beruht auf der Annahme, dass alle Krebsarten auf einer Akumulation somatischer Mutationen beruhen. Monogen erbliche Krebsdispostionskrankheiten sind unter »monogene Krankheiten« mit einberechnet.
(nach Rimoin et al. 2002)

Chromosomenstörungen

Von allen Neugeborenen weisen etwa 0,5% eine chromosomale Aberration auf. Diese 0,5% sind, wie oben erwähnt, nur »die Spitze des Eisbergs« aller chromosomal gestörten Konzeptionen. Jedes 10. Spermium und jede vierte Eizelle weisen einen abnormalen Chromosomensatz auf. Die Häufigkeit der einzelnen Chromosomenstörungen ist zu unterschiedlichen Zeitpunkten der Embryonalentwicklung sehr verschieden. Die häufigste autosomale Trisomie bei fehlgeborenen Feten ist die Trisomie 16; häufig findet sich auch eine Triploidie. Nur drei autosomale Trisomien sind lebensfähig: 13, 18 und 21. Autosomale Monosomien sind nicht lebensfähig, die Monosomie X schon (führt zum Turner-Syndrom). Eine Monosomie X findet sich bei 1% aller Konzeptionen, aber nur jedes 50. dieser Kinder kommt lebend zur Welt.

Monogene Krankheiten

Die in Tab. 1.1 genannten Zahlen beinhalten die Gendefekte, die klinisch auffällig werden. Zahlreiche Mutationen bleiben ein Leben lang klinisch stumm, sie sind **Risikofaktoren** für Krankheiten, bei denen die Grenze zu den multifaktoriellen Krankheiten verschwimmt. Ein gutes Beispiel dafür sind die häufigen genetischen Varianten des Gerinnungssystems. So konnte gezeigt werden, dass 1% der Bevölkerung ein mutiertes Allel für den Von-Willebrand-Faktor aufweist. Die meisten der Betroffenen haben kaum oder gar keine Symptome. Einige solcher Varianten können in besonderen Situationen sogar Vorteile für den Träger darstellen. Sie sind Teil der normalen genetischen Variabilität.

Die Häufigkeit monogener Krankheiten zeigt geographisch erhebliche Unterschiede. Alle Krankheiten kommen prinzipiell in allen Populationen vor, aber keine Krankheit ist in allen Populationen gleich häufig, und die gleiche Krankheit wird in unterschiedlichen Populationen meist durch unterschiedliche Mutationen verursacht. Die diesen Phänomenen zugrunde liegenden Mechanismen wie Neumutation, Foundermutationen, Selektion oder genetische Drift werden in ▶ Kap. 14.4 genauer beschrieben.

Multifaktorielle Krankheiten

Es wird zunehmend deutlich, dass es kaum eine Gesundheitsstörung gibt, deren Ausprägung nicht durch genetische Varianten mitbedingt wird. Die genetischen Komponenten geben einen Spielraum vor, wie der Organismus auf entsprechende Umweltfaktoren reagieren kann. Als Beispiele für typische multifaktorielle Krankheiten, bei denen genetische und nichtgenetische Faktoren in unterschiedlichem Maße zusammenwirken, seien die arterielle Hypertonie, die rheumatoide Arthritis und die senile Demenz genannt. Multifaktorielle Krankheiten machen damit die größte Gruppe genetischer Krankheiten (sowohl im Kindes- als auch im Erwachsenenalter) aus.

Somatische Mutationen

Das Erbgut einer Zelle ändert sich potenziell mit jeder Zellteilung. Mutationen, die auf dem Weg von der Zygote zur Keimzelle der nächsten Generation auftreten (in der weiblichen Keimbahn nicht mehr als 30 Mitosen), werden als Neumutationen an die Nachkommen weitergegeben und ggf. sichtbar. Viel mehr Mutationen entstehen in den Körperzellen (somatisch) und tragen zu Krankheiten bei. Bestes Beispiel sind die Tumorerkrankungen, die typischerweise erst dann auftreten, wenn mehrere unabhängige somatische Mutationen in einer einzelnen Zelle zusammenwirken (▶ Kap. 7.1). Somatische Mutationen sind per definitionem nicht im gesamten Organismus, sondern in einzelnen Geweben (z. B. in einem Tumor) oder als Mosaik in einem bestimmten Anteil der Zellen mehrer Organsysteme nachweisbar. Somatische Mutationen spielen bei Alterungsprozessen und wahrscheinlich bei Autoimmunerkrankungen eine bedeutende Rolle.

2 Molekulare Grundlagen

Was macht den Mensch zum Menschen? Es ist nicht die Struktur der DNA, nicht die Art der Verpackung in Chromosomen und es sind nicht die Mechanismen der Vervielfältigung, der Ablesung oder der Übersetzung genetischer Information. Dies alles findet man beim Menschen genauso wie beim Schimpansen, beim Grottenolm, bei der mongolischen Wüstenrennmaus. Man dachte lange Zeit, die Komplexität des Menschen sei in einer entsprechend großen Anzahl von Genen begründet – 100.000–150.000 Stück wurden vorausgesagt. Das Humangenomprojekt hat uns eines Besseren belehrt: der Mensch hat 20.000–25.000 proteinkodierende Gene und unterscheidet sich darin nicht wesentlich von anderen höheren Lebewesen. Es ist nicht die Zahl der Gene, die den Menschen zum Menschen macht, sondern deren besonderes Zusammenwirken bzw. die Regulation ihrer Expression. Spätestens seit Entdeckung der zahlreichen RNA-Gene und den vielfältigen Funktionen nichtkodierender RNA lässt sich erahnen, dass die Komplexität dieser Mechanismen bisher weit unterschätzt wurde.

2.1 DNA

Die DNA (**Desoxyribonukleinsäure**) ist die Trägerin der Erbinformation des Menschen. Es handelt sich um ein fadenförmiges Makromolekül aus zahlreichen **Nukleotiden**, die jeweils aus einer Base, einem Zucker und einer Phosphatgruppe bestehen. Die Zucker- und Phosphatgruppen verleihen dem Makromolekül seine Struktur, wohingegen die Basen die eigentlichen Träger der genetischen Information, die Buchstaben des genetischen Texts darstellen.

Der Zuckeranteil der Nukleotide ist in der DNA die Desoxyribose. Die Vorsilbe desoxy besagt, dass dieser Zucker ein Sauerstoffatom weniger besitzt als die Ribose, aus der er hervorgeht. Die Ribose macht den Zuckeranteil der Nukleotide der RNA (Ribonukleinsäure) aus.

Die stickstoffhaltigen Basen der DNA sind Derivate des Purins oder des Pyrimidins. Als Purinbasen kommen in der DNA **Adenin** (A) und **Guanin** (G), als Pyrimidinbasen **Thymin** (T) und **Cytosin** (C) vor. RNA besteht ebenfalls aus Adenin, Guanin und Cytosin. Statt Thymin findet sich in der RNA die Pyrimidinbase Uracil (U) (◘ Abb. 2.1).

Die DNA liegt als Doppelstrang aus zwei **komplementären** Nukleotidketten vor. Die Sequenz der Nukleotidbasen des einen Stranges (in 5'-3' Richtung) entspricht komplementär der Abfolge der Nukleotidbasen auf dem anderen Strang (in 3'-5' Richtung). Die beiden Nukleotidketten verlaufen **antiparallel**. Sie sind um eine

Kapitel 2 · Molekulare Grundlagen

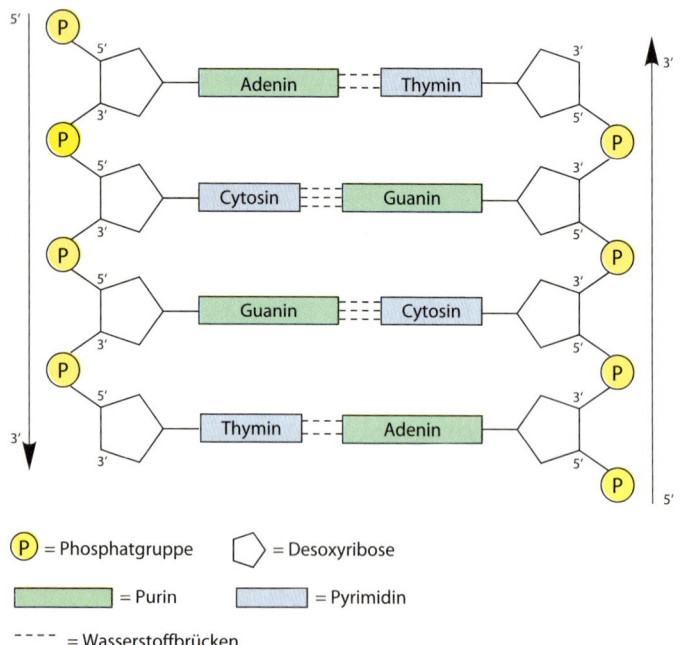

Abb. 2.1. Nukleotidbasen

Abb. 2.2. Komplementäre Struktur der doppelsträngigen DNA. (Nach Barsh et al. 2002)

gemeinsame Achse gewunden, über Wasserstoffbrücken zwischen den Basen A und T (2 Wasserstoffbrücken) und zwischen den Basen G und C (3 Wasserstoffbrücken) miteinander verbunden und bilden damit die Form einer **Doppelhelix**. Man spricht von den **komplementären Basenpaaren** A-T und G-C. Das Verhältnis von A zu T

2.1 · DNA

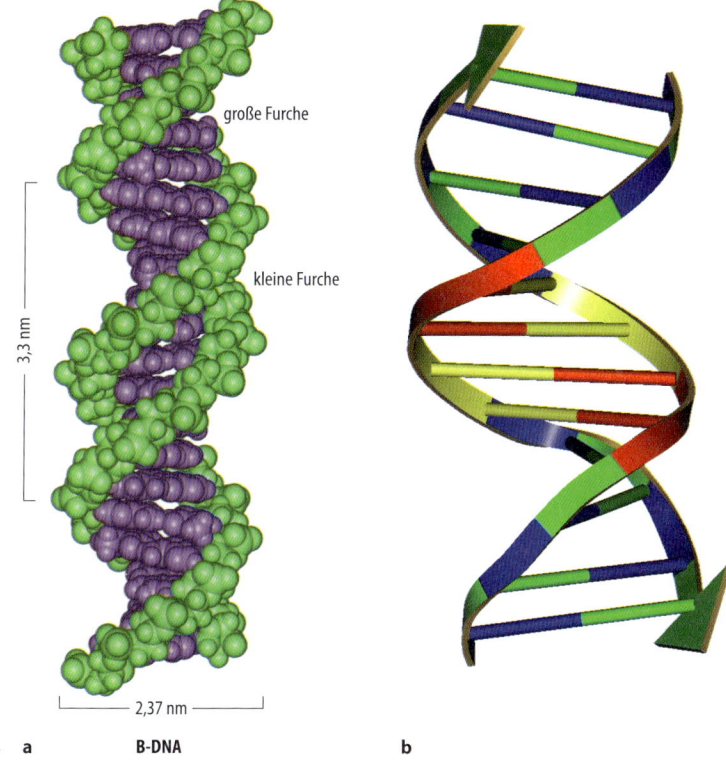

Abb. 2.3. DNA-Doppelhelix

und von G zu C ist jeweils 1:1. Man kann damit aus dem Anteil einer einzigen Nukleotidbase die Anteile aller anderen Basen berechnen (Abb. 2.2).

Beispiel: Beim Menschen beträgt der Anteil der Nukleotidbase Adenin 29%. Daraus folgt automatisch ein gleich großer Anteil von Thymin (29%). Da (A+T)+(G+C)=1, ist (G+C)=100%−(29%+29%)=42%. G und C haben jeweils einen Anteil von 21% an den Nukleotidbasen der menschlichen DNA.

Die Purin- und Pyrimidinbasen sind zum Innern der Doppelhelix gekehrt, wohingegen die Zucker- und Phosphatreste nach außen zeigen. Wegen der festgelegten räumlichen Beziehung der sich gegenüberliegenden Basen sind die beiden Ketten der Doppelhelix exakt komplementär. Der Durchmesser der Helix beträgt 2 nm. Benachbarte Basen entlang der Helixachse sind 0,34 nm voneinander entfernt. Eine Windung der DNA-Doppelhelix entspricht 10 aufeinander folgenden Basenpaaren,

d. h. 3,4 nm. Aufgrund der außen liegenden Zucker- und Phophatgruppen ist die Doppelhelix nicht symmetrisch. Man unterscheidet eine rechtsdrehende Form (B-Form) von einer linksdrehenden Form (Z-Form). Die DNA im Zellkern liegt hauptsächlich in der (stabileren) rechtsdrehenden B-Form vor (◘ Abb. 2.3).

Die Länge der DNA wird nach der Anzahl der Basenpaare (bp) gemessen. Größere Abschnitte werden in Kilobasen (kb = 1000 bp) bzw. Megabasen (Mb = eine Million bp) beschrieben.

Replikation der DNA

1953 erkannten **James Watson** und **Francis Crick** die dreidimensionale Struktur der DNA und leiteten daraus unmittelbar den Mechanismus ihrer Replikation ab. Diese gewährleistet auf zuverlässige Weise die Weitergabe genetischer Information von einer Generation zur nächsten.

Die Replikation sorgt im Rahmen einer jeden Zellteilung für die Entstehung zweier identischer Kopien der DNA-Moleküle einer Zelle. Sie beginnt parallel an mehr als 10.000 Startpunkten (Origins), die von speziellen Replikations-Initiationsproteinen erkannt werden; die dazwischenliegenden DNA-Abschnitte werden als Replikationseinheiten bzw. Replikons bezeichnet. Die Replikation erfolgt mit Hilfe eines Multienzymkomplexes aus Helicasen, Topoisomerasen, verschiedenen DNA-Polymerasen und anderen Proteinen. **Helicasen** beginnen, die DNA bidirektional aufzuwinden. Es kommt zur Auftrennung der Wasserstoffbindungen, die beiden Ketten weichen auseinander und es entstehen zwei sog. Replikationsgabeln. **Topoisomerasen** verhindern eine Überdrehung der DNA-Helix beim Entwinden und Auseinanderweichen. Sie sind in der Lage, an bestimmten Stellen Einzelstrangschnitte durchzuführen, so dass sich die Einzelstränge entwinden können. **Ligasen** fügen die entsprechenden Schnittstücke wieder zusammen. Auf diesem Weg wird über eine Länge von ca. 2000 bp die DNA einzelsträngig als Matrize für die Bildung einer neuen, komplementären Kette bereitgestellt.

Die Replikation erfolgt vom Startpunkt aus in beide Richtungen in die Replikons hinein, bis sich die beiden aufeinander zu laufenden Replikationsblasen treffen. Sie beginnt mit einem kleinen komplementären **RNA-Primer,** der von der **Polymerase α** gebildet und später herausgeschnitten und durch DNA ersetzt wird. Die eigentliche Synthese des Nukleotidstrangs erfolgt durch die **Polymerase δ.** Neue DNA kann nur in **5'-3'-Richtung synthetisiert** werden, denn nur am 3'-Ende der wachsenden Kette kann das jeweils nächste Nukleotid angeheftet werden. Für die sich auftrennenden DNA-Eltern-Stränge bedeutet dies, dass nur an einem der beiden kontinuierlich in 5'-3'-Richtung synthetisiert werden kann (führender Strang). Am anderen, nachfolgenden Strang (*lagging strand*) wird ebenfalls in 5'-3'-Richtung synthetisiert, aber abschnittsweise in kleineren Fragmenten (diskontinuierlich). Bei Eukaryonten sind diese Abschnitte ca. 200 bp lang und nennen sich **Okazaki-Fragmente.** Jedes einzelne Fragment benötigt einen neuen RNA-Primer.

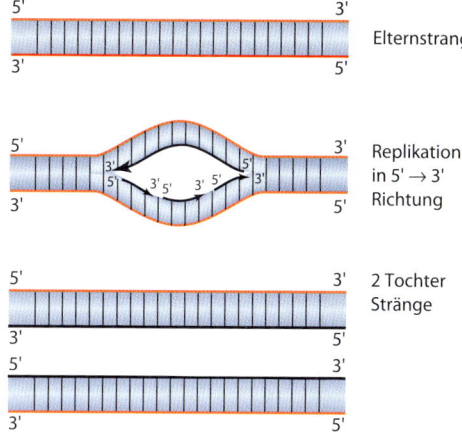

Abb. 2.4. Replikation der DNA. In Rot gekennzeichnet die sog. »Elternstränge«, schwarz hingegen die neu synthetisierten Stränge

Ligasen fügen die entsprechenden Schnittstücke wieder zusammen. Während der Replikation kommt die *proofreading function* der DNA-Polymerase zum Tragen, die Fehler erkennt, entsprechende Basen herausschneidet und durch die richtigen Basen ersetzt (Abb. 2.4 und 2.5).

Das Resultat der Replikation sind zwei Tochter-DNA-Moleküle, von denen jeweils ein Strang neu synthetisiert ist, der andere Strang von der Eltern-DNA stammt. Diese Verteilung wird als **semikonservativ** bezeichnet. Auf diese Weise kopiert sich das Genom im Laufe eines Lebens über Millionen von Zellteilungen mit erstaunlicher Präzision, die nicht nur dem semikonservativen Prinzip sondern auch ausgefeilten Reparaturmechanismen zu verdanken ist.

2.2 Gene

Der **Begriff des Gens** wurde aus dem Griechischen abgeleitet (genesis = Entstehung, oder genos = Geschlecht) und wurde erstmals 1909 von Wilhelm Johannsen als Bezeichnung für einen Erbfaktor geprägt. Seither wurde der Begriff auf unterschiedliche Weise definiert. Mehrere dieser Definitionen wurden aufgrund neuer Erkenntnisse modifziert oder fallen gelassen. Man denke an die »Ein-Gen-ein-Protein-Hypothese«, die noch heute Schüler und Studenten begleitet, jedoch nur einen begrenzten Teil der Wirklichkeit beschreibt und weder das Vorkommen von funktionell unterschiedlichen Spleißvarianten, noch die Vielfalt der RNA-Gene erfasst. Je mehr man über das menschliche Genom, seine Struktur und Funktionsweisen gelernt hat, desto vorsichtiger ist man mit der Definition des Gens geworden. Prag-

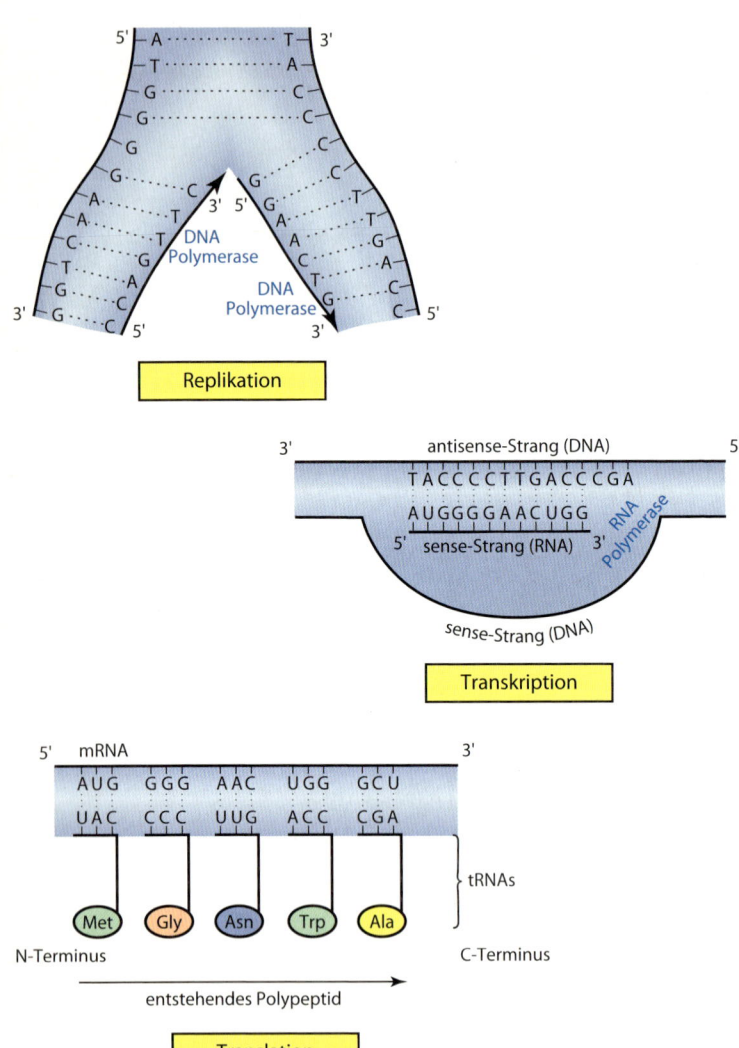

◘ **Abb. 2.5. Fluss genetischer Information.** Die Replikation sorgt für die Entstehung identischer DNA-Moleküle innerhalb einer Zelle. Der Begriff »Transkription« bezeichnet die Umschreibung der DNA in ein komplementäres RNA-Molekül. Die Translation schließlich sorgt für eine Übersetzung der Sprache der Nukleinsäuren in die Sprache einer Polypeptid-Sequenz. (Nach Barsh et al. 2002)

2.2 · Gene

matisch kann man aktuell den Begriff des Gens als **funktionelle Einheit des Genoms**, die die genetische Information für ein oder mehrere Genprodukte enthält, definieren. Man sollte sich jedoch darüber klar sein, dass diese Definition vermutlich in einigen Jahren modifiziert werden muss.

Ein typisches, proteinkodierendes Gen hat drei Komponenten: Die kodierende Sequenz, regulatorische Sequenzen, und scheinbar nutzlose (z. T. vermutlich regulatorische) Sequenzen. Entsprechend der Richtung von Transkription und Translation ist ein Gen auf der genomischen DNA in **Richtung von 5' nach 3'** angeordnet. Der DNA-Strang, der (abgesehen von Ts und Us) der RNA-Sequenz entspricht, wird als Sinnstrang bzw. *sense strand* bezeichnet, das komplementäre Gegenstück dazu als Gegensinnstrang bzw. *antisense strand*. Die DNA vor dem 5'-Beginn des Gens (bzw. der transkribierten Region) liegt oberhalb (*upstream*), die DNA jenseits des 3'-Endes liegt *downstream*. Im Anfangsbereich eines Gens liegt die **Promotor-Region**, in welcher eine RNA-Polymerase mit Hilfe zahlreicher Transkriptionsfaktoren an die DNA binden kann, um die Transkription des Gens einzuleiten. Im menschlichen Genom finden sich verschiedene Arten von Promotoren, viele davon sind evolutionär hoch konserviert. Eine klassische Promotor-Sequenz ist die »TATA-Box« (TATAAA oder Varianten). Sie liegt 25 Nukleotide upstream der Startstelle der Transkription. Die verschiedenen Arten von Promotoren sorgen für verschiedene regulatorische Eigenschaften (und daraus folgend unterschiedliche Expressionsmuster der davon gesteuerten Gene im Lauf der Entwicklung des Organismus).

> **Wichtig**
>
> Von Promotoren zu unterscheiden sind die **Enhancer** oder **Silencer**. Hierbei handelt es sich um DNA-Abschnitte, die über eine direkte Interaktion mit dem Transkriptions-Initiationskomplex (RNA-Polymerase II oder Transkriptionsfaktoren) die Transkription eines Gens verstärken oder vermindern. Während sich Promotoren immer 5' upstream des Gens befinden, können **Enhancer** weit oder weniger weit von dem Gen, dessen Transkription sie steuern, entfernt liegen. Enhancer liegen z. T. innerhalb der Introns eines Gens, dessen Expression sie regulieren. Gleiches gilt für die sog. **Silencer**, die inhibitorischen Pendants zu den Enhancern. Schließlich gibt es z. B. noch **Insulator**-Sequenzen, die den Wirkungsbereich von Enhancern eingrenzen.

Vor dem ATG, mit dem die Translation beginnt, bzw. nach dem Stoppcodon liegen die sog. nichttranslatierten Regionen (***untranslated regions, UTR***). Man spricht von der »5'-UTR« und der »3'-UTR«. Die 3'-UTR (*untranslated region*) enthält die notwendigen Sequenzen und Signale, um der reifen mRNA am 3'-Ende mit Hilfe einer Poly-A-Polymerase 100–250 Adenin-Reste anzuheften (sog. Polyadenylierung).

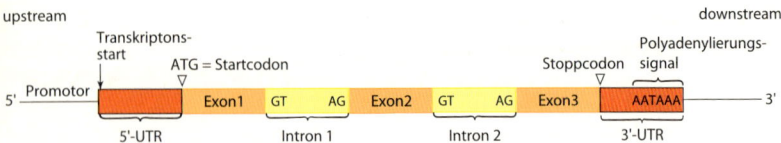

Abb. 2.6. Struktur eines eukaryontischen Gens

Beim Menschen (und den meisten seiner eukaryontischen Freunde) ist der kodierende Bereich der DNA durch scheinbar nutzlose Sequenzen, die sog. **Introns**, unterbrochen. Die kodierenden DNA-Segmente werden dem entsprechend als **Exons** bezeichnet. Menschliche Gene haben meist kurze Exons mit durchschnittlich ca. 150 Nukleotiden bzw. 50 Codons (1 Codon = 3 Basenpaare, kodiert für 1 Aminosäure). Die dazwischen liegenden Introns sind hingegen oft mehr als 10 kb lang. Die einzelnen Exons entsprechen nicht selten strukturellen und/oder funktionellen Domänen des daraus entstehenden Proteins. Exons und Introns werden in 5'-3'-Richtung des Transkripts durchnummeriert; nach Exon 1 folgt das Intron 1. Introns beginnen immer mit den Nukleotiden GT (bzw GU in der RNA) und enden mit AG. Der 5'-Beginn eines Exons wird Spleiß-Akzeptorstelle, das 5'-Ende Spleiß-Donorstelle genannt (◘ Abb. 2.6).

Die Introns werden zwar zunächst mit den Exons zusammen in ein primäres RNA-Transkript umgeschrieben, werden jedoch noch im Zellkern mittels Splicing (▶ Kap. 2.4) aus der prä-RNA herausgeschnitten. Introns tragen mit ihrer Sequenz damit nicht zum Polypeptidprodukt des Gens bei, können jedoch, wie erst kürzlich z. B. beim Serotonin-Rezeptor gezeigt wurde, als RNA-Fragmente regulatorische Wirkungen haben.

> **Wichtig**
>
> **IN**trons bleiben **IN** dem Zellkern. **EX**ons gelangen aus dem Zellkern heraus und werden **EX**primiert.

▪▪▪ Pseudogene

Pseudogene sind DNA-Sequenzen, die alle Eigenschaften einer potentiell kodierenden Transkriptionseinheit aufweisen (Promotor, kodierende Region, Spleiß-Akzeptorenstellen etc.), aber für **kein funktionelles Produkt** kodieren. Viele Pseudogene sind durch **Genduplikation** und anschließende Mutation entstanden. Ein bekanntes Beispiel ist ein Pseudogen, das zur Familie der α-Globine zählt (»Ψζ«). Es hat alle Charakteristika, um ein funktionelles Globin-Gen zu sein, eine einzige Punktmutation im kodierenden Bereich verhindert jedoch, dass ein vollständiges Globin exprimiert werden kann.

Außer durch Genduplikation können Pseudogene durch **reverse Transkription und anschließende Integration** entstehen. Falls die mRNA eines reellen Gens aus Versehen vom Enzym reverse Transkriptase in eine cDNA umgeschrieben wird, kann diese gelegentlich in die genomische DNA eingebaut werden. In diesen Fällen findet sich ein Gen ohne Introns und mit PolyA-Schwanz innerhalb der genomischen DNA.

2.3 Repetitive Sequenzen

Das Genom enthält neben den spezifischen Sequenzen z. B. der Gene, die nur ein einziges Mal vorkommen, eine große Zahl von repetitiven (sich wiederholenden) Sequenzen, deren Funktion (sofern es eine gibt) noch unbekannt ist. Zu ihnen gehören die Satelliten-DNA sowie mobile genetische Elemente (Retroposons und Transposons).

Satelliten-DNA

Der Begriff Satelliten-DNA hängt nicht direkt mit den Satelliten der akrozentrischen Chromosomen zusammen, vielmehr wird er für DNA-Abschnitte verwendet, die aus repetitiven Sequenz bestehen. Der Name entstand, weil sie sich aufgrund ihrer besonderen Nukleotidzusammensetzung (hoher Anteil von Adenin und Thymin) als getrennte Bande in der Dichtegradientenzentrifugation abtrennen lassen. Die Zentromere bestehen aus α-**Satelliten-DNA,** deren zentraler Baustein ein 171 bp großer DNA-Abschnitt ist, der z. T. mehrere 10.000-mal wiederholt vorliegt. Die genaue Sequenz unterscheidet sich zwischen den verschiedenen Chromosomen. Die α-Satelliten-DNA dient als Ansatzpunkt für die Mikrotubuli des Spindelapparats bei der Mitose. Auch die **Telomere** bestehen aus repetitiver DNA (▶ Kap. 2.6).

Der Begriff »Satellit« wird für zwei weitere repetitive Sequenztypen verwendet, deren Wiederholungszahl in einer Population sehr variabel ist, aber in den meisten Fällen stabil vererbt wird. **Minisatelliten** (VNTR, *variable number tandem repeats*) sind wiederholte Abfolgen von 5–50 Nukleotiden, während wiederholte Abfolgen von 2–4 Nukleotiden als **Mikrosatelliten** (STR, *short tandem repeats*) bezeichnet werden. Mini- und Mikrosatelliten haben meist keine funktionelle Bedeutung, werden jedoch in der Genetik aufgrund ihrer hohen Variabilität und leichten Analysierbarkeit für zahlreiche genetischen Analysen verwendet, vom genetischen Fingerabdruck über Vaterschaftstests bis hin zu Kopplungsanalysen innerhalb von Familien. Eine besondere Bedeutung spielen sie bei den Trinukleotid-Repeatkrankheiten (▶ Kap. 3.6).

Mobile genetische Elemente

Im menschlichen Genom finden sich zuhauf bewegliche DNA-Elemente, die als **Transposons** oder **Retrotransposons** bezeichnet werden und mehr als 40% des gesamten Genoms ausmachen. Umgangssprachlich werden sie als »springende Gene« bezeichnet. Es handelt sich um DNA-Sequenzen, die ihren Aufenthaltsort auf einem Chromosom verlassen und an nichthomologen Orten in der DNA wieder ins Genom eintreten können. Die mobilen DNA-Fragmente der Transposons haben eine Länge von ca. 1,2–3 kb und kodieren für eine Transposase, die das Transposon ausschneidet und andernorts wieder einfügt. Bei den Retrotransposons wird zunächst eine mRNA transkribiert, die in cDNA umgeschrieben und an anderer Stelle wieder ins Genom integriert wird. Die für die Umschreibung von RNA in cDNA notwendige reverse Transkriptase wird von dem Retrotransposon kodiert.

■ ■ ■ **Retrotransposons**

Es werden unterschieden: LTR- (*long terminal repeats*) Retrotransposons von einer Größe von ca. 5–10 kb, bei denen die zentrale proteinkodierende Region von *long terminal repeats* flankiert wird, sowie Non-LTR-Retrotransposons, bei denen dies nicht der Fall ist. Bei letztern unterscheidet man LINEs (*long interspersed elements*) von bis zu 7 kb Länge, sowie SINEs (*short interspersed elements*) von bis zu 300 bp Länge, z. B. die sog. Alu-Sequenzen. Die LINEs und SINEs machen etwa 1/3 des gesamten menschlichen Genoms aus.

Mobile genetische Elemente haben einen großen Einfluss auf die Struktur des Genoms, spielten vermutlich eine wichtige Rolle in der Evolution, und können auf verschiedene Weise zur Entstehung von Krankheiten beitragen. So können beispielsweise Alu-Sequenzen eine asymmetrische Rekombination vermitteln und dadurch genomische Deletionen und Duplikationen verursachen; viele häufige Mikrodeletionssyndrome entstehen typischerweise über diesen Mechanismus. Für die Identifikation der mobilen Elemente der DNA erhielt Barbara McKlintock 1983 den Nobelpreis für Medizin.

2.4 Vom Gen zur mRNA

Viele Einzelgene des menschlichen Genoms werden nur in bestimmten Geweben bzw. nur zu bestimmten Zeitpunkten der embryonalen oder späteren Entwicklung exprimiert. Unser Verständnis von der feinen Regulation der Expression eukaryontischer Gene ist noch rudimentär. Nur ein kleiner Teil der menschlichen Genomsequenz (ca. 2%) kodiert für Proteine. Wieviel von dem ganzen Rest ist tatsächlich (wie früher angenommen) evolutionärer »Müll«? Ein vermutlich nicht ganz kleiner Teil davon wird für die Genregulation und andere Funktionen verwendet. Die Bedeutung von nichtproteinkodierenden Sequenzen genauer zu bestimmen ist eine der großen Herausforderungen der Humangenetik im 21. Jahrhundert.

2.4 · Vom Gen zur mRNA

Regulation der Genexpression

Die Expression einzelner Gene kann auf verschiedenen Ebenen reguliert werden, wie auch viele Einzelschritte notwendig sind, bis aus der DNA-Sequenz ein funktionstüchtiges Protein geworden ist: Auflockerung der DNA am entsprechenden Genort, Initiation der Transkription durch Bindung von Transkriptionsfaktoren, Verstärkung der Wirkung durch Enhancer, Hemmung durch Silencer, dann die Durchführung der Transkription und anschließend die Prozessierung des primären Transkripts, der Transport des modifizierten Transkripts in das Zytoplasma und dort die Translation der reifen mRNA in ein Polypeptid. Jeder einzelne dieser Schritte bietet Angriffspunkte für mögliche Regulatoren. Es ist vor allem der Schritt der **Transkription**, der intensiv und differenziert gesteuert und reguliert wird. Die Bindung spezifischer Transkriptionsfaktoren ist entscheidend für den Zeitpunkt und das Ausmaß der Genexpression. Transkriptionsaktive Bereiche der DNA zeichnen sich unter anderem dadurch aus, dass ein geringerer Teil ihrer Cytosinbasen methyliert ist. Transkriptionsinaktive Bereiche der DNA sind hingegen hypermethyliert. Die jeweiligen Methylierungsmuster sind nicht nur in verschiedenen Geweben, sondern auch zu verschiedenen Zeitpunkten der Entwicklung höchst unterschiedlich.

Die meisten eukaryontischen Gene werden erst exprimiert, nachdem Transkriptionsfaktoren an die Promotor-Region des Gens gebunden haben und den Aufbau des großen, aus vielen Untereinheiten zusammengesetzten Initiationskomplexes einleiten. Eine Schleifenbildung der DNA gestattet die Bindung der Transkriptionsfaktoren an Promotor und Enhancer, selbst solchen, die mehrere Kilobasen vom Startpunkt der Transkription entfernt sind. Bei einer großen Anzahl von Transkriptionsfaktoren finden sich typische DNA-bindende Strukturmotive (Zinkfinger, Leucin-Zipper, Helix-loop-helix etc.).

> **Wichtig**
>
> Gene, deren Genprodukt eine essentielle Bedeutung im Stoffwechsel der Zelle hat, und die ständig exprimiert werden, weil sie in allen Zellen und Geweben benötigt werden, bezeichnet man als *housekeeping genes*.

Transkription

Als Transkription bezeichnet man die Umschreibung der DNA in ein komplementäres RNA-Molekül. Dieser erste Schritt der Dekodierung der genetischen Information findet naturgemäß im Zellkern statt. Die Transkription beginnt mit der Ausbildung des Transkriptions-Initiationskomplexes aus Transkriptionsfaktoren und RNA-Polymerase an der Promotor-Region. Eukaryonten haben drei verschiedenen RNA-Polymerasen. Die wichtigste ist **RNA-Polymerase II**, welche die proteinkodierende mRNA transkribiert; nichtkodierende RNA wird in der Regel von RNA-Polymerase I bzw. III abgelesen (◘ Tab. 2.1).

Tab. 2.1. Eukaryontische RNA-Polymerasen	
RNA-Polymerase	**Transkripte**
RNA-Polymerase I	**45S rRNA im Nucleolus**, wird nachfolgend in 18 S, 5,8 S und 28 S rRNA gespalten
RNA-Polymerase II	**mRNA** und andere
RNA-Polymerase III	**tRNA,** 5S rRNA und andere nichtkodierende RNA
rRNA = ribosomale RNA, mRNA = messenger RNA, tRNA = transfer RNA	

▪▪▪ Amantadin – Gift der RNA-Polymerase II

Jedes Jahr sterben dutzende Menschen in Folge des Verzehrs von Amanita phalloides, des Grünen Knollenblätterpilzes. Er enthält unter anderem das Gift α-Amantadin, welches sich mit enormer Festigkeit an die RNA-Polymerase II bindet und die Bildung der mRNA-Vorstufen in der Zelle blockiert. Es hemmt die Elongation bei der RNA-Synthese. In sehr hohen Konzentrationen blockiert Amantadin auch die RNA-Polymerase III.

Die RNA-Polymerase bindet an die DNA-Doppelhelix, sorgt für deren Entwindung, und beginnt mit der RNA-Synthese (Initiation). Als Matrize wird der Gegensinn-Strang verwendet, da *per definitionem* die Sequenzen von Transkript und Sinnstrang identisch sein sollen. Die Polymerase wandert in 3'→5' Richtung am Gegensinnstrang der DNA entlang und synthetisiert RNA in der üblichen 5'→3' Richtung (Elongation). Die transkribierte DNA wickelt sich hinter der RNA-Polymerase wieder zur Doppelhelix auf.

Noch während des eigentlichen Transkriptionsprozesses, und zumindest teilweise vermittelt von Untereinheiten der RNA-Polymerase II, wird die entstehende prä-mRNA (als hn-RNA bzw. heterogene nukleäre RNA bezeichnet), weiter modifiziert und prozessiert. Hierbei sind drei wichtige Vorgänge hervorzuheben: Capping, Spleißen und Terminierung/Polyadenylierung, die miteinander interagieren und sich z. T. gegenseitig bedingen.

Am 5'-Beginn der hn-RNA wird ein Guanosin (aus GTP) angehängt und an der N7-Position methyliert, man spricht vom **Capping** der RNA. Diese »Kappe« ist u. a. für eine korrekte Durchführung von Spleißen und Polyadenylierung notwendig und erleichtert darüber hinaus die Bindung an die Ribosomen und schützt die RNA vor Degradierung durch Exonukleasen. Der Abschluss des RNA-Strangs wird durch spezifische Sequenzen in der 3'UTR vermittelt, die zur Ausbildung von Haarnadelstrukturen und zur Durchtrennung der RNA führen. Besonders wichtig ist das Polyadenylierungssignal AAUAAA, an das im direkten Zusammenhang mit der RNA-Durchtrennung 100-200 AMPs (Adenosinmomophosphate) gehängt werden. Diese **Polyadenylierung** erhöht ebenfalls

2.4 · Vom Gen zur mRNA

die Stabilität der reifen mRNA und schützt sie vor intrazytoplasmatischen Exonukleasen. Sie reguliert die Häufigkeit, mit der eine mRNA abgelesen wird, da sie sich bei der Translation kontinuierlich verkürzt, bis ein mRNA-Abbau eingeleitet wird.

> **Wichtig**
> - 5'-Anfang der mRNA: Capping (7-Methyl-Guanosin)
> - 3'-Ende der mRNA: Polyadenylierung

Spleißen

Das RNA-Spleißen ist ein komplizierter Prozess, der in direktem Zusammenhang mit der Transkription im Zellkern stattfindet und durch einen großen RNA-Protein-Komplex, das sog. Spliceosom vermittelt wird. Es besteht aus 5 verschiedenen kleinen RNA-Molekülen (snRNAs) und mehr als 50 verschiedenen Proteinen. Das Spleißen läuft in drei wesentlichen Schritten ab. Zunächst wird das Intron am 5'-Ende (Spleiß-Donorstelle) abgeschnitten. Danach bildet das frei gewordene 5'-Ende eine Art »Lasso« mit einem Adenosin in der »Verzweigungsstelle« des Introns. Schließlich wird das Intron am 3'-Ende (Spleiß-Akzeptorstelle) abgeschnitten und das Lasso freigesetzt. Die beiden freien Anteile der benachbarten Exons werden verbunden, das freie Intron-Lasso wird in der Regel abgebaut.

Bei etlichen menschlichen Genen ist ein sog. **alternatives Splicing** möglich. Das heißt, die Exons eines einzigen Gens können in verschiedener Art und Weise zusammengesetzt werden und bilden so verschiedene mRNAs, die für funktionell verschiedene Polypeptide kodieren. Das alternative Splicing vergrößert auf diesem Weg erheblich das Repertoire von Proteinen in Eukaryonten.

■■■ RNA-Editing

Zum Teil wird der Informationsgehalt der mRNA noch nach Transkription verändert. Man spricht in diesen Fällen von RNA-Editing. Ein berühmtes Beispiel hierfür ist das Apolipoprotein B, welches in Form seiner nichteditierten RNA für das ApoB-100 kodiert. Durch posttranskriptionelle Desaminierung eines bestimmten, methylierten Cystosins in der mRNA wird aus C ein U und auf diesem Weg aus dem Codon CAA (für Glutamin) wird ein Stoppcodon UAA. Diese posttranskriptionelle Veränderung (katalysiert durch das Enzym Desaminase) lässt im Rahmen der Translation statt ApoB-100 ApoB-48 entstehen, eine gestutzte Version des Proteins, mit gänzlich anderer Funktion.

■■■ Nonsense mediated decay

Ein wichtiger Mechanismus der »internen Qualitätssicherung« der Zelle besteht im Prinzip des *nonsense mediated decay (NMD)*. Es kennzeichnet den vorzeitigen, zytoplasmatischen Abbau von fehlerhafter (stabiler) mRNA und wurde erstmals im Zusammenhang mit *nonsense*-Mutationen nachgewiesen, die zum vorzeitigen Abbruch der Polypeptidkette führen. Inzwischen wurde gezeigt, dass ein RNA-Abbau auch durch andere Konstellationen wie fehlerhaftes Spleißen, Mutationen mit Verschiebung des Leserasters oder eine verlängerte 3'UTR verursacht werden kann. Der genaue Mechanismus ist bislang nicht abschließend geklärt. NMD hat eine wichtige zelluläre Funktion, da es die Effizienz der Translationsmaschinerie erhöht und ggf. vor der Akkumulation von möglicherweise toxischen Polypeptid-Fragmenten schützt. Im Einzelfall kann NMD bei monogenen Krankheiten ungünstig sein, wenn z. B. das verkürzte Protein noch eine Restfunktion hätte, wegen des mRNA-Abbaus aber gar nicht mehr gebildet wird.

2.5 Von der mRNA zum Protein

Genetischer Code

Nach Capping, Polyadenylierung und Splicing wird die reife mRNA vom Zellkern ins Zytoplasma transloziert, wo ihre Information im Rahmen der Translation in eine Polypeptidsequenz übersetzt wird. Als Vermittler zwischen der mRNA-Sequenz und den einzelnen Aminosäuren dienen die **tRNAs** (transfer-RNAs). Jeweils drei Nukleotidbasen der mRNA-Sequenz (**Codons**) binden komplementär an drei Nukleotidbasen der entsprechenden tRNAs (**Anticodons**). tRNAs sind einzelsträngige RNA-Ketten aus etwa 80 Nukleotiden, von denen einige nach Transkription modifiziert werden. Charakteristisch ist der hohe Gehalt an besonderen Basen (andere als A, U, G, C): Inosin, Pseudouridin, Dihydrouridin, Ribothymidin und methylierte Derivate des Guanosins und Inosins. Die Einzelstränge aller bekannten tRNAs lagern sich in einer Art Kleeblattform zusammen, in der etwa die Hälfte der Nukleotide mittels Wasserstoffbrücken gepaart ist. In Wirklichkeit sind alle tRNAs L-förmig, mit dem Anticodon am einen Ende und der Aminosäurebindungsstelle am anderen. Aminoacyl-tRNA-Synthetasen erkennen spezifisch die verschiedenen tRNAs an den Anticodons und am Akzeptorstamm. Sie katalysieren die Kopplung der jeweiligen Aminosäuren an die passende tRNA.

Die Verschlüsselung der Aminosäuresequenz in der DNA-Sequenz wird als **genetischer Code** bezeichnet. Ein Codon (von 3 Basen) entspricht jeweils einer Aminosäure. In jedem Codon gibt es eine erste, eine zweite und eine dritte Base, die fest als solche definiert sind. Der genetische Code enthält drüber hinaus Sequenzen für den Beginn (Startcodon) und das Ende (Stoppcodon) der Translation. Der genetische Code ist (nahezu) **universell**, d. h., die gleichen Codons werden von verschiedenen Organismen (von Bakterien über die mongolischen Wüstenrennmäuse bis hin zum Menschen) verwendet. Ausnahmen dieser Universalität stellen das menschliche mitochondriale Genom sowie die Ciliaten (Wimperntierchen) dar.

Da jeweils drei Basen ein Codon bilden und vier verschiedene Basen (A, U, G, C) in der mRNA vorkommen, gibt es insgesamt $4^3 = 64$ Möglichkeiten der Kombi-

2.5 · Von der mRNA zum Protein

nation, also 64 verschiedene Codons (◘ Tab. 2.2). 61 dieser Codons entsprechen bestimmten Aminosäuren, 3 Codons (UAA, UAG, UGA) stellen Stoppcodons dar. Da es 20 Aminosäuren und 61 Codons gibt, ist leicht verständlich, dass der genetische Code stark **degeneriert** ist. Das heißt: Viele Aminosäuren werden von mehr als einem Triplett kodiert. Codons, die die gleiche Aminosäure kodieren, heißen Synonyme (z. B. kodieren sowohl AGA als auch AGG für Arginin).

◘ **Tab. 2.2.** Der genetische Code

	Zweite Position **U**	kodiert für...	Zweite Position **C**	kodiert für...	Zweite Position **A**	kodiert für...	Zweite Position **G**	kodiert für...
Erste Position **U**	UUU	Phe	UCU	Ser	UAU	Tyr	UGU	Cys
	UUC		UCC		UAC		UGC	
	UUA	Leu	UCA		UAA	Stop	UGA	Stop
	UUG		UCG		UAG		UGG	Trp
Erste Position **C**	CUU	Leu	CCU	Pro	CAU	His	CGU	Arg
	CUC		CCC		CAC		CGC	
	CUA		CCA		CAA	Gln	CGA	
	CUG		CCG		CAG		CGG	
Erste Position **A**	AUU	Ile	ACU	Thr	AAU	Asn	AGU	Ser
	AUC		ACC		AAC		AGC	
	AUA		ACA		AAA	Lys	AGA	Arg
	AUG	Met (Start)	ACG		AAG		AGU	
Erste Position **G**	GUU	Val	GCU	Ala	GAU	Asp	GGU	Gly
	GUC		GCC		GAC		GGC	
	GUA		GCA		GAA	Glu	GGA	
	GUG		GCG		GAG		GGG	

Phe = Phenylalanin (F), Leu = Leucin (L), Ile = Isoleucin (I), Met = Methionin (M), Val = Valin (V), Ser = Serin (S), Pro = Prolin (P), Thr = Threonin (T), Ala = Alanin (A), Tyr = Tyrosin (Y), His = Histidin (H), Gln = Glutamin (Q), Asn = Asparagin (N), Lys = Lysin (K), Asp = Asparaginsäure (D), Glu = Glutaminsäure (E), Cys = Cystein (C), Trp = Tryptophan (W), Arg = Arginin (R), Gly = Glycin (G).

Das AUG-Codon, welches für Methionin kodiert, steht am Anfang der proteinkodierenden Sequenz jedes mRNA-Moleküls. Es wird als **Startcodon** bezeichnet. Jedes neu synthetisierte Peptid beginnt daher mit der Aminosäure Methionin. Die Translation der meisten mRNAs beginnt mit dem ersten AUG vom 5'-Ende aus gesehen. Und dieses AUG legt dann den Leserahmen für den Rest des abzulesenden mRNA-Moleküls fest. Der Leserahmen wird über die Exongrenzen (nach dem Spleißen der Introns) beibehalten; Exons sind zum Teil (zufällig) durch 3 teilbar, und nur bei einem Teil der Exons ist das Ende auch das Ende eines Codons.

> **Wichtig**
>
> Der genetische Code ist…
> - Eindeutig – ein Codon steht eindeutig für eine einzige Aminosäure
> - Degeneriert – viele Aminosäuren werden von mehr als einem Codon kodiert
> - Ohne Komma und nicht überlappend (Ausnahme: einige Viren)
> - Universell – gleiche Codons in vielen Organismen (wenige Ausnahmen)

Translation

Der Mechanismus der Proteinsynthese wird als Translation bezeichnet, da er die Sprache der Nukleinsäuren in die andere Sprache der Polypeptide übersetzt. Die mRNA, die tRNAs, beladen mit Aminosäuren und die Ribosomen sind die Protagonisten dieses überaus komplexen Vorgangs, an dem insgesamt weit mehr als 100 Makromoleküle beteiligt sind.

Die Proteinsynthese verläuft in drei Stufen: Initiation, Elongation und Termination. Alle drei Schritte finden an den **Ribosomen** statt. Ribosomen sind zytoplasmatische Partikel, die aus verschiedenen Proteinen und RNA-Molekülen (rRNA) zusammengesetzt sind. Sie sind quasi Enzyme, die eine mRNA-abhängige Bildung von Peptidbindungen katalysieren. Aktive Ribosomen reihen sich an der zu übersetzenden mRNA auf; oft finden sich bis zu 50 Ribosomen pro mRNA (**Polysomen**). Jedes einzelne Ribosom besteht aus zwei Untereinheiten und im inaktiven Zustand liegen diese Untereinheiten getrennt voneinander vor. Die Größe der jeweiligen Untereinheit wird mit dem Sedimentationskoeffizienten »S« (nach dem Chemiker The Svedberg, der für seine Arbeiten über disperse Systeme« 1926 den Nobelpreis für Chemie erhielt) beschrieben. Die eukaryontischen Ribosomen bestehen aus einer kleinen **40S-Untereinheit** (mit einer 18S rRNA und 33 verschiedenen Proteinen) und einer großen **60S-Untereinheit** (mit drei 28S, 5,8S und 5S rRNAs sowie 50 verschiedenen Proteinen) (◘ Abb. 2.7).

Initiation. Die Translation beginnt mit der Bildung des »Präinitiations-Komplexes«, welcher sich aus der 40S Untereinheit des Ribosoms, der Initiator-tRNA^{Met}, GTP und einigen Initiationsfaktoren (z. B. dem eukaryontischen Initiationsfaktor

2.5 · Von der mRNA zum Protein

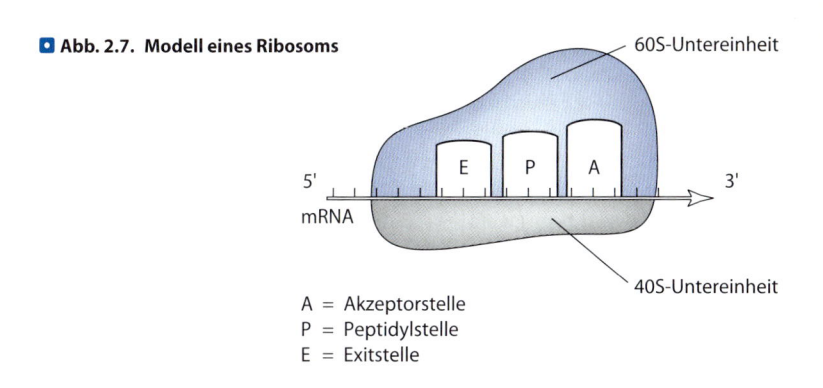

Abb. 2.7. Modell eines Ribosoms

A = Akzeptorstelle
P = Peptidylstelle
E = Exitstelle

2 = eIF-2) zusammensetzt. Dieser Initiationskomplex erkennt eine reife mRNA an ihrem 5'-Ende, bindet und untersucht die mRNA in Richtung 5'→3', bis er auf ein Startcodon (AUG) stößt. Nun bindet die 60S Untereinheit des Ribosoms, die Initiationsfaktoren lösen sich und die Übersetzung der mRNA kann beginnen.

Elongation. Die Initiator-tRNA besetzt zunächst die P-(Peptidyl-)Stelle des Ribosoms. Die Elongation beginnt mit der Bindung der nächsten tRNA an die zweite Bindungsstelle des Ribosoms, die sog. A-(Aminoacyl-)Stelle. Es bildet sich sodann eine Peptidbindung zwischen dem Methionin der Initiator-tRNA und der Aminosäure der zweiten tRNA aus. Die entstandene Dipeptidyl-RNA bewegt sich anschließend von der A- zur P-Stelle und das Initiator-tRNA-Molekül bewegt sich zur E-(Exit-)Stelle, bevor es das Ribosom verlässt. Eine neue Aminoacyl-tRNA bindet sodann an die freie A-Stelle, um einen weiteren Elongationszyklus zu starten. Elongationsfaktoren (EF) begünstigen den Ablauf dieser Elongationszyklen.

Termination. Sobald auf der mRNA ein Stoppcodon erreicht wird, löst sich das vollständige Polypeptid von der tRNA und das Ribosom dissoziiert in seine beiden Untereinheiten.

tRNA Wobble. Das Codon der mRNA wird vom Anticodon der tRNA erkannt, es gibt jedoch nur gut 30 verschiedene tRNA-Moleküle im Zytoplasma (in den Mitochondrien sogar nur 22). Trotzdem können alle 64 Codons erkannt werden. Woran liegt das? Jede Base des Codons geht eine Watson-Crick-Basenpaarung mit einer komplementären Base des Anticodons ein. Die ersten beiden Basen paaren präzise in gewöhnlicher Weise. Die sterischen Bedingungen für die dritte Base sind weniger zwingend als für die ersten beiden. Codons, die sich in der 3. Position unterscheiden, können für die gleiche tRNA/Aminosäure kodieren. Bei der Hälfte der Codons ist die dritte Base unerheblich, bei den übrigen Codons wird zwischen Purinen (A und

G) und Pyrimidinen (C und U) unterschieden. Einzige Ausnahmen sind das Startcodon AUG und eines der drei Stoppcodons, UGA, die spezifisch sind. Man sagt, die dritte Position wackelt (*wobble*). Die Degeneration des genetischen Codes ist somit teilweise mit der Ungenauigkeit bei der Paarung der dritten Base des Codons mit der ersten Base des Anticodons zu erklären.

■■■ **Diphtherie, eine tödliche Erkankung durch gestörte Translation**
Früher war die Diphtherie eine häufige Todesursache bei Kindern. Seit der Einführung der aktiven Immunisierung ist die Krankheit selten geworden und betrifft heute nur noch Personen ohne ausreichenden Impfschutz. In den letzten Jahren kam es in Ländern Osteuropas zu Epidemien. Erreger ist das *Corynebacterium diphtheriae*, der entscheidende pathogenetische Faktor ist das Diphtherietoxin, von dem wenige Milligramm für Nichtimmunisierte tödlich sind. Nach Eindringen in die Zelle zerfällt das Toxin in zwei Fragmente A und B. Das A-Fragment bewirkt im Zytosol eine ADP-Ribosylierung des Elongationsfaktors EF2, der dann nicht mehr in der Lage ist, die Translokation der wachsenden Polypeptidkette im Ribosom auszuführen. Die Polypeptidyl-RNA verharrt in der A-Stelle des Ribosoms, die Elongation arretiert, die Proteinsynthese wird gestoppt. Ein einziges A-Fragment des Toxins kann eine Zelle töten.

2.6 Chromosomen

Man kann sich das menschliche Genom als Schrank mit 46 Büchern (Chromosomen) vorstellen, welche die gesamte Erbinformation in Form von einzelnen Gebrauchsanleitungen oder Rezepten (Genen) enthalten. Es gibt nicht 46 verschiedene »Bücher«, sondern (abgesehen von den Geschlechtschromosomen beim Mann) 23 Paare von gleichen Chromosomen. Alle genetischen Phänomene von Translokationen (zwei Bücher auseinandergerissen und falsch zusammengeklebt) bis hin zur Lyon-Hypothese (ein Exemplar des X-Buches wird versiegelt) kann man im Gespräch mit Patienten mit Hilfe dieses Bildes erklären.

Mit Ausnahme der Keimzellen (Spermien oder Eizellen) enthalten alle Zellen des menschlichen Körpers **46 Chromosomen** (*chroma (gr.)*, Farbe, »Farbkörperchen«), bzw. 23 Chromosomenpaare. Jeweils ein Chromosom von jedem Paar stammt von der Mutter, das andere vom Vater. Jede Eizelle und jedes Spermium enthält einen **haploiden** (*haploos (gr.)*, einfach) Satz (n) von 23 verschiedenen Chromosomen. Kommen diese beiden haploiden Chromsomensätze in der befruchteten Eizelle zusammen, entsteht ein **diploider** (*diploos (gr.)*, doppelt) Chromosomensatz (2n) von 46 Chromosomen. Von den 23 Chromosomenpaaren sind 22 **Autosomen** bei Mann und Frau gleich. Sie werden in abnehmender Größe durchnummeriert: Das größte ist Chromosom 1, das kleinste ist nicht Chromosom 22, wie zunächst angenommen, sondern Chromosom 21. Das verbleibende 23. Paar sind die **Geschlechtschromosomen**: Frauen haben zwei X-Chromosomen, Männer ein X- und ein Y-Chromosom.

Alle Chromosomen werden durch ein ein **Zentromer** in einen kurzen Arm **p** und einen langen Arm **q** geteilt. Nach Lage des Zentromers werden die Chromosomen als metazentrisch (mittelständiges Zentromer), submetazentrisch oder akrozentrisch (endständiges Zentromer) bezeichnet. Der kurze Arm wird **p** und der lange Arm **q** genannt. Die Enden der Chromosomen werden als **Telomere** bezeichnet.

> **Wichtig**
>
> Der kurze Arm des Chromosoms wird mit dem Buchstaben p (petit) bezeichnet.

Die einzelnen Gene sind entlang der DNA linear angeordnet, auf beiden Strängen der Doppelhelix eines jeden Chromosoms. Die einzelnen Partner eines jeden Paares (sog. **homologe Chromosomen**) tragen normalerweise die gleichen Gene in der gleichen Abfolge. Durch das ganze Genom hindurch gibt es jedoch Millionen von Sequenzunterschieden, an denen sich die beiden homologen Chromosomensätze unterscheiden, und die in ihrer Gesamtheit für die genetisch bedingten Unterschiede zwischen den Menschen verantwortlich sind.

Verpackung der DNA

Wie besprochen, finden sich im haploiden menschlichen Genom etwa 3×10^9 Basenpaare DNA. Da 3000 Basenpaare reiner DNA 1 µm lang sind, kann man hochrechnen, dass sich die Gesamtlänge des haploiden menschlichen Genoms auf einen Meter erstreckt. Da der Zellkern einen Durchmesser von 10 µm aufweist, muss ein effizientes Verpackungssystem dafür sorgen, die insgesamt **2 m DNA pro Körperzelle** geschickt, platzsparend und ohne störende Knoten zu verpacken.

Die erste Stufe der Verpackung ist das **Nukleosom**, das in allen Eukaryonten den gleichen, evolutionär hoch konservierten Aufbau zeigt. Der DNA-Doppelstrang ist außen um ein Oktamer von insgesamt 8 **Histonen** (je zwei H2A, H2B, H3 und H4) in definierter räumlicher Anordnung gewickelt. Pro Nukleosom vollzieht die DNA zwei volle Windungen, das entspricht 146 Basenpaaren bzw. einem Verpackungsgrad mit dem Faktor 5–10. Benachbarte Nukleosomen werden über eine etwa 60 Basenpaare lange Linker-DNA verbunden. An den Linker-Bereich bindet das Histon H1, dem eine Schlüsselrolle bei der Verdrehung und Verpackung des Chromatins zugeschrieben wird. Die einzelnen Nukleosomen mit den dazwischen liegenden Linker-Bereichen erscheinen unter dem Elektronenmikroskop wie Perlen auf einer Kette. Die einzelnen Perlen sind etwa 10 nm groß.

Die nächsthöhere Ebene der Verpackung ist die **Superhelix** mit einem Durchmesser von 25–30 nm, die sich aus Nukleosomen und Histon H1 zusammensetzt.

Sie bildet die Grundlage des Interphase-Chromatins und der Metaphase-Chromosomen. Der Verpackungsgrad beträgt 50. Die Superhelix bildet einen Komplex mit Nicht-Histon-Proteinen und so kommt es zu immer höhergradigen Kondensationen, bis letztlich das mehrfach verdrillte Chromatid eines Metaphase-Chromosoms mit einem Durchmesser von etwa 1000 nm vorliegt.

Euchromatin und Heterochromatin

Während der Metaphase befindet sich das gesamte Chromosom in einem stark kondensierten Zustand. Während aller anderen Phasen des Zellzyklus können stärkere und weniger stark kondensierte Bereiche unterschieden werden. Ein großer Teil der Chromosomen liegt als **Euchromatin** vor, eher lose verpackt mit einem Durchmesser von 30–300 nm. Andere Abschnitte, die als **Heterochromatin** bezeichnet werden, bleiben während des gesamten Zellzyklus stark kondensiert; sie zeigen überdies eine späte Replikation während der S-Phase des Zellzyklus. Viel Heterochromatin befindet sich in Bereichen nahe der Zentromere der Chromosomen bzw. im Bereich der Telomere der akrozentrischen Chromosomen. Die DNA des Heterochromatins kann nicht transkribiert werden. Sie ist zu dicht gepackt, als dass die Transkriptionsmaschinerie ausreichend Zugang zum DNA-Strang fände. Heterochromatin enthält wenige Gene und stattdessen viele der hoch repetitiven Bereiche der menschlichen DNA.

Eine spezielle Form des Heterochromatins findet sich beim inaktivierten X-Chromosom der Frauen. Grosse Teile (80–85%) der Gene dieses Chromosoms werden nicht exprimiert, und bleiben als Heterochromatin in den Soma-Zellen ein Leben lang kondensiert. In den Oozyten löst sich die Kondensation und das Chromatin wird zum Euchromatin, sobald es im Rahmen der Fortsetzung der 1. meiotischen Reifeteilung aus dem Diktiotän heraustritt.

Zentromere und Telomere

Die Zentromere und die Telomere der menschlichen Chromosomen enthalten in hohem Maß repetitive DNA-Sequenzen und sind evolutionär konserviert. Etwa 5% der repetitiven Sequenzen der menschlichen DNA befinden sich im Bereich der **Zentromere** (v. a. α-Satelliten). Sie spielen höchstwahrscheinlich eine bedeutende Rolle bei der Bindung von Strukturproteinen, welche zur Entstehung des Kinetochors beitragen und in der Metaphase als Andockstelle für den Spindelapparat dienen.

Die **Telomere** (*telos (gr.)*, Ende) bestehen aus repetitiven Tandem-Sequenzen, in diesem Fall 5'-TTAGGG-3'. Da die Replikation der DNA nur in 5'-3' Richtung stattfinden kann, verbleibt an einem der beiden DNA-Stränge (dessen 5'-Ende Teil des Telomers ist) immer ein kleines Stückchen an 8–10 Nukleotiden, die von der DNA-Polymerase nicht mehr repliziert werden können. Die vielfach wiederholte TTAGGG-Sequenz kann von dem Enzym **Telomerase** repliziert werden. Dieses Enzym ist eine matrizenhaltige Reverse Transkriptase, welche ihr eigenes RNA-

Template 5'-CCCUAA-3' enthält und damit unabhängig von einem DNA-Strang Nukleotide am freien 3'-Ende anheften kann. Telomerase findet sich beim Menschen vor allem in den Keimzellen. Ausdifferenzierte Zellen weisen keine Telomerase-Aktivität mehr auf und erfahren damit pro Zellzyklus eine Verkürzung ihrer Telomeren um ca. 50 Nukleotide. Langfristig trägt dies zu Alterungsprozessen und zum Zelluntergang bei. Im Gegensatz dazu haben viele Tumorzellen eine Telomerase-Aktivität, weisen damit keine zelluläre Seneszenz auf und sind weniger anfällig gegenüber dem programmierten Zelltod (Apoptose).

2.7 Besonderheiten der Geschlechtschromosomen

Im Gegensatz zu den Autosomen sind die Geschlechtschromosomen X und Y ein überaus heteromorphes Paar. Das Y-Chromosom ist bedeutend kleiner als das X-Chromosom und es weist auf seinem langen Arm weite Strecken hoch repetitiver, nichtkodierender DNA auf. Damit bleiben nur wenige und kurze Bereiche, die überhaupt funktionstüchtige Gene enthalten. Und dennoch ist das Y-Chromosom das »Zünglein an der Waage«, wenn es um die Frage der geschlechtlichen Differenzierung geht. Personen mit einem einzigen X-Chromosom entwickeln einen weiblichen Phänotyp (Turner-Syndrom). Personen mit zwei X und einem Y entwickeln sich männlich (Klinefelter-Syndrom). Die Anzahl der X-Chromosomen ist unbedeutsam für die geschlechtliche Differenzierung und auch deren zahlenmäßiges Verhältnis zu den Autosomen. Es ist das Y-Chromosom, welches einen dominanten Faktor für die Entwicklung von Hoden auf sich trägt. Ist dieser nicht vorhanden, entwickelt sich die Anlage weiblich.

Im Gegensatz zu den Autosomen sind die beiden Geschlechtschromosomen X und Y in weiten Teilen nicht homolog zueinander. Zwei größere Bereiche stellen diesbezüglich eine Ausnahme dar. Diese Bereiche befinden sich am distalen Ende der kurzen Arme (2600 kb) und am distalen Ende der langen Arme (320 kb). Sie sind homolog zueinander und zwischen ihnen findet ein obligates Crossing-over statt. Genetische Marker dieser Abschnitte werden geschlechtsunabhängig vererbt, diese Abschnitte werden als **pseudoautosomale Regionen** (PAR) bezeichnet. **PAR 1** ist die größere von beiden am distalen Ende von Chromosom Yp bzw. Xp, **PAR 2** liegt am distalen Ende von Chromosom Yq bzw. Xq. PAR 1 ist für die Aneinanderlagerung der Geschlechtschromosomen in der männlichen Meiose verantwortlich.

Das Y-Chromosom

Das menschliche Y-Chromosom hat eine Länge von ca. 60 Mb und weist wenige funktionstüchtige Gene auf. Es handelt sich um **weniger als 50 Gene**. Einigen dieser Gene (außerhalb der PAR) kommt eine entscheidende Bedeutung bei der sexuellen

Differenzierung, der Entwicklung der Geschlechtsmerkmale und der Spermatogenese zu.

Y und die sexuelle Differenzierung. Das Geschlecht des Embryos ist zum Zeitpunkt der Befruchtung genetisch determiniert. Die Gonaden werden zunächst als geschlechtsindifferente Genitalleisten angelegt und entwickeln erst in der 7. Woche die für das männliche oder weibliche Geschlecht charakteristischen morphologischen Merkmale. Wie beschrieben, entscheidet das Vorhandensein eines Y-Chromosoms über die weitere Entwicklung der indifferenten Anlagen der Sexualorgane. Die Frage war über lange Zeit: Welches Gen auf dem Y-Chromosom stellt den entscheidenden, **Testis-determinierenden Faktor** (TDF) dar? Aufschluss auf diese Frage gaben Männer, die phänotypisch normal männlich sind, jedoch einen Karyotyp 46,XX haben (XX male-Syndrom). Zytogenetische und molekulargenetische Untersuchungen bei diesen Männern zeigten in den allermeisten Fällen eine unbalancierte Translokation, durch die genetisches Material aus dem Bereich direkt proximal von PAR 1 des Y-Chromosoms auf das X-Chromosom transloziert worden war. Weiterführende Studien zeigten, dass es sich bei dem Gen **SRY** *(sex determining region on Y)* in dieser Region um den lange gesuchten *TDF* handelt.

Das Vorhandensein oder Fehlen von *SRY* hat direkten Einfluss auf die Differenzierung der Gonaden: In Anwesenheit von *SRY* wird die männliche Entwicklung induziert, fehlt *SRY*, läuft die weibliche Entwicklung ab. *SRY* wird während der Embryonalentwicklung für kurze Zeit in den Zellen der Genitalleisten exprimiert – unmittelbar bevor es zur Differenzierung in Richtung Hoden kommt. Es kodiert für ein DNA-bindendes Protein, wahrscheinlich einen Transkriptionsfaktor, der als Initiator einer Gen-Kaskade die weitere Entwicklung der indifferenten Anlagen der Sexualorgane determiniert. Die Mehrzahl dieser anderen Gene liegt auf den Autosomen.

Y und die Spermatogenese. Interstitielle Deletionen im langen Arm des Y-Chromosoms sind für 10% aller Fälle von nichtobstruktiver Azoospermie verantwortlich. Dieser Befund legte früh nahe, dass auf dem Y-Chromosom eines oder mehrere Gene für Azoospermie liegen. Man nannte diese **AZF** (Azoospermie-Faktoren). Vier verschiedene Regionen, deren Mikrodeletion im Zusammenhang mit Azoospermie steht, wurden bislang identifiziert: AZFa, AZFb, AZFc und AZFd. Nähere Untersuchungen an diesen Genloci führten zur Identifizierung verschiedener Gene, welche im Rahmen der Spermatogenese von Bedeutung sind. Als Beispiel seien die **DAZ** Gene genannt (*deleted in azoospermia*), welche in der AZFc Region liegen, für RNA-bindende Proteine kodieren und nur in den prämeiotischen Keimzellen des Hodens exprimiert werden. Wie man leicht nachvollziehen kann, handelt es sich bei den Mikrodeletionen mit Beteiligung von *DAZ* um De-novo-Deletionen.

Hätte der Vater diese Deletion und den Mangel an DAZ gehabt, wäre er infertil gewesen und hätte keine Kinder zeugen können.

Das X-Chromosom
Männer besitzen in der Regel ein X-Chromosom, Frauen zwei. Es handelt sich um ein großes, submetazentrisches Chromosom. Zwangsläufig stellt sich die Frage nach Gendosis-Effekten für alle auf dem X-Chromosom liegenden Gene. Die Antwort auf diese Frage liegt in der **Lyon-Hypothese**, die das Prinzip der X-Inaktivierung und der daraus resultierenden Gendosis-Kompensation postulierte. Sie geht auf Mary Lyon und das Jahr 1961 zurück.

> **Wichtig**
>
> **Lyon-Hypothese**
> - In den somatischen Zellen weiblicher Säugetiere ist **immer nur ein X-Chromosom transkriptionell aktiv**. Jedes weitere X-Chromosom liegt als Heterochromatin vor, ist inaktiv und ist in Zellen der Interphase als Sex-Chromatin oder **Barr-Körperchen** lichtmikroskopisch sichtbar. Wie jede Art von Heterochromatin zeigt das inaktive X-Chromosom eine späte Replikation in der S-Phase des Zellzyklus.
> - Die X-Inaktivierung findet **während der frühen Embryogenese** statt. Sie beginnt wohl schon kurz nach der Befruchtung und ist nach etwa einer Woche (ca. 100-Zell-Stadium) abgeschlossen.
> - Die X-Inaktivierung in dieser Phase ist **zufällig**. Mit gleicher Wahrscheinlichkeit wird entweder das mütterliche (X^m) oder das väterliche X-Chromosom (X^p) inaktiviert. Sobald die X-Inaktivierung einer Zelle abgeschlossen ist, steht diese Entscheidung für alle aus ihr hervorgehenden Zellen fest. Sie alle werden das gleiche inaktive X-Chromosom aufweisen. Jede Frau mit Karyotyp 46,XX hat damit ein funktionelles **Mosaik** aus Zellen mit aktivem mütterlichem X-Chromosom und Zellen mit aktivem väterlichem X-Chromosom.

Ganz einfach: Alle außer eins. Es werden immer alle außer einem X-Chromosom inaktiviert. Daraus folgt, dass ein Mann mit Karyotyp 46,XY kein Barr-Körperchen aufweist. Ein Mann mit 47,XXY hat ein Barr-Körperchen, genauso wie eine Frau mit 46,XX. Eine Frau mit 45,X (Turner-Syndrom) hat kein Barr-Körperchen. Eine Frau mit 47,XXX hingegen zwei. Und eine Frau mit 48,XXXX hat drei Barr-Körperchen.

▪▪▪ DNA-Methylierung als zentraler Mechanismus der Transkriptionskontrolle

Auf molekularer Ebene liegt der X-Inaktivierung eine durchgehende **Hypermethylierung** der DNA zugrunde. Die Methylierung von Cytosin in **CpG-Dinukleotiden** (wobei das p für die Phosphatverbindung zwischen C und G steht) besonders in den Promotor-Regionen (5′) der Gene verhindert die Bindung von Transkriptionsaktivatoren und ist ein üblicher Mechanismus für die Transkriptionshemmung der entsprechenden Gene. Die Hypermethylierung auf DNA-Ebene geht mit einer Hypoacetylierung auf der Ebene der Histone einher. Vor allem die Hypoacetylierung von Histon H4 ist ein typisches Merkmal von Heterochromatin.

Auf dem langen Arm des X-Chromosoms (Xq13) liegt ein **X-Inaktivierungszentrum** mit einem *XIST (X inactive specific transcript)* Gen. Das Produkt von *XIST* ist kein Protein, sondern eine RNA mit verschiedenen repetitiven Sequenzen. Im Gegensatz zu fast allen anderen Genen wird *XIST* vom inaktiven X-Chromosom exprimiert, vom aktiven X-Chromosom nicht. Es sorgt für die Inaktivierung des Chromosoms, auf dem es sich befindet.

Wäre die X-Inaktivierung vollständig und würde alle auf dem X-Chromosom befindlichen Gene betreffen, dürften weder Patienten mit Karyotyp 45,X, noch Patienten mit 47,XXY einen klinischen Phänotyp zeigen. Tatsächlich entgehen alle Gene der PARs (darunter das für das Wachstum wichtige *SHOX*-Gen) und noch einige andere Gene (nach manchen Studien bis zu 20% aller Gene auf dem X-Chromosom) der X-Inaktivierung. Die Gene in den beiden pseudoautosomalen Regione haben homologe Bereiche auf dem Y-Chromosom und benötigen keine Kompensierung der Gendosis.

Da die Inaktivierung in der frühen Embryonalzeit dem Zufallsprinizip folgt, sollte (für den Gesamtorganismus betrachtet) das Verhältnis zwischen inaktivierten mütterlichen X-Chromosomen und inaktivierten väterlichen X-Chromosomen 1:1 betragen. Allerdings ist dies nur eine statistische Zahl, die der Gauß-Normalverteilung folgt. Etwa 10–15% aller Frauen zeigen eine ungleiche Verteilung mit deutlicher Verschiebung zur einen oder anderen Seite. Man spricht vom Phänomen der **skewed X-inactivation**. Besonders eindrucksvoll, als durchgehende Inaktivierung des gleichen X-Chromosoms in allen Zellen, findet es sich bei Frauen mit großen unblancierten, strukturellen Anomalien eines X-Chromosoms (z. B. Ringchromosom X). Solange das *XIST*-Gen noch vorhanden ist, überleben in diesem Fall in der frühen Embryonalentwicklung solche Zellen, die das normale X-Chromosom aktiviert haben, und die betroffenen Frauen haben (wenn das Ende des kurzen Arms des X-Chromosoms fehlt) meist nur das klinische Bild eines Turner-Syndroms. Dagegen haben X-chromosomale Anomalien, bei denen das *XIST*-Gen verloren gegangen ist, viel schwerwiegendere Konsequenzen. Besonders komplex wird die Lage bei X-chromosomal-autosomalen Translokationen, da hier möglicherweise Teile eines Autosoms inaktiviert werden.

■■■ Skewed X-inactivation

Das Phänomen der *skewed X-inactivation* erklärt, warum Frauen nicht immer vor X-chromosomal rezessiv erblichen Krankheiten gefeit sind. Nehmen wir als Beipiel die Muskeldystrophie Duchenne (▶ Kap. 31.4). Sie ist X-chromosomal rezessiv erblich, was zur Folge hat, dass heterozygote Frauen als »Konduktorinnen« das mutierte Allel an 50% ihrer Kinder vererben, selbst jedoch nicht erkrankt sind. Ab und zu finden sich Anlageträgerinnen mit mehr oder weniger stark ausgeprägten klinischen Symptomen, die dann in der Regel auf eine *skewed inactivation* zurückzuführen sind. Im Extremfall ähnelt das klinische Bild der klassischen Duchenne-Form der Muskeldystrophie, allerdings ist dann alternativ immer an ein mögliches Turner-Syndrom mit Chromosomensatz 45,X zu denken.

> **Wichtig**
>
> Heterozygotie für eine Mutation auf einem Autosom oder (bei einer Frau) auf dem X-Chromosom hat grundsätzlich unterschiedliche Konsequenzen. Bei einer autosomalen Mutation haben alle Zellen eine Mischung aus normalem und mutiertem (ggf. fehlendem) Genprodukt, bei einer X-chromosomalen Mutation hat ein Teil der Zellen das normale Genprodukt, der andere Teil das mutierte (fehlende) Genprodukt.

2.8 Mitose, Meiose

Es gibt zwei Arten der Zellteilung bei Eukaryonten: die Mitose und die Meiose. Während die Meiose (*meiosis (gr.)*, Verkleinerung) in den Zellen der Keimbahn stattfindet, handelt es sich bei der Mitose (*mitos (gr.)*, Faden, Schlinge) um die »normale Zellteilung« der somatischen Zellen. Bei der Mitose ist jede der beiden Tochterzellen gleich ausgestattet wie die Mutterzelle, aus der sie entstanden. Der Chromosomensatz der aus einer Mitose hervorgehenden Tochterzellen beträgt 46 Chromosomen, ist also diploid (2n). Im Gegensatz dazu handelt es sich bei der Meiose um eine **Reduktionsteilung**. Aus ihr gehen vier haploide Keimzellen (n) mit je 23 Chromosomen hervor.

2.8.1 Mitose

In einer normalen, nicht in Teilung begriffenen Zelle sind die Chromosomen entspiralisiert (Interphase) und unter dem Lichtmikroskop nicht sichtbar. Bevor die Zelle in die Mitose (Mitos = Faden) eintritt, hat sie in der S-Phase (Synthese-Phase) des Zellzyklus ihr genetisches Material mittels Replikation verdoppelt. Am Ende der S-Phase liegen in der Zelle 46 Chromosomen zu je zwei Chromatiden vor (2n, 4C). Die Mitose dauert etwa 60 Minuten. Es handelt sich um einen kontinuierlichen Prozess, der in fünf verschiedene, aufeinander folgende Phasen unterschieden wird: Prophase, Prometaphase, Metaphase, Anaphase und Telophase (Abb. 2.8).

Prophase. (*pro [gr.]*, vor, vorher) Sie ist gekennzeichnet durch die beginnende Kondensierung der Chromosomen. Das macht sich zunächst an einer grobschollign Chromatinstruktur der Zellkerne bemerkbar. Es kommt zum Zusammenbruch des gesamten zellulären Mikrotubulussystems. Die Zentrosomen wandern in Richtung der beiden Zellpole.

Prometaphase. Die Zelle beginnt die Prometaphase, sobald die Kernhülle zerfällt. Die Chromosomen werden durch fortschreitende Kondensation komplett sichtbar. Die Zentrosomen erreichen die gegenüberliegenden Zellpole und die von ihnen ausstrahlenden Mikrotubuli bilden die sog. Mitosespindel. Die Chromosomen beginnen ihre Wanderung in Richtung Zellmitte (»Kongression«).

Metaphase. (*meta [gr.]*, mitten, zwischen) In der Metaphase sind die Chromosomen maximal kondensiert. Oft kann man lichtmikroskopisch die beiden Chromosomenhälften (Chromatiden) jedes Chromosoms erkennen. Die Chromosomen gruppieren sich exakt in der Mitte zwischen den beiden Spindelpolen (Äquatorial- oder Metaphasenplatte).

Anaphase. (*ana [gr.]*, auf, hinauf) Sie beginnt, sobald sich die Chromosomen am Zentromer trennen. Die jeweiligen Schwesterchromatiden bewegen sich auseinander zu den entgegengesetzten Zellpolen.

Telophase. (*telos [gr.]*, Ziel) Die getrennten Schwesterchromatiden haben die Zentrosomenregion erreicht. Die Chromatiden beginnen, sich zu dekondensieren. Eine neue Zellmembran bildet sich aus.

Nach der Telophase kommt noch die sog. **Zytokinese**. Darunter versteht man die eigentliche Teilung der Zelle. Dies geschieht in der Mitte zwischen den beiden Tochterzellkernen (äquale Teilung).

Am Ende der Mitose finden sich zwei gleich große Tochterzellen mit je 46 Chromosomen. Jedes dieser 46 Chromosomen besteht aus einer Chromatide (2n, 2C).

2.8 · Mitose, Meiose

Abb. 2.8. Mitose
(Aus Löffler et al., 2007)

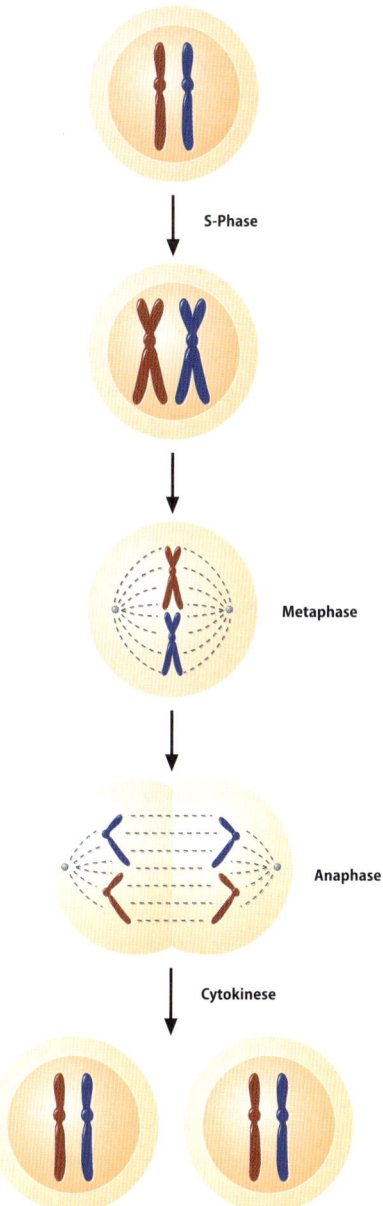

S-Phase

Metaphase

Anaphase

Cytokinese

> **Wichtig**
>
> **Phasen der Mitose**
> - **Pro**phase: Vorphase (**Pro**log), die Chromosomen werden **pro**minent (sichtbar).
> - **M**etaphase: Die Chromosomen sind **m**aximal kondensiert und liegen in der **M**itte (Äquator).
> - **An**aphase: **An** den Chromosomen wird gezogen, sie wandern auseinander (*gr. »ana-«*).
> - **Telo**phase: **Telos** heißt Ende. Man denke an das **Telomer**, das Ende der Chromosomen!

2.8.2 Meiose

Ziel der Meiose ist die Produktion haploider Gameten (Oozyten oder Spermatozooen) (1n, 1C). Dies ist notwendig, damit bei Vereinigung der beiden Gameten eine Oozyte mit diploidem Chromosomensatz (2n, 2C) entsteht, aus der neues Leben entstehen kann. Die Meiose läuft in zwei aufeinander folgenden Zellteilungen ab: Der **ersten Reifeteilung**, im Rahmen welcher zwei Tochterzellen mit jeweils haploidem Chromosomensatz aber noch verdoppelten Chromatiden (1n, 2C) entstehen und einer **zweiten Reifeteilung**, die im Grunde genommen eine Mitose ohne Synthesephase darstellt, und im Rahmen welcher die beiden Schwesterchromatiden getrennt werden (Abb. 2.9).

1. Reifeteilung

Die erste Reifeteilung der Meiose ist die eigentliche Reduktionsteilung und ein überaus komplizierter Prozess. Sie ist zugleich die Phase, in welcher genetische Rekombination in der Form des Crossing-overs zwischen homologen Chromosomen stattfindet. Die besondere Herausforderung der 1. Reifeteilung besteht darin, von den 23 Chromosomenpaaren jeweils ein homologes Chromosom (mit beiden Chromatiden) in die beiden Tochterzellen zu bekommen. Dazu werden die homologen Chromosomen über den synaptonemalen Komplex aneinandergeheftet und bleiben auf diesem Weg miteinander verbunden, bis die Teilungsspindel mit jedem Chromosom Kontakt aufgenommen hat.

Prophase I. Die Prophase I wird in 5 Stadien unterteilt: Leptotän, Zygotän, Pachytän, Diplotän und Diakinese. Im Pachytän findet das meiotische Crossing-over statt. Im Diplotän werden die homologen Chromosomen dann auseinandergezogen. Sie hängen an den Stellen des Crossing-overs noch zusammen. Die Überkreuzungspunkte heißen Chiasmata. Die durchschnittliche Zahl an Chiasmata pro menschlicher Spermatozyte beträgt 50, d. h. mehrere pro **Bivalent** (Chromosomenpaar).

2.8 · Mitose, Meiose

> **Wichtig**
>
> Bei der Bildung der Oozyten verharren die prospektiven Eizellen ab der Embryonalperiode in der Prophase der ersten Reifeteilung, genauer gesagt in der Phase der Diakinese (dann als Diktyotän bezeichnet). Erst beim Eisprung wird die erste Reifeteilung abgeschlossen und die zweite meiotische Teilung eingeleitet; sie wird erst nach der Befruchtung abgeschlossen. Die erste Reifeteilung dauert bei Frauen damit bis zu 50 Jahre. Das lange Verharren in der Prophase I erklärt zumindest teilweise die mit steigendem mütterlichem Alter zunehmende Wahrscheinlichkeit für eine kindliche Chromosomenstörung.

Weitere Phasen. Die weiteren Schritte der ersten meiotischen Teilung entsprechen etwa denen der mitotischen Teilung. Sie heißen Prometaphase I, Metaphase I, Anaphase I und Telophase I. In der Anaphase werden die beiden Schwesterchromosomen eines jeden Bivalents an die gegenüber liegenden Zellpole gezogen. Dieser Prozess heißt **Disjunction**. Gelangen beide Schwesterchromosomen eines Bivalents in eine gemeinsame Tochterzelle, spricht man von einer **Non-disjunction**. Eine Non-disjunction im Rahmen der mütterlichen Eizellbildung ist z. B. die häufigste Ursache für die Entstehung eines Down Syndroms (Trisomie 21).

2. Reifeteilung

Nach einer kurzen Interphase ohne S-Phase kommt es zur zweiten meiotischen Teilung. Nun werden (wie bei einer Mitose) die beiden Schwesterchromatiden der einzelnen Chromosomen voneinander getrennt (1n, 2C → 1n, 1C). Die Phasen heißen entsprechend den Mitosestadien Prophase II, Pometaphase II, Metaphase II, Ananphase II und Telophase II.

> **Wichtig**
>
> Bei den Reifeteilungen entstehen aus jeder weiblichen Keimzelle vier Tochterzellen, alle mit Chromosomensatz 23,X. Nur eine dieser Tochterzellen entwickelt sich zu einer reifen Eizelle. Die anderen drei, Polkörperchen genannt, enthalten kaum Zytoplasma und degenerieren. Aus einer männlichen Keimzelle entwickeln sich vier reife Spermatozyten, davon zwei mit Chromosomensatz 23,X und zwei mit Chromosomensatz 23,Y.

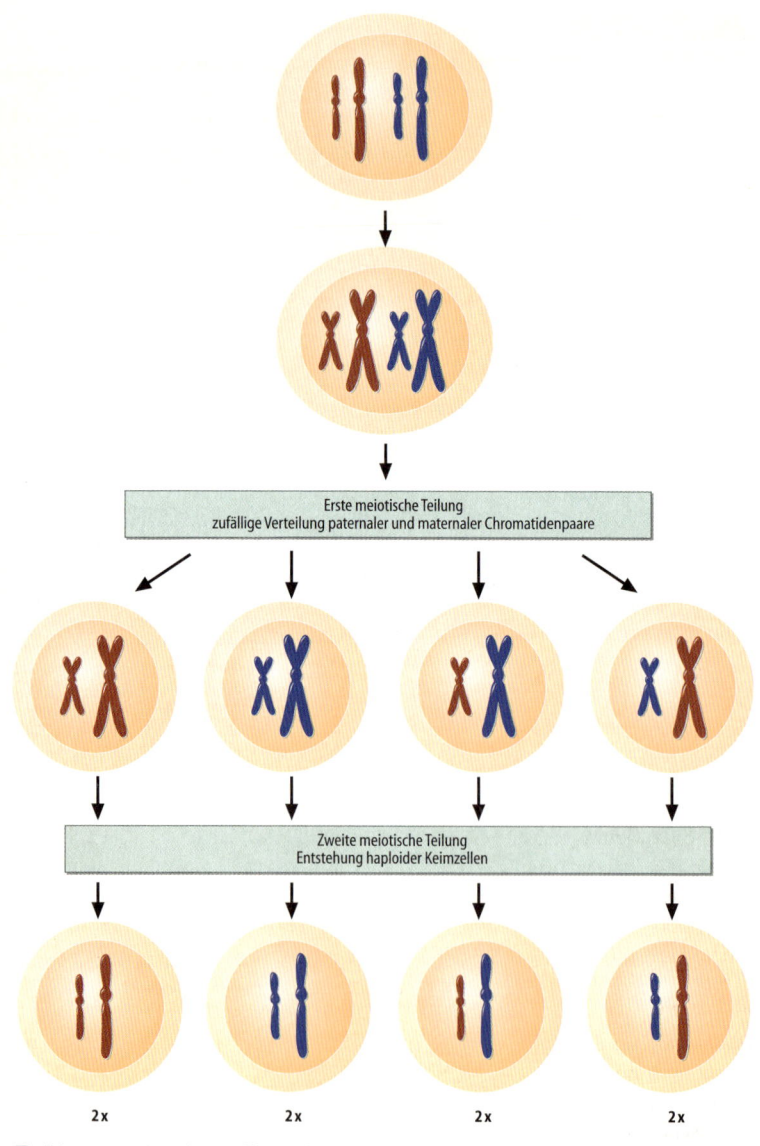

Abb. 2.9. Meiose (Aus Löffler et al., 2007)

> **Wichtig**
>
> Evolutionsbiologisch ist die Meiose in zweierlei Hinsicht bedeutsam:
> - Sie gewährleistet eine zuverlässige Aufteilung der 23 Chromosomenpaare auf zwei Keimzellen. Dabei ist die Verteilung der beiden (großväterlichen und großmütterlichen) Chromosomen eines Paars auf die Tochterzellen rein zufällig (entspricht dem 2. Mendelschen Gesetz). Auf diesem Weg entstehen stets neue chromosomale Kombinationen und damit neue evolutionäre Vielfalt.
> - Bei der Zusammenlagerung der homologen Chromosomenpaare in der 1. Reifeteilung kommt es unweigerlich zum Austausch von genetischem Material (Rekombination). Auf diesem Weg entsteht zusätzliche chromosomale Vielfalt, unter Umständen entstehen rearrangierte Gene.

2.9 RNA

RNA (Ribonukleinsäure) ist (im Gegensatz zur doppelsträngigen DNA) in der Regel einzelsträngig. Die einzelnen Nukleotide der RNA bestehen aus einem Ribosemolekül, einem Phophatrest und einer organischen Base. Als organische Basen kommen in der RNA Adenin, Guanin, Cytosin und Uracil vor. Die ersten drei Basen kommen in der DNA vor, Uracil ersetzt Thymin als komplementäre Base zu Adenin.

Lange Zeit war von den Funktionen der RNA-Moleküle nicht viel mehr bekannt, als dass **mRNA** (messenger-RNA) die genetische Information aus dem Zellkern transportiert, Ribosomen **rRNA** (ribosomale-RNA) enthalten und die Translation mit Hilfe von **tRNA** (transfer-RNA) als Adaptor-Molekül für die Aminosäuren erfolgt. In den 1980er Jahren wurde die katalytische Aktivität eines RNA-Moleküls, **RNase P** (modifiziert tRNA), erstmals genauer charakterisiert, wofür Thomas Cech und Sidney Altman 1989 den Nobelpreis für Chemie erhielten. Das Verständnis der »RNA-Welt« hat sich gerade in den letzten 5–10 Jahren fundamental geändert, und die gesamte Bandbreite der zellulären Funktionen von nichtkodierender RNA (*non-coding RNA*, ncRNA, im Gegensatz zur kodierenden mRNA) ist heute allenfalls zu erahnen.

Ribozyme

Die klassischen Enzyme sind Proteine. Die Entdeckung, dass RNA-Moleküle als Biokatalysatoren wirken können, war zunächst überraschend. Man spricht in diesen Fällen von **Ribozymen**. Sie beschleunigen die Reaktionsgeschwindigkeit biochemischer Reaktionen, gehen unverändert aus der Reaktion hervor und können mehrere solcher Zyklen nacheinander durchlaufen. Allerdings sind nur wenige ncRNA-Moleküle tatsächlich Ribozyme im eigentlichen Sinne.

Ein besonderes Ribozym ist das Ribosom, welches sich aus RNA-Molekülen und Proteinen zusammensetzt, wobei die RNA das katalytische Herz der Translationsmaschinerie bildet. Die besondere Leistung des Ribosoms liegt in seiner Fähigkeit, jede beliebige mRNA dekodieren und in eine Proteinkette übersetzen zu können. Bildlich kann man sich das Ribosom wie einen Filmprojektor vorstellen. Der gleiche Projektor kann jedes beliebige Filmband in den entsprechenden Spielfilm auf der Leinwand übersetzen. Der Projektor ist das Ribosom, das Filmband ist die mRNA, der Spielfilm auf der Leinwand ist das synthetisierte Protein.

Eukaryontische Ribosomen enthalten verschiedene Arten von rRNA, die in der Größe von 120 nt (Nukleotiden) (5S-rRNA) bis mehreren Tausend nt (18S- und 28S-rRNA) reichen. Sie werden im Nukleolus synthetisiert.

RNA als Leitmolekül

Viele RNAs sind zusammen mit Proteinen Teil eines Ribonukleoprotein (RNP)-Komplexes, in dem sie selber für die Substraterkennung zuständig sind, während die eigentliche (z. B. katalytische) Funktion von den Proteinen übernommen wird. So lenkt beispielsweise **snRNA** (*small nuclear RNA*, 100–300 nt lang) das Spleißen der prä-mRNA in den Spleißosomen des Zellkerns. **snoRNA** (*small nucleolar RNA*, 50–200 nt lang) findet sich im Nukleolus und ist nach Zusammenlagerung mit spezifischen Proteinen für bestimmte Modifikationen der rRNAs, snRNAs und tRNAs verantwortlich. Eine 10–20 nt große spezifische Region der snoRNA leitet die enzymatisch aktiven Proteine zu den komplementären RNA-Zielen. Andere wichtige RNA-Moleküle sind **SRP-RNA**, die als Bestandteil des Ribonukleoproteins SRP (*signal recognition particle*) für das Einschleusen von spezifischen sezernierten Proteinen in das Endoplasmatische Retikulum notwendig ist, sowie die **Xist-RNA**, eine 17 kb große Abschrift des *Xist*-Gens auf Chromosom Xq13, die vermutlich zusammen mit verschiedenen Proteinen als DNA-Methyltransferase die X-Inaktivierung vermittelt.

RNA-Interferenz

Unter RNA-Interferenz (RNAi) versteht man einen natürlichen Mechanismus eukaryontischer Zellen, der beim Abbau fremden Erbguts in der Zelle (z. B. im Rahmen viraler Infektionen), aber auch bei der Expressionsregulation der eigenen Gene eine wesentliche Rolle spielt. Die Genexpression kann dabei auf verschiedenen Ebenen reguliert werden: auf Chromatinebene, posttranskriptionell oder translationell. Das Prinzip der RNA-Interferenz wurde 1998 im Rahmen von Experimenten am Fadenwurm Cenorhabditis elegans entdeckt. Die beiden US-Wissenschaftler Andrew Fire und Craig Mello erhielten hierfür im Jahr 2006 den Nobelpreis für Medizin.

Doppelsträngige RNA wird durch eine Nuklease names **DICER** in kurze RNA Fragmente (**siRNA** = *small interfering RNA* oder **miRNA** = *micro-RNA*) von 21–23

Nukleotiden Länge geschnitten. An ihrem 3'-Ende tragen die Fragmente jeweils zwei überhängende Basen. Sie stellen nach Bindung an einen spezifischen Proteinkomplex und dessen Aktivierung (**RNA interference silencing complex** = **RISC**) den eigentlichen Effektor der RNAi dar. RISC spaltet mRNA an der Stelle, die zur jeweiligen siRNA komplementär ist. Die gespaltene mRNA wird rasch abgebaut. Manchmal wird die mRNA nach Bindung von siRNA nicht abgebaut, sondern bleibt intakt. In diesem Fall macht die Bindung der siRNA die Translation der mRNA für die Dauer der Bindung unmöglich und sorgt auf diesem Weg für eine Translationshemmung.

Bei einigen Organismen (nicht beim Menschen) findet sich eine RNA-abhängige RNA-Polymerase, die den Doppelstrang aus siRNA und target-mRNA als Vorlage verwenden kann. So entsteht eine neue Doppelstrang-RNA, die wiederum von DICER erkannt und gespalten wird, was zu einem sich selbst verstärkenden Zyklus führt.

RNAi ist innerhalb weniger Jahre zu einem bedeutsamen Werkzeug in der Molekularbiologie geworden. Durch die Einbringung von synthetischer dsRNA in Zellen können sehr effektiv spezifische Zielgene »ausgeschaltet« werden, d. h. deren Expression gehemmt werden. Große Hoffnungen richten sich auf den möglichen Einsatz von RNAi zum gezielten Ausschalten krankheitsassoziierter Gene in vivo.

3 Mutationen und genetische Variabilität

3.1 Mutation oder Polymorphismus?

Genetische Veränderungen sind häufig. Es wird geschätzt, dass in jeder neu befruchteten Eizelle mindestens 100 Punktmutationen (Veränderungen von Einzelnukleotiden in der DNA) vorliegen, die in keinem der elterlichen Genome nachweisbar wären. Dabei gilt zu beachten, dass die allermeisten genetischen Veränderungen keine erkennbare funktionelle Relevanz aufweisen, da sie z.B. in den nichtkodierenden Bereichen der DNA liegen, oder in kodierenden Bereichen keine funktionelle Relevanz haben. Andere Veränderungen wiederum haben eine so schwerwiegende funktionelle Konsequenz, dass die befruchtete Eizelle überhaupt nicht zur Geburt eines Kindes führt, sondern die Schwangerschaft früh in einer Fehlgeburt endet.

Komplexe Probleme – einfache Antworten? So vielgestaltig die möglichen Veränderungen des menschlichen Erbguts, so vielgestaltig deren Auswirkungen. Die schwierigste Aufgabe in der molekulargenetischen Diagnostik ist die korrekte Interpretation von Sequenzveränderungen, die bei einem Patienten gefunden wurden. Dies ist besonders dann der Fall, wenn es sich um eine Punktmutation handelt, die zum Einbau einer anderen Aminosäure führt oder (scheinbar) keinen Einfluss auf die Proteinsequenz hat. Der tatsächliche Einfluss auf den (derzeitigen oder zukünftigen) Phänotyp lässt sich aus bloßen molekulargenetischen Daten schwer oder unzureichend ableiten. Das menschliche Genom ist zu komplex für einfache Antworten. Wer früher noch glaubte, genetische Veränderungen innerhalb der nichtkodierenden Bereiche der menschlichen DNA seien funktionell irrelevant, sieht sich mittlerweile anhand zahlreicher Beispiele eines Besseren belehrt. Veränderungen in den Promotor-Bereichen, an Spleiß-Übergängen, innerhalb von Introns oder anderen, untranslatierten Bereichen können zu, zum Teil erheblichen, Veränderungen der Genexpression bzw. der posttranslationalen Beschaffenheit der Genprodukte führen. Vergleicht man ein beliebiges Stück menschlicher DNA, findet sich zwischen zwei Individuen (bzw. zwischen den homologen Chromosomen im diploiden Chromosomensatz) bei etwa jeder 1.000sten Base ein Unterschied zwischen den beiden Sequenzen. Bei 3 Milliarden Basenpaaren sind das 3 Millionen verschiedene Basenpaare! Beschränkt man den Vergleich auf kodierende Sequenzen, ist eine von 2.500 Basen zwischen den beiden Individuen verschieden (was damit zu erklären ist, dass kodierende Bereiche einem höheren Selektionsdruck unterliegen).

3.1 · Mutation oder Polymorphismus?

Eine Frage der Häufigkeit? Bei dem Versuch, genetische Veränderungen zu interpretieren, hilft unter anderem die Frage nach der Häufigkeit der jeweils identifizierten Variante innerhalb der Bevölkerung weiter. Eine seltene DNA-Veränderung, die bei einer Person (oder mehreren Personen) mit einer spezifischen klinischen Auffälligkeit gefunden wird, ist mit größerer Wahrscheinlichkeit krankheitsauslösend als eine auch bei Kontrollpersonen häufige Variante. Schwierig wird es, wenn bei diagnostischen Mutationsanalysen eine neue (d. h. bislang unbekannte bzw. in der Literatur nicht beschriebene) Variante gefunden wird. Was diese bedeutet, ist oft nicht gut einzuschätzen. Ein Beispiel ist der erbliche Brustkrebs (▶ Kap. 32.3). Hier sind mittlerweile mehr als 1.000 Mutationen der krankheitsverursachenden Gene BRCA1 und BRCA2 beschrieben. Die pathogenetische Relevanz dieser Veränderungen ist jedoch in vielen Fällen unsicher sein. Man spricht bei genetischen Veränderungen, deren Krankheitsbedeutung ungeklärt ist, von unclassified variants (UV).

Versuch einer Begriffsklärung. Mutation oder Polymorphismus? Diese beiden Begriffe werden selbst von Genetikern uneinheitlich verwendet. **Mutation** kommt aus dem Lateinischen von »*mutare*« und bedeutet »Veränderung«. Und doch wird der Begriff meist zur Bezeichnung von krankheitsauslösenden seltenen Varianten verwendet. Sequenzveränderungen ohne funktionelle Auswirkung werden oft als Polymorphismen bezeichnet. Die Abgrenzung zwischen beiden Begriffen orientiert sich in diesem Sprachgebrauch an funktionellen Maßstäben, was für die Kommunikation der Ärzte untereinander pragmatisch unproblematisch ist. Im Einzelfall treten jedoch Schwierigkeiten auf: Welcher Begriff wird verwendet, wenn die phänotypische Relevanz einer genetischen Variante nur schwer oder gar nicht abgeschätzt werden kann? Wie ist das mit häufigen Varianten, die zwar eine funktionelle Bedeutung haben, aber nur selten oder gar nicht eine Krankheit verursachen? Man denke an die Blutgruppen des AB0-Systems. Diese haben funktionelle Relevanz, aber spricht man bei Trägern der Blutgruppe 0 davon, dass eine Mutation vorliegt?

Die meisten Genetiker empfehlen, zumindest den Begriff **Polymorphismus** häufigkeitsabhängig zu definieren. Polymorphismen sind genetische Varianten, bei denen das seltenere Allel in der untersuchten Population eine **Frequenz von mindestens 1%** aufweist, unabhängig von der funktionellen oder pathogenetischen Bedeutsamkeit dieser Veränderung. Gegen die umgangssprachliche Verwendung des Begriffs Mutation für seltene DNA-Veränderungen mir Krankheitsrelevanz ist nichts einzuwenden. Man muss sich aber der zwangsläufig entstehenden Graubereiche dieser Defition im Klaren sein. Im Zweifelsfall bietet sich für alle seltenen Abweichungen von der Wildtyp-Sequenz (worunter die als Standard festgelegte »Normalsequenz« zu verstehen ist) der neutrale Begriff **Variante** an.

■■■ **Allel**

Ein weiterer Begriff, der oft ungenau verwendet wird, ist das Allel. Dieser Begriff kommt aus dem Griechischen von »allelon«, was soviel bedeutet wie »zueinander gehörig«. Es bezeichnet eine spezifische Zustandsform, Version oder Variante eines Gens oder eines Chromosomenabschnitts. Der Begriff versteht sich immer in Abgrenzung zu einem anderen Allel (oder zu mehreren anderen Allelen). Dies kann sich auf die schiere DNA-Sequenz am gleichen Locus beziehen, aber auch auf eine Kombination von genetischen Markern (Haplotyp) oder auf funktionelle Aspekte (Normalallel versus Krankheitsallel).

Auf homologen Chromosomen finden sich einander entsprechende Genkopien. Ist eine Person für ein spezifisches Gen in allen seinen Eigenschaften und Basenpositionen homozygot, so besitzt sie von diesem Gen ein einziges Allel. Man kann alternativ sagen: Sie trägt das gleiche Allel auf beiden Chromosomen, sie ist homozygot für dieses Allel. Es gibt dann kein mütterliches und väterliches Allel (wohl aber ein mütterliches und ein väterliches Chromosom).

Single nucleotide polymorphisms (SNPs)

Bei mehr als 90% aller Variationen in der menschlichen DNA handelt es sich um einzelne Austausche von einzelnen Nukleotidbasen. Man spricht von Einzel-Nukleotid-Polymorphismen oder *Single nucleotide polymorphisms* (SNPs). Per definitionem handelt es sich um Loci im menschlichen Genom, bei welchen sich die verschiedenen Allele in einer einzigen Nukleotidbase unterscheiden und das seltenere Allel eine Mindesthäufigkeit von 1% innerhalb der Population aufweist (s.o.). SNPs finden sich in kodierenden und nichtkodierenden Bereichen des menschlichen Genoms. In den kodierenden Bereichen werden sie auch als cSNPs bezeichnet. In nichtkodierenden Bereichen des menschlichen Genoms findet sich durchschnittlich etwas ein SPN pro 1.000 Nukleotide. Die meisten bekannten SNPs unterscheiden den Menschen von anderen Primaten, finden sich beim Menschen aber weltweit in allen Populationen.

Im Verlauf des Humangenomprojekts wurden die SNPs des menschlichen Genoms zu einem zentralen Werkzeug für genetische Analysen, von der Genetik komplexer Krankheiten über die Pharmakogenetik bis hin zur Populationsgenetik. SNPs eignen sich aufgrund ihrer (im Vergleich zu anderen Polymorphismen) niedrigen Mutationsrate und großen Stabilität sowie ihrer großen Häufigkeit im ganzen Genom in besonderem Maße für Assoziationsanalysen zur Identifikation komplexer Krankheiten. Sie können aber auch problemlos für Kopplungsanalysen innerhalb von Familien herangezogen werden. Der größte Vorteil ist die Möglichkeit, eine enorme Zahl von SNPs (bis über eine Million) gleichzeitig auf DNA-Chips zu bestimmen. Damit lassen sich solche Analysen relativ kostengünstig mit Höchstdurchsatz durchführen.

3.2 Mutationstypen

Genetische Krankheiten können von zahlreichen verschiedenen Mutationstypen verursacht werden. Im Großen und Ganzen kann man drei Gruppen unterscheiden:
- Zahlenmäßige Chromosomenstörungen, manchmal als Genommutationen bezeichnet
- Strukturelle Chromosomenstörungen, manchmal als Chromosomenmutationen bezeichnet
- Genmutationen, die die Funktion einzelner Gene verändern

Zahlenmäßige Chromosomenstörungen gehen auf Störungen bei der Aufteilung der intakten Chromosomen im Rahmen von Meiose oder Mitose zurück, sind klinisch auffällig, und sind in aller Regel bei der betroffenen Person neu entstanden bzw. werden nicht weiter vererbt. Im Gegensatz dazu können **strukturelle Chromosomenstörungen** balanciert (ohne Vermehrung oder Verminderung von genetischem Material) vorliegen, sind dann meist klinisch unauffällig und können ggf. über mehrere Generationen weitergegeben werden. Zu den strukturellen Chromosomenstörungen gehören Duplikationen, Deletionen, Inversionen und Translokationen. Chromosomenstörungen werden mehrheitlich über die lichtmikroskopische Chromosomenanalyse (zytogenetisch); kleinere strukturelle Deletionen und Translokationen über molekularzytogenetische Methoden oder DNA-Chipanalysen dargestellt. **Genmutationen** können in zahlreichen unterschiedlichen Formen auftreten und werden über eine Vielzahl von molekulargenetischen Methoden nachgewiesen. Genmutationen treten im Rahmen der Replikation der DNA auf, entweder spontan oder durch spezifische physikalische oder chemische Noxen (Mutagene genannt). Die allermeisten Genmutationen werden von den effizienten Mechanismen zur DNA-Reparatur erkannt und korrigiert.

Häufigkeiten einzelner Mutationstypen

Insgesamt betrachtet handelt es sich bei den **zahlenmäßigen Chromosomenstörungen** um die häufigsten genetischen Krankheiten. Jedes 10. Spermium und jede 4. Eizelle weisen einen abnormen Chromosomensatz auf. Der Großteil dieser chromosomalen Fehlverteilungen wird klinisch nicht auffällig, da die meisten Schwangerschaften mit aneuploider Anlage in der Frühschwangerschaft abortieren. Chromosomenstörungen finden sich in somatischen Zellen und damit als Folge fehlerhafter mitotischer Zellteilung. Besonders häufig findet man aneuploide Zellen in Tumoren. **Strukturelle Chromosomenstörungen** finden sich seltener als zahlenmäßige; es wird geschätzt, dass etwa ein chromosomales Rearrangement pro 1700 Zellteilungen auftritt. Dabei werden Deletionen am häufigsten gefunden, gefolgt von den Insertionen und den Duplikationen. Das hat sicher auch technische

Gründe, da Deletionen molekularzytogenetisch (FISH-Diagnostik) viel besser nachweisbar sind, als Duplikationen, und die klinischen Konsequenzen beim Fehlen einer Chromosomenregion (Monosomie) schwerer sind als bei einer Duplikation (Trisomie). Auch für die strukturellen Chromosomenstörungen gilt:
- sie werden oft nicht wahrgenommen, wenn sie in der Zygote auftreten, und
- sie finden sehr häufig auch in Krebszellen.

Auch von den **Genmutationen** sehen wir nur die »Spitze des Eisbergs«. Die große Mehrzahl der Replikationsfehler wird von den exzellenten DNA-Reparatursystemen der menschlichen Zelle zügig als solche erkannt, aus der DNA herausgeschnitten und korrigiert. Die DNA-Polymerase besitzt eine *proofreading*-Funktion. Sie erkennt zunächst, welcher Strang der neu synthetisierten DNA-Doppelhelix den Fehler enthält, schneidet die falsche Base heraus, ersetzt sie durch die richtige, komplementäre Nukleotidbase und sorgt für eine Wiederverknüpfung der Fragmente. Die DNA-Polymerase arbeitet so genau, dass (trotz eines Tempos von 20 Basenpaaren pro Sekunde) nur jede zehnmillionste Base falsch eingefügt wird. Von den zunächst entstandenen Replikationsfehlern werden dann noch 99,9% als solche erkannt und korrigiert, so dass die Gesamtmutationsrate in Folge von Replikationsfehlern noch eine von 10^{10} Basenpaaren beträgt. Bei 6×10^9 Basenpaaren im diploiden menschlichen Genom bedeutet das, dass theoretisch pro Zellteilung weniger als ein Replikationsfehler als De-novo-Mutation übrig bleibt. Und diese Mutation muss dann noch klinisch relevant sein, sei es als somatische Mutation z. B. in Krebszellen, sei es als Keimbahnmutation mit Auswirkung auf die nachfolgende Generation. Exogene Noxen wie z. B. Zigarettenrauchen sind in dieser Zahl nicht berücksichtigt. Von den bekannten Genmutationen sind die *missense*-Mutationen am häufigsten, gefolgt von den *nonsense*-Mutationen und den Spleiß-Mutationen (▶ Kap. 3.5).

3.3 Zahlenmäßige Chromosomenstörungen

Veränderungen der Gesamtzahl der Chromosomen werden als numerische Chromosomenaberrationen bezeichnet. Sie kommen unter Neugeborenen mit einer Häufigkeit von 1:400 vor und sind in der Regel Folge einer fehlerhaften Aufteilung (Non-disjunction) der Chromosomen im Rahmen von Meiose oder Mitose. Fehlverteilungen im Rahmen der Mitose finden sich nur in einem Teil der Zellen eines Organismus. Es liegt dann ein Mosaik aus normalen Zellen und Zellen mit Chromosomenaberration vor (ein **somatisches Mosaik**, wenn nicht die Keimbahn betroffen ist). Non-disjunction von Chromosomen bei der Keimzellbildung bzw. der Meiose führt hingegen zu durchgängigen Chromosomenstörungen bei den Nachkommen.

> **Wichtig**
>
> Einen normalen diploiden Chromosomensatz (2n) von 46 Chromosomen bezeichnet man als **Euploidie** (46,XX oder 46,XY). Unter einer **Aneuploidie** versteht man die Abweichung der Chromosomenzahl vom normalen diploiden Chromosomensatz (z. B. 47,XY,+21). Handelt es sich um ein Vielfaches des haploiden Chromosomensatzes von >2n, dann nennt man dies **Polyploidie** (z. B. 69,XXX).

Triploidie und Tetraploidie

Bei einer Triploidie (3n) liegt jedes Chromosom dreifach vor, es finden sich insgesamt 69 Chromosomen. Tetraploidien (4n) zeigen einen vierfachen Chromosomensatz, also 92 Chromosomen.

Triploidien machen etwa 20% aller bei Aborten nachgewiesenen Chromosomenstörungen aus. Stammt der überzählige Chromosomensatz von der Mutter, spricht man von einer **digynischen Triploidie**. Sie ist Folge der Befruchtung einer diploiden Eizelle mit einem haploiden Spermium. In der Mehrzahl der Fälle (bis zu 70%) stammt der überzählige Chromosomensatz vom Vater (**diandrische Triploidie**). Dabei ist die Befruchtung einer haploiden Eizelle durch zwei Spermien (Doppelfertilisation) der mit Abstand am häufigsten zugrunde liegende Pathomechanismus. Weit seltener ist eine Triploidie auf die Befruchtung einer Eizelle mit einem diploiden Spermium zurückzuführen. Interessanterweise hängt der klinische Befund davon ab, ob der zusätzliche Chromosomensatz von der Mutter oder dem Vater kommt. Bei der **digynischen Triploidie** ist die Plazenta klein und fibrotisch, der Fetus zeigt eine starke Wachstumsretardierung bei relativ großem Kopf (◘ Abb. 3.1). Im Gegensatz dazu findet sich bei der **diandrischen Triploidie** (Befruchtung einer Eizelle durch zwei Spermien oder ein diploides Spermium) das Bild einer Partialmole mit großer, zystischer Plazenta, während der Fetus bei normaler Größe mikrozephal ist. Fehlt bei paternaler Diploidie der mütterliche Chromosomensatz vollständig, entsteht eine **komplette Hydatidenmole** mit vesikulär hypertropher Plazenta ohne fetale Elemente (Risiko der malignen Entartung). Triploide Kinder werden extrem selten lebend geboren und haben dann eine überaus schlechte Prognose. Die längste berichtete Überlebenszeit betrug 5 Monate.

Tetraploidien finden sich bei etwa 5% aller chromosomenaberranten Fehlgeburten. Das Karyotyp ist entweder 92,XXXX oder 92,XXYY, nie anders. Dies gilt als Hinweis, dass es sich pathogenetisch bei der Tetraploidie um eine frühe Teilungsstörung der Zygote handelt.

Trisomien und Monosomien

Trisomien, bei denen ein einzelnes Chromosom dreifach vorhanden ist, und Monosomien, bei denen ein ganzes Chromosom fehlt (die anderen Chromosomenpaa-

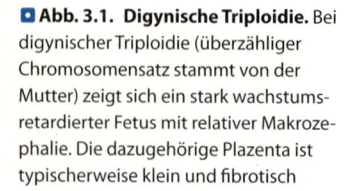

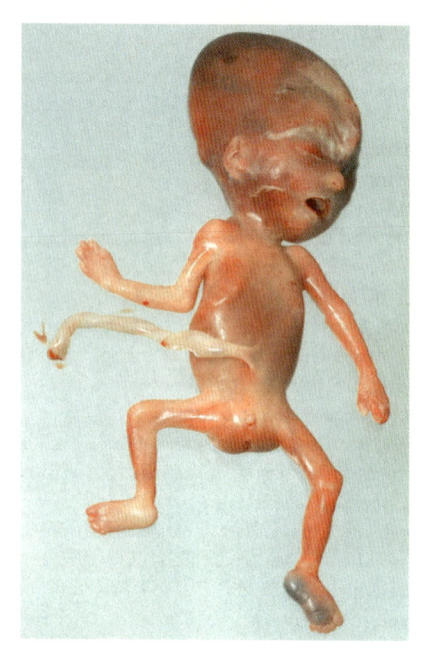

Abb. 3.1. Digynische Triploidie. Bei digynischer Triploidie (überzähliger Chromosomensatz stammt von der Mutter) zeigt sich ein stark wachstumsretardierter Fetus mit relativer Makrozephalie. Die dazugehörige Plazenta ist typischerweise klein und fibrotisch

re sind normal), sind die häufigsten und klinisch bedeutsamsten Chromosomenstörungen des Menschen. Ursache ist in der Regel eine Non-disjunction in der 1. oder 2. meiotischen Reifeteilung. Eine solche Fehlverteilung kann sowohl in der Oogenese (maternale Non-disjunction) als auch in der Spermatogenese (paternale Non-disjunction) auftreten, ist aber in der weiblichen Keimbahn häufiger, besonders bei höherem mütterlichen Alters.

Mit dem Leben vereinbar sind nur **Trisomien** der Chromosomen 13, 18 und 21, sowie der Geschlechtschromosomen. Andere autosomale Trisomien können als Mosaik (also nur in einem Teil der Körperzellen) vorliegen; die klinischen Folgen davon sind variabel. Durchgehende **Monosomien** sind embryonal oder fetal letal. Einzige Ausnahme ist die Monosomie des X-Chromosoms, welche sich klinisch als Turner-Syndrom darstellt.

3.4 Strukturelle Chromosomenstörungen

Strukturelle Chromosomenaberrationen haben eine geschätzte kumulative Häufigkeit von 1:375 Neugeborenen. Ursächlich sind chromosomale Bruchereignisse mit

3.4 · Strukturelle Chromosomenstörungen

anschließender Neuzusammensetzung. Dies geschieht häufig spontan. Chromosomenbrüche können auch Folge einer Einwirkung von ionisierenden Strahlen, viralen Infektionen oder mancherlei Chemikalien (v. a. alkylierende Substanzen) sein. Man unterscheidet balancierte von unbalancierten Strukturaberrationen. Bei **balancierten** Strukturanomalien liegt trotz Rearrangement kein Verlust oder Zugewinn an chromosomalem Material in der Zelle vor, die Gesamtmenge des genetischen Materials ist normal. Solche Aberrationen haben in der Regel keine klinischen Auswirkungen, es sei denn, sie zerstören ein dominantes Gen (bzw. Regulationszusammenhänge etc.) oder sie führen zu neuen Funktionen in dem Fusionssegment. **Unbalancierte** Chromosomenaberrationen sind mit einem Zugewinn oder Verlust von Chromosomensegmenten verbunden und führen in der Regel zu klinischen Auffälligkeiten. Strukturell veränderte Chromosomen werden anhand der Herkunft des Zentromers jeweils einem Ursprungschromosom zugeordnet und als **Derivatchromosom** bezeichnet

▪▪▪ Fusionsproteine
Es sind zwei Mechanismen bekannt, die zur Entstehung von Fusionsgenen führen können:
— Ungleiches Crossing-over zwischen homologen Chromosomen
— Chromsomale Translokationen.

Ein klassisches Beispiel für ein Fusionsprotein in Folge chromosomaler Translokation ist BCR/ABL bei t(9;22), bekannt als Philadelphia-Chromosom (◘ Abb. 3.2) im Rahmen der chro-

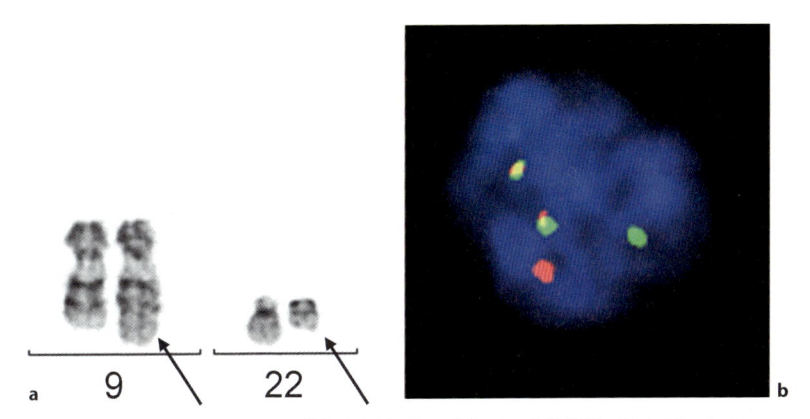

◘ **Abb. 3.2a, b. Nachweis einer Philadelphia-Translokation [t(9;22)] mittels klassischer Chromosomenanalyse und Interphase-FISH-Analyse.** Die Derivat-Chromosomen sind durch Pfeile gekennzeichnet (**a**). In der FISH-Analyse (**b**) zeigt sich die Translokation durch zwei Fusionssignale der Sonden für das ABL-Gen auf Chromosom 9q34 (rot) und der *breakpoint cluster region* (BCR) auf Chromosom 22q11 (grün). (Mit freundlicher Genehmigung von H.-D. Hager und A. Jauch, Institut für Humangenetik Heidelberg)

nisch myeloischen Leukämie (CML). Das *BCR (breakpoint cluster region)*-Gen liegt auf Chromosom 22 und das Proto-Onkogen *ABL* auf Chromosom 9. Durch Translokation t(9;22) entsteht ein Fusionsgen mit erhöhter Tyrosinkinaseaktivität und proliferationsfördernder Wirkung. Ein Philadelphia-Chromosom findet sich bei mehr als 90% aller Fälle von CML (klassische CML).

> **Wichtig**
>
> Chromosomalen Rearrangements sind oft über zahlreiche Zellteilungen (Mitosen und Meiosen) stabil. Hierfür sind normale Strukturmerkmale (1 Zentromer und 2 Telomere) der abnormalen Chromosomen vonnöten.

Deletion

Eine Deletion entsteht, wenn ein Chromosom an zwei Stellen bricht und das zwischen den Bruchpunkten liegende Segment verloren geht. Je nach Größe und Bruchpunkt können unterschiedlich viele chromosomal nebeneinander liegende Gene verloren gehen. In seltenen Fällen sind die Deletionen groß genug, dass sie lichtmikroskopisch sichtbar werden: ein Verlust von 2 bis 4 Millionen Basenpaaren DNA ist notwendig, damit die Deletion im Rahmen einer hochauflösenden Prometaphase-Bänderung sichbar wird. Kleinere Deletionen werden traditionell über molekularzytogenetische (FISH-)Analysen nachgewiesen. Man spricht in diesen Fällen von Mikrodeletionen, die daraus hervorgehenden Krankheitsbilder werden als **Mikrodeletionssyndrome** bezeichnet. Beispiele werden in ▶ Kap. 19.2 besprochen.

> **Wichtig**
>
> Sind von einer Deletion mehrere benachbarte Gene betroffen, so kann es zur gleichzeitigen Manifestation von mehreren (dominant erblichen) monogenen Krankheitsbildern kommen. Man spricht von ***contiguous-gene*-Syndromen**.

Duplikation

Unter dem Begriff der Duplikation versteht man das Auftreten eines normalerweise einfach vorliegenden Chromosomensegmentes in zwei (oft nacheinander geschalteten) Kopien. Pathogenetisch liegt meist ein ungleiches Crossing-over im Rahmen der 1. meiotischen Teilung zugrunde. Große, lichtmikroskopisch sichtbare Duplikationen sind selten.

Inversion

Eine Inversion entsteht, wenn ein Chromosomensegment zwischen zwei Brüchen um 180° gedreht wieder eingebaut wird. Die Gendosis bleibt die gleiche. Zu klinischen Auffälligkeiten kommt es, wenn zusätzlich eine Deletion oder Duplikation vorliegt oder die Brüche innerhalb des kodierenden Bereichs der DNA liegen. Man unterscheidet perizentrische Inversionen, die das Zentromer mit einschließen, und parazentrische, die das Zentromer nicht mit einschließen.

Isochromosom

Hierunter versteht man ein durch Quer- statt durch Längsteilung des Zentromers entstandenes Derivatchromosom mit zwei homologen Armen.

Ringchromosom

Ringchromosomen entstehen, wenn ein Chromosom an beiden Enden bricht und sich die beiden Enden miteinander vereinigen. Sie werden meist durch den Verlust des jeweils distal der Brüche gelegenen chromosomalen Materials klinisch relevant. Ein Ringchromosom X ist eine nicht seltene Ursache für das Turner-Syndrom (verantwortlich für 5% der Fälle).

Translokationen

Als Translokation bezeichnet man den Austausch von Chromosomenteilen zwischen zwei nichthomologen Chromosomen. Man unterscheidet zwei Haupttypen: reziproke Translokationen und Robertson-Translokationen.

Reziproke Translokationen. Es handelt sich um den Austausch von chromosomalem Material zwischen zwei Chromosomen (◘ Abb. 3.3). Da der Austausch reziprok ist,

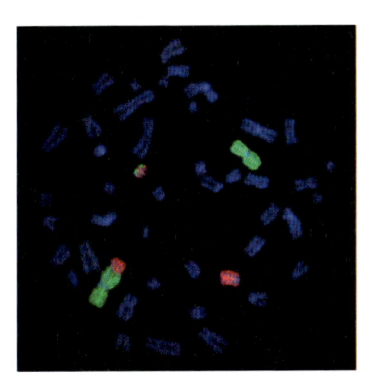

◘ **Abb. 3.3. Patientin mit balancierter Translokation der Chromosomen 3 und 13 [46,XX,t(3;13)].** Durch Fluoreszenz-in-situ-Hybridisierung (FISH) mit *painting*-Sonden für Chromosom 3 (grün gefärbt) und Chromosom 13 (rot gefärbt) lässt sich die reziproke Translokation t(3;13) sichtbar machen. Der lange Arm eines Chromosoms 3 ist mit einem großen Teil des langen Arms eines Chromosoms 13 verbunden, während sich das kleine Endstück des langen Arms von Chromosom 3 am zentromernahen Bereich von Chromosom 13 befindet. (Mit freundlicher Genehmigung von A. Jauch, Institut für Humangenetik, Universität Heidelberg)

bleibt die Gesamtzahl der Chromosomen unverändert und die Gesamtmenge chromosomalen Materials bleibt gleich. Reziproke Translokationen sind häufig und finden sich bei jedem 600. Neugeborenen. Sie sind primär balanciert und daher in der Regel klinisch unauffällig. Symptome können z.B. auftreten, wenn das Bruchereignis die Integrität eines Gens zerstört und dadurch eine dominant erbliche Krankheit verursacht. Träger reziproker Translokationen können darüber hinaus Gameten mit unbalanciertem Chromosomensatz bilden. Balancierte Translokationen sind daher eine bedeutsame Differenzialdiagnose bei unerfülltem Kinderwunsch bzw. habituellen Aborten. Bei unbalancierter Chromosomenaberration eines Feten oder Neugeborenen muss immer eine Karyotypisierung der Eltern erfolgen, um Aussagen über ein mögliches Wiederholungsrisiko treffen zu können.

Robertson-Translokationen. Es handelt sich um die Fusion zweier akrozentrischer Chromosomen in den Zentromeren (zentrische Fusion), unter Verlust der jeweiligen kurzen Arme (◘ Abb. 3.4). Die Gesamtchromosomenzahl reduziert sich hierbei auf 45. Da die kurzen Arme der akrozentrischen Chromosomen nur hochrepetitive Satelliten-DNA tragen, führt deren Verlust in der Regel zu keinem klinischen Phänotyp. Die kumulative Inzidenz von Robertson-Translokationen beträgt 1:500 Neugeborene. Am häufigsten sind die Translokationen rob(13;14) und rob(14;21).

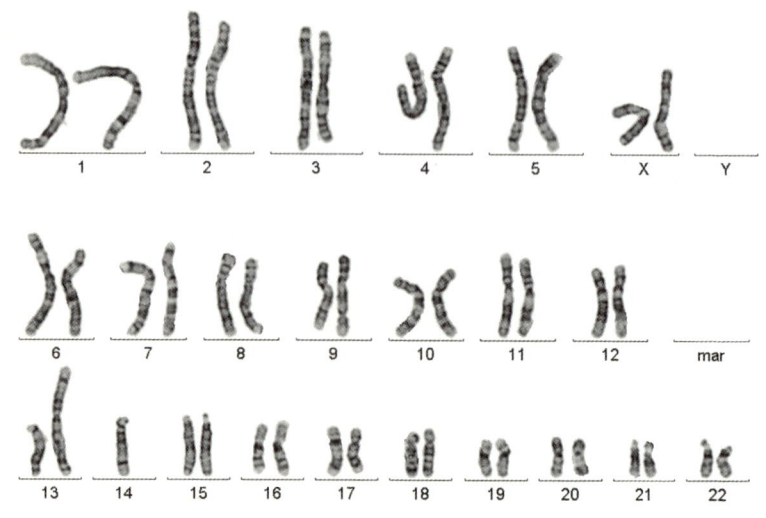

◘ **Abb. 3.4. Robertson-Translokation.** Weiblicher Karyotyp 45,XX,rob(13;14) mit Verschmelzung der langen Arme jeweils eines Chromosoms 13 und 14. (Mit freundlicher Genehmigung von H.-D. Hager, Institut für Humangenetik Heidelberg)

Nachkommen der Träger dieser Translokationen können Patienten mit Translokationstrisomie 13 bzw. 21 sein. Liegt eine Robertson-Translokation mit Verschmelzung zweier homologer Chromosomen vor (z. B. 45,XY, rob(21;21), besteht (fast) keine Möglichkeit, ein gesundes Kind zu bekommen. Alle lebend geborenen Kinder dieses Elternteils haben in der Regel eine Translokationstrisomie 21.

> **Wichtig**
>
> Akrozentrische Chromosomen: 13, 14, 15, 21, 22

3.5 Genmutationen

Monogene Krankheiten können durch zahlreiche unterschiedliche Mutationstypen verursacht werden, sowohl in Bezug auf die Veränderung der DNA-Sequenz (z. B. Punktmutationen, Trinukleotid-Repeatexpansion, Genduplikation u. v. a.) als auch in Bezug auf die funktionellen Auswirkungen (z. B. veränderte Expression, gestörtes mRNA-Spleißen, veränderte Proteinstruktur u. v. a.).

Punktmutationen

Die am häufigsten beobachtete Mutationsart bei monogenen Krankheiten sind Punktmutationen, also Änderungen, die ein einziges Basenpaar betreffen. Grundsätzlich unterscheidet man drei verschiedene Typen von Punktmutationen:
- Substitution (Basenaustausch), die mit Abstand häufigste Form von Punktmutationen
- Insertion (Einschub einer Base)
- Deletion (Verlust einer Base)

Unter den Substitutionen werden Transitionen und Transversionen unterschieden. **Transitionen** meinen den Austausch eines Purins (A, G) durch ein Purin bzw. eines Pyrimidins (C, T) durch ein Pyrimidin. Sie können durch einfache Modifizierung der korrekten Base erfolgen (▶ CpG-Mutationen) und sind deutlich häufiger als **Transversionen**, Austauschen von einem Purin zu einem Pyrimidin oder umgekehrt.

■■■ CpG-Mutationen

Cytosine in CpG-Dinukleotiden (Cytosin gefolgt von Guanin, wobei p für die Phosphatverbindung zwischen C und G steht) sind häufig methyliert. Die Desaminierung eines Methylcytosin führt zu Uracil und in der Folge zur Substitution eines Cytosin durch Thymin in der DNA-Sequenz. Die »CpG-Mutationen« CG→TG bzw. komplementär CG→CA sind mit Abstand die häufigsten Punktmutationen im Erbgut und finden sich bei Mutationen, die mehrfach unabhängig voneinander entstanden sind, bzw. bei Mutationen in Tumoren. Die häufigere Umwandlung von C/G nach T/A ist ein Grund, dass Cytosin und Guanin im Erbgut seltener vorkommen als Thymin und Adenin. Ausnahmen sind die kodierenden Sequenzen, die oft einen hohen C/G-Anteil haben.

Die eigentliche Sequenzveränderung sagt zunächst noch nichts über ihre funktionelle Bedeutung aus. Mutationen, welche einen vollständigen Funktionsverlust des Proteins verursachen, werden als **Nullmutationen** bezeichnet. Viele Punktmutationen auch in den kodierenden Bereichen haben keine funktionellen Auswirkungen, besonders wenn es sich um die dritte Base eines Codons handelt. Man spricht dann von **stillen Mutationen**. Andere Mutationen, die funktionelle Konsequenzen haben, aber noch eine gewisse Restfunktion des Proteins belassen, werden auch als milde Mutationen beschrieben.

Missense-Mutationen und *Nonsense*-Mutationen

Punktmutationen, welche den Einbau einer anderen Aminosäure in das Protein verursachen, heißen *Missense*-**Mutationen**. Die funktionelle Auswirkung einer *Missense*-Mutation ist schwierig vorherzusagen. Auch aktuelle Computerprogramme können die genaue Veränderung der Proteinstruktur in der Regel nicht genau bestimmen. Häufig führen *Missense*-Mutationen zu einer verringerten Stabilität des Proteins bzw. zu einer Erkennung des mutierten Proteins durch die Qualitätskontrollsysteme der Zelle, was typischerweise über den vorzeitigen Abbau des Proteins zum Verlust der Genfunktion führt. In anderen Fällen ist zwar die Stabilität des Proteins gewahrt, doch wichtige funktionelle Eigenschaften des Proteins gehen durch den Aminosäureaustausch verloren. Im Einzelnen kann man folgende verschiedenen Pathomechanismen unterscheiden:

— Verlust einer funktionell bedeutsamen Domäne des Genprodukts mit daraus resultierender Verminderung der physiologischen Aktivität des Proteins (z. B. Mutationen in der katalytischen Domäne eines Enzyms)
— Veränderung der funktionell bedeutsamen Domäne, dadurch neue bzw. verstärkte Funktionstüchtigkeit
— Veränderung der Bindungsstelle an andere Proteine, dadurch Unfähigkeit, weiterhin als Substrat anderer Proteine zu fungieren (z. B. Mutationen im Faktor-VIII-Gen bei Hämophilie A, die die *thrombin cleavage site* des Proteins verändern, eine Spaltung von Faktor VIII durch Thrombin verhindern und damit eine Aktivierung von Faktor VIII zu Faktor VIIIa unmöglich machen)
— Veränderungen der Sekundär- und Tertiärstruktur, dadurch gestörte Stabilität und vorzeitiger Abbau
— Veränderungen der Sekundär- und Tertiärstruktur, dadurch veränderter Einbau in Multimer-Komplexe. Dies kann zur Funktionsuntüchtigkeit des gesamten Komplexes führen

Punktmutationen, die zu einem Stoppcodon führen, werden als **Nonsense-Mutationen** bezeichnet. Sie führen zum vorzeitigen Abbruch der Polypeptidkette und üblicherweise zu einem vollständigen Funktionsverlust. Darüber hinaus führen sie (sofern sie nicht im letzten Exon bzw. kurz vor dem letzten Intron eines Gens lokalisiert sind) zu *nonsense mediated decay*, dem vorzeitigen Abbau der mRNA (▶ Kap. 2.4).

Spleiß-Mutationen

Manche Mutationen verändern die Sequenzen der Intron-Exon-Übergänge (oder andere wichtige Sequenzen) so stark, dass das **korrekte Verknüpfen der Exons oder das Entfernen der Introns aus dem primären mRNA-Transkript** nicht mehr funktioniert. Solche Spleiß-Mutationen betreffen besonders häufig die ersten beiden bzw. die letzten beiden Nukleotide eines Introns, aber z. B. auch das letzte Nukleotid eines Exons oder das fünfte Nukleotid eines Introns. **In der Regel werden als Folge von Spleiß-Mutationen entweder ganze Exons übersprungen** (*exon skipping*)**, oder falsche Spleißstellen verwendet.** Spleiß-Mutationen führen häufig, aber nicht immer zu einer starken Veränderung der Proteinstruktur und sind meist Nullmutationen. Manche Veränderungen innerhalb der Introns bestimmter Gene führen mit einer mehr oder weniger großen Wahrscheinlichkeit zum fehlerhaften Splicing. Ein interessantes Beispiel hierfür ist die 5T-Variante an der Spleiß-Akzeptorstelle von Intron 8 des *CFTR*-Gens (◘ Abb. 3.5).

▪▪▪ Die 5T-Intronvariante des *CFTR*-Gens und ihre klinische Bedeutung

Mehr als 1.000 verschiedene Mutationen im *CFTR*-Gen wurden bislang als Ursache der autosomal-rezessiv erblichen Krankheit Mukoviszidose (▶ Kap. 22.1) identifiziert. Oft handelt es sich um schwere Nullmutationen. Eine funktionelle Bedeutung kommt einem variablen Sequenzbereich am Übergang von Intron 8 zu Exon 9 zu. An dieser Stelle wird ein Abschnitt von 11–13 TG-Wiederholungen gefolgt von 5–9 Thymidinen (5T, 7T, 9T). Nach weiteren 5 Nukleotiden beginnt Exon 9. Beim Vorliegen der 5T-Variante (diese findet sich bei Europäern auf 4–5% aller

	Übergang Intron 8 – Exon 9	Häufigkeit von TG11, TG12 und TG13 bei Vorliegen der 5T-Variante		
		Allgemeinbevölkerung	Männer mit CBAVD*	Milde Mukoviszidose*
TG11-5T	...tgatgtgtgtgtgtgtgtgtgtgtgtgtttttaacagGGA..	77 %	10 %	--
TG12-5T	...tgatgtgtgtgtgtgtgtgtgtgtgtgtgtttttaacagGGA..	21 %	76 %	56 %
TG13-5T	...tgatgtgtgtgtgtgtgtgtgtgtgtgtgtgtttttaacagGGA..	2 %	12 %	44 %

* bei Compound-Heterozygotie mit einer schweren *CFTR*-Mutation auf dem anderen Allel. Daten aus Groman et al. (2004) Am J Hum Genet 74:176–179.

◘ **Abb. 3.5.** Die 5T-Intronvariante des *CFTR*-Gens

Chromosomen) ist das Spleißen am Übergang von Intron 8 zu Exon 9 beeinträchtigt. Dies gilt besonders dann, wenn 12 oder (noch ungünstiger) 13 TG-Wiederholungen den 5T vorausgehen. Personen mit Nullmutation auf einem Chromosom und 13TG-5T-Variante auf dem anderen (Compound-Heterozygotie) haben oft eine milde Mukoviszidose oder bei Männern zumindest eine CBAVD (kongenitale bilaterale Aplasie der Vasa deferentia). Zugleich kann die 5T-Variante eine eher milde Mutation auf dem gleichen Chromosom funktionell in eine schwere Mutation umwandeln.

Kleinere Deletionen und Insertionen

Bei kleinen Deletionen oder Insertionen von wenigen Basenpaaren spielt es eine zentrale Rolle, ob die Mutation innerhalb einer kodierenden Region liegt und wenn ja, ob die Anzahl der fehlenden oder zusätzlichen Basenpaare ein Vielfaches von drei ist. Ist dies nicht der Fall, verschiebt sich der gesamte Leserahmen jenseits der Deletion und es kommt zu einer veränderten Polypeptidkette. Man spricht in diesem Fall von einer *Frameshift*-**Mutation**. In der Regel entsteht dadurch früher oder später ein Stoppcodon, was zum vorzeitigen Abbruch der Proteinsequenz und meist auch zu *nonsense mediated decay* der mRNA führt. Sind die verlorenen Basen ein Vielfaches von drei, entspricht die Deletion oder Insertion auf DNA-Ebene einer Deletion im entsprechenden Oligopeptid, man spricht von *In-frame*-**Deletionen** oder -**Insertionen**. Kleine Deletionen sind eine nicht seltene Ursache vieler monogenetischer Krankheiten; sie kommen häufiger vor als Insertionen.

> **Wichtig**
>
> Nehmen wir als Beispiel den Satz ICH HAB MUT UND DAS IST GUT.
> - Eine *Missense*-**Mutation** verändert eine Aminosäure (einen Buchstaben), z. B.: ICH HAB GUT UND DAS IST GUT. Das verändert den Sinn, aber man kann den Rest des Satzes noch lesen.
> - Eine *Frameshift*-**Mutation** (z. B. Insertion einer Base) hingegen verändert den Leserahmen und macht damit auch den Rest des Satzes unlesbar: ICH HAB MUU TUN DDA SIS TGU T
> - Eine *Nonsense*-**Mutation** führt zum Abbruch des Texts: ICH HAB MUT UND XXX.

Ein klassisches Beispiel für die schweren Auswirkungen von *Frameshift*-Mutationen sind die X-chromosmal erblichen Dystrophinopathien, die Duchenne- und Becker-Muskeldystrophien (▶ Kap. 31.4). Diese Krankheiten werden durch zahlreiche unterschiedliche Mutationen des Dystrophin-Gens verursacht, durch große Deletionen von mehreren Exons (>60% der Fälle), Insertionen oder Punktmutationen. Sofern die Mutationen Verschiebung des Leserahmens bewirken, verursachen sie fast immer die schwere Form der Krankheit, die Duchenne-Muskeldystrophie. Mutationen ohne Leserasterverschiebung (auch *In-frame*-Deletionen von mehreren Exons) belassen dagegen eine mehr oder weniger ausgeprägte Restfunktion des Proteins und verursachen oft eine Becker-Muskeldystrophie.

Größere genomische Rearrangements

Große Deletionen oder Insertionen, die die Funktion einzelner Gene verändern, werden selten gefunden, sind oft aber auch schwer nachzuweisen. Deletionen, die eine Bindungsstelle für die bei der PCR-Amplifikation benutzten Primer oder ggf. mehrere Exons (bzw. das ganze Gen) entfernen, werden mit den üblichen PCR-basierten Methoden nicht erkannt. Es handelt sich dann nahezu immer um Nullmutationen, die die Funktion des Proteins völlig beseitigen.

Duplikationen von einzelnen Exons oder ganzen Genen haben entscheidend zur Evolution des menschlichen Genoms beigetragen. Viele der funktionell bedeutsamen Domänen verschiedener Proteine (z. B. Tyrosinkinase-Domäne, immunglobulinähnliche Domänen) sind wahrscheinlich auf die Duplikation einzelner Exons zurückzuführen. Gleiches gilt für die Entstehung von Pseudogenen (▶ Kap. 2.2). In einigen Fällen stellen Duplikationen auch die Ursache genetischer Krankheiten dar. Ein klassisches Beispiel hierfür ist die **hereditäre moto-sensorische Neuropathie (HMSN) Typ 1a** (Charcot-Marie-Tooth-Krankheit). Es handelt sich pathogenetisch um die Duplikation eines 1,5 Mb großen Bereichs auf Chromosom 17p im Bereich des Gens *PMP22 (peripheral myelin protein 22)*. Ursache ist ein ungleiches Crossing-over in der 1. meiotischen Teilung. Als Korrelat zur Duplikation auf dem einen Chromosom 17 entsteht als Folge des ungleichen Crossing-overs eine Deletion auf dem anderen, homologen Chromosom 17. Diese führt zu einem gänzlich verschiedenen Phänotyp, nämlich der HNPP (hereditäre Neuropathie mit Neigung zu Druckläsionen).

Funktionelle Konsequenzen von Genmutationen

Mutationen mit Einfluss auf die Translation. Die meisten Genmutationen führen zu einer veränderten Proteinsequenz des Genproduktes und verändern insofern die Translation. Zu den Mutationen in dieser Gruppe gehören u. a. die *missense*-Mutationen (Einbau einer anderen Aminosäure), die *frameshift*-Mutationen (Verschiebung des Leserahmens) und die *nonsense*-Mutationen (vorzeitiges Stoppcodon und damit Kettenabbruch bei der Proteinsynthese). Mutationen innerhalb des Startcodons (ATG) verhindern, dass die mRNA überhaupt zur korrekten Oligopeptid-Sequenz translatiert wird.

Veränderung der Genexpression. Mehr als 150 verschiedene Mutationen in den Promotorregionen menschlicher Gene sind bekannt. Sie führen in den meisten Fällen zu einer verminderten Bindung von Transkriptionsfaktoren und damit zu einer reduzierten Transkription des entsprechenden Gens (beschrieben z. B. für

Mutationen in der TATA Box des β-Globin-Gens). Gleiches gilt für Insertionen, die zwischen Promotor und Transkriptionsstart zu liegen kommen. Die Entfernung des Promotors von seinem Gen führt zu einer erheblichen Reduktion der Genexpression. Der Einfluss von SNPs in Promotorregionen und deren Einfluss auf die Genexpression ist Gegenstand intensiver Forschung. Als Beispiel dient eine häufige G→A-Variante an Position -6 vor dem Transkriptionsstart des Angiotensin-Gens, die transkriptionsfördernd wirkt und als Risikofaktor für die Entwicklung einer essenziellen Hypertonie gilt.

Mutationen in untranslatierten Regionen. Krankheitsauslösende Mutationen können auch im untranslatierten Bereich (UTR) eines Gens vorkommen. Mutationen im 5'-UTR der Gene führen in der Regel zu einer Veränderung der Genexpression oder der posttranskriptionellen Regulation der mRNA. Mutationen im 3'-UTR der Gene hingegen haben zum Teil erheblichen Einfluss auf die Polyadenylierung der mRNA, auf die mRNA-Stabilität, deren Export aus dem Zellkern und damit auf die intrazelluläre Lokalisation und letztlich auf die Translationseffizienz. Ein Beispiel von vielen ist die G20210A-Mutation in der 3'-UTR des Prothrombin-Gens, die mit deutlich erhöhten Plasmaspiegeln von Prothrombin und damit mit einem erhöhten Risiko für venöse Thrombosen einhergeht.

3.6 Dynamische Mutationen, Trinukleotid-Repeats

Bis Anfang der 90er Jahre wurde angenommen, dass krankheitsauslösende Mutationen, sobald vorhanden, sich nicht mehr ändern und stabil ggf. über mehrere Generationen weitergegeben werden. Als 1991 geklärt wurde, dass den beiden Krankheiten Fra(X)-Syndrom und spinobulbäre Muskelatrophie sog. dynamische Mutationen zugrunde liegen, öffnete sich ein völig neues Verständnis von Vererbung und Pathophysiologie für die kleine, aber interessante Gruppe der Trinukleotid-Repeatkrankheiten.

Diese krankheitsauslösenden **Trinukleotid-Repeats** gehören zu den Minisatelliten im menschlichen Genom. Es handelt sich um aufeinanderfolgende Wiederholungen von Trinukleotiden, wie z. B. CAGCAGCAG...CAG oder CCGCCGCCG...CCG, die normalerweise in Gruppen von 5–30 Wiederholungen auftreten. Ein wesentliches Merkmal ist ihre Instabilität: Wenn eine bestimmte Repeatzahl überschritten wurde, kann es bei der Vererbung von Eltern auf Kinder zu einer zunehmenden Vermehrung der Repeatzahl kommen, zur **Expansion**. Bei manchen Krankheiten gibt es sog. **Prämutationen**, die abgesehen von der Expansionsmöglichkeit bei der Weitergabe an die nächste Generation in der Regel keine klinische Bedeutung haben oder ein anderes, weniger schwer wiegendes (z.B. altersabhängiges) Krankheitsbild verursachen. Eine Expansion führt ab einer bestimmten Größe zur **Vollmutation**, bei der die Expression bzw. Funktionstüchtigkeit des Gens in dem sich der Repeat befindet, beeinträchtigt ist, und eine Krankheit ausgelöst wird. Trinukleotid-Repeats können sich über mehrere Generationen verändern und zu unterschiedlichen klinischen Ausprägungsgraden führen. Man spricht von **dynamischen Mutationen**. Neben Trinukleotid- sind Dinukleotid- und Tetranukleotid-Krankheiten bekannt.

Die meisten Trinukleotid-Krankheiten sind autosomal-dominant erblich. Pathogenetisch kann man zwei unterschiedliche Mechanismen unterscheiden. Bei den **Polyglutamin-Krankheiten** handelt es sich um CAG-Trinukleotide in der kodierenden Sequenz. CAG kodiert für die Aminosäure Glutamin. Bei Zunahme der Repeat-Zahl kommt es zu einer Verlängerung des Poly-Glutamin-Trakts innerhalb der Aminosäuresequenz des entsprechenden Proteins. Überschreitet diese Verlängerung einen bestimmten Schwellenwert, kommt es zu einer Proteinaggregation und schließlich zum Zelluntergang. Ein wichtiges Krankheitsbild dieser Gruppe ist die Chorea Huntington, eine neurodegenerative Krankheit des Erwachsenenalters (▶ Kap. 31.1.1).

Bei anderen Krankheiten befinden sich die verlängerten Trinukleotid-Repeats im nichtkodierenden Bereich eines Gens. Die Verlängerung der Repeats über einen bestimmten Schwellenwert stört entweder die Expression des Gens durch »transkriptionelles Silencing« oder die posttranskriptionelle Verarbeitung der prä-mRNA (v. a. Splicing). Beispiele hierfür sind das Fra(X)-Syndrom und die myotone Dystrophie. Die krankheitsauslösenden Repeatzahlen in dieser Gruppe sind meist deutlich größer (bis mehrere Tausend) als bei den Polyglutamin-Krankheiten (◘ Tab. 3.1).

Krankheit	Vererbung	Repeat	Lokalisation des Repeats	Normalallel (Repeatzahl)	Vollmutation (Repeatzahl)
Chorea Huntington	Autosomal-dominant	CAG	Kodierende Region (Polyglutamin-Trakt)	26 oder weniger	40 und mehr
Spinozerebelläre Ataxien (verschiedene Subtypen)	Autosomal-dominant	CAG	Kodierende Region (Polyglutamin-Trakt)	Je nach Subtyp verschieden	Je nach Subtyp verschieden
Fra(X)-Syndrom	X-chromosomal-rezessiv	CGG	5'-untranslatierte Region	5–40	200 bis mehrere Tausend
Myotone Dystrophie	Autosomal-dominant	CTG	3'-untranslatierte Region	5–35	50 bis mehrere Tausend
Friedreich-Ataxie	Autosomal-rezessiv	GAA	Intronisch	5–33	66 bis mehrere Tausend

◘ Tab. 3.1. Wichtige Trinukleotid-Krankheiten

> **Wichtig**
>
> Wichtige Krankheiten mit Trinukleotid-Expansion
> - Chore**A** Huntington (C**AG**)$_n$
> - Fra**G**iles-X-Syndrom (C**GG**)$_n$
> - Myo**T**one Dystrophie (C**TG**)$_n$

Ein wichtiges Merkmal der Trinukleotid-Krankheiten ist die **Antizipation**, die Verstärkung der klinischen Auffälligkeiten bei Zunahme der Repeatzahl. Bei der Chorea Huntington erkranken Patienten mit hoher Repeatzahl im Durchschnitt deutlich früher als Patienten mit niedriger Repeatzahl. Bei der Myotonen Dystrophie haben Patienten mit 50–100 Repeats meist ein sehr mildes Krankheitsbild (z. B. nur eine Katarakt), wohingegen Träger der schweren, kongenitalen Form oft mehr als 2.000 Repeats aufweisen. Die Entwicklung einer Prämutation (59–200 Repeats) in eine Vollmutation (>200 Repeats) beim Fra(X)-Syndrom ist ebenfalls eine Form der Antizipation, auch wenn bei Vorliegen einer Vollmutation Unterschiede in der Repeatlänge keine klinische Auswirkung mehr haben.

Vater ≠ Mutter. Interessanterweise unterscheidet sich die Wahrscheinlichkeit einer Repeatexpansion bei der väterlichen und der mütterlichen Keimzellbildung. Bei der Chorea Huntington z.B. kommt es in der Regel nur bei Vererbung über den Vater zu einer Repeatexpansion, beim Fra(X)-Syndrom hingegen vergrößert sich eine Prämutation nur dann zur Vollmutation, wenn sie von der Mutter auf die Kinder weitergegeben wird. Bei der myotonen Dystrophie ist die Sachlage noch komplexer. Hier expandieren kleine Fragmente mit weniger als 100 Repeats typischerweise bei Vererbung durch den Vater, große Fragmente hingegen bei Vererbung durch die Mutter. Kinder mit der kongenitalen Form der Myotonen Dystrophie haben daher in der Regel immer eine klinisch symptomatische Mutter.

Myotone Dystrophie (Morbus Curshmann-Steinert, Dystrophia myotonica Typ I)

Die Geschichte der Myotonen Dystrophie weist womöglich viele hunderttausend Jahre in die Menschheitsgeschichte zurück. Man findet diese Krankheit nur in der europäischen und der asiatischen Bevölkerung, nicht bei den Menschen Zentralafrikas, und die Mutation ist bei allen untersuchten Patienten mit einem gemeinsamen Haplotypen assoziiert. Dies legt die Vermutung nahe, dass die erste, ursprüngliche Prämutation (mit Repeatzahlen zwischen 18 und 35) bei einem sehr frühen,

▼

gemeinsamen Vorfahren der kaukasischen und asiatischen Völker aufgetreten ist. Um genau zu sein: Der Zeitpunkt dieses Ereignisses müsste in dem Zeitintervall liegen, als sich die späteren Europäer und Asiaten zwar von den zentralafrikanischen Urmenschen abgespalten hatten, aber noch bevor sich diese Gruppe aufspaltete um die getrennten Lebensräume in Europa und Asien zu erschließen.

Praxisfall

Herr Schmidt ist 44 Jahre alt. Vor kurzem wurde bei ihm eine myotone Dystrophie diagnostiziert, und er möchte sich nun über diese Krankheit informieren. Wie Herr Schmidt berichtet, traten erste Zeichen einer Muskelkrankheit vor etwa 15 Jahren auf, als er Ende 20 Jahre alt war. Zunächst bemerkte er, dass er Gegenstände nicht problemlos wieder loslassen konnte. Später kam auch eine Muskelschwäche hinzu. Die Erkrankung beeinträchtigt seine Arbeit als Metzger, er hat Schwierigkeiten mit Tätigkeiten, die Fingerfertigkeit verlangen. Außerdem fällt ihm seit einiger Zeit das Laufen schwer, vor allem morgens nach dem Aufstehen. Im Gegensatz zu früher hat er allgemein wenig Energie. Er hat Schluckbeschwerden und berichtet, dass er immer etwas zu trinken braucht, um Essen hinunterzuschlucken. Auch das Kauen fällt ihm schwer, und seine Sprache ist undeutlich geworden. Verstopfung oder Durchfall sind nicht aufgetreten. Herr Schmidt ist verheiratet und hat zwei 17 und 19 Jahre alte Kinder, bei denen bislang keine Muskelschwäche aufgefallen ist. Allerdings ist die 17-jährige Tochter oft müde und hatte in den letzten Schuljahren Schwierigkeiten im Sportunterricht. Auch in der übrigen Familie ist bislang keine Muskelkrankheit bekannt. Auf genaues Nachfragen berichtet Herr Schmidt, dass sein 68 Jahre alter Vater ein hängendes Augenlid und eine etwas kloßige Sprache hat. Seit einigen Jahren wird er wegen Herzrasen mit ASS100 und einem β-Blocker behandelt. Darüber hinaus wurde bei ihm kürzlich eine beginnende Katarakt festgestellt. Sie erklären Herrn Schmidt u. a. die unterschiedlichen Manifestationsformen der Myotonien und weisen besonders auch darauf hin, dass für die Tochter ein hohes Risiko besteht, ein Kind mit schwerer neonatal manifestierender myotoner Dystrophie zu bekommen, wenn sie selber symptomatische Anlageträgerin sein sollte.

Epidemiologie

Die myotone Dystrophie ist die einzige Krankheit, bei der eine progrediente Muskeldystrophie mit einer Myotonie zusammen vorkommt. Sie ist zugleich die häufigste aller Muskeldystrophien beim Erwachsenen und auch die häufigste aller Myotonien. Die Inzidenz der klassischen Form liegt bei 1:8.000.

Klinische Merkmale

Aus praktischen Gründen werden vier verschiedene Typen der myotonen Dystrophie Typ I unterschieden. Anhand dieser Manifestationsformen zeigt sich zum einen die

▼

höchst variable Expressivität der Krankheit, zum anderen auch die enge Korrelation zwischen Genotyp und Phänotyp (Tab. 3.2).

Tab. 3.2. Verlaufsformen der myotonen Dystrophie Typ I

Form	Manifestationsalter	Symptome	$(CTG)_n$-Repeats
Oligosymptomatische Form	>50 Jahre	Katarakt, Herzrhythmusstörungen, Stirnglatze; z. T. milde Muskelschwäche, evtl. Myotonie elektrophysiologisch nachweisbar	40–100
Klassische, adulte Form	12–50 Jahre	Deutliche progrediente Myotonie und Muskelschwäche, typische Facies, später Katarakt, systemische Komplikationen	100–1.000
Infantile Form	1–12 Jahre	Unauffällige Neugeborenenperiode, sprachlich-kognitive Entwicklungsverzögerung, progrediente Muskelschwäche	500–2.000
Neonatale Form	Prä-/Perinatal	Ausgeprägte muskuläre Hypotonie (floppy infant), z. T. lebensbedrohliche Atemschwäche, Klumpfuß, später mentale Retardierung	1.000–5.000

Oligosymptomatische Verlaufsform. Bei dieser milden Form der myotonen Dystrophie weisen die Patienten oft nur eine sich strahlenförmig von der Rinde ausbreitende **Katarakt** sowie **Herzrhythmusstörungen** als einzige klinische Beschwerden auf; typisch ist eine Stirnglatze, die aber nur dem geschulten Untersucher auffällt (Abb. 3.6). Muskuläre Beschwerden liegen meist nicht vor und die Diagnose wird oft erst gestellt, nachdem die myotone Dystrophie bei einem Familienangehörigen nachgewiesen wurde.

Klassische, adulte Form. Die klassische Form der myotonen Dystrophie ist eine **Multisystemerkrankung** mit variabler Kombination unterschiedlicher Organmanifestationen. Kardinalsymptom ist die **Myotonie**, die sich durch eine erschwerte bzw. verzögerte Muskelentspannung bemerkbar macht. So fällt es den Patienten schwer, nach festem Faustschluss wieder die Hand zu öffnen, beim festen Händedruck kann nur verzögert losgelassen werden. Beim Beklopfen des Thenars kommt es zu einer mus-

Abb. 3.6. Myotone Dystrophie im höheren Alter. Der 67-jährige Sportkegler hat Herzrhythmusstörungen, eine beginnende Katarakt und eine kloßige Sprache; das Gesicht ist lang und schmal mit Stirnglatze und diskreter linksseitiger Ptose

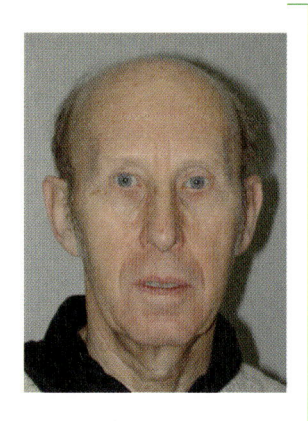

kulären Wulstbildung (myotone Thenarreaktion). Belastender für den Patienten ist die progrediente **Muskelschwäche,** die zunächst v. a. die Gesichtsmuskulatur und die distalen Extremitätenmuskeln betrifft. Betroffene Personen haben eine typische **Facies myopathica** mit schlaffem Gesichtsausdruck und beidseitiger Ptose; ein fester Lidschluss ist nicht möglich. Die Sprache ist verwaschen, es treten Schluckbeschwerden auf. Eine Beteiligung der glatten Muskulatur führt zu **gastrointestinalen Funktionsstörungen,** neben abdominellen Koliken und intestinaler Pseudoobstruktion vor allem zu einer schwerwiegenden Störung der Ösophagusmotilität. Dies wiederum hat im fortgeschrittenen Krankheitsstadium häufig Aspirationspneumonien zur Folge, welche zu den häufigsten Todesursachen bei myotoner Dystrophie gehören. Wie bei der oligosymptomatischen Form sind **kardiale Reizleitungsstörungen** nachweisbar, führen aber nur bei einem Teil der Patienten zu klinisch relevanten Arrhythmien. Alle Patienten mit myotoner Dystrophie vom klassischen Typ zeigen im Erwachsenenalter eine zunehmende **Katarakt**; daneben kann eine Retinopathie auftreten. Bemerkenswert ist eine vielfältige **endokrine Symptomatik**: Die männlichen Patienten weisen eine Hodenatrophie auf, die die Fertilität nur leichtgradig einschränkt. Die Inzidenz von Diabetes mellitus und Hypothyreose ist bei myotoner Dystrophie im Vergleich zur Allgemeinbevölkerung erhöht. Eine typische Stirnglatze findet sich sowohl bei männlichen, als auch bei weiblichen Patienten.

Kongenitale Form. Bei der kongenitalen und schwersten Verlaufsform der myotonen Dystrophie kann es in utero zu einer Schluckschwäche des Feten und daraus folgend zu einem Polyhydramnion kommen. Bei Geburt sind die Kinder äußerst **hypoton** und zeigen eine ausgeprägte myopathische Facies mit Ptosis und dreieckig offen stehendem Mund. Mehr als die Hälfte der betroffenen Kinder hat angeborene

Kontrakturen und Klumpfußstellungen. Typischerweise kommt es unmittelbar nach Geburt zu schweren, z. T. lebensbedrohlichen **Atem- und Ernährungsproblemen**. Sofern diese Komplikationen überstanden wurden, ist die muskuläre Problematik zunächst nicht progredient, und alle Kinder lernen laufen. Die intellektuelle Entwicklung der Kinder ist erheblich verzögert. In 75% der Fälle liegt der IQ unter 70. Alle Kinder mit kongenitaler myotoner Dystrophie haben eine symptomatisch betroffene Mutter.

Neben der klassischen und der kongenitalen Form gibt es eine intermediäre **infantile Form** (Abb. 3.7), bei der sich die myotone Dystrophie nach weitgehend unauffälliger Neugeborenenperiode mit **Lern- und Sprachschwierigkeiten** und später einer deutlichen Intelligenzminderung manifestiert. Der durchschnittliche IQ liegt bei diesen Patienten zwischen 70 und 85. Die muskuläre Schwäche ist langsam progredient und zeigt später die gleiche Ausgestaltung wie bei der klassischen Form. Im Alter von 40 sind viele Patienten an den Rollstuhl gebunden.

Abb. 3.7. Myotone Dystrophie bei einem 6-jährigen Jungen

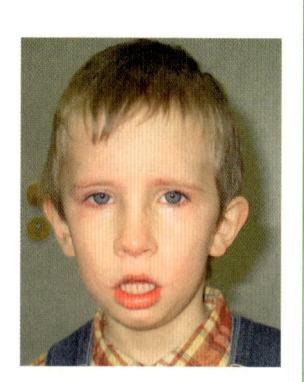

Genetik und Ätiopathognese

Die myotone Dystrophie wird **autosomal-dominant** vererbt. Es handelt sich um eine dynamische Mutation mit Verlängerung einer variablen **repetitiven $(CTG)_n$ Sequenz**. Normale Allele weisen zwischen 5 und 35 Repeats auf, wobei $(CTG)_5$ mit 40% das häufigste Allel ist. Patienten mit myotoner Dystrophie haben mehr als 50 bis zu mehreren 1.000 Repeats. Generell kann man sagen, dass schwerer betroffenen Patienten eine höhere Repeatzahl aufweisen, es gibt hier aber keine strenge Korrelation, und eine Prognose ist im Einzelfall nicht möglich. Das Vorliegen von >2.000 Wiederholungen ist meist mit einer kongenitalen Form der myotonen Dystrophie assoziiert.

▼

Bei Vorliegen von 36–49 Repeats spricht man von einer **Prämutation**, die nicht zu klinischen Auffälligkeiten führt. Allerdings sind solche Prämutationen wie auch die größeren krankheitsauslösenden Mutationen **instabil**, d. h., die Repeatzahl kann sich bei der Weitergabe an die Kinder verändern. Meist kommt es zu einer Zunahme der Repeatzahl und dadurch zum Phänomen der **Antizipation**: Der Schweregrad der Krankheit nimmt in nachfolgenden Generationen zu und das Erkrankungsalter nimmt ab. Ausgeprägte Repeatexpansionen mit mehreren tausend Repeats und der daraus resultierenden kongenitalen Form der myotonen Dystrophie finden sich fast ausschließlich bei Vererbung durch erkrankte Mütter.

Der **molekulare Mechanismus**, der zur myotonen Dystrophie führt, ist bis heute nur unvollständig verstanden. Der Repeat liegt interessanterweise im **transkribierten, aber nichttranslatierten** distalen (3') Bereich eines Gens, das nach der Krankheit mit dem Namen ***DMPK*** *(dystrophica myotonia protein kinase)* bezeichnet wurde. Dieses Gen kodiert für eine Proteinkinase, die unter anderem in Skelettmuskel, Gehirn, Herz, Auge und Hoden exprimiert wird, deren genaue Funktion aber noch unklar ist. Die Repeatexpansion führt also nicht zur Produktion eines abnormen Proteins, verändert jedoch die Expression verschiedener Gene in unmittelbarer Nachbarschaft (unter anderem von *SIX5*, einem nahe gelegenen Transkriptionsfaktor). Außerdem scheint die vom mutierten *DMPK*-Gen abgeschriebene RNA einen toxischen Effekt auf Muskelzellen zu haben.

Diagnostik

Die Diagnose einer myotonen Dystrophie lässt sich in den meisten Fällen klinisch und aus der Betrachtung des Familienstammbaums stellen, sie sollte aber immer **molekulargenetisch** mittels PCR und Southern Blot bestätigt werden (▶ Abb. 3.8). Andere Untersuchungen sind für die Diagnose nicht notwendig, alle Patienten weisen die typische Repeatexpansion auf.

Sollte der Test auf Mutationen von *DMPK* negativ ausfallen, müssen andere Myopathien differenzialdiagnostisch erwogen werden. In diesem Fall geben EMG, Muskelbiopsie und Serum-CK weiterführende Hinweise.

Differenzialdiagnose

Differenzialdiagnostisch muss an eine **myotone Dystrophie Typ 2** (MD 2, früher proximale myotone Myopathie, PROMM) gedacht werden. Das klinische Erscheinungsbild der MD 2 ist milder als das der myotonen Dystrophie Typ 1; im Vordergrund stehen eine Schwäche besonders der proximalen Muskeln, ein typisches Merkmal sind Muskelschmerzen. Der Beginn der Symptome ist meist im 3. Lebensjahrzehnt, neonatale Formen bzw. Entwicklungsverzögerung werden nicht beobachtet. Zugrunde liegt die Expansion eines CCTG-Tetranukleotid-

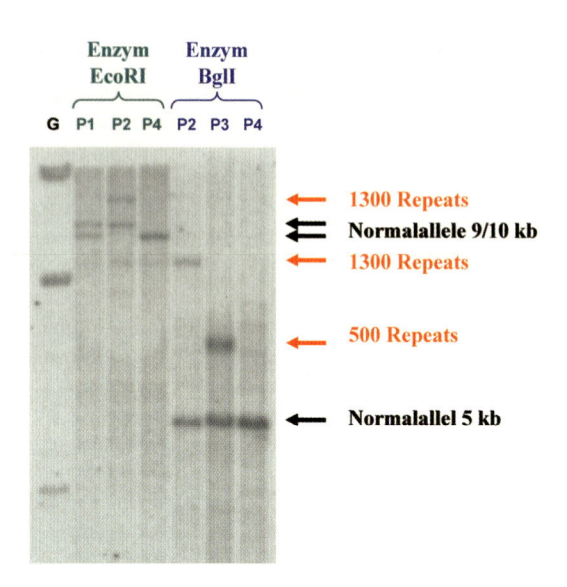

Abb. 3.8. Die Repeatverlängerung bei der myotonen Dystrophie wird mittels Southern-Blot nachgewiesen. Die genomische DNA-Probe wird dazu in zwei getrennten Ansätzen mit Restriktionsenzymen verdaut, elektrophoretisch aufgetrennt und auf einer Nylonmembran dargestellt. Das Normalallel nach BglI-Verdau ist etwa 5 kb groß, nach EcoRI-Verdau ist das Normalallel 9 oder 10 kb groß. Patient 2 (P2) in der Abbildung hat eine myotone Dystrophie mit ca. 1300 Repeats, Patient 3 (P3) eine Myotone Dystrophie mit ca. 500 Repeats. Bei Patienten 1 und 4 (P1, P4) fanden sich Normalbefunde. G = Größenstandard. (Mit freundlicher Genehmigung von B. Janssen, Institut für Humangenetik Heidelberg)

Repeats in Intron 1 des *ZNF9 (zinc finger 9)*-Gens. Auch PROMM wird autosomal-domiant vererbt.

Therapie und Management

Eine kausale Therapie der myotonen Dystrophie gibt es bisher nicht, einige Symptome sind aber symptomatisch gut behandelbar. Besonders wichtig sind neben der neurologischen Betreuung regelmäßige augenärztliche und kardiologische Untersuchungen. Die Katarakt wird operativ angegangen, der Diabetes mellitus mit oralen Antidiabetika oder Insulin behandelt. Kontrakturen und Skoliose werden zunächst krankengymnastisch behandelt, im fortgeschrittenen Stadium operativ korrigiert. Herzrhythmusstörungen erfordern manchmal medikamentöse Intervention oder einen Schrittmacher. In den wenigen Fällen, in denen die Myotonie klinisch im Vordergrund steht, können Membranstabilisatoren wie Phenytoin oder Mexiletin hilfreich sein.

Prognose
Bei der oligosymptomatischen, milden Form besteht in der Regel eine normale Lebenserwartung. Patienten mit klassischer myotoner Dystrophie sterben dagegen häufig im mittleren Erwachsenenalter durch respiratorische Insuffizienz und Aspirationspneumonie sowie plötzlichen Herztod. Die durchschnittliche Lebenserwartung bei der kongenitalen Form ist nicht sehr viel geringer als bei der klassischen Form und liegt bei ca. 45 Jahren.

4 Pathomechanismen genetischer Krankheiten

4.1 Vom Genotyp zum Phänotyp

Wohl kaum ein Patient kommt in die humangenetische Beratung und sagt: »Guten Morgen, Herr Doktor. Ich habe ein Problem mit meiner *Compound*-Heterozygotie. Auf dem einen Allel eine klassische Delta-F508-Mutation und auf dem anderen eine 5T-Intronvariante meines *CFTR*-Gens – das macht mir Sorgen. Können Sie mir bitte helfen?«. Das ärztliche Handeln bezieht sich auf echte Patienten und nicht auf wandelnde Abbilder pathologischer Gensequenzen. Doch wie wird aus der molekularen Veränderung ein »echter Patient«? Wie wird der Genotyp zum Phänotyp? Und wo kann der Arzt innerhalb dieser Kette diagnostisch und therapeutisch ansetzen?

Mit dem Begriff des **Genotyps** wird die Gesamtheit der genetischen Information eines Organismus oder einer Zelle bezeichnet. Im engeren Sinn (und vor allem in Bezug auf einen bestimmten Phänotyp) bezieht sich der Begriff auf einen ganz spezifischen Genlocus und meint dann die Kombination der (ggf. unterschiedlichen) DNA-Sequenzen an diesem Genort. Im Falle eines autosomalen Gens beschreibt der Genotyp beispielsweise, ob eine genetische Variante auf beiden Genkopien (**homozygot**) oder nur auf einer der beiden Genkopien (**heterozygot**) auftritt. Sind 2 unterschiedliche Varianten eines Gens vorhanden, können sie auf den beiden homologen Chromosomen (*in trans*) vorliegen, aber auch beide auf demselben Chromosom (*in cis*), in der Regel durch nacheinander erfolgende Mutationsereignisse, aber z. B. auch nach Rekombination. Von den Genen außerhalb der pseudoautosomalen Regionen des X-Chromosoms, haben Männer mit Karyotyp 46,XY nur jeweils eine Kopie. Sie sind für diese Genloci ohne Homolog auf dem Y-Chromosom immer **hemizygot**.

> **Wichtig**
>
> Der Genotyp entspricht der genetischen Information, die einem Organismus bzw. einer Zelle insgesamt oder für eine bestimmte Funktion zur Verfügung steht.

Der **Phänotyp** ist »das, was man sehen kann«. Er bezeichnet das, was die Zelle oder der Organismus aus dem Genotyp macht. Dabei gilt, dass die Entstehung eines Phänotyps ein multikausales Geschehen ist, sowohl genetische, als auch nichtgenetische Faktoren nehmen darauf Einfluss. Der Phänotyp lässt sich unter-

4.1 · Vom Genotyp zum Phänotyp

Allgemein

Klinischer Phänotyp
↑
Klinisch-chemischer Phänotyp
Metabolischer Phänotyp
↑
Proteinchemischer Phänotyp
Enzymatischer Phänotyp
↑
Genotyp

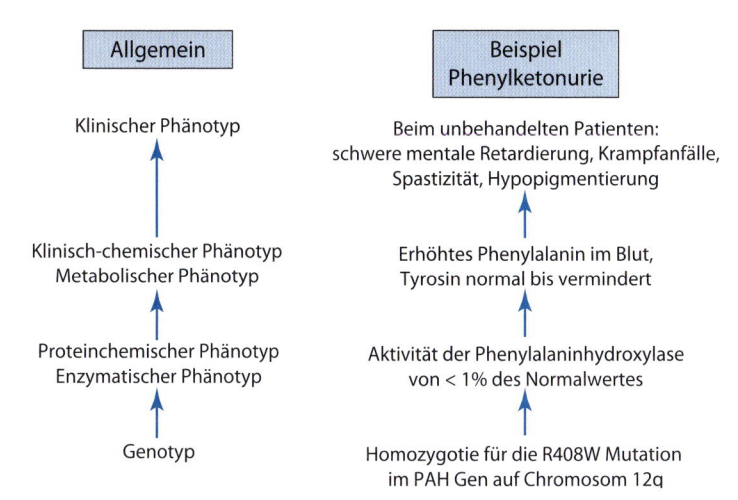

Beispiel Phenylketonurie

Beim unbehandelten Patienten:
schwere mentale Retardierung, Krampfanfälle,
Spastizität, Hypopigmentierung
↑
Erhöhtes Phenylalanin im Blut,
Tyrosin normal bis vermindert
↑
Aktivität der Phenylalaninhydroxylase
von < 1% des Normalwertes
↑
Homozygotie für die R408W Mutation
im PAH Gen auf Chromosom 12q

Abb. 4.1. Vom Genotyp zum Phänotyp

schiedlich definieren – und das ist oftmals davon abhängig, worauf wir unser Auge richten (Abb. 4.1).

Der Patient wird in der Regel mit einem **klinischen Phänotyp** vorstellig. Es sind die Symptome, das Krankheitsbild, dessen Schwere und Beeinträchtigungen, die ihn zum Arzt bringen. Es ist der klinische Phänotyp, den der Arzt sieht und im Rahmen körperlicher und bildgebender Untersuchungen erfasst. Und es ist zugleich der klinische Phänotyp, der in höchstem Maße von nichtgenetischen Faktoren (»Umweltfaktoren«) abhängig ist.

Von besonderer diagnostischer Bedeutung ist der **metabolische** oder **klinisch-chemische Phänotyp**, die Konzentration bestimmter Schlüsselsubstanzen in Körperflüssigkeiten. Nicht jeder klinische Phänotyp hat ein messbares klinisch-chemisches Korrelat, für viele genetische Krankheiten gibt es keine Substanzen, die man messen könnte. Auf der anderen Seite kennen wir genetisch bedingte Zustände mit eindeutigem klinisch-chemischem Phänotyp ohne jedes klinisch-symptomatische Korrelat. Die autosomal-rezessiv erbliche Histidinämie ist hier ein gutes Beispiel: Sie zeigt einen eindeutigen metabolischen Phänotyp mit erhöhten Histidinkonzentrationen im Plasma und im Urin, aber keine klinische Symptomatik.

Gleiches gilt für den sog. **proteinchemischen** oder **enzymatischen Phänotyp**. Er ergibt sich aus der gemessenen zellulären Funktion des Genprodukts und ist viel direkter vom Genotyp abhängig. Das sagt aber noch nicht viel über die klinische Bedeutung dieser Veränderungen aus. Auch hier sei die Histidinämie mit erheblich reduzierter Aktivität des Enzyms Histidase als Beispiel angeführt.

Der **Genotyp** letztlich ist die ätiologische Grundlage des ganzen Szenarios. Und in vielen Fällen ist es der Genotyp, nach dem wir im Rahmen unserer diagnostischen Möglichkeiten suchen. Für zahlreiche Krankheiten, die in diesem Buch besprochen werden, sind keine Proteinmengen, Enzymaktivitäten oder Substratanhäufungen etc. messbar. Was bleibt, ist die Suche nach Veränderungen auf DNA-Ebene mittels Sequenzierung, PCR, Southern Blot usw., und der Versuch, identifizierte Veränderungen korrekt zu interpretieren.

> **Wichtig**
>
> **Korrelation zwischen Genotyp und Phänotyp**
> - Mutationen im selben Gen können für die Entstehung verschiedener Krankheiten verantwortlich sein (**Pleiotropie**). Beispiel: Mutationen in *FGFR2* können zu Pfeiffer-, Crouzon- oder Jackson-Weiss-Syndrom führen.
> - Ein und dieselbe Krankheit kann durch Mutationen in verschiedenen Genen ausgelöst werden (**Polygenie**). Beispiel: HNPCC entsteht durch Mutationen in *MLH1*, *MSH2*, *PMS1*, *PMS2* oder *MSH6*.
> - Ein und dieselbe Mutation kann zu verschiedenen klinischen Phänotypen führen (**Polyphänie, variable Expressivität**). Der klinische Phänotyp ist nicht auf eine einzige Mutation zurückzuführen, sondern entsteht im Zusammenspiel der vielen tausend Gene und Genprodukte innerhalb des menschlichen Organismus. Als Beispiel dienen die Kraniosynostosen in Folge von Mutationen des *FGFR2-Gen*s. Die gleichen Mutationen (C342Y oder C342R) können sowohl zur Entstehung eines Pfeiffer-Syndroms, als auch eines Crouzon-Syndroms führen. Hinzu kommt dann noch das Zusammenspiel von genetischer Disposition und Umwelteinflüssen bzw. therapeutischen Maßnahmen. Ein gutes Beispiel hierfür ist die Phenylketonurie (PKU) (▶ Kap. 24.4). Homozygote Anlageträger entwickeln eine schwere mentale Retardierung, falls sie sich normal ernähren. Falls sie aber früh mit einer speziellen phenylalaninarmen Diät ernährt werden, entwickeln sie sich ganz normal und ohne jede geistige Beeinträchtigung.
> - Für die Entwicklung mancher klinischer Phänotypen ist eine Mutation in einem einzigen Gen nicht ausreichend. Erst wenn Mutationen in mehreren, bestimmten Genen zusammenkommen, entwickelt sich auch der klinische Phänotyp (**polygene Vererbung**).

4.2 Dominant und rezessiv

Es war der Augustinermönch **Johann Gregor Mendel** (1822–1884), der mit seiner Veröffentlichung »*Versuche über Pflanzenhybride*« 1865 die moderne Genetik begründete und durch seine Züchtungsexperimente im Klostergarten in Brünn (dem

4.2 · Dominant und rezessiv

heutigen Brno in Tschechien) anhand von Gartenerbsen zeigte, dass Vererbung auf definierten, voneinander unabhängigen, einzelnen Faktoren beruht. Diese »Faktoren« werden heute von uns als Gene bezeichnet. Darüber hinaus prägte Mendel die Begriffe dominant und rezessiv. Er bezeichnete »*jene Merkmale, welche ganz oder fast unverändert in die Hybride-Verbindung übergehen, somit selbst die Hybriden-Merkmale repräsentiren, als dominirende, und jene, welche in der Verbindung latent werden, als recessive*«.

Die Begriffe dominant und rezessiv beziehen sich damit ausdrücklich auf den Phänotyp bei heterozygoten Individuen. Sie beschreiben die **funktionelle Balance bei Vorliegen von zwei unterschiedlichen Allelen an einem Locus**. Gregor Mendel zeigte das anhand rot- und weißblühender Erbsenpflanzen. Bestäubt man die Narbe der reinerbig rotblühenden Pflanze mit Pollen der reinerbig weißblühenden (oder umgekehrt), und sät man die entstehenden Samen aus, erhält man in der F1-Generation nur rotblühende Pflanzen. Das Allel »rot« dominiert über das Allel »weiß«.

Gleiches gilt für das heterozygote Vorliegen krankheitsrelevanter Mutationen. Bei dominant erblichen Krankheiten reicht die krankheitsrelevante Mutation auf dem einen Allel aus, um gesundheitlich relevante Auffälligkeiten zu verursachen. Bei rezessiv erblichen Krankheiten sind heterozygote Anlagenträger phänotypisch gesund. Hier kommt es nur bei homozygotem Vorliegen der krankheitsrelevanten Mutation zur Entstehung gesundheitlicher Beeinträchtigungen.

Doch ganz so einfach ist es in den meisten Fällen nicht, wie folgende Beobachtungen uns zeigen:

Dominant in jeder Hinsicht? Auch heterozygote Anlagenträger (Aa) einer rezessiv erblichen Krankheit können phänotypische Auffälligkeiten zeigen. Heterozygote Anlagenträger für Phenylketonurie (PKU) zeigen im Blut leicht erhöhte Phenylalaninwerte und eine verringerte Enzymaktivität der Phenylalanin-Hydroxylase in der Leber. Dies hat keine klinische Bedeutung, zeigt aber, dass das normale Allel nicht komplett über das mutierte dominiert.

■ ■ ■ Heterozygoten-Vorteil

Bei manchen rezessiv erblichen Krankheiten fragt man sich, warum diese nicht im Zuge der evolutionären Selektion ausgestorben sind. Warum ist die Mukoviszidose mit einer Heterozygoten-Häufigkeit von 5% in der kaukasischen Bevölkerung so häufig? Und warum sind 9–10% aller Afroamerikaner heterozygot für Sichelzellanämie? Es scheint, dass in bestimmten Situationen die Heterozygotie gegenüber der Homozygotie für das Wildtyp-Allel einen Selektionsvorteil bedeutet. Die bekanntesten Beispiele hierfür sind die Hämoglobinopathien. Im tropischen Afrika, wo die Malaria endemisch auftritt, erreicht z. B. die Mutation für die Sichelzellanämie (Mutation in der β-Kette des Hämoglobins) ihre höchste Allelfrequenz. Sie liegt bei 20–40%. Ursache hierfür ist die Resistenz heterozygoter Anlagenträger gegenüber dem Erreger der Malaria tropica, Plasmodium falciparum. Homozygote für das normale Hämoglobin sind anfällig für die

Malaria tropica, sterben evtl. vorzeitig und zeigen eine reduzierte reproduktive Fitness (weniger Kinder). Homozygote für die Sichelzellmutation zeigen im Säuglingsalter massive Beschwerden mit hämolytischen Anämien, vaso-okklusiven Krisen und multiplen Organinfarkten. Ihre reproduktive Fitness ist damit annäherungsweise null (keine Kinder). Heterozygote Anlagenträger sind in geringem, aber signifikantem Maß gegen die Malaria tropica geschützt, möglicherweise dadurch, dass befallene Erythrozyten schneller zugrunde gehen. In malariaverseuchten Gebieten liegt der Fortpflanzungserfolg von Überträgern der Sichelzellmutation etwa 15% über dem der Bevölkerung mit Homozygotie für normale Hämoglobingene. Dies ist ein Beispiel für einen sog. **balancierten Polymorphismus**, bei dem sich günstige und ungünstige Auswirkungen in einer Population ausgleichen und zu einem Gleichgewicht führen.

Semidominanz oder inkomplette Dominanz. Auch bei dominant erblichen Krankheiten ist das klinische Bild der heterozygoten Mutationsträger mit dem der homozygoten Mutationsträger in den wenigsten Fällen identisch. Als Beispiel soll an dieser Stelle die familiäre Hypercholesterinämie (▶ Kap. 24.3) dienen, eine genetische Störung in Folge von Mutationen des LDL-Rezeptor-Gens. Heterozygote Merkmalsträger fallen durch erhöhte Cholesterinspiegel (300–500 mg/dl) auf und erleiden typischerweise in mittlerem Lebensalter einen ersten Herzinfarkt. Homozygot Betroffene haben weit höhere Cholesterinspiegel (500–1200 mg/dl) und zeigen KHK-Manifestationen bereits im Kindesalter. Ein weiteres Beispiel ist die Achondroplasie (▶ Kap. 26.2), bei die Homozygotie für die krankheitsauslösende Mutatioin zu schwersten Skelettdysplasien führt und vorgeburtlich letal ist. Wenn wie in diesen Fällen der Phänotyp der Heterozygoten (Aa) zwischen dem der Homozygoten (AA und aa) liegt, spricht man von einer Semidominanz oder einer inkompletten Dominanz des Allels A über das Allel a. Nur bei wenigen Krankheiten (wie z. B. der Chorea Huntington, ▶ Kap. 31.1.1) stimmt der Phänotyp der heterozygoten Mutationsträger mit dem der homozygoten Mutationsträger weitgehend überein (**komplette Dominanz**).

Kodominanz. Es gibt einige wenige Fälle, in welchen zwei Allele desselben Gens für unterschiedliche Merkmale kodieren, die sich von dem Verlust der Genfunktion unterscheiden und bei Heterozygotie nebeneinander vorkommen. Die beiden Allele sind in diesen Fällen kodominant zueinander. Das klassische Beispiel sind die **Blutgruppen des AB0-Systems**, bei welchen Personen mit Genotyp AB phänotypische Charakteristika sowohl des A-Allels als auch des B-Allels aufweisen. Die AB0-Blutgruppen gehen auf einen Genlocus auf Chromosom 9 zurück, an dem es vereinfacht 3 Allele gibt: A, B und 0. Das Besondere dabei ist, dass A-Allel und B-Allel für 2 unterschiedliche Enzyme mit unterschiedlichen Funktionen kodieren. Beides sind Glykosyltransferasen, Enzyme, welche an der Glykosylierung der Zelloberflächen beteiligt sind. Die vom A-Allel kodierte Isoformen GTA katalysiert die Übertragung von N-Acetylgalaktose (GalNAc) an die Kohlenhydratbäumchen,

4.2 · Dominant und rezessiv

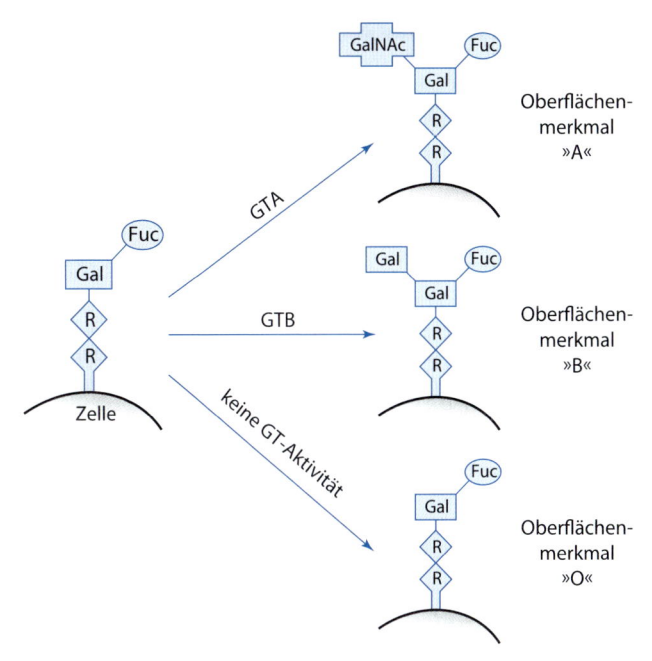

Abb. 4.2. Blutgruppen des AB0-Systems. R Rest, *Gal* Galaktose, *Fuc* Fucose, *GalNAc* N-Acetylgalaktose, *GTA* Glykosyltransferase A, *GTB* Glykosyltransferase B

während das vom B-Allel kodierte GTB Galaktose (Gal) überträgt. Das Vorhandensein von GTA führt zur Blutgruppe A, GTB zur Blutgruppe B. Da es sich um voneinander unabhängige Enzymfunktionen handelt, wird bei Genoytp AB auf manche Zuckerbäumchen GalNAc und auf andere Gal übertragen, und es entsteht ein Phänotyp, der Merkmale der Blutgruppe A und Merkmale der Blutgruppe B aufweist. Bei dem dritten Allel 0 liegt eine inaktivierende Deletion vor, die die Enzymfunktion vollständig beseitigt, sodass weder Gal noch GalNAc auf die Kohlenhydratbäumchen der Zelloberfläche übertragen werden können. Die Allele A und B sind also zueinander kodominant, gegenüber 0 jedoch dominant, da ein einzelnes intaktes Allel (bei Genotyp A0 oder B0) für die Enzymfunktion ausreicht. Insgesamt führt dies zu den bekannten 4 möglichen Phänotypen: Phänotyp A (mit Genotyp AA oder A0), Phänotyp B (mit Genotyp BB oder B0), Phänotyp 0 (Genotyp 00) und Phänotyp AB (Genotyp AB) (Abb. 4.2).

Verschiedene Mutationen im selben Gen können zu spezifischen dominant oder rezessiv erblichen Formen der gleichen Krankheit führen. Als Beispiel sei hier das von-Willebrand-Jürgens-Syndrom (vWS) aufgeführt, eine der häufigsten angeborenen Gerinnungsstörungen, verursacht durch Mutationen im Gen für den von-Willebrand-Faktor (▶ Kap. 21.6). vWS Typ 1 (80%) und vWS Typ 2 werden autosomal-dominant vererbt. Meist liegen *Missense*-Mutationen des *vWF*-Gens vor. vWF Typ 3 (<5%) hingegen ist autosomal-rezessiv erblich und auf Mutationen im gleichen Gen zurückzuführen. Hierbei handelt es sich aber meist um Deletionen, *Frameshift*- oder *Nonsense*-Mutationen. Typ 3 ist die schwere Form des vWS.

Dominant negativer Effekt. Das klinische Bild ergibt sich bei heterozygoten Anlageträgern aus dem Zusammenspiel der Genprodukte der beiden unterschiedlichen Allele. Dabei kommt es darauf an, welche funktionellen Konsequenzen die einzelnen Mutationen haben. Führt eine Mutation zum Verlust von Enzymaktivität, so kann das funktionstüchtige zweite Allel oft den Verlust kompensieren. Zu klinischen Merkmalen kommt es meist erst, wenn auch das zweite Allel eine Mutation aufweist. Krankheiten, die auf dem Verlust von Enzymaktivität beruhen, sind daher fast immer rezessiv erblich. Mutationen von Strukturproteinen machen sich hingegen oft schon bemerkbar, wenn nur eines von beiden Allelen defekt bzw. verändert vorliegt. In diesen Fällen entstehen dominant erbliche Krankheiten. Interessanterweise ist in manchen Fällen der vollständige Verlust eines Genprodukts klinisch weniger problematisch als die Produktion eines stabilen mutierten Proteins, welches in seiner veränderten Struktur auch noch die Funktion des zweiten, normalen Genprodukts stört. Ein solcher dominant negativer Effekt liegt bei vielen Strukturproteinen vor, die als Untereinheit in einem großen Protein-Multimer funktionieren. Als klassisches Beispiel gilt die Osteogenesis imperfecta.

> **Dominant negativer Effekt am klinischen Beispiel Osteogenesis imperfecta**
> Die **Osteogenesis imperfecta**, im Volksmund **Glasknochenkrankheit** genannt, ist eine klinisch und genetisch heterogene Krankheit des Bindegewebes. Es handelt sich um eine Krankheit des verkalkten, aber auch des weichen Bindegewebes. Kardinalsymptom ist die abnorme **Knochenbrüchigkeit**. Klinische Fallbeschreibungen reichen weit in die Menschheitsgeschichte zurück. Beim wohl ältesten dokumentierten Fall handelt es sich um eine ägyptische Mumie von etwa 1000 v. Chr.
> Verursacht wird die Osteogenesis imperfecta (OI) durch **strukturelle Störungen des Kollagens I**. Kollagen mach rund ¼ des gesamten Proteingehaltes des menschlichen Körpers aus. Kollagen I kommt in Knochen, Sehnen, Ligamenten, Zähnen, Haut, Hornhaut, Skleren, Mittel- und Innenohr vor. Es besteht aus langen Polypeptiden mit einem hohen Gehalt an den Aminosäuren Glycin, Prolin und Hydroxyprolin. Jede dritte Position in der Polypeptidsequenz ist mit einem Glycin besetzt (Gly-X-Y Struktur). Jeweils 3 Polypeptidketten werden zu **Tripelhelices**
> ▼

4.2 · Dominant und rezessiv

zusammengelagert und verdrillt. Prokollagen 1 besteht aus zwei α1(I)-Ketten und einer α2(I)-Kette, die von verschiedenen Genen kodiert werden (Abb. 4.3a). *COL1A1* liegt auf Chromosom 17, *COL1A2* auf Chromosom 7.

Nullmutationen eines Allels der Gene *COL1A1* oder *COL1A2* mit instabilem oder fehlendem Genprodukt führen zu einer 50%-igen Verminderung der Kollagensynthese. Das gebildete Kollagen ist qualitativ normal. Es resultiert der milde klinische Phänotyp **Osteogenesis imperfecta Typ I**. Man spricht in diesem Fall auch von **Haploinsuffizienz**. Das bedeutet, dass die Aktivität eines einzelnen normalen Allels nicht ausreicht, da für einen normalen Phänotyp mehr Genprodukte benötigt werden, als eine einzige Genkopie zu liefern in der Lage ist (Abb. 4.3b).

Bei der **schweren neonatalen Osteogenesis imperfecta (Typ II)** liegt meist ein durch **Punktmutation** verändertes Protein vor, welches stabil ist, in das Prokollagen eingebaut wird und dort die Struktur des Kollagens erheblich stört (Abb. 4.3c). Das mutierte Protein verändert damit die Funktionstüchtigkeit des normalen Proteins. Daraus folgt ein Krankheitsbild, das schwerer ist als bei Haploinsuffizienz für dieses Protein. Dieser Effekt wird als **dominant negativ** bezeichnet.

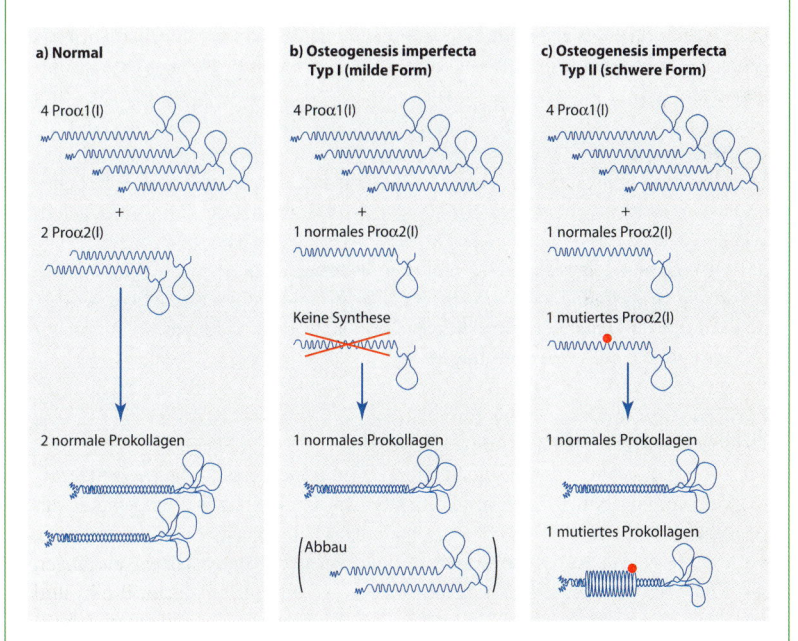

Abb. 4.3a–c. Dominant negativer Effekt bei Osteogenesis imperfecta

Kapitel 4 · Pathomechanismen genetischer Krankheiten

Praxisfall
Die Mutter von Frau Bender hat Osteogenesis imperfecta Typ I, und Frau Bender möchte nun wissen, ob ihre eigenen Kinder ebenfalls erkranken könnten. Erste Knochenbrüche waren bei der Mutter im Alter von 3 Jahren aufgetreten. Bis zur Pubertät hatte sie etwa 10 Frakturen, v. a. der unteren Extremitäten, danach wurde sie vorsichtiger und zog sich keine weiteren Knochenbrüche mehr zu. Verbiegungen der langen Röhrenknochen bestehen nicht, das rechte Bein ist jedoch wegen multipler Frakturen etwas verkürzt. Frau Bender berichtet weiter, dass ihre Mutter 1,54 m groß ist, sehr bewegliche, überstreckbare Gelenke hat und schnell blaue Flecken bekommt. Ihre Skleren waren von Geburt an bis heute blau. Über den Zahnstatus der Mutter war lediglich bekannt, dass sie eine starke Parodontose hat. Ab dem dritten Lebensjahrzehnt wurde die Mutter zunehmend schwerhörig und bekam bei bestehender Otosklerose mit 33 Jahren eine Stapesplastik. Außerdem wurden eine Osteoporose und Lendenwirbelsäulenskoliose diagnostiziert, genaue Befunde liegen jedoch nicht vor. Frau Bender selber ist 26 Jahre alt, 1,67 m groß und hat sich noch nie eine Fraktur zugezogen. Sie hat weiße Skleren, keine überstreckbaren Gelenke und ein normales Hörvermögen (unauffälliger Hörtest). Da keinerlei Symptome einer Osteogenesis imperfecta Typ I vorliegen, ist es sehr unwahrscheinlich, dass Frau Bender selber die krankheitsauslösende Mutation geerbt hat. Damit haben auch ihre Kinder gegenüber der Allgemeinbevölkerung kein erhöhtes Risiko für eine Osteogenesis imperfecta Typ I.

Epidemiologie
Die Gesamtinzidenz aller im ersten Lebensjahr mit Osteogenesis imperfecta diagnostizierten Kinder liegt bei 1:20.000. Der Typ I ist die häufigste Subform, gefolgt von Typ II und Typ III. Jungen und Mädchen sind gleich häufig betroffen.

Osteogenesis imperfecta ist eine der wichtigen Differenzialdiagnosen zur schweren Kindesmisshandlung. Aus der hier genannten Gesamtinzidenz wird jedoch unschwer ersichtlich, dass rein epidemiologisch betrachtet dieser differenzialdiagnostische Verdacht eher überbewertet ist.

Klinische Merkmale
Osteogenesis imperfecta Typ I (Abb. 4.4)
- Selten Frankturen bei Neugeborenen, aber insgesamt erhöhte Knochenbrüchigkeit und daher insgesamt vermehrt Knochenbrüche, z. T. auch bei inadäquaten Traumata
- Keine knöchernen Deformitäten, nur geringfügig überstreckbare Gelenke
- Körpergröße evtl. geringfügig vermindert
- Blaugraue Skleren nicht zwingend
- Normale Zähne

▼

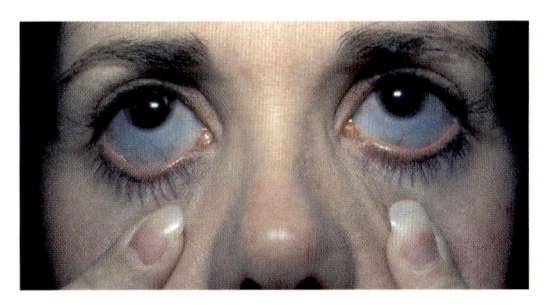

Abb. 4.4. Osteogenesis imperfecta Typ I. Das kollagene Grundgerüst der Sklera ist bei Patienten mit Osteogenesis imperfecta (gleich welchen Typs) dünner als normal. Streulicht vom Melanin der Aderhaut verleiht in Folge dessen der üblicherweise weißen Sklera einen blaugrauen Farbton (auffälliger bei jungen Personen mit Osteogenesis imperfecta. (Mit freundlicher Genehmigung von R. Lewis, Baylor College of Medicine, Houston)

- Dünne Haut und erhöhte Hämatomneigung durch vermehrte Gefäßbrüchigkeit
- Vorzeitige Schwerhörigkeit durch Schallleitungsstörung oder gemischte Schwerhörigkeit durch Frakturen der Gehörknöchelchen und/oder Stapesfixation

Osteogenesis imperfecta Typ II (Abb. 4.5)
- Perinatal letale Form
- Angeborene Proportionsverschiebung durch abnorm kurze, frakturierte und verbogene Extremitäten
- Normal langer, aber oft enger Rumpf, häufig mit mutiplen Rippenfrakturen, »Perlschnurrippen«
- Großer Kopf mit Calvaria membranacea (weich und minimal verkalkt – »Kautschukschädel«)
- Schiefergraublaue Skleren

Osteogenesis imperfecta Typ III (Abb. 4.6)
- Progressiv deformierende Form
- Extremer Kleinwuchs
- Dentinogenesis imperfecta mit graublau oder bernsteinfarben durchschimmernden Zähnen

Osteogenesis imperfecta Typ IV
- Sog. mäßig schwere Form
- Ausgeprägter Kleinwuchs, mäßige Verkrümmungen
- Evtl. Frakturen bei Geburt

Abb. 4.5. Osteogenesis imperfecta Typ II. Multiple Frakturen der Röhrenknochen und der Rippen bei pränatal letalem Verlauf. (Mit freundlicher Genehmigung von G.F. Hoffmann, Universitäts-Kinderklinik Heidelberg)

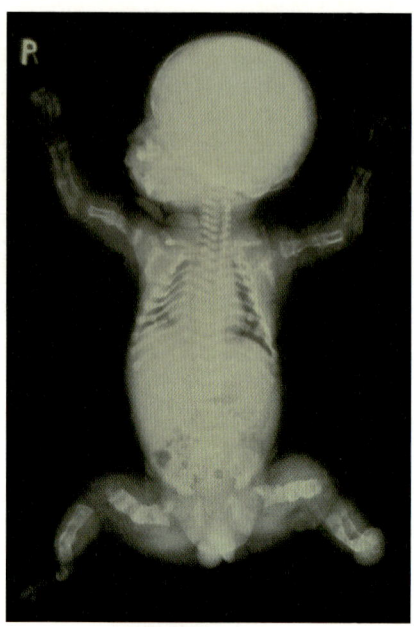

Abb. 4.6. Osteogenesis imperfecta Typ III. Verbogene, frakturierte Ulna

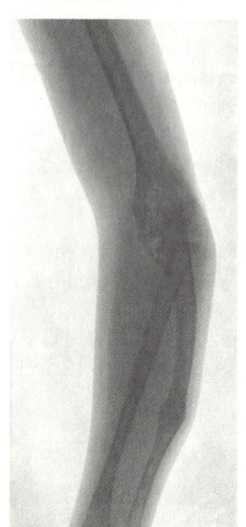

Diagnostik

Die Diagnose wird klinisch vermutet und radiologisch bestätigt. Radiologisch zeigen sich pathologische Frakturen mit guter Heilungstendenz, z. T. Pseudarthrosenbildung. Telefonhörerartige Deformation der großen Röhrenknochen, Serienfrakturen der Rippen mit »rosenkranzartigem« Bild (bei Typ II). Schädel: bei schweren Formen Caput membranaceum, bei Typ III typischerweise basiläre Impression (führt gelegentlich zur Hirnstammeinklemmung).

Die Diagnose kann in unklaren Fällen auch durch Analyse der Kollagenstruktur in der Fibroblastenkultur erhärtet bzw. molekulargenetisch bewiesen werden.

Genetik

Zugrunde liegen verschiedene Mutationen der *COL1A-Gene*. In der Regel hat aber jeder OI-Betroffene seine ganz persönliche Mutation. Fast immer handelt es sich um De-novo-Mutationen. Wenn Patienten mit Osteogenesis imperfecta Typ I, III oder IV Eltern werden, besteht für alle Kinder ein 50%iges Risiko, ebenfalls an OI zu erkranken. Die Vererbung ist **autosomal-dominant**.

Bei gesunden Eltern mit einem an OI erkrankten Kind wird das Wiederholungsrisiko auf 6–7% geschätzt, denn es besteht die Möglichkeit, dass bei einem der beiden Eltern ein Keimzellmosaik vorliegt.

Therapie und klinisches Management

- Eine kausale Therapie gibt es nicht.
- Die medikamentöse Behandlung mit Bisphophonaten kann zu einer Verminderung der Frakturneigung führen.
- Obwohl Patienten mit OI keinen Mangel an Wachstumshormonen aufweisen, kann bei OI Typ I und Typ IV in vielen Fällen die Behandlung mit Wachstumshormonen eine Verbesserung der Endgröße bewirken.
- Wichtig ist eine krankengymnastische Begleitung aller Patienten mit OI. Obligatorisch ist weiterhin die Betreuung in einer kinderorthopädischen Spezialambulanz.

4.3 Epigenetik und genomisches Imprinting

Genetische Information ist nicht nur in der Sequenz der nukleären (und mitochondrialen) DNA gespeichert. So spielt bei manchen Chromosomen die Herkunft von Mutter oder Vater eine große Rolle, und manche Gene können nur von dem mütterlichen bzw. väterlichen Chromosom abgelesen werden, obwohl die beiden Exemplare in der Sequenz identisch sind. Für die Lehre von den erblichen Faktoren, die von der eigentlichen DNA-Sequenz unabhängig sind, wird seit den 1990er Jahren der Begriff **Epigenetik** verwendet (*epi [gr.]*, über, an, bei).

Epigenetische Mechanismen

Epigenetische Phänomene werden in der Regel über Veränderungen in der Regulation bzw. Expression von Genen vermittelt. Die wichtigsten bekannten Mechanismen sind die Methylierung der genomischen DNA und die Modifikation der Histone, eine erbliche Steuerung der Genexpression kann aber auch z. B. über zytosolische RNAs vermittelt werden.

Die differenzielle **Methylierung von genomischer DNA** ist ein zentraler Mechanismus in der Steuerung der Expression von Genen. Besonders wichtig ist dabei die Methylierung von Cytosin in CpG-(Cytosin-Phosphor-Guanin-)Dinukleotiden. Viele Gene haben im 5'-UTR vor dem Startcodon zahlreiche CpG-Inseln mit einer hohen Zahl von CpG-Dinukleotiden. Eine Hypermethylierung in diesem Bereich führt dazu, dass dieses Gen nicht mehr transkribiert werden kann. Das Methylierungsmuster der DNA und damit das Aktivitätsmuster der Gene werden in der Regel stabil im Rahmen der Zellteilung weitergegeben. Eine klonale Veränderung des Methylierungsmusters und dadurch auch eine vermehrte oder verminderte Expression von wichtigen Proteinen findet sich als wichtiger Pathomechanismus z. B. auch in Tumorzellen.

Wie bereits im ▶ Kap. 2.6 (Euchromatin und Heterochromatin) genauer dargestellt, ist die Ablesbarkeit von Genen wesentlich von der Chromatinstruktur abhängig. Der Kondensationsgrad des Chromatins und damit die Packungsdichte der DNA wird u. a. über chemische **Modifikationen der Histone** gesteuert, welche wiederum teilweise vom Methylierungsstatus der DNA abhängig sind. Die reversible Acetylierung von Lysinresten im N-terminalen Anfangsbereich der Histone führt z. B. zu einer Lockerung der DNA-Bindung und ermöglicht dadurch den Zugang von Transkriptionsfaktoren. Umgekehrt gibt es Proteine wie MeCP2 (das beim Rett-Syndrom mutiert ist), welche an methylierte CpG-Dinukleotide binden und u. a. Histon-Deacetylasen rekrutieren, die zur Kondensierung des Chromatins führen. Andere Möglichkeiten der Histonmodifikation sind Phosphorylierung von Serinresten, Methylierung von Lysin- und Argininresten, sowie Ubiquitinylierung und Poly-(ADP)-Ribosylierung.

Genomische Prägung (Imprinting)

Als genomisches Imprinting bezeichnet man einen epigenetischen Prozess, durch den bestimmte Genloci oder ganze Chromosomenabschnitte in der Keimbahn spezifisch modifiziert (geprägt) werden. Dies hat zur Folge, dass in den somatischen Zellen der Nachkommen entweder nur das väterliche oder das mütterliche Allel des Gens aktiv ist. Man bezeichnet ein Gen als mütterlich imprimiert, wenn das mütterliche Allel inaktiv und nicht exprimiert ist. Umgekehrt ist ein Gen väterlich im-

4.3 · Epigenetik und genomisches Imprinting

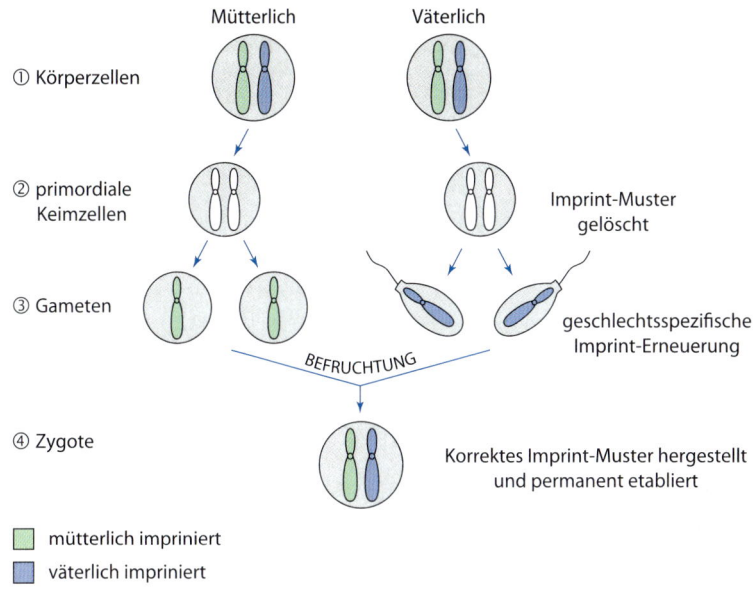

Abb. 4.7. Genomisches Imprinting

① Körperzellen
② primordiale Keimzellen — Imprint-Muster gelöscht
③ Gameten — geschlechtsspezifische Imprint-Erneuerung
BEFRUCHTUNG
④ Zygote — Korrektes Imprint-Muster hergestellt und permanent etabliert

Mütterlich / Väterlich

☐ mütterlich impriniert
☐ väterlich impriniert

primiert, wenn das väterliche Allel inaktiviert ist. Das spezifische Imprintmuster innerhalb der somatischen Zellen wird durch alle mitotischen Zellteilungen hindurch aufrechterhalten und verändert sich nicht. Erst in der Keimbahn, genauer gesagt in den primordialen Keimzellen, wird das Imprintmuster gelöscht und anschließend neu hergestellt. Im Rahmen der Spermatogenese erhalten alle Keimzellen ein männliches Imprintmuster, im Rahmen der Oozytogenese alle Keimzellen ein weibliches Imprintmuster. Nach der Befruchtung ist damit ein ausgeglichenes und korrektes Imprinting des gesamten Genoms der Zygote vorhanden. Unter Kontrolle regionaler Imprintzentren auf den einzelnen Chromosomen wird dieses Imprintmuster über alle folgenden Zellteilungen hindurch aufrechterhalten (◘ Abb. 4.7).

▪▪▪ Genomische Prägung – Kampf der Geschlechter?

Warum gibt es überhaupt eine genomische Prägung? Eine mögliche Erklärung bietet das **Konfliktmodell**: Evolutionär setzen sich die Gene des Mannes nur dann durch, wenn sein Kind überlebt (ggf. auf Kosten der Mutter, es gibt ja noch andere Frauen), während die Mutter sich mehr um das eigene Überleben kümmern muss, sie kann ja wieder schwanger werden. Daher fördern viele väterlich exprimierte (auf dem maternalen Allel impriniert) Gene das Wachstum des Feten, während mütterlich exprimierte Gene diesem Effekt entgegenwirken und versuchen, die maternalen Ressourcen zu schonen. Viele (nicht alle) imprimierten Gene unterstützen diese Hypothese. Dieser Prägungseffekt spiegelt auch die klinischen Unterschiede bei der embryonalen Triploidie wieder: Bei Vorliegen von zwei mütterlichen und einem väterlichen Chromosomensatz (digynische Triploidie) ist die Plazenta klein und fibrotisch und der Embryo stark wachstumsretardiert, während bei der diandrischen Triploidie (Partialmole) die Plazenta zystisch-hyperplastisch und der Embryo normal groß ist. Wenn bei einem diploiden Chromosomensatz alle Chromosomen aus der väterlichen Keimbahn stammen, entsteht eine Hydatidenmole, also eine hypertrophe Plazenta ohne fetale Elemente und mit Risiko der malignen Entartung.

Das Phänomen des genomischen Imprintings wurde bislang nur bei Säugetieren beobachtet. Man schätzt, dass im menschlichen Genom 100–200 Gene eine elternspezifische Prägung aufweisen. Mehrere Dutzend dieser Gene sind bekannt. Krankheiten, die auf Störungen des genomischen Imprintings zurückgeführt werden können, sind z. B. das Prader-Willi-Syndrom und das Angelman-Syndrom, das Beckwith-Wiedemann-Syndrom und das Silver-Russel-Syndrom. Dabei können verschiedene krankheitsauslösende Mechanismen einer Imprintingstörung zugrunde liegen:

- Meistens liegt eine **Mikrodeletion** vor, durch die der Chromosomenabschnitt mit der exprimierten Genkopie verloren ging. Es bleibt der Zelle dann nur die homologe, aber imprimierte Genkopie, und das Genprodukt kann nicht hergestellt werden. Interessant wird es, wenn die Mikrodeletion einen Bereich erfasst, der sowohl väterlich, als auch mütterlich geprägte Gene enthält. Dieselbe Mikrodeletion kann dann ganz unterschiedliche Krankheitsbilder verursachen, je nachdem, ob sie vom Vater oder von der Mutter kommt.
- Störungen des genomischen Imprintings können auch auftreten, wenn zwei homologe Chromosomen vom gleichen Elternteil stammen. Man bezeichnet dieses Phänomen als **uniparentale Disomie (UPD)**. Bei der maternalen UPD fehlt das väterliche Chromosom und damit die Gene auf diesem Chromosom, die nur auf dem väterlichen Chromosom exprimiert werden. Bei der paternalen UPD ist es umgekehrt. Eine Imprintingstörung durch UPD kann nicht an die nächste Generation weitergegeben werden, da die Prägung in der Keimbahn neu (und korrekt) durchgeführt wird. Es gibt in der Regel kein erhöhtes Wiederholungsrisiko in der Familie des betroffenen Kindes (es sei denn, bei einem der Eltern liegt eine Chromosomenstörung vor, die zum Auftreten der UPD prädisponiert).
- Gelengentlich wird der Funktionsverlust eines exprimierten Gens durch eine **Mutation in diesem Gen** verursacht. Ob bei einem Mutationsträger die Krankheit auftritt, häng davon ab, ob die Mutation vom Vater oder der Mutter geerbt wurde. Dieser Mechanismus ist deshalb besonders wichtig, weil ein Elternteil eines betroffenen Kindes asymptomatischer Mutationsträger sein könnte. Dies

kann z. B. dann auftreten, wenn eine Krankheit durch eine Mutation in einem nur maternal exprimierten Gen verursacht wird, und die Mutter diese Mutation von ihrem Vater geerbt hat (das macht ihr ja nichts, da das Gen paternal imprimiert ist). Gegebenenfalls besteht also ein Wiederholungsrisiko von 50%.
- Das Imprinting wird seinerseits durch andere Gene gesteuert, die als **Imprintzentren** bezeichnet werden. Mutationen in einem Imprintingzentrum können ebenfalls die korrekte Prägung verhindern
- Bei manchen Krankheiten, bei denen es auf eine Balance zwischen verschiedenen, mütterlich oder väterlich geprägten Genen ankommt (z. B. wenn es um die Balance von wachstumsfördernden und wachstumshemmenden Genen geht) kann auch eine **Duplikation eines imprimierten Gens** zu Krankheiten führen (z. B. bei Beckwith-Wiedemann-Syndrom).

▪▪▪ Uniparentale Disomie

Man unterscheidet bei der UPD zwischen uniparentaler Isodisomie und uniparentaler Heterodisomie. Bei der uniparentalen Isodisomie stammen die beiden homologen Chromosomen nicht nur vom gleichen Elternteil, sondern sind zugleich ehemalige Schwesterchromatiden. Meist gehen sie auf Störungen in der 2. meiotischen Teilung zurück, die UPD kann aber auch postzygotisch entstanden sein. Bei der uniparentalen Heterodisomie hingegen handelt es sich um zwei homologe, aber verschiedene Chromosomen, geerbt vom gleichen Elternteil. Sie gehen auf Störungen in der 1. meiotischen Teilung zurück.

Wie ist es überhaupt möglich, dass zwei homologe Chromosomen von ein und demselben Elternteil stammen? Und wo bleibt in diesen Fällen das entsprechende Chromosom des anderen Elternteils? Einige der denkbaren Entstehungsmechanismen der UPD sind im Folgenden aufgeführt (◘ Abb. 4.8):

- **Trisomie-*Rescue*** – Nehmen wir an bei der Keimzellbildung der Frau kommt es zu einer meiotischen Non-Disjunction. Die erfolgreiche Befruchtung der fehlerhaften Eizelle führt zu einer Trisomie für das entsprechende Chromosom. In manchen Fällen geht das überzählige Chromosom im Verlauf der ersten Zellteilungen in einer Tochterzelle wieder verloren. Dies führt dann wieder zu einem disomen Chromosomensatz und gewährleistet das Überleben dieser Zellen sowie ihrer Nachfolgezellen, während die anderen, aneuploiden Zellen zugrundegehen. In 2/3 der Fälle geht dabei eines der beiden mütterlichen Chromosomen verloren (◘ Abb. 4.8a), und beim sich entwickelnden Embryo liegt wieder ein normaler Chromosomensatz vor. In 1/3 der Fälle geht das väterliche Chromosom verloren. Damit bleiben die beiden mütterlichen zurück und der sich entwickelnde Embryo weist eine maternale Disomie auf.
- **Duplikation einer Monosomie** – Wenn eine normale haploide Keimzelle eine für ein bestimmtes Chromosom nullisome Keimzelle befruchtet, entsteht eine für dieses Chromosom monosome Zygote. So wie es ein Trisomie-*Rescue* gibt, so gibt es auch ein Monosomie-*Rescue*. In diesem Fall bedeutet *Rescue*-Duplikation des monosomen Chromosoms. Es resultiert in jedem Fall eine uniparentale Disomie (◘ Abb. 4.8c).

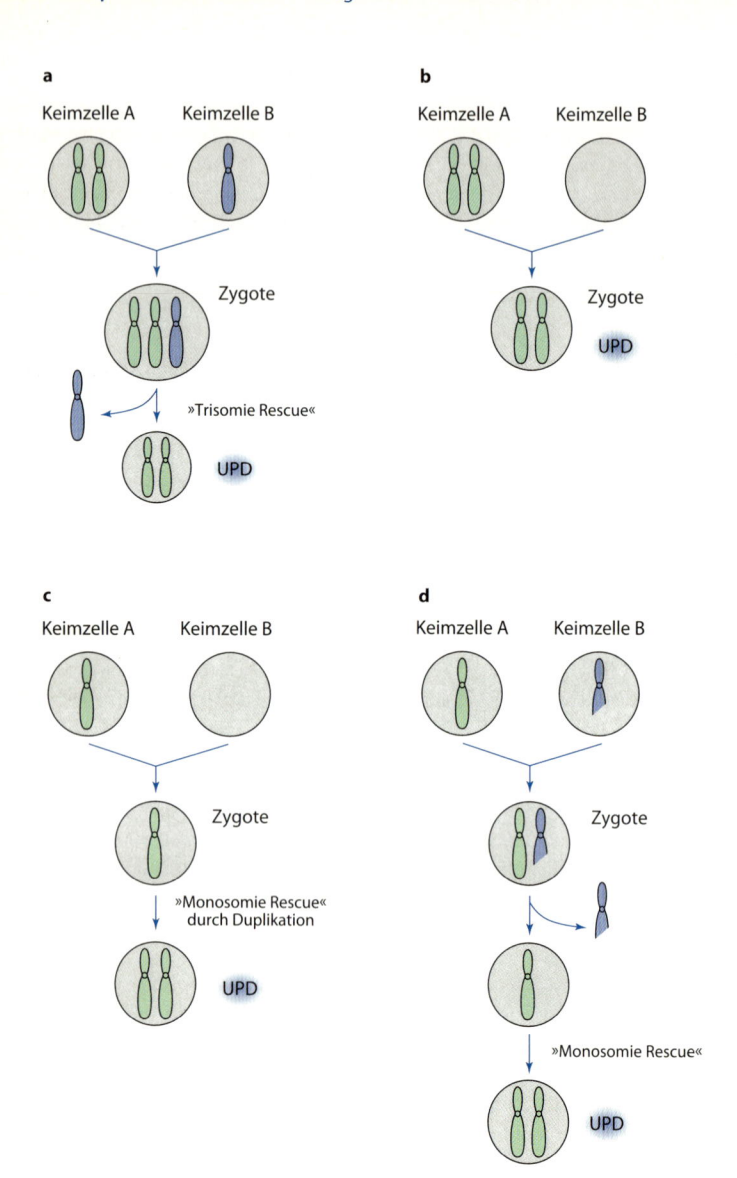

Abb. 4.8a–d. Entstehungsmechanismen der uniparentalen Disomie. Nähere Erläuterungen im Text. Grün = mütterlich imprimiert, blau = väterlich imprimiert. *UPD* uniparentale Disomie

4.3 · Epigenetik und genomisches Imprinting

- Solche Duplikationen können auch noch postzygotisch stattfinden, etwa wenn zunächst ein strukturell abnormes Chromosom vorliegt, dieses »entfernt« wird und anschließend die verbleibende Monosomie durch Duplikation wieder ein *rescue* erfährt (◘ Abb. 4.8d).
- Sehr selten tritt der Fall ein, dass zufällig eine disome Keimzelle des einen Elternteils eine für das gleiche Chromosom nullisome Eizelle des anderen Elternteils befruchtet. Die entstehende Zygote weist damit eine uniparentale Disomie für das entsprechende Chromosom auf (◘ Abb. 4.8b).

Prader-Willi-Syndrom und Angelman-Syndrom

Klassische Beispiele für **genomisches Imprinting** beim Menschen sind das Prader-Willi-Syndrom (PWS) und das Angelman-Syndrom (AS). Die für PWS und AS verantwortlichen Gene liegen, wie zunächst durch Kopplungsanalysen gezeigt wurde, eng benachbart auf dem langen Arm von **Chromosom 15.** Beide Krankheiten können durch die gleiche Deletion dieser Region verursacht werden, entscheidend ist, ob das väterliche oder mütterliche Allel fehlt. Das ist dadurch erklärt, dass manche Gene in dieser Region nur auf dem väterlichen, andere Gene nur auf dem mütterlichen Chromosom abgelesen (exprimiert) werden können. Auf dem anderen Exemplar des Chromosoms sind sie dagegen imprintiert.

Seit einiger Zeit ist bekannt, dass beim AS eine sog. **Ubiquitinproteinligase** fehlt, die nur durch das maternal exprimierte *UBE3A*-Gen kodiert wird. Dagegen ist die genetische Grundlage des PWS noch immer ungeklärt, da alle proteinkodierenden Gene in der Region ausgeschlossen werden konnten. Es gibt aber in der relevanten Region auf Chromosom 15q11 mehrere nicht-kodierende Gene, die z. T. auch nur vom mütterlichen oder väterlichen Chromosom abgelesen werden. Möglicherweise ist beim PWS ein spezifisches RNA-Molekül betroffen, das als *small nuclear ribonucleoprotein N* bezeichnet wird und in vielfacher Kopienzahl von dem nur paternal exprimierten *SNRPN*-Gen abgelesen wird. Das PWS ist damit vielleicht eines der ersten Beispiele für eine neue Krankheitsklasse, bei der primär kein Protein fehlt oder verändert ist, sondern eine Störung im Bereich der nichtkodierenden RNA vorliegt.

> **Wichtig**
>
> PWS und AS sind klinisch völlig unterschiedliche Krankheiten, auch wenn sie durch dieselbe Deletion im selben chromosomalen Abschnitt verursacht werden. Sie werden hier nur aufgrund des gemeinsamen komplementären Pathomechanismus aufgeführt, und nicht aufgrund von differenzialdiagnostischen Überlegungen. Insofern ist auch die nicht seltene Anforderung einer molekulargenetischen Diagnostik auf PWS und AS zwar laboranalytisch korrekt (es handelt sich um die gleiche Untersuchung), sie zeugt aber nicht von der Kompetenz des anfordernden Arztes.

▼

Prader-Willi-Syndrom

🔍 Praxisfall
Die 2½-jährige Katharina wird aufgrund einer Entwicklungsverzögerung in der genetischen Poliklinik vorgestellt. Wie die Mutter berichtet, erfolgte die Geburt in der 36. Schwangerschaftswoche aufgrund eines auffälligen CTGs. Bereits vorher waren geringe Kindsbewegungen aufgefallen, eine Amniozentese hatte einen unauffälligen Befund gezeigt. Geburtsgewicht und Körperlänge waren im unteren Normbereich. Aufgrund einer ausgeprägten muskulären Hypotonie und Trinkschwäche musste Katharina zunächst 3 Wochen über eine Sonde ernährt werden. Später nahm sie bei intensiver Betreuung zuhause und wöchentlichen Vorstellungen bei der Kinderärztin kontinuierlich zu. Ab einem Alter von etwa einem halben Jahr erhielt sie Beikost. Aufgrund der weiter bestehenden muskulären Hypotonie und motorischen Entwicklungsverzögerung erhielt sie ab dem Alter von 3 Monaten Krankengymnastik. Sitzen konnte Katharina im Alter von 1 Jahr, Stehen mit Festhalten im Alter von 2¼ Jahren; aktuell kann sie noch nicht frei laufen. Auch die Sprachentwicklung von Katharina ist verzögert, sie plappert viel, hat aber nur einen aktiven Sprachschatz von nur ca. 4–6 Worten. Im Übrigen ist sie ein freundliches, sozial aufgeschlossenes Mädchen. Probleme mit einem übermäßigen Wunsch zu essen, sind bislang nicht aufgetreten. Aufgrund der Symptomkonstellation wird eine Untersuchung auf Prader-Willi-Syndrom veranlasst. Die methylierungsabhängige PCR zeigt ein fehlendes paternales Allel am SNRPN-Locus und bestätigt die Verdachtsdiagnose. Die weiterführende FISH-Diagnostik zeigt eine Deletion in der für das Prader-Willi-Syndrom kritischen Region. In der nachfolgenden Beratung wird u. a. die Notwendigkeit besprochen, das Essen bzw. den Zugang zu Nahrungsmitteln streng zu begrenzen, da andernfalls durch Hyperphagie eine schwere Adipositas eintreten kann.

Epidemiologie
Die Inzidenz des PWS liegt bei etwa 1:10.000.

Klinische Merkmale und Verlauf
Die klinische Symptomatik das PWS ist stark altersabhängig und lässt sich in **4 Entwicklungsphasen** einteilen:
- In der frühen Entwicklung steht eine ausgeprägte **muskuläre Hypotonie** im Zentrum des klinischen Geschehens. Diese kann sich pränatal durch geringe intrauterine Kindsbewegungen zeigen, postnatal führt sie zu einer ausgeprägten **Trinkschwäche und Gedeihstörung**. Im Gegensatz zur späteren Adipositas sind die betroffenen Kinder speziell im ersten Lebenshalbjahr immer untergewichtig. Bereits bei Geburt zeigen viele Kinder eine **genitale Hypoplasie**, Jungen einen Kryptorchismus und ein hypoplastisches Skrotum, Mädchen ent-

4.3 · Epigenetik und genomisches Imprinting

sprechend hypoplastische Labien, die aber zunächst meist als unspezifisch gedeutet werden.
- Die zweite Phase erstreckt sich vom **1.–4. Lebensjahr**. In dieser Zeit wendet sich das Bild von einer Trinkschwäche mit Dystrophie zu einer ausgeprägten **Hyperphagie**. Ohne erhebliche Anstrengungen der Eltern, welche Nahrungsmitteln ggf. wegschließen müssen, entwickelt das Kind eine zunehmende Adipositas. Die Fettverteilung ist zeitlebens eher trunkal betont. Im Kleinkindalter zeigt sich dann auch eine variable Retardierung, und ggf. werden die typischen, milden **Auffälligkeiten des Gesichts** (schlaffes Gesicht mit zeltförmigem Mund, schmale Stirn, mandelförmige Augen) sichtbar (Abb. 4.9 und 4.10). Der Speichel hat eine erhöhte Viskosität, die später zu einer verstärkten Karies führt. Kindern mit Deletion von Chromosom 15q12 zeigen häufig eine verringerte Pigmentierung aufgrund einer Haploinsuffizienz des ebenfalls in dieser Region liegenden *OCA2*-Gens.
- In der dritten Phase (**Kindes- und Jugendalter**) wird unbehandelt die Esssucht mit der sich daraus entwickelnden Adipositas per magna immer augenfälliger. Die Kinder sind kleinwüchsig und haben kleine Hände und Füße (Akromikrie). Häufig kommt es zu einer Pubertas praecox, doch der **hypogonadotrope Hypogonadismus** bleibt bestehen. Typische Verhaltensauffälligkeiten dieser dritten Phase sind: Stimmungslabilität, zwanghaftes Hautkratzen und plötzliches Einschlafen.
- Das **Erwachsenenalter** wird als vierte Phase angesehen. Die Patienten sind deutlich übergewichtig, kleinwüchsig und zeigen eine inkomplette sexuelle Entwicklung. Dies alles kann zu einem reduzierten Selbstwertgefühl und zunehmend in den Vordergrund tretenden **psychischen Problemen** beitragen.

Abb. 4.9. Gesichtszüge eines Jungen mit Prader-Willi-Syndrom. Typisch sind der insgesamt hypotone Gesichtsausdruck mit zeltförmigem Mund und die mandelförmigen Augen

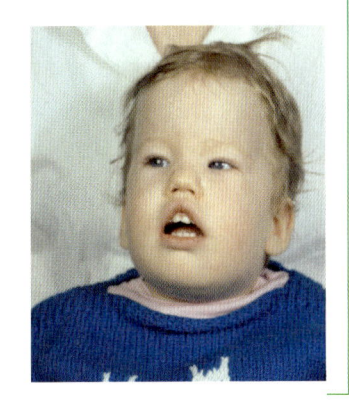

Abb. 4.10. Prader-Willi-Syndrom bei einem 3-jährigen Jungen. Es zeigt sich eine stammbetonte Adipositas und ein Hypogonadismus mit Mikropenis. Die Hände sind verhältnismäßig klein (Akromokrie). (Mit freundlicher Genehmigung von G. Tariverdian, Institut für Humangenetik Heidelberg)

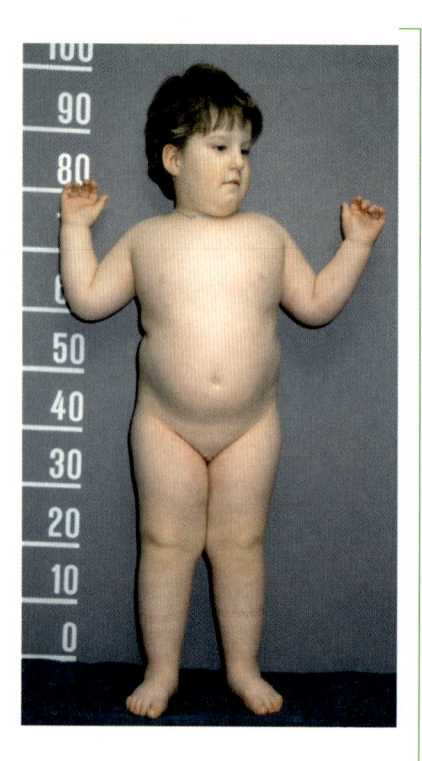

Genetik und Ätiolopathogenese

In etwa 70% der Fälle wird das PWS durch eine **Mikrodeletion** im Bereich des väterlichen Chromosoms 15q12 verursacht. In 29% findet sich eine **uniparentale Disomie** (UPD), bei der beide Exemplare des Chromosoms 15 von der Mutter geerbt wurden und erneut die paternale Information fehlt (Abb. 4.11).

> **Wichtig**
>
> **Pra**der-Willi Syndrom: **P**aternale **De**letion: die paternale genetische Information fehlt.

Diagnostik

Bei Verdacht auf PWS sollte zunächst ein **Methylierungstest** des Chromosomenbereichs 15q11-13 durchgeführt werden. Ein normaler Methylierungsstatus schließt

▼

4.3 · Epigenetik und genomisches Imprinting

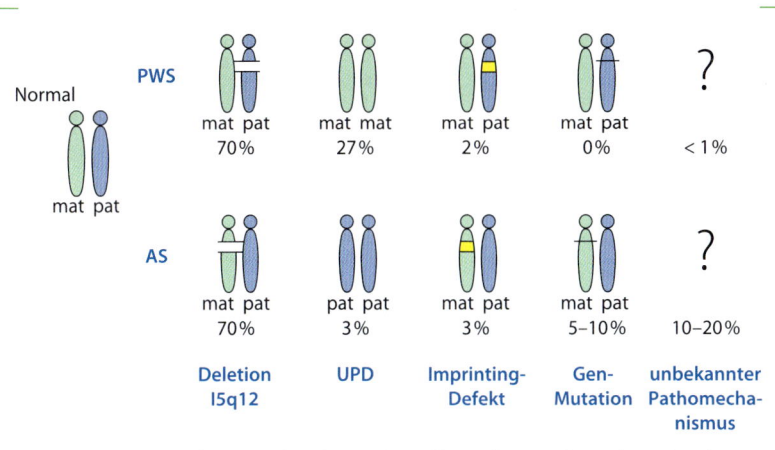

Abb. 4.11. Molekulare Ursachen für Prader-Willi-Syndrom und Angelman-Syndrom. (Modifiziert nach Schuffenhauer 2001). *UPD* uniparentale Disomie

ein PWS aus. Bei Vorliegen des typischen Methylierungsmuster mit ausschließlich maternaler Prägung muss durch Chromosomen-, FISH- oder molekulargenetische Analysen (Abb. 4.12) untersucht werden, ob eine Deletion (70%), eine uniparentale Disomie (knapp 30%) oder z. B. eine Störung im Imprintingzentrum für das Löschen der maternalen Prägung vorliegt.

Therapie
- Krankengymnastik zum Aufbau des Muskeltonus
- Kalorienreduzierte, ausgewogene **Diät**
- Patienten entwickeln aufgrund der extremen Esssucht eine außerordentliche Aktivität auf der Suche nach Nahrungsmitteln. Es hilft nur, Nahrungsmittel wegzusperren (in verschlossenen Schränken).
- Behandlung mit **Wachstumshormonen** bewirkt Verminderung des Körperfettanteils und Vermehrung der Muskelmasse, zusätzlich verbesserte Grundstimmung und erhöhte Agilität
- Erwäge Testosteronersatztherapie ab dem 14. Lebensjahr bei Jungen mit PWS. Mädchen erhalten eine zyklussimulierende Hormonersatztherapie. Das erhöhte Thromboserisiko ist zu bedenken.

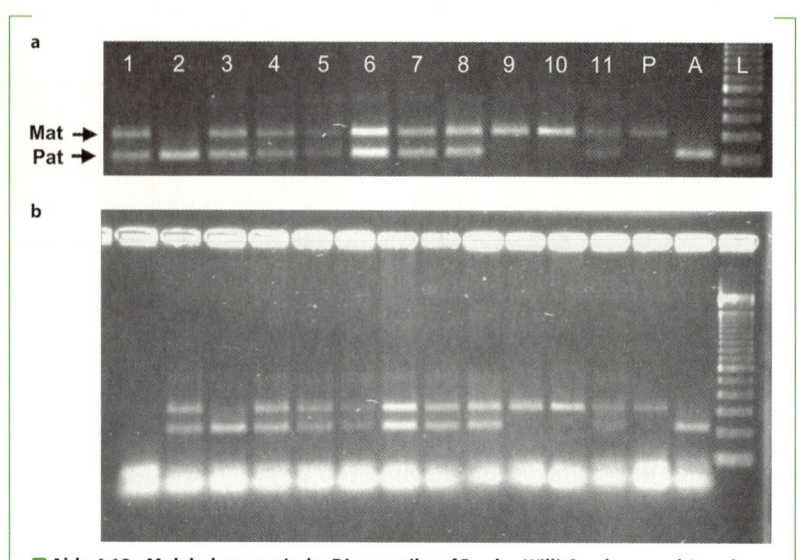

Kapitel 4 · Pathomechanismen genetischer Krankheiten

Abb. 4.12. Molekulargenetische Diagnostik auf Prader-Willi-Syndrom und Angelman-Syndrom. Beide Krankheiten werden mit dem gleichen Test erfasst. Durch eine Bisulfit-Behandlung der genomischen DNA werden zunächst alle nicht-methylierten Cytosine (C) in Uracil umgewandelt, das bei der PCR-Amplifikation wie Thymin (T) gelesen und amplifiziert wird. Anschließend werden mit zwei unterschiedlichen Primerpaaren im gleichen Ansatz spezifische PCR-Produkte für das mütterliche und das väterliche Allel generiert. Bei der Elektrophorese entspricht die obere Bande dem mütterlichen, die untere Bande dem väterlichen Allel. Bei Prader-Willi-Syndrom (Kontrollprobe P sowie Patientenproben 9 und 10) fehlt die väterliche Bande, bei Angelman-Syndrom (Kontrollprobe A sowie Patientenprobe 2) fehlt die mütterliche Bande. L Größenstandard

Angelman-Syndrom

Praxisfall

Die Diagnose eines Angelman-Syndroms wird bei Hanna im Alter von zweieinhalb Jahren gestellt. Wie die Eltern berichten, verlief die Schwangerschaft unauffällig, die Geburt erfolgte in der 38. Schwangerschaftswoche, die Geburtsmaße waren im unteren Normbereich. Bei der U2 fiel auf, dass Hanna sehr schreckhaft war. Im Alter von 4 Wochen wurde sie an einer inkarzerierten Leistenhernie operiert. Den Eltern fiel auf, dass Hanna zwar gut trank, aber nicht gut an Gewicht zunahm. Ihre motorische Entwicklung war deutlich verzögert: Im Alter von 1 Jahr begann sie auf den Bauch zu robben, freies

▼

Sitzen erreichte sie mit 14 Monaten, seit dem Alter von 22 Monaten konnte sie krabbeln, mit 2 Jahren zog sie sich zum Stehen auf, mit 2½ Jahren lief sie an der Hand, konnte aber noch nicht frei laufen. Hanna zeigt eine ausgeprägte Bewegungsunruhe, die Eltern berichten, dass ihre Bewegungen oft ausfahrend und ungerichtet sind und dass sie »nachts im Bett wandert«. Unter krankengymnastischer und ergotherapeutischer Förderung hat sich ihre Motorik insgesamt verbessert. Die Entwicklung von aktiver Sprache und Sprachverständnis ist besonders stark verzögert, Hanna hat keinen aktiven Sprachschatz, kann aber über Mimik und Gestik kommunizieren. Sie hat ein ausnehmend freundliches Wesen und lacht viel. Sie badet gerne und ist im Wasser nicht ängstlich. Krampfanfälle sind bislang nicht aufgetreten, ein EEG wurde bislang nicht durchgeführt.

Epidemiologie

Das AS ist mit einer geschätzten Inzidenz von 1:15.000 etwas seltener als das PWS. Es ist aber nicht unwahrscheinlich, dass das PWS aufgrund der augenfälligen Adipositas leichter diagnostiziert wird, während der Verdacht auf ein AS seltener gestellt wird.

Klinische Merkmale und Verlauf (◘ Abb. 4.13)

Das AS zeichnet sich aus durch schwere psychomotorische Retardierung mit fehlender Sprachentwicklung, postnatale Mikrozephalie, leichte Gesichtsdysmorphien, Ataxie und Epilepsie.

Im Neugeborenen- und Kleinkindesalter fällt es noch schwer, das AS zu diagnostizieren, denn die Symptome sind nicht spezifisch. Meistens wird der Verdacht erst nach dem zweiten Lebensjahr aufgrund der **ausbleibenden Sprachentwicklung** in Zusammenhang mit dem typischen Verhalten (häufiges, **grundloses Lachen**) diagnostiziert. Die meisten Kinder sind schwer retardiert und lernen zeitlebens nur wenige Worte zu sprechen. Sitzen klappt oft erst in der Zeit um den 1. Geburtstag, Laufen oft erst mit 4 Jahren. Das **Gangbild** ist aufgrund der Ataxien mit Rumpfhypotonie und Extremitätenhypertonie breitbasig, steif und »roboterartig«, als würde man eine Marionette an Schnüren laufen lassen.

80% der Patienten entwickeln Krampfanfälle, die mit Antikonvulsiva oft nur schwer zu kontrollieren sind. Das EEG ist fast immer pathologisch und zeigt charakteristische Veränderungen mit großamplitudigen *slow waves* und gruppierten, frontal betonten *spikes and sharp waves*. Erst mit der Zeit entwickeln sich die typischen Auffälligkeiten des Gesichts mit prominentem Kinn (Progenie), relativ großer Mundöffnung und weit auseinanderstehenden Zähnen bei (postnataler) Mikrozephalie. Wie beim PWS zeigen Patienten mit Haploinsuffizienz des *OCA2*-Gens eine Hypopigmentierung.

▼

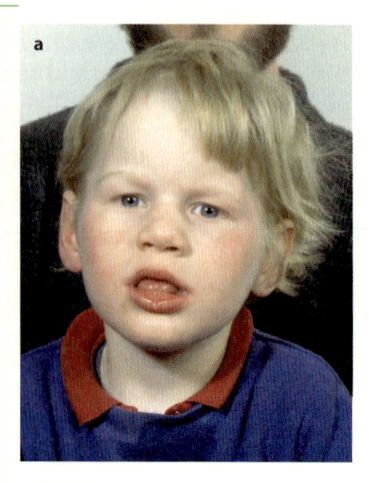

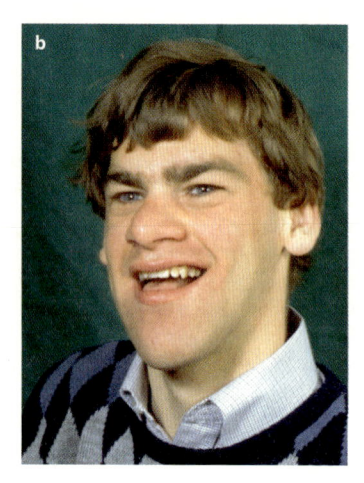

Abb. 4.13a, b. Angelman-Syndrom. a Die fazialen Dysmorphien beim Angelman-Syndrom sind v. a. im Kindesalter noch weniger stark ausgeprägt. Tief liegende Augen, ein breiter Mund und weit auseinander stehende Zähne (nicht sichtbar) sind typisch. 65% der betroffenen Kinder sind blond, 85–90% haben blaue Augen. **b** Mit zunehmendem Alter kommt es zu einer Vergröberung der Gesichtszüge. Der breite Mund und die ausgeprägte Progenie sind besonders augenfällig. (Mit freundlicher Genehmigung von G. Tariverdian, Institut für Humangenetik Heidelberg)

Genetik und Ätiopathogenese

In etwa 70% der Fälle wird das AS durch eine **Mikrodeletion** im Bereich 15q12 verursacht, wobei diese auf dem von der Mutter ererbten Allel liegt. In jeweils 3–5% der Fälle findet sich eine uniparentale Disomie oder eine genetische Störung des Imprintingzentrums, in 5–10% eine primäre Mutation im *UBE3A*-Gen. Bei 10–20% der Patienten mit klassischem AS bleibt die Ursache ungeklärt.

> **Wichtig**
>
> Angel**M**an Syndrom: Die **m**aternale genetische Information fehlt.

Diagnostik

Mit Hilfe des Methylierungstests lassen sich etwa 80% aller Fälle von AS nachweisen. Es fehlt in diesen Fällen die mütterliche, methylierte Bande. Der genaue Pathomechanismus wird dann durch FISH-Untersuchung oder UPD-Analyse abgeklärt. Ist der Methylierungstest unauffällig, folgt bei dringendem Verdacht auf AS ggf. eine Mutationssuche durch Sequenzierung des *UBE3A*-Gens.

4.4 · Mosaike

Therapie
- Antikonvulsive Behandlung
- Physiotherapie zur Stärkung des Gleichgewichts und Verbesserung des Gangbildes
- Frühe Förderung nonverbaler Kommunikationsformen (Gebärdensprache, PC-unterstützte Kommunikation etc.)

4.4 Mosaike

Der Begriff des Mosaiks beschreibt das Vorkommen von Zelllinien mit unterschiedlicher genetischer Information innerhalb eines Gewebes oder innerhalb eines Organismus. Die verschiedenen Zelllinien stammen aber von einer gemeinsamen Zygote ab.

Es ist eine mehr als vereinfachte Vorstellung, dass alle 10^{14} Zellen, aus denen sich der menschliche Körper zusammensetzt, die gleiche genetische Information tragen. In Wirklichkeit haben zahllose kleinere oder größere Mutationen in einzelnen Zellen unseres Organismus im Laufe unseres Lebens (pränatal und postnatal) stattgefunden. Viele dieser genetischen Veränderungen wurden über viele mitotische Teilungen hinweg weitergegeben und bildeten auf diesem Weg den Ausgangspunkt neuer Zellklone mit geringfügig abweichender genetischer Information innerhalb unseres Organismus.

Somatische Mosaike. Betrachtet man die Somazellen unseres Körpers, so finden sich darin zahllose Mosaike – molekulargenetische und chromosomale. Die wenigsten werden tatsächlich klinisch bedeutsam oder manifest. Wenn eine Mutation schon in der frühen Embryonalentwicklung stattfindet und darüber hinaus die Morphe der Zelle oder des Zellverbandes, der aus ihr hervorgeht, beeinflusst, dann kann sich dies zum Beispiel in der Haut in segmentalen, streifigen oder fleckigen Abnormalitäten manifestieren. Aus der Größe und Verteilung dieser Auffälligkeiten kann dann ggf. nachvollzogen werden, wann und wo die Mutation im Rahmen der Embryonalentwicklung stattgefunden haben muss. Die Neurofibromatose Typ 1 (▶ Kap. 32.6.1) tritt manchmal segmental auf und betrifft nur einen bestimmten Teil des Körpers. Eltern dieser Patienten mit segmentaler NF 1 sind immer asymptomatisch und keine Mutationsträger, denn es handelt sich um eine somatische Neumutation im Neurofibromin-Gen der Mutterzelle, aus welcher das betroffene Segment hervorging. Falls diese Mutation sehr früh in der Embryonalentwicklung aufgetreten ist, genauer gesagt: noch vor der Abspaltung der Keimzellen von den Somazellen, besteht eine gewisse Wahrscheinlichkeit, dass auch Keimzellen diese Mutation tragen und Kinder mit NF 1 geboren werden. Diese tragen dann das Vollbild der Neurofibromatose.

X-chromosomale Mosaike. Jede Frau mit Chromosomensatz 46,XX ist funktionell ein Mosaik aus zwei genetisch unterschiedlichen Zelllinien. Dies geht auf das Phänomen der X-Inaktivierung zurück. Wie in ▶ Kap. 2.7 ausführlicher beschrieben, ist in einem Teil der weiblichen Zellen das väterliche X-Chromosom aktiv, in dem anderen Teil das mütterliche X-Chromosom. Besteht eine krankheitsauslösende Mutation in einem X-chromosomalen Gen (außerhalb der pseudoautosomalen Region), so wird nur ein Teil der Zellen den entsprechenden Phänotyp aufweisen. X-chromosomale Heterozygotie entspricht funktionell also einem somatischen Mosaik einer dominanten Mutation, und nicht der autosomalen Heterozygotie für eine (dominante oder rezessive) Mutation. Wie bei jedem Autosom kann aber natürlich auch auf einem X-Chromosom eine somatische Neumutation auftreten und auf diesem Weg z. B. bei Jungen zu einem richtigen X-chromosomalen somatischen Mosaik führen. Betroffene Jungen haben dann ggf. ein abgeschwächtes Krankheitsbild. Entsprechende Fälle sind für alle häufigen X-chromosomal-rezessiven Krankheiten bekannt.

■ ■ ■ Incontinentia pigmenti (Bloch-Sulzberger-Syndrom)
Die Incontinentia pigmenti führt bildlich vor Augen, dass jede Frau mit normalem weiblichem Karyotyp ein Mosaik aus zwei funktionell unterschiedlichen Zelllinien ist. Die Incontinentia pigmenti ist eine **X-chromosomal-dominant** erbliche Krankheit, die auf Mutationen im **NEMO**-Gen zurückgeführt werden kann. Das Genprodukt, *NF-κB essential modulator*, spielt eine wesentliche Rolle im *NF-κB pathway*, der nicht nur für die Produktion von Chemokinen und Cytokinen von Bedeutung ist, sondern die Zelle auch vor Apoptose schützt.

Mädchen mit Incontinentia pigmenti fallen bei Geburt mit **streifen- und meanderförmigen Hauterosionen** und Ulzera auf. Diese heilen meist gut ab und bilden in späteren Stadien zunächst flächenhafte pigmentierte Hyperkeratosen, dann schmutzigbraune Hyperpigmentationen (◻ Abb. 4.14) und zuletzt Hypopigmentationen, bevor sie meist im 3. Lebensjahrzehnt vollständig abheilen und verschwinden. Da die *NEMO*-Mutation über den NF-κB Pathway die betroffenen Zellen in die vorzeitige Apoptose treibt, verschiebt sich das Verhältnis zwischen betroffenen und gesunden Zellen im Laufe der Entwicklung immer mehr hin zu den Zellen mit gesundem X-Chromosom. 98% aller Patientinnen mit Incontinentia pigmenti weisen eine *skewed inactivation* ihrer X-Chromosome auf.

Das mutierte Gen ist für das männliche Geschlecht (weil hemizygot) in den allermeisten Fällen schon **intrauterin letal**. Ausnahmen stellen Männer mit sehr milden *NEMO*-Mutationen dar, Männer mit Karyotyp 47,XXY oder solche, bei denen die Incontinentia pigmenti auf einer somatischen Mutation beruht.

An Mosaikbefunde ist prinzipiell immer dann zu denken, wenn segmentalen Pigmentierungsauffälligkeiten vorliegen (z. B. Regionen mit Hyper- und Hypopigmentie-

Abb. 4.14. Incontinentia pigmenti. Man erkennt schmutzigbraune streifenförmige Hyperpigmentierungen

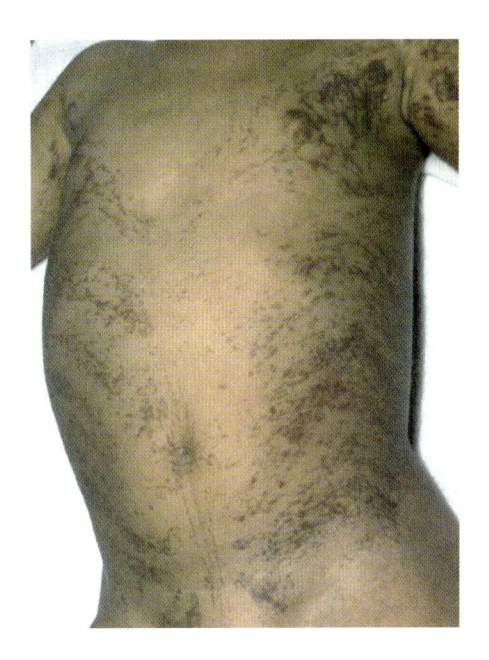

rung), aber darüber hinaus auch immer dann, wenn Krankheitsbilder milder ausfallen als man es erwarten würde, z. B. bei Patienten mit Down-Syndrom, wenn sie in ihrer intellektuellen Leistungsfähigkeit weit über dem üblichen IQ von etwa 50 liegen. Bei einigen dieser Patienten zeigt sich, dass ein Mosaik aus trisomen und normalen (disomen) Zelllinien für Chromosom 21 vorliegt. Gleiches gilt für viele andere Chromosomenaberrationen; viele sind nur als Mosaik aus betroffenen und gesunden Zelllinien lebensfähig. Dies gilt für alle Monosomien, alle Trisomien außer 13, 18 und 21, für die Triploidie und die Tetraploidie. Wird in solchen Fällen eine Chromosomenanalyse angefordert, muss bedacht werden, dass der zugrunde liegende Defekt gegebenenfalls nicht in Lymphozyten nachweisbar ist, wenn im Blut nur die normalen Zellen überlebt haben bzw. selektiert wurden. In diesem Fall sollte eine Hautbiopsie und nachfolgende Chromosomenanalyse aus Fibroblasten in Erwägung gezogen werden.

■■■ Pallister-Killian-Syndrom

Ein gutes Beispiel für eine komplexe Chromosomenaberration, die nur in einem Teil der Körperzellen nachweisbar ist, stellt das seltene Pallister-Killian-Syndrom dar. Hier findet sich in manchen Zellen neben dem normalen Chromosomensatz ein zusätzliches Isochromosom 12p. Folglich besteht in diesen Zellen eine Tetrasomie des kurzen Arms von Chromosom 12. Zwar ist in den meisten Fällen das Isochromosom schon in der mütterlichen Meiose entstanden, wurde dann aber im Laufe der Embryonalentwicklung aus vielen Zellen eliminiert, so dass bei betroffenen Kindern nur noch eine Mosaik-Tetrasomie 12p vorzufinden ist. Bei älteren Kindern mit Pallister-Killian-Syndrom ist die übliche Chromosomenanalyse der Lymphozyten meist unauffällig. Erst in der Hautfibroblasten-Kultur ist der Defekt nachweisbar. Klinisch zeigen die Kinder eine schwere psychomotorische Retardierung, auffällige Gesichtszüge mit hoher Stirn und geringem bitemporalem Haarwuchs sowie die streifenförmigen Pigmentierungsauffälligkeiten der Haut.

Keimzellmosaike. Manchmal bekommen Eltern mehrere Kinder mit der gleichen, dominant erblichen monogenen Krankheit, obwohl sie klinisch von dieser Krankheit nicht betroffen sind (unter Berücksichtigung von einer möglicherweise verminderten Penetranz oder variablen Expressivität) und ggf. eine Anlageträgerschaft molekulargenetisch ausgeschlossen wurde. Könnte dies auf zwei unabhängige Neumutationen zurückzuführen sein? Ziemlich unwahrscheinlich, bei einer üblichen Spontanmutationsrate von 1:105 bis 1:106. Vielmehr besteht in diesen Fällen bei einem der Eltern ein Keimzellmosaik, d. h., die Mutation ist in der Keimbahn entstanden und liegt in einem Teil der Ei- bzw. Samenzellen vor. Da in der weiblichen Keimbahn der eigenlichen Meiose etwa 30 mitotische Zellteilungen vorausgehen, und in der männlichen Keimbahn oft viele 100, sind vielfältige Möglichkeiten für Mutationen und daraus resultierende Keimzellmosaike gegeben. Wenn man es genauer bedenkt, liegen krankheitsauslösende Genmutationen beim ersten Auftreten eigentlich immer als Mosaik vor, entweder als somatisches Mosaik mit klinischen Auffälligkeiten, oder als Keimzellmosaik, das auf die Keimbahn beschränkt ist.

Wichtig sind diese Überlegungen bei der Frage nach dem Wiederholungsrisiko. Bei nachgewiesenen Mutationsträgern ist das Risiko für die Krankheit bei einem weiteren Kind 50%. Das Wiederholungsrisiko bei einer nachgewiesenen Neumutation kann man im Einzelfall nur schätzen. Bei der Osteogenesis imperfecta (▶ Kap. 4.2) sind etwa 6% der isolierten Fälle auf ein Keimzellmosaik bei einem der Eltern zurückzuführen. Bei isolierten Fällen von Duchenne-Muskeldystrophie ohne Carrier-Status findet sich bei bis zu 15% der Mütter ein Keimzellmosaik. Das Wiederholungsrisiko ist höher, wenn in der Familie schon mehrere betroffene Kinder geboren wurden Es wird über alle dominant erblichen Krankheiten gemittelt mit 3–5% angegeben. Ggf. sollte eine pränatale Diagnostik auf die beim Indexpatienten nachgewiesene Mutation angeboten werden.

> **Wichtig**
>
> Wenn eine dominant erbliche Krankheit bei einem Kind erstmals aufgetreten ist, so besteht ein wesentliches Wiederholungsrisiko für nachfolgende Kinder auch dann, wenn bei den Eltern die Mutation molekulargenetisch ausgeschlossen wurde. Ratsuchende Paare müssen dann immer auf das Risiko eines Keimzellmosaiks und ggf. die Möglichkeit einer Pränataldiagnostik hingewiesen werden.

5 Vererbungsformen

Mendelsche Gesetze
- Kreuzt man zwei homozygote Individuen einer Art, die sich in einem Merkmal unterscheiden, so sind alle F_1-Individuen uniform (**Uniformitätsregel**).
- Kreuzt man diese F_1-Individuen untereinander, so sind die Nachkommen in der F_2-Generation nicht uniform. Die Merkmale spalten sich im Verhältnis 3:1 (dominant-rezessive Vererbung) oder 1:2:1 (intermediäre Vererbung) auf.
- Kreuzt man zwei homozygote Linien untereinander, die sich in mehr als einem Merkmal unterscheiden, so werden die einzelnen Merkmale unabhängig voneinander entsprechend den ersten beiden mendelschen Gesetzen vererbt (**Unabhängigkeitsregel**).

Das 3. Mendelsche Gesetz (Unabhängigkeitsregel) gilt, wie wir heute wissen, uneingeschränkt nur für Gene, die auf verschiedenen Chromosomen liegen. Gene, die auf dem gleichen Chromosom sehr nahe beieinander (gekoppelt) liegen, werden nicht unabhängig voneinander vererbt. Je weiter voneinander entfernt, desto größer das Maß an Unabhängigkeit (aufgrund von Crossing-over zwischen den beiden Genloci).

Krankheiten, deren Vererbungsmechanismus den mendelschen Gesetzen folgen, werden in autosomale und geschlechtschromosomale, in dominante und rezessive Krankheiten eingeteilt.

5.1 Autosomal-dominante Vererbung

> **Wichtig**
>
> Typische Merkmale der autosomal-dominanten Vererbung:
> - Direkt aufeinanderfolgende Generationen sind betroffen.
> - Männer und Frauen sind gleich häufig und gleich schwer betroffen.
> - Die Krankheit wird sowohl von Frauen als auch von Männern auf nachfolgende Generationen weitervererbt (◘ Abb. 5.1 und 5.2).

Wiederholungsrisiko. Betroffene Personen sind in der Regel heterozygot für das krankheitsverursachende Allel. 50% aller von dieser Person gebildeten Keimzellen enthalten das krankheitsassoziierte, dominante Allel, 50% das normale (in diesem Fall rezessive) Allel (Wildtyp). Dadurch erhält statistisch die Hälfte der Kinder das mutierte Allel und wird ebenfalls von der Krankheit betroffen sein. Wenn der Partner der betroffenen Person zufällig die gleiche Krankheit hat (was meist sehr unwahrschein-

Abb. 5.1. Typischer Stammbaum einer autosomal-dominant erblichen Krankheit

■ ● = betroffen

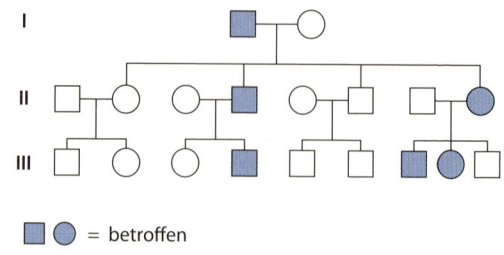

Abb. 5.2. Vererbungsschema einer autosomal-dominant erblichen Krankheit

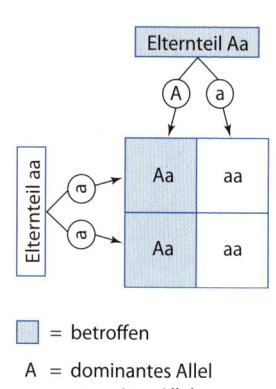

■ = betroffen
A = dominantes Allel
a = rezessives Allel
○ = Keimzellen

lich ist), wird statistisch ein Viertel der Kinder homozygoter (oder *compound*-heterozygoter) Mutationsträger sein; die klinischen Konsequenzen hängen von der Krankheit ab und sind meist deutlich schwerer als bei heterozygot betroffenen Personen.

Penetranz und Expressivität. Nicht immer besteht ein direkter Zusammenhang zwischen dem Genotyp und dem sich manifestierenden Phänotyp. Die **Penetranz** gibt den Anteil der Anlageträger an, bei welchem sich die Krankheit tatsächlich manifestiert. Man spricht von unvollständiger Penetranz, wenn ein Teil der Anlageträger keine Symptome der Krankheit entwickelt. Bei unvollständiger Penetranz können im Stammbaum scheinbar Generationen übersprungen werden. Es gilt zu beachten, dass die Penetranz einiger Krankheiten altersabhängig ist. So sind Anlageträger für Chorea Huntington (▶ Kap. 31.1.1) in jungen Jahren merkmalsfrei, bis zum Alter von 60 Jahren hat die Krankheit aber eine nahezu 100%-ige Penetranz. Während der Begriff der Penetranz die Durchschlagskraft eines Allels beschreibt, versteht man unter **Expressivität** eher den Ausprägungsgrad eines bestimmten Phänotyps, also die Variabilität der klinischen Merkmale. Innerhalb der gleichen

Familie können aufgrund variabler Expressivität Träger der gleichen, krankheitsassoziierten Mutation einen zum Teil sehr unterschiedlichen Schweregrad der Krankheit zeigen. Die Ursachen für die variable Expressivität eines bestimmten krankheitsverursachenden Allels sind meist unklar.

Dominante Neumutationen. Viele autosomal-dominant erbliche Krankheiten treten sporadisch auf, d. h. gesunde Eltern bekommen ein krankes Kind. Ursache hierfür sind Neumutationen. Die Wahrscheinlichkeit für Neumutationen hängt von den gesundheitlichen Einschränkungen der Krankheit ab, bzw. von der Wahrscheinlichkeit, dass betroffene Personen selber Kinder bekommen. Manche autosomal-dominante Krankheiten (z. B. Osteogenesis imperfecta Typ II) sind bereits embryonal letal, so dass der Anteil der Neumutationen bei 100% liegt. Dem gegenüber haben Krankheiten wie die familiäre Hypercholesterinämie oder familiäre Krebsdispostionskrankheiten, bei der erste klinische Symptome oft erst nach Abschluss der reproduktiven Phase auftreten, eine geringe Neumutationsrate. Bei den Trinukleotid-Repeatkrankheiten (wie dem Fra(X)-Syndrom werden keine Neumutationen beobachtet, nicht erkrankte Vorfahren sind zumindest Prämutationsträger.

> **Wichtig**
>
> **Beispiele für Krankheiten mit autosomal-dominantem Erbgang:** die meisten familiären Krebsdispostionskrankheiten (z. B. familiärer Brust- und Darmkrebs, Retinoblastom), die meisten Trinukleotid-Repeatkrankheiten (z. B. Chorea Huntington, myotone Dystrophie), familiäre Hypercholesterinämie, Achondroplasie, Neurofibromatose Typ I und Typ II, Marfan-Syndrom, polyzystische Nieren (adulter Typ).

5.2 Autosomal-rezessive Vererbung

> **Wichtig**
>
> Typische Merkmale der autosomal-rezessiven Vererbung:
> - Die Krankheit tritt nur in einer Generation auf, nicht in aufeinanderfolgenden Generationen. Meist sind nur die Kinder eines einzigen Paares betroffen.
> - Männer und Frauen sind gleich häufig und gleich schwer betroffen.
> - Die Krankheit wird von phänotypisch gesunden Eltern auf erkrankte Kinder vererbt. Die Eltern dieser Kinder sind heterozygot für das krankheitsassoziierte Allel und werden als Übertrager (Carrier) bezeichnet.
> - Gehäuftes Auftreten bei blutsverwandten Paaren (z. B. Cousin-Cousine) (◘ Abb. 5.3 und 5.4).

Abb. 5.3. Typischer Stammbaum einer autosomal-rezessiv erblichen Krankheit

■ ● = betroffen
□━○ = Verwandtenehe

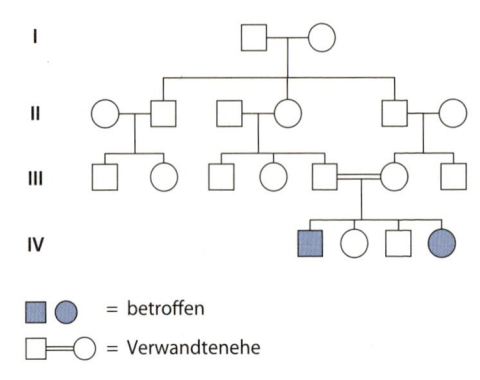

Abb. 5.4. Vererbungsschema einer autosomal-rezessiv erblichen Krankheit

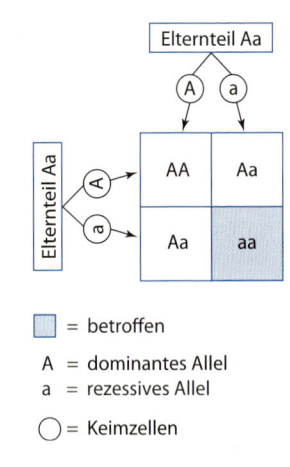

□ = betroffen
A = dominantes Allel
a = rezessives Allel
○ = Keimzellen

Wiederholungsrisiko. Sind beide Partner heterozygote Überträger für die gleiche autosomal-rezessive Krankheit, so enthält je die Hälfte der gebildeten Keimzellen das krankheitsassoziierte, rezessive Allel und die andere Hälfte das normale (in diesem Fall dominante) Allel. Statistisch wird ein Viertel (25%) der aus dieser Partnerschaft entstehenden Kinder homozygot für das krankheitsassoziierte Allel und von der Krankheit betroffen sein, die Hälfte (50%) der Nachkommen sind wie die Eltern gesunde heterozygote Überträger, ein Viertel wird homozygot für das Wildtyp-Allel sein. Anders betrachtet: Zwei Drittel (67%) der gesunden Geschwister eines Betroffenen sind heterozygote Überträger.

Wenn eine von einer autosomal-rezessiven Krankheit betroffene Person Kinder bekommt, wird sie eine krankheitsauslösende Mutation an alle Kinder weitergeben.

Jetzt hängt es vom Partner ab: Ist dieser (wie in der großen Mehrheit der Fälle) homozygot für das Normalallel des entsprechenden Gens, sind alle Kinder gesunde (heterozygote) Überträger. Ist der Partner dagegen selbst Überträger (und die Wahrscheinlichkeit dafür ist bei den etwas häufigeren rezessiven Krankheiten etwa 0,5–1%), wird statistisch die Hälfte der Kinder erkranken, die andere Hälfte sind gesunde Überträger. Wenn beide Partner die gleiche rezessive Krankheit (verursacht durch Mutationen im gleichen Gen) haben sollten, werden auch alle Kinder homozygot betroffen sein.

Genetische Heterogenität. Bestimmte Phänotypen (z. B. Taubheit) können auf Defekten in unterschiedlichen Genen beruhen. Wenn beide Eltern eine autosomal-rezessive Taubheit aufweisen, diese jedoch durch Mutationen in unterschiedlichen Genen verursacht ist, sind alle Kinder dieser Beziehung für den jeweiligen Gendefekt heterozygot und damit phänotypisch gesund. Man bezeichnet das Phänomen, dass gleiche erbliche Merkmale auf Mutationen nichtalleler Gene beruhen können, als genetische Heterogenität.

In seltenen Fällen ist einer der Eltern eines Kindes mit einer rezessiven Krankheit wider Erwarten kein Überträger für die beim Kind nachgewiesenen Mutationen. Das kann zahlreiche Ursachen haben. Die häufigste ist **Non-Paternität** (der angenommene Vater ist nicht der biologische Vater des Kindes) – ein ggf. unerwünschter Nebenbefund, dessen Möglichkeit bei der routinemäßigen Testung der Eltern berücksichtigt werden sollte. Manchmal findet sich auf einem Allel eine **größere Deletion**, die auch das Exon erfasst, in dem auf dem anderen Allel z. B. eine Punktmutation liegt – in diesem Fall scheint das Kind homozygot für die Punktmutation zu sein, in Wahrheit wurde aber nur ein Allel untersucht, da das Allel mit der Deletion von der Sequenzanalyse nicht erfasst wurde. Schließlich könnte auch eine **uniparentale Disomie** des mutationstragenden Chromosoms vorliegen – dies würde für die Eltern bedeuten, dass das Wiederholungsrisiko nicht erhöht ist.

> **Wichtig**
>
> **Beispiele für Krankheiten mit autosomal-rezessivem Erbgang:** die meisten erblichen Stoffwechselkrankheiten (z. B. Phenylketonurie, Galaktosämie, Hämochromatose, 21-Hydroxylasemangel = adrenogenitales Syndrom, Morbus Gaucher, Tay-Sachs-Syndrom, Smith-Lemli-Opitz-Syndrom), Mukoviszidose (zystische Fibrose), Ataxia teleangiectasia.

5.3 X-chromosomal-rezessive Vererbung

> **Wichtig**
>
> Typische Merkmale der X-chromosomal-rezessiven Vererbung:
> - Es sind fast ausschließlich Männer von der Krankheit betroffen.
> - Die Weitergabe des krankheitsassoziierten Allels erfolgt über phänotypisch gesunde Frauen (heterozygote Überträgerinnen) auf 50% derer Söhne.
> - Alle Söhne betroffener Männer haben in Bezug auf die entsprechende Krankheit kein erhöhtes Erkrankungsrisiko.
> - Betroffene Männer geben das krankheitsassoziierte Allel an alle ihre Töchter weiter (heterozygote Überträgerinnen) und vererben es auf diesem Weg an einen Teil ihrer Enkelsöhne (◘ Abb. 5.5 und 5.6).

Männer sind hemizygot für die allermeisten Gene auf dem X-Chromosom. Ausnahmen bilden lediglich die Gene der pseudoautosomalen Regionen (und einige andere komplementäre Gene). Für alle anderen Loci auf dem X-Chromosom gilt, dass sich Mutationen X-chromosomaler Gene bei männlichen Nachkommen aufgrund der Hemizygotie unmittelbar auf die Proteinfunktion und ggf. den Phänotyp auswirken. Jungen mit krankheitsauslösenden Mutationen in solchen Genen sind durchgehend erkrankt. Eine klinische Variabilität lässt sich nur durch unterschiedliche Mutationen oder exogene Faktoren sowie den Einfluss modifizierender anderer Gene erklären. Frauen, die das krankheitsassoziierte Allel auf einem ihrer X-Chromosomen tragen, erkranken in der Regel nicht. Da Frauen mit Homozygotie für ein mutiertes Allel eine absolute Rarität darstellen, erkranken in der Regel nur Männer an X-chromosomal-rezessiven Krankheiten. Ausnahmen finden sich bei *skewed X-inactivation*, bei Chromosomensatz 45,X oder anderen seltenen Konstellationen.

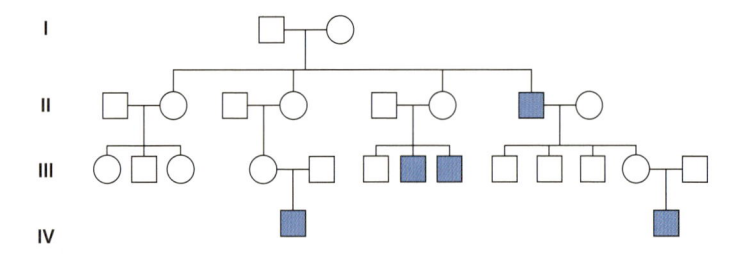

◘ **Abb. 5.5.** Typischer Stammbaum einer X-chromosomal-rezessiv erblichen Krankheit

5.3 · X-chromosomal-rezessive Vererbung

Abb. 5.6. Vererbungsschema einer X-chromosomal-rezessiv erblichen Krankheit

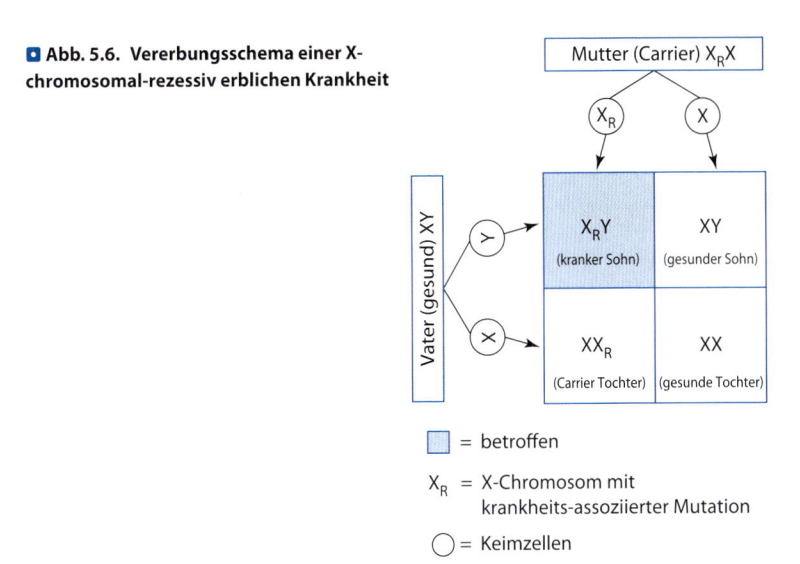

	Mutter (Carrier) $X_R X$	
	X_R	X
Vater (gesund) XY — Y	$X_R Y$ (kranker Sohn)	XY (gesunder Sohn)
Vater (gesund) XY — X	XX_R (Carrier Tochter)	XX (gesunde Tochter)

☐ = betroffen

X_R = X-Chromosom mit krankheits-assoziierter Mutation

○ = Keimzellen

Wiederholungsrisiko. Ein von einer X-chromosomal-rezessiven Krankheit betroffener Patient wird ggf. das X-Chromosom mit der krankheitsauslösenden Mutation an alle seine Töchter weitergeben. Diese sind damit **obligate Überträgerinnen** der Krankheit. Alle Söhne eines Betroffenen sind hingegen gesund, denn sie haben das Y-Chromosom ihres Vaters geerbt, sie können die Krankheit auch nicht an ihre Kinder weitergeben. Eine Frau, die Überträgerin einer X-chromosomal-rezessiven Krankheit ist, besitzt ein diesbezüglich normales X-Chromosom und ein X-Chromosom mit der krankheitsverursachenden Mutation. Alle Söhne dieser Frau haben damit statistisch ein 50%-iges Risiko, die Mutation zu erben und zu erkranken. Die anderen 50% der Söhne dieser Frau sind diesbezüglich gesund. Von den Töchtern einer Überträgerin sind durchschnittlich 50% ebenfalls Überträgerinnen (und damit in der Regel gesund), die anderen sind homozygot für das Wildtyp-Allel und können die Krankheit nicht an ihre Kinder weitergeben.

Häufig ist bei X-chromosomal-rezessiven Krankheiten die Familienanamnese unauffällig, und es muss eine **Neumutation** in Betracht gezogen werden. Bei vielen Krankheiten ist die Wahrscheinlichkeit höher, dass eine Neumutation in der männlichen Keimbahn entsteht als in der weiblichen Keimbahn. In solchen Fällen ist die Mutter eines betroffenen Jungen häufig Überträgerin für die Krankheit, und es besteht ein Risiko von 50%, dass nachfolgende Söhne von der gleichen Krankheit betroffen sind. Wenn eine vorgeburtliche Diagnostik gewünscht wird, sollte zunächst versucht werden, die krankheitsauslösende Mutation beim betroffenen Jungen zu ermitteln. Danach kann auch die Mutter auf einen Überträgerstatus getestet werden. Wenn die Mutation bei der Mutter nicht nachweisbar ist, kann allerdings keine Entwarnung gegeben werden, da wie bei autosomal-dominanten Krankheiten auch bei X-chromosomal-rezessiv erblichen Krankheiten ein **Keimzellmosaik** nicht auszuschließen ist. Ggf. sollte daher auch in diesen Fällen eine vorgeburtliche Diagnostik auf die krankheitsauslösende Mutation angeboten werden.

> **Wichtig**
>
> **Beispiele für Krankheiten mit X-chromosomal-rezessivem Erbgang:** Muskeldystrophien Duchenne bzw. Becker, Hämophilie A, Hämophilie B, Lesh-Nyhan-Syndrom, Ornithin-Transcarbamylasemangel, Fra(X)-Syndrom, Farbfehlsichtigkeit.

5.4 X-chromosomal-dominante Vererbung

X-chromosomal-dominante Vererbung findet man insgesamt selten. Die Krankheit manifestiert sich in diesem Fall sowohl bei hemizygoten Männern, als auch bei heterozygoten Frauen. Aufgrund der X-Inaktivierung findet sich das mutationstragende X-Chromosom durchschnittlich nur in jeder zweiten Zelle betroffener Frauen im aktiven Zustand. Daher weisen Frauen bei X-chromosomal-dominant erblichen Krankheiten meist einen wesentlich milderen Phänotyp auf als betroffene Jungen bzw. Männer.

> **Wichtig**
>
> Typische Merkmale der X-chromosomal-dominanten Vererbung:
> - In einer Familie sind mehr Frauen als Männer betroffen, die Krankheit ist bei Frauen jedoch weniger schwer als bei Männern.
> - Alle Töchter betroffener Männer erben das krankheitsassoziierte Allel und sind ebenfalls betroffen.
> - Söhne betroffener Männer haben kein erhöhtes Erkrankunsrisiko (sie erben das Y-Chromosom).
> - Betroffene Frauen können die Krankheit gleichermaßen an Töchter und Söhne vererben.

Wiederholungsrisiko. Betroffene Frauen vererben das krankheitsassoziierte Allel in durchschnittlich 50% der Fälle auf ihre Kinder (Töchter und Söhne in gleichem Maße). Die Töchter betroffener Männer tragen alle (100%) das mutierte Allel, die Söhne betroffener Männer erben das Y-Chromosom des Vaters und sind alle gesund.

Ein Beispiel für X-chromosomal-dominante Krankheiten ist die Vitamin-D-resistente Rachitis, eine Störung der tubulären Rückresorption von Phosphat in den Nieren, die zu einer Hypophosphatämie bei normalen Serum-Calcium Werten und in der Folge zu rachitische Knochenveränderungen mit Osteomalazie, Skelettdeformitäten und Minderwuchs führt. Einige X-chromosomal-dominante Krankheiten werden nur bei Frauen beobachtet, weil der X-chromosomale Defekt im hemizygoten Zustand (46,XY) als **Letalfaktor** wirkt. Zu diesen Krankheiten gehört die Incontinentia pigmenti.

▪▪▪ X-chromosomal-rezessiv oder dominant – gibt es das wirklich?

Wenn man im Sinne von Mendel argumentiert, dass die Begriffe dominant und rezessiv das Verhältnis von zwei unterschiedlichen Allelen bei Heterozygotie beschreibt, dann kommen auf zellulärer Ebene diese Begriffe für die meisten X-chromosomale Gene nicht zum Tragen, da immer nur ein X-Chromosom funktionell aktiv ist. Bei Betrachtung des ganzen Organismus kann man aufgrund der variablen X-Inaktivierung mit dominant und rezessiv nur die **Wahrscheinlichkeit** beschreiben, mit der eine heterozygote Frau klinische Auffälligkeiten zeigt. Es gibt einen fließenden Übergang von den wirklich dominanten X-chromosomal Krankheiten wie der Incontinentia pigmenti, bei denen fast alle Überträgerinnen mehr oder weniger ausgeprägte klinische Auffälligkeiten zeigen, über Krankheiten, bei denen heterozygote Frauen manchmal Symptome entwickeln (wie z. B. beim Ornithin-Transcarbamylase-Mangel, dem häufigsten Harnstoffzyklusdefekt, oder dem Fra(X)-Syndrom) bis hin zu den wirklich rezessiven X-chromosomalen Krankheiten wie der Hämophilie oder der Duchenne-Muskeldystrophie, bei der Frauen fast nie klinisch auffällig werden.

5.5 Y-chromosomale Vererbung

Ein Y-chromosomales Vererbungsschema (**holandrische Vererbung**) wäre für alle Gene anzunehmen, die nur auf dem Y-Chromosom vorliegen bzw. für dominante Mutationen in Genen der pseudoautosomalen Regionen des Y-Chromosoms. In diesem Falle würde ein Vater den Defekt an alle seine Söhne vererben und naturgemäß wären auch nur Männer von den entsprechenden Krankheitsbildern betroffen. In der Praxis spielt dieser Erbgang keine wesentliche Rolle. Die meisten Gene auf dem Y-Chromosom, die nicht zu X-chromosomalen Genen homolog sind, spielen eine Rolle bei der sexuellen Differenzierung, der Entwicklung der Geschlechtsmerkmale und der Spermatogenese, so dass Mutationen in diesen Genen vielfach zu Zeugungsunfähigkeit führen und folglich auch nicht auf Nachkommen vererbt werden. Erst im Zeitalter der assistierten Befruchtung mittels ICSI (intrazytoplasmatischer Spermieninjektion) hat sich dies teilweise geändert.

5.6 Mitochondriale Vererbung

Kodierende DNA findet sich in eukaryontischen Zellen nicht nur im nukleären Genom, sondern auch in den Mitochondrien kodierende DNA. Man spricht vom **mitochondrialen Genom**, welches als ringförmiger Doppelstrang (mtDNA) von etwa 16,5 kb Größe in mehreren Kopien in jedem Mitochondrium vorliegt. Die Replikation des mitochondrialen Genoms ist vom Zellzyklus unabhängig. Die meisten eukaryontischen Zellen enthalten mehr als 1000 mtDNA-Moleküle, die sich auf hunderte von Mitochondrien verteilen. Die Kopienzahl des mitochondrialen Genoms beträgt 2–10 pro Mitochondrium. Eine Ausnahme stellt die reife Eizelle dar. Sie enthält oft mehr als 100.000 Kopien der mtDNA. Die mtDNA macht damit bis zu ein Drittel des Gesamt-DNA-Gehalts reifer Eizellen aus.

Das mtDNA-Molekül enthält insgesamt 37 Gene. Davon kodieren 13 Gene für Proteine der Atmungskette (der oxidativen Phosphorylierung). Die restlichen 24 Gene enthalten die Information zur Herstellugn der 22 tRNA- und 2 rRNA-Moleküle, die für die Synthese dieser 13 mitochondrial kodierten Polypeptide notwendig sind (Tab. 5.1).

> **Wichtig**
>
> Fast alle mitochondrialen Proteine werden nukleär kodiert und nach zytosolischer Synthese in die Mitochondrien transportiert (dafür haben sie spezifische Transportsequenzen). Die meisten Proteine (74 von 87) der Atmungskette werden vom nukleären Genom kodiert. Die meisten mitochondrialen Krankheiten beruhen daher auf Mutationen des nukleären Genoms und folgen in ihrer Vererbung den klassischen, mendelschen Vererbungsregeln.

Tab. 5.1. Unterschiede zwischen dem nukleären und dem mitochondrialen Genom

	Nukläres Genom	Mitochondriales Genom
Größe	Ca. 3.300.000.000 bp (haploider Chromosomensatz)	Ca. 16.600 bp (ringförmiger Doppelstrang)
Anzahl der Gene	Ca. 20.000–25.000	37
Gendichte	Ca. 1/132.000 bp	1/450 bp
DNA-Reparaturmechanismen	Ja	Nein
Anteil kodierender DNA	Ca. 3%	Ca. 93%
Transkription	Meist individuell für jedes Gen	Vorwiegend kontinuierlich
Introns	In fast allen Genen	Fehlen
Rekombination	Ja	Nein
Vererbung	Folgt den Mendelschen Gesetzen	Rein maternal

5.6 · Mitochondriale Vererbung

Abb. 5.7. Typischer Stammbaum einer mitochondrial erblichen Krankheit

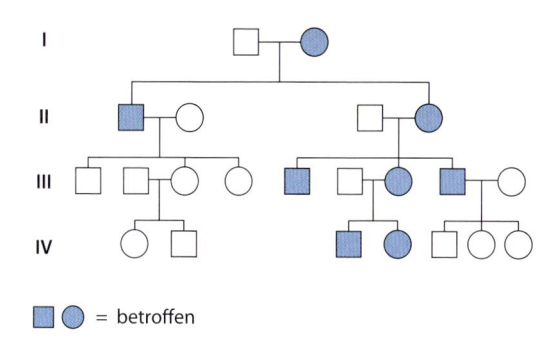

■ ● = betroffen

Besonderheiten mitochondrialer Vererbung. Die menschliche Zygote erhält (fast) alle ihre Mitochondrien von der Eizelle, weil bei der Befruchtung nur der Kopf der Samenzelle ohne Mitochondrien in die Eizelle gelangt. Daraus resultiert, dass eine Mutter mit Mutation in ihrer mtDNA diese Mutation an alle ihre Nachkommen weitergeben wird, wohingegen ein Vater mit der gleichen Mutation im mitochondrialen Genom diese an keinen seiner Nachkommen vererbt. Man spricht von **maternaler** oder **mitochondrialer Vererbung** (Abb. 5.7). Eine weitere Besonderheit der mitochondrialen Vererbung beruht auf der Tatsache, dass sich das mitochondriale Genom zwar mit vervielfältigt, dann aber rein zufällig auf neu gebildete Mitochondrien verteilt und diese wiederum rein zufällig auf die entstehenden Tochterzellen aufgeteilt werden. Ein streng kontrollierter Segregationsmechanismus wie er für das nukleäre Genom vorhanden ist, existiert für das mitochondriale Genom nicht.

Mitochondriale Mutationen finden sich auch bei symptomatischen Patienten oft nur in einem Teil der Mitochondrien einer Zelle. Man bezeichnet dies als **Heteroplasmie** (Abb. 5.8). Den Fall, dass eine Zelle nur Mitochondrien mit normaler oder nur Mitochondrien mit mutierter mtDNA enthält, bezeichnet man als **Homoplasmie**. Ob sich eine mitochondriale Mutation tatsächlich auch phänotypisch auswirkt, ist vom Verhältnis normaler mtDNA zu mutierter mtDNA in den Zellen abhängig. Unvollständige Penetranz, variable Expressivität und Pleiotropie sind daher typische Merkmale für alle mitochondrial erblichen Krankheiten. Das Verhältnis von normalen und mutierten mtDNA-Kopien kann nicht nur zwischen unterschiedlichen Organen, sondern auch im Verlauf mehrerer Zellteilungen stark variieren. Typischerweise beschreiben daher Patienten mit mitochondrial erblichen Krankheiten, dass die einzelnen Symptome über die Zeit wechseln (etwa Herzrhythmusstörungen, die phasenweise mehr oder weniger schwerwiegend sind).

Mitochondriale Mutationen betreffen entweder direkt Untereinheiten der Atmungskette oder wirken sich (wenn es sich um tRNA- oder rRNA-Gene handelt)

○ = Zellkern
◊ = Mitochondrium
◊ = Mitochondrium mit Mutation der mt DNA

div. Zellteilungen

Zufällige Aufteilung der Mitochondrien auf Tochterzellen

phänotypisch krank phänotypisch gesund

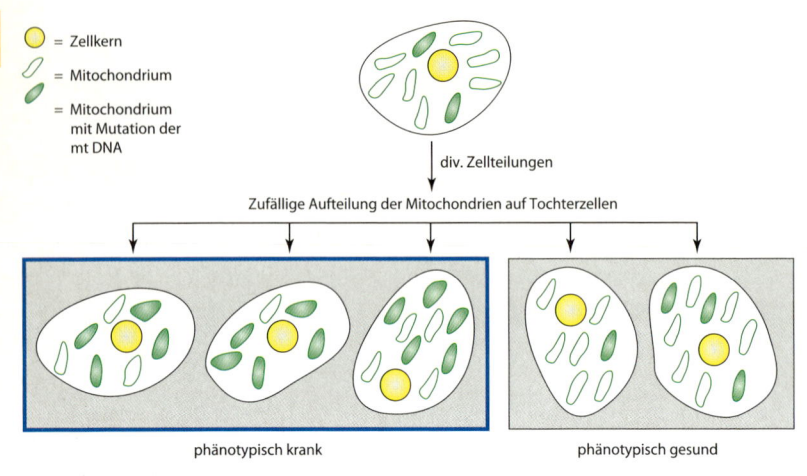

Abb. 5.8. Heteroplasmie

auf die Effizienz der Synthese aller mitochondrial kodierten Proteine (und damit ebenfalls auf die Atmungskettenfunktion) aus. Mitochondriale Mutationen betreffen immer den Energiestoffwechsel der Zelle und machen sich besonders in solchen Geweben bemerkbar, die auf einen hohen Energiebedarf angewiesen sind. Zu den betroffenen Organen gehören damit das ZNS (incl. Retina), das periphere Nervensystem, die Skelettmuskulatur, Herzmuskulatur, sowie Leber und Nieren. Typische Krankheitsbilder sind Enzephalopathie, Myopathie, Cardiomyopathie, Ataxie, retinale Degeneration und Lähmungen der äußeren Augenmuskeln. Schon bei leichter körperlicher Belastung können die Betroffenen den Energiebedarf nicht mehr über die oxidative Phosphorylierung decken und geraten in eine Laktatazidose. In der Skelettmuskulatur finden sich mikroskopisch *ragged red fibres* (subsarkolemmale Ansammlungen von Mitochondrien).

Beispiele mitochondrial erblicher Krankheiten

MELAS-Syndrom. Das Akronym MELAS steht für **M**itochondriale **E**nzephalomyopathie, **La**ktat**A**zidose und **S**chlaganfallähnliche Episoden. Die betroffenen Patienten entwickeln sich zunächst normal, zeigen dann aber infolge einer progredienten Myopathie immer deutlichere Einschränkungen der körperlichen Belastbarkeit. Die charakteristischen schlaganfallsähnlichen Episoden (mit Hemiparese und Hemianopsie) beginnen im Alter von 4–15 Jahren. Weitere Symptome sind Kleinwuchs, Migräne und Diabetes mellitus. Die Expressivität ist bei Betroffenen innerhalb einer Familie sehr variabel und wird durch den Grad der Heteroplasmie in den einzelnen Geweben bestimmt. Das MELAS-Syndrom wird typischerweise durch die Mutation 3243A>G im mitochondrialen $tRNA^{Leu}$-Gen verursacht.

MERRF-Syndrom. MERRF steht für **M**yoklonische **E**pilepsie mit *Ragged Red Fibres*. Zusätzlich zur fortschreitenden Myoklonusepilepsie entwickelt sich meist eine Demenz, häufig schon ab dem Adoleszentenalter. Taubheit, Ataxie und Neuropathie können das klinische Bild komplettieren. Das MERRF-Syndrom wird typischerweise durch die Mutation 8344G>A im mitochondrialen $tRNA^{Lys}$-Gen verursacht.

Eine weitere mitochondrial erbliche Krankheiten ist das **NARP-Syndrom** (**N**europathie, **A**taxie und **R**etinitis **p**igmentosa), meist verursacht durch die Mutationen 8993T>G oder T>C im *ATPase*-Gen. Die **chronisch progressive externe Ophthalmoplegie** (CPEO), das **Kearns-Sayre-Syndrom** (CPEO, Retinopathie, Ptosis, Taubheit, Herzleitungsstörungen, Ataxie) sowie das **Pearson-Syndrom** (Anämie, Panzytopenie, exokrine Pankreasfunktionsstörung, Hepatopathie, Gedeihstörung, oft Vorläufer eines Kearns-Sayre-Syndrom) werden in der Regel durch einzelne größere Deletionen der mtDNA verursacht. In diesen Aufzählungen wird offensichtlich, dass das Symptomspektrum der durch mtDNA-Mutationen verursachten Krankheiten ineinander übergehen kann. An eine mitochondriale Krankheit sollte gedacht werden, wenn mehrere Personen in einer Familie ungeklärte Multisystemkrankheiten mit besonderer Betonung des Nervensystems und der Muskulatur haben. Schon eine Migräne kann ein Minimalsymptom einer solchen Krankheit sein.

Leber-Optikusatrophie. Eine Ausnahme unter den mitochondrial erblichen Krankheiten stellt die Leber-Optikusatrophie (als LHON = **L**eber **h**ereditäre **o**ptische **N**europathie abgekürzt) dar, denn es handelt sich hierbei nicht um eine Multisystem-Krankheit. Sie betrifft nur den Sehnerv. Klinisch kommt es zu einem akuten, schmerzlosen Visusverlust, sozusagen »aus heiterem Himmel«. Dieser ist zunächst monokulär, innerhalb von Wochen bis Monaten ist aber fast immer auch das zweite Auge betroffen. Nach wenigen Wochen kommt es zu einer allmählichen Stabilisierung und häufig auch zu einer, wenn auch nur teilweisen, Erholung. Betroffen sind typischerweise Männer zwischen dem 23. und 26. Lebensjahr. Die Krankheit weist eine unvollständige Penetranz auf. Diese beträgt bei Männern ca. 20%, bei Frauen ca. 4%. Die Ursache für diese geschlechtsabhängige Penetranz ist bislang noch unklar. Eine häufige Ursache ist die Mutation 11778G>A in der mitochondrialen DNA.

5.7 Multifaktorielle Vererbung

Monogen? Exogen? Letztlich entstehen alle Krankheiten aus dem Zusammenspiel von genetischen und nichtgenetischen Faktoren. Die klassische Unterteilung in rein genetische, rein exogene und sog. multifaktorielle Krankheiten ist in diesem Sinne eigentlich hinfällig. Denn selbstverständlich wird auch der klinische Phänotyp vieler monogener Krankheiten durch exogene Faktoren z. T. sogar erheblich beeinflusst. Wie in ▶ Kap. 24.1.3 diskutiert, lässt sich dies gut am Beispiel der Phenylketonurie (PKU) illustrieren. Die PKU ist eine monogen erbliche Krankheit, deren klinischer Phänotyp durch eine exogene Maßnahme, in diesem Fall eine phenylalaninarme Diät, grundlegend beeinflusst wird. Während unbehandelte Personen mit klassischer PKU eine schwere geistige Behinderung entwickeln, unterscheidet sich eine diätetisch optimal behandelte Person klinisch nicht von einer bezüglich der PKU »gesunden« Person. Manche Patienten mit PKU sagen deshalb, sie seien gar nicht krank, sondern müssten nur eine Diät einhalten, um nicht krank zu werden. So betrachtet verhält sich die PKU wie ein Risikofaktor für eine Krankheit, wobei aber das Risiko, zu erkranken, bei fehlender Behandlung weit höher ist als bei den klassischen multifaktoriellen Krankheiten.

▪▪▪ Was ist eine genetische Krankheit?
Der Begriff der Krankheit bezieht sich auf die klinischen Beschwerden eines Menschen, und nicht auf sein Genom! Ein Anlageträger für Myotone Dystrophie ist erst dann erkrankt, wenn die ersten Symptome auftreten, vorher ist er asymptomatischer Mutationsträger oder Anlageträger. Manche Träger einer dominanten krankheitsassoziierten Mutation werden nie selber krank (inkomplette Penetranz). Auch im Gespräch mit den Patienten sollte man klarstellen, dass der Nachweis einer Mutation speziell bei der prädiktiven Diagnostik zunächst oft nur einen Risikofaktor für das Auftreten einer Krankheit darstellt, der in der Gesamtkonstellation kritisch bewertet werden muss. Dies ist auch der Grund, dass genetische Analysen mit Zurückhaltung veranlasst werden sollten, und die Befunde im Rahmen einer genetischen Beratung erklärt werden sollten.

Multifaktoriell. Als multifaktoriell im eigentlichen Sinn werden Krankheiten bezeichnet, die keinem eindeutigen Vererbungsschema folgen und von denen angenommen wird, dass das Auftreten von klinischen Merkmalen auf das Zusammenspiel mehrerer Gene (polygen) mit exogenen (Umwelt-)Faktoren zurückzuführen ist. Man spricht daher auch von **komplexen Erbkrankheiten**.

Als Erklärung für das Auftreten von manchen multifaktoriellen Krankheiten (wie z. B. angeborenen Fehlbildungen) wird das Konzept des **Schwellenwerteffekts** herangezogen. Demnach kommt ein bestimmtes Merkmal phänotypisch erst nach Überschreiten eines bestimmten Grenzwertes an genetischer Prädisposition zur Ausprägung, dann aber vollständig (Alles-oder-nichts-Prinzip). Der Schwellenwert an genetischer Prädisposition scheint für das männliche und das weibliche Geschlecht bei einigen Krankheiten unterschiedlich, also **geschlechtsabhängig** zu sein.

> **Wichtig**
>
> **Carter-Effekt:** Bei multifaktoriellen Krankheiten mit geschlechtsabhängigem Schwellenwerteffekt ist das Wiederholungsrisiko höher, wenn es sich beim Indexfall um einen Patienten des seltener betroffenen Geschlechts handelt. Dieses Phänomen wurde von Cedric Carter anhand seiner Studien zur hypertrophen Pylorusstenose nachgewiesen, für welche er zeigen konnte, dass die Inzidenz bei den Söhnen betroffener Frauen am höchsten ist und bei den Töchtern betroffener Männer am geringsten.

Beispiele multifaktoriell erblicher Krankheiten mit geschlechtsabhängigem Schwellenwert

Hypertrophe Pylorusstenose (Abb. 5.9). Es handelt sich um eine postnatal entstehende Hypertrophie der zirkulären Muskulatur des Pylorus, die zur funktionellen Obstruktion des Magenausgangs, schwallartigem Erbrechen und Gedeihstörung führt. Die kumulative Häufigkeit liegt bei 1:1.000; Jungen sind 5-mal häufiger betroffen als Mädchen. Die Diagnose wird in den allermeisten Fällen zwischen der 3. und der 12. Lebenswoche gestellt. Zum Teil ist der Pylorus als walzenförmiger

Abb. 5.9. Hypertrophe Pylorusstenose. In der Kontrastmittelaufnahme ist der Magenausgang nur als schmaler Strich sichtbar. (Mit freundlicher Genehmigung von G.F. Hoffmann, Universitäts-Kinderklinik Heidelberg)

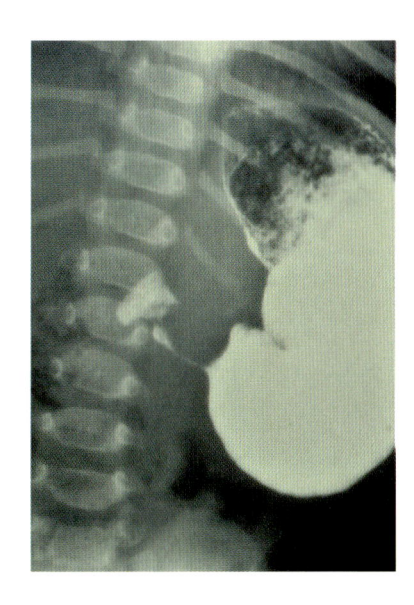

Tumor im rechten Oberbauch zu tasten. Durch Wasser- und Salzverlust kann sich eine hypochlorämische Alkalose entwickeln. Therapie der Wahl ist die Pyloromyotomie nach Weber-Ramstedt.

Angeborene Hüftgelenksdysplasie (◘ Abb. 5.10). Der Begriff der angeborenen Hüftgelenksdysplasie umfasst ein Spektrum von Befunden, welches von der leichten Deformierung des Pfannenerkers über die Steilstellung mit Subluxation bis hin zur manifesten Luxation des Hüftkopfes mit Hypoplasie des Azetabulums reicht. Dabei sind die Vorformen bei Mädchen bis zu 12-mal häufiger als bei Jungen. Für die manifeste Luxation beträgt das Verhältnis ♂:♀ etwa 1:8. Die multifaktorielle Genese beinhaltet genetische, mechanische und hormonelle Ursachen. Letztere zeigen sich etwa an der deutlich erhöhten Bindegewebslockerheit in den ersten Tagen nach Geburt (bedingt durch den Einfluss des noch zirkulierenden mütterlichen Östrogens). Entscheidend für den Therapieerfolg bei Hüftgelenksdysplasie ist die frühestmögliche Diagnose. In Deutschland wurde daher 1996 ein hüftsonographisches Screening im Rahmen der U3 in der 4.–5. Lebenswoche eingeführt. Therapie der Wahl ist die individualisierte Spreizbehandlung (Spreizhosen).

◘ **Abb. 5.10. Hüftgelenksdysplasie bei einem 6 Monate alten Säugling.** Beachte die asymmetrische Faltenbildung an den Beinen. (Mit freundlicher Genehmigung der Universitäts-Kinderklinik Heidelberg)

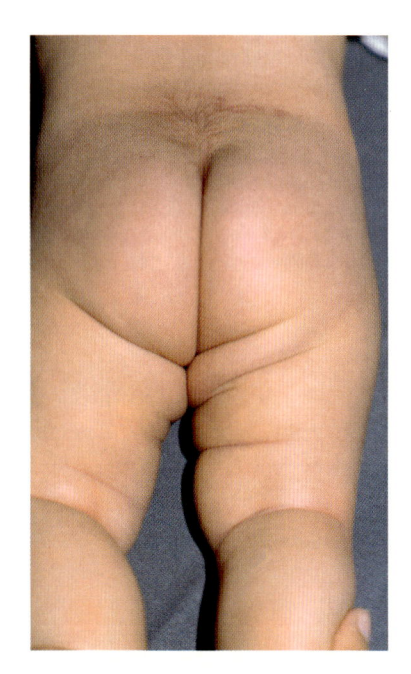

Morbus Hirschsprung. Es handelt sich um eine angeborene Aganglionose von Rektum und Sigmoid, teilweise auch des gesamten Kolons. Die Krankheit ist bei Jungen 3- bis 4-mal häufiger als bei Mädchen. Eine positive Familienanamnese findet sich in 7% der Fälle, wobei in manchen Fällen auch eine klassische, autosomal-dominante Vererbung vorliegt. Auch eine Assoziation mit der Trisomie 21 ist gut bekannt. Die ausführliche Darstellung findet sich in ► Kap. 23.1.

6 Mehrlingsschwangerschaften

Eine Faustregel besagt, dass Mehrlingsschwangerschaften mit einer Häufigkeit von 1 zu $(85)^{n-1}$ auftreten, wobei n die Anzahl der Mehrlinge darstellt. Das bedeutet für Zwillingsschwangerschaften eine Häufigkeit von $1/(85)^{2-1} = 1/85$. Für Drillinge ergibt sich eine Häufigkeit von $1/(85)^{3-1} = 1/(85)^2 = 1/7000$ und für Vierlingsschwangerschaften eine Häufigkeit von 1/600.000. Diese Regel trifft nicht für Schwangerschaften zu, die im Rahmen von Hormonbehandlungen entstanden sind. Mehrlingsschwangerschaften werden heute, im Zeitalter der Reproduktionsmedizin, insgesamt häufiger angetroffen als früher. Weltweit ist heute jede 40. Geburt eine Zwillingsgeburt.

Man unterscheidet eineiige Zwillinge von zweieiigen Zwillingen. **Zweieiige Zwillinge** (ZZ) entstehen in Folge einer gleichzeitigen und unabhängigen Reifung, Ovulation und Befruchtung zweier Eizellen. Bei **eineiigen Zwillingen** (EZ) wird eine Eizelle durch ein Spermium befruchtet. Die Trennung erfolgt in den ersten Tagen der Entwicklung (1.–13. Gestationstag), meistens noch vor der Implantation. Monozygote Zwillinge sind genetisch identisch, dizygote Zwillinge sind genetisch verwandt wie normale Geschwister, also zu 50% genetisch identisch.

Etwa 2/3 aller Zwillingsschwangerschaften sind dizygot, 1/3 ist monozygot. Dabei ist die Häufigkeit dizygoter Schwangerschaften vom ethnischen Kontext der Mutter, von genetischen Faktoren (»Zwillingsschwangerschaften liegen bei uns in der Familie…«), vom mütterlichen Alter und von reproduktionsmedizinischen Maßnahmen abhängig. Die Entstehung monozygoter Schwangerschaften ist rein zufällig und zeigt sich von all diesen Faktoren unabhängig.

Unter Beachtung des Geschlechts (EZ können nicht verschiedenen Geschlechtes sein) und der Plazentamorphologie (s. u.) ist es in mehr als der Hälfte der Zwillingsschwangerschaften möglich, die Ein- oder Zweieiigkeit zweifelsfrei festzustellen. Falls dies nicht möglich ist, müssen andere Maßnahmen (Blutgruppenanalysen, DNA-Fingerprinting) zu Rate gezogen werden.

■ ■ ■ **Konkordanz und Diskordanz**

Ein Vergleich phänotypischer Merkmale von EZ und ZZ kann unter bestimmten Voraussetzungen Aufschluss darüber geben, welcher Anteil eines Phänotyps genetisch determiniert ist. Wenn Zwillinge das gleiche phänotypische Merkmal aufweisen, bezeichnet man sie als konkordant, unterscheiden sie sich, sind sie in Bezug auf dieses Merkmal diskordant. Wenn das Auftreten einer genetischen Krankheit vor allem durch genetische Faktoren entschieden wird, dann werden sehr viel mehr EZ konkordant sein als ZZ. Im Extremfall sind alle EZ konkordant, während die Konkordanzrate bei ZZ der von Geschwistern entspricht. Wenn dagegen externe Faktoren die zentrale Rolle spielen, dann ist das Auftreten dieser Krankheit vom Zwillingsstatus

6 · Mehrlingsschwangerschaften

unabhängig, es wird also nur ein geringer Unterschied in den Konkordanzraten bei EZ und ZZ bestehen.

Plazentamorphologie bei Zwillingsschwangerschaft. Die Typisierung einer Zwillingsplazenta erfolgt makroskopisch und histologisch. Eingeteilt wird nach der Anzahl der Chorien und der Anzahl der Amnien.

> **Wichtig**
>
> Das **Chorion** (*chorion [gr.]*, Zottenhaut) ist die mittlere Eihaut. Die Chorionzotten senken sich in die Gebärmutterschleimhaut ein und bilden damit den fetalen Teil der Plazenta.
> Das **Amnion** (*amnion [gr.]*, Schafshaut, Haut um die Leibesfrucht) ist die dünne, gefäßlose innere Eihaut. Zusammen mit dem Ektoderm des Embyos bildet das Amnion die Amnionhöhle.

Wenn zwei getrennte Plazenten vorliegen, muss nicht histologisch untersucht werden, denn dann liegen auch zwei Chorien und zwei getrennte Amnionhöhlen vor. Man spricht von einer separaten, dichorial-diamnialen Zwillingsschwangerschaft. Die dazugehörigen Zwillinge sind fast immer zweieiig, eine Eineiigkeit ist aber nicht ausgeschlossen. Eine eineiige Zwillingsschwangerschaft führt bei einer frühen embryonalen Teilung innerhalb der ersten 3 Gestationstage ebenfalls zu dichorial-diamnialen Plazenta- und Eihautverhältnissen (33% aller EZ). Eine Teilung innerhalb von 4–8 Tagen post conceptionem führt zu einer monochorial-diamnialen Plazenta (64% aller EZ), nach dem 8. Tag zu einer monochorial-monoamnialen Plazenta (sehr selten, 2% aller EZ). Alle monochorialen Plazenten sind auf eine eineiige Zwillingsschwangerschaft zurückzuführen, ZZ haben nie eine gemeinsame Plazenta. Dabei sollte aber vor voreiligen Schlüssen anhand bloßer makroskopischer Beobachtungen gewarnt sein: Nicht selten liegt bei ZZ eine fusionierte, dichorial-diamniale Plazenta vor (Abb. 6.1).

> **Wichtig**
>
> - EZ haben häufig eine gemeinsame Plazenta, ZZ nie (außer: fusionierte Plazenta).
> - EZ können (wenn auch nur in einem Teil der Fälle) eine gemeinsame Fruchthöhle haben, ZZ nie.
> - Eine Eineiigkeit kann anhand der Plazentamorphologie nie ausgeschlossen werden, eine Zweieiigkeit schon (nämlich bei allen monochorialen Plazenten).

| separat, dichorial-diamnial | fusioniert, dichorial-diamnial | monochorial-diamnial | monochorial-monoamnial |

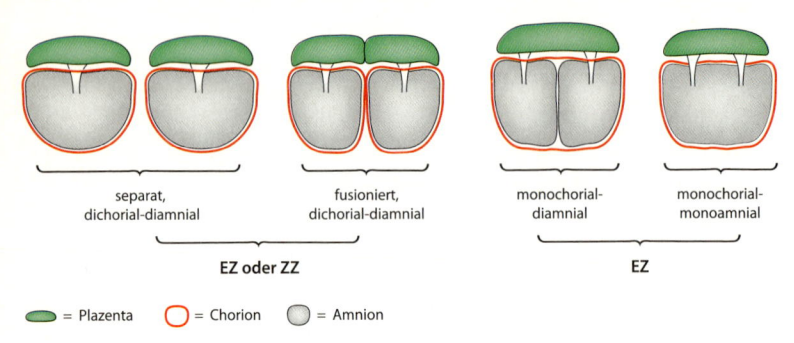

EZ oder ZZ · EZ

= Plazenta   ◯ = Chorion   ◉ = Amnion

Abb. 6.1. Morphologie von Zwillingsplazenten

Fetofetales Transfusionssyndrom (FFTS)

Das FFTS ist eine schwerwiegende Komplikation monochorialer Mehrlingsschwangerschaften, bei welcher der eine Zwillingsfet Blut in den anderen Zwillingsfeten transfundiert. Dem Phänomen zugrunde liegen Gefäßanastomosen (Shunts) in der Plazenta, v. a. arterio-venöse Anastomosen. Liegt bereits im 2. Trimester ein FFTS vor, so ist die Prognose schlecht. Die Mortalitätsrate ohne Therapie liegt bei 80–100%, bedingt durch Anämie und intrauterine Wachstumsretardierung beim Donor und kardiovaskuläre Dekompensation beim Akzeptor.

Doppelfehlbildungen

Als Doppelfehlbildung bezeichnet man eine inkomplette Separierung der Keimanlage in der frühen Embryonalphase. **Komplette Pagi (siamesische Zwillinge)** sind vollständige, monozygote Zwillinge (mit 2 Köpfen, 2 Wirbelsäulen, 4 Extremitäten), die an bestimmten Körperstellen zusammengewachsen sind. Nach der Lokalistation der Verwachsungen unterscheidet man Cephalopagus (am Kopf zusammengewachsen), Thorakopagus (am Brustkorb), Pygopagus (am Kreuzbein), Ischiopagus (am Becken) und Xiphopagus (im Bereich der Processus xiphoidei verwachsener Thorakopagus). Die Häufigkeit von kompletten Pagi wird mit 1 zu 60.000 angegeben.

Neben den kompletten Pagi gibt es verschiedene Formen der inkompletten Doppelfehlbildungen, bei denen mindestens ein Zwilling unvollständig ausgebildet ist. Hierzu gehören die »parasitären« asymmetrischen Doppelfehlbildungen (sog. **Heteropagi**), bei welchen der eine Zwilling fast normal angelegt ist (Autosit), der andere aber nur rudimentär (Parasit). Parasitäre Zwillinge sind in bestimmten Körperregionen an den Autositen angewachsen (z. B. behaarter Rachenpolyp, Sakralparasit) und können operativ entfernt werden.

7 Tumorgenetik

Gleich hinter Herz-Kreislauf-Erkrankungen steht Krebs an zweiter Stelle der Todesursachenstatistik westlicher Industrienationen. Mehr als 1/3 der Bevölkerung Deutschlands verstirbt an Krebs, Krebserkrankungen sind für mehr als 10% der Gesamtausgaben unseres Gesundheitssystems verantwortlich. Bei den meisten Fällen von Krebs handelt es sich um sporadische Fälle, weniger als 10% aller Tumoren gehen auf eine familiäre Disposition zurück. Und dennoch hat jeder einzelne Fall, ob sporadisch oder familiär, eine genetische Ursache. **Krebs ist eine genetische Erkrankung.**

7.1 Krebs ist eine genetische Erkrankung

Krebs ist nicht ein distinktes Krankheitsbild, sondern vielmehr ein Sammelbegriff für alle bösartigen Neoplasien. Die Malignität einer proliferierenden Zellmasse liegt in der Tatsache begründet, dass sie unabhängig von äußeren Steuerungsmechanismen unkontrolliert wächst und darüber hinaus in der Lage ist, Gewebegrenzen zu überschreiten, invasiv zu wachsen und zu metastasieren. Tumoren, die lediglich infiltrativ wachsen, aber nicht metastasieren, werden als **semimaligne** bezeichnet (z. B. Basaliom). Es werden 3 Hauptgruppen von Krebserkrankungen unterschieden: die **Karzinome**, welche aus epithelialem Gewebe hervorgehen (dazu gehören neben der Haut auch das Darmepithel, das bronchiale Epithel und das Epithel der Drüsengänge, z. B. von Mamma oder Pankreas), die **Sarkome**, die aus mesenchymalem Gewebe hervorgehen (Bindegewebe, Knochen, Muskel) und die malignen Erkrankungen des hämatologischen und des lymphatischen Systems (die **Leukämien und Lymphome**).

Krebs entsteht durch die progressive Akkumulation verschiedener Mutation innerhalb einer Zelle. Nach heutigem Verständnis geht man davon aus, dass die meisten dieser genetischen Alterationen somatisch erworben sind. Manche werden auch vererbt und sind somit von Geburt an gleichermaßen in jeder einzelnen Körperzelle vorhanden. Die an der Krebsentstehung beteiligten Gene können zwei großen Gruppen zugeteilt werden. Es handelt sich hierbei um

- **Protoonkogene**, die (z. B. durch dominante Mutationen) zu Onkogenen aktiviert werden können und dann strukturell veränderte oder fehlregulierte Proteine synthetisieren, welche die Proliferation und das Überleben der Zelle verstärken,
- **Tumorsuppressorgene**, die die Krebsentstehung begünstigen, wenn von ihnen durch Mutation oder Verlust beider Genkopien in einem kritischen Moment

kein funktionstüchtiges Produkt zur Verfügung steht. Zu diesen Genen gehören auch die **DNA-Reparaturgene**, welche für die Detektion und Reparatur genetischer Schäden innerhalb der Zelle verantwortlich sind.

Das koordinierte Zusammenspiel von wachstumsfördernden und -kontrollierenden Genen ermöglicht die Aufrechterhaltung der Funktionstüchtigkeit einzelner Zell- und Gewebsverbände. Krebserkrankungen spiegeln den Zusammenbruch dieses sorgsam austarierten Gleichgewichts wider. Dabei ist es nie eine einzige Mutation, die eine Krebserkrankung entstehen lässt, sondern immer die Anhäufung mehrerer genetischer und chromosomaler Veränderungen. Erst wenn eine kritische Gesamtzahl an genetischen Veränderungen eingetreten ist, kann das anfangs noch kontrollierte Wachstumsverhalten in ein unkontrolliertes, malignes Wachstum übergehen (maligne Transformation). Am besten untersucht ist dies am Beispiel des Kolonkarzinoms, für welches Bert Vogelstein und Kollegen das **Tumorprogressions-Modell** (Adenom-Karzinom-Sequenz) beschrieben haben. Sie konnten an diesem Beispiel exemplarisch die Bedeutung einer Abfolge verschiedener Gendefekte für die Tumorentstehung darlegen. Dabei korreliert die Anreicherung genetischer Defekte in den Onkogenen und/oder Tumorsuppressorgenen in erstaunlichem Maße mit morphologischen Parametern. Die Tumorprogression vom Normalgewebe über das Adenom bis hin zum Karzinom dauert im Kolon etwa 10 Jahre (◘ Abb. 7.1).

Eine Frage der Ausgeglichenheit. Unkontrolliertes Wachstum ist ein gemeinsames Merkmal aller Tumorerkrankungen, sowohl der benignen als auch der malignen. Maligne Tumoren haben darüber hinaus die Fähigkeit, invasiv zu wachsen und zu metastasieren. Das unkontrollierte Wachstum eines Tumors geht auf eine gestörte Informationsverarbeitung innerhalb der Zelle und eine gestörte Kommunikation

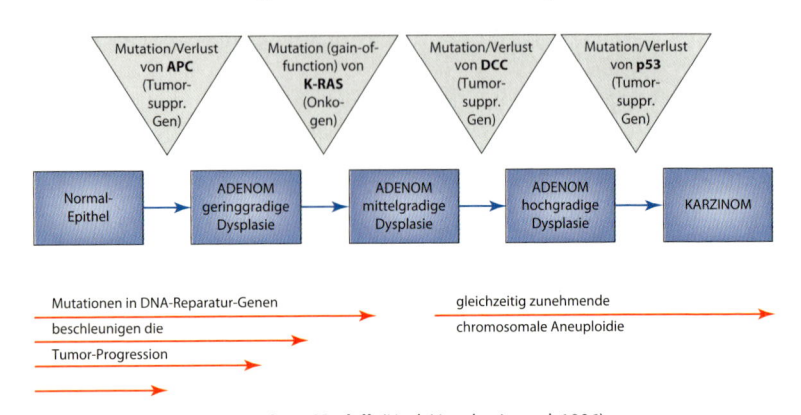

◘ **Abb. 7.1. Tumorprogressions-Modell.** (Nach Vogelstein et al. 1996)

zwischen den Zellen des entsprechenden Zellverbandes zurück. Damit entsteht Krebs nicht zwangsweise aufgrund einer gesteigerten Zellproliferation. Es ist auch in diesem Fall eine Frage der Balance – der Balance zwischen Zellteilung und Wachstum auf der einen Seite und dem programmierten Zelltod (Apoptose) auf der anderen. Sowohl in der embryonalen Entwicklung als auch im erwachsenen Organismus kommt es darauf an, dass die verschiedenen Signalwege präzise koordiniert und kontrolliert sind. Es besteht ein inverses Verhältnis zwischen dem Grad der Differenzierung und dem Ausmaß der Proliferation einer Zelle. Ein maligner Tumor neigt dazu, weniger ausdifferenziert zu sein als sein Ursprungsgewebe.

7.2 Onkogene

Vom Protoonkogen zum Onkogen. Ein Onkogen entsteht aus einem Protoonkogen durch Mutationen, die einen Zugewinn an Funktion (*gain of function*) bewirken. Meist handelt es sich bei tumoreigenen Mutationen in Protoonkogenen um *Missense*-Mutationen, die zu einer dauerhaften Aktivierung oder einer veränderten Funktionstüchtigkeit des Genproduktes führen (qualitative Veränderungen). Alternativ können Protoonkogene dupliziert oder multipliziert vorliegen, d. h. die Zahl der Genkopien und damit die Menge der in der Zelle vorhandenen Genprodukte ist erhöht (quantitative Veränderungen). Translokationen können aus einem Protoonkogen ein Onkogen machen, indem das Gen unter die Kontrolle aktiver Promotor-Sequenzen gerät, ein Fusionsprodukt mit neuer Funktion entsteht oder eine Expression in einem anderen Entwicklungsstadium stattfindet.

Auf zellulärer Ebene dominant. Typische Protoonkogene sind an der Regulation von Zellwachstum, Proliferation und Zellzykluskontrolle beteiligt. Dazu gehören Rezeptortyrosinkinasen, Wachstumsfaktoren und deren Rezeptoren, Mitglieder intrazellulärer Signalkaskaden, sowie Enzyme, die den Fortgang des Zellzyklus steuern und regulieren. Onkogene haben auf zellulärer Ebene einen dominanten Effekt, d. h. dass eine Aktivierung oder Überexpression eines einzelnen Allels ausreicht, um eine Veränderung des Phänotyps der Zelle herbeizuführen.

Beispiele für Onkogene sind die beiden Rezeptortyrosinkinasen *RET* und *MET*. **RET** ist der Rezeptor für Wachstumsfaktoren der GDNF-Familie (GDNF = *glial cell-line derived growth factor*). Aktivierende Mutationen im *RET*-Gen sind verantwortlich für die Entstehung von MEN2, eine Form der multiplen endokrinen Neoplasien (▶ Kap. 32.5). Interessanterweise sind inaktivierende Mutationen im gleichen Gen eine der Ursachen des M. Hirschsprung (▶ Kap. 23.1). **MET** ist der Rezeptor für HGF, den hepatozellulären Wachstumsfaktor. Mutationen im *MET*-Gen können zur Entstehung des familiären, papillären Nierenkarzinoms führen.

Tab. 7.1. Chromosomale Translokationen als Ursache maligner Erkrankungen (nach Nussbaum et al. 2002)

Neoplasie	Translokation	Anteil an der Gesamtzahl der Fälle	Betroffenes Onkogen bzw. Fusionsgen
CML (chronisch myeloische Leukämie)	t(9;22)(q34;q11)	90–95%	BCR-ABL
ALL (akute lymphatische Leukämie)	t(9;22)(q34;q11)	10–15%	BCR-ABL
Burkitt-Lymphom	t(8;14)(q24;q32) t(8;22)(q24;q11)	80% 15%	MYC
CLL (chronisch lymphatische Leukämie)	t(11;14)(q13;q32)	10–30%	BCL-1
Folliculäres Lymphom	t(14;18)(q32;q21)	>90%	BCL-2

Zu den häufigsten Onkogenveränderungen überhaupt gehören Mutationen von Genen der **RAS-Familie** (*H-RAS, K-RAS, N-RAS* u. a.). *RAS*-Gene kodieren für GTP-bindende Proteine, die innerhalb der Zelle eine entscheidende regulative Bedeutung im Rahmen zahlreicher wichtiger Signalkaskaden einnehmen. Mutationen von *K-RAS* finden sich etwa in 90% aller Pankreaskarzinome und in 50% aller Kolonkarzinome, Mutationen von *N-Ras* in ca. 30 % der Fälle von AML.

Das klassische Beispiel für eine chromosomale Translokation, die zur Aktivierung eines Protoonkogens führt ist die Translokation zwischen den Chromosomen 9 und 22, die zur Entstehung des sog. **Philadelphia-Chromosoms** führt: t(9;22)(q34;q11). Grund für die Krebsentstehung ist hierbei die Entstehung eines Fusionsproteins, BCR-ABL, mit erhöhter ABL-Tyrosinkinaseaktivität (▶ Kap. 3.4 und ◘ Abb. 3.2).

Beispiele für Translokation eines Protoonkogens zu einem sehr starken Promotor (der ursprünglich zu einem anderen Gen gehörte) sind Translokationen zwischen den Promotoren von Genen der Immunglobulinketten (auf den Chromosomen 14, 22 und 2) zum *MYC*-Protoonkogen auf Chromosom 8 beim Burkitt-Lymphom (◘ Tab. 7.1).

7.3 Tumorsuppressorgene

Auf zellulärer Ebene rezessiv. Die meisten familiären Krebserkrankungen gehen auf Mutationen in Tumorsuppressorgenen zurück. Die Produkte dieser Gene hemmen das Zellwachstum, die Proliferation bzw. den Fortschritt des Zellzyklus (Gatekeeper-Gene) oder sichern die genetische Stabilität z. B. durch DNA-Reparatur (Caretaker-Gene). Während bei Onkogenen bereits die Mutation eines einzigen Allels eine pathologische Aktivierung zur Folge haben kann, führt bei den (auf zellulärer Ebene) rezessiven Tumorsuppressorgenen erst die Mutation beider Allele (d. h. der vollständige Funktionsverlust des Gens) zur Entwicklung eines tumorigen Phänotyps.

Bei Tumorsuppressorgenen ist es der Funktionsverlust (*loss of function*), der die Tumorentstehung begünstigt. Besonders häufig wurden Nullmutationen beschrieben, die kein funktionelles Produkt zulassen, z. B. Deletionen mit Verschiebung des Leserasters oder *Nonsense*-Mutationen, die einen Abbruch der Proteinsynthese bedingen. Zum Teil liegt das aber auch daran, dass bei den ebenfalls häufig gefundenen *Missense*-Mutationen die funktionelle Bedeutung oft unklar ist, und solche Varianten daher nicht als krankheitsauslösende Mutationen sondern nur als **unklassifizierte Varianten** (UV) beschrieben werden können.

■ ■ ■ Zwei-Schritt-Hypothese (*two-hit hypothesis*)

Im Jahr 1971 machte Alfred Knudson die Beobachtung, dass Nachkommen von Patienten mit bilateralem Retinoblastom in 50% der Fälle selbst Retinoblastome entwickeln, wohingegen lediglich 10–15% aller Fälle von unilateralem Retinoblastom erblich zu sein scheinen. Er postulierte, dass alle Fälle von bilateralem Retinoblastom als erblich gelten sollten. Kinder mit familiärem Retinoblastom entwickeln die Erkrankung nicht nur weit häufiger in beiden Augen bzw. an mehreren Stellen gleichzeitig, sondern meist auch in einem jüngeren Lebensalter als die Kinder mit einzelnen, unilateralen Tumoren. Aus all diesen Beobachtungen generierte Knudson die Zwei-Schritt-Hypothese der Krebsentstehung. Er postulierte, dass Kinder mit bilateralen Tumoren eine angeborene Mutation als Prädisposition für die Entstehung des Retinoblastoms tragen. Diese eine Mutation reicht nicht aus, um die Krankheit zum Ausbruch kommen zu lassen, vielmehr ist eine zweite Mutation, ein *second hit*, nötig. Patienten mit singulärem Retinoblastom haben keine ererbte Mutation und brauchen zwei eigenständige Mutationsereignisse. In beiden Fällen sind für die Entstehung des Tumors zwei hits nötig, beim erblichen Retinoblastom ist aber eines der beiden Mutationsereignisse schon in allen Zellen vorweggenommen. Die Krankheit tritt daher bei Anlageträgern fast zwangsläufig und darüber hinaus meist erheblich früher als bei Nichtanlageträgern auf. Außerdem sind unabhängig entstandene Zweittumoren (z. B. Osteosarkom, Leukämie) nicht selten.

Die Zwei-Schritt-Hypothese gilt für alle bekannten Tumorsuppressorgene. Es sind Mutationen auf beiden Allelen nötig, um eine Zelle in eine Tumorzelle zu verwandeln. Bei erblichen Fällen kommt ein mutiertes Allel aus der elterlichen Keimbahn, so dass die Nachkommen in allen ihren Körperzellen nur noch ein intaktes Allel aufweisen (*first hit*). Die Wahrscheinlichkeit, dass das verbleibende gesunde Allel durch somatische Mutation inaktiviert wird (*second hit*) ist damit drastisch erhöht (◘ Abb. 7.2).

Rezessiv = dominant. Obwohl es sich bei defekten Tumorsuppressorgenen auf zellulärer Ebene um einen rezessiven Mechanismus handelt, folgen die damit assoziierten, hereditären Krebserkrankungen einem (autosomal) dominanten Verer-

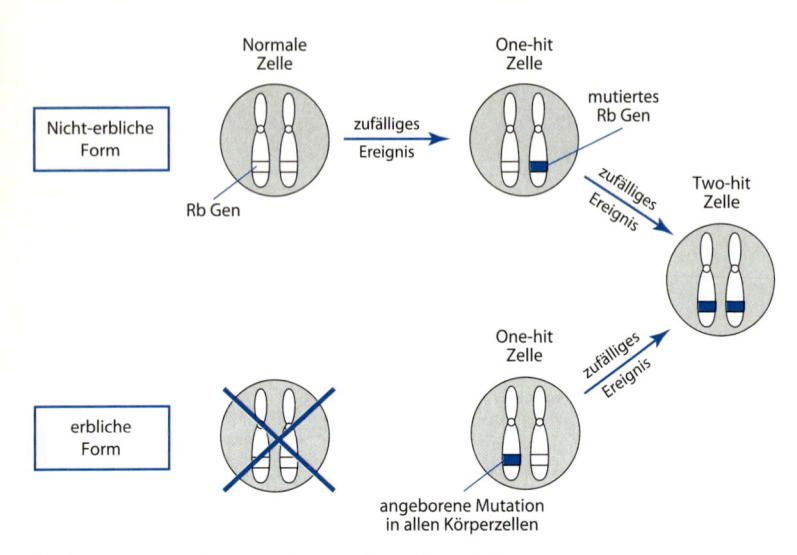

Abb. 7.2. Zwei-Schritt-Hypothese am Beispiel Retinoblastom

bungsschema. Dies erscheint zunächst paradox. Wenn man sich jedoch vor Augen führt, dass der menschliche Körper etwa 10^{14} Zellen enthält und die mittlere Mutationsrate pro Gen und Generation bei $1:10^6$ liegt, wird deutlich, dass die Wahrscheinlichkeit für einen zweiten *hit* in mindestens einer Zelle gar nicht so gering ist. Es ist bei angeborenem *first hit* nur eine Frage der Zeit, bis in der einen oder anderen Zelle auch das zweite, gesunde Allel mutiert und damit zu einer malignen Entartung führt. Alles ist eine Frage der Wahrscheinlichkeit. Wenn Patienten mit autosomal dominant erblicher Tumordisposition zeitlebens keinen *second hit* erfahren und damit keinen Tumor entwickeln, erscheint dies als unvollständige Penetranz der erblichen Krankheit. Das scheinbare Paradox der dominant vererbten Krankheit mit (auf zellulärer Ebene) rezessivem Pathomechanismus gilt für alle Krankheiten, bei denen eine einzelne Zelle für die Entstehung von klinischen Symptomen ausreicht.

▪▪▪ Epigenetische Prozesse

Die Zwei-Schritt-Hypothese musste erweitert werden, seit man weiss, dass der *second hit* im zweiten Allel nicht zwangsläufig eine DNA-Veränderung sein muss. Auch epigenetische Prozesse können, etwa durch DNA-Methylierung, für eine Stilllegung des einen oder anderen Allels des Tumorsuppressorgens sorgen. Da der Methylierungsstatus eines Gens über alle mitotischen Zellteilungen hinweg erhalten bleibt, verhält er sich bezüglich der Genexpression wie eine stabile DNA-Mutation.

7.3.1 DNA-Reparaturgene

Defekte in DNA-Reparaturgenen führen zwar nicht unmittelbar zu Störungen des zellulären Wachstums oder der Differenzierung, bewirken jedoch eine mangelhafte Erkennung und Reparatur von Mutationen im gesamten Genom. Dies führt zu einer Steigerung der Mutationsrate um z. T. das 100- bis 1000-fache. Von der erhöhten allgemeinen Mutabilität der Zelle sind sowohl Protoonkogene als auch andere Tumorsuppressorgene bzw. Gatekepper-Gene mitbetroffen. Da die Akkumulation von Mutationen ein entscheidender Faktor bei der Tumorprogression ist, sorgt die Inaktivierung von DNA-Reparaturgenen meist für eine erhebliche Beschleunigung der Tumorentstehung. Beispiel für eine erbliche Tumordisposition aufgrund von Mutationen in DNA-Reparaturgenen ist das hereditäre, nichtpolypöse Kolonkarzinom (HNPCC) mit Mutationen z. B. in *MSH2* oder *MLH1* (▶ Kap. 32.4). Andere genetische Störungen der DNA-Reparatur werden in ▶ Kap. 32.7.2 besprochen.

7.3.2 Verlust der Heterozygotie

Der Funktionsverlust des zweiten Allels von Tumorsuppressorgenen bei der Krebsentstehung wird meist nicht durch eine Punktmutation verursacht, sondern durch größere Deletionen oder chromosomale Veränderungen, die zum vollständigen Verlust der Genkopie führen. Dies lässt sich molekulargenetisch über einen Verlust der Heterozygotie (*loss of heterozygosity*, LOH) nachweisen. Untersucht man z. B. Personen mit erblichem Retinoblastom und einer krankheitsauslösenden Punktmutation im *RB1*-Gen, so kann man in allen Zellen die Heterozygotie für *RB1* nachweisen. Es findet sich ein mutiertes und ein normales Allel. Untersucht man hingegen Tumormaterial bei diesen Patienten, so findet sich in den meisten Fällen nur noch eines der beiden Allele, nämlich das mutierte; das normale Allel ist verschwunden (fehlende PCR-Amplifikation aufgrund einer großen Deletion, oder ggf. Verlust des ganzen Chromosoms), die Heterozygotie ist verloren gegangen. LOH ist der häufigste Mechanismus eines *second hits* bei erblichen Tumorerkrankungen und wird auch im Rahmen der Progression sporadischer Tumoren häufig beobachtet.

8 Altern und Genetik

Vom 30. Lebensjahr an ist ein progressiver Verlust der Körperfunktionen messbar. Evolutionsbiologen glauben ihre Erklärung dafür gefunden zu haben, warum wir altern: Es gibt nur einen geringen Selektionsdruck auf genetische Veränderungen, die sich erst nach Abschluss der reproduktiven Phase auswirken, die also nicht die Zahl der Nachkommen beeinflussen. Welche Veränderungen damit tatsächlich erfasst sein könnten, ist unbekannt. Als Beispiele könnte man genetische Varianten anführen, die das Auftreten von multifaktoriell bedingten Volkskrankheiten wie Krebs, Myokardinfarkt, Schlaganfall, Osteoporose und Diabetes begünstigen. Solche mehr oder weniger direkt krankheitsrelevanten Allele erklären aber nicht, warum fast alle Zellen intrinsisch altern und die Zahl der Mitosen begrenzt ist. Möglicherweise dient das Altern dazu, Zellen zu eliminieren, die nach vielen Mitosen potenziell zahlreiche Mutationen akkumuliert haben – schließlich ist das Fehlen dieses Mechanismus ein typisches Merkmal von Krebszellen. Ein endliches Leben ist auch notwendig, um evolutionäre Änderungen umzusetzten, und eine kurze Generationslänge ist dabei ein Vorteil, der evolutionär gegen die Vorteile einer längeren Lern- und Entwicklungszeit abgewogen werden muss. Insgesamt lässt sich festhalten, dass viele, weitgehend unvollständig geklärte Mechanismen bei der Frage nach dem »Warum« des Alterns eine Rolle spielen.

8.1 Veränderungen auf Proteinebene

Die Lebenserwartung unterscheidet sich zwischen verschiedenen Arten: Fliegen leben etwa 30 Tage, Kaninchen 6 Jahre und Pferde 25 Jahre. Auch innerhalb einer Art zeigt sich eine Erblichkeit der Lebenserwartung, so leben Kinder langlebiger Eltern signifikant länger als der Durchschnitt der Bevölkerung. Was ist die molekularbiologische Grundlage der zellulären Alterungsprozesse, und inwieweit sind unsere Gene für sie verantwortlich? Untersucht man die Gewebe junger Organismen und vergleicht sie mit denen älterer Individuen der gleichen Art, lassen sich speziell auf der Ebene der **posttranslationalen Modifikationen** von Proteinen erhebliche Unterschiede feststellen. Für mehrere Säugetierarten konnte nachgewiesen werden, dass mit zunehmendem Alter im Gewebe manche Enzyme zum Teil ihre Aktivität verlieren, obwohl sie auf Proteinebene mittels immunologischer Methoden noch nachweisbar sind. Es wird angenommen dass Störungen der posttranslationalen Modifikation, einschließlich kleinerer Veränderungen der räumlichen Konformation dieser Proteine für dieses Phänomen verantwortlich sind. **Oxidativer Stress** und **freie Radikale** scheinen bei diesen Vorgängen eine besondere Rolle zu spielen.

Freie Radikale. Sauerstoff bildet unter gewissen Umständen zum Teil hochreaktive Verbindungen (Superoxidanion, Hydroxyperoxidradikal, Hydroxidradikal, etc.). Diese freien Radikale reagieren mit bestimmten Aminosäuren, z. B. Histidin, Arginin, Lysin und Prolin, aber auch der Sulfhydrylgruppe des Methionins. Durch die Veränderung der normalen Polypeptidkette z. B. eines Enzyms kann es zu einer räumlichen Konformationsänderung kommen, die eine Inaktivierung der katalytischen Funktion des Enzyms zur Folge haben kann. Experimente bei Drosophila zeigten, dass durch Überexpression von Katalase und Superoxid-Dismutase (Enzyme, die Sauerstoffradikale abfangen und in H_2O und O_2 zurückverwandeln) eine signifikante Verlängerung des Lebensalters bewirkt werden kann.

Glykosylierung von Proteinen. Viele Alternsforscher glauben, dass die Glykosylierung von Proteinen, also deren spontane, nichtenzymatische Reaktion mit Glucose, wesentlich zum Alterungsprozess des Organismus beiträgt. Bei einer Glykosylierung reagiert die Aldehydform der Glucose mit einer freien Aminogruppe eines Proteins. Sich daran anschließende Reaktionen (ggf. unter Beteiligung freier Radikale) führen schließlich zu komplexen Endprodukten, den **AGEs** (*advanced glycation end products*). Der Gehalt an AGEs steigt in Abhängigkeit vom Lebensalter und von der Höhe der Glucosespiegel im Blut an. AGEs sind in der Lage, andere Proteine querzuvernetzen und deren physikalischen wie auch biologischen Eigenschaften zu verändern. Es wird vermutet, dass AGEs an der Entstehung von Atherosklerose, Katarakt und peripheren Neuropathien beteiligt sind. Darüber hinaus konnte gezeigt werden, dass AGEs und ihre Reaktionsprodukte von Makrophagen erkannt werden und auf diesem Weg die Sekretion von inflammatorischen Zytokinen und Tumornekrosefaktor fördern.

Hunger macht alt. Welche Modifikationen von Ernährung und Lifestyle können die eigene Lebenserwartung günstig beeinflussen? Versuche an Mäusen zeigten, dass vor allem eine Verringerung der Kalorienzufuhr einen positiven Effekt auf das Lebensalter hat. Kalorisch knapp gehaltene Tiere leben signifikant länger als solche, die sich normal ernähren. Biochemische Analysen an diesen Tieren zeigten nicht nur, dass deren Spiegel an glykierten Proteinen deutlich niedriger lagen als in der Kontrollgruppe, sondern auch, dass kalorische Restriktion die Abwehrmechanismen gegen freie Sauerstoffradikale positiv beeinflusst. Dies mag ein Hinweis dafür sein, dass sowohl Sauerstoffradikale als auch glykierte Proteine zum Alterungsprozess beitragen und sich unter Umständen sogar synergistisch ergänzen.

8.2 Veränderung auf DNA-Ebene

Mit zunehmendem Lebensalter kommt es zu einer Anhäufung **somatischer Mutationen**. Inwieweit dies einen Einfluss auf Alterungsphänomene hat, ist bislang ungeklärt. Gleiches gilt für den Einfluss fortschreitender **chromosomaler Instabilität**. Die Körperzellen von Mäusen werden mit zunehmendem Alter anfälliger gegenüber Chromosomenstörungen, speziell Deletionen. Ob diese chromosomalen Aberrationen jedoch Ursache für den Alterungsprozess oder ein Folgephänomen darstellen, ist bislang ungeklärt.

Telomer-Bereiche der DNA

Besonders eindrückliche, altersbedingte Veränderungen des nukleären Genoms finden sich an den Enden der 46 Chromosomen, den Telomeren. Die DNA besteht hier aus wiederholten spezifischen Tandem-Sequenzen (5'-TTAGGG-3'), welche sich über mehrere tausend Basenpaare (ca. 9 kb) erstrecken. Die Telomere erfüllen eine wichtige Funktion bezüglich der **Stabilisierung der Chromosomenstruktur,** und ihr Verlust führt zu zytologischen Aberrationen und einem Stopp der Zellteilung. Da (▶ Kap. 2.6) pro Zellteilung etwa 50 Nukleotide am Ende eines jeden Chromosoms verloren gehen, werden die Telomere im Verlauf des Lebens zunehmend kürzer. Es wird vermutet, dass zu kurze Telomere von der Zelle erkannt werden und letztlich zu einem Stopp im Zellzyklus führen. Das wäre vergleichbar mit den *Checkpoints* **der DNA-Replikation**, die DNA-Schäden erkennen und einen Fortgang des Zellzyklus verhindern, solange diese Schäden noch nicht repariert wurden. In beiden Fällen sind cyclinabhängige Kinasen involviert, die mittels Phosphorylierung von Inhibitoren (wie dem Retinoblastomprotein Rb) zu einem Stopp des Zellzyklus führen. Während DNA-Schäden jedoch ggf. repariert werden können, ist eine Verlängerung der Telomere in der Regel nicht möglich, da normale Körperzellen keine Telomerase-Aktivität besitzen. Über weitere Signalkaskaden werden diese Zellen dann dem programmierten Zelltod (Apoptose) zugeführt.

Mitochondriale DNA

Veränderungen der mitochondrialen DNA werden für vielfältige Defizite des alternden Organismus verantwortlich gemacht. Es ist nachgewiesen, dass es in zahlreichen Geweben mit Fortschritt des Lebensalters zu einer **Anhäufung mitochondrialer Mutationen** kommt, darunter v. a. Deletionen, Duplikationen und Punktmutationen. Dass gerade das mitochondriale Genom dafür sehr anfällig gegenüber Mutationsereignissen ist, hat mindestens zwei Gründe: Zum einen fehlen in den Mitochondrien die DNA-Reparaturenzyme, die im nukleären Genom die Mutationsrate äußerst niedrig halten. Das mitochondriale Genom hat damit Muta-

8.2 · Veränderung auf DNA-Eben

tionsraten, die um den Faktor 100–1000 höher liegen als die des nukleären Genoms. Zum anderen ist die mitochondriale DNA in erheblichem Maße das Angriffsziel von **Sauerstoffradikalen**, denn diese entstehen im Rahmen der oxidativen Phosphorylierung in den Mitochondrien selbst. Die Nähe der mtDNA zu den Sauerstoff-Radikalquellen und das Fehlen einer Ummantelung mit Histonmolekülen macht die mtDNA weit verletzbarer und mutabiler als die nukleäre DNA. Wie bei mitochondrial erblichen Krankheiten, so führt die Anhäufung von Mutationen der mtDNA zur Beeinträchtigung aller Gewebe, die auf die oxidative Phosphorylierung zur Deckung ihres hohen Energiebedarfs angewiesen sind. Zunehmende Leistungsschwäche, Ataxie, retinale Degeneration, Gehörverlust, Herzrhythmusstörungen und proximale Myopathie mit schneller Ermüdbarkeit sind daher nicht nur typische Symptome mitochondrial erblicher Krankheiten, sondern auch Phänomene, die der alternde Organismus (in unterschiedlich starker Ausprägung) an den Tag legt.

▪▪▪ Progeriesyndrome des Menschen

Auch wenn das Altern des Menschen ein sehr komplexer und multifaktorieller Prozess ist, so gibt es monogene Krankheiten, die den Phänotyp des alternden Menschen vorzeitig nachahmen und als Progeriesyndrome bezeichnet werden.

Der Prototyp dieser Gruppe von Krankheiten ist das **Werner-Syndrom** (Progeria adultorum), eine autosomal rezessive Krankheit, die auf Mutationen des *WRN*-Gens auf dem kurzen Arm von Chromosom 8 zurückgeht. Es manifestiert sich meist durch Ausbleiben des normalen Wachstumsschubs in der Adoleszenz. Im Alter von 20 Jahren haben die meisten Patienten graue Haare, es kommt zu einer zunehmenden Atrophie und Sklerosierung der Haut, einer vorzeitigen Entwicklung von Katarakten, Osteoporose, Diabetes mellitus und unterschiedlich schweren Ausformungen der Atherosklerose. Die durchschnittliche Lebenserwartung liegt bei 47 Jahren. Häufigste Todesursachen sind Myokardinfarkte und maligne Neoplasien. Mehr als 400 Fälle von Werner-Syndrom sind in der Literatur beschrieben. Das Genprodukt des *WRN*-Gens gehört zu einer Familie von DNA-Helicasen, die für DNA-Replikation, Rekombination, Chromosomensegregation, DNA-Reparatur, Transkription oder anderer Prozesse, die eine Entwindung der DNA erfordern, notwendig sind. Der genaue Pathomechanismus des Werner-Syndroms ist bislang ungeklärt.

Während sich das Werner-Syndrom als Progeria adultorum erst in der Adoleszenz manifestiert, zeigen Kinder mit **Hutchinson-Gilford-Syndrom** (Progeria infantilis) bereits im ersten Lebensjahr Symptome der vorzeitigen Alterung (◘ Abb. 8.1). Erste Beschreibungen gehen auf das Jahr 1754 zurück. Die meisten betroffenen Kinder haben bereits an ihrem zweiten Geburtstag eine ausgeprägte Alopezie. Eine Atrophie des subkutanen Fettgewebes lässt die Betroffenen früh sehr alt aussehen. Periartikuläre Fibrosen führen zu Gelenkversteifungen, hinzu kommt eine ausgeprägte Osteoporose mit Neigung zu pathologischen Frakturen. Im Alter von 5 Jahren zeigen die Patienten eine ausgeprägte und generalisierte Atherosklerose. Die durchschnittliche Lebenserwartung liegt bei 14 Jahren. Molekulare Ursache des Hutchinson-Gilford-

◘ Abb. 8.1. Progerie Hutchinson-Gilford bei einem 3½-jährigen Jungen. Man beachte die spärliche Kopfbehaarung infolge frühzeitiger Alopezie, die Atrophie des subtemporalen Fettgewebes, eine faziale Hypoplasie mit Mikrogenie und die typischen prominenten Kopfhautvenen. (Mit freundlicher Genehmigung von R. Hennekam, Institute of Child Health, London)

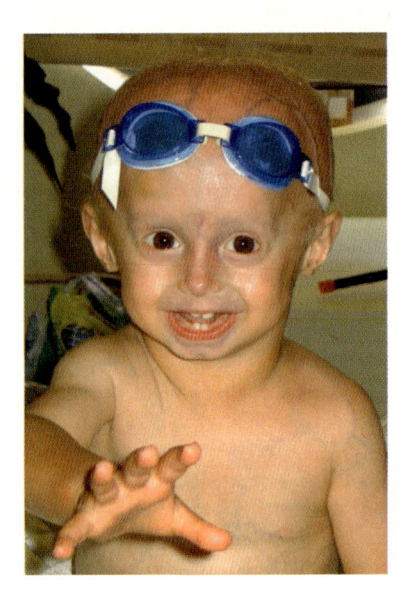

Syndroms sind Mutationen des *LMNA*-Gens, welches für Laminin-A/C kodiert, einen wesentlichen Bestandteil der inneren Kernhülle. Defekte des Laminins-A/C führen zu einer Störung der Zellkernarchitektur und zu globalen Funktionsstörungen des mit der Kernhülle assoziierten Chromatins.

9 Pharmakogenetik

Ungewöhnliche Arzneimittelreaktionen gehören zu den 10 häufigsten Todesursachen in unseren Krankenhäusern. Dabei handelt es um dosisabhängige, als auch dosisunabhängige Arzneimittelwirkungen, um dosis- und zeitabhängige Wirkungen (Kumulation), Entzug, paradoxe Arzneimittelwirkungen und Therapieresistenz. Ursache für viele dieser ungewöhnlichen Wirkungen ist die genetisch bedingte, biochemische Individualität des einzelnen Patienten. Schon seit vielen hundert Jahren ist bekannt, dass Arzneimittel bei verschiedenen Menschen unterschiedlich wirken können. Darüber hinaus gilt: bei nahen Verwandten wirken sie häufig ähnlich.

9.1 Grundlagen des Arzneimittelstoffwechsels

Das »Zauberwort« der Arzneimittelgabe ist der **therapeutische Bereich**. Ihn gilt es zu erzielen, einzuhalten und nicht zu überschreiten. Falls die Dosis zu gering ist, der zeitliche Abstand zwischen den Arzneimittelgaben zu groß oder die Bioverfügbarkeit des Medikaments gering, dann wird der Arzneimittelspiegel die Untergrenze des therapeutischen Bereichs nicht erreichen. Gleiches gilt, wenn das Medikament verstärkt abgebaut und/oder ausgeschieden wird. Falls die Dosis zu hoch ist, die Abstände zu gering sind oder das Medikament kaum verstoffwechselt und ausgeschieden wird, dann ist der therapeutische Bereich schnell überschritten und es können toxische Nebenwirkungen auftreten.

Pharmakokinetik und Pharmakodynamik

Unter **Pharmakokinetik** versteht man das, was der Körper mit dem Medikament macht, wohingegen sich der Bergriff der **Pharmakodynamik** auf das bezieht, was das Medikament im Zielgewebe bewirkt. Es gibt z. T. erhebliche interindividuelle, genetisch bedingte Unterschiede in Pharmakokinetik und Pharmakodynamik: die Wirksamkeit eines Medikaments kann bei gleicher Applikation in zwei unterschiedlichen Individuen um den Faktor 10 bis 40 (und mehr) variieren.

Prozesse wie die Absorption, Verteilung, Biotransformation, Verstoffwechselung und Ausscheidung gehören in den Bereich der **Pharmakokinetik**. Vor allem Verteilung und Verstoffwechselung eines Medikaments können interindividuell höchst verschieden sein und sind z. T. erheblich von genetischen Faktoren abhängig. Bislang werden diese interindividuellen Unterschiede durch Messung des Medikamentenspiegels im Blut kontrolliert; man geht davon aus, dass für die meisten Zielgewebe der Blutspiegel direkt proportional zum Wirkspiegel im Zielgewebe ist.

Die **Pharmakodynamik** eines Medikaments bezeichnet, wie die Wirkstoffmoleküle an die entsprechenden Rezeptoren binden, die Signalkaskaden dadurch in Gang gesetzt werden und welche Transkriptionsfaktoren angeschaltet bzw. welche Gene in Folge der Arzneimittelwirkung exprimiert werden. Auch diese Prozesse sind von der individuellen, genetischen Disposition abhängig, sind aber in weiten Bereichen noch weniger verstanden und aufgeklärt als die Prozesse der Pharmakokinetik.

Phase I und Phase II des Medikamentenstoffwechsels

Die große Mehrheit der in der Medizin eingesetzten Medikamente wird durch Phase I und Phase II Reaktionen verstoffwechselt. Im Rahmen der **Phase I** Reaktion wird eine **funktionelle (meist polare) Gruppe** am Wirkstoffmolekül generiert, wodurch der Wirkstoff meist seiner (therapeutischen) Wirksamkeit beraubt wird. Eine große und bedeutsame Gruppe der Phase-I-Enzyme sind die **P_{450}-Cytochrome**, von denen bislang mehr als 50 im menschlichen Organismus identifiziert wurden. Die Cytochrome sind Monooxygenasen, die ihre Substrate hydroxylieren und damit die Möglichkeit zur Konjugation mit stark polaren Stoffen im Rahmen der sich anschließenden Phase II Reaktionen schaffen. Wie die meisten Phase I Enzyme spielen sie nicht nur im Arzneimittelstoffwechsel eine Rolle, und ihre Wirkung sind nicht immer nützlich. Einige der stärksten Karzinogene werden in vivo speziell von Cytochromen des P_{450}-Systems in eine chemisch reaktive Form umgewandelt und dadurch erst metabolisch aktiviert. Weitere Phase I Enzyme sind diverse Hydroxlasen, Peroxidasen, Monoaminoxiasen, Dioxygenasen, Reduktasen, Lipoxygenasen, Cyclooxygenasen und Dehydrogenasen.

Nach der Einführung einer funktionellen Gruppe wird das Molekül dann im Rahmen einer **Phase II** Reaktion an andere Moleküle **konjugiert**. Meist wird das Wirkstoffmolekül hier mit einer stark polaren Gruppe (typisch: Glucuronylgruppe) konjugiert. Durch Einführung von polaren Gruppen wird die Löslichkeit des modifizierten Moleküls erhöht und die renale Ausscheidung gesteigert.

9.2 Pharmakogenetik in der Praxis

Variabilität der N-Oxygenierung

Eine vielfach unbekannte, aber klinisch nicht unwichtige »pharmakogenetische« Stoffwechselstörung ist die **Trimethylaminurie (Fischgeruchskrankheit)**. Es handelt sich um die autosomal-rezessiv erbliche Störung des Enzyms flavinhaltige Monooxygenase Typ III (FMO3), das für die Oxygenierung von Stickstoffatomen an zahlreichen Substanzen notwendig ist. Personen mit FMO3-Mangel zeigen eine Variabilität in der Verstoffwechslung verschiedener Medikamente (z. B. Tyramin oder Benzydamin, aber auch Nikotin). Klinisch relevant ist die verringerte oder fehlende N-Oxygenierung von Trimethylamin (TMA), einer übelriechenden Substanz, die z. B. in altem Fisch entsteht und dort den typischen Geruch ausmacht. TMA-N-Oxid, das Produkt der FMO3-vermittelten Reaktion, ist dagegen geruchslos. Beim Fehlen des Enzyms FMO3 staut sich freies TMA an, wird in großen Mengen in Urin, Atemluft und Schweiß ausgeschieden, und verursacht einen sehr unangenehmen Körpergeruch nach altem Fisch. Zahlreiche Mutationen im *FMO3*-Gen wurden beschrieben. Der vollständige Verlust der FMO3-Aktivität führt zu konstant schlechtem Körpergeruch, der für die Betroffenen sehr belastend ist, aber oft nicht als Krankheit wahrgenommen wird. Interessanterweise gibt es ein recht häufiges Allel mit Restaktivität, das in Deutschland eine Frequenz von 20% hat, also bei 3–5% aller Deutschen homozygot vorliegt. Diese Personen haben eine »milde« oder »intermittierende« TMAurie, bei der ein unangenehmer Körpergeruch nur bei besonderen Belastungssituationen, z. B. nach einer Fischmahlzeit, der Aufnahme von bestimmten anderen Nahrungsmitteln (Erbsen, cholin- oder lecithinhaltigen Substanzen etc.) oder auch der Einnahme von Carnitin auftritt. Es gibt in Deutschland vermutlich mehrere Millionen Personen, die eine genetische Ursache für schlechten Körpergeruch haben, ohne es zu wissen.

Schnellacetylierer und Langsamacetylierer

Der Polymorphismus des **N-Acetyltransferase-Gens** *NAT2* auf Chromosom 8 ist der pharmakogenetische Polymorphismus schlechthin. Er wurde Anfang der 50er Jahre entdeckt, als **Isoniazid** als neues Tuberkulosemittel eingeführt wurde. Immer wieder kam es nach seiner Gabe zu schweren Fällen von Polyneuritis. Die Ursache hierfür war bald gefunden: manche Menschen bauen das Medikament langsamer ab und können toxische Wirkungen einer Überdosierung entwickeln. Isoniazid wird durch Acetylierung entgiftet. Verantwortlich hierfür ist das Leberenezym N-Acetyltransferase. Nach Gabe einer Testdosis zeigt die Verstoffwechselung von Isoniazid im Plasma eine bimodale Verteilung und erlaubt eine Einteilung der Bevölkerung in zwei Gruppen: Schnellacetylierer und Langsamacetylierer. Die Unterschiede gehen auf Mutationen im *NAT2*-Gen zurück: wie bei erblichen Stoffwechselkrankheiten gibt es Mutationen, die zu einer verringerten Enzymaktivität und damit zur langsamen Acetylierung führen. Solche Allele wirken rezessiv, Langsamacetylierer sind homozygot oder *compound*-heterozygot für Allele, die eine deutlich reduzierte N-Acetyltransferaseaktivität vermitteln. Die Häufigkeit dieser Allele zeigt Unterschiede in ihrer ethnischen Verteilung: Während weniger als 20% aller Asiaten Langsamacetylierer sind, steigt ihr Anteil bei Afroamerikanern auf 50% bzw. bei Europäern auf 65% (im Mittelmeerraum zum Teil auf über 90% an). Warum diese Stoffwechselstörung in manchen Populationen so häufig ist, ist nicht geklärt, möglicherweise hat sie in manchen Situationen einen evolutionären Vorteil (gehabt).

Klinische Bedeutung. Schnellacetylierer brauchen (oder tolerieren) bei der Einnahme mancher Medikamente höhere Dosierungen als Langsamacetylierer. Langsamacetylierer haben ein erhöhtes Risiko, bei Einnahme von Hydralazin (bei Hypertonie) einen medikamentenbedingten Lupus erythematodes zu entwickeln. Bei Therapie mit dem Antihypertensivum Debrisoquin oder dem Antiarrhythmikum Spartein wurden Blutdruckabfälle bei Langsamacetylierern bzw. Therapieversagen bei den Schnellacetylierern beobachtet. Eine genetische Routinetestung wird bislang nicht empfohlen, da aufgrund der vielen möglichen Mutationen und der interindividuellen Variabilität eine genaue Prognose im Einzelfall nicht praktikabel ist, und sich im Zweifelsfall die Medikamentenspiegel besser direkt im Blut bestimmen lassen. Wie die meisten pharmakogenetischen Varianten sind die *NAT2*-Mutationen wissenschaftlich interessant, aber in der klinischen Praxis nur indirekt relevant.

Maligne Hyperthermie

Die maligne Hyperthermie gehört zu den dramatischsten Zwischenfällen in der Anästhesie; sie führt häufig zum Tode des Patienten. Die Inzidenz liegt bei Kindern mit 1:12.000 deutlich höher als bei Erwachsenen (1:100.000). Das männliche Geschlecht ist häufiger davon betroffen, was womöglich auf hormonellen Ursachen beruht. Die maligne Hyperthermie ist autosomal-dominant erblich.

Klinische Bedeutung. Die maligne Hyperthermie wird durch bestimmte Narkosemedikamente, sog. Triggersubstanzen ausgelöst. Es handelt sich dabei um Medikamente, die bei Allgemeinnarkosen eingesetzt werden und üblicherweise wenige Nebenwirkungen haben. Mögliche Triggersubstanzen sind Inhalationsnarkotika (Halothan, Enfluran, Isofluran, Sevofluran, Desfluran) und depolarisierende Muskelrelaxantien (Succinylcholin). Wird eines dieser Medikamente bei einem Patienten mit Anlage zur malignen Hyperthermie verabreicht, kommt es zu einem Anstieg der Körpertemperatur auf bis über 42°C. Zusätzlich entwickelt sich eine ausgeprägte Muskelrigidität. Kreatinphosphokinase und Myoglobin sind im Anfall und danach im Serum massiv erhöht. Die Myoglobinämie kann sekundär zum Nierenversagen führen. Im Anfall schwächt Dantrolen i.v. die Schwere des Krankheitsbildes ab. Die Infusion wird fortgesetzt, so lange die Hyperthermie anhält.

Genetik. Bislang wurden 2 Gene identifiziert, deren Mutationen zur malignen Hyperthermie veranlagen. Weitere 4 Genloci werden mit maligner Hyperthermie in Verbindung gebracht, wobei bislang keine Gene bzw. Mutationen identifiziert wurden. Häufigste Ursache für maligne Hyperthermie (über 50%) sind Mutationen im RYR1-Gen für den Ryanodin-Rezeptor 1, einem Kalziumkanal im sarkoplasmatischen Retikulum des Skelettmuskels. RYR1-Mutationen können dazu führen, dass der Kanal »leckt« und zu einer unphysiologisch hohen Kalziumkonzentration im Myoplasma beiträgt, oder dass der Kanal in Folge von Mutation von entsprechend regulatorisch wirkenden Proteinen abgekoppelt agiert. Mutationen im RYR1-Gen können auch eine nicht-progressive Myopathie, *central core disease*, verursachen.

Pseudocholinesterase-Varianten

Auch hier geht es um den Themenbereich Anästhesie. Die Serum-Cholinesterase (auch Pseudocholinesterase genannt) hydrolyisert Cholinester wie das Acetylcholin. Das Succinylcholin, als depolarisierendes Muskelrelaxans an den motorischen Endplatten aus der Anästhesie bekannt, ist ein solcher Cholinester. Es besteht aus zwei Molekülen Acetylcholin und wird für gewöhnlich durch die Cholinesterase gespalten und damit inaktiviert. Die Succinylcholinüberempfindlichkeit wird durch Varianten im *BCHE*-(Butyrylcholinesterase-)Gen verursacht und autosomal-rezessiv vererbt. Individuen, die homozygot für die Variante A (atypisch) sind, zeigen eine Pseudocholinesterasedefizienz mit entsprechenden klinischen Symptomen. Unter Mitteleuropäern findet sich dieser Genotyp AA bei einer von 3.300 Personen.

Klinik. Nach Verabreichung von Succinylcholin bzw. Succinyldicholin (Suxamethonium) kommt es zu oft mehrstündigen Apnoen. Den Betroffenen ist nur durch verlängerte künstliche Beatmung über diese Phase hinweg zu helfen.

9.3 Pharmakogenetische Krankheiten

> **Wichtig**
>
> Der **Glucose-6-Phosphat-Dehydrogenase-Mangel** (G6PD, Favismus) gehört zu den häufigsten Erbkrankheiten überhaupt. Weltweit sind schätzungsweise 400 Mio. Menschen betroffen. Die Krankheit ist **X-chromosomal-rezessiv** erblich. Wie bei den Hämoglobinopathien (Sichelzellanämie oder Thalassämie) zeigen sich regional erhebliche Unterschiede der Inzidenz, die auf eine **partielle Malariaresistenz** der heterozygoten AnlageträgerInnen zurückzuführen ist. Der G6PD-Mangel führt zu einer verminderten Bildung von reduziertem Glutathion, das die Erythrozyten vor oxidativem Stress schützt. Bei betroffenen Patienten entstehen unter oxidativem Stress Peroxide, die die Erythrozytenmembran schädigen und zur Hämolyse führen.
>
> **Klinische Bedeutung.** Hemi- oder homozygote AnlageträgerInnen entwickeln bei oxidativem Stress zum Teil schwere hämolytische Krisen. Oxidativer Stress wird ausgelöst durch Infektionen, durch den Genuss der namensgebenden Favabohnen (Saubohnen) und durch die Verabreichung bestimmter Medikamente: Chinin, Chloroquin, Primaquin, Sulfonamide, ASS etc. Wichtige Konsequenz bei bekanntem G6PD-Mangel ist die Vermeidung auslösender Noxen. Die Betroffenen sollten einen Patientenausweis tragen.

Akute intermittierende Porphyrie

Es handelt sich um eine autosomal-dominant erbliche Krankheit mit einer Häufigkeit von 1:10.000. Der Manifestationsgipfel liegt im 3. Lebensdezennium. Zugrunde liegt eine Aktivitätsminderung der Porphobilinogen-Desaminase um 50%. Die Krankheit hat eine geringe Penetranz: zeitlebens erkranken nur 10–20% der Betroffenen. Das Verhältnis erkrankter Männer zu Frauen beträgt 3:1. Akute Krisen treten auf, wenn die Hämsynthese durch Stress, Alkohol oder bestimmte Medikamente (Barbiturate, Pyrazolone, Sulfonamide, Halothan etc.) gesteigert wird. Auch Fasten und Hypoglykämien können Anfälle auslösen.

▪▪▪ Akute intermittierende Porphyrie – eine dominant erbliche Stoffwechselkrankheit

Die meisten genetischen Stoffwechselstörungen sind autosomal-rezessiv erblich, da bei den meisten Enzymen auch eine deutlich reduzierte Aktivität immer noch ausreicht, um z. B. sich anstauende Substate abzubauen. Bei der Porphobilinogen-Desaminase ist das anders, weil es sich um ein biosynthetisches Enzym mit begrenztem Substratumsatz in einem stark regulierten Stoffwechselweg (Hämsynthese) handelt. Ein wesentlicher Teil des in der Leber synthetisierten Häms wird nicht für Hämoglobin sondern für zahlreiche Enzyme, speziell Cytochrom-P_{450}-Oxidasen verwendet. Die Synthese von Häm wird v. a. über dessen zelluläre Konzentration gesteuert: niedrige Hämkonzentrationen führen zur starken Aktivierung des ersten Enzyms dieses Stoffwechselweges, der δ-Aminolävulinsäure-Synthase (**δ-ALS**). Wenn der Biosyntheseweg einen hohen Durchsatz erreicht, wirkt bei heterozygoten Mutationsträgern die Porphobilinogen-Desaminase geschwindigkeitslimitierend, und toxische Zwischenprodukte des Syntheseweges (Aminolävulinsäure und Porphobilinogen) stauen sich an. Dieser Pathomechanismus erklärt, warum Krisen speziell durch Medikamente ausgelöst werden, welche die Bildung von Cytochrom-P_{450}-Enzymen stimulieren. Sie vermindern dadurch die zelluläre Konzentration von Häm und führen zu einer starken Stimulierung der Hämsynthese, die aufgrund des Stoffwechselblocks nicht adäquat aufgefangen werden kann.

Klinik. Die Klinik kann vielgestaltig und irreführend sein. Im Rahmen von Schüben kommt es zu unklaren, oft kolikartigen Abdominalbeschwerden. Bei vielen der Betroffenen wurde im Rahmen eines solchen Schubes fehlerhafterweise der Blinddarm operiert. Nicht viel typischer als die abdominellen Beschwerden sind die neurologisch-psychiatrischen Symptome: Polyneuropathie mit Paresen, psychische Verstimmung mit Adynamie und in schweren Fällen epileptische Anfälle. Kardiovaskuläre Symptome können hinzukommen (Hypertonie, Tachykardie). Vor allem die Trias **Abdominalschmerz, Psychose, Tachykardie** sollte an die akute intermittierende Porphyrie denken lassen.

Diagnostik. In 50% der Fälle ist der Urin im Rahmen einer akuten Attacke rötlich, und dunkelt im Stehen nach. Wichtigster diagnostischer Test ist der Nachweis einer erhöhten Konzentration von Porphobilinogen im Urin.

Therapie. Im Fall einer akuten Krise kann eine intensivmedizinische Betreuung notwendig sein. Krankheitsassoziierte Medikamente sind sofort abzusetzen. Hämarginat (als Hämquelle) und Glucose i.v. können die δ-ALS Aktivität in der Leber bremsen. Zusätzlich ist eine forcierte Diurese unter Beachtung des Wasser- und Elektrolythaushaltes anzuraten. Wichtigste langfristige Maßnahme ist die gründliche Aufklärung des Patienten und die Führung eines Patientenausweises.

9.4 Pharmakogenomik

Während sich der Begriff Pharmakogenetik primär auf die Erforschung von genetischen Determinanten unterschiedlicher Arzneimittelwirkungen bezieht, wird der Begriff Pharmakogenomik für die Umsetzung dieser Erkenntnisse im Sinne einer personalisierten Medizin verwendet. Wann immer ein Arzt einem Patienten ein Medikament verabreicht, bleibt ein Rest Ungewissheit. In den meisten Fällen tritt der gewünschte Effekt ein, manchmal ist das Medikament wirkungslos, oder es tritt eine überschießende Wirkung ein, oder eine paradoxe. Unterschiede in der Wirkung von Medikamenten sind vermutlich meist nicht monogen, sondern multifaktoriell bedingt, und beruhen nicht auf seltenen Mutationen, sondern auf einer Vielzahl von funktionell bedeutsamen genetischen Varianten. Die Vision der Pharmakogenomik ist ein individualisiertes SNP-Profil der Patienten, an welchem im Voraus die Wirkung eines bestimmten Medikaments auf den jeweiligen Patienten vorhersagbar ist. Anhand des individualisierten, genetisch-biochemischen Profils könnte dann theoretisch im Voraus die passende Dosierung und Applikation eines Medikamentes berechnet werden. Es bleibt abzuwarten, wie schnell und für welche Therapien sich ein solches Vorgehen tatsächlich durchsetzen wird.

Humangenetik als ärztliches Fach

| 10 | Humangenetik als ärztliches Fach – 137 |

11	Genetische Beratung – 140
11.1	Aufgaben und Ziele der genetischen Beratung – 140
11.2	Besondere Beratungssituationen – 142
11.3	Non-Direktivität – 145

12	Zugang zum Patienten – 146
12.1	Eigenanamnese – 146
12.2	Familienanamnese und Stammbaumanalyse – 148
12.3	Klinisch genetische Untersuchung – 150
12.4	Verhaltensauffälligkeiten – 155
12.5	Weiterführende Untersuchungen – 155

13	Fehlbildungen und andere morphogenetische Störungen – 159
13.1	Embryologie – 159
13.2	Morphologische Einzeldefekte – 162
13.3	Multiple morphologische Defekte – 165
13.4	Teratogene Faktoren – 170

14	Risikoberechnung – 182
14.1	Wahrscheinlich oder Unwahrscheinlich? – 182
14.2	Regeln der Risikoberechnung – 183
14.3	Das Hardy-Weinberg-Gesetz – 188
14.4	Faktoren, die das Hardy-Weinberg-Gleichgewicht stören – 191

15 Genetische Labordiagnostik – 196
15.1 Zytogenetik – 196
15.2 Molekulare Zytogenetik – 200
15.3 Molekulargenetik – 204

16 Stoffwechseldiagnostik und Neugeborenenscreening – 215
16.1 Stoffwechseldiagnostik – 215
16.2 Grundlagen des Neugeborenenscreenings – 216
16.3 Durchführung des Neugeborenenscreenings – 218
16.4 Wichtige im Neugeborenenscreening erfasste Krankheiten – 219

17 Pränataldiagnostik – 223
17.1 Ultraschalluntersuchungen – 225
17.2 Biochemische Parameter – 228
17.3 Invasive Untersuchungsmethoden – 229

18 Humangenetik – eine ethische Herausforderung – 233
18.1 Pränataldiagnostik und Schwangerschaftsabbruch – 234
18.2 Präimplantationsdiagnostik – 236
18.3 Genetische Diagnostik und Versicherungsschutz – 237
18.4 Prädiktive Gesundheitsinformationen bei Einstellungsuntersuchungen – 238
18.5 Eugenik – 240

10 Humangenetik als ärztliches Fach

Die Humangenetik hat 4 wichtige Funktionen innerhalb der Medizin:
- **Diagnose genetischer Krankheiten** mittels ausführlicher Anamnese, gründlicher klinischer Untersuchung und häufig aufwändiger genetischer Labordiagnostik
- **Langfristige Betreuung und Koordination des interdisziplinären Managements** bei Personen mit genetischen Krankheiten
- Vermittlung von Informationen an betroffene Personen im Rahmen der **genetischen Beratung** sowie Hilfe beim Umgang mit den Schwierigkeiten, die sich aus einer genetischen Diagnose ergeben können
- **Genetische Grundlagenforschung** zur Identifizierung der molekularen Grundlagen genetischer Krankheiten und Krankheitsdispositionen

Die Humangenetik unterscheidet sich von anderen medizinischen Fächern dadurch, dass sie sich nicht **klinisch** durch Konzentration auf ein bestimmtes Organsystem, Lebensalter oder Geschlecht definiert, sondern **pathophysiologisch** über spezifische Faktoren der Krankheitsentstehung. Dies bringt mit sich eine besondere Betonung der Interdisziplinarität, der Vernetzung als Metafach innerhalb der gesamten Medizin. Im Gegensatz zu labormedizinischen Fächern wie die klinische Chemie oder Mikrobiologie hat die Humangenetik aber »eigene Patienten«, bzw. »eigene Krankheiten«, die primär von klinischen Genetikern diagnostiziert und ggf. betreut werden.

Die klinische **Diagnose** von z. T. sehr seltenen genetischen Krankheiten durch Anamnese, Familienanamnese, körperliche Untersuchung und Synopse spezialisierter Untersuchungsbefunde ist die ärztliche »Kernkompetenz« des klinischen Genetikers. Sie ist besonders wichtig bei Vorliegen von ungewöhnlichen körperlichen Merkmalen (Dysmorphien) mit/ohne mentale Retardierung, aber auch bei ungewöhnlichen Kombinationen von Symptomen und Befunden in unterschiedlichen Organsystemen. Das Vorgehen des klinischen Genetikers ist **assoziativ** durch das Wiedererkennen von bestimmten Mustern bzw. Syndromen, als auch **pathophysiologisch** über das Erkennen von molekularen Prinzipien der Krankheitsentstehung. Dabei steht nicht nur der individuelle Patient, sondern immer dessen ganze Familie im Mittelpunkt des Interesses. Eine ausführliche und gut strukturierte Familienanamnese ist bei der klinischen Evaluation von entscheidender Bedeutung und ist ein erster, wichtiger diagnostischer Schritt bei der Klärung der Frage, ob eine Krankheit eine genetische Komponente hat, oder nicht. Komplettiert wird die Diagnostik durch spezialisierte Laboruntersuchungen, die z. T. technisch einfach erscheinen, deren korrekte Interpretation und Bewertung jedoch eine große Erfahrung benötigt. Auch wenn sich bei vielen genetischen Krankheiten keine effektiven therapeutischen Optionen ergeben, ist es für viele Patienten und deren Angehörige oft eine große Beruhigung, wenigstens »richtig diagnostiziert« zu sein. Angesichts der meist schicksalshaften Ursache der Krankheit ist dies oft auch ein wichtiger Schritt im »Heilungsprozess« für die betroffenen Familien. Schließlich kann die korrekte Diagnose auch eine Grundvoraussetzung für etwaige präventive Maßnahmen darstellen – für den Patienten selbst und ggf. für weitere Familienmitglieder. Man denke in diesem Zusammenhang etwa an die erblichen Tumordispositionen.

Die wichtigste »therapeutische« Aufgabe, die **langfristige Betreuung** und die **Koordination des interdisziplinären Managements** bei Personen mit genetischen Krankheiten, ist im deutschsprachigen Raum bislang nur wenig entwickelt, gewinnt jedoch zunehmend an Bedeutung. Viele humangenetische Patienten sind »interdisziplinäre Patienten«, bei denen verschiedene Organsysteme betroffen sind und die von Ärzten verschiedenster Fachrichtungen behandelt werden müssen; sie haben oft chronische gesundheitliche Probleme, die über verschiedene Lebensphasen betreut werden müssen und ggf. sind mehrere Angehörige einer Familie betroffen. Im Gesundheitssystem ist eine ganzheitliche, interdisziplinäre Betreuung solcher Patienten bislang nicht systematisch geregelt und wird meist von den Fachärzten übernommen, die in besonderem Maße (oder manchmal auch nur zufällig) bei einem Patienten involviert sind. Auch in den humangenetischen Zentren sind die Strukturen für eine solche Versorgungsaufgabe meist nur in Ansätzen geregelt, es ist jedoch abzusehen, dass sich dies über die nächsten Jahre weiter ändern wird. Dies ist beispielsweise in den Betreuungskonzepten bei familiären Krebserkrankungen zu sehen, deren Koordination vielerorts von den Humangenetikern übernommen wird. Hier ergeben sich aus dem (ggf. prädiktiven) genetischen Befund oft direkte Konsequenzen für die weitere Behandlung.

Die eigentliche **humangenetische Beratung** ist die dritte wichtige Funktion der Humangenetik. Sie bedeutet in besonderem Maße immer auch **sprechende Medizin**, die ausführliche und kompetente Beratung des Betroffenen und seiner Familie. Wie wird die jeweilige Krankheit vererbt? Welche Bedeutung haben die genetischen Befunde für den Betroffenen und seine Verwandten? Wie hoch ist das Wiederholungsrisiko im Falle zukünftiger Schwangerschaften? Und wie geht man mit dem Wissen um genetische Veränderungen und Varianten um? Dies alles sind Fragen, die für den Betroffenen und seine Familie von existenzieller Bedeutung sein können, die Lebenskonzepte verändern können, und die eine fundierte, fachgerechte, aber immer auch einfühlsame und individualisierte Beratung erfordern. Hinzu kommen bei genetischen Krankheiten manchmal auch heute noch Selbstvorwürfe, etwas »falsch gemacht« zu haben. Der umgangssprachlich gehaltene, persönliche **Beratungsbrief**, den alle »Ratsuchenden« als Zusammenfassung des Beratungsgespräch erhalten, ist ein wichtiges Referenzdokument, das auch noch viel später zu Rate gezogen werden kann.

Die **humangenetische Grundlagenforschung** schließlich ergibt sich direkt aus der pathophysiologisch-diagnostischen Ausrichtung des Faches. Die Humangenetik ist nicht nur ein Brückenfach zwischen den ärztlichen Disziplinen sondern auch zwischen der klinischen Medizin und den naturwissenschaftlichen Grundlagenfächern. Wir sind weit davon entfernt, die genetischen Grundlagen von Krankheit und Gesundheit wirklich zu verstehen, und jeder Erkenntnisgewinn lässt sich meist sehr rasch in eine verbesserte Diagnostik, Therapie oder Prävention umsetzen. Die Humangenetik hat hier eine besondere Kompetenz, aber auch Verpflichtung, interdisziplinär die molekularmedizinische Grundlagenforschung zu stärken.

11 Genetische Beratung

Genetische Beratung wird im Grunde genommen seit Tausenden von Jahren betrieben. Im baylonischen Talmud (fertiggestellt im 7. Jahrhundert unserer Zeitrechnung) findet sich etwa die klare Anweisung, dass eine Mutter die rituelle Beschneidung ihres Sohnes zu unterlassen hat, wenn bereits zwei ihrer Söhne an den Folgen (im Sinne unkontrollierbarer Blutungen) einer Zirkumzision verstorben sind.

Begleitung und Beratung. Die klinische Genetik beschäftigt sich nicht nur mit den rein medizinischen Aspekten erblicher Krankheiten, sondern auch mit den sozialen und psychologischen Konsequenzen, die für den Betroffenen daraus entstehen. Es ist eine zentrale Aufgabe des Humangenetikers, Möglichkeiten und Strategien des Umgangs mit genetischen Krankheiten und genetischen Risiken anzusprechen. Der Arzt hat dabei nicht nur den einzelnen Patienten vor Augen. Sein Blick richtet sich auf die **ganze Familie,** auf andere, möglicherweise aktuell schon betroffene Familienmitglieder, aber auch auf mögliche Betroffene in der Zukunft. Die Frage der Risikoberechnung (▶ Kap. 14) spielt hier eine wesentliche Rolle.

Eine Frage der Zeit. Ein humangenetisches Beratungsgespräch braucht Zeit, denn die Betroffenen befinden sich oft nicht nur in einem medizinischen, sondern auch in einem psychologischen »Ausnahmezustand«. Die Ungewissheit dessen, was sich hinter einer seltenen Krankheit verbirgt, und was sie prognostisch bedeutet, die Frage nach dem Wiederholungsrisiko und manchmal auch das Schuldgefühl, eine Krankheit vererbt zu haben, machen ein genetisches Beratungsgespräch nicht nur zu einer medizinischen, sondern auch interaktiv psychologischen Herausforderung für den betreuenden Arzt. Dies braucht Zeit, und der Patient bzw. die Betroffenen brauchen das Gefühl, dass sich jemand Zeit nimmt, die vielseitigen Aspekte der Krankheit zu erfassen und zu beleuchten. Ein genetisches Beratungsgespräch dauert daher bis zu eineinhalb Stunden. Oftmals sind im Anschluss weitere Gespräche erforderlich.

11.1 Aufgaben und Ziele der genetischen Beratung

Wer? Warum? Was? Die genetische Beratung ist ein ärztliches Gespräch für Personen, die entweder selbst von einer genetischen Krankheit betroffen sind (bei sich selbst oder bei einem Kind) oder bei denen ein erhöhtes Risiko für eine genetische Krankheit besteht. Auch wenn dabei diagnostische Aufgaben von eigentlich beratenden Aufgaben nicht genau abzugrenzen sind, sollen im folgenden Abschnitt im wesentlichen solche Funktionen besprochen werden, bei denen die Fragen oder

11.1 · Aufgaben und Ziele der genetischen Beratung

Sorgen der Ratsuchenden im Zentrum stehen. Konsultationen, bei denen primär ein diagnostischer Auftrag besteht, unterscheiden sich nicht grundsätzlich von den ärztlich-diagnostischen Tätigkeiten in anderen Fachdisziplinen.

> **Wichtig**
>
> **Indikationen für eine humangenetische Beratung**
> - Frage nach Diagnose, Ursache oder Prognose bei (fraglich) genetisch bedingten Krankheiten beim Ratsuchenden selber oder einem Kind
> - Frage nach dem eigenen Erkrankungsrisiko bei familiären Krankheitsdispositionen bzw. bei fraglich genetischen Krankheiten in der Familie (hier ist oft auch eine primäre Diagnosestellung notwendig)
> - Frage nach dem Risiko für eine genetische Krankheit bei einem erwarteten oder zukünftigen Kind bei familiärer Belastung
> - Besprechung und Durchführung einer Pränataldiagnostik auf genetische Krankheiten
> - Besprechung und Durchführung einer prädiktiven molekulargenetischen Diagnostik (z. B. für spät manifestierende Erbkrankheiten wie Chorea Huntington)
> - Frage nach dem optimalen Management einer genetisch bedingten Krankheit oder Krankheitsdisposition
> - Abklärung und Beratung
>   - Bei Infertilität oder habituellen Aborten
>   - Bei erhöhtem mütterlichen Alter
>   - Bei künstlicher Befruchtung
>   - Bei Verwandtenehe (Konsanguinität)
>   - Bei Exposition mit Teratogenen vor oder während der Schwangerschaft

Die eigentliche Beratung dient dazu, genetische Zusammenhänge besser zu verstehen und mit genetischen Risiken umgehen zu lernen. **Information** ist ein wichtiger und wesentlicher Bestandteil der Krankheitsbewältigung. Deshalb ist es gerade bei seltenen Erbkrankheiten von entscheidender Bedeutung, die Betroffenen über die Krankheit, deren Prognose und Erbverhalten umfassend und in verständlicher und angemessener Form aufzuklären. Wichtige Sachverhalte sollten in Ruhe, mit möglichst einfachen Begriffen und Vergleichen dargestellt werden. Manchmal erscheint es nützlich, das Problem mehrfach aus unterschiedlichen Blickwinkeln darzustellen. Dazu können mehrere Beratungssitzungen notwendig sein.

Ein wesentlicher Bestandteil der genetischen Beratung ist auch der an die Ratsuchenden gerichtete, ausführliche und individuelle **Beratungsbrief**, der die Beratungsinhalte in verständlicher Sprache zusammenfasst und der nachrichtlich an den überweisenden Arzt geschickt wird. Bei Verdacht auf eine Erbkrankheit sollte den Betroffenen angeboten werden, sich bei Bedarf an eine **Selbsthilfegruppe** für das entsprechende Krankheitsbild zu wenden. Manche Patienten lehnen dies zunächst ab, weil sie mit der eigenen Situation überfordert sind und sich nicht noch zusätzlich mit den Krankheiten anderer belasten wollen. Auf längere Sicht stellt sich dann aber nicht selten heraus, dass das Gespräch und der Austausch mit Personen, die eine ähnliche Problematik haben, hilfreich und in manchen Fällen geradezu heilsam sein kann.

11.2 Besondere Beratungssituationen

Genetische Beratung im Rahmen einer molekulargenetischen Testung

Besteht anhand klinischer Untersuchungen der Verdacht auf eine erblich bedingte Erkrankung und ist für diese Krankheit eine molekulargenetische Analyse zur Diagnosesicherung möglich, dann sollten die möglichen Implikationen eines positiven Testbefundes noch vor der Blutentnahme mit dem Patienten besprochen werden. Dies ist die Aufgabe eines jeden Arztes, der eine solche Diagnostik anordnet. In manchen Ländern ist das Anordnen von aufwändigen genetischen Analysen ein Privileg der Humangenetikers. Vielfach wird gerade bei molekulargenetischer Diagnostik verlangt, sich das Einverständnis des Patienten für die Testung schriftlich dokumentieren zu lassen; ob dies für differenzialdiagnostische Analysen wirklich notwendig ist, erscheint uns allerdings fraglich. Sollte sich der Verdacht auf eine genetische Krankheit bestätigen, sollte dem Patienten unbedingt ein humangenetisches Beratungsgespräch angeboten werden, um die Bedeutung des Befundes (z. B. auch für andere Familienangehörige oder eine zukünftige pränatale Diagnostik) in Ruhe besprechen zu können. Das Unterlassen dieses Angebots ist als ärztlicher Kunstfehler zu werten, wenn z. B. die Eltern nach der Geburt eines zweiten Kindes mit einer genetischen Krankheit argumentieren sollten, dass sie bei adäquater Aufklärung eine vorgeburtliche Diagnostik gewünscht hätten.

Prädiktive Diagnostik

Spät manifestierende genetische Krankheitsdispositionen können noch vor dem Auftreten der ersten Symptome diagnostiziert werden, sofern die molekularen Ursachen geklärt sind. Das klassische Beispiel ist die Chorea Huntington, bei der sich über einen einfachen molekulargenetischen Test mit 100%iger Sicherheit vorhersagen lässt, dass früher oder später eine infauste neurodegenerative Symptomatik ohne therapeutische Optionen auftreten wird (▶ Kap. 31.1.1). Welche Folgen das Wissen um den möglichen oder sicheren Ausbruch einer Erkrankung in der Zukunft für den Betroffenen und seine Angehörigen hat, ob es die weitere Lebensplanung erleichtert oder behindert, kann meist weder vom Ratsuchenden, noch vom beratenden Arzt vorhergesehen werden. Speziell wenn keine therapeutischen Optionen zur Verfügung stehen, sollte eine prädiktive genetische Diagnostik immer nur im Rahmen eines mindestens dreistufigen Beratungskonzept mit

- Eingangsberatung,
- Zweitberatung mit möglicher Blutentnahme und
- Befundmitteilung im Rahmen eines dritten Gesprächs

durchgeführt werden. Dieses Beratungskonzept wurde wesentlich von Betroffenenvereinigungen bei Chorea Huntington mit entwickelt.

Die **Eingangsberatung** dient einerseits der klinischen Abklärung, ob evtl. schon Symptome der Krankheit vorliegen, sowie andererseits der Generierung eines »mündigen und informierten« Patienten, der über sich und die in Frage stehende Krankheitsdisposition möglichst viel weiß. Dazu gehören Fragen der Vererbung, der diagnostischen und therapeutischen Möglichkeiten, aber auch Fragen des familiären und sozialen Netzwerkes und der sozialen Absicherung. Manche Versicherungen können bei Vorliegen eines positiven Testergebnisses nicht mehr oder nur noch schwer abgeschlossen werden. Vor Durchführung eines prädiktiven molekulargenetischen Tests sollte darüber hinaus jedem Ratsuchenden ein psychotherapeutisches Beratungsgespräch angeraten werden. Außerdem wird bei neurologischen Krankheiten wie der Chorea Huntington die Konsultation bei einem Neurologen gefordert, um sicherzustellen, dass ggf. vorliegende Symptome unabhängig vom Ergebnis der prädiktiven Diagnostik bewertet werden, und um eine möglicherweise notwendige langfristige Betreuung einzuleiten.

■■■ Psychotherapeutisches Gespräch

Im Rahmen des psychotherapeutischen Gesprächs wird zu erfassen versucht, wie der Betroffene ein mögliches positives (oder auch negatives) Testergebnis verarbeiten könnte. Auch ein für den Ratsuchenden »günstiges« Testergebnis kann eine schwere seelische Belastung darstellen. Manche Ratsuchenden, die ein Leben lang in der Erwartung waren, früher oder später an der familären Krankheit zu erkranken und schließlich zu sterben, sind von der neu gewonnenen Lebensperspektive überfordert. Andere Personen, die keine Anlageträger sind, machen sich irrationale Vorwürfe, dass sie selber von der Krankheit verschont bleiben. Die Möglichkeit solcher unerwarteter (paradoxer) Reaktionen sollte vor der Diagnostik angesprochen und ggf. psychotherapeutisch bearbeitet werden.

Die **zweite Beratung** sollte in gewissem zeitlichem Abstand zum Erstgespräch erfolgen (etwa vier Wochen), um dem Ratsuchenden Zeit zu geben, sich selbst in der Entscheidung für oder gegen einen Test zu festigen, oder um Kontakt mit Vertrauenspersonen aufzunehmen und sich mit diesen auszutauschen. Auch die Kontaktaufnahme mit Selbsthilfegruppen wird angeboten. Im Rahmen des zweiten Beratungsgesprächs können dann offen stehende Fragen geklärt werden. Wünscht der Ratsuchende zu diesem Zeitpunkt weiterhin den Test und bestehen weder von Seiten des Humangenetikers, noch von Seiten des Psychotherapeuten schwerwiegende Einwände (z. B. erwartete akute Suizidgefahr), erfolgt am Ende des zweiten

Beratungsgesprächs die Blutentnahme. Der Patient wird spätestens zu diesem Zeitpunkt darüber aufgeklärt, wie lange die Durchführung des Gentests in Anspruch nimmt und wann mit einem Ergebnis zu rechnen ist.

Die **Befundmitteilung** sollte auf keinen Fall telefonisch oder auf dem Postwege sondern in einem dritten Beratungsgespräch erfolgen. Immer wieder verzichten Ratsuchende über viele Jahre hinweg auf die Mitteilung des Testergebnisses, obwohl dieses schon lange vorliegt. Es hat sich bewährt, dass Ratsuchende zur Befundmitteilung in Begleitung einer Vertrauensperson kommen. Bevor der »Umschlag geöffnet« wird und der Ratsuchende den Befund erfährt, sollte ein letztes Mal gefragt werden, ob er wirklich das Ergebnis mitgeteilt bekommen will. Wie die Reaktion auf ein (positives oder negatives) Testergebnis ausfällt, kann nie wirklich vorhergesagt werden. Das Einfühlungsvermögen von dem beratenden Arzt und/oder der Begleitperson sind in dieser Situation in besonderem Maße gefragt.

Molekulargenetische Testung von Kindern

Bei Kindern sollte eine molekulare Testung nur durchgeführt werden, wenn sich daraus wichtige medizinische Konsequenzen **im Kindesalter** ergeben. Die molekulargenetische Untersuchung von symptomatischen Kindern im Rahmen eines diagnostischen Gesamtkonzepts bei Verdacht auf eine ererbte Krankheit ist unstrittig und kann den Kindern manchmal schmerzhafte, invasive oder anderweitig belastende Untersuchungen ersparen. Ebenso ist die prädiktive Testung von Kindern sinnvoll, wenn aus einem positiven Testbefund unmittelbare präventive oder therapeutische Konsequenzen erwachsen (z. B. protektive Thyreodektomie bei MEN 2B oder präventive Koloskopien ab dem 10. Lebensjahr bei FAP – bzw. die Vermeidung dieser invasiven Maßnahmen).

Eine prädiktive Diagnostik ohne therapeutische Konsequenz im Kindesalter ist dagegen kontraindiziert, da dem Kind das spätere Recht auf bewusste eigene Entscheidung genommen wäre, und die seelischen Konsequenzen für die betroffenen Kinder nur schwer absehbar wären. Dies gilt letztlich auch für eine Übertragerdiagnostik bei rezessiven Krankheiten, die manchmal von den Eltern intensiv gewünscht wird. Es ist besser, den Kindern die Möglichkeit zu geben, sich über eine spätere Übertragerdiagnostik selber aktiv mit der familiären Krankheitsbelastung auseinanderzusetzen. Die Ergebnisse einer molekulargenetischen Diagnostik sollten dem Patienten (und/oder seinen Eltern) immer im Rahmen eines genetischen Beratungsgesprächs erklärt werden.

Indikationen einer molekulargenetischen Diagnostik im Kindesalter:
- **Primärdiagnostik** bzw. zur Diagnosesicherung bei begründetem klinischem Verdacht. Dies gilt in besonderem Maße dann, wenn ein günstiges Kosten-Nutzen-Verhältnis besteht oder wenn keine bessere oder kostengünstigere Alternative (z. B. klinische Tests, biochemische Untersuchung) existiert.

- **Präsymptomatische Diagnostik**, wenn eine familiäre Belastung besteht und ein Präventionsprogramm im Kindesalter existiert.
- Gewinnung von Informationen über **Prognose**, möglichen Verlauf und Behandlungsoptionen, sofern diese schon im Kindesalter Relevanz zeigen und nur dann, wenn eine gute Korrelation zwischen Genotyp und Phänotyp besteht.
- **Risikobestimmung** in der Familie, wenn die molekulargenetische Diagnostik dafür notwendig ist oder wichtige Informationen für nachfolgende (auch pränatale) Untersuchungen liefert.

11.3 Non-Direktivität

Viele ärztliche Behandlungsziele wie die Linderung von Schmerzen oder die Erstversorgung eines Unfalls sind für Arzt und Patient übereinstimmend definiert, und der Arzt wird vom Patienten meist ohne große Diskussion beauftragt, selber zu entscheiden, was das beste Vorgehen ist. Im Gegensatz dazu sind viele Entscheidungen in der genetischen Beratung schwierig und von den persönlichen Wertvorstellungen abhängig. In diesen Situationen ist es ein wesentliches Ziel der genetischen Beratung, durch Aufklärung, Beratung und Information den Patienten selbst zum »Fachmann für seine eigene Krankheit« zu machen. Er soll unter Berücksichtigung der medizinischen Zusammenhänge und Risiken in der Lage sein, für sich selbst die richtige Handlungsentscheidung treffen zu können. Die Entscheidung ob oder ob nicht prädiktiv getestet, eine Pränataldiagnostik durchgeführt, eine Schwangerschaft beendet wird, trifft nicht der Arzt, sondern der/die Ratsuchende selbst. Die **Autonomie des Patienten** soll (im Rahmen des ethisch Verantwortbaren) nie in Frage gestellt werden. Wesentliches Merkmal einer genetischen Beratung ist daher auch ihre **Non-Direktivität**. Sie soll Wissen und Kompetenz vermitteln, die Entscheidung des Ratsuchenden sollte nicht von der persönlichen Meinung oder dem Werteverständnis des Beratenden beeinflusst werden. Eine absolute Non-Direktivität ist im Grunde genommen nicht möglich, denn schon die Auswahl einzelner Begriffe durch den Ratgeber spiegelt immer wieder auch dessen Wertung wieder (schwerwiegend, leider, hoffentlich …), trotzdem bleibt sie immer das Ziel der gesamten Beratungssituation. Dies bedeutet allerdings nicht, dass der Wunsch des Patienten das Maß aller Dinge ist. Auch der Arzt ist in seiner Entscheidung frei und darf bzw. muss in seinen Entscheidungen und Handlungen (z.B. in Bezug auf einen gewünschten Schwangerschaftsabbruch) dem ärztlichen Ethos, der wissenschaftlichen Evidenz, den gesetzlichen Vorschriften, den Regularien der Krankenkassen und ggf. seinen eigenen Wertvorstellungen folgen. Der Patient ist frei, sich einen anderen Arzt zu suchen, wenn eine Entscheidung nicht seinen Wünschen entspricht.

12 Zugang zum Patienten

Im nachfolgenden Kapitel geht es besonders um den Zugang zum dysmorphen Kind. Die **Dysmorphologie** ist die »Königsdisziplin« innerhalb der Humangenetik. Sie beschäftigt sich mit erkennbaren Anomalien, die außerhalb der normalen Variationsbreite menschlicher Morphologie liegen. Das Ziel jeder dysmorphologischen Untersuchung ist es, das **Muster struktureller Abnormitäten** zu erkennen und zu interpretieren, um letztlich die richtige Diagnose zu stellen. Mehrere tausend distinkte Syndrome sind in der Literatur beschrieben und die meisten davon sind so selten, dass kaum jemand sie alle kennt. Es ist aber für alle Ärzte wichtig zu erkennen, **wann es sich lohnt**, ein genetisches Syndrom in den Kreis der Differenzialdiagnosen mit aufzunehmen und eine gezielte Recherche (bzw. Überweisung an den klinischen Genetiker) in die Wege zu leiten.

12.1 Eigenanamnese

Eine gute Anamnese ist in jeder Disziplin ein Schlüssel zur Diagnose. Die klinisch-genetische Anamnese beinhaltet nicht nur eine umfassende Synopsis der Eigenanamnese einschließlich Schwangerschaft, Perinatalperiode, Meilensteinen der Entwicklung, Verlauf der Körpermaße, etc., sondern legt darüber hinaus besonderes Augenmerk auf den familiären Kontext. Genetische Krankheiten sind häufig komplex, betreffen meist nicht ein einzelnes Organsystem, sondern oft den gesamten Organismus und manchmal die Persönlichkeit des Betroffenen. Eine **offene bis halboffene Interviewtechnik** bietet sich bei der humangenetischen Anamneseerhebung besonders an. Auch scheinbar unzusammenhängende Symptome und Auffälligkeiten sind mit Interesse zur Kenntnis zu nehmen.

Verlauf und Pathogenese. Ziel der Eigenanamnese ist es, den Verlauf der Krankheit vollständig zu erfassen, um anschließend die Frage nach möglichen ursächlichen Faktoren einer Krankheit beantworten zu können. Diese pathophysiologisch-diagnostische Ausrichtung der klinischen Genetik bringt es mit sich, dass besonders auf den Verlauf der Symptome geachtet wird. Es geht nicht nur darum, ob ein bestimmtes klinisches Merkmal vorhanden ist oder nicht, sondern vielmehr auch darum, wie und wann es sich entwickelt hat.

12.1 · Eigenanamnese

Eine besondere Aufgabe der klinischen Genetik ist die Diagnosestellung bei Kindern mit Entwicklungsstörungen bzw. syndromalen Auffälligkeiten. Hier geht es in der Anamnese speziell um die Suche nach Hinweisen für oder gegen primär genetische Faktoren der Pathogenese oder andere, exogene Einflüsse, die mit dem klinischen Bild in Zusammenhang gebracht werden könnten. Exogene Einflüsse vor und während der Schwangerschaft (Erkrankungen und Infektionen, Medikamente, Traumata, Drogen, etc.) sollten gezielt abgefragt werden. Die nachfolgende Auflistung von Bestandteilen der Anamnese bezieht sich primär auf diagnostische Fragestellungen im Kindesalter, z. B. bei einem Kind mit einer ätiologisch ungeklärten Entwicklungsverzögerung

Folgende Eckpunkte sollte eine klinisch genetische Eigenanamnese beinhalten:
- Leitsymptome (zuerst erfragen)
- Schwangerschaft
  - Alter der Eltern bei der Konzeption
  - Mütterliche Komplikationen (Fieber, Hautausschlag, Blutungen,), chronische oder akute Erkrankungen, Krankenhausaufenthalte
  - Teratogene Noxen (Medikamente, Rauchen, Alkohol, Drogen), Besonderheiten der Ernährung, Folsäure, Vitaminpräparate
  - Fetale Entwicklung (z. B. Ultraschalluntersuchungen), Fruchtwassermenge im Verlauf, wann wurden erste Kindsbewegungen wahrgenommen (normal: Erstgebärende um die 20. SSW, Mehrfachgebärende 16.–20. SSW)
  - Vorsorgeuntersuchungen während der Schwangerschaft (Ultraschall)
  - Pränataldiagnostik (Double-Test, Amniozentese, Chorionzottenbiopsie), wenn ja: warum? Welches Ergebnis?
- Perinatalperiode
  - Gestationsalter, Geburtskomplikationen, APGAR-Werte
  - Geburtsgewicht, Länge, Kopfumfang
  - Neonatalperiode (Trinkverhalten, Aktivität, Muskeltonus, Verhalten, Gewichtszunahme)
  - Komplikationen? (z. B. Icterus prolongatum, Krampfanfälle, Apnoen, Fieber)
- Entwicklung
  - Verlauf der Körpermaße (Entwicklung parallel zu den Perzentilenkurven oder wurden Perzentilen durchbrochen?)
  - Meilensteine der motorischen Entwicklung (Kopfkontrolle, sitzen, stehen, laufen, etc.)
  - Sprachliche bzw. kognitive Entwicklung (Plappern, erste Worte, erste Sätze etc.)
  - Bindungs- und Sozialentwicklung

- Verhaltensauffälligkeiten? (Schlafstörungen, autistisches Verhalten, selbstverletzendes Verhalten, Vorlieben etc.)
- Ausbildung und Förderungsmaßnahmen (Kindergarten/Schule, Physiotherapie, Ergotherapie, Sprachtherapie etc)
- Spezielle Erkrankungen, Funktionsstörungen
  - Neuromuskuläre Probleme (Krampfanfälle, Ataxie, Schwäche)
  - Hören, Sehen
  - Organfunktionsstörungen (Herz, Niere)
  - Krankheiten, Krankenhausaufenthalte
  - Fördermaßnahmen, Therapien, Medikamente
- Gesundheit und Untersuchungsbefunde
  - Allgemeiner gesundheitlicher Zustand
  - Entwicklung der Grundkrankheit, Krampfanfälle, andere Komplikationen
  - Therapeutische und diagnostische Maßnahmen, Krankenhausaufenthalte, Operationen
  - Ergebnisse weiterführender Untersuchungen (Ultraschall, Echo, MRT etc.)
  - Andere Erkrankungen in der Vergangenheit, Infektionen

12.2 Familienanamnese und Stammbaumanalyse

Die Erhebung einer gründlichen Familienanamnese ist ein wesentlicher Bestandteil einer jeden humangenetischen Konsultation. Dies geschieht über die Erstellung eines standardisierten, vollständigen Familienstammbaums über 3 Generationen. Gezielt werden Alter, Verwandtschaftsverhältnisse, Krankheiten, Todesalter und -ursachen und andere möglicherweise für den Ratsuchenden relevante Informationen notiert. Von besonderer Bedeutung sind ggf. erkrankte Geschwister, Fehlgeburten oder Totgeburten in vorausgehenden Schwangerschaften bzw. elterliche Krankheiten oder Gesundheitsrisiken.

Beim Erstellen eines Stammbaums sollte man sich an die international gültigen Regeln der Darstellung halten (Abb. 12.1). Am einfachsten ist es, wenn man beim Indexpatienten bzw. dem Ratsuchenden selbst beginnt und sich von ihm aus über beide Seiten der Familie über 3 Generationen »nach oben« arbeitet. Die Ratsuchenden selber werden mit einem Pfeil markiert. Üblicherweise zeichnet man bei Eheleuten die Männer (und entsprechend die väterliche Linie der Familie) links, die Frauen (und die mütterliche Linie) rechts auf. Die Geschwister einer Familie werden in der Reihenfolge ihrer Geburt von links nach

12.2 · Familienanamnese und Stammbaumanalyse

a

b

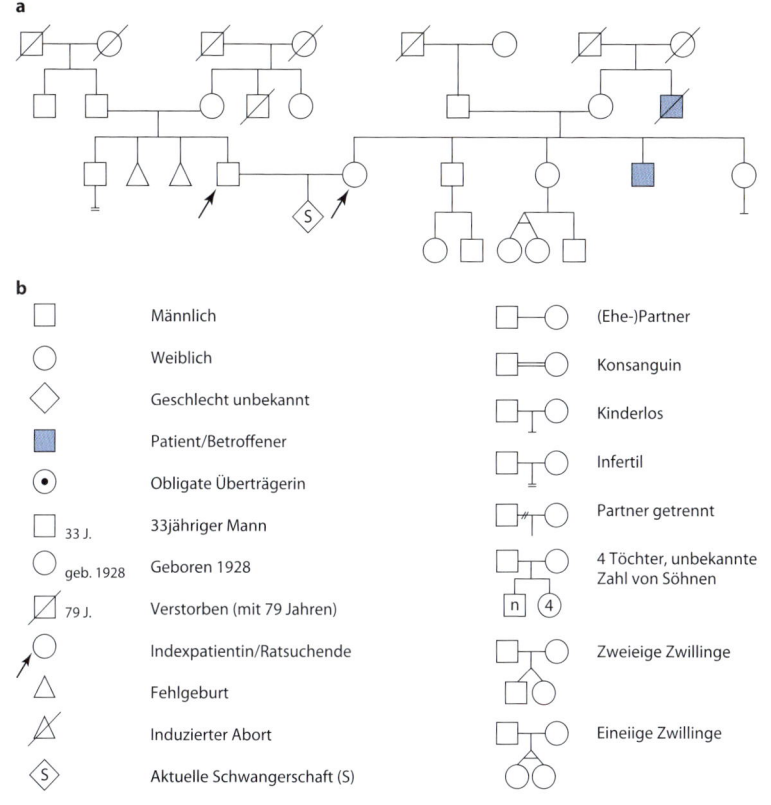

Symbol	Bedeutung	Symbol	Bedeutung
□	Männlich	□—○	(Ehe-)Partner
○	Weiblich	□=○	Konsanguin
◇	Geschlecht unbekannt	□—○ mit T	Kinderlos
■ (blau)	Patient/Betroffener	□—○ mit T	Infertil
⊙	Obligate Überträgerin	□/○	Partner getrennt
□ 33 J.	33jähriger Mann	□—○ mit 4	4 Töchter, unbekannte Zahl von Söhnen
○ geb. 1928	Geboren 1928	n ④	
⌀ 79 J.	Verstorben (mit 79 Jahren)	□—○ Zwillinge	Zweieige Zwillinge
↗○	Indexpatientin/Ratsuchende		
△	Fehlgeburt	□—○ Zwillinge	Eineiige Zwillinge
⌀	Induzierter Abort		
⟨S⟩	Aktuelle Schwangerschaft (S)		

◻ Abb. 12.1a, b. Erstellung eines Stammbaums (a). In die Beratung kommt ein Ehepaar, das sein erstes Kind erwartet. In der Familie der Frau ist eine Muskeldystrophie Duchenne beim Bruder und einem verstorbenen Onkel mütterlicherseits erwähnenswert. In der Familie des Mannes ist eine Infertilität beim Bruder erwähnenswert; die Mutter des Mannes hatte zwei Fehlgeburten. Die Darstellung folgt den internationalen Empfehlungen (**b**) (Bennett et al. 1995)

rechts aufgezeichnet. Von einer Krankheit betroffene Personen werden ggf. farblich markiert.

Wichtige Aspekte die bei der klinisch genetischen Familienanamnese gezielt erfragt werden sollten:

— Fehlgeburten, Totgeburten oder früh verstorbene Kinder (ggf. Hinweis auf eine mögliche unbalancierte Chromosomenstörung)?

- Fälle von körperlicher oder geistiger Behinderung oder anderen körperlichen Auffälligkeiten?
- War eine ggf. vorliegende Kinderlosigkeit gewollt oder ungewollt (Hinweis auf mögliche unbalancierte Chromosomenstörung)?
- Gab es in der Familie jemals eine ähnliche Krankheit wie beim Indexpatienten (v. a. bei monogenen Krankheiten)?
- Konsanguinität – Sind die Eltern (entfernt) miteinander verwandt? Gemeinsame Herkunft der Vorfahren?
- Was ist der ethnische Hintergrund der einzelnen Familienzweige? (Ganz abgesehen von möglichen Verwandtenehen ist diese Frage interessant, da die Allelfrequenzen innerhalb bestimmter ethnischer Gruppen z. T. erheblich variieren, z. B. aufgrund von Founder-Effekten)

12.3 Klinisch genetische Untersuchung

Mit wachem Auge zum Erfolg. Genetische Entwicklungsstörungen äußern sich in kleineren oder größeren morphologischen Auffälligkeiten, die zu erkennen und deuten eine besondere Herausforderung der körperlichen Untersuchung in der klinischen Genetik ist. Speziell in der Dysmorphologie bzw. der Syndromdiagnostik wird auf kleine Abweichungen von der Norm und unscheinbare Veränderungen besonderer Wert gelegt. Oft haben die einzelnen Fehlbildungen keinen Krankheitswert an sich, geben aber in ihrer Kombination wichtige diagnostische Hinweise. Eine einzige, kleine Anomalie (z. B. Klinodaktylie, Epikanthus, Vierfingerfurche) findet sich bei etwa 30% aller Neugeborenen. Aber nur 10% der Neugeborenen haben zwei oder mehr solche Anomalien und weniger als 4% haben drei oder mehr. Hat ein Kind drei oder mehr kleine, äußerlich auffällige Anomalien, besteht bereits eine 20%-ige Wahrscheinlichkeit, dass sich im Rahmen nachfolgender Untersuchungen eine größere, innere Fehlbildung (Herzfehler, Hufeisenniere etc.) findet – und bei vielen dieser Kinder wird letztlich ein genetisches Syndrom diagnostiziert werden. Wichtig ist der Aspekt der **Symmetrie**. Vergleichen Sie einzelne Körperteile direkt mit der entsprechenden Gegenseite.

Ein klassischer Begriff der klinischen Genetik ist die **Gestalt**, auch im Englischen so genannt. Manche genetischen Krankheitsbilder können beim »ersten Blick« in das Gesicht des Patienten anhand der typischen Gesichtsmorphologie diagnostiziert werden. Wer an Patienten mit Trisomie 21 (Down-Syndrom) denkt, kann dies sicherlich nachvollziehen. Jedoch müssen Auffälligkeiten der Gestalt immer in ihrem familiären Kontext beurteilt werden. Wichtig ist häufig nicht, ob ein Kind ungewöhnlich aussieht, sondern vielmehr ob das Aussehen zu dem der Eltern passt oder nicht. Ethnische Einflüsse spielen diesbezüglich eine erhebliche Rolle. Und doch bleiben viele Merkmale auch über alle ethnischen Grenzen hinweg erhalten. Die frühere Bezeichnung der Trisomie 21 als »Mongolismus« war nicht nur diskriminierend, sie verkennt darüber hinaus, dass diese Chromosomenstörung auch bei Kindern asiatischer Abstammung klar aufgrund der besonderen Gesichtsmerkmale erkannt werden kann. Es ist eben nicht das Einzelmerkmal, die ansteigende Lidachsenstellung oder der Epikanthus, welche die Gestalt ausmacht. Es ist das **Muster morphologischer Besonderheiten**, das uns den Eindruck der »typischen Gestalt« vermittelt. Die typische Gestalt seltener Dysmorphiesyndrome zu erinnern und erkennen setzt ein hohes Maß an klinisch-genetischer Erfahrung voraus.

Kommt Zeit, kommt Rat? Das klinische Bild mancher erblich bedingter Krankheiten kann sich im Verlauf des Lebens z. T. erheblich ändern. Man denke an die Neurofibromatose Typ 1 (▶ Kap. 32.6.1): Oft sind die Kinder bei Geburt weitgehend unauffällig oder haben einzelne Café-au-lait-Flecken, die Neurofibrome oder auch die pathognomonischen Lisch-Knötchen der Iris entwickeln sich jedoch meist erst im Lauf der Zeit. Fotografisch gut dokumentierte Verlaufsbeobachtungen, ggf. mit regelmäßiger Wiedervorstellung (z. B. jährlich) können daher diagnostisch hilfreich sein. Auch bei genetischen Dysmorphiesyndromen verändern sich die fazialen Auffälligkeiten im Verlauf der kindlichen Entwicklung, man spricht vom »Hineinwachsen« (oder auch Herauswachsen) in eine typische Gestalt.

Mit System und Maßband. Um keine morphologischen Auffälligkeiten zu übersehen, bietet es sich an, nach Körperregionen zu untersuchen (z. B. von Kopf in Richtung Fuß). Ein systemorientierter Ansatz ist aber von Vorteil, sobald erste morphologische Anomalien auffallen. Ein Beispiel wären etwa abnorme Fingernägel, welche bei der Untersuchung der Hand bemerkt werden. Sie sollten die Aufmerksamkeit des Untersuchers auf andere, ektodermal entstandene Strukturen lenken, wie Haare, Haut, Zähne und Schweißdrüsen. Alle Auffälligkeiten sollten fotografisch dokumentiert werden. Auch bei der Quantifizierung der Gesichtsmaße sind Fotos hilfreich, wenn ein Lineal oder Maßband mit abgebildet wird (darauf achten, dass es in der gleichen Ebene ist, wie die zu messenden Körperteile). Wichtige Messwerte sind der Abstand der Pupillen (Interpupillarabstand), der ggf. einen Hyper- oder Hypotelorismus anzeigt, sowie der Abstand der inneren Augenwinkel voneinander (Interkanthalabstand), der bei Vergrößerung einen Telekanthus kennzeichet (◘ Abb. 12.2 und Abb. 12.3). Perzentilenkurven für die unterschiedlichsten Abmessungen sind verfügbar (◘ Abb. 12.2b).

Besonderes Augenmerk verdienen Haut, Haare, Nägel und Zähne. Man achte z. B. bei der Haut auf Stellen mit Hyperpigmentierung (Café-au-lait-Flecken) oder Hypopigmentierung (sog. *white spots*). Letztere sind leichter erkennbar, wenn das Kind im abgedunkelten Raum mit der UV-Lampe untersucht wird. Finden sich Hautveränderungen (wie etwa Hyperpigmentierungen) bei Mädchen in einer typi-

Kapitel 12 · Zugang zum Patienten

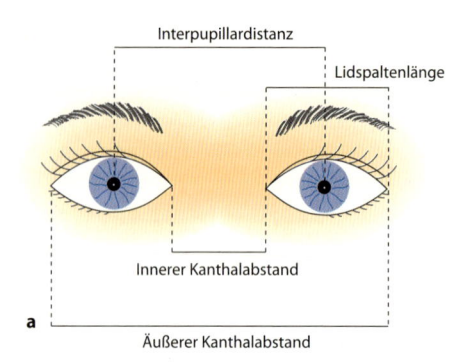

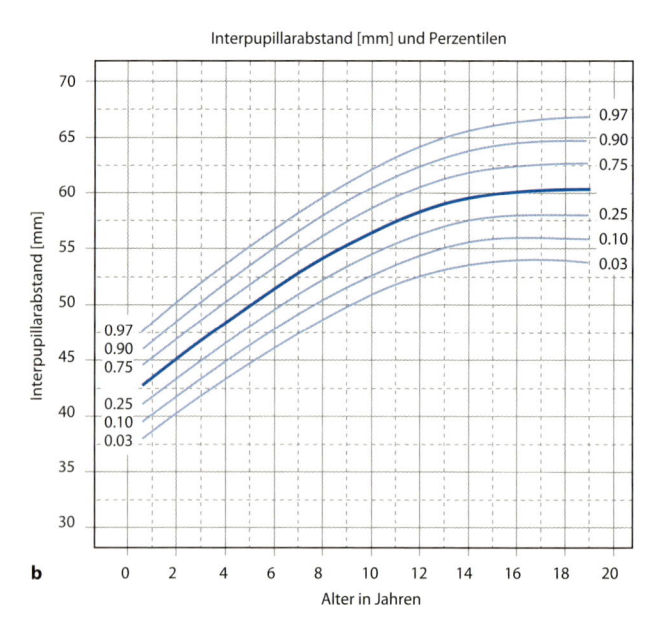

Abb. 12.2a, b. Augenabstand. a Abstandsmessungen der Augen. **b** Interpupillarabstand im Kindesalter (geglättete Daten aus MacLachlan u. Howland 2002, mit freundlicher Unterstützung von Sven Garbade, Universitäts-Kinderklinik Heidelberg)

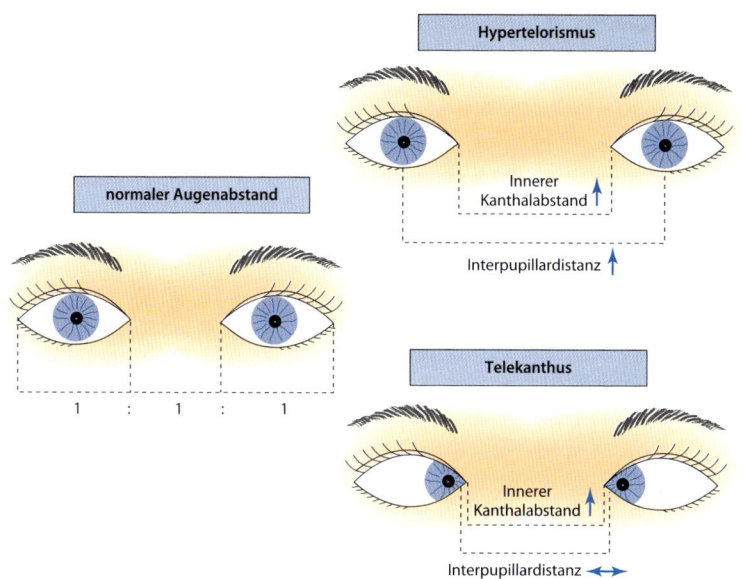

Abb. 12.3. Abnorme Augenabstandsmessungen

schen Verteilung entlang der **Dermatome**, so ist an einen X-chromosomalen Defekt zu denken, der entsprechend der **Lyonisierung** in manchen Dermatomen zum Ausdruck kommt, in anderen hingegen nicht.

Folgende Eckpunkte sollte eine klinisch genetische Untersuchung beinhalten:
- Allgemein
  - Größe, Gewicht, Kopfumfang
  - Verhalten, Kommunikation, Interaktion
  - Sprache: Redefluss, Wortschatz, Aussprache
  - Orientierende internistische Untersuchung (Auskultation des Herzens, Palpation Abdomen, etc.)
  - Orientierende neurologische Untersuchung (Muskeltonus, Hirnnervenfunktion, Gang etc.)
- Haut
  - Konsistenz (z. B. weich, dehnbar, feucht, trocken, rau, schuppig)
  - Pigmentierung (z. B. hyper-, hypopigmentierte Areale, streifige Veränderungen)
  - Haare (Menge, Struktur, Farbe, Verteilung)
  - Narben

- Gesicht
    - Profil (z. B. flach),
    - Mittelgesicht (z. B. hypoplastisch)
    - Kinn (z. B. Mikrogenie, Retrogenie)
- Augen
    - Pupillenabstand und Interkanthalabstand (z. B. Hyper-, Hypotelorismus, Telekanthus)
    - Augenfalten (z. B. Epikanthus)
    - Lidachse (nach lateral ansteigend oder abfallend)
    - Größe (z. B. Mikrophthalmie)
    - Skleren (z. B. blaue Farbe)
    - Iris (z. B. Farbanomalien, Heterochromasie, Kolobom, Lisch-Knötchen, Brushfield-Spots)
    - Wimpern, Augenbrauen (z. B. zusammengewachsen = Synophrys, lateral ausgedünnt)
- Nase
    - Form
    - Nasenwurzel (z. B. flach, eingesunken, prominent, breit)
    - Nares (z. B. antevertiert)
- Philtrum
    - Länge
    - Stuktur (z. B. prominent, verstrichen)
- Mund
    - Größe
    - Lippen (z. B. schmal, wulstig, Pigmentanomalien, Grübchen)
    - Gaumen (z. B. hoch, »gotisch«, Spalte, gespaltene Uvula)
    - Kiefer (z. B. Mikrognathie, Prognathie, Retrognathie)
    - Zähne (Zahl, Abstand zueinander, Struktur)
- Ohren
    - Position, Rotation (z. B. tiefsitzend, nach hinten rotiert)
    - Faltung, prä- oder retroaurikuläre Anhängsel, Kerben
- Hals
    - Länge, Form (z. B. Pterygium)
    - Haaransatz (z. B. tief, invers)
- Rumpf
    - Form des Brustkorbs (z. B. Pectus excavatum, Pectus carinatum)
    - Mamillen (Anzahl, Form (z. B. invertiert), Abstand)
    - Fettmenge und -verteilung
    - Sakralgrübchen

- Arme, Beine
  - Länge, Biegung, Symmetrie
  - Proportionalität proximal/distal
  - Gelenke (überstreckbar, Kontrakturen)
- Hände, Füße
  - Größe, Länge
  - Form (z. B. Fehlstellungen, Sandalenlücke)
  - Linienmuster (z. B. Vierfingerfurche)
  - Finger und Zehen (z. B. Syndaktylien, Polydaktylien, Klinodaktylien, Kontrakturen)
  - Nägel (z. B. hypoplastisch, brüchig, abnorme Pigmentierung)
- Genitale
  - Anatomie (z. B. intersexuell, Hypospadie)
  - Größe und Größenverhältnisse (z. B. hypoplastisch, Klitorishypertrophie)
  - Hoden (deszendiert? Größe)

12.4 Verhaltensauffälligkeiten

Bei einigen genetisch bedingten Krankheiten ist das spezifischste phänotypische Merkmal das Verhalten. So zeigen etwa Kinder mit Smith-Magenis-Syndrom eine pathognomonische Umkehrung des Tag-Nacht-Rhythmus, mit langen Schlafperioden tagsüber und ausgeprägter Wachheit nachts. Eine lebhafte Sprachproduktion beim Williams-Beuren-Syndrom (die gelegentlich das Ausmaß der mentalen Retardierung verdecken kann) kontrastiert mit der vollständig fehlenden aktiven Sprache beim Angelman-Syndrom. Ein eher unspezifisches Merkmal sind ein autistisches Verhalten oder zumindest autistische Züge des Verhaltens, die sich bei etlichen genetisch bedingten Krankheiten (z. B. dem Fra(X)-Syndrom) finden. Manche Verhaltensauffälligkeiten sind so typisch, dass sie als diagnostische Kriterien gefordert werden und ohne ihr Vorhandensein die Diagnose in Frage gestellt wird. Als Beispiel hierfür gilt das autoaggressive Verhalten bei Lesch-Nyhan-Syndrom. Eine Übersicht über genetisch bedingte Krankheiten mit spezifischen Verhaltensauffälligkeiten bietet ◘ Tab. 12.1.

12.5 Weiterführende Untersuchungen

Nach Anamnese und körperlicher Untersuchung kann der Arzt schon in der Lage sein, einen begründeten Verdacht zu haben und gezielte weiterführende Untersuchungen anzuordnen (z. B. FISH-Untersuchung für einen bestimmten chromosomalen Abschnitt bei Verdacht auf ein Mikrodeletionssyndrom, Unter-

Tab. 12.1. Genetisch bedingte Krankheiten mit spezifischen Verhaltensauffälligkeiten

Krankheit	Verhaltensauffälligkeiten
Fra(X)-Syndrom	Autismus (60%), Hyperaktivität, gestörter Blickkontakt (90%), ängstlich-aggressives Verhalten, abnorme Handbewegungen (Flattern)
Rett-Syndrom	Stereotype Handbewegungen (Waschen und Kneten), Atemstörungen (Hyperventilation, Apnoe, Valsalva etc.), autistisches Verhalten, Zähneknirschen, Schlafstörungen
Smith-Magenis-Syndrom	Stimmungsschwankungen zwischen Wutanfällen und Freundlichkeit/Humor, selbstverletzendes Verhalten (Kopf-gegen-die-Wand-Schlagen, Beißen, etc.), Herausreißen von Finger- und Fußnägeln (Onychotillomanie), Einführen von Fremdkörpern in Körperöffnungen (Polyembolokoilamanie), schwere Schlafstörungen mit Umkehr des Tag-Nacht-Rhythmus
Lesch-Nyhan-Syndrom	Ausgeprägtes selbstverletzendes Verhalten (Beißen, Kratzen) bis hin zur Selbstverstümmelung, bei anscheinend normaler Schmerzempfindlichkeit
Angelman-Syndrom	Ataktisches, ruckartiges Gangbild (100%) in Kombination mit freundlichem Verhalten und häufigem, grundlosem Lachen. Hyperaktivität und Überreiztheit, keine expressive Sprache oder Wortschatz mit weniger als 6 Wörtern (100%)
Prader-Willi-Syndrom	Hyperphagie, kein Sättigungsgefühl. Zum Teil entwickeln die Patienten eine enorme Aktivität, um an Nahrung zu kommen. Lethargie, Schlafstörungen, soziale Isolation. Insgesamt freundliches, gutmütiges Wesen. Nasale Sprache
Williams-Beuren-Syndrom	Hyperaktivität, verbale Ausdrucksstärke (mit dem Begriff »Cocktailparty Syndrom« wird die Fähigkeit beschrieben, viel zu reden, oft ohne dass es einen Sinn ergibt), soziale Offenheit und Distanzlosgkeit, ungewöhnliche Gestik, raue Stimme; Lärmempfindlichkeit, Musikalität

suchung auf bestimmte Metabolite in Serum oder Urin bei Verdacht auf eine Stoffwechselkrankheit). Wer aber den Verdacht auf das Vorliegen eines Syndroms hat ohne eine spezifische Vermutung äußern zu können, sollte eine Art genetische Basisdiagnostik anfordern, um weitere Erkenntnisse generieren zu können. Folgende Untersuchungen sollten in Betracht gezogen werden:
- Struktur und Funktion der **inneren Organe** sollte überprüft werden (z. B. Ultraschall Abdomen, Echo).
- Ein **MRT des Gehirns** sollte bei allen Kindern mit unklarer psychomotorischer Retardierung und ggf. neurologischen Auffälligkeiten erwogen werden.

- **Röntgenuntersuchungen** (z. B. Hand, Becken a.p., Wirbelsäule a.p. und seitlich, langer Röhrenknochen mit Gelenkübergang), können bei Skelettauffälligkeiten wichtige diagnostische Hinweise geben, die Auswertung bedarf aber radiologisch-genetischer Erfahrung.
- Nur bei wenigen Stoffwechselkrankheiten finden sich Dysmorphien als Leitsymptome, z. B. bei lysosomalen Speicherkrankheiten, peroxisomalen Störungen, Störungen der Sterolsynthese und Glycosylierungsstörungen. Die Indikation für **Stoffwechselanalysen** hängt insofern stark vom klinischen Bild ab. Großzügig analysiert werden sollte Laktat im Blut als möglicher Hinweis auf eine primäre Störung des Energiestoffwechsels.
- Eine **Chromosomenanalyse** ist bei allen Kindern mit unklaren Dysmorphien indiziert; der unauffällige Befund einer Pränataldiagnostik reicht nicht aus.
- Es bleibt zu bedenken, dass sog. **Mikrodeletionen** zu klein sind, um im Rahmen einer klassischen Chromosomenanalyse entdeckt werden zu können. Solche kleinen Veränderungen als Ursache von Dysmorphiesyndromen finden sich nicht selten an den Chromosomenenden (Telomeren); sie werden traditionell molekularzytogenetisch erfasst (sog. **Subtelomer-FISH**-Untersuchung; ▶ Kap. 15.2). Die technischen Möglichkeiten haben sich in den letzten Jahren stark erweitert, und es ist zu erwarten, dass in naher Zukunft die genomweite Analyse von Deletionen und Duplikationen mit Hilfe von **Microarrays** in die Routinediagnostik aufgenommen wird. Zu berücksichtigen ist allerdings bei diesen rein quantitativen Methoden, dass balancierte chromosomale Rearrangements (z. B. balancierte Translokationen) nicht erkannt werden.

Datenbanken

Wertvolle Hilfe im Rahmen dysmorphologischer Diagnostik bieten Datenbanken, in denen gezielt nach bestimmten Symptomkonstellationen gesucht werden kann:
- OMIM (*Online Mendelian Inheritance in Man*)
- The London Dysmorphology Database
- POSSUM (*Pictures of Standard Syndromes and Undiagnosed Malformations*)

OMIM ist die einzige kostenfreie, für jedermann zugängliche Datenbank dieser Art. Überhaupt braucht man für die sinnvolle Nutzung dysmorphologischer Datenbanken einige Erfahrung, da eine kluge Wichtung der Ergebnisse notwendig ist, um nicht von der Fülle der Informationen überwältigt zu werden.

> **Wichtig**
>
> Folgende Ratschläge seien allen »Syndromologen in spe« mit auf den Weg gegeben:
> - Es ist von großer Wichtigkeit, immer die **richtigen Termini** zu verwenden. Das Erscheinungsbild mag zwar im Einzelfall sehr ähnlich sein, der zugrunde liegende entwicklungsbiologische Mechanismus aber ein ganz anderer. Eine **Omphalozele** z. B. bleibt zurück, wenn sich in der 10. Gestationswoche die Darmschlingen nicht aus der Nabelschnur in die Leibeshöhle zurückziehen. Es resultiert ein membranbedeckter Sack mit Darminhalt, von dessen Mitte die Nabelschnur entspringt. Eine **Gastroschisis** stellt ebenso einen Vorfall von Bauchhöhleninhalt durch einen anterioren Bauchwanddefekt dar. Der Defekt liegt aber lateral vom Nabel und der vorgefallene Darm wird nicht durch eine Membran gedeckt. Wahrscheinlich handelt es sich hierbei pathogenetisch um einen unilateralen Migrationsdefekt von Bauchwandzellen. Anders als die Omphalozele ist die Gastroschisis nicht mit Chromosomenanomalien oder anderen schweren Fehlbildungen assoziiert.
> - Bei einem Kind mit multiplen Fehlbildungen sind v. a. die Anomalien **bedeutsam**, die insgesamt **selten** beobachtet werden. Sie besitzen meist eine weit höhere **Spezifität**. Das ist besonders wichtig, wenn man sich mit Hilfe der Datenbanken auf die Suche nach der richtigen Diagnose macht. Ein Hypertelorismus findet sich bei unzähligen Syndromen und ist daher wenig spezifisch. Ein intersexuelles Genitale hingegen ist selten und es würde sich bei der Recherche sicher lohnen, dieses als Hauptkriterium in die Suche mit einzuschließen.
> - Es ist immer noch **besser, keine Diagnose** zu stellen, **als eine falsche**. Immer wieder begegnen uns Patienten, die multiple Fehlbildungen aufweisen, die wir aber nicht zu einem »sinnvollen Ganzen« (sprich: einer Diagnose) zusammenführen können. Die falsche Diagnose kann aber fatale Folgen für den Patienten und seine Familie haben – falsche Risikoberechnung im Rahmen der genetischen Beratung, falsche Annahmen in Sachen Lebenserwartung, schlimmstenfalls falsche Therapiemaßnahmen…

13 Fehlbildungen und andere morphogenetische Störungen

Es gibt zahlreiche unterschiedliche Klassifikationsmöglichkeiten für Auffälligkeiten der Körperstruktur. Aus pathogenetischer Sicht bedeutsam ist,
- ob eine morphologische Störung endogen (genetisch) oder exogen verursacht wurde,
- ob sie isoliert oder in Kombination mit anderen Veränderungen vorliegt,
- ob es sich um ein einmaliges Ereignis handelt oder eine dauernde Zellfunktionsstörung vorliegt.

Für die Bewertung von morphologischen Veränderungen beim Neugeborenen sollte versucht werden, ihre Entstehung den verschiedenen Phasen der Embryonal- bzw. Fetalperiode zuzuordnen.

13.1 Embryologie

Die pränatale Entwicklung des Menschen kann in drei zeitliche Abschnitte eingeteilt werden:
- die **Präimplantations- und Implantationsphase** (vom Zeitpunkt der Ovulation über die Befruchtung bis zum Ende der zweiten Gestationswoche),
- die **Embryonalperiode** (von der 3. bis zur 8. Woche post conceptionem, p.c.) und
- die **Fetalperiode** (von der 9. Woche p.c. bis zur Geburt).

> **Wichtig**
>
> Die Wochen der Schwangerschaft werden ab dem ersten Tag der letzten Regel gezählt, die erste Woche p.c. entspricht also der 3. Schwangerschaftswoche.

Präimplantations- und Implantationsphase

Die Befruchtung der Eizelle erfolgt innerhalb von 6–12 Stunden nach der Ovulation in der Ampulle des Eileiters. Nach der Befruchtung beendet die Eizelle ihre zweite Reifeteilung. Durch die Befruchtung kommt es zur Wiederherstellung eines diploiden Chromosomensatzes. Es folgt eine Reihe von Zellteilungen, bis die **Zygote** am 3. Tag nach Befruchtung im 12- bis 16-Zellen-Stadium als **Morula** die Gebärmutterhöhle erreicht. Sie verliert ihre Zona pellucida und es entwickelt sich eine

Blastozystenhöhle. Die Zellen der **Blastozyste** bilden von nun an eine »innere Zellmasse«, aus der der Embryo entsteht (»Embryoblast«) und eine äußere Zellmasse, aus der der Trophoblast hervorgeht. Die Blastozyste nimmt zwischen dem 5. und 6. Tag Kontakt mit der Gebärmutterschleimhaut auf und dringt im Lauf der 2. Entwicklungswoche immer tiefer in diese ein. Am Ende der zweiten Woche entsteht ein einfacher uteroplazentarer Kreislauf.

> **Wichtig**
>
> Während der Zeit der Präimplantations- und Implantationsphase gilt das Alles-oder-nichts-Prinzip. Störungen und Defekte führen in dieser frühesten Phase der Embryogenese zwangsläufig zum Fruchttod.

Embryonalperiode

Die Embryonalzeit reicht von der 3.–8. Woche p.c. In dieser Zeit entstehen sämtliche Organanlagen (Organogenese). Die äußere Gestalt des Embryos verändert sich in dieser Zeit erheblich. Am Ende des 2. Monats p.c. ist die endgültige Körperform in ihren wesentlichen Zügen erkennbar. Die meisten großen Fehlbildungen sind auf diesen entwicklungsbiologisch entscheidenden Zeitabschnitt zurückzuführen (Abb. 13.1).

Die **Gastrulation** (Bildung der Keimblätter) markiert den Beginn der Embryonalperiode. Es bilden sich drei Keimblätter aus: das Ektoderm (äußeres Keimblatt), das Mesoderm (mittleres Keimblatt) und das Entoderm (inneres Keimblatt).

Aus dem **Ektoderm** entstehen das zentrale und das periphere Nervensystem, die sensorischen Epithelien von Ohr, Nase und Auge, die Epidermis mit allen Hautanhangsgebilden, die Hypophyse, die Milchdrüsen und der Zahnschmelz.

Das **Mesoderm** entwickelt sich als als ektodermale Unterstülpung aus dem Bereich der Primitivrinne und schiebt sich zwischen Ektoderm und Entoderm. Die segmentale Gliederung des Körpers geht auf die Ausbildung von Somiten im Mesoderm zurück. Aus den Myotomen entsteht die quergestreifte Muskulatur, aus den Sklerotomen entstehen Wirbel und Rippen, aus den Dermatomen Hautsegmente, Dermis und Subkutis. Darüber hinaus entstehen aus dem Mesoderm das lockere embryonale Bindegewebe (Mesenchym), die übrigen Knochen und Knorpel, Pleura und Peritoneum, das gesamte Gefäß- und Urogenitalsystem, die Nebennieren und die Milz.

Aus dem **Entoderm** gehen die epithelialen Auskleidungen von Gastrointestinaltrakt, Respirationstrakt, Harnblase, Paukenhöhle und die Eustachische Röhre hervor. Auch das Parenchym von Tonsillen, Schilddrüse und Nebenschilddrüsen, Thymus, Leber und Pankreas hat einen entodermalen Ursprung.

In der dritten Woche p.c. kommt es, induziert durch die mesodermale Chorda dorsalis, zur **Neurulation** mit der Ausbildung des Neuralrohrs, aus dem später

13.1 · Embryologie

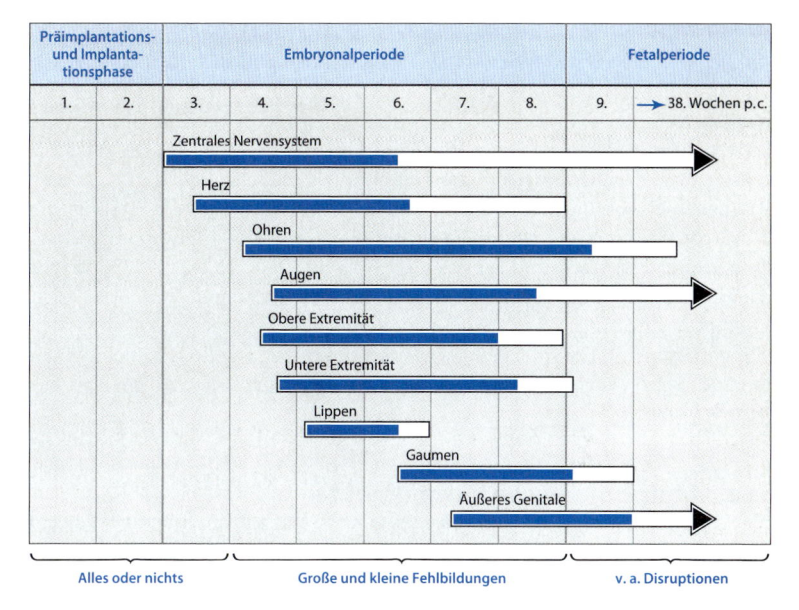

Präimplantations- und Implantationsphase		Embryonalperiode						Fetalperiode	
1.	2.	3.	4.	5.	6.	7.	8.	9.	→ 38. Wochen p.c.

Zentrales Nervensystem
Herz
Ohren
Augen
Obere Extremität
Untere Extremität
Lippen
Gaumen
Äußeres Genitale

Alles oder nichts — Große und kleine Fehlbildungen — v. a. Disruptionen

Blaue Balken indizieren eine besonders hohe Empfindlichkeit gegenüber Teratogenen.

Abb. 13.1. Meilensteine der Embryonalentwicklung und Anfälligkeit gegenüber Teratogenen (modifiziert nach Clayton-Smith u. Donnai 2002), farbige Balken zeigen besondere Empfindlichkeit an

Gehirn und Rückenmark werden. Das kraniale Ende des Neuralrohrs (der anteriore Neuroporus) verschließt sich am 25. Tag p.c., das kaudale Ende (der posteriore Neuroporus) zwei Tage später, am 27. Tag. Die große Bandbreite der Neuralrohrdefekte von der Anenzephalie bis zur Spina bifida occulta geht auf Störungen der Neurulation zurück.

Die **Neuralleiste** bildet sich in der Übergangszone zwischen dem sich schließenden Neuralrohr und dem Ektoderm. Neuralleistenzellen wandern seitwärts in das Mesoderm ein, wo sie sich (von den Dermomyotomen induziert) in Segmente aufgliedern. Sie bilden die Spinalganglien und das Nebennierenmark, werden zu Melanozyten und Schwann-Zellen und sind an der Bildung der Endokardkissen im Konus- und Trunkusbereich des Herzens beteiligt. Sie wandern nach ventral in die Schlundbögen und nach rostral in den Bereich des Vorderhirns, der Augenbecher und in die Gesichtsregion ein, wo sie knöcherne und bindegewebige Elemente des Mittelgesichts und der Schlundbögen ausbilden. Eine gestörte Migration der Neuralleistenzellen findet sich bei einer Vielzahl von Fehlbildungssyndromen.

Fetalperiode

Mit Beginn der Fetalperiode sind alle Organe des menschlichen Körpers angelegt und weitgehend ausdifferenziert. Primäre Fehlbildungen entstehen in dieser Zeit nicht mehr, lediglich Disruptionen Deformationen oder Dysplasien führen noch zu Strukturanomalien des Fetus. Vor allem das zentrale Nervensystem ist bis zur Geburt (und darüber hinaus) höchst empfindlich für schädliche Einflüsse aller Art, da es sich kontinuierlich weiterentwickelt. Ansonsten dient die Fetalzeit (die 30 Wochen der Schwangerschaft ausmacht) vor allem der Reifung der einzelnen Organe und dem Wachstum des gesamten Körpers. Dabei ist der 4. und 5. Monat die Zeit des schnellsten Längewachstums, während der 8. und der 9. Monat den kräftigsten Zugewinn an Körpergewicht verbuchen. Kindsbewegungen werden von der Mutter ab der 16.–20. Woche wahrgenommen. Die Reifung der Lungen mit Bildung von Surfactant findet vor allem in den letzten 8 Wochen der Schwangerschaft statt.

13.2 Morphologische Einzeldefekte

Fehlbildung (Malformation)

Als Fehlbildungen oder Malformationen bezeichnet man **qualitative** morphologische Anlagestörungen, die in der Regel in der Embryogenese entstanden sind. Sie können ein einzelnes Organ, Teile eines Organs, aber auch ganze Körperregionen betreffen. Man spricht von **primären Fehlbildungen**, wenn die Ursache genetischer Art ist, und von **sekundären Fehlbildungen**, wenn es sich um eine exogen induzierte Störung handelt. Die Abgrenzung zwischen primären und sekundären Fehlbildungen ist nicht immer leicht zu treffen und manchmal nur akademisch.

Sogenannte **große Fehlbildungen** sind korrekturbedürftig, da sie sonst die Lebensfähigkeit beeinträchtigen oder zumindest die Funktionstüchtigkeit des betreffenden Organs herabsetzen (z. B. Omphalozele, Herzfehler, Lippen-Kiefer-Gaumen-Spalte). **Kleine Fehlbildungen** hingegen sind meist nur ästhetisch störend, die Lebensfähigkeit des Betroffenen ist nicht beeinträchtigt (z. B. präaurikuläres Anhängsel, Polydaktylie). Als **Anomalien** werden messbare Abweichungen von der Norm bezeichnet (z. B. tief sitzende Ohren, Hypertelorismus).

Deformation

Deformationen entstehen unter dem Einfluss mechanischer Kräfte auf normal angelegte Organe, Organteile oder Körperregionen in der Regel innerhalb der Fetalperiode, also nach Abschluss der Organogenese. Typische Deformationen sind z. B. Klumpfuß, Plagiozephalie (Schiefschädel) oder angeborene Hüftgelenksdysplasie. Häufige Ursachen sind strukturelle Anomalien des Uterus, Lageanomalien des Fe-

13.2 · Morphologische Einzeldefekte

> **Wichtig**
>
> Funktionell bedeutsame Fehlbildungen finden sich bei 2–3% aller Neugeborenen (sog. Basisrisiko). Bis zum Alter von 5 Jahren werden weitere 2–3% diagnostiziert, so dass die Gesamtinzidenz auf 4–6% ansteigt.
>
> Anomalien finden sich, wenn man genau schaut, bei bis zu 15% aller Neugeborenen. Sie haben selbst keinen Krankheitswert, können jedoch mit anderen Fehlbildungen (ggf. auch »okkulten« Fehlbildungen) asoziiert sein. Bei Kindern mit einer Anomalie findet sich in 3% der Fälle auch eine größere Fehlbildung. Bei zwei kleinen Anomalien sind es schon 10%, bei drei oder mehr Anomalien 20%.

ten oder ein Oligohydramnion. Wie am Beispiel des Oligohydramnions deutlich wird, können Deformationen intrinsische (z. B. fetale Anurie) wie auch extrinsische (z. B. Amnionruptur) Ursachen haben. Bei Verdacht auf intrinsische Ursache sollte diese immer abgeklärt werden (okkulte Fehlbildungen beim Kind?). Deformationen sind mit einer Inzidenz von 2% aller Neugeborenen nicht selten. Je kürzer die Zeit, über welche die mechanischen Kräfte auf den Feten haben einwirken können, desto besser die Prognose. Nach Geburt (wenn die deformierenden Kräfte also nicht mehr auf das Kind einwirken) können sich leichte Deformationen entweder spontan oder durch gezielte Physiotherapie zurückbilden. Sollte dies nicht ausreichen, werden durch Schienen oder Gipsredression mechanische Kräfte appliziert, die den ursprünglich deformierenden Kräften entgegenwirken.

Disruption

Bei Disruption wird die normale Organentwicklung durch Infektion, Ischämie, Blutung oder Adhäsion von verletztem Gewebe unterbrochen. Disruptionen betreffen häufig verschiedene Gewebe innerhalb einer gut abgrenzbaren anatomischen Region (Abb. 13.2). So können Amnionbänder nach Ruptur der Fruchtblase zu schräg verlaufenden Mund-Gesichts-Spalten führen, die mit keiner ontogenetischen Nahtstelle zusammenfallen und mehrere Gewebe (Knochen, Muskel, Haut etc.) gleichzeitig durchschnüren.

> **Wichtig**
>
> Deformationen und Disruptionen betreffen Strukturen, die ursprünglich normal angelegt waren. Es handelt sich daher um sekundäre morphologische Störungen. Sie haben i. d. R. kein erhöhtes Wiederholungsrisiko, es sei denn, sie sind auf andere, intrinsische Ursachen oder strukturelle Anomalien des mütterlichen Uterus zurückzuführen.

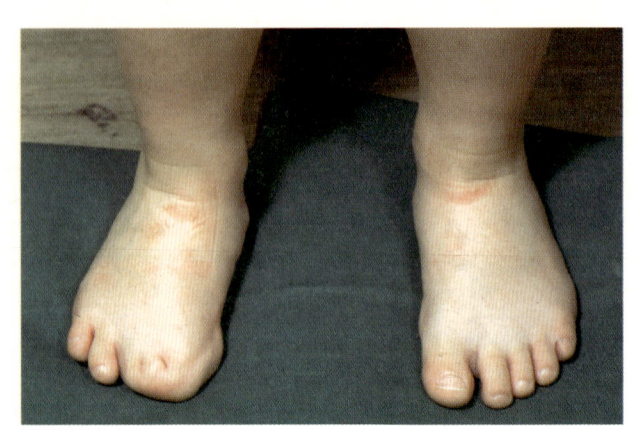

Abb. 13.2. Disruption am rechten Fuß durch Amnionstränge

Dysplasie

Im Gegensatz zu den zeitlich und räumlich umschriebenen Fehlbildungen liegt bei den Dysplasien eine genetisch verursachte, andauernde zelluläre Funktionsstörung vor, die sich z. B. durch eine fehlerhafte Organisation, Proliferation, Differenzierung, Funktion oder Degeneration der Zellen manifestiert und zu morphologischen bzw. histologischen Auffälligkeiten führt. Es sind nicht bestimmte Körperregionen von einer Fehlbildung betroffen, vielmehr ist die Verteilung des Defekts von der Verteilung eines bestimmten Gewebe- oder Zelltyps innerhalb des Körpers abhängig. Viele Dysplasien sorgen somit für morphologische Veränderungen an zahlreichen Stellen innerhalb des Organismus. Die meisten Dysplasien gehen auf genetische Defekte zurück. Es kann sich bei den Genprodukten um Enzyme (z. B. lysosomale Speicherkrankheiten) oder auch Strukturproteine (z. B. Osteogenesis imperfecta) handeln. In manchen Fällen muss zur bestehenden Keimbahnmutation ein second hit dazukommen, der die andere Genkopie inaktiviert, bevor die Dysplasie tatsächlich entsteht (z. B. Neurofibromatose). Das erklärt, warum sich manche Gewebsbereiche normal entwickeln, andere dysplastisch und andere erst im Laufe des Lebens hinzukommen (z. B. steigende Anzahl von Neurofibromen bei Neurofibromatose Typ I). Zusätzliche Mutationen können die Dynamik mancher Dysplasien weiter verändern (z. B. maligne Entartung bei Polyposis coli oder Neurofibromatose). Bei manchen primär dysplastischen Störungen wie der Fanconi-Anämie finden sich variable Fehlbildungen als Ausdruck einer umschriebenen embryonalen Fehlregulation.

> **Wichtig**
>
> Eine wichtige Eigenschaft der Dysplasien ist ihr kontinuierlicher Verlauf. Dieser stellt eine deutliche Abgrenzung zu den anderen morphologischen Störungen dar: Malformationen, Disruptionen und Deformationen sind allesamt pathogenetisch zeitlich begrenzt. Ihre Folgen mögen zwar die Gesundheit des Betroffenen über lange Zeit beeinrächtigen, ihr Verlauf ist aber weder progredient, noch kontinuierlich. Eine Dysplasie hingegen kann fortbestehen und/oder fortschreiten, so lange das betroffene Gewebe fortbesteht und/oder weiter wächst.

13.3 Multiple morphologische Defekte

Das wiederholte Auftreten einer bestimmten Kombination von scheinbar unabhängigen strukturellen Veränderungen in unterschiedlichen Organen kann unterschiedliche Ursachen haben. Abhängig von der Pathogenese werden dabei Sequenzen, Syndrome und Assoziationen unterschieden. Bei Vorliegen von multiplen Fehlbildungen sollte genau nach möglichen **Teratogenen** in der Schwangerschaft gefragt werden sowie eine **Chromosomenanalyse** zum Ausschluss struktureller oder nummerischer Chromosomenaberrationen durchgeführt werden. Darüber hinaus sollte z. B. durch Ultraschalluntersuchungen nach möglichen **okkulten Fehlbildungen** gesucht werden.

Sequenz

Als Sequenz wird eine Kombination von morphologischen Auffälligkeiten bezeichnet, die nicht auf eine zelluläre Funktionsstörung in den betroffenen Organen zurückgeht sondern Folge einer genetisch oder nichtgenetisch bedingten Störung ist. Es handelt sich um eine Kaskade von Ereignissen, innerhalb welcher eine bestimmte Entwicklungsstörung unmittelbar zu anderen Entwicklungsstörungen führt. Die häufigste Fehlbildungssequenz ist die **Potter-Sequenz** (Abb. 13.3). Sie entsteht bei einem extremen Fruchtwassermangels als Folge einer Bewegungseinschränkung und Kompression des Feten. Wichtige klinische Merkmale sind Klumpfüße und andere Gelenkveränderungen sowie eine Deformation des Gesichts mit flacher Fazies, flacher Nase und Mikro-/Retrogenie. Die mechanische Kompression verhindert darüber hinaus eine Expansion des Thorax, fetale Atembewegungen sind nicht möglich und es dringt kein Fruchtwasser in die Lungen ein. Viele Kinder mit Potter-Sequenz versterben nach der Geburt an Atemversagen. Das zur Potter-Sequenz führende Oligohydramnion hat wiederum nicht nur multiple Folgen im Sinne der Potter-Sequenz, sondern kann selbst die Folge verschiedener Störungen sein. Wichtige Ursachen sind Amnionruptur mit Fruchtwasserabgang oder schwer-

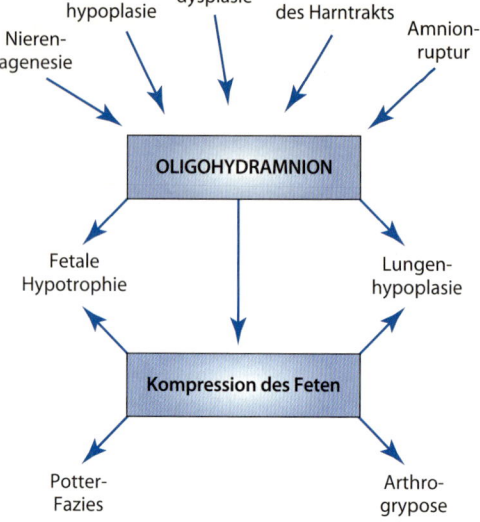

Abb. 13.3. Potter-Sequenz. (Modifiziert nach Jones 2006)

Nierenagenesie, Nierenhypoplasie, Nierendysplasie, obstruktive Fehlbildung des Harntrakts, Amnionruptur → **OLIGOHYDRAMNION** → Fetale Hypotrophie, Lungenhypoplasie, **Kompression des Feten** → Potter-Fazies, Arthrogrypose

wiegende Urogenitalfehlbildungen, die zu einer verringerten Harnproduktion führen (Nierenagenesie, -hypoplasie oder -dysplasie, obstruktive Fehlbildungen des Harntrakts).

Syndrom

In der klinischen Genetik versteht man unter einem Syndrom eine Kombination von Entwicklungsdefekten bzw. Fehlbildungen, die auf eine gemeinsame ätiologische Ursache zurückzuführen sind. In seiner ursprünglichen Bedeutung impliziert der Begriff des Syndroms, dass man diese gemeinsame Ursache noch nicht kennt, ansonsten würde man die klinische Konstellation als umschriebene Krankheit bezeichnen. Bei der gemeinsamen Ursache muss es sich nicht zwingend um einen einzelnen Gendefekt handeln, wohl aber um eine gemeinsame, eng verknüpfte pathogenetische Wegstrecke (monogen, chromosomal, epigenetisch).

Assoziation

Einige klinische Entitäten zeigen eine überzufällig häufige Kombination von bestimmten Fehlbildungen, die aber ätiologisch nicht eindeutig genug verknüpft sind, um als Syndrom bezeichnet zu werden. Die einzelnen Auffälligkeiten treten weit häufiger in **Assoziation** miteinander auf, als dies rein statistisch zu erwarten wäre. Dennoch zeigen entsprechende Störungen eine Variabilität im klinischen Erschei-

13.3 · Multiple morphologische Defekte

nungsbild bzw. im Fehlbildungsmuster. Eine Erblichkeit ist nicht erkennbar. Obwohl Assoziationen keine eindeutige Diagnose darstellen, ist es bedeutsam, bestimmte Fehlbildungsmuster zu erkennen und sich auf die Suche nach weiteren, möglicherweise okkulten Fehlbildungen zu machen.

▪▪▪ CHARGE-Syndrom

In vielen Fällen erweist sich die Deklaration als **Assoziation** als vorübergehend, bis es zur Klärung der Ätiologie eines Krankheitsbildes kommt. So geschehen beim CHARGE-Syndrom, einer Kombination aus Kolobomen (**C**oloboma), **H**erzfehler, **A**tresie der Choanen, mentaler **R**etardierung, **G**enitalfehlbildungen und Ohranomalien (**E**ar). CHARGE wurde zunächst als Assoziation angesehen, bis schließlich 2004 nachgewiesen werden konnte, dass eine Vielzahl der beschriebenen Fälle auf Mutationen im *CDH7*-Gen zurückzuführen sind. *CDH7* kodiert für eine Chromodomain-Helikase.

VACTERL-Assoziation (VATERR-Assoziation)

Der Name ist ein Akronym und setzt sich auf den Anfangsbuchstaben der möglichen Einzelsymptome zusammen.

🩺 Praxisfall

Herr und Frau Peschwitz stellen sich in der genetischen Poliklinik vor, weil die letzte Schwangerschaft wegen eines Fehlbildungssyndroms beim Kind abgebrochen wurde und sie jetzt das Wiederholungsrisiko für weitere Kinder wissen wollten. Die Schwangerschaft war zunächst normal verlaufen. Eine Fruchtwasserpunktion aufgrund des mütterlichen Alters von 37 Jahren ergab einen regelrechten männlichen Chromosomensatz. Im weiteren Verlauf entwickelte sich ein Polyhydramnion. Der daraufhin veranlasste Fehlbildungsultraschall zeigte zahlreiche Auffälligkeiten, aufgrund derer die Schwangerschaft (ohne genetische Beratung) abgebrochen wurde. Die nachfolgende postmortale Untersuchung zeigte eine asymmetrische Verkürzung der Unterarme und Formveränderungen der Hände, die radiologisch als rechtsseitige Radiusaplasie und linksseitige Radiusverkürzung bei Hypoplasie des ersten Mittelhandknochens beidseits dargestellt wurde. An der Wirbelsäule bestanden eine Agenesie des 12. Rippenpaares sowie eine Blockwirbelbildung des 3. und 4. Lendenwirbels. Es lagen Fehlbildungen der Lunge (Asymmetrie und Hypoplasie der Lungenflügel), des Herzens (Vorhof- und Kammerseptumdefekt) und des Urogenitaltrakts (Fehlen von Niere, Harnleiter und Nierenarterie links sowie Übergröße und Fehllage der rechten Niere) vor. Die rechte Umbilikalarterie fehlte, des Weiteren bestand eine subtotale Zwerchfellaplasie mit Verlagerung der Bauchorgane in den Thoraxbereich und eine fehlgelagerte Milz. Die neuropathologische Untersuchung des Groß- und Kleinhirns ergab einen unauffälligen Befund. Trotz des Fehlens von trachealen, ösophagealen oder analen Fehlbildungen konnte aufgrund des Fehlbildungsspektrums die Diagnose einer VACTERL-Assoziation gestellt werden.

▼

Eine Zwerchfellhernie ist dabei kein leitendes Symptom, wird aber bei 3,5% der Fälle beobachtet. Den Eltern wurde ein geringes Wiederholungsrisiko von 1–2% angegeben. Für nachfolgende Schwangerschaften wurde eine genaue sonographische Kontrolle empfohlen.

Epidemiologie
VACTERL tritt als sporadische Kombination mehrerer Fehlbildungen mit einer Häufigkeit von 1:6.000 unter Neugeborenen auf. Jungen sind etwa doppelt so häufig betroffen wie Mädchen. ♀:♂=1:2,2.

Klinische Merkmale
Die klinischen Merkmale erschließen sich anhand der Buchstaben des Akronyms (Tab. 13.1).

Tab. 13.1. Klinische Hauptmerkmale der VACTERL-Assoziation

Abkürzung	Steht für …	Häufigkeit der Fehlbildung
V	**V**ertebral defects (Wirbelkörperdefekte)	70%
A	**A**nal atresia (Analatresie; Abb. 13.4)	80%
C	**C**ardiac defects (angeborene Herzfehler, meist VSD)	55%
TE	**T**rach**e**oesophageal fistula (Ösophagusatresie mit tracheoösophagealer Fistel)	70%
R	**R**enal anomaly (Nierenfehlbildungen)	55%
L	**L**imb defects (Extremitätenfehlbildungen, v. a. Radiusaplasie, Polydaktylie, Syndaktylie; 25% Defekte der unteren Extremität)	65%

Abb. 13.4. Analatresie bei einem Neugeborenen. (Mit freundlicher Genehmigung der Universitäts-Kinderklinik Heidelberg)

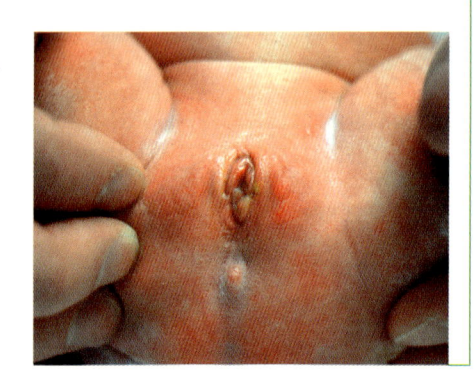

Ab und an werden auch die Akronyme VATER oder VATERR verwendet. Bei »VATER« liegt kein Herzfehler vor, bei »VATERR« steht das zweite »R« für »Radiusaplasie« anstelle von »L«. Weitere, seltener assoziierte Fehlbildungen sind genitale Anomalien (25%), Ohranomalien (20%), einzelne Nabelschnurarterie (30%), LKG-Spalten (5%) u. a.

Es gibt eine distinkte, familiäre Krankheit, die sich VACTERL-H (VACTERL plus Hydrozephalus) nennt und sowohl X-chromosomal-rezessiv als auch autosomal-rezessiv vererbt werden kann. Der Hydrozephalus beruht auf einer Aquäduktstenose. Die Prognose ist schlecht.

Genetik und Ätiopathogenese

Der Name **Assoziation** sagt es bereits: Es handelt sich um eine Symptomkonstellation, deren Ätiologie bislang nicht geklärt ist. Die meisten Fälle treten **sporadisch** auf. Das Wiederholungsrisiko ist gering und wird auf ca. 2% geschätzt. Es wird vermutet, dass VACTERL durch verschiedene Störungen hervorgerufen werden kann, welche aber alle Teil eines gemeinsamen embryologischen Entwicklungsschrittes sind. Die VACTERL-Assoziation tritt auch als Symptomenkomplex im Rahmen diverser definierter Syndrome auf, unter anderem bei Trisomie 18 und 13.

Diagnostik

VACTERL ist eine klassische **Ausschlussdiagnose**. Es gibt keinen spezifischen Test zur Bestätigung der Diagnose. Bis heute wurden auch keine konsensfähigen Diagnosekriterien formuliert. Die wenigsten Betroffenen weisen tatsächlich alle 7 Anomalien aus ◘ Tab. 13.1 auf, im Schnitt finden sich 3–4 dieser Symptome. Als **Minimalkriterien** gelten je eine Anomalie in jeder der 3 möglichen Körperregionen (Thorax, Extremitäten und Becken/unteres Abdomen) oder mindestens je 2 Anomalien in zwei dieser Regionen zu fordern.

Zur ätiologischen Abklärung sollte neben der Frage nach möglichen Teratogenen eine Chromosomenanalyse angefordert werden. Darüber hinaus sollte nach möglichen **okkulten Fehlbildungen** gesucht werden (Echokardiogramm zur Suche nach VSD, Abdomensonogramm zur Suche nach Nierenfehlbildungen etc.).

Therapie

Das Management der VACTERL-Assoziation ist komplex. Jede der sieben krankheitsdefinierenden Fehlbildungen kann eine chirurgische Intervention erforderlich machen. Dabei müssen Ösophagusatresie und Analatresie bereits unmittelbar nach Geburt bzw. innerhalb der ersten Lebenstage operiert werden.

> **Prognose**
> Die Prognose ist vor allem von der Schwere der einzelnen Fehlbildungen abhängig. 50–80% der Lebendgeborenen mit VACTERL-Assoziation sterben im ersten Lebensjahr. 12% der Kinder werden bereits tot geboren. Falls alle vorhandenen Fehlbildungen zufriedenstellend korrigiert werden können, ist die Prognose exzellent. Diese Kinder zeigen in der Regel eine normale geistige Entwicklung.

13.4 Teratogene Faktoren

Bis in die frühen 40er Jahre des 20. Jahrhunderts gab es keine wissenschaftlich tragfähigen Beweise dafür, dass exogene Faktoren zu embryonalen Fehlbildungen führen könnten. Die Beobachtung des australischen Augenarztes Norman McAlister Gregg, dass ein kausaler Zusammenhang zwischen Rötelinfektionen in der Frühschwangerschaft und einem typischen Fehlbildungsmuster aus Innenohrtaubheit, Katarakt und Herfehler beim Kind besteht, war die Geburtsstunde der Teratologie. 1961 beobachtete der Pädiater und Humangenetiker Widukind Lenz, dass nach Einnahme von Contergan (Thalidomid) gehäuft Hemmungsmissbildungen der Extremitäten (Phokomelie und Amelie) zu beobachten waren. Das zeigte, dass Medikamente die Plazenta passieren und Fehlbildungen erzeugen können. Bis heute wurden zahlreiche weitere Substanzen als Teratogene identifiziert.

Teratogene lassen sich in **4 Hauptgruppen** einteilen:
— Intrauterine Infektionen
— Medikamente und Drogen
— Physikalische Ursachen
— Mütterliche Stoffwechselkrankheiten

Aus experimentellen und klinischen Studien konnten einige allgemeine Prinzipien zur Wirkweise von Teratogenen herausgearbeitet werden:
— **Dosis:** Je höher die Dosis eines Teratogens und je länger die Einwirkdauer, desto größer der Effekt.
— **Sensible Phase:** Die Empfindlichkeit gegenüber einem Teratogen ist vom Entwicklungsstadium abhängig. Die meisten Organe durchlaufen Entwicklungsphasen, in denen sie besonders anfällig gegenüber exogenen Störfaktoren sind (◘ Abb. 13.1). Insgesamt am empfindlichsten ist die Phase der Organogenese (Embryonalzeit zwischen der 3. und 8. Gestationswoche).

– **Genetische Konstitution:** Die Empfindlichkeit gegenüber Teratogenen ist von der genetischen Konstitution des Organismus abhängig. Es konnte gezeigt werden, dass Mütter, die bereits ein Kind mit Alkoholembryopathie haben, ein deutlich höheres Wiederholungsrisiko für nachfolgende Schwangerschaften haben als Mütter, die bereits ein gesundes Kind geboren haben (und das bei Ingestion der gleichen Menge an Teratogen!).
– **Spezifität:** Jedes Teratogen hat einen spezifischen Wirkmechanismus auf zellulärer Ebene. Er führt zu spezifischen, von der Organanlage abhängigen Fehlbildungen.

Intrauterine Infektionen

Die wichtigsten teratogenen Infektionskrankheiten sind ansonsten harmlose Kinderkrankheiten. Häufig stecken sich die schwangeren Frauen bei den eigenen älteren Kindern an, wenn diese z. B. den Kindergarten besuchen. Eine Ausnahme ist die Toxoplasmose, bei der Haustiere (Katzen) oder auch Rohmilchprodukte typische Infektionsquellen sind. Bei der Bewertung einer Infektion muss vor allem auf folgende Punkte geachtet werden:
– Ist die akute Infektion über die entsprechende Antikörperbestimmung gesichert?
– In welcher Schwangerschaftswoche erfolgte die Infektion?
– Wie wahrscheinlich ist bei erfolgter Infektion eine kindliche Schädigung?

Die wichtigsten teratogenen Infektionen werden bei der **TORCH-Analyse** (Toxoplasmose, Röteln, Zytomegalie, Herpes simplex) erfasst. Diese Untersuchung sollte bei gegebener Indikation möglichst rasch nach Geburt erfolgen, um die teratogene Infektion sicher zu bestätigen (bei später Testung kann man prä- und postnatale Infektionen nicht mehr sicher unterscheiden).

Rötelnembryopathie. Die Übertragung des Rubella-Virus erfolgt diaplazentar während der Virämie bei Erstinfektion der Schwangeren. Das Risiko kindlicher Fehlbildungen liegt bei Infektion der Mutter (mit manifestem Exanthem) innerhalb der ersten 12 Schwangerschaftswochen (p.m.) bei bis zu 85%, zwischen der 13. und der 16. Schwangerschaftswoche (p.m.) bei rund 50% und gegen Ende des zweiten Trimesters nur noch bei 25%. Häufig führt die Rötelnembryopathie zum Abort oder zur Totgeburt. Eine Infektion des Embryos vor Abschluss der Organogenese führt zu einer typischen Kombination von Innenohrtaubheit, Herzfehler (typisch: Pulmonalstenose), Augenschädigung (Katarakt, Mikrophthalmus, »Pfeffer-und-Salz-Retinopathie«), Mikrozephalie und Wachstumsretardierung.

Alle Mädchen sollten vor Eintritt in die Pubertät gegen Röteln geimpft werden (aktive Immunisierung). Es steht ein sicherer und wirksamer Impfstoff zur Verfügung. Der Impferfolg sollte durch Nachweis eines protektiven Titers ($\geq 1:32$) im

HAH-Test nachgewiesen werden. Eine aktive Impfung während der Schwangerschaft ist kontraindiziert.

Zytomegalie. Die kongenitale Zytomegalie beruht in den meisten Fällen auf einer Primärinfektion der Schwangeren. In 40% der Fälle kommt es während der Virämie zu einer Infektion des Feten. Etwa 15% dieser Kinder erkranken klinisch manifest. Das Risiko einer fetalen Erkrankung ist in der ersten Schwangerschaftshälfte größer als in der zweiten. Die charakteristischen Symptome einer kongenitalen Zytomegalie sind: Mikrozephalie, intrazerebrale Verkalkungen, Blindheit und Chorioretinitis, Hepatosplenomegalie und zum Teil typische Zahnschmelzdefekte.

Toxoplasmose. Nur bei Erstinfektion der Schwangeren kommt es zu einer Parasitämie mit Gefährdung des Feten. Die Infektion der Mutter erfolgt über ungenügend erhitztes Fleisch, Haustiere (insbesondere Katzen) oder mit Faeces verunreinigtem Boden. Das fetale Infektionsrisiko ist umso höher, je später in der Schwangerschaft die Infektion erfolgt. Erkrankt die Schwangere im 1. Trimenon, kommt es in ca. 15% der Fälle zu einer Infektion des Embryos. Im 2. Trimenon liegt das Risiko bei 45%, im 3. Trimenon bei 70%. Gleichzeitig gilt aber, dass die Symptomatik beim Feten umso blander ausfällt, je später er erkrankt. Klassisch ist die Trias aus Enzephalitis (mit intrazerebralen Verkalkungen und Hydrozephalus), Chorioretinitis und Hepatitis. Besteht bei einer Schwangeren der Verdacht einer frischen Infektion mit Toxoplasma gondii, muss sofort eine Therapie mit Spiramycin (bis zur 15. SSW) bzw. Sulfazidin (ab der 16. SSW) eingeleitet werden. Dadurch kann das Risiko der Infektion und Schädigung des Feten um die Hälfte reduziert werden.

Varizellen. Eine Erstinfektion mit Varicella zoster Virus kann zu fetaler Virämie und teratogenen Effekten führen. Das Risiko hierfür liegt jedoch unter 2%. Am empfindlichsten ist der Fet zwischen der 13. und 20. Gestationswoche (p.m.). Als typische Schädigungen finden sich Mikrozephalie, Muskelatrophie, Mikrophthalmie, Extremitätenfehlbildungen (verschiedene Arten der Hypoplasie) und Hautanomalien mit Narben, Bläschen und epidermalen Hypoplasien.

Parvovirus B19. Infektionen mit Parvovirus B19, Ursache des Erythema infectiosum bei Kindern, sind bei Erwachsenen häufig asymptomatisch. Erkrankt jedoche eine Schwangere und mit ihr der Fet, so kann das schwerwiegende Folgen haben: Anämie, Hydrops fetalis und möglicher intrauteriner Fruchttod. Bei mütterlicher Erstinfektion während der Schwangerschaft kommt es in 25–50% der Fälle auch zu einer fetalen Virämie. Ein manifester Hydrops entwickelt sich aber nur in einem Bruchteil der Fälle. Mögliche Begleitsymptome sind Myokarditis, Myositis, Arthrogryposis u. a.

Medikamente und Drogen

Thalidomid (Abb. 13.5). In den Jahren 1959–1962 war Contergan als nicht verschreibungspflichtiges, thalidomidhaltiges Sedativum in Deutschland und vielen anderen Ländern frei erhältlich. Aufgrund seiner besonders guten Wirkung gegen Schwangerschaftsübelkeit wurde es häufig in den ersten Schwangerschaftsmonaten eingesetzt. In der Folge kam es bei den Kindern von Schwangeren, die in diesem Zeitraum Thalidomid eingenommen hatten, zu einem dramatischen Anstieg von Hemmungsfehlbildungen der Extremitäten (Phokomelien und Amelien). Mehr als 6.000 Kinder waren weltweit betroffen, davon allein 3.000 in Deutschland. Das Fehlbildungsrisiko bei Exposition betrug etwa 20% und das kritische Zeitfenster umfasste 15 Tage (35.–50. Tag p.m.). Die Art der Fehlbildung kann eng mit dem Tag der Einnahme korreliert werden (z. B. typische Peromelie bei Einnahme zwischen dem 38. und 40. Tag p.m., Duodenalatresie bei Einnahme zwischen dem 41. und 43. Tag und Herzfehlbildungen bei Einnahme zwischen dem 43. und 47. Tag). Die Thalidomidembryopathie kann mit ihrem klinischen Bild eine Phänokopie des autosomal-dominant erblichen **Holt-Oram-Syndroms** (Phokomelie auf obere Extremitäten beschränkt, Radiusaplasie, Herzfehler, normale Intelligenz; Abb. 13.6) sowie des autosomal-rezessiv erblichen Roberts-Syndrom (Phokomelie aller Extremitäten, aber auch Min-

Abb. 13.5. Thalidomid-Embryopathie

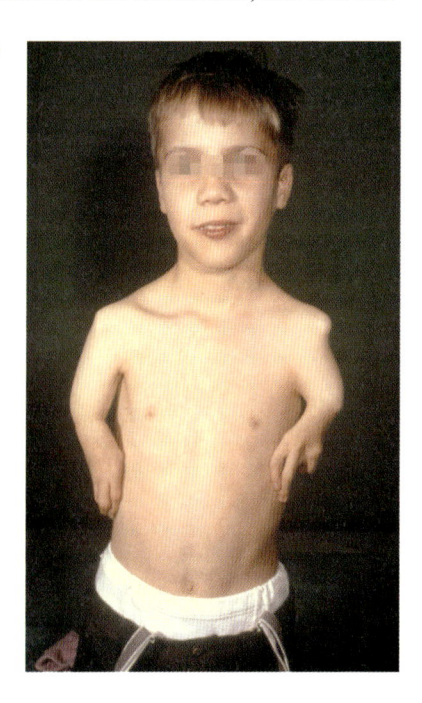

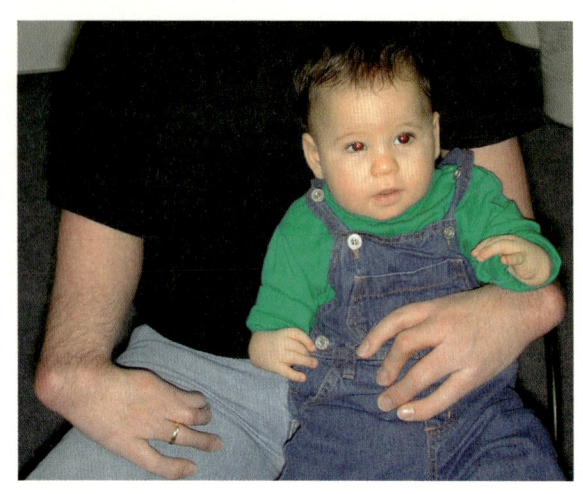

Abb. 13.6. Holt-Oram-Syndrom bei Vater und Sohn. Das dominant erbliche Fehlbildungssyndrom ist eine wichtige Differenzialdiagnose bei Radiusstrahlfehlbildungen. Die Intelligenz ist völlig normal

derwuchs, Lippen-Kiefer-Gaumenspalte, psychomotorische Entwicklungsstörung) darstellen.

Cumarine. Cumarine sind Vitamin-K-Antagonisten und werden zur Thrombemboliprophylaxe eingesetzt. Während in Deutschland Marcumar am gängigsten Verwendung findet, wird in anderen Ländern (z. B. USA) Warfarin weit häufiger eingesetzt. Marcumar und Warfarin unterscheiden sich in ihrer Halbwertszeit (3–7 Tage gegenüber 1,5–2 Tagen). Bei Einsatz von Cumarinen in der Schwangerschaft kommt es bei etwa 5% der Kinder zu einer Embryopathie mit dysproportioniertem Minderwuchs, Extremitätenhypoplasien, hypoplastischer Nase, Augenfehlbildungen (Katarakt, Mikrophthalmie) und röntgenologisch kalkspritzerartigen Veränderungen der Epiphysen. Die Cumarinembryopathie ist eine Phänokopie des Conradi-Hünermann-Syndroms (Chondrodysplasia punctata, X-chromosomal-dominante Variante) (▶ Kap. 26.2).

> **Wichtig**
>
> **Phänokopien medikamenteninduzierter Embryopathien:**
> - Thalidomidembryopathie (Contergan): Holt-Oram-Syndrom
> - Cumarinembryopathie (v. a. Warfarin): Conradi-Hünermann-Syndrom

Antiepileptika. Kinder von Müttern mit behandlungsbedürftiger Epilepsie haben ein 2- bis 3-fach erhöhtes Risiko für Fehlbildungen gegenüber der Allgemeinbevölkerung. Dieses Risiko gilt unabhängig davon, ob die Schwangere tatsächlich medikamentös behandelt wird oder nicht. Die Krankheitsbilder sind dabei nicht streng medikamentenspezifisch, sondern zeigen erhebliche Überschneidungen. Als Ursache für die embryopathische Wirkung werden toxische Epoxidmetabolite, aber auch Vitamin B_{12}- und Folsäuremangel diskutiert. Wird die Mutter während der gesamten Schwangerschaft mit Phenobarbital, Phenytoin oder Carbamazepin behandelt, besteht beim Kind ein etwa 5–10%-iges Risiko für die Entwicklung von prä- und postnatalem Minderwuchs, Mikrozephalie, leichter mentaler Retardierung, Mittelgesichtshypoplasie u. a. Auffälligkeiten. Seltener finden sich Herzfehler und LKG-Spalten. Bei Behandlung mit Valproinsäure besteht ein deutlich erhöhtes Risiko für Neuralrohrdefekte und/oder Dysmorphien mit Trigonozephalie, kleinem Mund und dysplastischen Ohren. Bei einer behandlungsbedürftigen Epilepsie sollten die notwendige Medikation keinesfalls abgesetzt werden, jedoch sollte auf die geringste effektive Dosis und möglichst eine Einzeltherapie (im Gegensatz zu einer Kombinationsbehandlung mit mehreren Antiepileptika) umgestellt werden. Vor Schwangerschaftsbeginn sollte eine prophylaktische Folsäuresubstitution begonnen werden, um das Risiko für einen Neuralrohrdefekt zu minimieren.

Retinoide. Retinoide (Vitamin A-Derivate) sind hochwirksame Medikamente, die z. B. in der Dermatologie zur systemischen Behandlung einer schweren Psoriasis verwendet werden. Wird eine Schwangere über den 15. Tag p.c. hinaus mit Retinoiden (v. a. Isoretinoin) behandelt, besteht ein etwa 35%-iges Risiko für die Entwicklung von kraniofazialen Dysmorphien mit flachem Gesicht, Fazialisparese, Gaumenspalte, Mikrogenie und dysplastischen Ohren bis hin zur Anotie. Hinzu kommen häufig weitere Fehlbildungen wie konotrunkale Herzfehler, Thymushypoplasie, Hydrozephalus, hypoplastische Nieren und andere urogenitale Fehlbildungen. Die betroffenen Kinder zeigen in der Regel eine psychomotorische Retardierung.

Zytostatika. Eine Chemotherapie mit Zytostatika hat aufgrund des intrinsischen Wirkmechanismus zwangsläufig ein teratogenes Risiko. Vor allem für Folsäureantagonisten (Methotrexat, Aminopterin) und alkylierende Substanzen liegen zahlreiche Berichte von Embryopathien vor. Das Risiko schwerer Fehlbildungen liegt bei Monotherapie mit einem Zytostatikum im ersten Trimenon bei etwa 20%.

Drogen

Wichtigstes und häufigstes Krankheitsbild ist die Alkoholembryopathie. **Nikotinabusus** während der Schwangerschaft führt zu einem erniedrigten Geburtsgewicht und erhöht die Rate von Frühgeburtlichkeit und perinataler Mortalität, führt aber nicht zu Fehlbildungen. Ähnliches gilt für den Missbrauch von **Opiaten** wie Heroin oder Morphium. Starker **Kokainabusus** wirkt teratogen und führt zu einer Embryopathie mit Hemmungsmissbildungen der Extremitäten, verschiedenen ZNS-Fehlbildungen bis hin zur Porenzephalie, schwerer intrauteriner Wachstumsretardierung, sowie urogenitalen und gastrointestinalen Fehlbildungen. Ein Teil der Kokainwirkungen wird auf den sympathomimetischen Effekt der Droge zurückgeführt.

Fetales Alkoholsyndrom (Alkoholembryopathie)

Alkohol ist neben dem Rauchen das am weitesten verbreitete Suchtmittel westlicher Bevölkerungen. Jeder Deutsche konsumiert pro Jahr umgerechnet mehr als 10 l reinen Alkohols. Es ist insofern aus heutiger Sicht eher erstaunlich, dass erst Ende der 60er Jahre des 20. Jahrhunderts im Rahmen einer wissenschaftlichen Veröffentlichung auf den schädlichen Einfluss des Alkohols auf die Embryonalentwicklung hingewiesen wurde. Zahlreiche nachfolgende Studien in den 70er Jahren führten schließlich dazu, dass das teratogene Potenzial des Alkohols von Wissenschaft und Gesellschaft erkannt und thematisiert wurde. Seitdem hat auch ein gesellschaftlicher »Sinneswandel« in Bezug auf die Akzeptanz von Alkoholkonsum schwangerer Frauen stattgefunden.

Praxisfall

Ein 2½ Jahre altes Mädchen wird wegen einer Entwicklungsverzögerung in der klinisch-genetischen Sprechstunde vorgestellt. Bei der Geburt zum Termin waren die Körpermaße zu klein gewesen (*small for gestational age*, SGA), später hatte das Kind in Größe und Gewicht etwas aufgeholt und lag mit diesen Werten an der unteren Normgrenze. Die Meilensteine der psychomotorischen Entwicklung wurden verzögert erreicht. Sehr belastend für die alleinerziehende Mutter waren ausgeprägte Verhaltensauffälligkeiten mit starker Unruhe und sehr unkonzentriertem, hyperaktivem Spielverhalten. Die klinisch-genetische Untersuchung zeigte deutliche faziale Dysmorphien, darunter einen Epikanthus beidseits, einen schmalen Mund mit dünnem Oberlippenrot, ein langes, verstrichenes Philtrum, eine kurze Nase mit antevertierten Nares. Der Kopfumfang lag 1 cm unter der altersentsprechenden Normgrenze. Fehlbildungen der inneren Organe lagen nicht vor. Auf Nachfrage gab die Mutter an, während der Schwangerschaft 4- bis 5-mal bis zur Bewusstlosigkeit getrunken zu haben, was jedes Mal zu einem Krankenhausaufenthalt führte. Zwischendurch sei sie trocken gewesen. Dieses »Quartalstrinken« (Epsilon-Alkoholismus) hatte bereits mehrere Jahre bestanden. Eine stationäre Therapie während der Schwangerschaft war von der Mutter abgebrochen worden. Klinisch wird eine Alkoholembryopathie diagnostiziert. Mit der Mutter wird besprochen, dass nach erfolgreichem Abschluss einer Behandlung und langfristiger vollständiger Abstinenz in einer zukünftigen Schwangerschaft kein erhöhtes Risiko für das dann erwartete Kind besteht, sofern sie keinen Tropfen Alkohol zu sich nimmt (für Alkoholiker unabdingbar).

▼

Epidemiologie

Das fetale Alkoholsyndrom gilt neben dem Down-Syndrom und der Myelozele als eine der häufigsten Ursachen angeborener, mentaler Retardierung weltweit. Die tatsächliche Prävalenz ist nur schwer abschätzbar, in der Literatur finden sich meist Angaben zwischen 1:1.000 und 1:3.000 Neugeborenen.

Klinisch Merkmale und Verlauf

Drei Kardinalsymptome zeichnen das fetale Alkoholsyndrom aus (◘ Abb. 13.7):
- Psychomotorische Entwicklungsstörung
- Prä- und postnatale Wachstumsstörung
- Charakteristische kraniofaziale Dysmorphien

Die Diagnose ist letztlich nicht leicht zu stellen, und es ist anzunehmen, dass bei vielen Kindern die Diagnose übersehen oder fehlerhaft gestellt wird. Da das klassische fetale Alkoholsyndrom nur bei den Kindern von alkoholkranken Frauen gefunden wird, diese Krankheit aber häufig verneint wird, ist eine kritische Anamnese hier von besonderer Bedeutung.

Betroffene Kinder sind typischerweise bei Geburt zu klein (SGA) und zeigen auch postnatal eine **Dystrophie** (kein Aufholwachstum, wie z. B. für eine Plazentainsuffizienz typisch ist). Manchmal besteht schon bei Geburt eine **Mikrozephalie,** die sich ansonsten erst im Lauf der kommenden Lebensjahre ausprägt.

◘ **Abb. 13.7. Fetales Alkoholsyndrom**

Die charakteristischen **kraniofazialen Dysmorphien** sind nicht immer eindeutig oder spezifisch. Betroffene Kinder haben typischerweise kurze, nach lateral abfallende Lidspalten. Der Nasenrücken ist relativ kurz und flach. Sehr charakteristisch ist das **verstrichene Philtrum** (95% der Fälle) und das **schmale Oberlippenrot** (65%). Das Mittelgesicht stellt sich aufgrund einer maxillären Hypoplasie insgesamt abgeflacht dar. Die Ohren sitzen in vielen Fällen tief und sind ggf. leicht dysplastisch.

Ca. 30% der Patienten haben einen **angeborenen Herzfehler** (meist VSD oder ASD), bei etwa eben so vielen finden sich **genitale Anomalien** (wie Hypospadie, Klitorishypertrophie, hypoplastische Labien, etc.). Auf skelettäre und renale Fehlbildungen (Nierenagenesie, Doppelniere etc.) ist zu achten.

In Abhängigkeit von der Schwere des Alkoholabusus der Mutter findet sich eine variabel ausgeprägte **psychomotorische Retardierung**. Besonders defizitär ist die Sprachentwicklung (Verzögerungen bei >90% der Patienten) sowie das logische und abstrakte Denken. Im Kindergarten- und Vorschulalter fallen viele Betroffene durch Hyperaktivität, Impulsivität, distanzloses Verhalten, erhöhte Risikobereitschaft und vermehrte Stimmungslabilität auf. Auffällig sind Störungen der Feinmotorik, wohingegen die Grobmotorik meist gut erhalten ist.

Ätiopathogenese

Das Vollbild des fetalen Alkoholsyndroms findet sich nur bei Kindern von chronischen Alkoholikerinnen. Bis heute bleibt weitgehend ungeklärt, wie es sich für die milderen Formen, die sog. **fetalen Alkoholeffekte** verhält. Eine »Schwellendosis« ist nicht bekannt. Wahrscheinlich reicht der stetige Konsum von zwei »Drinks« pro Tag in der Frühschwangerschaft aus, um das heranreifende Kind zu schädigen. Gleiches gilt für Gelegenheitstrinkerinnen mit 5 oder mehr »Drinks« bei einzelnen Anlässen. Die kindliche Schädigung beschränkt sich dabei nicht auf das erste Schwangerschaftsdrittel, vielmehr kann eine Schädigung des reifenden Gehirns während der gesamten Schwangerschaft erfolgen.

Für Ethanol besteht keine Plazentaschranke, so dass im Embryo bzw. Fetus die gleichen Blutalkoholspiegel erreicht werden wie in der Mutter. Ob allerdings das Ethanol selbst oder eher seine Metabolite (v. a. Acetaldehyd) teratogene Wirkung entfalten, ist unklar.

Etwa ein Drittel der Kinder chronisch alkoholkranker Frauen hat ein typisches fetales Alkoholsyndrom; zwischen 50 und 70% zeigen Alkoholeffekte.

Diagnostik

Die Diagnose ist klinisch und anamnestisch begründet. Bei Verdacht auf fetales Alkoholsyndrom ist nach okkulten Fehlbildungen (Herz, Niere, ableitende Harnwege) zu suchen.

Therapie

Die Therapie ist symptomatisch. Oft sind gerade in den ersten Lebenswochen und -monaten lange Krankenhausaufenthalte u. a. zur Korrektur etwaiger größerer Fehlbildungen vonnöten.

> **Wichtig**
>
> Am wichtigsten ist die **Primärprävention**, denn schließlich ist das fetale Alkoholsyndrom ein komplett verhütbares Fehlbildungssyndrom. Präventive Maßnahmen gegen maternalen chronischen Alkoholabusus sind also dringend geboten!

Prognose

Letztlich entscheidend ist für die meisten Patienten die Schwere der mentalen Behinderung. Die meisten Kinder mit fetalem Alkoholsyndrom gehen auf Sonderschulen. Nur ein Drittel der Kinder lebt bei einem leiblichen Elternteil, die anderen leben in Heimen oder bei Pflegeeltern.

Physikalische Ursachen

Ionisierende Strahlen. Die teratogene Wirkung radioaktiver Strahlen wurde in Folge der Atombombenexplosionen von Hiroshima und Nagasaki gegen Ende des 2. Weltkrieges deutlich. Untersuchungen betroffener Frauen, die zur Zeit der Atombombenexplosion schwanger waren und das Unglück überlebten, zeigten eine Fehlgeburtsrate von 28%. 25% brachten Kinder zur Welt, die im Laufe des ersten Lebensjahres verstarben, und 25% der überlebenden Kinder zeigten schwere Fehlbildungen vor allem des zentralen Nervensystems. Ionisierende Strahlen wirken wohl nur in sehr hohen Dosen teratogen. Im Rahmen der radiologischen Diagnostik werden die dafür notwendigen Strahlendosen in der Regel nicht erreicht, auch nicht bei umfassenden Untersuchungen während der Schwangerschaft (Ausnahme: szintigraphische Untersuchungen, bei denen sich Radionuklide auch in den kindlichen Organen anreichern). Anders verhält es sich für mögliche therapeutische Bestrahlungen. Die Deutsche Röntgengesellschaft hat einen kritischen Schwellenwert festgelegt, der nicht überschritten werden sollte. Er liegt bei 50 mSv zwischen der 2. und 8. Entwicklungswoche. Es gilt jedoch zu bedenken, dass es keine Schwellenwerte für eine karzinogene Wirkung ionisierender Strahlen wie auch für die Entstehung somatischer Punktmutationen und damit assoziierter Krankheitsbilder gibt. Der Einsatz ionisierender Strahlen bei Schwangeren sollte immer auf das absolut Notwendige beschränkt werden. Das viel diskutierte teratogene Risiko von Flugreisen konnte nicht belegt werden. Langstreckenflüge während der Schwangerschaft gelten nach dem heutigen Kenntnisstandes als unbedenklich.

Mütterliche Stoffwechselkrankheiten

Maternaler Diabetes mellitus. Die Wahrscheinlichkeit für kongenitale Fehlbildungen bei Kindern diabetischer Mütter beträgt etwa 6–9%, ist gegenüber der Allgemeinbevölkerung 2- bis 3-fach erhöht. Dies gilt vor allem für Mütter mit Typ-1-Diabetes. Bei unbehandeltem bzw. sehr schlecht eingestelltem Diabetes besteht ein bis zu 10%iges Risiko für die Entstehung einer **Embryopathia diabetica**. Am häufigsten finden sich Herzfehler (v. a. konotrunkale Fehlbildungen), ZNS-Fehlbildungen und Neuralrohrdefekte. Eine weitere typische Fehlbildung, die meist sporadisch oder durch maternalen Diabetes mellitus verursacht wird, ist eine kaudale Regressionsanomalie mit Fehlen von Kreuz- und Steißbein, Hypoplasie von Becken und unterer Extremität, Analatresie und urogenitalen Fehlbildungen (◘ Abb. 13.8). Im Extremfall sind die Beine ab dem Becken miteinander verschmolzen, was nach den mit Fischschwänzen dargestellten Sirenen der griechischen Mythologie als Sirenomelie bezeichnet wird (diese Fehlbildung findet sich gehäuft auch bei Zwillingsschwangerschaften, wobei dann in aller Regel nur ein Zwilling betroffen ist). Bis zu 50% der Kinder mit manifester Embryopathia diabetica versterben aufgrund ihrer schweren Fehlbildungen. Eine möglichst präkonzeptionell beginnende, optimale Blutzuckereinstellung ist von entscheidender Wichtigkeit und reduziert das Risiko erheblich.

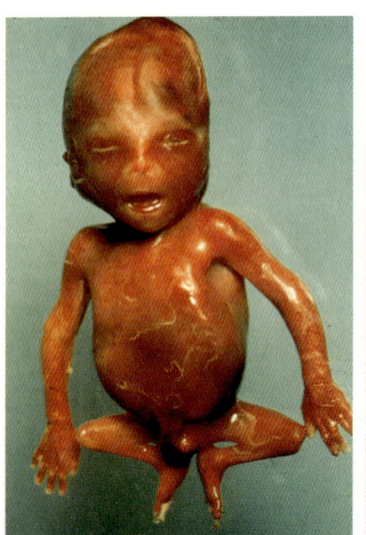

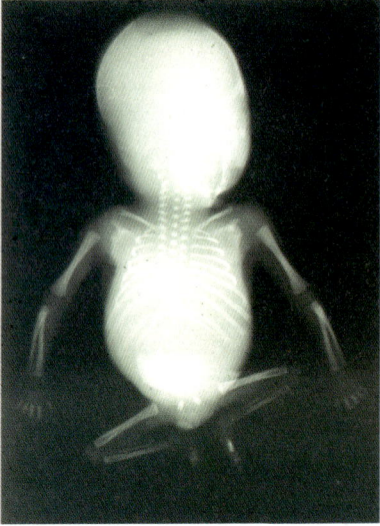

◘ **Abb. 13.8.** Kaudale Regressionsfehlbildung bei mütterlichem Diabetes mellitus während der Schwangerschaft. **a** Äußerer Aspekt, **b** Babygramm

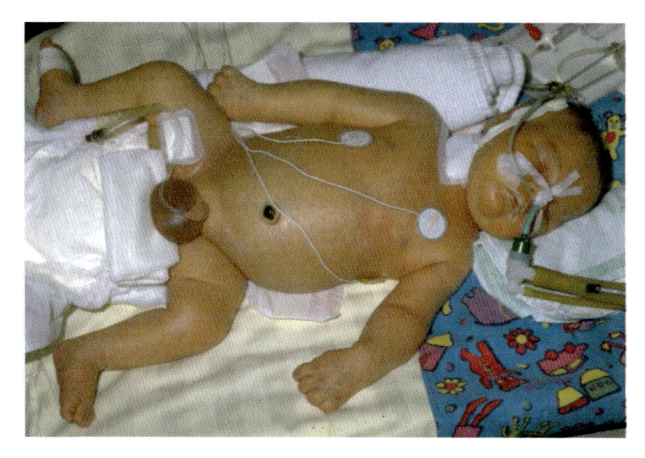

Abb. 13.9. Diabetische Fetopathie. (Mit freundlicher Genehmigung von G.F. Hoffmann, Universitäts-Kinderklinik Heidelberg)

Diabetische Fetopathie

Kinder von Müttern mit **Gestationsdiabetes** haben in der Regel kein erhöhtes Fehlbildungsrisiko, da sich die meisten Fälle nach dem vollendeten 1. Trimenon (nach Abschluss der Embryogenese) entwickeln. Kinder von Müttern mit schlecht eingestelltem Gestationsdiabetes haben daher vor allem ein erhöhtes Risiko für eine **Fetopathia diabetica** (Abb. 13.9): Kindliche Makrosomie mit adipös-pastösem Habitus bei funktioneller Unreife und hyperinsulinämischen Hypoglykämie (histologisch ist eine Vermehrung und Vergrößerung der Langerhans-Inseln im Pankreas nachweisbar). Die perinatale Mortalität der Fetopathia diabetica ist hoch. Auch wenn die postpartale Hypoglykämie (ausgelöst durch die hohen Insulinspiegel) ausgeglichen werden kann, sterben viele Kinder an Atemnotsyndrom oder Neugeborenenpneumonie.

Maternale Phenylketonurie. Hohe mütterliche Phenylalaninspiegel (>360 μmol/l) können eine Embryopathie und Fetopathie verursachen, wobei eine direkte Korrelation zwischen der Höhe des Phenylalaninspiegels im mütterlichen Blut und der Wahrscheinlichkeit des Auftretens von Fehlbildungen beim Kind besteht. Typische Befunde sind Herzfehler, Mikrozephalie und mentale Retardierung: bei mütterlichen Phenylalaninspiegeln zwischen 900 und 1.200 μmol/l haben über 90% der Kinder deutliche kognitive Defizite. Mehr als 50% der Kinder zeigen eine postnatale Wachstumsstörung. Darüber hinaus ist die Abortrate bei nicht adäquat behandelter Phenylketonurie auf bis zu 25% erhöht. Eine strenge Diät der PKU-Patientin muss schon vor Konzeption begonnen und über die gesamte Dauer der Schwangerschaft hinweg eingehalten werden.

14 Risikoberechnung

Drei klassische Beratungssituationen der klinischen Humangenetik:
- Ein Ratsuchender weiß von einer erblich bedingten Krankheit in der Familie und will wissen, mit welcher Wahrscheinlichkeit er selbst betroffen ist
- Ein Ratsuchender weiß, dass er eine bestimmte, krankheitsassoziierte Mutation in sich trägt und will wissen, mit welcher Wahrscheinlichkeit die Krankheit tatsächlich bei ihm ausbrechen wird
- Ein ratsuchendes Ehepaar hat ein Kind mit einer erblichen Krankheit und will wissen, wie hoch das Wiederholungsrisiko für zukünftige Schwangerschaften ist

Dreimal die Frage nach der Wahrscheinlichkeit, mit der ein Ereignis eintritt. Drei Fragen, die womöglich über individuelle oder gemeinsame Lebenskonzepte entscheiden.

14.1 Wahrscheinlich oder Unwahrscheinlich?

Rechnen und Vermitteln. Eine der wichtigen Aspekte der genetischen Beratung ist die Risikoberechnung. Die reine Bestimmung der richtigen Zahlenwerte stellt dabei nur den ersten Schritt dar, ebenso bedeutsam ist die Vermittlung der Wahrscheinlichkeit, mit der das jeweilige Ereignis eintreten wird. Entscheidend ist, dass der Ratsuchende mit der errechneten Risikoziffer tatsächlich etwas anfangen kann. Dass Risikozahlen von verschiedenen Personen ganz unterschiedlich verstanden werden, zeigt sich beinahe täglich in der genetischen Beratung. Verschiedene Faktoren sind dafür verantwortlich.

Eine Frage des Ausdrucks. Die deutsche Sprache bietet zahlreiche Möglichkeiten auszudrücken, dass ein Ereignis nicht mit absoluter Sicherheit eintreten wird: vielleicht, wahrscheinlich, unwahrscheinlich, möglich, sicher, ganz sicher, nicht sicher, denkbar, nicht ausgeschlossen, usw. Untersuchungen haben gezeigt, dass diese Begriffe von unterschiedlichen Personen unterschiedlich verstanden und bewertet werden. Darüber hinaus werden Wahrscheinlichkeiten verschieden bewertet, je nachdem, ob das Ergebnis positiv oder negativ gesehen wird, oder welche Konsequenzen sich jeweils ergeben: die Wahrscheinlichkeit von ca. 5% für die Geburt eines Kindes mit einer Chromosomenstörung beim mütterlichen Alter von 45 Jahren wird in der Regel als hoch angesehen, während eine Überlebenswahrscheinlichkeit von 5% bei einer Krebserkrankung als gering betrachtet wird.

Schon allein die Begriffe »Risiko«, »Chance«, »Möglichkeit« oder »Wahrscheinlichkeit« enthalten Wertungen (z. B. Risiko = schlecht, Chance = gut), die ggf. von verschiedenen Personen unterschiedlich wahrgenommen und eingeordnet werden. Im ärztlichen Beratungsgespräch sollten möglichst neutrale Begriffe oder auch verschiedene Begriffe nebeneinander für den gleichen Sachverhalt gewählt werden. Begriffe wie »Glück« oder »Pech«, die eindeutige und starke Wertungen beinhalten, sollten im genetischen Beratungsgespräch gar nicht vorkommen.

Nicht zuletzt macht es einen erheblichen Unterschied für das Verständnis und die Bewertung einer Risikozahl, ob diese als Wahrscheinlichkeiten (z. B. 0,005), als Prozentzahl (0,5%) oder als absolute (natürliche) Zahl (einer von 200) ausgedrückt werden. Rein mathematisch macht das keinen Unterschied, alle drei Ausdrücke beschreiben den gleichen Wert. Der Unterschied im Verständnis dieser Zahlen ist aber u. U. erheblich. Meist werden absolute Zahlen (einer in 200) besser verstanden als Prozentzahlen (0,5%) und diese wiederum besser als kleine Wahrscheinlichkeiten. Im Zweifelsfall sollten mehrere Darstellungsweisen verwendet werden, um mögliche Unklarheiten zu beseitigen.

▪▪▪ Verständliche Aufklärung
Nicht jeder Ratsuchende ist Hobbymathematiker und nicht jeder hat die gleichen intellektuellen Fähigkeiten. Wann immer dem Ratsuchenden ein grundlegendes Verständnis für Fragen der Wahrscheinlichkeitsrechnung fehlt, ist es die Aufgabe des Arztes, etwaige Missverständnisse aus dem Weg zu räumen. Gesunde Eltern mit einem ersten, an Phenylketonurie erkrankten Kind sind heterozygote Überträger und die Wahrscheinlichkeitsrechnung sagt, dass in dieser Partnerschaft eines von vier Kindern homozygot krank sein sollte. Die Tatsache, dass nach einem betroffenen Kind aber nicht zwangsläufig drei gesunde Kinder folgen, ist für manche Patienten nicht selbstverständlich. Ein mögliches Bild ist z. B. ein Beutel mit jeweils der gleichen Menge von Murmeln mit zwei unterschiedlichen Farben, z. B. blau und rot. Wenn zwei blaue Murmeln gezogen werden, ist das Kind krank, in allen anderen Fällen ist es gesund.

14.2 Regeln der Risikoberechnung

In den meisten Beratungssituationen der klinischen Genetik reicht die Kenntnis von drei grundlegenden mathmatischen Prinzipien aus, um zu einer guten Risikoabschätzung zu kommen. Es handelt sich um den Additionssatz, den Multiplikationssatz und um das Bayes-Theorem.

Additionssatz
Wenn zwei Ereignisse A und B sich wechselseitig ausschließen und damit nicht gleichzeitig eintreten können, nennt man diese beiden Ereignisse unvereinbar. Liegt nun die Wahrscheinlichkeit, dass Ereignis A eintritt bei P(A) und die Wahrschein-

lichkeit, dass Ereignis B eintritt bei P(B), dann kann man schließen, dass die Wahrscheinlichkeit P(A∪B), dass entweder Ereignis A oder Ereignis B eintritt, bei P(A)+P(B) liegt:

P(A∪B)=P(A)+P(B)

Als Beispiel: Zwillinge können entweder eineiig oder zweieiig sein. Die Wahrscheinlichkeit, dass ein Zwillingspaar eineiig ist, liegt bei P(EZ)=⅓ (▶ Kap. 1.6). Die Wahrscheinlichkeit, dass ein Zwillingspaar zweieiig ist, liegt bei P(ZZ)=⅔. Nach dem Additionssatz liegt die Wahrscheinlichkeit dafür, dass das Zwillingspaar entweder eineiig oder zweieiig ist, bei P(EZ∪ZZ)=⅓+⅔=1. Oder kurz gesagt: Die Summe aller Möglichkeiten ist 1.

Multiplikationssatz
Wenn zwei Ereignisse A und B voneinander unabhängig sind, findet der Multiplikationssatz Anwendung. Tritt das Ereignis A wiederum mit einer Wahrscheinlichkeit P(A) und ein Ereignis B mit einer Wahrscheinlichkeit P(B) ein, dann gilt für die Wahrscheinlichkeit, dass sowohl A als auch B eintreten:

P(A∩B)=P(A)×P(B)

Als Beispiel: Die Wahrscheinlichkeit für eine Fehlgeburt ist bei Fehlen besonderer Risikofaktoren etwa 1/6, und dies gilt auch für die zweiten Schwangerschaften derjenigen Paare, die in der ersten Schwangerschaft eine Fehlgeburt hatten. Daraus ergibt sich eine Wahrscheinlichkeit P(A∩B) von 1/6×1/6=1/36 oder ca. 3%, dass »zufällig« die erste und die zweite Schwangerschaft als Fehlgeburt endet. Diese gar nicht so kleine Zahl erklärt nebenbei auch, warum bei der Mehrheit der Paare mit ungeklärten Fehlgeburten keine Risikofaktoren vorliegen und nachfolgende Schwangerschaften normal ausgetragen werden.

Ein anderes Beispiel für die medizinische Praxis ist das Zusammentreffen von zwei unterschiedlichen Krankheitsbildern beim gleichen Patienten. Die Lebenszeitwahrscheinlichkeit für Brustkrebs ist bei einer Frau etwa 8% (0,08). Etwa 5% der Brustkrebsfälle sind auf familiäre Krebsekrankungen zurückzuführen. Die Lebenszeitwahrscheinlichkeit für Eierstockkrebs ist in der Normalbevölkerung ca. 1%, bei Frauen mit einer familiären Prädisposition dagegen ca. 50%. Die geschätzte Prävalenz von Mutationen in einem der beiden Brustkrebsgene *BRCA1* bzw. *BRCA2* bei Frauen beträgt etwa 0,5% (1:200 bzw. 0,005). Wenn nun bei einer Frau sowohl Brust- als auch Eierstockkrebs auftritt, so ist die Wahrscheinlichkeit dafür, dass keine Krebsdisposition vorliegt, also beide Erkrankungen völlig unabhängig voneinander auftreten, 0,08×0,01, also 0,0008 bzw. 1:1250. Die Wahrscheinlichkeit, dass das Zusammentreffen der beiden Krebsarten auf eine familiäre Krebsdisposition zurückzuführen ist, errechnet sich dagegen als 0,005×0,8×0,5=0,002 oder 1:500. Die Wahrscheinlichkeit für eine zugundeliegende Krebsdisposition ist also mehr als doppelt so hoch wie das zufällige Zusammentreffen der beiden Krebsarten, beides ist aber gut möglich.

Bayes-Theorem

1763 von Thomas Bayes publiziert, handelt es sich heute, knapp 250 Jahre später, um die wichtigste Methode zur Berechnung tatsächlicher Erkrankungswahrscheinlichkeiten in der klinischen Genetik und in der Medizin im Allgemeinen. Das Besondere am Bayes-Theorem ist, dass es bei der Berechnung einer Wahrscheinlichkeit zusätzliche Informationen, die ggf. leicht zu ermitteln sind, mit einfließen lässt. Alle Menschen folgen intuitiv im täglichen Leben dem Bayes-Theorem, auch wenn die genaue mathematische Formel sogar für den Humangenetiker meist nur schwer erinnerlich ist. Nehmen wir z. B. an, dass die Regenwahrscheinlichkeit an einem durchschnittlichen Septembertag etwa 20% ist, dann können wir dies an einem beliebigen Tag dadurch genauer bestimmen, dass wir morgens beim Verlassen des Hauses den Himmel anschauen. Ist der Himmel wolkenverhangen, so lohnt es sich eher, einen Regenschirm einzustecken, als bei klarem Hochdruckwetter. Die a priori Wahrscheinlichkeit von 20% wird durch diese zusätzliche Information verändert, die a posteriori Wahrscheinlichkeit bei Regenwetter ist sehr viel höher.

> **Wichtig**
>
> Das Prinzip des Bayes-Theorems hat drei wesentliche Schritte:
> - Ein Ereignis hat zunächst eine bestimmte a priori Wahrscheinlichkeit.
> - Durch zusätzliche Informationen fällt ein Teil der Möglichkeiten weg.
> - Für die übrig bleibenden Möglichkeiten lässt sich eine genauere a posteriori Wahrscheinlichkeit berechnen.

Das einfachste Beispiel ist die Wahrscheinlichkeit, mit der ein Kind von zwei Überträgern für die gleiche rezessive Krankheit selber Überträger ist. Die a priori Wahrscheinlichkeit ist ¼ bzw. 25%. Ist nun aber die Krankheit selber bei dem Kind ausgeschlossen, dann fällt ein Viertel der Möglichkeiten weg. Für die übrig bleibenden 75% lässt eine a posteriori Wahrscheinlichkeit von ⅔ berechnen.

Für komplexere Fragestellungen muss man genauer berechnen. Die Anwendung des Bayes-Theorems bezieht sich immer auf zwei Szenarien, die sich wechselseitig ausschließen (z. B. »krank« und »nicht krank«). Diese werden mit ihren jeweiligen Wahrscheinlichkeiten einander gegenübergestellt. Die **A-priori-Wahrscheinlichkeit** eines Szenarios beruht auf dessen durchschnittlicher Häufigkeit, ohne Berücksichtigung von zusätzlichen Informationen (wobei aber beispielsweise einfache Stammbauminformationen mit erfasst werden).

Kapitel 14 · Risikoberechnung

Tab. 14.1. Risikoberechnung mit dem Bayes-Theorem

	Ereignis/Möglichkeit A	Ereignis/Möglichkeit B
A-priori-Wahrscheinlichkeit (a+b=1)	a (oder 1−b)	b (oder 1−a)
Bedingte Wahrscheinlichkeit	c	d
Kombinierte Wahrscheinlichkeit	ac	bd
A-posteriori-Wahrscheinlichkeit	ac/(ac+bd)	bd/(ac+bd)

a

	Übertragerin	Keine Übertragerin
CK erhöht	0,7 × 0,5 = 0,35	0,05 × 0,5 = 0,025
CK normal	0,3 × 0,5 = 0,15	0,95 × 0,5 = 0,475

b

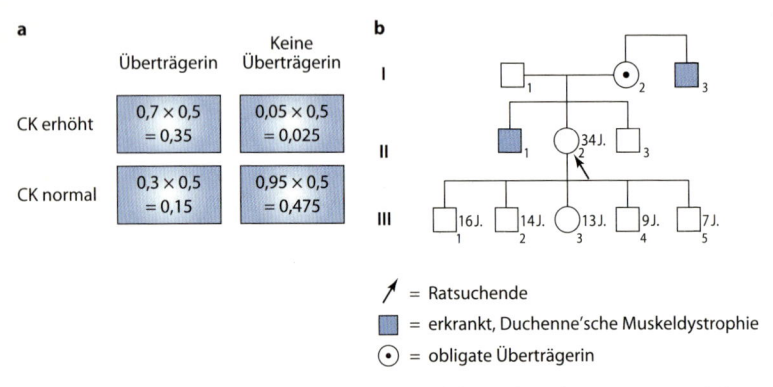

↗ = Ratsuchende
■ = erkrankt, Duchenne'sche Muskeldystrophie
⊙ = obligate Übertragerin

Abb. 14.1. Vierfeldertafel bei einer Wahrscheinlichkeitsberechnung (zu Beispiel 1)

Beispiel 1. Die A-priori-Wahrscheinlichkeit, Übertragerin einer Muskelystrophie Duchenne zu sein, liegt für die Tochter einer gesicherten Übertragerin bei 50% (0,5). Zusätzliche Informationen, z. B. die Bestimmung des CK-Wertes im Blut, können diese Vorabwahrscheinlichkeiten jedoch modifizieren. Hierzu wird die **bedingte Wahrscheinlichkeit** berechnet, mit der bei den beiden Szenarien ein bestimmter Befund erhoben wird, z. B. mit welcher Wahrscheinlichkeit die CK-Werte bei einer Übertragerin bzw. bei einer Normalperson erhöht sind. Für unser Beispiel nehmen wir an, dass 70% der Übertragerinnen erhöhte CK-Werte haben, aber nur 5% der Normalpersonen. Für die Berechnung der **kombinierten Wahrscheinlichkeit** aus a priori Wahrscheinlichkeit und bedingter Wahrscheinlichkeit kommt dann der Multiplikationssatz zur Anwendung (an unserem Beispiel leicht nachzuvollziehen: die Mendelschen Regeln und ein Bluttest sind voneinander unabhängig). Es ergibt sich eine Vier-Felder-Tafel, in der alle 4 Möglichkeiten dargestellt werden (◘ Abb. 14.1). Für die weitere Berechnung fallen die beiden Felder, die nicht in Frage kommen, weg, und die Wahrscheinlichkeitsziffern der beiden verbleibenden Felder werden zusammengezählt und als **neue Referenzgröße** verwendet (im Beispiel von ◘ Abb. 14.1 wäre dies 0,375 für den Fall, dass die CK-Werte erhöht sind). Übrigens: Wenn die beiden übrig bleibenden Ziffern Bruchzahlen sind, die den gleichen Nenner haben, so kürzt sich dieser bei der nachfolgenden Berechnung weg und die Summe der beiden Zähler ist die neue Referenzgröße. Die **A-posteriori-Wahrscheinlichkeit**, also die Wahrscheinlichkeit, die das ursprüngliche Szenario und die zusätzliche Information in einer einzigen Risikoziffer vereint, ergibt sich aus dem Anteil der kombinierten Wahrscheinlichkeit an dieser Referenzgröße (in diesem Fall 0,933 für einen Überträgerstatus, 0,067 für eine Normalperson, d. h., mit einer Wahrscheinlichkeit von 93% ist die Frau mit erhöhten CK-Werten eine Überträgerin).

Beispiel 2. Anhand eines zweiten Beispiels zur Muskeldystrophie Duchenne soll dies noch einmal erläutert werden. Eine Ratsuchende (B) will wissen, ob sie Anlageträgerin ist. Sie ist die Tochter einer obligaten Überträgerin, denn sowohl ihr Onkel mütterlicherseits als auch der Bruder waren an Duchenne-Muskeldystrophie erkrankt. Diese Vorabinformation erlaubt uns die Berechnung der a priori Wahrscheinlichkeiten für Situation A (Carrier) und Situation B (kein Carrier). Diese liegen jeweils bei ½. Die beiden Ereignisse schließen sich wechselseitig aus. Ihre Summe ist ½+½=1.

Die Ratsuchende hat nun bereits vier Söhne, die alle gesund sind. Die bedingte Wahrscheinlichkeit, dass vier Söhne einer Überträgerin gesund sind, liegt bei $(½)^4=1/16$ (mit einer Wahrscheinlichkeit von 15/16 wäre mindestens ein Sohn erkrankt). Anwendung findet wieder der Multiplikationssatz, denn die einzelnen Schwangerschaften stellen voneinander unabhängige Ereignisse dar. Falls B keine Überträgerin für die Muskeldystrophie ist, kann sie nur gesunde Söhne bekommen, die bedingte Wahrscheinlichkeit ist also 1.

All diese Informationen werden nun entsprechend dem in ◻ Tab. 14.2 dargestellten Bayes-Schema in die Berechnung eingebracht. Es ergibt sich eine a posteriori Wahrscheinlichkeit für Situation A, dass B Überträgerin ist, von 1/17 und eine A-posteriori-Wahrscheinlichkeit dafür, dass sie keine Überträgerin ist, von 16/17. An diesem Beispiel ist leicht ersichtlich, wie erheblich sich die Risikoziffern für eine ratsuchende Person ändern, wenn alle relevanten Informationen berücksichtigt werden.

◻ **Tab. 14.2.** Berechnung der Wahrscheinlichkeit, dass Person B Carrier der Duchenne-Muskeldystrophie ist (Beispiel 2)

	B ist Carrier	**B ist kein Carrier**
A-priori-Wahrscheinlichkeit	½	½
Bedingte Wahrscheinlichkeit (vier gesunde Söhne)	$(½)^4=1/16$	1
Kombinierte Wahrscheinlichkeit	½×1/16=1/32	½×1=½=16/32
Neuer Referenzwert = 17/32		
A-posteriori-Wahrscheinlichkeit	1/32:17/32=1/17	16/32:17/32=16/17

14.3 Das Hardy-Weinberg-Gesetz

Das Hardy-Weinberg-Gesetz stammt aus der Populationsgenetik und geht auf die Jahre 1908 und 1909 zurück, in welchen es unabhängig voneinander von dem englischen Mathematiker Geoffrey Hardy und dem deutschen Arzt Wilhelm Weinberg beschrieben wurde. Mit dem Hardy-Weinberg-Gesetz lassen sich die Häufigkeiten von unterschiedlichen Genotypen beim diploiden Chromosomensatz bestimmen, also beim Vorliegen von jeweils zwei unabhängigen Kopien eines bestimmten Gens. In der klinischen Genetik wird es v. a. für die Bestimmung der Heterozygotenhäufigkeit bei autosomal-rezessiv erblichen Krankheiten verwendet, wenn nur die Krankheitshäufigkeit bekannt ist.

Das Hardy-Weinberg-Gesetz geht davon aus, dass an einem bestimmten Locus zwei unterschiedliche Allele vorliegen, die mit p und q gekennzeichnet werden, also z. B. ein Normalallel (traditionell p) und ein Krankheitsallel (traditionell q). Da es nur diese beiden Allele gibt, ist ihre Summe $p+q=1$. Liegt das entsprechende Gen beim Menschen nun auf einem Autosom in zwei Kopien vor, dann ergibt sich die Häufigkeit der drei möglichen Genotypen aus der Binominalbeziehung $(p+q)^2 = pp+pq+qp+qq = p^2+2pq+q^2 = 1$. Bildlich lässt sich dies gut als Quadratfläche darstellen, bei der die Seitenflächen jeweils für ein Chromosom (mit den spezifischen Wahrscheinlichkeiten der Allele p und q) stehen (◘ Abb. 14.2).

Für seltene rezessive Krankheiten gilt nun, dass das krankheitsauslösende Allel sehr viel seltener vorkommt als das Normalallel, also q nahe 0 und p nahe 1 ist. Dem entsprechend ist q^2 sehr viel kleiner als p^2. In dieser Situation hängt die Heterozygogenhäufigkeit $2pq$ v. a. vom Wert für q ab, während p mit 1 gleich gesetzt werden kann. Die Heterozygotenhäufigkeit in einer Population kann man bestimmen, in-

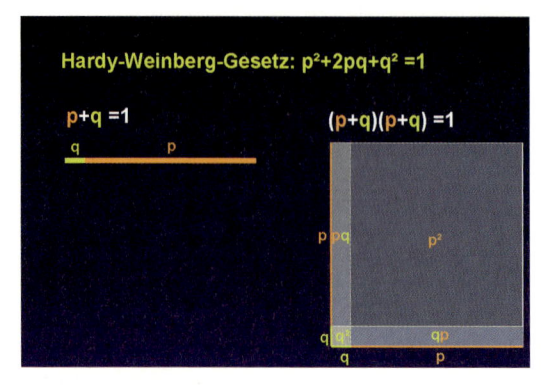

◘ **Abb. 14.2. Graphische Darstellung des Hardy-Weinberg-Gesetzes.** Die verschiedenen Allele p und q lassen sich als Strich, die verschiedenen Genotypen als Quadratfläche darstellen

14.3 · Das Hardy-Weinberg-Gesetz

dem man die Wurzel der Häufigkeit einer rezessiven Krankheit zieht und mit 2 multipliziert. Wenn z. B. eine Krankheit mit einer Inzidenz von $q^2=1:40.000$ auftritt, so ist die theoretische Überträgerfrequenz $2\times(1:200)=(1:100)=1\%$.

> **Wichtig**
>
> Existieren an einem Genort zwei Allele, genannt p und q, so gilt für die Allelfrequenzen:
>
> **p+q=1**
>
> Die Häufigkeit der drei möglichen Genotypen AA, Aa und aa ergibt sich aus der Binominalbeziehung
>
> **$(p+q)^2 = p^2 + 2pq + q^2 = 1$**
>
> Für autosomal-rezessive Krankheiten, bei denen das kranheitsauslösende Allel q sehr viel seltener vorkommt als das normale Alle p, ist die
>
> **Heterozygotenhäufigkeit ~ 2q,**
>
> also die Wurzel der Krankheitshäufigkeit mal 2.

In der klinischen Praxis kann es manchmal sinnvoll sein, das Bayes-Theorem und das Hardy-Weinberg-Gesetz gemeinsam anzuwenden, wie nachfolgendes Beispiel illustriert (◘ Abb. 14.3):

Beispiel 3. Herr und Frau Schmitz (I_1 und I_2) haben zwei gesunde Kinder. Erst kürzlich hörten sie, dass eine Nichte von Frau Schmitz eine Mukoviszidose hat. Sie fragen nun nach dem Risiko für Mukoviszidose bei einem dritten gemeinsamen Kind.

— Schritt 1: Wie groß ist die Wahrscheinlichkeit, dass Frau Schmitz Überträgerin für Mukoviszidose ist? Einer der Eltern von Frau Schmitz ist mit Sicherheit Überträger(in), sie selber ist daher mit einer Wahrscheinlichkeit von 50% (½) Überträgerin einer Mukoviszidosemutation.

◘ **Abb. 14.3. Stammbaum** zu Beispiel 3

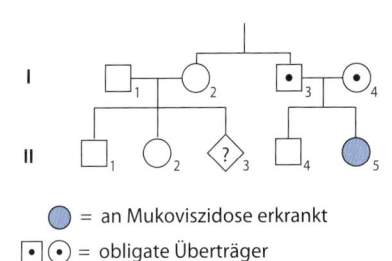

⬤ = an Mukoviszidose erkrankt

⊡ ⊙ = obligate Überträger

Tab. 14.3. Bayes-Theorem zu Beispiel 3 (Mukoviszidose)

	I_1 und I_2 sind beide Carrier	I_1 und I_2 sind nicht beide Carrier
A-priori-Wahrscheinlichkeit	½×1/25 = 1/50	1−1/50 = 49/50
Bedingte Wahrscheinlichkeit (zwei gesunde Kinder)	$(3/4)^2$ = 9/16	1
Kombinierte Wahrscheinlichkeit	9/800	49/50=784/800
A-posteriori-Wahrscheinlichkeit	9/800 : 793/800 = 9/793 ≈ 1/88	784/800 : 793/800 = 784/793 ≈ 87/88

- Schritt 2: Wie groß ist die Wahrscheinlichkeit, dass Herr Schmitz Überträger für Mukoviszidose ist? Herr Schmitz hat keine bekannten Verwandten mit der Erkrankung, für ihn gilt also das Bevölkerungsrisiko, das sich mit der Hardy-Weinberg-Formel berechnen lässt. Die Inzidenz für Mukoviszidose in der Bevölkerung (q^2) beträgt 1/2.500. Daraus berechnet sich die Allelfrequenz q als √2.500=1/50 und die Heterozygotenfrequenz als ca. 1/25 bzw. 4%.
- Schritt 3: Wie groß ist die Wahrscheinlichkeit für ein betroffenes Kind, wenn man die gesunden Kinder nicht berücksichtigt? Mit einer Wahrscheinlichkeit von 1/50 (1/2×1/25) bzw. 2% sind beide Eheleute Überträger; in diesem Fall besteht ein Risiko von ¼ für ein betroffenes Kind. Das Gesamtrisiko ist also 1/50×¼=1/200 (0,5%).
- Schritt 4: Wie groß ist die Wahrscheinlichkeit für ein betroffenes Kind, wenn man die gesunden Kinder berücksichtigt? Wie sich aus der Berechnung in Tab. 14.3 ergibt, reduziert sich die Wahrscheinlichkeit, dass beide Eheleute Schmitz Überträger sind, auf 1/88, und das Erkrankungsrisiko für ein Kind auf ca. 1/350 (0,3%).

Eine deutlich effizientere Form der Risikomodifikation bestünde in diesem Beispiel in einer molekulargenetischen Testung, die zunächst bei Frau Schmitz durchgeführt würde. Mit den in Deutschland üblichen Tests lässt sich eine Mukoviszidosemutation zu etwa 90% ausschließen. Bei einem unauffälligen Mutationsbefund bei Frau Schmitz wäre ihr Überträgerrisiko auf ca. 1/20 gesunken, und das Erkrankungsrisiko für ein zukünftiges Kind wäre mit 1/3500 niedriger als in der Normalbevölkerung. Eine Testung von Herrn Schmitz wäre dann nicht mehr notwendig.

14.4 Faktoren, die das Hardy-Weinberg-Gleichgewicht stören

Wichtig

Das Hardy-Weinberg-Gesetz gilt nur für eine »ideale Population«, die folgende Voraussetzungen erfüllt:
- Paarungen innerhalb der Population erfolgen zufällig, mit gleicher Wahrscheinlichkeit und gleichem Erfolg für die unterschiedlichen Genotypen (Panmixie).
- Die Population ist so groß, dass zufällige Ereignisse (Gendrift) keinen relevanten Einfluss auf die Allelfrequenz haben.
- Es besteht kein Selektionsvorteil oder Selektionsnachteil für die Träger bestimmter Genotypen.
- Es gibt keine Neumutationen.
- Es finden keine Zu- oder Abwanderungen (Migration) statt, die die Allelfrequenz verändern.

Von all diesen Voraussetzungen ist v. a. die Panmixie von praktischer Bedeutung, da das Hardy-Weinberg-Gesetz nicht angewendet werden kann, wenn Verwandtenehen häufig sind. In diesem Fall kommen seltene rezessive Krankheiten sehr viel häufiger vor, als sich aus der Heterozygotenfrequenz ableiten ließe. Die anderen Voraussetzungen sind eher für die Frage wichtig, ob die Allel- und Genotypfrequenzen über die Zeit konstant sind oder sich die Häufigkeit einer Krankheit verändert.

Faktoren, die die Genotyphäufigkeiten, nicht aber die Allelfrequenzen beeinflussen

Beim Menschen ist die Voraussetzung einer **Panmixie** nur teilweise oder gar nicht erfüllt, was zwar nicht primär die Allelfrequenzen (p und q) in der nachfolgenden Generation beeinflusst, wohl aber die Häufigkeiten der einzelnen Genotypen (p^2, $2pq$ und q^2). Die Auswahl des »Paarungspartners« erfolgt nicht rein zufällig, sondern anhand bestimmter Merkmale. Man spricht im angloamerikanischen Sprachgebrauch von *assortative mating*. Meist besteht eine Tendenz, solche Partner auszuwählen, die phänotypisch ähnliche Merkmale aufweisen. Klinisch bedeutsam wird dies speziell dann, wenn Partner bevorzugt werden, die ähnliche medizinische Probleme aufweisen, wie z. B. Taubheit, Blindheit oder Kleinwuchs. Sind diese medizinischen Probleme genetisch bedingt, erhöht sich in nachfolgenden Generationen der Anteil der homozygoten Anlagenträger in der Population bzw. im Falle rezessiv erblicher Erkrankungen der Anteil der Erkrankten. Dabei ist zu beachten, dass in manchen Fällen das gleiche phänotypische Merkmal ätiologisch verschieden genetische Ursachen haben kann; ein Beispiel hierfür sind die verschiedenen Formen autosomal-rezessiv erblicher Taubheit (▶ Kap. 30.1.1).

In vielen Kulturkreisen sind Verwandtenehen (typischerweise zwischen Cousin-Cousine ersten Grades, aber z. B. auch zwischen Onkel und Nichte) üblich und erfüllen dort z. T. wichtige soziale Funktionen. Man spricht von **Konsanguinität**. Auch durch diese Form der unzufälligen Paarung genetisch verwandter Individuen erhöht sich in der nachkommenden Generation der Anteil homozygoter Genotypen in der Population, wohingegen sich der Anteil heterozygoter Genotypen vermindert. Die Nachkommen konsanguiner Partnerschaften haben ein gegenüber der Allgemeinbevölkerung erhöhtes Risiko, von rezessiv erblichen Krankheiten betroffen zu sein. Die Höhe des Risikos ist dabei nicht nur vom Verwandtschaftsgrad der konsanguinen Eltern abhängig, sondern auch von der Allelfrequenz des krankheitsverursachenden Allels in der Allgemeinbevölkerung. Wenn mit der homozygot vorliegenden Krankheit auch eine verringerte reproduktive Fitness vorliegt, also die Wahrscheinlichkeit geringer ist, dass eine betroffene Person selber Kinder hat, verstärkt sich durch Konsanguinität langfristig auch die **Selektion** des normalen Allels, d. h. das krankheitsassoziierte Allel wird rascher aus der Population eliminert. Die Wahrscheinlichkeit, Überträger für eine seltene rezessive Erkrankung zu sein, ist daher in Kulturen mit hohem Anteil konsanguiner Eheschließungen theoretisch niedriger als in Kulturen, in denen Konsanguinität tabuisiert ist. Das Risiko für ein Kind mit einer rezessiven Krankheit ist somit bei gleichem Verwandtschaftsgrad höher, wenn die Partner aus einem traditionell nichtkonsanguinen Kulturkreis (wie z. B. Deutschland) stammen, als wenn sie einem traditionell konsanguinen Kulturkreis angehören.

> **Wichtig**
>
> Bei einer Ehe zwischen Cousin und Cousine ersten Grades ist das Basisrisiko typischerweise nur um 2–3% erhöht. Höhere Werte sind anzugeben, wenn eine autosomal-rezessive Krankheit in der Familie vorkommt. Zur Abklärung des Erkrankungsrisikos für Kinder bei Konsanguinität ist daher die Erhebung eines genauen Familienstammbaums unerlässlich.

Faktoren, die die Allelfrequenzen beeinflussen
Evolutionsfaktoren wie Genetische Drift, Mutation, Selektion und Migration verändern die Allelfrequenzen einer Population.

Gendrift. Die Allelfrequenzen in der Elterngeneration sind nicht vollständig identisch mit den Allelfrequenzen in der Generation der Kinder, sondern sie unterliegen zufälligen Schwankungen. Dieser als Gendrift bezeichnete Wahrscheinlichkeitseffekt macht sich umso stärker bemerkbar, je kleiner die Gesamtpopulation ist. Das

14.4 · Hardy-Weinberg-Gleichgewicht

hat statistische Gründe. Man kann sich diesen Zusammenhang am Beispiel des Werfens einer Münze veranschaulichen. Theoretisch sollten Kopf und Zahl gleich häufig fallen. Je größer die Anzahl der Würfe, desto näher kommt man an das Verhältnis 50:50 heran. Bei nur wenigen Würfen ist es jedoch eher unwahrscheinlich, dass Kopf und Zahl gleich häufig fallen. Deshalb sind bei kleinen Populationen die Fluktuationen der Allelfrequenzen aufgrund von Gendrift größer als bei Populationen mit vielen Individuen.

Foundereffekt. Wenn sich eine kleine Gruppe von Individuen aus einer Stammpopulation abspaltet und eine neue Population gründet, spielen Zufallsfaktoren eine wichtige Rolle, welche Allele in der neuen Gruppe vorkommen, und welche nicht. Je kleiner die Zahl der Gründer (*founder*) ist, desto stärker werden sich die Allelfrequenzen von der Stammpopulation unterscheiden. Diese Unterschiede bleiben auch über zahlreiche nachfolgende Generationen bestehen, wenn die Gründerpopulation isoliert von der Stammpopulation bzw. anderen Populationen an Größe zunimmt. Man kann von einer Art **Flaschenhalseffekt** sprechen. Der Gründereffekt bedingt eine deutlich eingeschränkte geno- und phänotypische Vielfalt der Gründerpopulation im Vergleich zur Stammpopulation, da die Gründerindividuen nur einen Teil des Genpools der Stammpopulation repräsentieren. Der Gründereffekt führt dazu, dass manche Krankheiten in einer »neuen« Population sehr häufig, andere Krankheiten sehr selten vorkommen. Die häufigen Krankheiten werden in der Regel durch einzelne typische Mutationen verursacht.

> **Wichtig**
>
> Ein Gründereffekt wird beobachtet, wenn eine Population
> - auf eine geringe Zahl von »Gründungsmüttern und -vätern« zurückgeht,
> - sich in Isolation von anderen Populationen vermehrt.
>
> Der Gründereffekt führt dazu, dass
> - manche erbliche Krankheiten besonders häufig vorkommen,
> - manche andernorts häufigen erblichen Krankheiten sehr selten vorkommen.

▪▪▪ Gründereffekt

Es gibt in der Menschheit zahllose Beispiele für einen Gründereffekt. Häufig angeführt werden die Nachfahren der Wiedertäufer in den USA, die heutigen Hutterer, Mennoniten oder Amischen. Die Bewegung der Wiedertäufer entstand als radikal-reformatorische Glaubensrichtung im 16. Jahrhundert in Zürich und verbreitete sich in kleinen Zellen rasch über Mittel- und Osteuropa. Aufgrund der z. T. erheblichen Verfolgung wanderten einzelne Gruppen im 17. Jh. in die heutigen USA und Kanada aus und gründeten neue Gemeinschaften, die sich dort in selbst gewählter Isolation vermehrten und ihre besondere Kultur z. T. bis heute erhalten haben. Besonders bekannt sind die **Amish** in Pennsylvania, die bis heute ihre traditionellen Lebensformen (und deutschen Dialekt) erhalten haben. Aufgrund der starken sozialen Bindung erfolgen Heiraten vornehmlich innerhalb der eigenen Population, und eine große Zahl von Kindern führt weiterhin zu einem starken Wachstum der Glaubensgruppe. Aufgrund des ausgeprägten Gründereffektes haben die Amish eine sehr hohe Inzidenz zahlreicher seltener autosomal-rezessiv erblicher Krankheiten wie etwa der Glutarazidurie I oder des Ellis-van-Crefeld-Syndroms. Interessanterweise finden sich die krankheitsauslösenden Mutation der Amish noch heute in den Regionen Mitteleuropas, aus denen die ursprünglichen Gründer stammen, aber natürlich mit deutlich geringerer Allelfrequenz.

Andere Beispiele für einen Gründereffekt sind die **aschkenasischen Juden** Mittel- und Osteuropas (im Gegensatz zu den sephardischen Juden der iberischen Halbinsel), bei denen einige sonst seltene autosomal-rezessiv erbliche Krankheiten wie Morbus Canavan oder Morbus Tay-Sachs besonders häufig vorkommen und (wie z. B. auch die Mukoviszidose) durch spezifische Mutationen verursacht werden. Auch in **Finnland** gibt es zahlreiche Krankheiten, die (nur) dort besonders häufig beobachtet werden. Andere, sonst häufige Krankheiten wie z. B. die Phenylketonurie sind in Finnland dagegen sehr selten, was auf einen negativen Gründereffekt, also das Fehlen von entsprechenden krankheitsauslösenden Mutationen in der Gründerpopulation zurückzuführen ist.

Mutation. Mutationen verändern den Allelbestand einer Population, indem sie dem Genpool neue (mutierte) Allele hinzufügen. Mutationen sind zufällig und können sich positiv oder negativ (oder gar nicht) auf die Fortpflanzungschancen ihrer Träger auswirken. Sie sind für die genetische Vielfalt einer Population verantwortlich.

Selektion. Der Begriff der **natürlichen Selektion** ist auf Charles Darwin zurückzuführen und bezeichnet die natürliche Auslese von Phänotypen im Sinne des *survival of the fittest*. Die Fitness eines Individuums ist dabei letzlich definiert als die Fähigkeit sich fortzupflanzen und möglichst viele Nachkommen zu haben. Fitness heißt dabei nicht zwangsläufig Überleben der Stärkeren. Sie kann auch Kooperation und Altruismus einschliessen. Entscheidend ist, dass die Gene an die nachfolgende Generation weitergegeben werden. Der Begriff der **sexuellen Selektion** bezeichnet die Auswahl bestimmter Phänotypen durch die Fortpflanzungspartner der eigenen Art. Bedeutsam im Sinne der sexuellen Selektion ist die Weitergabe von Allelen, die zu Phänotypen führen, die auch in der nachfolgenden Generation wiederum von Fortpflanzungspartnern bevorzugt werden. Ein wichtiger positiver Selektionsfaktor bei autosomal-rezessiven Krankheiten ist ein **Heterozygotenvorteil**, der z. B. für verschiedene Hämoglobinopathien nachgewiesen wurde (▶ Kap. 21.5) bzw. für andere Krankheiten vermutet wird (▶ Kap. 22.1 Exkurs »Warum ist die Mukoviszidose so häufig«).

14.4 · Hardy-Weinberg-Gleichgewicht

Migration (Genfluss). Unter dem Begriff der Migration versteht man die Ein- oder Auswanderung von Teilpopulationen in eine andere Umgebung (in ein neues Biotop). Immigration bringt neue Allele in eine Population hinein und erhöht (wie auch jede Mutation) die Heterozygotenrate der betroffenen Population. Der Nachweis gleicher Allele in verschiedenen ethnischen Gruppen zeigt anschaulich die Auswirkungen des Genflusses auf die entsprechenden Genpools der entsprechenden Populationen.

▪▪▪ Mit Hilfe der **Populationsgenetik** bzw. der Bestimmung von Polymorphismen, Haplotypen oder krankheitsauslösenden Mutation in unterschiedlichen Ländern lassen sich auch die Verwandtschaftsbeziehungen verschiedener Populationen untersuchen. Besonders zahlreiche Analysen wurden mit genetischen Markern der mitochondrialen DNA (die ausschließlich über die mütterliche Linie weitergegeben wird) und des Y-Chromosoms (das ausschließlich über die väterliche Linie weitergegeben wird) durchgeführt. Dabei ließ sich beispielsweise die Expansion der Menschheit aus Afrika (Out-of-Afrika-Hypothese) sowie die Besiedelung der verschiedenen Kontinente nachvollziehen. Migrationsereignisse lassen sich aber auch bei autosomal-rezessiven Krankheiten zeigen. Ein besonders interessantes Beispiel ist die **Phenylketonurie**. Sie ist eine der häufigsten genetischen Krankheiten in Europa (was durch einen bislang unbekannten Heterozygotenvorteil zu erklären ist), wird aber in verschiedenen Ländern durch unterschiedlich häufige Mutationen verursacht. Die mit Abstand häufigste Mutation in Dänemark, IVS12+1G>A, ist auch die häufigste Mutation in England, was darauf hinweist, dass die Entstehung des angelsächsischen Staates in Britannien des 4.–6. Jh. nach Christus mit einem erheblichen Genfluss von Dänemark und Norddeutschland (der Heimat der Angeln und der Sachsen) einherging. In Irland ist diese Mutation dagegen relativ selten: die Anglisierung der dortigen keltischen Bevölkerung erfolgte mehr durch politische Gewalt als durch Einwanderung. Umgekehrt sind PKU-Mutationen aus der norwegischen Atlantikküste in Irland nicht selten – Ausdruck einer zahlenmäßig offensichtlich erheblichen Immigration von Wikingern im 7.–9. Jahrhundert, auf die auch die wichtigsten irischen Städte zurückgehen. Im Mittelmeerraum, aber auch in Deutschland findet sich schließlich ein sehr breites Mutationsspektrum, wie nicht anders zu erwarten für Immigrationsländer, die im Laufe der Jahrhunderte erhebliche Wanderungsbewegungen erlebt haben.

15 Genetische Labordiagnostik

15.1 Zytogenetik

Unter dem Begriff Zytogenetik versteht man die Untersuchung der Chromosomen, ihrer Struktur und der dazugehörigen Vererbungsmechanismen. Die Zytogenetik ist seit mehr als 40 Jahren eine der großen und wichtigen Säulen der Humangenetik. Ihre Anfänge nahm sie 1956, als Tijo und Levan richtig erkannten, dass eine menschliche somatische Zelle 46 Chromosomen besitzt (◘ Abb. 15.1). Drei Jahre später wurde die pathogenetische Grundlage des Down-Syndroms – ein überzähliges Chromsom 21 pro Körperzelle – von Lejeune und Kollegen aufgeklärt. Ein weiteres Jahr später beschrieben Nowell und Hungerford das Philadelphia-Chromosom bei chronisch myeloischer Leukämie (CML) und schufen damit die Grundlage der modernenen Tumorzytogenetik.

Chromosomenanalyse

Mit dem Begriff der Chromosomenanalyse bezeichnet man die Betrachtung der Chromosomen einer Zelle mit Hilfe eines **Lichtmikroskops** (◘ Abb. 15.1). Sie zählt nach wie vor zu den wichtigsten genetischen Laboruntersuchungen. Da Chromosomen nur im Stadium der Metaphase (bzw. auch in der Prometaphase) in ausreichend kondensierter Form vorliegen, um unter dem Lichtmikroskop sichtbar zu werden, erfordert eine Chromosomenanalyse **kernhaltige, teilungsfähige Zellen**, welche kultiviert und in der (Pro-)Metaphase arretiert werden.

Untersuchungsmaterial. In der Regel werden **Lymphozyten** aus dem venösen Vollblut (3–10 ml Li-Heparinblut) verwendet. Für Spezialfragen (z. B. Nachweis eines chromosomalen Mosaiks) kann die Untersuchung von **Fibroblasten** aus einer Hautbiopsie notwendig sein.

Kultur. In vivo befinden sich weder im Blut noch in der menschlichen Haut ausreichend viele Zellen in Teilung. Die gewonnenen Lymphozyten oder Hautzellen werden zuerst in Kultur genommen und durch Phytohämagglutinin (ein aus Pflanzen gewonnenes Polysaccharid) zum Wachstum angeregt.

Colcemid-Behandlung. Lymphozyten erreichen nach etwa 72 h die höchste Mitoserate. Sie werden dann durch Zugabe von Colcemid in der (Pro-)Metaphase der Mitose arretiert. Colcemid (Derivat von Colchicin, dem Gift der Herbstzeitlose) verhindert die Ausbildung der Mitosespindel.

15.1 · Zytogenetik

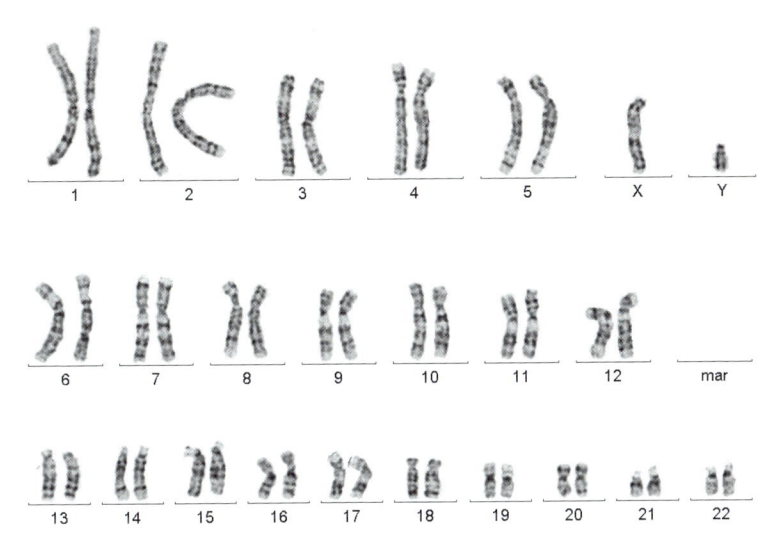

Abb. 15.1. Normaler männlicher Karyotyp 46,XY. Auflösung ca. 400 Banden. (Mit freundlicher Genehmigung von H.-D. Hager, Institut für Humangenetik Heidelberg)

Präparation. Die Zellen werden 10–60 min nach Colcemid-Behandlung durch Zentrifugation sedimentiert und in einer hypotonen (0,075 M) Kaliumchloridlösung aufgenommen. Dadurch platzen die Zellen auf, während die Zellkerne noch intakt bleiben. Anschließend wird die Suspension fixiert (Methanol-Eisessig, entfernt Teile der Histon-Proteine) und aus einer gewissen Höhe auf entfettete Objektträger aufgetropft, wobei die Zellkerne mechanisch aufplatzen.

Bänderung/Färbung. Seit den 70er Jahren werden zytogenetische Bänderungstechniken zur Chromosomenanalyse eingesetzt. Mit Hilfe des Bandenmusters kann jedes einzelne der 46 Chromosomen sicher identifiziert werden und die 23 Paare homologer Chromosomen können einander zugeordnet werden. Strukturelle Chromosomenstörungen können durch eine Veränderung des Bandenmusters erkannt werden. Die häufigste Methode ist die **G-Bänderung**. Dabei werden die Chromosomen zunächst 30–60 s. lang mit einem proteolytischen Enzym (z. B. Trypsin) behandelt, welche einen Teil der chromosomalen Proteine entfernt. Anschließend werden die Chromosomen (bzw. das übrig gebliebene Protein) mit Giemsa angefärbt, wodurch alternierend helle und dunkle Banden entlang der Chromosomenachse sichtbar werden. Neben der G-Bänderung stehen zahlreiche weitere Bänderungstechniken zur Verfügung (Tab. 15.1).

Tab. 15.1. Chromosomen-Bänderungstechniken

Typ	Bänderungsmethode	Aussage
G	G-Bänderung: Vorbehandlung der Chromosomen mit Trypsin (denaturiert Proteine) und anschließende Giemsa-Färbung.	Helle und dunkle Banden. Dunkle Banden (»G-Banden«) enthalten stark kondensiertes Heterochromatin (v. a. non-Histon-Proteine, die durch die Trypsinbehandlung noch nicht entfernt wurden). Helle Banden (»R-Banden«) sind genreiche euchromatische Bereiche. Sie werden früh in der S-Phase repliziert und kondensieren relativ spät in der Prophase
R	Reverse Bänderung: Vorbehandlung der Chromosomen mit heißem Phosphatpuffer und anschließende Giemsa-Färbung.	Die R-Bänderung ist das photographische Negativ zur G-Bänderung. Helle Banden stellen Heterochromatin dar, dunkle Banden (»R-Banden«) stellen Euchromatin dar. Nützlich ggf. für die Darstellung der genreichen Telomere
Q	Quinacrin-Bänderung, Quinacrin alkyliert speziell AT-Cluster der DNA (z. B. Satelliten) und führt dort zu einer hellen Fluoreszenz (fluoreszenzmikroskopische Untersuchung)	Hell leuchtende Q-Banden entsprechen den dunklen G-Banden. Besonders geeignet zur Darstellung des Y-Chromosoms und der Satelliten akrozentrischer Chromosomen
C	Centromer-Färbung	Spezifische Anfärbung des Heterochromatins der Zentromere und anderer Regionen (besonders 1q, 9q und 16q sowie distales Ende von Yq) sowie der Satelliten akrozentrischer Chromosomen. Nützlich für die Darstellung heterochromatischer Varianten

Mit den Bänderungsmethoden (G, R, Q) können in der Metaphase der Chromosomen etwa 400 Banden pro haploidem Chromosomensatz unterschieden werden. Eine Chromosomenbande hat dabei eine durchschnittliche Größe von 7,5 Millionen Nukleotiden (7,5 Mb). Eine höhere Auflösung (sog. *high resolution banding*) ist bei Verwendung von Prometaphase-Chromosomen möglich. Zu diesem Zeitpunkt sind die Chromosomen noch nicht ganz so stark kondensiert und viele Abschnitte, die sich in der Metaphase als eine einzige Bande darstellen, sind noch in mehrere Banden aufgeteilt. Unter optimalen Bedingungen können in Prometaphase-Chromosomen zwischen 550 und 850 Banden unterschieden werden. Die Angabe der Bandenauflösung ist für die Bewertung einer Chromosomenanalyse wichtig. Zur Abklärung von Entwicklungsstörungen im Kindesalter sollte eine Auflösung von 500 Banden oder mehr erreicht werden (◘ Abb. 15.2).

15.1 · Zytogenetik

Chromosom 10

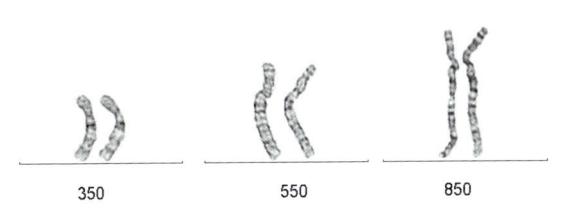

| 350 | 550 | 850 |

Abb. 15.2. Unterschiedliche Bandenauflösung bei Chromosom 10. Auflösung von ca. 350, 550 und 850 Banden. (Mit freundlicher Genehmigung von H.-D. Hager, Institut für Humangenetik Heidelberg)

Allgemeine Indikationen zur Anforderung einer Chromosomenanalyse:
- Multiple Fehlbildungen bzw. ungeklärtes Dysmorphiesyndrom
- Psychomotorische Entwicklungsverzögerung speziell in Zusammenhang mit Minderwuchs, Dysmorphien und/oder multiplen Fehlbildungen
- Wachsstumsstörung bei Mädchen: Eine nicht seltene Ursache ist das Turner-Syndrom/Monosomie X
- Wiederholte ungeklärte Fehlgeburten oder Totgeburten: Mehr als die Hälfte der Fehlgeburten im ersten Trimenon werden durch eine Chromosomenaberration verursacht. Bei zwei oder mehr ungeklärten Fehlgeburten sollte wenn möglich der Fet untersucht werden bzw. eine balancierte Translokation bei den Eltern ausgeschlossen werden.
- Infertilität, speziell bei Planung von invasiven Befruchtungsmethoden wie der intrazytoplasmatische Spermieninjektion (ICSI) zum Ausschluss einer balancierten Translokation oder gonosomalen Chromosomenstörung
- Erhöhtes Risiko für eine kindliche Chromosomenstörung in einer Schwangerschaft, z. B. bei fortgeschrittenem mütterlichem Alter (nur auf Wunsch der Mutter: ab einem Alter von 35 Jahren muss in Deutschland allen Schwangeren eine Amniozentese angeboten werden).
- Positive Familienanamnese für Chromosomenstörungen bzw. ungeklärte Krankheiten, die durch eine bislang nicht identifizierte Chromosomenstörung verursacht sein könnten, zum Ausschluss einer balancierten Translokation
- Charakterisierung von malignen Tumoren: Fast alle Neoplasien weisen chromosomale Aberrationen auf. Die Chromosomenuntersuchung des Tumormaterials kann zum Teil wertvolle diagnostische, prognostische und/oder therapeutische Konsequenzen haben.

Zytogenetische Nomenklatur

Der Gesamstatus der Chromosomen in der Metaphase wird als Karyotyp bezeichnet. Der Begriff »Karyogramm« bezeichnet die Darstellung des Chromosomenbestandes einer Zelle, eines Gewebes oder eines Individuums (in Chromosomengröße, -form und -zahl).

Die Karyotypformel gibt zunächst die Gesamtzahl aller vorhandenen Chromosomen an, nach einem Komma dann die Zusammensetzung der Geschlechtschromosomen. Daran anschließend werden, ebenfalls mit einem Komma getrennt, strukturelle Veränderungen aufgeführt. Gesunde Männer haben also den Karyotyp 46,XY, gesunde Frauen den Karyotyp 46,XX.

Nach internationaler Übereinkunft werden die langen Chromosomenarme mit q, die kurzen Arme mit p (petite) bezeichnet. Hinter diesem Kürzel folgen die Region (1–4), die Bande (1–8) und ggf. (mit einem Punkt abgesetzt) die Subbande. Subbande 3 von Bande 7 in Region 2 des langen Arms des X-Chromosoms wird also wie folgt notiert: (X)(q27.3) (lies: X q zwei sieben Punkt drei).

> **Wichtig**
>
> Der zytogenetische Befund (Tab. 15.2) wird nach folgendem Schema notiert:
> - Zahl der Chromosomen
> - Konstellation der Geschlechtschromosomen
> - Zahlenmäßige Varianten
> - Strukturelle Varianten
>
> Wichtige Abkürzungen für Varianten sind: t = Translokation, rob = Robertson-Translokation, del = Deletion, dup = Duplikation, ins = Insertion, der = Derivatchromosom, mos = Mosaik, upd = uniparentale Disomie, mat = maternal, pat = paternal. Bei den strukturellen Varianten wird zunächst das Chromosom in Klammern, dann die Region(en) bzw. Bande(n) in Klammern angegeben. Bei Translokationen werden die beiden involvierten Chromosomen durch ein Semikolon getrennt in der ersten Klammer, die jeweils zugehörigen Regionen/Banden durch ein Semikolon getrennt in der zweiten Klammer angegeben. Das Zentromer bestimmt, welchem Chromosom ein strukturell verändertes Chromosom zugeordnet wird.

15.2 Molekulare Zytogenetik

Fluoreszenz-in-situ-Hybridisierung (FISH)

Eine Weiterentwicklung der zytogenetischen Diagnostik stellte die Einführung der Fluoreszenz-in-situ-Hybridisierung (FISH) Ende der 80er Jahre dar. Die FISH-Technik verbindet zytogenetische und molekulargenetische Ansätze und bietet die Möglichkeit, Chromosomen und Chromosomenabschnitte unter dem Fluoreszenzmikroskop farbig darzustellen (Abb. 15.3). Verglichen mit konven-

15.2 · Molekulare Zytogenetik

Tab. 15.2. Beispiele zytogenetischer Befunde

Karyotyp	Erklärung
46,XX	Normaler weiblicher Chromosomensatz
46,XY	Normaler männlicher Chromosomensatz
69,XXY	Triploidie (dreifacher Chromosomensatz)
47,XXY	Klinefelter-Syndrom
45,X	Monosomie des X-Chromosoms, führt zum Turner-Syndrom
mos 45,X [17] / 46,XX [3]	Mosaik-Monosomie X, 17 Zellen mit pathologischen Chromosomensatz, 3 Zellen mit normalem Chromosomensatz
47,XY,+21	Mann mit Trisomie 21 (führt zum Down-Syndrom)
46,XX,del(5)(p13)	Terminale Deletion des kurzen Arms von Chromosom 5 ab Bande 3 der Region 1 (führt zum Cri-du-chat-Syndrom)
46,XX,inv(3)(p25q21)	Perizentrischer Inversion mit Bruchpunkten in 3p25 und 3q21
46,XY,inv(3)(p21p25)	Parazentrischer Inversion mit Bruchpunkten in 3p21 und 3p25
46,XY,t(4;12)(p14;q13)	Reziproke Translokation zwischen den Chromosomen 4 und 12 mit Bruchpunkten in 4p14 und 12p13
45,XX,rob(14q;21q)(q10;q10)	Robertson-Translokation der langen Arme von Chromosom 13 und 21. Der Verlust der jeweiligen kurzen Arme ist funktionell nicht relevant. Neben dem Derivativchromosom liegen jeweils ein normales Chromosom 14 und 21 vor
46,XX,rob(14;21)(q10;q10),+21	Trisomie 21 bei unbalancierter Robertson-Translokation der Chromosomen 14 und 21. Neben dem Derivativchromosom liegen ein normales Chromosom 14 und zwei Chromosomen 21 vor

tionellen Bänderungstechniken kann durch FISH-Analyse eine wesentlich höhere Auflösung im Kilobasen-Bereich erzielt werden. Mit Fluoreszenzfarbstoffen werden markierte DNA-Sonden (aus 2.000 bis mehreren 100.000 Nukleotiden) spezifisch an komplementäre Chromosomenabschnitte hybridisiert. Wie alle Hybridisierungstechniken beruht auch die FISH-Technik auf der Eigenschaft der DNA, sich im einzelsträngigen Zustand mit einem komplementären DNA-Molekül zu einem DNA-Doppelstrang zusammenzulagern. Die Hybridisierung erfolgt in situ, direkt auf dem Chromosomen- bzw. Zellkernpräparat des Patienten. Dies kann auch in der Interphase des Zellzyklus durchgeführt werden (Interphase-FISH).

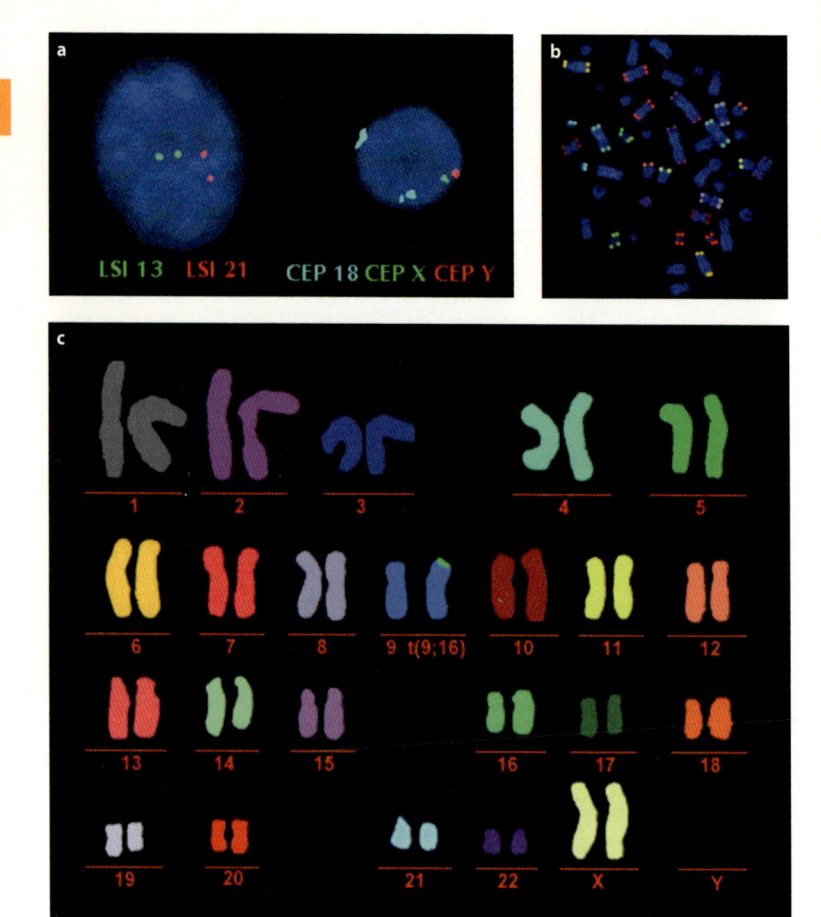

Abb. 15.3a–c. FISH-Diagnostik. a Der FISH-Schnelltest an Interphasekernen im Rahmen der Pränataldiagnostik zeigt eine Trisomie 18 bei einem männlichem Feten. **b** Subtelomer-FISH mit Sonden für die Subtelomerregionen der Chromosomen 1, 3, 5, 7, 9, 11, 17, 19, X und Y (jeweils zwei Signale an beiden Chromosomenenden) sowie der akrozentrischen Chromosomen 13, 15 und 21 (Signale jeweils nur am langen Arm) zeigt, dass keine submikroskopische Veränderungen der untersuchten Chromosomen vorliegen. Die übrigen Chromosomen werden in einem zweiten Ansatz dargestellt. **c** Multiplex-FISH (M-FISH) Analyse mit kombinatorisch markierten »Painting«-Sonden für alle Chromosomen des Menschen zeigt eine unbalancierte Translokation der(9)t(9;16). Auf dem kurzen Arm des derivativen Chromosoms 9 (blau gefärbt) sitzt zusätzliches Material von Chromosom 16 (grün gefärbt). (Mit freundlicher Genehmigung von Dr. Jauch Institut für Humangenetik Heidelberg)

15.2 · Molekulare Zytogenetik

Technische Durchführung. Kernhaltige Zellen (Lymphozyten, Fruchtwasserzellen, Fibroblasten) werden auf einem Objektträger fixiert und denaturiert. Die DNA-Doppelstränge der Chromosomen trennen sich dabei in Einzelstränge auf. Anschließend erfolgt die Hybridisierung mit spezifischen DNA-Sonden. Diese können entweder direkt mit Fluoreszenzfarbstoff markierten Nukleotiden (z. B. Cy3-dUTP) oder indirekt mit Nukleotiden, an die ein Reportermolekül (z. B. Biotin-dUTP) gebunden ist, nachgewiesen werden. Bei direkter Markierung entfallen weitere Detektionsschritte, bei indirekter Markierung hingegen werden die Reportermoleküle in einem zweiten Schritt durch Fluoreszenz-markierte Antikörper nachgewiesen.

▪▪▪ Markierung der DNA-Sonden
Die Markierung der DNA-Sonden erfolgt über eine »Nicktranslationsreaktion«. Das Enzym DNAse I setzt dabei Einzelstrangbrüche (sog. *nicks*) in der Sonden-DNA. Anschließend werden das Enzym DNA-Polymerase I sowie die notwendigen Nukleotide zugegeben, wobei ein chemisch modifiziertes Nukleotid (z. B. Cy3-dUTP oder Biotin-dUTP) anstelle von dTTP verwendet wird. Die DNA-Polymerase beginnt aufgrund ihrer Exonuklease-Reaktion, vom 5′-Ende her Nukleotide abzubauen. Durch die gleichzeitige Polymerase-Aktivität wird bei der sich anschließenden Reparatursynthese das chemisch modifizierte Nukleotid anstelle von dTTP eingebaut. Die DNA-Sonde ist nun mit einem Fluoreszenzfarbstoff oder einem Reporter-Molekül markiert.

Punktgenau oder großflächig. Man unterscheidet gen- bzw. locusspezifische DNA-Sonden, die bei ausreichender Spezifität einen ganz spezifischen (und unter Umständen sehr kleinen) Chromosomenabschnitt markieren, und DNA-Sonden, die großflächig ganze Chromosomen spezifisch anfärben (*chromosome painting*). Für letztere stehen chromosomenspezifische DNA-Bibliotheken, die die DNA eines kompletten menschlichen Chromosoms enthalten, zur Verfügung. Durch einen Überschuss an nichtmarkierter, repetitiver DNA im Ansatz wird die Bindung der chromosomenspezifischen Sonden an ubiquitär im Genom vorkommende repetitive Sequenzen unterdrückt und auf diesem Weg unspezifisches Signal minimiert. Durch die Verwendung von chromosomenspezifischen Sonden können unklare strukturelle Aberrationen eindeutig identifiziert werden. Durch locusspezifische DNA-Sonden lassen sich kleine, in der herkömmlichen Chromosomenanalyse nicht sichtbare Mikrodeletionen zuverlässig nachweisen.

Interphase-FISH – schnell und ohne Zellkultur. In der Regel werden für FISH-Analysen die gleichen Chromosomenpräparate genommen, wie für konventionelle Chromosomenanalysen. Durch Interphase-FISH können Chromosomen auch in nichtmitotischen Zellen dargestellt werden, und die Analyse ist insofern auch ohne Kultur bzw. ohne Teilungsfähigkeit der Zellen möglich (beispielsweise in Abstrichen der Wangenschleimhaut). Ein weiterer Vorteil dieser Methode, welche vielerorts für die Pränataldiagnostik verwendet wird, liegt in ihrer Schnelligkeit. Für eine vollständige klassische Chromosomenanalyse müssen die durch Fruchtwasserpunktion gewonnenen Zellen angezüchtet werden, und bis das Untersuchungsergebnis vorliegt, vergehen bis zu 2–3 Wochen. Man kann jedoch auch einen Teil der Zellen direkt auf einen Objektträger auftropfen und z. B. die Zahl der Chromosomen 13, 18, 21, X und Y durch Interphase-FISH überprüfen. Dadurch lassen sich die am häufigsten beobachteten zahlenmäßigen Chromosomenstörungen (Trisomie 21, Trisomie 18, Trisomie 13, numerische Veränderungen der Geschlechtschromosomen) innerhalb von 24 h nachweisen oder ausschließen, was für die Eltern oft sehr wichtig ist.

In einzelnen Anwendungsgebieten werden die klassische Chromosomenanalyse und die FISH-Diagnostik durch neue, molekulargenetische Methoden der genomischen Quantifizierung (MLPA, DNA-Microarrays) ersetzt. Letztere sind aber tatsächlich rein quantitativ. Den Nachweis balancierter Chromosomenstörungen können sie nicht erbringen.

15.3 Molekulargenetik

Als molekulargenetisch werden all die diagnostischen Methoden bezeichnet, die Veränderungen genetischer Information in extrahierter DNA oder RNA untersuchen. Dieser diagnostische Fachbereich der Humangenetik hat in den vergangenen 25 Jahren einen rasanten Fortschritt erfahren. Wesentlich dazu beigetragen hat die Einführung der Polymerase-Kettenreaktion (PCR) im Jahre 1987, die eine gezielte Vervielfältigung kleiner DNA-Abschnitte gestattet (◘ Exkurs: PCR). Die mittels PCR vervielfältigten Abschnitte (Amplifikationsprodukte) werden anschließend in Sequenz, Größe und Menge im Rahmen unterschiedlicher Methoden weiter untersucht.

Gewinnung von Untersuchungsmaterial. Genetische Varianten, die über die elterlichen Keimzellen geerbt wurden, lassen sich auf DNA-Ebene (meist) in allen Körperzellen gleichermaßen detektieren. Für molekulargenetische Untersuchungen ist daher meist keine Probenentnahme aus einem von einer genetischen Krankheit betroffenen Organ vonnöten, die DNA kann aus leicht zugänglichen Zellen bzw. Geweben gewonnen werden. Eine einfache Blutabnahme (EDTA-Vollblut) reicht in den allermeisten Fällen aus; die genomische DNA wird aus kernhaltigen Zellen des Bluts (Lymphozyten) extrahiert. Dafür stehen zahlreiche Methoden und kommerziell erhältliche Kits zur Verfügung, die sich allerdings in der Qualität und Menge der gewonnenen DNA (z. B. Anteil von hochmolekularen DNA-Fragmenten) unterscheiden. Weitere häufige Untersuchungsmaterialien sind Hautzellen (Fibroblasten), Zellen der Mundschleimhaut (aus Speichelproben), sowie in der vorgeburtlichen Diagnostik Fruchtwasserzellen oder kindliche Zellen aus Chorionzottenbiopsien. Die große Sensitivität der Polymerase-Kettenreaktion gestattet es, anhand einer minimalen Menge von Untersuchungsmaterial eine aussagekräftige Untersuchung durchzuführen. Dies zeigt sich bei der (in Deutschland verbotenen) Präimplantationsdiagnostik. Dabei wird der sich teilenden Zygote eine einzige Zelle entnommen, anhand derer dann die spezifische molekulargenetische Diagnostik durchgeführt werden kann.

Für Untersuchungen auf RNA-Ebene müssen Zellen gewonnen werden, in denen das entsprechende Gen exprimiert wird. Dafür kann eine Organbiopsie (z. B. Leberbiopsie) notwendig sein, und die gewonnenen Zellen müssen rasch weiter verarbeitet werden, da RNA instabil ist. Auch für die RNA-Gewinnung stehen zahlreiche Methoden und kommerzielle Kits zur Verfügung. Die RNA wird im Labor in die komplementäre DNA (*complementary* DNA = cDNA) umgeschrieben und kann dann wie genomische DNA weiter analysiert (z. B. sequenziert) werden. Die RNA-Untersuchung hat Vorteile gegenüber der Untersuchung von genomischer DNA, da z. B. keine Introns mehr vorhanden sind und Mutationen, die das Spleißen der prä-mRNA stören, leicht erfasst werden. Allerdings ist die Gewinnung störungsanfällig und es können zusätzliche Probleme auftreten, wenn z. B. die RNA aufgrund von *nonsense mediated decay* (▶ Kap. 2.4) vollständig abgebaut ist. In den meisten Fällen erfolgt die molekulargenetische Diagnostik daher in genomischer DNA.

Auswahl der besten Methode. Die Auswahl der molekulargenetischen Methode zum Mutationsnachweis ist in hohem Maße von der Art und Häufigkeit der erwarteten Mutation abhängig. Während Punktmutationen und sehr kleine Deletionen den üblichen PCR-basierten Methoden wie der Direktsequenzierung sehr gut zugänglich sind, benötigt der Nachweis von größeren Deletionen, Duplikationen oder Triplett-Repeat-Expansionen Spezialmethoden der genomischen Quantifizierung bzw. eine Southern-Blot-Analyse. Imprinting-Mutationen wiederum, bei denen die genomische Prägung gestört ist, müssen mit Hilfe von speziellen Methylierungstests nachgewiesen werden.

Gelegentlich spielt auch die Qualität und Menge des Untersuchungsmaterials eine Rolle. Für PCR-basierte Untersuchungen reichen winzige Mengen von ggf. eingetrocknetem oder degradiertem Untersuchungsmaterial (auch in der Rechtsmedizin und Kriminologie) aus. Eine DNA-Extraktion ist auch aus z. T. jahrzehntealten, paraffinfixierten histologischen Präparaten möglich und wurde sogar aus Geweben ägyptischer Mumien oder steinzeitlichen Knochenreste erfolgreich durchgeführt. Für eine Southern-Blot-Analyse hingegen sind größere Mengen intakter, hochmolekularer DNA in gut gereinigter Form vonnöten.

Wichtige Methoden zum Mutationsnachweis

Mutations-Screening-Methoden. Diese testen auf eine begrenzte Anzahl spezifischer Mutationen in einem Gen (◘ Abb. 15.4a). Sie bieten sich bei Krankheiten an, für die einige wenige, aber häufige Mutationen bekannt sind, wie z. B. bei der Mukoviszidose. Zum Teil sind günstige, kommerzielle Kits erhältlich. Zu bedenken ist die begrenzte Sensitivität des Tests. Außerdem spielt die ethnische Herkunft des Untersuchten eine bedeutende Rolle, da sich die Allelfrequenzen zwischen verschiedenen Populationen zum Teil erheblich unterscheiden. Ein unauffälliger Befund lässt sich also nur unter Berücksichtigung der Herkunft des Patienten adäquat bewerten, und der Arzt, welcher solche Analysen veranlasst, muss diese Informationen dem humangenetischen Labor unbedingt mitteilen.

Mutations-Scanning-Methoden. Diese untersuchen ein bestimmtes Gen auf alle möglichen Mutationen und sind damit in der Lage, sowohl bekannte als auch unbekannte Mutationen zu identifizieren. Sie beruhen auf der Analyse von physikalischen oder chemischen Eigenschaften der Einzel- oder Doppelstränge nach PCR-Amplifikation, z. B. der Schmelztemperatur, bei der sich ein Doppelstrang in seine Einzelstränge auftrennt. Es ist mit Hilfe dieser Methoden möglich, eine Aussage z. B. über das Vorhandensein einer Punktmutation zu machen, aber nicht möglich, den Basenaustausch exakt zu lokalisieren. Auffälligkeiten müssen deshalb anschließend durch Sequenzierung bestätigt werden. Diese Methoden hatten in der Vergangenheit große Vorteile, als die DNA-Sequenzierung noch relativ aufwändig war; sie haben inzwischen an Bedeutung verloren, werden aber speziell für sehr große Gene noch durchgeführt.

Beispiele für Mutations-Scanning-Methoden sind:
- **SSCP** (*single-strand-conformation-polmorphism*)-Analyse: Einzelsträngige DNA nimmt eine sequenzspezifische Konformation ein, welche das elektrophoretische Laufverhalten in einem nichtdenaturierenden Polyacrylamidgel beeinflusst. Durch Mutationen kann die Konformation und damit die Laufgeschwindigkeit verändert werden. Die SSCP-Analyse ist sehr einfach, hat aber nur eine begrenzte Sensitivität und ist heute weitgehend obsolet.
- **DGGE** (Denaturierungsgradientengelelektrophorese; ◻ Abb. 15.4b): Die Schmelztemperatur doppelsträngiger DNA wird über ein Polyacrylamidgel mit zunehmender Konzentration einer denaturierenden Chemikalie (z. B. Formamid) analysiert. Es werden besondere Primer benötigt, ansonsten ist es eine einfache, kostengünstige und hoch sensitive Methode.
- **dHPLC** (denaturierende Hochleistungs-Flüssigkeitschromatographie): Bei dieser hochsensitiven Methode erfolgt die Auftrennung über HPLC-Kapillaren. Es sind keine besonderen Primer notwendig, die Apparatur ist jedoch sehr aufwändig und der Nachweis von homozygoten Mutationen ist problematischer als bei der DGGE.

Direktsequenzierung. Diese (◻ Exkurs: DNA-Sequenzierung) gilt nach wie vor als Goldstandard der Mutationsdetektion (◻ Abb. 15.4c). Hierbei können durch Sequenzierung Mutationen zuverlässig beschrieben und klare Aussagen zu den möglichen Auswirkungen auf die Aminosäuresequenz und die Sekundärstruktur des kodierten Proteins gemacht werden. Ihre Limitierung (wie bei den meisten PCR-basierenden Methoden) liegt in der Detektion größerer Deletionen und genomischer Rearrangements. Krankheitsrelevante Mutationen außerhalb der untersuchten Abschnitte (z. B. in großen Introns) werden nicht erfasst.

Southern Blotting. Hiermit (◘ Exkurs: Southern Blotting) ist es möglich, die Länge eines spezifischen DNA-Fragmentes zu bestimmen (◘ Abb. 15.4d). Es handelt sich um eine klassische molekulargenetische Methode, die im Jahre 1975 erstmals beschrieben wurde. Aktuell wird Southern Blotting v. a. für den Nachweis von großen Repeatverlängerungen bei Triplett-Repeat-Krankheiten eingesetzt (◘ Abb. 3.8).

Genomische Quantifizierung. Durch die Bestimmung der Kopienzahl eines bestimmten DNA-Locus, sind größere Deletionen oder Duplikationen in einem Gen oder Chromosomenabschnitt heute auch molekulargenetisch gut nachweisbar. Zur wichtigsten Methode wurde innerhalb kürzester Zeit **MLPA** (*multiplex-ligation-dependent-probe-amplification*), die eine gleichzeitige Analyse von mindestens 40 unterschiedlichen Loci (z. B. 40 Exons bei Muskeldystrophie Duchenne oder alle Subtelomerregionen) erlaubt und sowohl Deletionen als auch Duplikationen sicher erkennt. Sie hat die FISH-Analyse für viele Indikationen abgelöst, da sie einfacher durchzuführen ist und Duplikationen mittels FISH nur schwer nachweisbar sind. Für genomische Quantifizierungen »im großen Stil« werden zunehmend **DNA-Microarrays** (DNA-Chips) verwendet, die Technologien aus der Halbleiterfertigung nutzen und mehrere 10.000–100.000 DNA-Sequenzen gleichzeitig untersuchen können. Bei einem verbreiteten System (*comparative genomic hybridisation*, CGH) sind die einzelnen Felder des Arrays mit einzelsträngigen DNA-Strängen beschichtet. Untersuchungsproben, die mit einem roten (z. B. Patientenprobe) und einem grünen (z. B. Kontrolle) Fluoreszenzfarbstoff markiert sind, binden an komplementäre DNA-Abschnitte auf dem Chip. Anhand der Fluoreszenz wird die Bindung der Proben in ihrer Position, Intensität und Wellenlänge mit einer hochauflösenden Laserkamera detektiert. Die genomische Quantifizierung erfolgt über einen Vergleich zwischen Patientenprobe und Kontrolle. Bei anderen Systemen werden Einzelnukleotidpolymorphismen (SNPs) direkt typisiert, was zusätzliche Sequenzinformationen z. B. über eine uniparentale Disomie liefert. Es ist abzusehen, dass DNA-Microarrays in manchen Bereichen die klassische Chromosomenanalyse ablösen werden.

■■■ Die Polymerase-Kettenreaktion (PCR)
Die PCR (polymerase chain reaction) hat die molekulare Genetik seit ihrer Einführung durch Kary Mullis im Jahr 1986 revolutioniert. Mit außergewöhnlicher Potenz erlaubt sie in vitro die exponenzielle Amplifikation definierter DNA-Abschnitte. Als Startmaterial benötigt man ge-

208 Kapitel 15 · Genetische Labordiagnostik

a

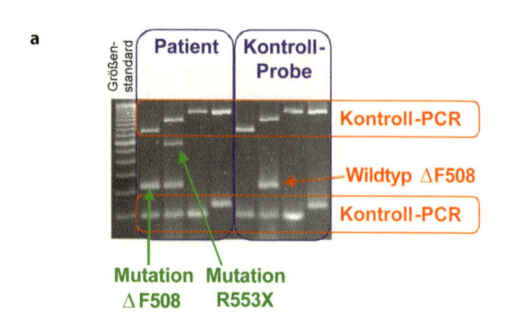

Kontroll-PCR

Wildtyp ΔF508

Kontroll-PCR

Mutation ΔF508 — Mutation R553X

b Exon 7, *PAH*-Gen

1 2 3 4 5

Patient

c C→T R408W

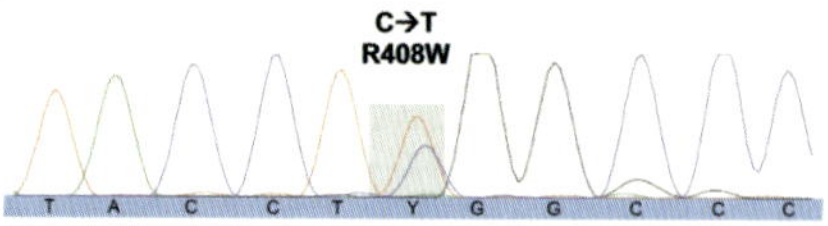

T A C C T Y G G C C C

d

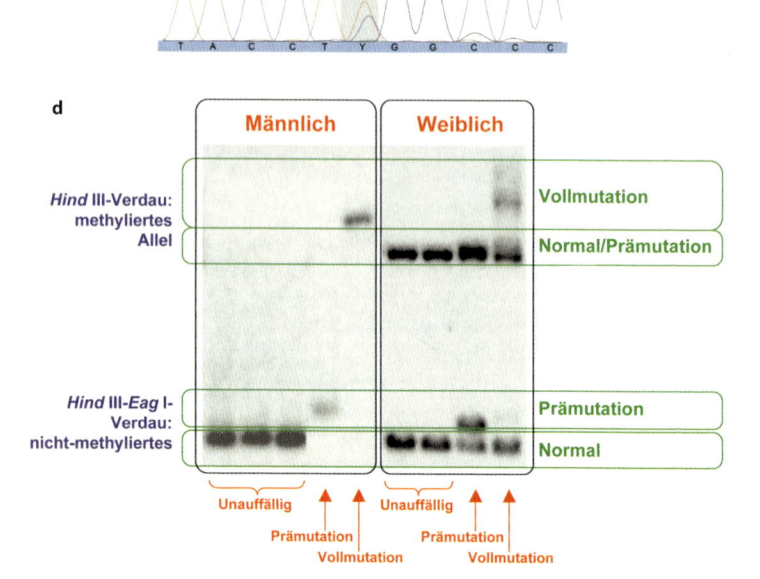

	Männlich	Weiblich	
Hind III-Verdau: methyliertes Allel			Vollmutation
			Normal/Prämutation
Hind III-*Eag* I-Verdau: nicht-methyliertes			Prämutation
			Normal

Unauffällig — Prämutation — Vollmutation | Unauffällig — Prämutation — Vollmutation

15.3 · Molekulargenetik

ringste Mengen der zu amplifizierenden DNA, zwei einzelsträngige Oligonukleotide (etwa 20mere) als **Primer**, die zum Vorwärts- bzw. Rückwärtsstrang der DNA komplementär sind und den zu amplifizierenden Bereich jeweils in 3'-Richtung des Primers erfassen, sowie eine hitzestabile **DNA-Polymerase**. Bekannt ist v. a. die aus dem Bakterium Thermus aquaticus gewonnene Taq-Polymerase. Sie kann bei einer Temperatur zwischen 66°C und 75°C in Anwesenheit freier Nukleotide (dATP, dCTP, dGTP, dTTP) die Primer verlängern (Extension) und wird durch Erhitzung auf 95°C nicht denaturiert. Der zu amplifizierende Abschnitt ist meist 150–500 bp groß, kann aber auch mehr als 20.000 bp umfassen.

Die PCR ist ein sich wiederholender Dreischrittprozess. Er besteht aus Denaturierung der Doppelstränge (94°C), Hybridisierung der Primer (*annealing*, 50–65°C) und Verlängerung der Primer (Extension, 72°C), wobei bei der Standard-PCR für jeden Schritt 30–60 s angesetzt werden. Am Ende des dritten Schrittes liegt die zu synthetisierenden DNA-Region in verdoppelter Form vor. Durch Wiederholung dieses Prozesses ist eine exponenzielle Amplifikation der DNA zwischen den Oligonukleotiden zu erreichen, da auch die neu synthetisierten Stränge amplifiziert werden. Nach Durchlaufen der üblichen 30–35 Zyklen liegt der von den beiden Primern erfasste Abschnitt in milliardenfacher Kopie (theoretisch 2^{30}-fach amplifiziert) vor. Die Verwendung einer thermostabilen DNA-Polymerase bietet den Vorteil, dass alle Komponenten (DNA, Primer, dNTPs, Enzym, Puffer) in einem einzigen Reaktionsgefäß zusammengeführt und zahlreiche Reaktionszyklen vollautomatisch in einem »Thermocycler« durchgeführt werden können.

Die enorme Sensitivität und exponenzielle Amplifikation sind der große Vorteil der PCR, machen die Methode andererseits aber auch besonders empfindlich gegenüber Kontaminationen speziell mit Amplifikationsprodukten aus vorausgegangenen PCRs. Kleinste Verunreinigungen, etwa durch Pipettieren übertragene Aerosole, können ein falsch-positives Ergebnis herbeiführen. Eine Negativkontrolle, eine Positivkontrolle und gute Kontaminationsschutzmaßnahmen gehören daher zu jedem PCR-Experiment.

◀

◘ Abb. 15.4a–d. Wichtige Methoden zum Mutationsnachweis. **a** Screening auf 29 häufige Mukoviszidose-Mutationen beim Patienten ergibt Compound-Heterozygotie für ΔF508 und R553X. (Mit freundlicher Genehmigung von B. Janssen, Institut für Humangenetik, Heidelberg). **b** Untersuchung von Exon 7 des PAH-Gens mittels Denaturierungsgradientengelelektrophorese. Patienten 4 und 5 sind homozygot für das Wildtyp-Allel, Patienten 2 und 3 sind jeweils heterozygot Patient 1 ist compound-heterozygot für Varianten in diesem Exon. **c** Nachweis der häufigsten Phenylketonurie-Mutation R408W (c.1222C>T) durch Sequenzanalyse. **d** Bei der Fra(X)-Diagnostik wird genomische DNA methylierungsabhängig geschnitten und mittels Southern Blot dargestellt. Bei männlichen Personen ist immer nur ein Allel sichtbar, das im Normalfall bzw. bei Vorliegen einer Prämutation nicht-methyliert ist, bei Patienten mit Vollmutation jedoch methyliert vorliegt. Bei weiblichen Personen sind immer zwei Allele sichtbar (aktives und inaktives X-Chromosom), wobei eine Vollmutation immer methyliert ist.

▪▪▪ Southern Blotting

Der Name dieser molekulargenetischen Methode geht auf den Genetiker Ed Southern zurück, der sie im Jahr 1975 als Methode zum Nachweis genetischer Varianten beschrieb. Ein zentraler Bestandteil der Methode ist die gezielte Durchtrennung genomischer DNA mit Hilfe spezifischer **Restriktionsendonukleasen** (Restriktionsenzymen). Diese Enzyme kommen natürlicherweise in Bakterien vor, wo sie als prokaryontes Abwehrsystem fremde DNA abbauen. Ihre Eigenschaft liegt in der Spezifität der Erkennungssequenzen (Restriktionsschnittstellen, meist palindromatische Sequenzen von 4–8 bp Länge) der DNA. Man macht sie sich folglich als »enzymatische Scheren« zu Nutze. So schneidet etwa das Restriktionsenzym EcoRI (aus *Escherichia coli*) spezifisch die Sequenz 5'-GAATTC-3' und HindIII (aus *Haemophilus influenzae*) die Sequenz 5'-AAGCTT-3'.

Der erste Schritt einer Southern-Blot-Analyse besteht im enzymatischen Verdau von genomischer DNA durch eine Restriktionsendonuklease. Die entstehenden DNA-Fragmente werden auf einem Agarosegel elektrophoretisch aufgetrennt. Je größer ein Fragment ist, desto größer ist sein Molekulargewicht, und desto langsamer wird es sich im Gel voranbewegen. So kommt es zu einer Auftrennung der Fragmente im Gel. Im zweiten Schritt, dem eigentlichen »Blotting«, wird die DNA mit Hilfe eines großflächigen Vakuums aus dem Gel auf eine Membran (einen gering luftdurchlässigen Nylonfilter) übertragen und dort mit Hilfe von UV-Licht fixiert. Danach können kurze einzelsträngige, radioaktiv markierte DNA-Sonden (z. B. die klonierte cDNA eines Gens) auf die am Filter gebundene DNA hybridisiert werden. Die Sonden binden spezifisch nur an die komplementären DNA-Sequenzen auf dem Filter, alle unspezifisch gebundenen Sonden werden durch stringentes Waschen entfernt. Anschließend wird die Position der gebundenen Sonden durch Auflegen eines Röntgenfilms identifiziert. Auf dem Röntgenfilm zeigt sich ein spezifisches Bandenmuster, wobei jede Bande einem genomischen Fragment entspricht, das genau auf die verwendete Sonde passt. Da die DNA auf dem Filter so fixiert ist, wie sie im Gel aufgetrennt wurde, gibt die Bandenhöhe eine Aussage über die Größe der DNA-Fragmente.

Ist z. B. eine bestimmte Restriktionsschnittstelle in einem Gen durch einen Polymorphismus (oder auch eine krankheitsauslösende Mutation) verändert, führt dies auch zu einer Veränderung des Bandenmusters in der Southern-Blot-Analyse mit einer passenden Sonde. Man spricht von einem **Restriktionslängenpolymorphismus** (*restriction fragment length polymorphism*, RFLP). Die Southern-Blot-Analyse erlaubte dadurch viele Jahre vor Erfindung der PCR den zuverlässigen Nachweis von Punktmutationen. Heute wird die sehr aufwändige Southern-Blot-Analytik nicht mehr zum Nachweis einfacher genetischer Varianten verwendet (das geht mit PCR viel leichter). Sie ist die Methode der Wahl für den Nachweis von großen Längenveränderungen der DNA, beispielsweise große Repeatexpansionen bei den Trinukleotid-Repeatkrankheiten (▶ Kap. 3.6).

In Anlehnung an den Begriff des Southern Blot für die Analyse von DNA mittels elektrophoretischer Auftrennung und spezifischer Darstellung nach Transfer auf eine Nylonmembran bezeichnet man die entsprechende Untersuchung von RNA als **Northern Blot** und von Proteinen als **Western Blot**. Einen Eastern Blot gibt es (noch) nicht.

15.3 · Molekulargenetik

▪▪▪ DNA-Sequenzierung

Die wichtigste Methode zur Sequenzierung spezifischer DNA-Abschnitte ist die sog. enzymatische Didesoxymethode nach **Sanger**; andere Methoden (wie z. B. die in den 90er Jahren entwickelte Pyrosequenzierung) werden bislang nur für spezielle Zwecke verwendet. Der konzeptionelle Kern der Sanger-Methode liegt in der Fähigkeit des Enzyms DNA-Polymerase, einzelsträngige DNA von einem doppelsträngigen Startpunkt aus (z. B. einem an einen DNA-Strang gebundenen Primer) unter Verwendung der vier verschiedenen desoxy-Nukleosidtriphosphate (dNTPs) zu einem komplementären, antiparallelen Doppelstrang zu synthetisieren. Sie katalysiert hierbei die Bildung von Phosphodiestern zwischen den 5'-Phosphat- und den 3'-OH-Gruppen der dNTPs. Weiterhin ist die Fähigkeit der DNA-Polymerase entscheidend, auch (natürlicherweise nicht vorkommende) **didesoxy-Nukleosidtriphosphate** (ddNTPs, auch als Terminatoren bezeichnet) als Substrat verwenden zu können. Diese sind an der 2'- und an der 3'-Position der Ribose desoxygeniert. Infolgedessen können sie an ihrem 5'-Phosphatrest in eine wachsende DNA-Kette eingebaut werden, führen aber zum Abbruch der Kettenverlängerung, weil ihnen die 3'-OH-Gruppe als Bindeglied zum Phosphat des nächsten Nukleotids fehlt. Bei der Sequenzierreaktion werden sowohl dNTPs als auch (in sehr viel geringerer Konzentration) ddNTPs verwendet. Der zufällige, gelegentliche Einbau eines ddNTPs in die sich verlängernde Kette führt zur Generierung von verkürzten Fragmenten, deren Länge von der Sequenz der Vorlage bestimmt wird. Diese Fragmente werden elektrophoretisch aufgetrennt und abgelesen.

Für eine auswertbare Sequenzierung muss zunächst der relevante DNA-Abschnitt mittels PCR (früher Klonierung) amplifiziert werden. Die eigentliche **Seqenzierungsreaktion** für jedes zu amplifizierende Fragment erfolgte ursprünglich in vier unterschiedlichen Reaktionsansätzen. In jedem Ansatz wird die Sequenz für ein spezifisches Nukleotid ermittelt, indem zwar jeweils alle vier dNTPs, aber nur ein bestimmtes ddNTP (also entweder ddATP, ddGTP, ddCTP oder ddTTP) verwendet wird. Dies führt in jedem Reaktionsansatz zu Kettenabbrüchen, die nur für ein bestimmtes Nukleotid spezifisch sind. Die Reaktionsprodukte werden nebeneinander in vier Spuren auf einem Polyacrylamidgel aufgetragen und über Isotopenmarkierung auf einem Röntgenfilm dargestellt. Inzwischen wurde die radioaktive Sequenzierung weitgehend verlassen und es werden **Fluoreszenzfarbstoffe** verwendet, welche sich mit Hilfe eines Lasers und eines Systems lichtempfindlicher, detektierender Dioden in automatisierten Sequenzautomaten darstellen lassen. Dabei gibt es zwei unterschiedliche Ansätze. Analog zur radioaktiven Sequenzierung kann ein fluoreszenmarkierter Sequenzierprimer verwendet werden, der dann in vier separaten, nukleotidspezifischen Reaktionsansätzen eingesetzt wird. Diese Methode ist zwar ein deutlicher Fortschritt zur klassischen radioaktiven Sequenzierung, ist aber immer noch relativ aufwändig. Durchgesetzt hat sich die Verwendung von **fluoreszenzmarkierten Terminatoren** (ddNTPs), wobei für jedes Nukleotid ein anderer Farbstoff verwendet wird. Diese auch als »Terminatorensequenzierung« bezeichnete Methode erlaubt die Durchführung der Sequenzierungsreaktion in einem einzigen Ansatz, da sich die unterschiedlichen Fragmenten anhand der unterschiedlichen Farbe sequenzspezifisch unterscheiden lassen. Es gibt inzwischen Hochdurchsatz-Sequenzierungsautomaten, bei denen mit Hilfe von z. T. mehreren Hundert parallel angeordneten Kapillaren in relativ kurzer Zeit eine sehr große Zahl von

Sequenzen generiert werden kann. Wie auch in anderen Bereichen der modernen molekulargenetischen Laboranalytik ist heute die zuverlässige Auswertung der generierten Daten in vielen Fällen die größte Herausforderung.

Indirekte Diagnostik und Kopplungsanalyse

Mit Hilfe von häufigen DNA-Polymorphismen, z. B. Einzelnukleotidpolymorphismen (▶ Kap. 3.1 Polymorphismen, SNPs) oder Mikrosatelliten (▶ Kap. 2.3), lassen sich unterschiedliche Allele an einem bestimmten Gen (oder einem chromosomalen Locus) meist sehr genau definieren. Das Prinzip der **Kopplungsanalyse** beruht auf der Tatsache, dass krankheitsauslösende Mutationen und die in unmittelbarer Nachbarschaft auf dem gleichen chromosomalen Strang liegenden genetischen Marker gemeinsam (gekoppelt) vererbt werden. In der Humangenetik lässt sich dies auf zwei unterschiedliche Weisen nutzen:

— **Identifikation krankheitsauslösender Gene:** Bei der Mehrheit der genetischen Krankheiten wurden die entsprechenden Gene über Kopplungsanalysen identifziert. Eine solche Analyse ist möglich, wenn eine Krankheit bei mehreren Personen einer Familie vorkommt. Notwendig ist dafür die genomweite Analyse von polymorphen DNA-Markern bei allen Familienangehörigen. Es wird dann z. B. bei einer autosomal-dominant erblichen Krankheit mit angenommen 100%-iger Penetranz untersucht, welche Allele **immer** auch dann vorliegen, wenn die Krankheit besteht, und **nie** wenn das Familienmitglied diesbezüglich gesund ist. Es wird also untersucht, welches Allel in dieser Familie immer zusammen mit der Krankheit weitergegeben wird bzw. an welchen chromosomalen Locus die Krankheit gekoppelt ist. Da eine Kopplung zwischen Gen und Marker z. B. durch Rekombination aufgehoben werden kann und speziell in kleinen Familien eine Kopplung auch zufällig sein kann, lassen sich bei einer solchen Analyse immer nur Wahrscheinlichkeiten ermitteln, die logarithmisch aufgetragen als **LOD-Score** (*logarithm of the odds*) dargestellt werden. Je höher der LOD-Score, desto größer die Wahrscheinlichkeit, dass das krankheitsauslösende Gen auch in dieser Region liegt.

— **Indirekte Diagnostik in einer Familie:** Wenn bekannt ist, welches Gen bzw. welcher chromosomale Locus bei einer bestimmten Krankheit betroffen ist, kann durch eine Kopplungsanalyse in der Familie prädiktiv bestimmt werden, ob eine Person Anlageträger für die Krankheit ist, oder nicht. Allerdings müssen einige Voraussetzungen erfüllt sein. Es muss DNA einer ausreichend großen Anzahl von betroffenen und nichtbetroffenen Familienmitgliedern zur Verfügung stehen. Dabei ist mindestens ein Index-Patient nötig, bei dem die Kopplung zwischen Marker und Krankheit bestimmt werden kann, denn die Ergebnisse aus anderen Familien können nicht übertragen werden. Gleichzeitig gilt zu beachten, dass die Kopplung von Krankheitslocus und DNA-Marker durch Rekombination aufgehoben werden kann. Je näher Krankheitslocus und DNA-

Marker beieinander liegen, desto geringer ist dieses Risiko. Es bleibt bei indirekter Diganostik aber immer eine Restwahrscheinlichkeit, dass das Ergebnis nicht stimmt, weil Marker und Krankheitslokus durch Rekombination voneinander entkoppelt wurden.

Bedingt durch die rasanten Fortschritte oben genannter Methoden zur Mutationsdetektion hat die indirekte molekulargenetische Diagnostik erheblich an Bedeutung verloren.

Klinische Bewertung molekulargenetischer Befunde
Molekulargenetische Untersuchungen sind in den vergangenen Jahren zu einem zentralen Element der Diagnostik in allen Disziplinen der Medizin geworden. Leider besteht eine große Diskrepanz zwischen den technischen Möglichkeiten und ihrer sinnvollen Verwendung zum Nutzen des Patienten. Um einen optimalen Informationsgewinn zu möglichst niedrigen Kosten zu erhalten, sind von der Anforderung molekulargenetischer Tests bis zur Bewertung ihrer Befunde einige Aspekte besonders zu beachten.

Eine Frage des Informationsgewinns. Mutationsanalysen sind immer nur ein Teil des großen diagnostischen Repertoirs und sollten überlegt und gezielt eingesetzt werden. Relevant ist weniger die Frage, welche Methode wir einsetzen, als vielmehr die Frage, welche Informationen wir dadurch gewinnen und v. a. auch, wann wir diese Information erhalten. Man sollte sich immer vor Anforderung molekulargenetischer Untersuchungen Gedanken darüber machen, welche Information man mit Hilfe dieser Tests gewinnen wird (oder könnte) und welche Auswirkungen diese Information für den Betroffenen hat. Der z. T. prädiktive Charakter einer genetischen Diagnostik ist dabei besonders zu berücksichtigen. So besteht kein Unterschied (außer ggf. ein Kostenunterschied) zwischen der Diagnose einer Sichelzellanämie durch einen Blutausstrich oder eine Mutationsanalyse, aber doch ein wesentlicher Unterschied zwischen der Diagnose einer Chorea Huntington klinisch bei einem 50-Jährigen oder prädiktiv bei einem 20-Jährigen.

Kosten und Nutzen. Die Auswahl einer molekulargenetischen Methode ergibt sich aus der Art der zu erwartenden Mutation und der Abwägung von Kosten und Nutzen. Eine klinisch eindeutig diagnostizierte Neurofibromatose Typ 1 muss beispielsweise nicht noch zusätzlich molekulargenetisch bestätigt werden. Für die optimale Methodenauswahl und Befundinterpretation sind präzise klinische Angaben und eine spezifische Fragestellung dringend notwendig.

Befundinterpretation. Um die Befunde einer molekulargenetischen Untersuchung adäquat beurteilen zu können, muss der Humangenetiker das Mutationsspektrum des untersuchten Gens und die klinischen Hintergründe (auch Genotyp-Phänotyp-Korrelationen) gut kennen. Die Bewertung »neuer« genetischer Varianten kann unter Umständen besonders schwierig sein, da häufig nicht genau gesagt werden kann, ob diese krankheitsrelevant sind oder nicht (*unclassified variants*). Dies muss im Befundbericht diskutiert werden.

Begrenzte Sensitivität. Wie bei jeder diagnostischen Untersuchung stellt sich auch bei molekulargenetischer Diagnostik die Frage nach Spezifität (*unclassified variant?*) und Sensitivität der angewandten Methode. Letztere ist wegen der zum Teil begrenzten Sensitivität molekulargenetischer Methoden besonders zu beachten. Selbst bei umfassender Abklärung können bei den allermeisten Krankheiten nicht alle krankheitsassoziierten Mutationen entdeckt werden. Die Frage nach der Sensitivität stellt sich in besonderem Maße bei den Mutations-Screening-Methoden, bei welchen nur auf einige wenige, aber besonders häufige Mutationen im entsprechenden Gen getestet werden. Der Befundbericht sollte bei negativem Befund immer auch eine Aussage über die Sensitivität der Methode enthalten.

Compound-Heterozygotie. Eine besondere Situation besteht, wenn bei einer rezessiven Krankheit zwei unterschiedliche, heterozygote Mutationen (des gleichen Gens) nachgewiesen werden. Man spricht von Compound-Heterozygotie, wenn diese zwei Mutationen *in-trans* vorliegen, also auf den beiden unterschiedlichen Chromosomensträngen liegen. Dies ist natürlich bei einer rezessiven Krankheit zu erwarten, manchmal stellt man jedoch bei der Untersuchung der Eltern fest, dass die beiden identifizierten Mutationen vom gleichen Elternteil kommen und auf dem gleichen Chromosomenstrang (*in-cis*) liegen. Die klinische Symptomatik ist dann durch den Befund nicht mehr erklärt, und man muss sich ggf. erneut auf die Suche nach der Mutation auf dem zweiten Allel begeben. Bei der Bestätigung eines Überträgerstatus der (klinisch gesunden) Eltern sollte man immer auch das Risiko der Non-Paternität beachten.

Kein Labor ist unfehlbar. Ringversuche zeigen konsistent eine Fehlerrate von etwa 1%, auch bei sorgfältigen und erfahrenen molekulargenetischen Laboratorien. Erschwerend kommt hinzu, dass die Teilnahme an Ringversuchen der Qualitätssicherung für humangenetische Labors leider (noch) nicht verpflichtend geregelt ist. Umso bedeutsamer ist es, den molekulargenetischen Befund nie losgelöst vom klinischen Bild zu sehen und zu interpretieren. Wenn ein molekulargenetischer Befund nicht zum klinischen Befund passt, kann es im Ausnahmefall durchaus gerechtfertigt sein, die DNA-Analyse wiederholen zu lassen. Bei sehr kritischen Analysen (insbesondere prädiktiver Diagnostik) werden in der Regel zwei unabhängig gewonnene DNA-Proben untersucht.

16 Stoffwechseldiagnostik und Neugeborenenscreening

Erbliche Stoffwechselkrankheiten lassen sich als genetische Störungen der Umwandlung einer Substanz (»Stoffes«) in eine andere Substanz definieren. Aus diesem grundlegenden pathophysiologischen Prinzip ergeben sich nicht nur besondere klinische Krankheitsbilder und Möglichkeiten der therapeutischen Intervention, sondern auch besonders günstige Ansätze für die metabolische bzw. enzymatische Diagnostik, also die quantitative Bestimmung von spezifischen Substraten und ihren Abbauprodukten bzw. von Reaktionsprodukten. An dieser Stelle sollen nur die Grundprinzipien der Stoffwechseldiagnostik erwähnt und das Neugeborenenscreening genauer besprochen werden. Der klinische, diagnostische und therapeutische Zugang zu erblichen Stoffwechselstörungen wird in ▶ Kap. 24 ausführlich besprochen.

16.1 Stoffwechseldiagnostik

Basisdiagnostik. Es gibt einfache klinisch-chemische Tests, die in jedem Krankenhaus auch nachts und am Wochenende verfügbar sein sollten, und die wichtige Hinweise auf das Vorliegen einer Stoffwechselstörung geben können. Zu diesen Erstuntersuchungen gehören neben den organspezifischen klinisch-chemischen Paramtern speziell **Blutzucker, Säure-Basen-Status und Urinstix** (Ketostix). Diese Untersuchungen sollten bei allen akut, ungeklärt erkrankten Patienten bestimmt werden. Bei neurologischer Symptomatik nicht nur im Kindesalter sollte darüber hinaus (ggf. notfallmäßig) auch **Laktat und Ammoniak** bestimmt werden. Diese Tests schließen zwar keine Stoffwechselkrankheit aus, sie können aber rasch richtungsweisende diagnostische Hinweise geben. Das Unterlassen dieser Tests kann dazu führen, dass eine behandelbare Krankheit nicht rechtzeitig erkannt wird, mit ggf. fatalen Folgen für den betroffenen Patienten.

Selektives Screening. Bei klinischem Verdacht auf eine erbliche Stoffwechselkrankheit, z. B. nach auffälliger Basisdiagnostik, können zahlreiche Metabolite in speziellen Stoffwechselwegen durch besondere Screeningverfahren quantifiziert werden. Da es sich in der Regel um aufwändige Verfahren handelt, sollten sie nur bei spezifischem Verdacht angefordert werden. Die korrekte Interpretation der Befunde setzt meist eine große Erfahrung mit Stoffwechselkrankheiten voraus, und solche Untersuchungen sollten möglichst nur in einem spezialisierten Stoffwechsel-

zentrum durchgeführt werden. Zu den wichtigsten selektiven Screeningverfahren gehören:
- **Organische Säuren im Urin** (liefert Hinweise auf Organoazidurien, Fettsäurenoxidationsdefekte, Aminoazidopathien, mitochondriale Störungen u. a.)
- **Aminosäuren im Plasma** (speziell zum Nachweis von Aminoazidopathien, aber auch zur Darstellung von anderen Stoffwechselstörungen
- **Acylcarnitine im getrockneten Blutstropfen** (u. a. für die Diagnose von Fettsäurenoxidationsdefekten und Organoazidurien)

Für die selektiven Screeningverfahren wie für die Stoffwechseldiagnostik überhaupt gilt, dass der Zeitpunkt der Probenentnahme für die Aussagekraft des Tests von entscheidender Bedeutung sein kann. Bei Krankheiten, die mit einer Akutsymptomatik einhergehen, gilt als Faustregel, dass Proben prinzipiell dann am aussagekräftigsten sind, wenn sie in der Akutsituation gewonnen wurden. Einige Stoffwechselkrankheiten sind nur innerhalb entsprechender Krisen eindeutig nachweisbar.

Funktionstests. Manche Stoffwechselkrankheiten lassen sich am besten durch ein metabolisches Tagesprofil erkennen, also durch Messung relevanter Metaboliten (Glukose, Laktat, Aminosäuren usw.) im Tagesverlauf. Ein Tagesprofil kann auch helfen, die Bedeutung äußerer Faktoren zu untersuchen und die Behandlung zu optimieren. Gelegentlich sind Belastungstests notwendig, um kritische, diagnostisch richtungsweisende Stoffwechsellagen kontrolliert zu erzeugen. Diese Tests sind allerdings z. T. lebensgefährlich und sind spezialisierten Stoffwechselzentren vorbehalten.

Enzymanalysen. Viele genetische Enzymdefekte lassen sich durch die spezifische Bestimmung der Enzymaktivität in geeigneten Zellen eindeutig diagnostizieren. Oft reicht dafür eine Blutentnahme (Lymphozyten) oder Hautstanze (Fibroblasten) aus, gelegentlich sind Organbiopsien (z. B. eine Leberbiopsie) notwendig. Enzymanalysen (sofern aus Blut- oder Hautzellen möglich) sind meist molekulargenetischen Analysen vorzuziehen, da sie in der Regel weniger aufwändig und dementsprechend kostengünster sind, eine höhere Sensitivität aufweisen und nicht selten eindeutiger zu interpretieren sind. Enzymanalysen sind oft auch für eine Pränataldiagnostik möglich.

16.2 Grundlagen des Neugeborenenscreenings

Das universelle Neugeborenenscreening wurde in den 1960er Jahren in Form des **Guthrie-Tests** zur Früherkennung von Phenylketonurie eingeführt und nachfolgend auf wenige weitere behandelbare Krankheiten ausgeweitet. In den letzten Jahren haben sich durch Einführungen einer neuen Labormethodik, der Tandem-

16.2 · Grundlagen des Neugeborenenscreenings

> **Wichtig**
>
> Entsprechend der 2005 in Kraft getretenen aktuellen Richtlinie zum erweiterten Neugeborenenscreening werden in Deutschland aktuell folgende Krankheiten untersucht:
> - Hypothyreose
> - Adrenogenitales Syndrom (AGS)
> - Biotinidasemangel
> - Galaktosämie
> - Phenylketonurie (PKU)
> - Ahornsirupkrankheit (MSUD)
> - Medium-Chain-Acyl-CoA-Dehydrogenase-Mangel (MCAD)
> - Long-Chain-3-OH-Acyl-CoA-Dehydrogenase-Mangel (LCHAD)
> - Very-Long-Chain-Acyl-CoA-Dehydrogenase-Mangel (VLCAD)
> - Carnitinzyklusdefekte
> - Glutaracidurie Typ I (GA I)
> - Isovalerianacidämie (IVA)

Massenspektrometrie, die diagnostischen Möglichkeiten erheblich verbessert. Durch das »**erweiterte Neugeborenenscreening**« werden nun einige gut behandelbare Stoffwechselkrankheiten wie der MCAD-Mangel (▶ Kap. 24.3) erfasst, bevor z. T. lebensbedrohliche Stoffwechselentgleisungen auftreten. Andererseits können nun technisch auch manche Stoffwechselstörungen diagnostiziert werden, deren klinische Bedeutung fraglich ist. Die aktuellen Screeningempfehlungen in Deutschland erfassen daher nur solche Krankheiten, bei denen ein Nutzen für das betroffene Kind besteht; Stoffwechselwerte, die auf andere Enzymdefekte hinweisen könnten, werden dagegen ausgeblendet.

Guthrie-Test

Der Guthrie-Test ist nach dem Kinderarzt und Mikrobiologen Robert Guthrie benannt, der eine Nichte mit unbehandelter Phenylketonurie (PKU) und selber einen geistig behinderten Sohn (nicht mit PKU) hatte. Auf der Suche nach einer preiswerten und praktikablen Methode, mit der eine PKU vor Auftreten von Symptomen erkannt werden kann, entwickelte er Ende der 50er Jahre einen **bakteriellen Hemmtest**, der erstmals ein universelles Neugeborenenscreening möglich machte. Der Test beruht auf der wachstumshemmenden Wirkung des Antimetaboliten β-2-Thienylalanin, die durch erhöhte Konzentrationen von Phenylalanin (Phe) aufgehoben wird. Aus einem mit Kapillarblut betropften Filterpapierkärtchen wird ein wenige Millimeter großer Kreis ausgestanzt und auf einen mit Bacillus subtilis beimpften Nährboden mit β-2-Thienylalanin gelegt. Das aus dem Blut diffundierende Phe erlaubt einen Wachstumshof, der umso größer ist, je höher die Phe-Konzentration im getrockneten Blutstropfen ist. Der bakterielle Hemmtest wurde analog auch für andere Krankheiten entwickelt aber in den 1980er Jahren schließlich zugunsten von anderen analytischen Methoden verlassen. Das Konzept der Reihenuntersuchung von allen Neugeborenen für die Diagnose einer seltenen genetischen Krankheit war initial z. T. umstritten, setzte sich aber im Verlauf der 1960er Jahre in allen westlichen Staaten durch und hat vielen Tausend Kindern mit PKU und anderen Krankheiten eine normale Entwicklung ermöglicht.

16.3 Durchführung des Neugeborenenscreenings

Für die Durchführung des Screenings ist die Entnahme von einigen Tropfen kapillären Fersenblutes notwendig. Der Einstich erfolgt am inneren oder äußeren Fersenrand mit Hilfe von Sicherheitslanzetten. Die Blutstropfen werden auf standardisierte **Filterpapierkarten** aufgetropft (◘ Abb. 16.1). Alternativ zum Kapillarblut kann auch unbehandeltes Venenblut auf die Filterkarte aufgetropft werden, EDTA-Blut ist hingegen nicht geeignet.

Die Blutprobe soll möglichst **am 3. Lebenstag** (49.–72. Lebensstunde), aber nicht später als am 5. Lebenstag, abgenommen werden. Bereits ab der 37. Lebensstunde gilt das Neugeborenenscreening als regelrecht durchgeführt und muss nicht mehr wiederholt werden, wenn das Kind altersentsprechend ernährt wurde und alle Ergebnisse im Normbereich lagen. Nabelschnurblut ist keinesfalls geeignet. Bei Frühgeborenen <32. SSW ist zusätzlich zum Screening am 3.–5. Lebenstag eine zweite Untersuchung bei Erreichen eines Gestationsalters von 32. SSW notwendig. Kann die korrekte Durchführung der Blutentnahme nicht sichergestellt werden, da das Kind beispielsweise vor der 36. Lebensstunde entlassen oder in eine andere

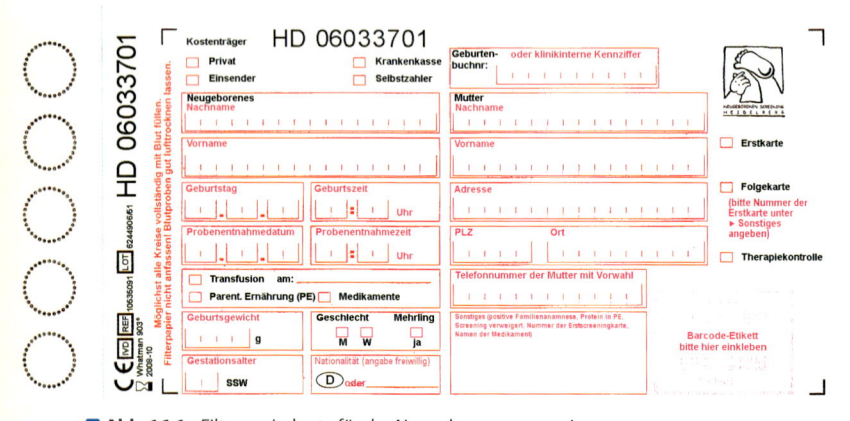

◘ **Abb. 16.1.** Filterpapierkarte für das Neugeborenenscreening

Klinik verlegt wird, sollte die Blutentnahme vor Entlassung durchgeführt werden. Die Eltern müssen dann auf die Notwendigkeit eines termingerechten Zweitscreening, das ggf. im Rahmen der Vorsorgeuntersuchung U2 durchgeführt werden kann, hingewiesen werden. Nur so kann eine vollständige Erfassung aller Neugeborenen sichergestellt werden.

Die Screeningkarten mit den aufgetropften Blutstropfen sollen bei Zimmertemperatur an der Luft getrocknet und noch am gleichen Tag in das zuständige Stoffwechsellabor geschickt werden. Sie müssen klare Angaben zur Identifizierung des Kindes enthalten, darüber hinaus Datum und Uhrzeit der Geburt, Gestationsalter und Geburtsgewicht, Datum und Uhrzeit der Blutentnahme, Angaben über Ernährungsstörungen (z. B. keine Zufuhr von Milch) und einige notwendige Kontaktdaten.

16.4 Wichtige im Neugeborenenscreening erfasste Krankheiten

Hypothyreose

Die angeborene Hypothyreose ist mit einer Inzidenz von 1:3.000 Neugeborenen die häufigste angeborene Endokrinopathie. Das klinische Bild ist beim Neugeborenen sehr diskret und beschränkt sich weitgehend auf Muskelhypotonie und einen möglichen Icterus prolongatus. Das klinische Bild der unbehandelten Hypothyreose wird meist erst im Alter von 3–6 Monaten deutlich, zu einem Zeitpunkt, an dem eine Substitutionstherapie schwere mentale Defizite nicht mehr verhindern oder rückgängig machen kann. Unbehandelte Betroffene zeigen eine psychomotorische Retardierung, trockene Haut, eine große Zunge und eine typischerweise heisere Stimme. Hinzu kommen häufig Nabelhernien, Obstipation, muskuläre Hypotonie und Bradykardie. Später folgen schwere neurologische Störungen, Ataxie und Innenohrschwerhörigkeit.

Bei primären Hypothyreosen ist reaktiv das TSH im Blut erhöht und dieses wird im Rahmen des Neugeborenenscreenings gemessen. Bei positivem Testergebnis wird Flüssigblut für die quantitative Bestimmung der Schilddrüsenhormone entnommen und anschließend sofort eine orale Substitution mit L-Thyroxin eingeleitet.

Adrenogenitales Syndrom

Als adrenogenitales Syndrom (AGS; Inzidenz 1:10.000; ▶ Kap. 25.2) bezeichnet man Enzymdefekte des Steroidstoffwechsels, die zu einem Mangel an Mineralo- und Glukokortikoiden und einem Überschuss an männlichen Sexualhormonen führen. Mehr als 95% der Fälle beruhen auf einem Mangel der 21-Hydroxylase. Diese »klassische« Form des AGS wird im Rahmen des Neugeborenenscreenings erkannt. Betroffene Mädchen zeigen bei Geburt eine z. T. sehr ausgeprägte Virilisierung ihres äußeren Genitales, die zu einer falschen Geschlechtszuordnung führen kann. Betroffene Knaben bleiben dagegen bei Geburt zunächst meist unerkannt. Die Diagnose erfolgt durch den Nachweis erhöhter 17-OH-Progesteron-Konzentrationen in der Trockenblutprobe. Innerhalb der ersten 24 h können die Werte für 17-OH-Progesteron physiologisch erhöht sein, eine Bestimmung ist daher erst nach dem ersten Lebenstag aussagekräftig. Eine rasche Analyse ist sehr wichtig, da betroffene Kinder schon in den ersten Lebenstagen eine adrenale Krise und ein Salzverlustsyndrom mit Schocksymptomatik entwickeln können. Eine Substitutionsbehandlung mit Mineralo- und Glukokortikoiden ist lebenslang durchzuführen.

Phenylketonurie

Bei der Phenylketonurie (PKU; Inzidenz 1:8.000; ▶ Kap. 24.1.3) ist eine klinische Diagnose innerhalb der ersten Lebensmonate nicht möglich, sondern erst zu einem Zeitpunkt, an dem bereits eine irreversible Hirnschädigung eingetreten ist. Als Screeningmethode wird die erhöhte Konzentration der Aminosäure Phenylalanin (Phe) im Blut genutzt. Die Phe-Werte sind schon bei Geburt leicht erhöht und steigen anschließend rasch auf ein diagnostisch sicheres Niveau. Ein positives Testergebnis (Phe>150 µmol/l) erfordert eine zügige Abklärung in Zusammenarbeit mit einem Stoffwechselzentrum, u. a. durch eine quantitative Bestimmung der Aminosäuren im Plasma. Bestätigt sich die Diagnose einer behandlungsbedürftigen PKU (Phe>600 µmol/l) muss umgehend eine phenylalaninarme Diät eingeleitet werden.

Ahornsirupkrankheit

Die Ahornsirupkrankheit ist zwar mit einer Inzidenz von 1:100.000 sehr selten, aber durch den von speziellen Metaboliten verursachten charakteristischen »Maggi«-ähnlichen Geruch nicht unbekannt. Sie beruht auf einer Störung im Abbau der verzweigtkettigen Aminosäuren Leucin, Isoleucin und Valin. Betroffene Kinder können bereits in den ersten Lebenstagen mit Trinkschwäche, Lethargie bis hin zum Koma sowie Krampfanfällen symptomatisch werden. Es gibt auch weniger schwere »intermittierende« Formen, die z. B. eine mentale Retardierung oder mildere Krisen im Rahmen von Infekten verursachen. Die Ahornsirupkrankheit wird primär diätetisch sowie durch Vermeidung von katabolen Stoffwechsellagen behandelt; im Rahmen von Stoffwechselkrisen ist eine Notfallbehandlung im Krankenhaus notwendig.

Organoazidurien

Prinzipiell können durch das erweiterte Neugeborenenscreening zahlreiche unterschiedliche Organoazidurien (▶ Kap. 24.1.3) diagnostiziert werden. Aufgrund des oben erwähnten strikten Kriteriums, dass sich aus der Diagnose ein klarer Vorteil für das betroffene Kind ergeben soll, und dies für zahlreiche Krankheiten entweder fraglich oder unsicher ist, beschränkt sich die Screeningempfehlung in Deutschland auf die beiden Organoazidurien Glutarazidurie Typ I (GA I) und Isovalerianazidämie (IVA). Beide Krankheiten haben eine Inzidenz von je ca. 1:80.000. Organoazidopathien zeigen speziell in katabolen Stoffwechsellagen eine z. T. schwere metabolische Azidose mit Entgleisung des Energiestoffwechsels und eine variable Schädigung des Gehirns und anderer Organe. Die typische Manifestation der unbehandelten GA I besteht in einer »enzephalopathischen Krise« im Alter von 6–18 Lebensmonaten, die zu einer sehr schweren, irreversiblen Bewegungsstörung führt.

Biotinidase-Mangel

Das Enzym Biotinidase stellt das für Carboxylierungsreaktionen wichtige Coenzym Biotin zur Verfügung. Betroffene Kinder sind im Neugeborenen- und frühen Säuglingsalter völlig unauffällig und zeigen im weiteren Verlauf eine schleichend progrediente Entwicklungsverzögerung mit neurologischen Auffälligkeiten, Hautausschlägen und Haarverlust. Diese Krankheit ist ebenfalls selten (Inzidenz 1:80.000), jedoch durch simple Biotingabe extrem einfach zu behandeln und insofern eine klare Indikation für das Neugeborenenscreening. Untersucht wird im Rahmen des Neugeborenenscreenings die Aktivität des Enzyms Biotinidase.

Störungen der Fettsäurenoxidation und des Carnitinzyklus

Der mit einer Inzidenz von 1:10.000–1:15.000 häufigste und wichtigste Fettsäurenoxidationsdefekt ist der Mangel des Enzyms Mittelkette Acyl-CoA-Dehydrogenase (*medium chain acyl-CoA dehydrogenase*) bzw. **MCAD-Mangel** (▶ Kap. 24.1.2). Die Krankheit verursacht typischerweise schwere Hypoglykämien im Rahmen von Fastensituationen und hat unerkannt im Rahmen der Erstmanifestation eine Letalität von 25%. Die Behandlung beschränkt sich weitgehend auf das Vermeiden von Nüchternperioden über mehr als 6–12 h (altersabhängig); die Kinder entwickeln sich dann in aller Regel völlig unauffällig. Der Nachweis des MCAD-Mangels im Neugeborenenscreening ist insofern ebenfalls von direktem Nutzen für das betroffene Kind. Es gibt in Europa eine häufige krankheitsauslösende Mutation. Ebenfalls im Neugeborenenscreening erfasst werden im gleichen Stoffwechselweg die Störungen des Transports langkettiger Fettsäuren in die Mitochondrien aufgrund von Defekten des Carnitinzyklus sowie die Störungen der für die intramitochondriale Oxidation langkettiger Fettsäuren notwendigen Enzyme Überlangkettige Acyl-CoA-Dehydrogenase (VLCAD) sowie Langkettige Hydroxyacyl-Acyl-CoA-Dehydrogenase (LCHAD). Diese selteneren Stoffwechselstörungen zeigen z. T. variable bis lebensbedrohliche Funktionsstörungen von Leber, Herz und/oder Skelettmuskulatur.

Galaktosämie

Es handelt sich um eine Störung des Abbaus von Galaktose, einem Bestandteil des Milchzuckers (Galaktose-Glukose-Disaccharid); die Inzidenz beträgt ca. 1:40.000. Die klassische Galaktosämie beruht auf einem Mangel der Galaktose-1-phosphat-Uridyltransferase (GALT), welche Galaktose-1-phosphat in UDP-Galaktose umwandelt. Das sich anstauende Galaktose-1-phosphat ist insbesondere für Leber, Nieren und ZNS toxisch. Unbehandelt führt die Krankheit meist zum Tod der Betroffenen. Als Analysemethode wird die Messung der GALT-Aktivität im Trockenblut empfohlen, denn ihr Fehlen ist zu jedem Zeitpunkt nach Geburt nachweisbar. Ein schneller Befundrücklauf ist bedeutsam, denn Kinder mit klassischer Galaktosämie können schon innerhalb der ersten Tage lebensgefährlich entgleisen. Bei positivem Screeningergebnis muss die normale Milchkost sofort abgesetzt und auf eine laktosefreie Milch umgestellt werden. Die definitive Bestätigung erfolgt über Messung der Enzymaktivität in Erythrozyten. Bei lebenslanger laktosefreier, galaktosearmer Diät ist die Prognose günstig, allerdings sind mentale Beeinträchtigungen oft nicht komplett zu verhindern. Hinzu kommt eine gestörte Pubertätsentwicklung bei ovarieller Insuffizienz bei bis zu 80% der Mädchen.

■ ■ ■ Duarte-2-Allel

Es gibt eine häufige Variante des *GALT*-Gens (»Duarte-2-Allel«) mit einer Punktmutation (N314D) und einer Deletion im 5'-UTR, die mit Verringerung der Enzymaktivität auf die Hälfte assoziiert ist und in Deutschland eine Allelfrequenz von etwa 10% (=1/10 aller Chromosomen) hat. Personen mit Homozygotie für das Duarte-2-Allel (oder mit Compound-Heterozygotie für das Duarte-2-Allel und eine schwere Mutation) können im Neugeborenenscreening auffallen, bleiben jedoch klinisch gesund und brauchen keine Behandlung. Ihre Identifikation ist quasi eine Nebenwirkung des Neugeborenenscreenings.

17 Pränataldiagnostik

Das Zeitalter der Pränataldiagnostik begann im Jahr 1966, als Mark W. Steele und W. Roy Breg zeigten, dass anhand kultivierter Fruchtwasserzellen Aussagen über die chromosomale Konstitution eines Feten getroffen werden können. In den folgenden 40 Jahren hat sich die Pränataldiagnostik zu einem großen und bedeutsamen Teilgebiet der Medizin entwickelt – eine Schnittstelle zwischen Frauenheilkunde und Humangenetik. Während die Gynäkologen u. a. für Ultraschalluntersuchungen und etwaige invasive Methoden der Probenentnahme verantwortlich sind, tragen die Humangenetiker mit ihren zytogenetischen und molekulargenetischen Untersuchungen, aber auch mit der entsprechenden humangenetischen Beratung zur vorgeburtlichen Betreuung der Eltern bei.

> **Wichtig**
>
> Unabhängig von genetischen Krankheiten und Belastungen in einer Familie gibt es für jede Schwangerschaft ein sog. Basisrisiko von 3% für gesundheitlich bedeutsame Fehlbildungen und früherkennbare Erkrankungen des Neugeborenen. Dieses Risiko lässt sich auch durch aufwändige vorgeburtliche Untersuchungen nicht vollständig abklären. Das Basisrisiko erhöht sich bei mütterlichen Erkrankungen; so ist z. B. bei mütterlichem Diabetes mellitus von einem 2- bis 3-fach erhöhten Risiko auszugehen. Auch bei Mehrlingsschwangerschaften ist das Fehlbildungsrisiko (für jedes einzelne Kind) erhöht; als Faustregel gilt hier ein etwa zweifaches Basisrisiko.

Eine Schwangerschaft ist für viele Frauen bzw. werdenden Eltern eine erhebliche emotionale Belastung. Viele freuen sich einerseits auf das Kind, machen sich andererseits aber auch große Sorgen, dass das Kind, zu dem man noch keine richtige Beziehung aufbauen konnte, nicht gesund sein könnte. Der Nachweis einer kindlichen Auffälligkeit oder Krankheit bedeutet für manche Eltern **den Verlust des insgeheim erhofften »perfekten« Kindes** und kann die Freude an der Schwangerschaft z. T. ganz grundlegend beeinträchtigen. Ggf. kommt dann die Frage nach dem Für und Wider eines Schwangerschaftsabbruchs oder zu einem späteren Zeitpunkt das Fehlen einer solchen Option erschwerend hinzu. Die vorgeburtlichen Untersuchungsmöglichkeiten und Diagnostik sind nicht nur eine großartige Chance, sondern auch eine bedeutende Herausforderung. Wenn man als Arzt während der Schwangerschaft eine bestimmte Untersuchung veranlasst, sollte man sich immer klar machen, was die Indikation für diese Untersuchung war und welche Ergebnisse möglicherweise gewonnen werden können. Dies sollte man immer vorher mit der Mutter bzw. dem Paar besprechen.

Eine **genetische Diagnostik** in der Schwangerschaft bezieht sich nicht nur auf Mutations- oder Chromosomenanalysen beim Kind sonder umfasst alle Untersuchungen, die zur Diagnose einer genetischen Krankheit führen können. Dazu gehören speziell auch Ultraschalluntersuchungen oder die Analyse von bestimmten mütterlichen Serummarkern, die auf eine genetische Krankheit hinweisen können. Grundsätzlich lassen sich **Screeningtests**, die quasi routinemäßig bei allen Schwangeren durchgeführt werden können und häufig keine genaue Diagnose zulassen, von aufwändigen **Spezialuntersuchungen** unterscheiden, die bei bestimmten Indikationen durchgeführt werden und oft eine invasive Gewinnung von kindlichen Zellen erfordern um ggf. eine bestimmte Krankheit eindeutig nachzuweisen. Vor beiden Untersuchungsarten ist eine Aufklärung über die Vor- und Nachteile bzw. die Risiken notwendig, wobei diese im ersten Fall durch den Frauenarzt erfolgt, im zweiten Fall (wenn z. B. eine genetische Laboranalyse geplant ist) vom Humangenetiker durchgeführt wird. Leider ist letzteres nicht immer gewährleistet, und wenn ohne vorausgehende adäquate Beratung beispielsweise die Diagnose eines kindlichen Turner-Syndroms gestellt und ein Schwangerschaftsabbruch diskutiert wird, ist es für die Eltern manchmal schwer, in Ruhe eine Entscheidung zu treffen, die sie auch nach einigen Jahren rückblickend noch für richtig halten werden.

Fünf **Gründe für eine vorgeburtliche Diagnostik** auf eine genetische Krankheit lassen sich unterscheiden:
- Die Durchführung eines Schwangerschaftsabbruchs (▶ Kap. 18.1)
- Die Verbesserung des perinatalen Management, z. B. bei Vorliegen eines größeren Herzfehlers die Geburt in einem tertiären Zentrum unter Beteiligung von Kinderkardiologen und ggf. Herzchirurgen
- Die Einleitung oder Steuerung einer intrauterinen Therapie, z. B. eine intrauterine Bluttransfusion bei schwerer kindlicher Anämie, aber auch die Ermittlung von Geschlecht und Krankheitsstaus bei familiärem Risiko für ein adrenogenitales Syndrom beim Kind und präventiver Substitutionsbehandlung seit Schwangerschaftsbeginn
- Sehr selten die Bestimmung des Risikos für schwere mütterliche Komplikationen aufgrund einer kindlichen genetischen Krankheit, z. B. eines HELLP-Syndroms (Hämolyse, erhöhte Leberwerte, Thrombopenie) bei der seltenen Stoffwechselkrankheit LCHAD-Mangel beim Kind
- Die emotionale Vorbereitung darauf, dass das Kind nach Geburt eine bestimmte Krankheit aufweisen wird, ohne dass sich daraus in der Schwangerschaft selber Konsequenzen ergeben

Die »Beruhigung« der Eltern allein sollte kein Grund für eine vorgeburtliche Diagnostik sein – auch wenn meist ein unauffälliger Befund erhoben wird, hält der Effekt oft nur kurz an, und nicht selten finden sich Auffälligkeiten, die sich später als irrelevant herausstellen, jedoch zu einer erheblichen Beunruhigung und Verunsicherung der Schwangeren führen können.

17.1 Ultraschalluntersuchungen

Eine Reihenuntersuchung durch pränatalen Ultraschall ist für alle Schwangeren, auch ohne erkennbaren Risiken, in den Mutterschaftsrichtlinien verankert. Sie sieht sonographische Untersuchungen in ca. der **10., 20. und 30. Schwangerschaftswoche** vor.

1. Trimenon. Die Ultraschalluntersuchung des 1. Trimenons wird in der 9.–12. SSW (p.m.) in der Regel vaginal durchgeführt. Sie dient dem Nachweis der intakten, intrauterinen Schwangerschaft, der Bestimmung des Gestationsalters (anhand der Messung von Scheitel-Steiß-Länge und biparietalem Durchmesser) und der Entdeckung möglicher embryonaler Entwicklungsstörungen.

Messung der Nackentransparenz (*nuchal translucency*). Besondere Erwähnung im Kontext der pränatalen Ultraschalluntersuchungen soll die Messung der Nackentransparenz am Ende des 1. Trimenons (optimal: 11.–14. Woche p.m.) finden. Es handelt sich um eine physiologische Flüssigkeitsansammlung im fetalen Nackenbereich, die sich im embryonalen/fetalen Sagittalschnitt als echoleere Zone darstellt (Abb. 17.1). Sie nimmt im Zeitraum zwischen der 10. und der 14. Woche p.m. kontinuierlich zu und beträgt physiologischerweise 0,5–2,3 mm. Die fetale Nackentransparenz unterscheidet sich vom zystischen Hygrom, das einen pathologischen Zustand darstellt, wobei eine eindeutige Abgrenzung nicht immer möglich ist. Die

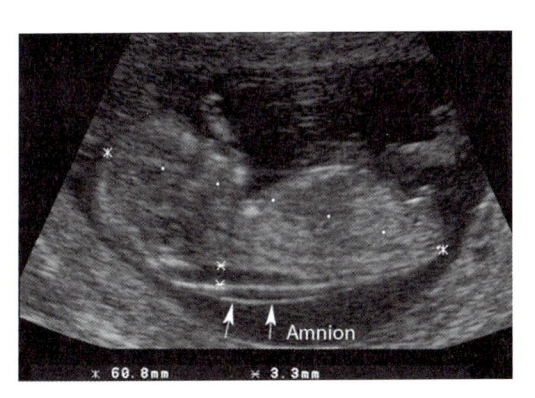

Abb. 17.1. Messung der Nackentransparenz. Dorsonuchales Ödem von 3,3 mm, SSW 12+0. Fetus chromosomal unauffällig. (Aus Tariverdian u. Paul 1999)

sonographische Untersuchung des fetalen Nackenbereichs (dorsonuchales Ödem) ist als Routineuntersuchung im Mutterpass vorgesehen.

> **Wichtig**
>
> Die Bestimmung der fetalen Nackentransparenz ist letzten Endes ein **Screening auf eine genetische Erkrankung.** Eine Verbreiterung der Nackentransparenz auf über 2,3 mm hat keine unmittelbar pathologische Relevanz und bildet sich in der Regel auch im weiteren Verlauf der Schwangerschaft wieder spontan zurück. Bedeutsam ist der Befund nur dadurch, dass er auf ein **erhöhtes Risiko** für eine fetale Chromosomenstörung (Trisomie 21) hinweist, und bei Bestätigung ein Schwangerschaftsabbruch möglich ist. Eltern, die diese Information nicht erhalten möchten, sollten dies dem Frauenarzt mitteilen.

Bei einer Nackentransparenz von 4 mm ist das alterabhängige Risiko für eine Trisomie 21 etwa 20-fach erhöht, bei 5 mm Nackentransparenz fast 30-fach (Abb. 17.2). Während bei Werten zwischen 3 und 5 mm die Trisomie 21 die häufigste Chromosomenstörung darstellt, ist bei noch höheren Werten (6 mm und höher) häufiger mit einer Trisomie 18, Trisomie 13 oder einem Turner-Syndrom (45,X) zu rechnen. Der pathogenetische Zusammenhang zwischen verbreiterter Nackentransparenz und Chromosomenstörung ist noch nicht ganz geklärt. Da aber bei mehr als ¾ der Nackenödeme über 4 mm ein Herzfehler des Kindes gefunden werden

Abb. 17.2. Dorsonuchales Ödem bei Fetus mit Trisomie 21

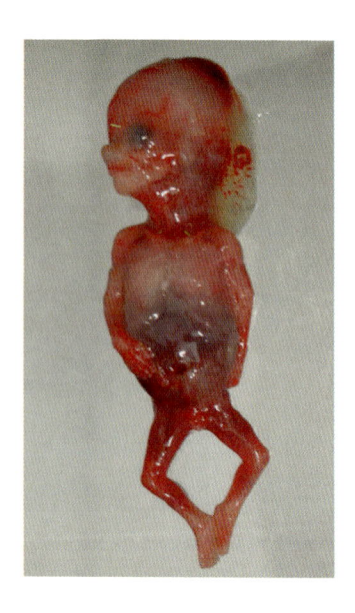

17.1 · Ultraschalluntersuchungen

kann, geht man davon aus, dass hämodynamische Faktoren bzw. die Ausbildung des Lymphgefäßsystems bei der Entstehung des Nackenödems eine Rolle spielen.

2. Trimenon. Bei der Ultraschalluntersuchung des 2. Trimenons (durchgeführt in der 19.–22. SSW) werden das fetale Wachstum, die Organentwicklung sowie Fruchtwassermenge und Lage der Plazenta beurteilt. Mit hochauflösenden Ultraschallgeräten und farbkodierter Duplex-Sonographie ist zu diesem Zeitpunkt auch eine differenzierte Diagnostik fetaler Fehlbildungen möglich. Eine zuverlässige Fehlbildungsdiagnostik hängt aber in hohem Maße von der persönlichen Erfahrung des Untersuchers ab. Die Schwangere ist auf die Möglichkeiten und Grenzen der Ultraschalluntersuchung gezielt hinzuweisen. Ein vollständiger Ausschluss von Fehlbildungen ist anhand der Ultraschalluntersuchungen nicht möglich.

3. Trimenon. Die Ultraschalluntersuchung des 3. Trimenons (durchgeführt in der 29.–32. SSW) dient vor allem der Erfassung einer möglichen intrauterinen Wachstumsretardierung. Eine zuverlässige Gewichtsabschätzung des Feten mit Hilfe des Ultraschalls ist ab der 24. SSW möglich. Wachstumsretardierte Feten stellen ein Hochrisikokollektiv dar und müssen weiteren Untersuchungen (ggf. inklusive Kardiotokographie und Wehenbelastungstest) zugeführt werden.

▪ ▪ ▪ Risikomodifikation anhand sonographischer Marker ohne Krankheitswert

Es gibt zahlreiche sonographische Merkmale, die (falls vorhanden) das individuelle Risiko für eine Chromosomenstörung oder andere genetische Krankheit des Feten modifizieren. Dazu gehören zum einen sonographisch detektierbare Fehlbildungen, die als solche eine Assoziation zum einen oder anderen Krankheitsbild aufweisen (z. B. Herzfehler). Auf der anderen Seite gibt es etliche sonographische Merkmale (*soft marker*), die an sich keinen Krankheitswert besitzen und sich häufig auch im Verlauf der Schwangerschaft spontan zurückbilden, die aber eine Assoziation mit fetalen Chromosomenstörungen aufweisen. In welchem Maße sich das Risiko erhöht, ist oft nur schwer quantifizierbar. Zu diesen sonographischen Markern gehören:
- Erhöhte Nackentransparenz (11.–14. Woche p.m.)
- Hyperechogener Darm (2. Trimenon)
- Kurzes Femur (2. Trimenon)
- »Golfball-Phänomen« (2. Trimenon, echogene, intrakardiale Foci)
- Beidseitige Nierenbecken-Ektasie (2. Trimenon)
- Singuläre Nabelschnur-Arterie
- Nabelschnurzyste
- Plexus choroideus Zysten (2. Trimenon, vor allem in Assoziation zu Trisomie 18 beschrieben)

Der Nachweis dieser Auffälligkeiten kann zu einer erheblichen emotionalen Belastung der Eltern oder im Einzelfall auch zum Verlust eines gesunden Kindes durch eine nur deswegen durchgeführte invasive Diagnostik führen. Genau genommen handelt es sich bei diesen Komplikationen dann um »Nebenwirkungen« der Ultraschalldiagnostik in der Schwangerschaft.

17.2 Biochemische Parameter

Die Konzentration verschiedener Proteine im mütterlichen Serum kann sich durch eine kindliche Chromosomenstörung verändern. Die Untersuchung dieser Proteine und Vergleich mit den normalen Konzentrationen zu einem bestimmten Schwangerschaftszeitpunkt gestattet eine auf statistischen Werten basierende individuelle Wahrscheinlichkeitsangabe für Chromosomenaberrationen beim Feten (insbesondere Trisomie 21). Bei einem auffälligem Testergebnis, meist definiert als ein Risko für eine Chromosomenstörung >0,5% (1:200) wird eine Fruchtwasserpunktion für die genaue Chromosomenanalyse angeboten.

Triple-Test

Der Triple-Test war lange Zeit der Standardtest für die genauere Bestimmung des Risikos für eine kindliche Chromosomenstörung speziell bei Schwangeren unter 35 Jahren. Er wird üblicherweise in der 15.–16. SSW (p.m.) durchgeführt. Bestimmt werden die drei mütterlichen Serummarker **AFP** (α-Fetoprotein), **β-hCG** (freie β-Untereinheit des humanen Choriongonadotropins) und das **uE3** (unkonjugiertes Östradiol). Neben der Risikoberechnung für das Vorliegen einer möglichen Trisomie 21 beim Feten gestattet der Triple-Test aufgrund der Messung des AFPs auch eine Aussage über mögliche Neuralrohrdefekte des Kindes. Aufgrund der beschränkten Sensitivität und Spezifität des Triple-Tests und der relativ späten Durchführung in der Schwangerschaft wird er heute kaum noch durchgeführt.

Ersttrimesterscreening

Aktuell wird für eine genauere Bestimmung des Risikos für eine fetale Chromosomenstörung die Messung der Nackentransparenz mit der Bestimmung der zwei Proteine PAPP-A (*pregnancy associated plasma protein A*) und β-hCG im mütterlichen Blut kombiniert (auch als *double*-Test bezeichnet). Das Ersttrimesterscreening kann von der 10. bis zur abgeschlossenen 14. SSW (p.m.) durchgeführt werden. Sensitivität und Spezifität für den Nachweis einer Trisomie 21 werden mit bis zu 90% angegeben. Besonders niedrige Werte von PAPP-A und β-HCG weisen auf eine möglicherweise vorhandene Trisomie 18 oder eine Triploidie hin.

> ▪▪▪ **AFP-Untersuchung**
>
> Das α-Fetoprotein wird in der fetalen Leber produziert und gelangt über die fetale Niere in das Fruchtwasser. Im Serum der Schwangeren steigt seine Konzentration in Folge des physiologischen amniomaternalen Transfers ab der 10. SSW (p.m.) an und erreicht einen Höchstwert in der 32. SSW. Abgesehen vom Gestationsalter ist das Serum-AFP auch vom mütterlichen Gewicht abhängig. Erhöhte AFP-Werte finden sich u. a. auch bei Mehrlingsschwangerschaften (bei Zwillingsschwangerschaft etwa verdoppelt). Im Falle fetaler **Neuralrohrdefekte** gelangt zusätzlich AFP aus dem fetalen zerebrospinalen Liquor ins Fruchtwasser. Dies führt zu typischerweise

deutlich erhöhten AFP-Werten. Die Bestimmung von AFP im mütterlichen Serum (bzw. im Fruchtwasser) kann daher als Screeningmethode für fetale Neuralrohrdefekte verwendet werden. Die weiterführende Abklärung umfasst eine hochauflösende Ultraschallanalyse und ggf. die Bestimmung von AFP und neuronenspezifischer Acetylcholinesterase (AChE) im Fruchtwasser. Niedrige AFP-Werte sind ein Hinweis auf mögliche chromosomale Aberrationen.

Pathologisch erhöhte AFP-Werte finden sich u. a. bei:
- Neuralrohrdefekten (Spina bifida, Anenzephalus, Zephalozele)
- Omphalozele und Gastroschisis
- Ösophagusatresie
- Duodenalatresie
- Störungen des Urogenitaltrakts (u. a. kongenitale Nephrose)
- Teratom
- Plazentastörungen (Plazentalösung, retroplazentare Einblutung etc.)
- Intrauterinem Fruchttod

> **Wichtig**
>
> Die Durchführung von Ersttrimesterscreening oder Triple-Test dient lediglich der Neuberechnung von individuellen Risikozahlen. Eine Diagnosestellung ist anhand dieser Tests nicht möglich. Häufig sorgen auffällige Testergebnisse zu Irritationen und Unsicherheit bei den Schwangeren. Dies sollte Anlass zu einer humangenetischen Beratung sein.
>
> Das Ersttrimesterscreening wie auch der Triple-Test werden in Deutschland als individuelle Gesundheitsleistungen (IGEL) eingestuft. Die Kosten hierfür werden nicht von den gesetzlichen Krankenkassen übernommen.

17.3 Invasive Untersuchungsmethoden

Zum Nachweis spezifischer genetischer oder chromosomaler Krankheiten werden kindliche Zellen benötigt. Diese können (bis heute) nur mittels invasiver Untersuchungsmethoden gewonnen werden (der Nachweis fetaler Zellen im mütterlichen Blut wird aktuell erforscht). Es stehen verschiedene Untersuchungsmethoden zur Verfügung. Die Wahl des Eingriffs ist von der zugrunde liegenden Fragestellung, dem Schwangerschaftsalter und von der Dringlichkeit des Ergebnisses abhängig. Die wichtigste Komplikation aller invasiven Untersuchungsmethoden ist die Auslösung einer Fehlgeburt. Es gibt deshalb keine strenge »Indikationen« für eine invasive Pränataldiagnostik, man würde eher von »Gründen« für eine solche Diagnostik sprechen. Ob diese Gründe ausreichen, die mit der Methode assoziierten Risiken in Kauf zu nehmen, hängt wesentlich von der Konsequenz des Ergebnisses ab und bleibt letztlich immer Entscheidung der Schwangeren bzw. des betroffenen Paares.

Mögliche Gründe für eine invasive Pränataldiagnostik
Ausschluss einer Chromosomenstörung des Feten bei:
  - erhöhtem mütterlichem Alter (große Mehrzahl der Eingriffe)
  - erhöhten Risikoziffern nach Ersttrimesterscreening
  - erhöhten Risikoziffern nach vorangegangenem Kind mit Chromosomenstörung
  - bekannter chromosomale Translokationen in der Familie
  - sonographischen Auffälligkeiten
- Ausschluss einer molekulargenetisch oder molekular-zytogenetisch diagnostizierbaren Krankheit
- Abklärung einer möglichen fetalen Infektion bei Infektionskrankheit der Mutter
- Fetale BlutuntersuchungAbklärung einer möglichen fetalen Infektion bei Infektionskrankheit der Mutter

Fruchtwasserpunktion (Amniozentese)

Eine Fruchtwasserpunktion kann ab der 14. SSW (p.m.) durchgeführt werden. Als ideal gilt die vollendete 15. SSW, zu diesem Zeitpunkt liegen etwa 150–200 ml Fruchtwasser vor. Durch transabdominale Punktion werden unter ständiger Ultraschallüberwachung 10–20 ml Fruchtwasser entnommen (Abb. 17.3). Die Punktion wird ohne örtliche Betäubung durchgeführt. Das gewonnene Fruchtwasser wird abzentrifugiert und die gewonnenen Zellen (70% Trophoblastzellen, 20% Epithelien, 10% Fibroblasten) in Kultur genommen. Nach ca. 2 Wochen stehen ausreichend Zellen für eine Chromosomenanalyse oder DNA-Extraktion für molekulargenetische Analysen zur Verfügung. Darüber hinaus können im Fruchtwasser AFP und Acetylcholinesterase mitbestimmt werden.

Eine Amniozentese erhöht die Fehlgeburtswahrscheinlichkeit um ca. 0,5%.

Chorionzottenbiopsie

Eine Chorionzottenbiopsie wird in der Regel ab der 11. SSW (p.m.) durchgeführt. Sie ist sowohl transzervikal als auch transabdominal möglich (Abb. 17.4). Die Nadel ist in diesem Fall etwas dicker als die Amniozentesenadel, daher ist in manchen Fällen eine Betäubung der Bauchhaut sinnvoll. Es wird etwa 10–15 mg Zottengewebe entnommen, das sorgfältig präpariert werden muss, um mütterliches Gewebe zu entfernen. Beim fetalen Zottengewebe handelt es sich um zwei verschiedene Arten von Zellen. Ein Teil der Zellen sind mitotisch aktive epitheliale Zellen der Zytotrophoblastschicht; aus ihnen können Direktpräparate angefertig werden oder sie werden in Kurzzeitkultur (1–3 Tage) genommen und stehen dann für erste Analysen zur Verfügung. In einer Langzeitkultur werden hingegen Fibroblasten aus dem mesodermalen Zottenkern angezüchtet. Bei der Chorionzottenbiopsie finden sich nicht selten sekundär entstandene chromosomale Mosaikbefunde ohne Krankheitsbedeutung, und es müssen daher beide Zelltypen untersucht werden.

17.3 · Invasive Untersuchungsmethoden

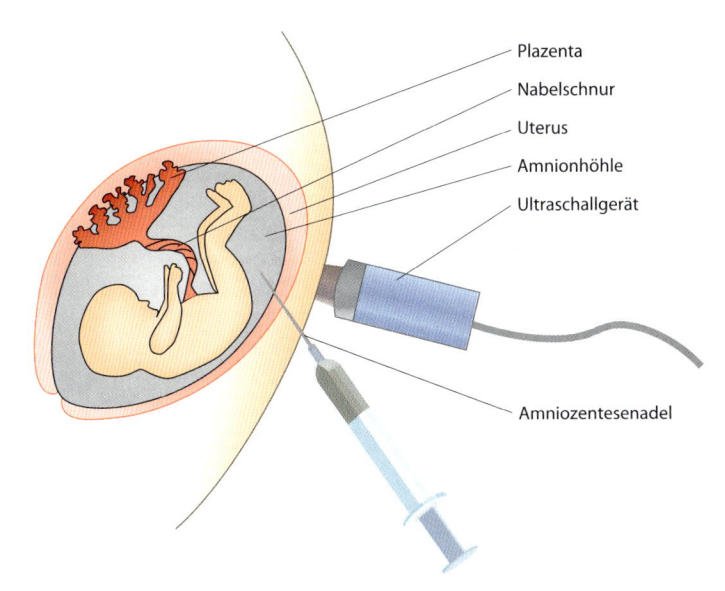

Abb. 17.3. Fruchtwasserpunktion (Amniozentese)

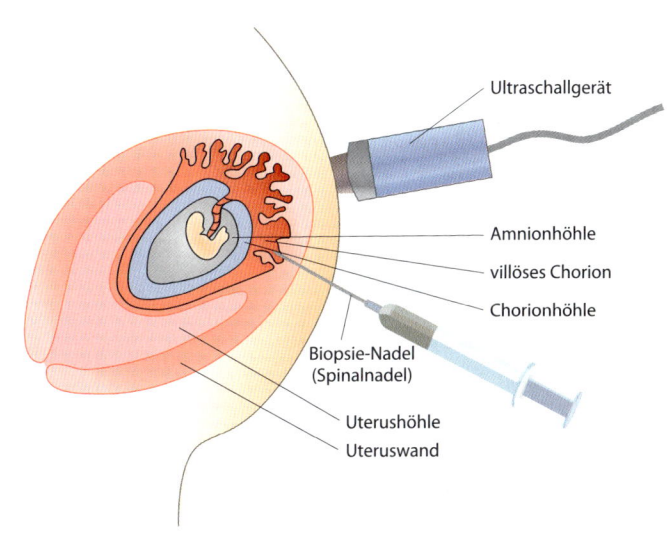

Abb. 17.4. Chorionzottenbiopsie

Tab. 17.1. Vergleich Amniozentese – Chorionzottenbiopsie

Kriterium	Amniozentese	Chorionzottenbiopsie
Durchführbarkeit	Ab der 14. SSW (p.m.)	Ab der 10.–11. SSW (p.m.)
Örtliche Betäubung notwendig?	Meist nein	Eher ja
Erfolgsquote	Über 99%	Ca. 95% (abhängig von der Position der Plazenta)
Komplikation: Fehlgeburt	Ca. 0,5% der Fälle	Ca. 1% der Fälle
Chromosomenanalyse möglich?	Ja	Ja (zwei getrennte Kulturen notwendig)
Molekulargenetische Tests möglich?	Ja (DNA-Extraktion nach Zellkultur)	Ja (empfohlen)
Schnell-FISH möglich?	Ja	Ja
Messung von AFP und AChE im Fruchtwasser möglich?	Ja	Nein

Eine endgültige Befundung ist erst nach Abschluss der Langzeitkultur möglich. Dennoch stehen nach Chorionzottenbiopsie Ergebnisse etwa vier Wochen früher zur Verfügung als nach Amniozentese (Tab. 17.1). Für molekulargenetische Untersuchungen ist das Auftreten chromosomaler Mosaike nicht von Bedeutung. Da bereits aus den nativen Chorionzotten DNA extrahiert werden kann und dafür keine Zellkultur notwendig ist, ist hier der zeitliche Unterschied deutlich höher. Für den molekulargenetischen Ausschluss einer monogenen Krankheit mit familiär hohem Risiko wird daher eine Chorionzottenbiopsie empfohlen.

Eine Chorionzottenbiopsie erhöht die Fehlgeburtswahrscheinlichkeit um ca. 1%.

Nabelschnurpunktion (Chordozentese)

Die Chordozentese gestattet ab etwa der 20. SSW (p.m.) die Gewinnung und Untersuchung von kindlichen Blutzellen. Sie hat ihre Hauptindikation in der Abklärung möglicher fetaler Infektionen. Dabei ist zu beachten, dass der Fetus erst ab der 22. SSW IgM-Antikörper bildet. Weitere mögliche Indikationen für eine Nabelschnurpunktion sind: unklare zytogenetische Befunde nach Chorionzottenbiopsie oder Amniozentese oder auch die Abklärung eines Hydrops fetalis mit gleichzeitig möglicher intrauteriner Bluttransfusion.

Eine Nabelschnurpunktion erhöht die Fehlgeburtswahrscheinlichkeit um ca. 2%.

18 Humangenetik – eine ethische Herausforderung

Die genetische Forschung hat im vergangenen Jahrhundert ein enormes Maß an neuen Erkenntnissen und Informationen beschert. Dieses Wissen ist ein großartiger Schatz, der viel Gutes verheißt. Er wird die Medizin im 21. Jahrhundert nicht nur zu einem kausalen Verständnis zahlreicher weiterer Krankheiten führen, sondern auch die Grundlage zahlreicher neuer therapeutischer Möglichkeiten darstellen. In manchen Bereichen war der medizinische Fortschritt aber schneller als die notwendigerweise begleitende gesellschaftliche Diskussion. Zum Teil stehen inzwischen Möglichkeiten und Techniken zur Verfügung, von denen wir (als Gesellschaft) noch gar nicht wissen, ob wir die Anwendung überhaupt gut heißen oder nicht. Man denke hierbei etwa an die Möglichkeit der Präimplantationsdiagnostik oder auch an die in der Öffentlichkeit viel diskutierten Versuche des reproduktiven Klonens.

Dieses kleine Kapitel vermag nicht, einen auch nur annäherungsweise umfassenden Einblick in die ethische Diskussion humangenetischer Fragestellungen zu liefern. Es soll vielmehr einzelne Themenfelder kurz anreißen, Begriffe klären und den derzeitigen gesetzlichen Rahmen aufzeigen. Die Themen »Prädiktive genetische Diagnostik« und »Genetische Testung von Kindern« (▶ Kap. 11.2) wurden bereits im Kontext anderer Kapitel diskutiert.

> **Wichtig**
>
> Wann immer ethische Fragestellungen in der Medizin diskutiert werden, werden drei **Kardinalrichtlinien** den entsprechenden Überlegungen zugrunde gelegt:
> - Das Handeln zum Wohle des Patienten
> - Die Respektierung der Autonomie des Patienten
> - Die Gerechtigkeit (die Bemühung, alle Individuen gleich und gerecht zu behandeln)
>
> Schwierige ethische Fragestellungen in der Medizin entstehen besonders dann, wenn diese Richtlinien im Konflikt miteinander stehen.

18.1 Pränataldiagnostik und Schwangerschaftsabbruch

Die pränatale Diagnostik (PND) ist in vielen Fällen ein Test »auf Leben und Tod«. Für die meisten Krankheiten, die mit den zur Verfügung stehenden Methoden (▶ Kap. 17) nachweisbar sind, stehen keine fetaltherapeutischen Möglichkeiten zur Verfügung. In vielen Fällen wird die Pränataldiagnostik durchgeführt, um im Falle eines positiven Testergebnisses die Schwangerschaft abzubrechen.

Gesetzliche Regelung. Ein Schwangerschaftsabbruch ist in Deutschland grundsätzlich verboten. Ausnahmen, bei denen ein Abbruch straffrei bleibt, sind im **§ 218 des Strafgesetzbuches (StGB)** geregelt:

- **Fristenregelung (§ 218a Abs. 1 StGB)** Für einen Schwangerschaftsabbruch bis zur vollendeten 14. SSW (p.m.) reicht eine Schwangerschaftskonfliktberatung. Diese hat »ergebnisoffen« zu erfolgen.
- **Kriminologische Indikation (§ 218a Abs. 3 StGB)** Nach Vergewaltigung ist bis zur vollendenten 14. SSW (p.m.) auch ohne Beratung ein Abbruch möglich.
- **Medizinische Indikation (§ 218a Abs. 2 StGB)** Nach Vollendung der 14. SSW (p.m.) ist ein Abbruch unbefristet mit einer ärztlichen Bescheinigung möglich. Diese Bescheinigung ist nicht an fachärztliche Kompetenzen gebunden. Der Gesetzestext sagt: »*Der mit Einwilligung der Schwangeren von einem Arzt vorgenommene Schwangerschaftsabbruch ist nicht rechtswidrig, wenn der Abbruch der Schwangerschaft unter Berücksichtigung der gegenwärtigen und zukünftigen Lebensverhältnisse der Schwangeren nach ärztlicher Erkenntnis angezeigt ist, um eine Gefahr für das Leben oder die Gefahr einer schwerwiegenden Beeinträchtigung der körperlichen oder seelischen Gesundheitszustandes der Schwangeren abzuwenden und die Gefahr nicht auf eine andere für sie zumutbare Weise abgewendet werden kann.*«

Interpretation der »medizinischen Indikation«. Für das Verständnis der gesetzlichen Regelung in Deutschland ist von besonderer Bedeutung, dass sich die »medizinische Indikation« für einen Schwangerschaftsabbruch ausschließlich am körperlichen oder seelischen Gesundheitszustand der Schwangeren ausrichtet, nicht am Zustand des entstehenden Kindes. Eine sog. embryopathische bzw. fetale Indikation war in der Gesetzesfassung von 1995 noch vorgesehen, wurde aber in der Neufassung des § 218 StGB im Jahre 1998 abgeschafft. Dieser Neubewertung zugrunde liegt die Auffassung, dass eine »objektive« Festlegung einer bestimmten Krankheitsschwere als Begründung für einen Abbruch nicht möglich bzw. nicht akzeptabel ist. Für die meisten behinderten Menschen ist ihr Leben lebenswert – der »Wert« eines Lebens kann eben nicht in Intelligenzquotienten, körperlicher Leistungsfähigkeit oder in Lebensdauer gemessen werden. Keine auch noch so schwere Krankheit sollte als »Indikation« für die Tötung des Embryos oder Feten festgeschrieben werden. Ist Nichtsein besser als ein kurzes Dasein mit schweren Krankheiten? Es wurde daher implizit festgelegt, dass ein Schwangerschaftsabbruch nicht im Interesse des heranreifenden Kindes ist. Vielmehr geht es um einen Konflikt zwischen dem Interesse der Schwangeren, die Schwangerschaft abzubrechen, und dem Interesse des heranreifenden Kindes, zu überleben. Es ist in das Ermessen des Arztes gestellt, ob er den Wunsch der Schwangeren bzw. der werdenden Eltern, die Schwangerschaft zu beenden, nachvollziehen und im gesellschaftlichen Kontext mittragen kann. Für das Selbstverständnis des Arztes ist dabei von Bedeutung, dass er den Schwangerschaftsabbruch in seiner ärztlichen Funktion zwar mitträgt, aber nicht entscheidet: Die Entscheidung zum Abbruch liegt allein bei der Schwangeren bzw. bei den werdenden Eltern. Die Verantwortung des Arztes besteht gegenüber dem Gesetzgeber und gegenüber der Gesellschaft, indem er die medizinische Indikation und damit die Straffreiheit feststellt und unterschreibt. Jedem Arzt ist es freigestellt, das Ausstellen der Abbruchsbescheinigung zu verweigern und ggf. an Kollegen zu verweisen.

Durchführung des Schwangerschaftsabbruchs. Ein Schwangerschaftsabbruch wird im ersten Trimenon in der Regel chirurgisch nach Aufdehnung des Muttermundes mittels Vakuumaspiration oder Kürettage durchgeführt. Ab dem zweiten Trimenon wird medikamentös die Geburt eingeleitet und der Fet verstirbt während des Geburtsvorgangs. Falls das Kind lebend zur Welt kommt, hat es ein Anrecht auf alle üblichen neonatalen lebenserhaltenden Intensivmaßnahmen. In Deutschland wird aufgrund dessen nach der 24. SSW (p.m.) in der Regel kein Schwangerschaftsabbruch mehr durchgeführt. Für einen Schwangerschaftsabbruch nach der 24. SSW muss, um eine Lebendgeburt zu vermeiden, der Fet zunächst intrauterin durch eine ultraschallgesteuerte Kaliumchloridinjektion in das Herz getötet werden (Fetozid). Dieser sehr problematische Eingriff wird nur an einzelnen Zentren in seltenen Einzelfällen und ggf. nach Begutachtung der Situation durch eine interdisziplinäre ärztliche Ethikkommission durchgeführt.

▪▪▪ Schwangerschaftsabbrüche in Deutschland

Die Zahl der Schwangerschaftsabbrüche in Deutschland insgesamt wie auch aus medizinischer Indikation hat über die letzten Jahre kontinuierlich abgenommen. Im Jahr 2006 wurden in Deutschland 119.710 Schwangerschaftsabbrüche aus den verschiedenen Indikationen wie folgt durchgeführt:
- Fristenregelung: 116.636 (entsprechend >97% aller Abbrüche)
- Kriminologische Indikation: 28
- Medizinische Indikation: 3.046
    - davon Abbrüche ab der 23. SSW: 183

(Quelle: Statistisches Bundesamt 2007, http://www.destatis.de)

18.2 Präimplantationsdiagnostik

Unter dem Begriff Präimplantationsdiagnostik (PID) oder *preimplantation genetic diagnosis* (PGD) versteht man die genetische Untersuchung der Zygote im Rahmen einer künstlichen Befruchtung. Nur solche Zygoten, bei denen eine bestimmte erbliche Krankheit oder Chromosomenaberration ausgeschlossen wurde, werden dann in die Gebärmutter eingepflanzt, die anderen Zygoten werden verworfen.

Die PID erfolgt durch Blastomerbiopsie am zweiten oder dritten Tag nach der Fertilisation, wenn sich der Embryo im 4- bis 8-Zell-Stadium befindet. Meist werden zwei Zellen entnommen, die dann in der Regel mit Hilfe von PCR-basierten molekulargenetischen Methoden untersucht werden. Dabei können meist nur ein einziges oder einige wenige genetische Merkmale abgeklärt werden. Es gilt zu beachten, dass Zellen dieser frühen Entwicklungsstadien des Embryos **totipotent** sind, also jede einzelne Zelle zu diesem Zeitpunkt noch das Potenzial hat, sich zu einem eigenständigen Individuum zu entwickeln (wie am Beispiel eineiiger Zwillinge leicht ersichtlich).

Dies macht die Blastomerbiopsie im Rahmen der PID in Deutschland strafbar, denn sie fällt unter das sog. **Embryonenschutzgesetz** (ESchG). Der Gesetzestext spricht: »*Als Embryo [...] gilt bereits die befruchtete, entwicklungsfähige menschliche Eizelle vom Zeitpunkt der Kernverschmelzung an, ferner jede einem Embryo entnommene totipotente Zelle, die sich bei Vorliegen der dafür erforderlichen weiteren Voraussetzungen zu teilen und zu einem Individuum zu entwickeln vermag.*« (§8 Abs. 1 ESchG). Nach dieser Definition des Begriffs »Embryo« stellt die Blastomerbiopsie einen Vorgang des Klonens dar und es gilt: »*Wer künstlich bewirkt, dass ein menschlicher Embryo mit der gleichen Erbinformation wie ein anderer Embryo, ein Fötus, ein Mensch oder ein Verstorbener entsteht, wird mit Freiheitsstrafe bis zu fünf Jahren oder mit Geldstrafe bestraft.*« (§ 6 Abs. 1 ESchG).

Der Begriff der Totipotenz wurde in den vergangenen Jahren allerdings zunehmend in Frage gestellt und z. T. sogar für unbrauchbar erklärt. Wichtiges Argument hierfür ist die Feststellung, dass Totipotenz im Labor manipulierbar ist. Stammzellen können in gewissem Maße umprogrammiert werden, und es scheint, dass Totipotenz sich sowohl an- als auch abschalten lässt. Forschungsergebnisse zeigten, dass sich embryonale Stammzellen von Mäusen (zuvor für »pluripotent« und eben nicht für »totipotent« gehalten) so reprogrammieren lassen, dass aus ihnen Eizellen und sogar Blastozysten entstehen. Das 1991 in Deutschland in Kraft getretene Embryonenschutzgesetz stützt sich damit auf eine Definition, die so heute nicht mehr gültig sein kann.

Ein weiterer Aspekt in Bezug auf die Regelung des § 218 StGB in Deutschland ist, dass bei einer Zygote in vitro noch keine Schwangerschaft der Mutter und damit auch kein entsprechender »Interessenskonflikt« besteht, der einen »Schwangerschaftsabbruch« akzeptabel erscheinen ließe. Schließlich öffnet die Auswahl der »besten« Zygote im Rahmen der künstlichen Befruchtung natürlich die extrem problematische Möglichkeit einer Selektion von gewünschten, nicht krankheitsrelevanten Eigenschaften. Inwieweit es ethisch allerdings akzeptabler ist, einen Schwangerschaftsabbruch im zweiten Trimenon durchzuführen als eine Zygote im 8-Zellstadium zu verwerfen, muss der weiteren gesellschaftlichen Diskussion vorbehalten bleiben. In anderen europäischen Ländern wird die Präimplatationsdiagnostik für spezifische Indikationen inzwischen routinemäßig durchgeführt.

Nicht ganz geklärt sind die möglichen Risiken der PID im Vergleich zu anderen Formen der künstlichen Befruchtung. Jüngste Untersuchungen haben gezeigt, dass bei erhöhtem mütterlichen Alter und In-vitro-Fertilisation der Ausschluss einer kindlichen Chromosomenstörung durch PID die Zahl der Schwangerschaften in der 12. Woche und der geborenen Kinder nicht erhöht sondern verringert. Hier sind weitere Untersuchungen notwendig.

18.3 Genetische Diagnostik und Versicherungsschutz

Die beeindruckende Entwicklung im Bereich der genetischen Diagnostik hat Auswirkungen auf viele Bereiche des menschlichen Lebens. Und diese Auswirkungen sind nicht immer nur positiv. Immer wieder berichten Betroffene erblicher Krankheiten von »genetischer Diskriminierung« in verschiedensten Lebensbereichen. Kaum eine Frage wird aber so intensiv diskutiert wie die Nutzung der Ergebnisse genetischer Diagnostik im Bereich des Versicherungsschutzes.

Widerstrebende Interessen. Im Bereich »Versicherungsschutz« ist die Offenlegung einer genetischen Disposition zu bestimmten erblichen Krankheiten nicht im Interesse des Betroffenen, denn er müsste damit rechnen, keinen Versicherungsvertrag abschließen zu können oder zumindest ungünstigere Versicherungsbedingungen akzeptieren zu müssen. Der Versicherungsgeber hingegen ist von Natur aus bestrebt, sein Risiko zu minimieren und (auch im Sinne der Versichertengemeinschaft) vor Vertragsschluss eine sorgfältige Risikoabschätzung von Antragsstellern durchzuführen. Es kann für ihn nicht akzeptabel sein, wenn der Versicherungsnehmer ein wichtiges, für die Erfüllung des Versicherungsvertrags relevantes Risiko kennt, es aber bei Abschluss der Versicherung nicht angibt, da in diesem Fall eine negative Selektion stattfinden würde. Sollten Versicherungsunternehmen von Antragstellern bzw. Versicherten die Durchführung von genetischen Tests einfordern dürfen bzw. dürfen sie zumindest die Angabe über Ergebnisse bereits durchgeführter genetischer Tests verlangen?

Moratorium. Die Mitgliedsunternehmen des Gesamtverbandes der Deutschen Versicherungswirtschaft e.V. haben sich bis zum 31.12.2011 ein freiwilliges Moratorium auferlegt, auf die Durchführung prädiktiver genetischer Tests zu Dispositionen für zukünftige Krankheiten zu verzichten. Sie erklären sich darüber hinaus bereit, für private Krankenversicherungen und für alle Arten von Lebensversicherungen bis zu einer Versicherungssumme von weniger als 250.000 € bzw. einer Jahresrente von weniger als 30.000 € von den Kunden auch nicht die Vorlage freiwillig durchgeführter prädiktiver Gentests zu verlangen.

Solange nur wenige Menschen Gentests durchführen lassen, mag der den Versicherungsfirmen entstehende wirtschaftliche Schaden (zumindest bei Versicherungsverträgern mit begrenzter Höhe) noch vernachlässigbar gering sein, auch wenn Versicherte einen positiven Gentest-Befund verschweigen und auf diesem Weg finanziellen Nutzen durch den zeitnahen Abschluss einer entsprechenden Versicherung schlagen. Bislang sind auch nur recht wenige Tests verfügbar, die hochpenetrante genetische Krankheitsdispositionen erfassen. Steigt aber die Anzahl diagnostischer Möglichkeiten und deren Nutzung durch die Bevölkerung, könnte ein Verbot, Testergebnisse genetischer Untersuchungen in Risikokalkulationen mit einzubeziehen, gerade auf dem Lebensversicherungsmarkt massive Einbußen für die Versicherungsunternehmen (und damit für die Versicherungsgemeinschaft) bedeuten.

Europäische Perspektive. Das Thema gewinnt zusätzliche Brisanz, wenn man es unter einer gesamteuropäischen Perspektive betrachtet. Während es etwa in Österreich laut Gentechnikgesetz verboten ist, dass Versicherer »*Ergebnisse von Genanalysen von ihren Versicherungsnehmern oder Versicherungsgebern erheben, verlangen, annehmen oder sonst verwerten*«, ist es in Großbritannien ausdrücklich erlaubt, das Ergebnis einer Testung auf Chorea Huntington in die Berechnung der Beitragsprämien mit einfließen zu lassen. Mit der zunehmenden Internationalisierung der Versicherungsmärkte ist damit ein weiteres Szenario denkbar: Im Falle, dass deutsche Versicherungen keine (auch keine negativen) genetischen Testergebnisse in ihren Kalkulationen berücksichtigen dürften, könnten Versicherungsnehmer, die um ein bestimmtes niedriges Krankheitsrisiko wissen, mit ihren günstigen Dispositionen im Ausland »hausieren gehen« und diese dort absichern, während sie mit ungünstigem Risikoprofil im Inland bleiben und auf diesem Weg individuelle »Prämienoptimierung« betreiben.

18.4 Prädiktive Gesundheitsinformationen bei Einstellungsuntersuchungen

▪▪▪ Überwiegend wahrscheinlich

Bis vor Gericht ging 2004 der Fall einer Lehrerin, bei der einer der Eltern eine Chorea Huntington hatte. Das Schulamt weigerte sich, ihr den Beamtenstatus zuzuerkennen, da sie ein erhebliches Risiko in sich trage, während ihrer Dienstzeit an Chorea Huntington zu erkranken. Eine Ver-

18.4 · Prädiktive Gesundheitsinformationen

beamtung sei jedoch dann möglich, wenn ein genetischer Test ergeben sollte, dass sie keine Anlageträgerin ist. Die Lehrerin reichte Klage ein: sie sei gegenwärtig nicht krank und eine riskante genetische Disposition allein dürfe kein Grund sein, die Verbeamtung zu versagen. Das Verwaltungsgericht gab der Klägerin weitgehend Recht. Die gesundheitliche Eignung zur Beamtenlaufbahn fehlt nur dann, wenn es **überwiegend wahrscheinlich** ist, dass der Bewerber künftig erkrankt oder vor Erreichen der Altersgrenze dienstunfähig wird. Da bei der Klägerin aber das Erkrankungsrisiko nur 50% beträgt und überdies eine etwa 10%-ige Möglichkeit besteht, daß die Krankheit bei ihr – selbst wenn sie Anlageträgerin wäre – erst nach dem Pensionsalter symptomatisch werden könnte, ist ihre Erkrankung an Chorea Huntington im beamtenrechtlich relevanten Zeitraum nicht überwiegend wahrscheinlich. Zwar könne man dem Land nicht verwehren, nach Fällen von Chorea Huntington und anderen genetisch bedingten Erkrankungen in der Familie zu fragen. Allerdings umfasse dies nicht die Möglichkeit, eine Bewerberin zu einem Gentest zu zwingen.

Darf ein zukünftiger Arbeitgeber im Rahmen von Einstellungsgespräch und Einstellungsuntersuchung die Ergebnisse prädiktiver Gentests abfragen oder sogar einfordern? Mit diesem Thema hat sich im Jahre 2005 auch eingehend der **Nationale Ethikrat** Deutschlands beschäftigt. Der Nationale Ethikrat grenzt in seiner Abschlusserklärung zunächst die Begriffe »Prognose« und »Prädiktion« voneinander ab: »*Unter einer Prognose versteht man eine Aussage über den weiteren Verlauf einer vergangenen oder gegenwärtig bestehenden Erkrankung. Demgegenüber ist Prädiktion eine Aussage über das Risiko für eine Krankheit, die bisher noch nicht ausgebrochen ist. Die verschiedenen Voraussagen unterscheiden sich hinsichtlich ihrer zeitlichen Reichweite und Präzision.*«
Der Nationale Ethikrat empfiehlt:
- Es ist legitim, dass ein zukünftiger Arbeitgeber berücksichtigt, ob ein Bewerber zum Zeitpunkt der Einstellung die für die entsprechende Tätigkeit notwendige körperliche, geistige und gesundheitliche Eignung besitzt.
- Eine Familienanamnese ist im Rahmen der Einstellungsuntersuchung nicht zulässig, weil sie keine ausreichend sicheren Aussagen über die gesundheitliche Entwicklung des Betroffenen liefert.
- Prädiktive Testergebnisse dürfen nur dann berücksichtigt werden, wenn sie sich auf Krankheitsanlagen beziehen, die innerhalb eines eng abgesteckten Zeitrahmens (etwa der üblichen sechsmonatigen Probezeit) mit überwiegender Wahrscheinlichkeit relevant werden
- Ausnahmen stellen Tätigkeiten dar, bei welchen Dritte einem besonderen Risiko ausgesetzt werden würden (z. B. Einstellung von Piloten, Busfahrern etc.)
- Die Ursache der infrage stehenden Krankheit ist dabei unerheblich (Infektionskrankheiten werden nicht anders beurteilt als genetisch bedingte Krankheiten)
- Wie immer erfolgt eine Einstellungsuntersuchung nur mit der Einwilligung des Betroffenen. Der Arzt, der die Untersuchung vornimmt, teilt dem Arbeitgeber

lediglich mit, ob der Bewerber für den Arbeitsplatz geeignet ist oder nicht. Konkrete Befunde dürfen dem Arbeitgeber nicht mitgeteilt werden
- Leicht veränderte Maßstäbe gelten im Beamtenrecht. Bei der Frage nach Verbeamtung auf Lebenszeit dürfen solche Krankheitsanlagen berücksichtigt werden, die sich mit mehr als 50%-iger Wahrscheinlichkeit innerhalb von 5 Jahren in nicht unerheblichem Ausmaß auf die gesundheitliche Eignung des Bewerbers auswirken

Ob diese Empfehlungen allerdings in die deutsche Rechtssprechung übernommen werden, ist ungewiss.

18.5 Eugenik

Eugenik (*gr. eugenes, wohlgeboren*) ist die historische Bezeichnung für den Versuch einer Anwendung der Erkenntnisse der Humangenetik auf die Gesundheit einer Bevölkerung. Der Begriff wurde 1863 von Francis Galton geprägt. Durch die Begünstigung der Fortpflanzung »Gesunder« (**positive Eugenik**) und die Verhinderung der Fortpflanzung »Kranker« (**negative Eugenik**) sollten die günstigen Erbanlagen in der Bevölkerung langfristig verbessert und die Häufigkeit genetisch bedingter Krankheiten vermindert werden.

Ursprünge. Einer der frühesten Vertreter der Eugenik war Alexander Graham Bell (der Erfinder des Telefons), der Ende des 19. Jahrhunderts empfahl, ein **Eheverbot für Taubstumme** zu erlassen und vor Taubstummenschulen als möglichen Brutstätten einer tauben Menschenrasse warnte. Aus heutiger Sicht wissen wir, dass schon diese ersten Vorschläge der Eugenik jeder soliden wissenschaftlichen Basis ermangelten. Taubheit wird vorwiegend autosomal-rezessiv vererbt. Der große Anteil mutierter Allele in der Bevölkerung findet sich unter den heterozygoten Anlageträgern, die aber phänotypisch unauffällig sind. Auch wenn alle klinisch Betroffenen (homozygote Anlageträger) an der Fortpflanzung gehindert würden (u. a. durch Zwangssterilisation) würde dies die Allelfrequenzen in der Gesamtbevölkerung nur unwesentlich beeinflussen.

Von den USA nach Europa. Doch die Eugenik fand schon bald zahlreiche Befürworter. 1896 wurde im US-Bundesstaat Conneticut ein Gesetz erlassen, das »Epileptikern, Schwachsinnigen und Geistesschwachen« die Heirat verbot. Später wurde dieses Gesetz mit Hilfe von Zwangssterilisationen durchgesetzt. Ähnliche Gesetze folgten in 31 weiteren Staaten. Schätzungen zufolge sind allein in den USA in Folge dieses Programms mehr als 100.000 Menschen zwangssterilisiert worden. Auch in Europa fand die Eugenik zunehmend viele Anhänger. Zahlreiche »Gesellschaften für

Rassenhygiene« wurden gegründet. Erste Zwangskastrationen und Zwangssterilisationen in Europa fanden an psychiatrischen Patienten in der Schweiz statt.

Eugenik im Dritten Reich. Zu einer neuen Dimension eugenischer Maßnahmen in Europa kam es im Dritten Reich, als nach der Machtübernahme Hitlers schon im Juli 1933 ein eugenisches Sterilisationsgesetz eingeführt wurde (»Gesetz zur Verhütung erbkranken Nachwuchses«; im Dezember 1933 kam eine Meldepflicht hinzu). Das Gesetz führte zur zielgerichteten Sterilisation von insgesamt mehr als 400.000 »erbkranken« Menschen. Verschiedene Krankheiten, für die genetische Ursachen vermutet wurden, sollten dadurch »ausgemerzt« werden: »*angeborener Schwachsinn, Schizophrenie, zirkuläres (manisch-depressives) Irresein, erbliche Fallsucht, erblicher Veitstanz (Huntingtonsche Chorea), erbliche Blindheit, erbliche Taubheit, schwere erbliche körperliche Missbildung*«. Darüber hinaus galt auch schwerer Alkoholismus als Indikation für eine Sterilisation. Diese »Radikalvariante« der Eugenik war schließlich ab 1939 auch Begründung für die »Vernichtung lebensunwerten Lebens« im Rahmen systematischer Euthanasie.

Entwicklung nach 1945. Während in Deutschland nach der Befreiung durch die Alliierten im Jahr 1945 die Eugenik ein jähes Ende fand, wurden in den USA noch bis ins Jahr 1974 eugenisch begründete Zwangssterilisierungen durchgeführt. In der Schweiz ist die Sterilisation Einwilligungsunfähiger unter gewissen Bedingungen bis heute erlaubt. Die Humangenetik in Deutschland hatte nach 1945 aufgrund der Verbrechen im Dritten Reich einen schweren Stand. Die zögerliche und späte Auseinandersetzung mit den Verfehlungen der Ärzte und Anthropologen hat unter anderem dazu geführt, dass den Fortschritten humangenetischer Forschung lange Zeit viel Skepsis entgegengebracht wurde. Auch das deutsche Embryonenschutzgesetz oder der in Deutschland im Vergleich mit anderen Ländern zurückhaltende Umgang mit Schwangerschaftsabbrüchen sind zumindest teilweise aus der Erfahrung des Dritten Reichs zu erklären.

Wie jeder Arzt steht auch der Humangenetiker im Dienst des einzelnen Menschen und nicht im Dienst einer gesellschaftlichen Ideologie. Unabhängig davon, dass wirksame Eugenik gar nicht möglich wäre (da die Zahl der Heterozygoten sehr viel größer ist als die der »erfassbar« Kranken), ist das Bestreben durch erzwungene gezielte Züchtungsmaßnahmen den Genpool der Bevölkerung zu verbessern, nicht mit dem ärztlichen Ethos zu vereinbaren. Die Würde aller Menschen und das Selbstbestimmungsrecht des Patienten sind zentrale Grundfesten, an denen sich das ärztliche Handeln auszurichten hat.

Krankheit und Behinderung sind untrennbare Bestandteile des menschlichen Lebens, die unserer Toleranz, Anerkennung, Pflege, Liebe und Zuwendung bedürfen. Wie eine Gesellschaft mit Krankheit und Behinderung umgeht, ist Ausdruck ihrer zivilisatorischen Höhe.

Klinische Genetik

19 Chromosomale Krankheiten – 245
19.1 Numerische Chromosomenaberrationen – 245
19.2 Strukturelle Chromosomenaberrationen – 267

20 Haut und Bindegewebe – 275
20.1 Erbliche Hautkrankheiten – 275
20.2 Erbliche Bindegewebskrankheiten – 280

21 Kreislaufsystem und Hämatologie – 288
21.1 Angeborene Herzfehler – 288
21.2 Kardiomyopathie – 296
21.3 Erbliche Rhythmusstörungen – 297
21.4 Blutgruppen – 297
21.5 Anämien – 299
21.6 Erbliche Blutungsneigung – 306
21.7 Erbliche Thromboseneigung (Thrombophilie) – 310

22 Atmungssystem – 313
22.1 Monogene Lungenkrankheiten – 313
22.2 Multifaktorielle Lungenkrankheiten – 320

23 Verdauungssystem – 322
23.1 Fehlbildungen des Gastrointestinaltrakts – 322
23.2 Leberfunktionsstörungen – 326
23.3 Ikterus und Hyperbilirubinämie – 331

24 Stoffwechselkrankheiten – 333
24.1 Störungen des Intermediärstoffwechsels – 333
24.2 Störungen des lysosomalen Stoffwechsels – 345
24.3 Störungen des Lipidstoffwechsels – 347
24.4 Störungen anderer Stoffwechselwege – 351

25 Endokrinium und Immunsystem – 355
25.1 Diabetes mellitus – 355
25.2 Adrenogenitales Syndrom – 357
25.3 Autoimmun-Polyendokrinopathien – 362

26 Skelett und Bewegungssystem – 363

- 26.1 Abnorme Knochenbrüchigkeit – 363
- 26.2 Skelettdysplasien – 363
- 26.3 Kraniosynostosen – 367
- 26.4 Metabolische Knochenkrankheiten – 371
- 26.5 Multifaktorielle angeborene Skelettfehlbildungen – 373

27 Harntrakt – 376

- 27.1 Angeborene Nierenfehlbildungen – 376
- 27.2 Zystische Nierenkrankheiten – 377
- 27.3 Krankheiten des renalen Tubulussystems – 378

28 Genitalorgane und Sexualentwicklung – 380

- 28.1 Störungen der Geschlechtsentwicklung – 380
- 28.2 Genitalfehlbildungen – 383

29 Augen – 385

- 29.1 Angeborene Störungen des Farbensehens – 385
- 29.2 Katarakt – 386
- 29.3 Blindheit – 387

30 Ohren und Gehör – 391

- 30.1 Erbliche Formen der Gehörlosigkeit – 391
- 30.2 Umweltfaktoren und Taubheit – 392

31 Neurologische und neuromuskuläre Krankheiten – 394

- 31.1 Neurodegenerative Krankheiten des zentralen Nervensystems – 394
- 31.2 Andere Krankheiten des zentralen Nervensystems – 409
- 31.3 Krankheiten des peripheren Nervensystems – 427
- 31.4 Erbliche Muskelkrankheiten – 429

32 Tumorerkrankungen – 435

- 32.1 Leukämien und Lymphome – 435
- 32.2 Solide maligne Tumoren des Kindesalters – 437
- 32.3 Brust- und Ovarialkrebs – 441
- 32.4 Kolorektale Tumoren – 445
- 32.5 Multiple endokrine Neoplasien (MEN) – 454
- 32.6 Hamartosen – 457
- 32.7 Störungen der DNA-Reparatur – 465
- 32.8 Andere familiäre Krebsprädispositionssyndrome – 469

19 Chromosomale Krankheiten

Chromosomenstörungen gehören zu den häufigsten Ursachen genetischer Krankheiten, sowohl als angeborene Störungen in allen oder den meisten Körperzellen, als auch als somatisch erworbene, klonale Störungen, die pathogenetisch eine große Bedeutung z. B. bei der Entstehung und auch der Progression von Tumoren verschiedenster Art haben. Bei Neugeborenen liegt die Häufigkeit von Chromosomenaberrationen abhängig vom mütterlichen Alter zwischen 0,1 und 5%. Dabei handelt es sich aber nur um die »Spitze des Eisbergs«, denn die allermeisten Chromosomenstörungen stören schon intrauterin die Entwicklung des Feten so schwerwiegend, dass es zu einem Spontanabort kommt. Etwa 1/6 der »bemerkten« Schwangerschaften führt zum Spontanabort. 50–60% aller Spontanaborte des ersten Trimesters sind auf chromosomale Anomalien zurückzuführen; in dieser Zahl sind die gar nicht festgestellten Schwangerschaften, bei denen es schon sehr früh zum Verlust des Embryos kam, nicht erhalten. In diesem Kapitel werden die wichtigsten klinisch-genetisch relevanten Chromosomenstörungen diskutiert. Dabei lassen sich die insgesamt häufigeren numerischen (zahlenmäßigen) Chromosomenstörungen von den selteneren strukturellen Störungen unterscheiden.

19.1 Numerische Chromosomenaberrationen

Verteilungsstörungen der Chromosomen in Mitose oder Meiose führen zu numerischen Chromosomenstörungen (**Aneuploidien**). In den meisten Fällen von Aneuploidie handelt es sich um Trisomien in Folge einer **meiotischen Non-Disjunction**.

Entweder kommt es in der 1. Reifeteilung der Meiose zur Non-Disjunction (zwei homologe Chromosomen bewegen sich gemeinsam zu einem Zellpol, statt zu entgegengesetzten Polen, 75% der Fälle). Oder es handelt sich um eine Non-Disjunction der 2. meiotischen Reifeteilung (zwei Schwesterchromatiden eines homologen Chromosoms gelangen zum gleichen Zellpol, 25% der Fälle). Die beiden Konstellationen führen zu zwei oder einer Tochterzelle(n) mit überzähligem Chromosomensatz und zwei oder einer Tochterzelle(n) mit unterzähligem Chromosomensatz. Insgesamt weisen wohl 10% aller Spermatozoen und 25% aller Oozyten einen abnormen Chromosomensatz auf.

Aus Untersuchungen aneuploider Feten weiß man, dass in der großen Mehrzahl der Fälle (>90%) die Aneuploidie auf meiotische Störungen bei der Mutter zurückzuführen ist. Das Risiko für das Auftreten einer numerischen Chromosomenaberration ist in hohem Maß vom **mütterlichen Alter** abhängig. Während das Risiko für die Geburt eines Kindes mit einer Chromosomenstörung bis zum 30. Lebensjahr unter 0,2% liegt, steigt es bei einer 35-jährigen Frau auf über 0,5% und erreicht im Alter von 38 Jahren 1%. Wenn eine Frau mit 45 Jahren ein Kind bekommt, liegt das Risiko bei über 4% – was umgekehrt auch heißt, dass mehr als 95% aller Kinder keine Chromosomenstörung aufweisen. Es gilt in diesem Zusammenhang zu beachten, dass zum Zeitpunkt einer möglichen Pränataldiagnostik Chromosomenstörungen noch häufiger nachgewiesen werden, da viele Aneuploidien zur Fehlgeburt oder zum Fruchttod noch im zweiten oder sogar dritten Trimenon führen.

Neben einzelnen Chromosomen können auch ganze Chromosomensätze vervielfacht vorliegen. Man spricht dann von **Polyploidisierungen**. Triploide (3n) und tetraploide (4n) Chromosomensätze werden im Rahmen pränataler Chromosomenanalysen beobachtet. Kinder mit Triploidie werden zum Teil sogar lebend geboren, versterben dann aber in aller Regel in den ersten Lebenstagen. Die häufigste Ursache für die Entstehung einer Triploidie ist die Befruchtung einer Eizelle durch zwei Spermien (Dispermie). Seltener kommen Oozyten oder Spermien mit diploidem Chromosomensatz vor. Tetraploidien haben immer einen Karyotyp 92,XXXX oder 92,XXYY, was dafür spricht, dass sie aus normalen Zygoten hervorgehen, die in den allerersten Zellteilungen eine unvollständige Teilung erfahren haben.

Störungen der Anzahl von Autosomen

Lediglich drei **autosomale Trisomien** sind nach der Geburt mit dem Leben vereinbar: Trisomie 13, 18 und 21. Ausnahmen bestehen, wenn es sich um partielle Trisomien oder Mosaike von trisomen und normalen Zelllinien handelt. **Monosomien** autosomaler Chromosomen führen wahrscheinlich schon sehr früh in der Schwangerschaft zum Spontanabort, oft noch bevor die Schwangerschaft überhaupt als solche wahrgenommen wird.

Down-Syndrom (Trisomie 21)

Im Jahre 1866 lieferte der englische Arzt John Langdon Haydon Down zum ersten Mal eine klinische Beschreibung dessen, was wir heute nach ihm als »Down-Syndrom« bezeichnen. Down mutmaßte, dass es sich pathogenetisch bei der von ihm beschriebenen Krankheit um eine Art »Rückschritt in der Phylogenese« handeln könnte. Er gab dem Syndrom den Namen »mongolische Idiotie«. Die Bezeichnung »Mongolismus« hielt sich lange im Sprachgebrauch, wurde aber durch »Down-Syndrom« bzw. »Trisomie 21« (nach Entdeckung der wahren Pathogenese durch Lejeune et al. 1959) ersetzt und sollte heute nicht mehr verwendet werden.

19.1 · Numerische Chromosomenaberrationen

Praxisfall

Markus ist das zweite Kind von deutschen, nicht verwandten Eltern; eine drei Jahre ältere Schwester ist gesund. Bei der Geburt von Markus war die Mutter 30 Jahre alt. Die Schwangerschaft war unkompliziert verlaufen, insbesondere wurde im Ultraschall keine Verdickung der Nackenfalte festgestellt. Markus kam in der 39. Schwangerschaftswoche spontan aus Schädellage zur Welt. Sein Geburtsgewicht betrug 3000 g (10.–25. Perzentile), die Körperlänge 52 cm (50.–75. Perzentile), der Apgar-Wert 10/10/10 und der Nabelarterien-pH 7,30 (alle Werte im Normbereich). Der Kopfumfang lag mit 32 cm unterhalb des Normbereichs (<3. Perzentile). Aufgrund von Auffälligkeiten des Gesichts wurde schon direkt nach der Geburt der Verdacht auf ein Down-Syndrom geäußert und eine Chromosomenanalyse veranlasst. Dabei zeigte sich in allen Metaphasen ein männlicher Chromosomensatz mit einem zusätzlichen Chromosom 21 (47,XY,+21). Markus hatte einen kleinen Vorhofseptumdefekt, der jedoch nicht operiert werden musste und sich nach etwa sechs Wochen von selbst verschloss. Weitere Fehlbildungen lagen nicht vor. Augenärztliche Untersuchung sowie Hörtests waren wiederholt unauffällig. Wegen einer Muskelhypotonie erhält Markus seit seinem vierten Lebensmonat Krankengymnastik nach Vojta. Die Meilensteine der psychomotorischen Entwicklung wurden verspätet erreicht; frei laufen konnte Markus seit einem Alter von 2 Jahren und 4 Monaten, bei der letzten Vorstellung im Alter von 2½ Jahren sprach er einzelne Silben nach.

Epidemiologie

Trisomie 21 ist die häufigste Chromosomenstörung bei Neugeborenen (etwa 2/3 aller Fälle) und zugleich die häufigste Ursache für geistige Retardierung. Die **Inzidenz** wird mit etwa **1:650** angegeben, ändert sich allerdings einerseits durch das steigende Durchschnittsalter von Schwangeren, andererseits durch die zunehmend häufigere pränatale Diagnose mit Schwangerschaftsabbruch auch bei jüngeren Schwangeren. Das Risiko für die Geburt eines Kindes mit Trisomie 21 steigt mit dem **Alter der Mutter**. Während die Wahrscheinlichkeit bis zum 30. Lebensjahr noch unter 1:1.000 liegt, steigt sie im Alter von 35 Jahren (bei Geburt) schon auf 1/350, liegt im Alter von 40 Jahren bei 1:85 und mit 46 Jahren bei 1/30. Die Mehrzahl der Kinder mit Trisomie 21 hat allerdings Mütter im Alter unter 35 Jahren, da jüngere Frauen mehr Kinder bekommen und seltener eine invasive Pränataldiagnostik und ggf. einen Schwangerschaftsabbruch durchführen lassen. Pränatal versterben 75% aller Zygoten mit Trisomie 21, davon viele in der Frühschwangerschaft. Für die genetische Beratung ist bedeutsam, dass auch nach Diagnose einer Trisomie 21 durch Chorionzottenbiopsie (CVS, ab der 11. SSW) die Wahrscheinlichkeit für einen Spontanabort dieser Schwangerschaft noch bei 35% liegt. Wurde die Diagnose durch Amniozentese (ab der 14. SSW) gestellt, liegt die Wahrscheinlichkeit noch bei etwa 20%.

Die durchschnittliche **Lebenserwartung** bei Down-Syndrom stieg von 25 Jahren im Jahr 1983 auf 49 Jahre im Jahr 1997. Aktuell versterben etwa 15% der Kinder mit Down-Syndrom im 1. Lebensjahr. Haupttodesursachen sind schwere Herzfehler und große gastrointestinale Fehlbildungen.

Pränataldiagnostik

In Deutschland wird allen Frauen über 35 Jahren eine Amniozentese angeboten. Im Einzelfall wird eine invasive Diagnostik ohne besonderen Verdacht auch bei jüngeren Frauen durchgeführt.

- Fetale **Ultraschalluntersuchungen** können Hinweise auf eine Trisomie 21 geben, speziell eine verbreiterte Nackenfalte, aber auch Hydrops fetalis, Duodenalstenose, Herzfehler.
- Die Konzentration verschiedener **Proteine im mütterlichen Blut** ist bei fetaler Trisomie verändert. Der früher angebotene »Triple-Test« aus drei solcher Serummarker hatte jedoch die Nachteile eines späten Ergebnisses (oft nach der 16. SSW) sowie einer beschränkten Spezifität/Sensitivität und ist heute weitgehend ersetzt durch eine Kombination von genauer Bestimmung der Nackenfalte und Bestimmung zweier Serummarker (sog. Double-Test, ◘ Kap. 17.2)
- Alle nichtinvasiven Methoden liefern nur veränderte Wahrscheinlichkeiten, die definitive Diagnose muss durch Chromosomenanalyse kindlicher Zellen (gewonnen i. d. R. durch Amniozentese) gestellt werden.

Klinische Merkmale

Beim Down-Syndrom handelt es sich um eine »Blickdiagnose«, die meist unmittelbar nach Geburt gestellt werden kann. **Kein einziges phänotypisches Merkmal steht pathogenomonisch** für das Down-Syndrom, aber die Kombination der Dysmorphien ist leicht erkennbar.

Körperliche Auffälligkeiten:

- Richtungsweisende **typische Fazies** bei ausgeprägter **Muskelhypotonie**: von vorne gesehen runder Kopf, **Brachyzephalie, flaches Profil** mit flachem Nasenrücken und Mittelgesichtshypoplasie, ansteigende Lidachse (sieht man besonders deutlich, wenn das Baby weint), Epikanthus, kleiner Mund (◘ Abb. 19.1). Aufgrund der Muskelhypotonie steht der Mund häufig offen mit herausstehender Zunge.
- Kurzer Hals, Hypoplasie der Mittelphalangen der 5. Finger, Klinodaktylie der 5. Finger, Vierfingerfurche (◘ Abb. 19.1), Sandalenlücke (zwischen 1. und 2. Zeh).
- **Herzfehler** (45%) davon ca. 40% **AV-Kanal** (= atrioventrikulärer Septumdefekt, AVSD, mit unzureichendem Verschluss der Endokardkissen sowohl der Vorhöfe als auch der Ventrikel sowie Anomalien der AV-Klappen). Seltener isolierter Ventrikelseptumdefekt (VSD), isolierter Vorhofseptumdefekt (ASD)

▼

Abb. 19.1. Trisomie 21: typische Gesichtsmerkmale mit flachem Nasenrücken und Epikanthus; deutliche Verkürzung der Finger, breite Hände mit beidseitigen Vierfingerfurchen

oder offener Ductus arteriosus. Jedes Neugeborene mit Trisomie 21 sollte echokardiographisch untersucht werden!
- **Gastrointestinale Fehlbildungen** (12%): **Duodenalatresie** (bei 2–15% aller Kinder mit Down-Syndrom; umgekehrt haben 20–30% aller Kinder mit Duodenalatresie eine Trisomie 21!), **Morbus Hirschsprung** (bei 2% aller Kinder mit Trisomie 21; umgekehrt haben 10–15% aller Patienten mit M. Hirschsprung eine Trisomie 21!).
- **Augen** (Anomalien bei 61%): Häufig sind Myopie, Nystagmus, Strabismus, verschlossener Tränenkanal, **Brushfield-Flecken** (weiße Flecken in der Iris; Abb. 19.2).

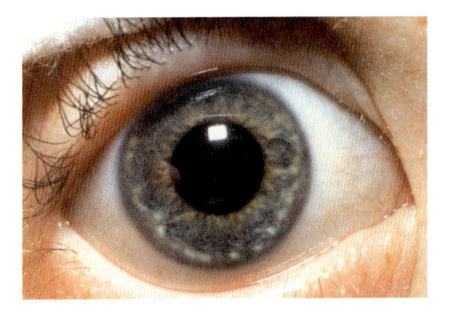

Abb. 19.2. Trisomie 21: Diese Iris eines jugendlichen Patienten mit Trisomie 21 weist einen Kranz kleiner, weißer Bindgewebsknötchen auf (Brushfield-Flecken). Diese sind funktionell irrelevant und finden sich (selten) auch in Individuen ohne Down-Syndrom. Sie werden dann als Wolfflin-Krückmann-Flecken bezeichnet. (Mit freundlicher Genehmigung von R. Lewis, Baylor College of Medicine, Houston)

Entwicklung:
- Geburtsgewicht, Größe und Kopfumfang liegen bei Geburt meist an der 10.–15. Perzentile. Dann vor allem **postnatale Wachstumsverzögerung**. Beim 1. Geburtstag Körpergröße oft −3 SD, Erwachsenengröße 140–160 cm.
- Deutliche **motorische und sprachliche Retardierung** bei oft unauffälliger sozialer und emotionaler Entwicklung. Alle Meilensteine der Entwicklung werden erreicht, wenn auch verspätet. Es zeigt sich immer eine mentale Retardierung, der **IQ liegt zwischen 20 und 50**, in Einzelfällen darüber. 10% der Patienten entwickeln eine **Epilepsie**.
- Kinder mit Down-Syndrom haben veränderte immunologische Parameter, mit einer insgesamt erhöhten Infektneigung. Es besteht ein knapp 1%-iges Risiko, eine **Leukämie** zu entwickeln (20-fache Erhöhung im Vergleich zur Allgemeinbevölkerung). ALL>AML. Das Risiko für eine Megakaryoblasten-Leukämie (M7) ist sogar 400-fach erhöht. 10% der Neugeborenen mit Down-Syndrom zeigen ein transitorisches myeloproliferatives Syndrom.
- Pubertät i. d. R. normal

Komplikationen beim Erwachsenen:
- 40–75% der Patienten entwickeln einen ein- oder beidseitigen **Hörverlust**. Ursache dafür sind meist rezidivierende Otitiden.
- **Hypothyreoidismus** ist häufig. >30% der Erwachsenen mit Down-Syndrom haben Schilddrüsen-Autoantikörper.
- Es besteht ein deutlich erhöhtes Risiko für die Ausbildung eines frühen **Morbus Alzheimer**, der bei 10% der 50-Jährigen und sogar 75% der 60-Jährigen mit Down-Syndrom klinisch evident ist. Typische neuropathologische Veränderungen finden sich schon bei 40-jährigen Patienten. Als Ursache wird die vermehrte Bildung des Amyloid-Precursor-Proteins (APP), dessen Gen auf Chromosom 21 liegt, diskutiert.

Genetik
In etwa **95%** der Fälle handelt es sich um eine durchgehende **freie Trisomie 21** mit Karyotyp 47,XX,+21 oder 47,XY,+21. In den allermeisten Fällen (über 90%) stammt das zusätzliche Chromosom 21 von der Mutter. Pathogenetisch ursächlich ist hierbei meist eine Non-Disjunction in der 1. Reifeteilung der Meiose (¾ der Fälle). Nur etwa 5% der Trisomien gehen auf eine Non-Disjunction in der Spermatogenese beim Vater zurück.

Bei etwa **2%** der Fälle liegt eine **Robertson-Translokation** vor, d. h., das zusätzliche Chromosom 21 ist mit einem anderen akrozentrischen Chromosom (am häufigsten Chromosom 14) verschmolzen. In diesen Fällen ist die Chromosomenanalyse der El-

▼

tern von großer Bedeutung, denn nur so kann das Wiederholungsrisiko genauer bestimmt werden. In ¾ der Fälle handelt es sich um eine De-novo-Translokation. Wurde die Translokation jedoch von einem der Eltern vererbt, besteht ein hohes Wiederholungsrisiko bei nachfolgenden Schwangerschaften. In 90% solcher Fälle stammt das Translokationschromosom von der Mutter; balancierte Chromosomenstörungen führen beim Mann häufiger zu einer Arretion der Spermatogenese und ggf. zur Infertilität. Besonders belastend für die Familie ist die Situation, wenn ein **Isochromosom 21** vorliegt (entsteht durch transversale Teilung am Zentromer). Besitzt einer der Eltern einen balancierten Chromosomensatz mit einem Isochromosom 21, dann gibt es kein normales Chromosom 21, das an Kinder weitergegeben werden könnte, und die Wahrscheinlichkeit für Trisomie 21 bei allen lebenden Nachkommen ist nahezu 100%.

2% aller Patienten weisen einen **Mosaikbefund** auf, d. h., neben trisomen Zellen sind auch solche mit normalem Chromosomensatz nachweisbar. Eine gute Korrelation zwischen dem Verhältnis von normalen zu abnormen Zellen und dem klinischen Phänotyp besteht nicht.

Bei **1%** der betroffenen Kinder finden sich unterschiedliche andere chomosomale Rearrangements, wobei der Phänotyp wesentlich durch die Trisomie für 21q22 bestimmt wird.

Therapie
Die Therapie ist symptomatisch, Komplikationen müssen frühzeitig erkannt und ggf. operativ korrigiert werden. Die Anbindung an ein sozialpädiatrisches Zentrum ist für die optimale psychomotorische Entwicklung der Kinder wichtig. Die Aufnahme in sog. integrierte Klassenverbände (gesunde und behinderte Kinder) sollte angestrebt werden. Durch optimale Förderung und Ausbildung in Sonderschulen kann vielfach eine begrenzte Berufsfähigkeit erreicht werden.

Trisomie 18 (Edwards-Syndrom)

Wichtig

Merke: **E**ighteen-**E**dwards

Praxisfall
Die Diagnose einer Trisomie 18 bei Jonas wurde bereits vorgeburtlich im letzten Schwangerschaftsdrittel festgestellt, nachdem Ultraschalluntersuchungen in der 28. Schwangerschaftswoche eine erhöhte Fruchtwassermenge ergeben hatten. Die genaue Ultraschalldiagnostik zeigte einen Herzfehler (hochsitzender Ventrikelseptum-

defekt mit zusätzlicher Myokardhypertrophie des rechten Ventrikels), eine Vergrößerung der Harnleiter (Verdacht auf Megaureter) und eine einzelne Nabelschnurarterie. Eine fetale Chromosomenanalyse nach Fruchtwasserpunktion zeigte in allen untersuchten Zellen einen männlichen Chromosomensatz mit freier Trisomie 18. Jonas kam in der 40. Schwangerschaftswoche spontan zur Welt. Körperlänge und Körpergewicht lagen im unteren Normbereich, der Kopfumfang war 2 cm unter der dritten Perzentile. Äußerlich waren die typischen äußeren Merkmale der Trisomie 18 (u. a. Retrognathie, tiefsitzende und auffällig geformte Ohren, überkreuzte Finger, abgerundete Fußsohlen) deutlich sichtbar. Der Herzfehler und die Fehlbildungen des Harntrakts waren nicht so schwerwiegend, dass sie eine akute Lebensgefahr dargestellt hätten. Der Zustand von Jonas blieb stabil, und er wurde im Alter von 4 Wochen nach Hause entlassen. Allerdings traten im weiteren Verlauf wiederholt Apnoen auf, und Jonas verstarb im Alter von 6 Wochen nachts zuhause vermutlich an einem zentral bedingten Atemstillstand. Wie die Eltern später berichteten, fanden sie es sehr belastend, dass die Trisomie 18 eine sehr schlechte Prognose hat, eine unmittelbare Lebensgefahr für sie aber nicht erkenntlich war. Speziell nach der Entlassung aus der Kinderklinik wussten die Eltern zunächst nicht, wie sie mit dieser Diskrepanz umgehen sollten. Hier hätten sie sich gern mehr Betreuung und einfühlende Unterstützung durch die Klinikärzte gewünscht.

Epidemiologie

Die Trisomie 18 ist mit einer Inzidenz von etwa **1:6.000 bei Lebendgeborenen** die zweithäufigste autosomale Trisomie nach dem Down-Syndrom. Wie bei den anderen autosomalen Trisomien besteht eine enge positive Korrelation zwischen der Inzidenz und dem mütterlichen Alter. Die Trisomie 18 ist die häufigste Chromosomenstörung bei Feten, die nach auffälliger Ultraschalluntersuchung (Fehlbildungen oder Wachstumsverzögerung) karyotypisiert werden (50% häufiger als Down-Syndrom). Es wird geschätzt, dass etwa 5% aller Konzeptionen mit Trisomie 18 bis zur Geburt überleben. Die Wahrscheinlichkeit für einen Spontanabort nach Diagnosestellung durch Amniozentese ist immer noch 70%. Unter den Neugeborenen mit Trisomie 18 sind viermal so viele Mädchen wie Knaben. Daraus lässt sich eine deutlich erhöhte Abortrate unter männlichen Feten mit Trisomie 18 ableiten. Die Ursache hierfür ist bislang ungeklärt. Die durchschnittliche Lebenserwartung für Kinder mit Trisomie 18 beträgt nur 15 Tage. 10% der Patienten erleben ihren 1. Geburtstag, etwa 1% der Kinder erreicht das 10. Lebensjahr.

Klinische Merkmale

Auch beim Edwards-Syndrom gibt es einige typische klinische Merkmale, die die Diagnose schon vor der Chromosomenanalyse nahelegen.

Abb. 19.3. Trisomie 18 bei Neugeborenem. Dolichozephalie mit prominentem Okziput, dysplastischen Ohren, Mikro-/Retrogenie. (Mit freundlicher Genehmigung der Universitäts-Kinderklinik Heidelberg)

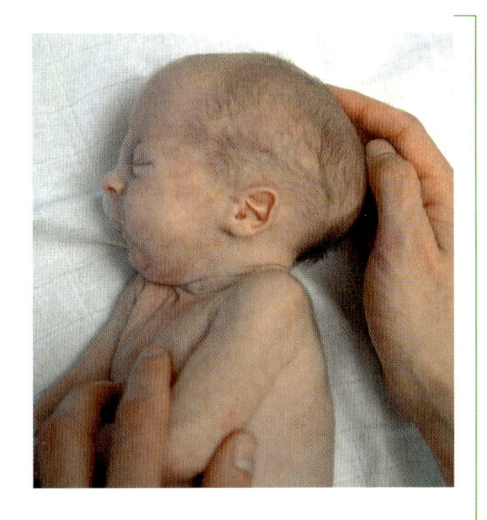

Bereits vorgeburtlich zeigen sich eine in der Regel deutliche **intrauterine Wachstumsretardierung** sowie **morphologische Auffälligkeiten** wie eine verdickte Nackenfalte, Fehlbildungen des Gehirns (z. B. Zysten des Plexus choroideus) oder Herzfehler (VSD, Fehlbildungen des kardialen Ausflusstrakts/*double outlet right ventricle*, Missverhältnis zwischen rechter und linker Herzkammer). Das durchschnittliche Geburtsgewicht liegt bei 2300 g. Die Plazenta ist hypotroph.

Kraniofazial zeigen betroffene Kinder eine **Mikrozephalie** mit prominentem Occiput (Dolichozephalie). Die **Ohren** sind besonders auffällig: sie sitzen tief, sind nach hinten rotiert und typischerweise dysplastisch nach oben hin zugespitzt (sog. Satyrohren, »wie bei Mr. Spock«). Mund und Kinn sind klein (Mikrogenie) (Abb. 19.3). Hilfreich bei der Diagnose sind die spezifischen **Dysmorphien von Händen und Füßen**: Die Finger sind gebeugt und typischerweise übereinandergeschlagen (der Zeigefinger überkreuzt den Mittelfinger, der kleine Finger überkreuzt den Ringfinger; Abb. 19.4). Die Großzehen sind kurz und dorsalflektiert, die Fußsohlen abgerundet wie frühere Tintenlöscher (»Wiegenkufenfüße«; Abb. 19.5). Häufige **Fehlbildungen** sind Herzfehler (meist VSD), Nabelhernie oder Rektusdiastase, ein kurzes Sternum sowie urogenitale Fehlbildungen.

Zytogenetik

Die **definitive Diagnose** wird prä- und postnatal durch Chromosomenanalyse aus Amnionzellen oder Chorionzotten bzw. Lymphozyten gestellt. Eine Chromosomenanalyse aus einer Hautstanze (Fibroblasten) kann angezeigt sein, wenn die

Abb. 19.4. Trisomie 18: typische Fingerstellung. (Mit freundlicher Genehmigung der Universitäts-Kinderklinik Heidelberg)

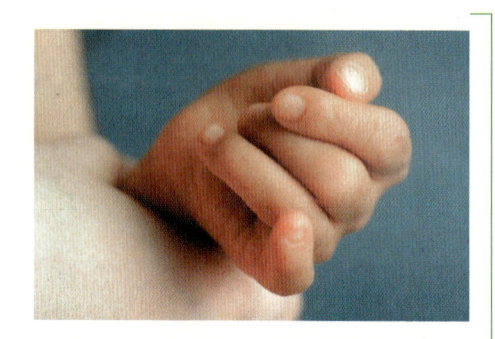

Abb. 19.5. Trisomie 18: typischer »Wiegenkufenfuß« bei einem Neugeborenen. (Mit freundlicher Genehmigung der Universitäts-Kinderklinik Heidelberg)

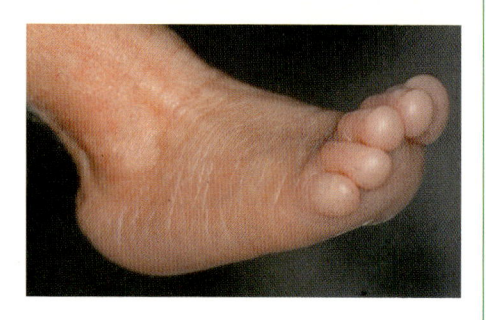

Chromosomenanalyse aus Blut ein unauffälliges Ergebnis zeigte und eine Mosaik-Trisomie 18 in Betracht gezogen wird.

Etwa **80%** der Fälle zeigen eine **freie Trisomie 18** und wieder stammt das überzählige Chromosom 18 meist (>90%) von der Mutter. Im Gegensatz zum Down-Syndrom liegt hier jedoch häufiger eine Non-Disjunction der 2. meiotischen Teilung zugrunde. Gelegentlich findet sich ein **Mosaik** aus trisomen und normalen, disomen Zelllinien für Chromosom 18. Je geringer der Anteil an trisomen Zelllinien, desto eher resultiert ein mildes klinisches Bild mit längerem Überleben.

Einige wenige Fälle von **Translokationstrisomien** von Chromosom 18 sind beschrieben; in dieser Situation ist eine Chromosomenanalyse der Eltern zur Suche nach balancierten Translokationen zwingend notwendig. Wie für alle anderen Chromosomen gibt es auch **partielle Trisomien 18**. Trisomie des kurzen Armes von Chromosom 18 führt zu einem milden und unspezifischen Phänotyp, häufig sogar ohne mentale Retardierung. Die Trisomie des langen Armes von Chromosom 18 hingegen ist klinisch von der vollständigen Trisomie 18 kaum zu unterscheiden.

▼

Therapie und Prognose

Neugeborene mit Trisomie 18 sind meist schwer krank, und die Behandlung richtet sich nach den individuellen Problemen unter Berücksichtigung der schlechten Prognose und in enger Absprache mit den Eltern. Hat sich das Kind postnatal (meist auf der Neugeborenen-Intensivstation) stabilisiert, kann eine Korrektur der schweren Fehlbildungen (inkl. Herzfehler) angedacht werden. Im Mittelpunkt des weiteren klinischen Managements stehen Schwierigkeiten der Nahrungsaufnahme (erfordert häufig Ernährung über eine Magensonde), gastro-ösophagealer und ösophago-trachealer Reflux, Immunschwäche und rekurrente Infekte, Sehschwäche, Schwerhörigkeit, Epilepsie und eine progrediente, schwere Skoliose.

Im Beratungsgespräch nach zytogenetischer Bestätigung der Diagnose sollte darauf hingewiesen werden, dass manche wenige Kinder nicht nur den ersten Geburtstag erleben, sondern in Einzelfällen mit schwerer Behinderung bis ins Adoleszentenalter hinein leben können. Die erste Entlassung des Kindes nach Hause ist für die Eltern oft emotional belastend und sollte gut vorbereitet werden. Plötzlich ist die Geschäftigkeit des besonderen Lebensraums »Krankenhaus« vorbei, und die Eltern müssen selbstständig einen Säugling versorgen, von dem sie das Gefühl haben, dass es jederzeit sterben könnte (z. B. an einem zentralen Atemstillstand). Eine durchdachte psychosoziale Unterstützung sowie das ausdrückliche Angebot, jederzeit im Krankenhaus anrufen oder vorstellig werden zu können, können den Übergang oft erleichtern. Viele Eltern finden es schwierig, dass nicht genau abgeschätzt werden kann, wie lange das Kind leben wird.

> **Wichtig**
>
> Wie immer in der Medizin sollte man auch bei Kindern mit schwersten genetischen Krankheiten bezüglich einer Prognosestellung vorsichtig sein. Die **Lebenserwartung** eines Patienten lässt sich im Einzelfall nicht genau vorhersagen. Wer es trotzdem tut (»Ihr Kind wird den ersten Geburtstag nicht erleben«) verliert im Einzelfall nicht nur das Vertrauen der Eltern, sonder nimmt ihnen auch die Möglichkeit, sich auf die Realität (z. B. ein länger dauerndes Leben mit dem Kind) einzustellen.

Die Patienten mit Trisomie 18, die das erste Jahr überleben, sind psychomotorisch schwerst behindert und die meisten von ihnen werden nie in der Lage sein, selbständig zu laufen oder mehr als ein paar Worte zu erlernen. Dennoch ist eine Interaktion durch Blicke und Gesten möglich, und die Kinder werden von den Eltern meist geliebt. Dies muss von den Ärzten im Umgang mit den Eltern berücksichtigt werden.

Trisomie 13 (Pätau-Syndrom)

Praxisfall
Frau und Herr Wagner kommen zur Besprechung des Wiederholungsrisikos für Trisomie 13 in die Genetische Poliklinik. Bei ihrem ersten Kind Verena war diese Chromosomenstörung nachgewiesen worden. Wie Frau Wagner berichtet, war die damalige Schwangerschaft zunächst normal verlaufen, ab dem 7. Schwangerschaftsmonat wurde jedoch eine im Verlauf zunehmende Wachstumsverzögerung festgestellt. Bei Geburt in der 37. Schwangerschaftswoche waren alle Körpermaße unter der 3. Perzentile. Verena hatte einen schweren Herzfehler (großer Ventrikelseptumdefekt) und eine Lippenspalte. Es bestanden deutliche Auffälligkeiten des Aussehens, neben der Mikrozephalie u.a. ansteigende Lidachsen, eine flache Nase mit breiter Nasenwurzel, eine Mikrogenie und tiefsitzende Ohren. Verena wurde zur weiteren Diagnostik und Therapie in die Kinderklinik verlegt. Nachdem der Verdacht auf eine freie Trisomie 13 zytogenetisch bestätigt worden war, entschieden sich Eltern und Ärzte zusammen angesichts der schlechten Prognose gegen invasive therapeutische Maßnahmen. Unter enger kinderärztlicher Betreuung wurde Verena nach Hause entlassen. Sie verstarb im Alter von 5 Wochen an einem Atemstillstand. In der Beratung wird Ehepaar Wagner erklärt, dass für zukünftige Schwangerschaften nur eine geringe Wiederholungswahrscheinlichkeit von etwa 1% besteht, da es sich um eine freie Trisomie gehandelt hatte. Die Möglichkeit einer vorgeburtlichen Diagnostik wird besprochen.

Epidemiologie
Die Inzidenz der Trisomie 13 liegt bei **1:10.000–1:20.000** aller Lebendgeborenen. Das Risiko für Trisomie 13 steigt mit dem mütterlichen Alter und nur jede 40. Konzeption mit Trisomie 13 überlebt bis zur Geburt. Die durchschnittliche Lebenserwartung ist noch schlechter als bei Trisomie 18 und liegt bei sieben Tagen. Mehr als 90% der Kinder versterben im ersten Lebensjahr. Die überlebenden Kinder haben eine schwere psychomotorische Retardierung, häufig eine Epilepsie (oft Hypsarrhythmie) und meist schwere Gedeihstörungen.

Klinische Merkmale
Nicht selten werden bei der Ultraschalluntersuchung in der 20.–22. SSW die typischen Fehlbildungen festgestellt, welche den Verdacht auf eine Chromosomenstörung bzw. speziell eine Trisomie 13 nahelegen. Besonders typisch ist die **Holoprosenzephalie** (▶ Kap. 31.2.1), die sich mehr oder weniger stark ausgeprägt bei ca. 2/3 der Kinder mit Trisomie 13 findet. Umgekehrt gilt, dass bis zu 40% aller Patienten mit Holoprosenzephalie eine Trisomie 13 aufweisen. Meist handelt es sich um eine alobäre Form ohne Corpus callosum, Septum pellucidum und Fornices, begleitet

▼

von einer Arhinenzephalie (Fehlen der Bulbi olfactorii). Die mit der Holoprosenzephalie assoziierten **fazialen Fehlbildungen,** speziell eine Synophthalmie oder Anophthalmie bzw. Spaltbildungen des Gesichts (oft doppelseitige **Lippen-Kiefer-Gaumen-Spalte**) lassen sich ebenfalls häufig vorgeburtlich erkennen (Abb. 19.6). Eine andere typische Fehlbildung ist eine **postaxiale Polydaktylie** (Abb. 19.7), hinzu treten häufig ein **Herzfehler** (meist VSD) sowie **Nierenanomalien** (Hydronephrose, polyzystische Niere, Nierenhypoplasie). Bei Geburt sind betroffene Kinder meist dystroph (das mittlere Geburtsgewicht liegt bei 2.600 g) und zeigen neben den beschriebenen Fehlbildungen und fazialen Auffälligkeiten nicht selten typische **Kopfhautdefekte** (Abb. 19.8). Die klinische Verdachtsdiagnose wird durch die Chromosomenanalyse bestätigt.

Abb. 19.6. Trisomie 13 bei Neugeborenem: Mikrozephalie, flache, breite Nasenwurzel, doppelseitige Lippen-Kiefer-Gaumenspalte, dysplastisches Ohr. (Mit freundlicher Genehmigung der Universitäts-Kinderklinik Heidelberg)

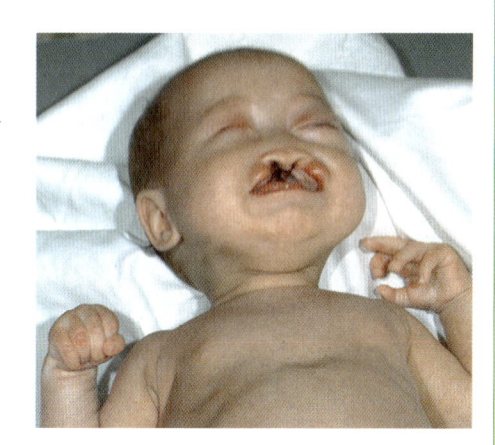

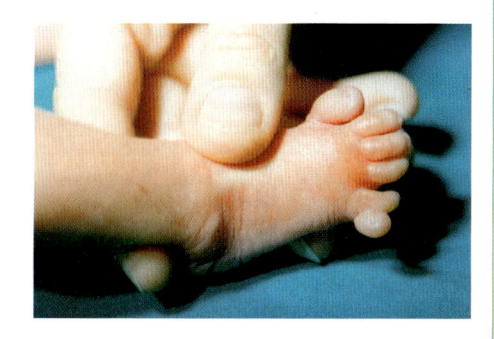

Abb. 19.7. Trisomie 13: Hexadaktylie am rechten Fuß eines Neugeborenen. (Mit freundlicher Genehmigung der Universitäts-Kinderklinik Heidelberg)

Abb. 19.8. Trisomie 13: typische Läsionen der Kopfhaut bei einem dreijährigen Kind. (Mit freundlicher Genehmigung der Universitäts-Kinderklinik, Heidelberg)

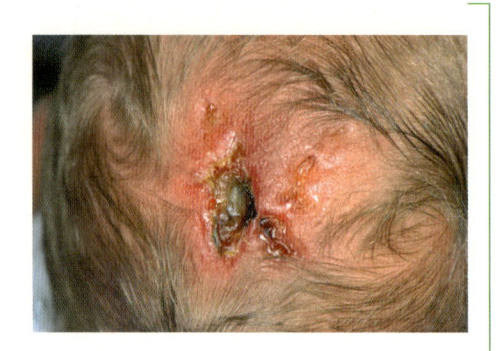

Zytogenetik

In der Mehrzahl der Fälle lässt sich eine **freie Trisomie 13** nachweisen. Das überzählige Chromosom stammt meist (85%) von der Mutter. Bei ca. 25% liegt jedoch eine unbalancierte **Robertson-Translokation** zugrunde, meist rob(13q;14q). Es handelt sich hierbei um das häufigste chromosomale Rearrangement überhaupt. Sie findet sich als balancierte Translokation mit einer Häufigkeit von 1:1.500 in der Allgemeinbevölkerung. Bei Vorliegen eines Mosaikbefundes (5% der Fälle) ist das klinische Bild sehr variabel.

Therapie und Prognose

Mehr als 80% der Kinder mit Trisomie 13 versterben im ersten Lebensmonat, 5–10% erleben ihren ersten Geburtstag. Das Überleben ist hierbei vor allem von der Schwere der Herz- und Nierenfehlbildungen abhängig; die Indikationen zur operativen Korrektur werden wie bei anderen schweren genetischen Krankheiten in enger Absprache mit den Eltern gestellt. Die Schwere der Holoprosenzephalie hat wenig Einfluss auf die Lebenserwartung. Einzelne Kinder mit alobärer Holoprosenzephalie, der schwersten Form der Holoprosenzephalie, überleben, wenn auch schwerst mental retardiert, bis ins Adoleszenten- und Erwachsenenalter (Entwicklungsstand eines 6 Monate alten Kindes oder weniger).

Kinder mit Trisomie 13 sind häufig blind und taub. Viele haben eine schwere Epilepsie. Die Ernährung ist aufgrund schwerer Schluckstörungen oft problematisch und muss ggf. mit Hilfe einer Magensonde erfolgen.

Störungen der Anzahl an Geschlechtschromosomen

Die menschliche Zelle hat sich darauf eingestellt, nur ein X-Chromosom vollständig zu verwenden, und kann daher sowohl den Verlust eines Y-Chromosoms bzw. des zweiten X-Chromosoms als auch (über den Mechanismus der X-Inaktivierung, ▶ Kap. 2.7) eine Überzahl von X-Chromosomen weitgehend kompensieren. Zahlenmäßige gonosomale Chromosomenstörungen beim Neugeborenen führen daher selten zu schweren körperlichen Veränderungen und meist nicht zu einer geistigen Behinderung. Die **Monosomie X** ist die einzige lebensfähige Monosomie beim Menschen.

Turner-Syndrom (Ullrich-Turner-Syndrom, 45X Syndrom)
Epidemiologie
Das Turner-Syndrom hat eine **Inzidenz von 1:2.500–1.3000** unter weiblichen Neugeborenen, ist aber vorgeburtlich noch viel häufiger. Von allen Fehlgeburten, die durch chromosomale Aberrationen verursacht sind, weisen 20% eine Monosomie X auf. Man kann auf diesem Weg zurückrechnen und stellt fest, dass wohl **99%** aller Zygoten mit Monosomie X in einem **Abort** enden und nur 1% dieser Schwangerschaften tatsächlich zur Geburt kommt.

Praxisfall
Sandra wurde nach unauffälligem Schwangerschaftsverlauf in der 41. Schwangerschaftswoche spontan aus Schädellage geboren. Die Neugeborenenperiode verlief unauffällig, allerdings bestanden nach Auskunft der Eltern nach der Geburt Schwellungen der Hand- und Fußrücken, welche sich im Lauf der folgenden Wochen und Monate weitgehend zurückbildeten. Im Rahmen der Vorsorgeuntersuchung U7 im Alter von 2 Jahren stellte der Kinderarzt eine Wachstumsverzögerung und körperliche Auffälligkeiten des Turner-Syndroms (tiefer Haaransatz, weiter Mamillenabstand u. a.) fest und veranlasste eine Chromosomenanalyse. Die Untersuchung ergab den Befund eines Turner-Mosaiks: Von 50 untersuchten Metaphasen zeigten 28 einen normalen weiblichen Chromosomensatz, 22 eine Monosomie X. Eine echokardiographische Untersuchung zeigte einen kleinen Ventrikelseptumdefekt, der jedoch nicht operativ korrigiert werden musste. Aufgrund der bereits bestehenden Wachstumsverzögerung wurde eine Behandlung mit rekombinantem Wachstumshormon begonnen. Bei der letzten Vorstellung im Alter von 6 Jahren war die Körpergröße mit 107 cm etwa 2 cm unter der dritten Perzentile. Die psychomotorische Entwicklung war zu diesem Zeitpunkt unauffällig, eine Einschulung in der normalen Grundschule war vorgesehen.

Klinische Merkmale
Fetal. Die klassische, pränatale Manifestation eines Turner-Syndroms ist gegen Ende des ersten Trimenons der intrauterine Minderwuchs in Kombination mit einem zervikalen Lymphödem (zystisches Hygrom) oder generalisiertem Ödem (Aszites oder Chylothorax bis hin zum Hydrops fetalis) (◘ Abb. 19.9). Später lassen sich dann ggf. Herzfehler und Nierenfehlbildungen im Ultraschall nachweisen.

▼

◘ **Abb. 19.9. Turner-Syndrom**: Hydrops fetalis

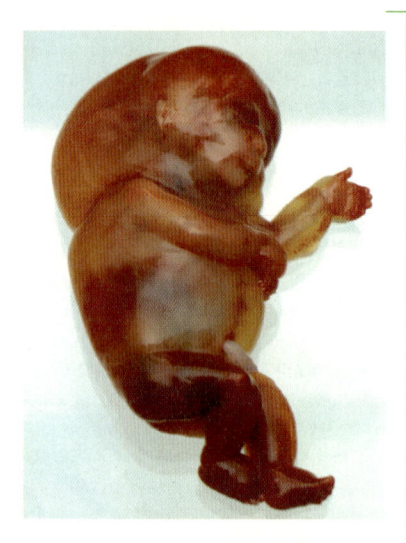

◘ **Abb. 19.10. Turner-Syndrom**: Bei dieser 1,48 m großen jungen Frau wurde das Pterygium colli bereits früh operativ reduziert, da die Drehung des Kopfes beeinträchtigt gewesen war

Neugeborene. Die **Neugeborenen** sind relativ klein und zeigen Lymphödeme an Hand- und Fußrücken, die sich bis zum Kleinkindalter langsam zurückbilden. Bei genauerer Untersuchung findet man darüber hinaus ggf. ein **Pterygium colli** (»Flügelfell« des Nackens) oder einfach nur überschüssiger Nackenhaut sowie einen **Schildthorax** (Mamillenabstand dadurch erhöht). Das Pterygium colli besteht oft bis ins Erwachsenenalter fort (◘ Abb. 19.10).
▼

19.1 · Numerische Chromosomenaberrationen

> **Wichtig**
>
> Ein **Lymphödem** der Hand- und Fußrücken (Abb. 19.11) bei einem Mädchen ist häufig das einzige bei Geburt vorhandene phänotypische Merkmal des Turner-Syndroms und sollte Anlass für eine Chromosomenanalyse sein.

Abb. 19.11. Turner-Syndrom: ödematöse Schwellung des Fußrückens bei einer Neugeborenen. (Mit freundlicher Genehmigung von G. F. Hoffmann, Universitäts-Kinderklinik, Heidelberg)

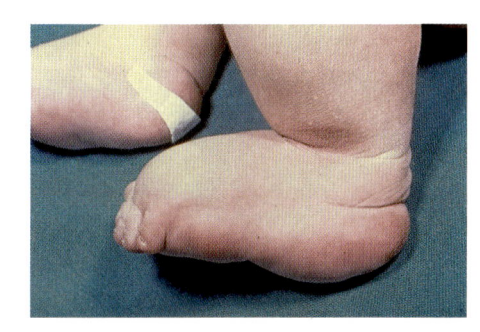

Ein Teil der Mädchen hat einen **angeborenen Herzfehler**, interessanterweise durchgehend des linken Herzens. Häufig sind eine bikuspide Aortenklappe (30%), **Aortenisthmusstenose** (10%), valvuläre Aortenstenose, Mitralklappenprolaps und später eine erhöhte Inzidenz von Aortendissektionen. Zum Vollbild des Turner-Syndroms gehören des Weiteren ein tiefer, inverser Haaransatz, abstehende Ohren, ein enger (»gotischer«) Gaumen, ein verkürztes Metakarpale IV (und manchmal auch Metatarsale IV; Abb. 19.12) und zahlreiche pigmentierte Nävi. In mehr als 50% der Frauen finden sich Fehlbildungen der Nieren (v. a. Hufeisenniere) und Schwerhörigkeit durch Schallempfindungsstörung.

Das klinisch relvanteste Problem des Turner-Syndroms ist der **proportionierte Minderwuchs.** Die Wachstumsgeschwindigkeit der Mädchen mit Turner-Syndrom ist unterdurchschnittlich. Während meisten Neugeborenen noch an der 5. Perzentile für die Körpergröße liegen, werden im Lauf der ersten Monate und Jahre die Perzentilen nach unten durchschnitten. Mit 18 Monaten liegen viele Mädchen schon unter der 3. Perzentile. Spätestens in der 3. Klasse sind die Mädchen oft die kleinsten in der Klasse. Manche Mädchen werden zum ersten Mal in der Klinik vorstellig, wenn dann auch noch der pubertäre Wachstumsschub ausbleibt. Die **Endgröße** unbehandelter Frauen mit Turner-Syndrom liegt im Durchschnitt bei **1,45–1,50 m**.

Zu den Kardinalsymptomen des Turner-Syndroms gehört die **Gonadendysgenesie.** Frauen mit Turner-Syndrom haben in den allermeisten Fällen bindegewebig veränderte Ovarien (»*streak gonads*«). Der Untergang funktionellen Ovarialgewe-

Abb. 19.12a, b. Turner-Syndrom: verkürztes Metakarpale IV. Die Verkürzung lässt sich besonders gut beim Faustschluss (**a**) oder auf dem Röntgenbild der Hand (**b**) erkennen

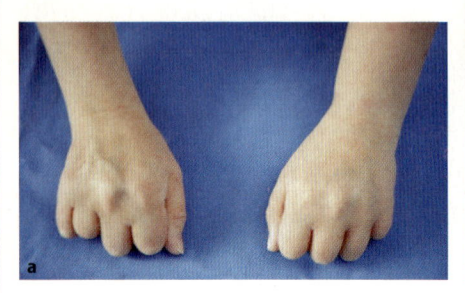

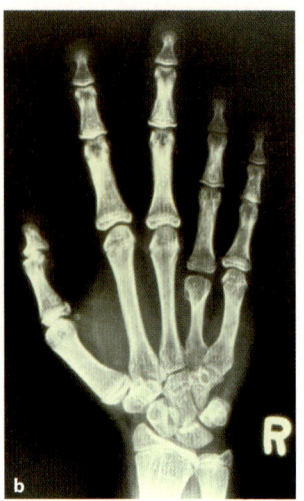

bes inkl. der Oozyten beginnt schon in der Fetalzeit. Man spricht deshalb auch von der »Menopause vor der Menarche«. Die meisten Frauen zeigen eine fehlende Pubertätsentwicklung (durch hypergonadotropen Hypogonadismus) und haben eine primäre Amenorrhö. Lediglich 2–5% erleben spontan Menstruationsblutungen. Aufgrund der funktionsuntüchtigen Ovarien und der Degeneration der Oozyten besteht eine primäre Sterilität.

Frauen mit Turner-Syndrom zeigen in der Regel eine normale Intelligenz, der gemessene IQ ist jedoch durchschnittlich 10–15 Punkte unter dem familiären Durchschnittswert. Teilleistungsschwächen sind häufig und betreffen z. B. das räumliche Vorstellungsvermögen; der Verbal-IQ ist meist höher als der operationale IQ. Eine deutlichere kognitive Beeinträchtigung findet man häufiger bei Frauen mit strukturellen Anomalien des X-Chromsoms.

Zytogenetik

Etwa **40%** der Frauen haben in den Blutlymphozyten einen durchgängigen Karyotyp **45,X**. Diese Frauen zeigen meist ein »Vollbild« mit überschüssiger Nackenhaut und perinatalem Lymphödem. In den meisten Fällen handelt es sich bei dem verbleibenden X-Chromosom um das mütterliche. Das Turner-Syndrom zeigt keine Assoziation zum mütterlichen Alter. Es handelt sich normalerweise um ein rein sporadisches Ereignis und es besteht für nachfolgende Geschwister kein wesentlich erhöhtes Wiederholungsrisiko.

Bei rund **30%** findet sich ein **Mosaikbefund** (meist 45,X/46,XX). Diese Frauen haben oft einen milderen Phänotyp und kommen eher zu einer spontanen Menarche. Alle Fälle von Schwangerschaft bei Frauen mit Turner-Syndrom gehen auf einen Mosaikbefund zurück. Bei den verbleibenden Frauen finden sich schließlich **strukturelle Anomalien** des X-Chromosoms, darunter ein Isochromosom Xq (15–20% aller Frauen), eine Deletion Xp (2–5%) oder ein Ringchromosom X (5%). Es wurde gezeigt, dass der klinische Phänotyp des Turner-Syndroms vor allem auf einen Verlust des kurzen Arms des X-Chromosoms zurückzuführen ist. Der Kleinwuchs wird durch eine Haploinsuffizienz des *SHOX*-Gens in der pseudoautosomalen Region von Xp verursacht.

> **Wichtig**
>
> Etwa **6%** der Frauen mit Turner-Syndrom zeigen einen **Mosaikbefund 45,X/46,XY**. In diesen Fällen besteht eine hohe **Gefahr der malignen Entartung** der *streak-gonads* zu einem Gonadoblastom. Die frühzeitige, operative Entfernung dieser Gonaden ist dringend angeraten.

Therapie

In der Adoleszenz und im Erwachsenenalter ist **Übergewichtigkeit** und Adipositas ein häufiges Problem bei Frauen mit Turner-Syndrom. Es wird daher eine Ernährungsberatung für alle Frauen empfohlen. Darüber hinaus soll versucht werden, die Frauen zu sportlicher Aktivität zu ermutigen.

Zur Behandlung des Kleinwuchses gehört heute eine Therapie mit rekombinant hergestelltem **Wachstumshormon** zum Standard. Die Therapie sollte möglichst im Alter von 4 Jahren begonnen werden. Der Erfolg ist mäßig; es wird ein durchschnittlicher Größengewinn von 5 cm erzielt. Diese Therapie wird durchgeführt, obwohl Frauen mit Turner-Syndrom keinen Mangel an Wachstumshormon haben. Im therapeutischen Kontext wird also Wachstumshormon in superphysiologischen Mengen verabreicht.

Ab dem 14. Lebensjahr werden zusätzlich **Sexualhormone** substituiert und die Pubertät eingeleitet. Von einem früheren Beginn der Sexualhormon-Therapie wird abgeraten, um den Verschluss der Wachstumsfugen etwas zu verzögern und auf diesem Weg das Längenwachstum zu optimieren.

Etwa 5–10% der Frauen haben in ihrer Kindheit eine **Hypothyreose**. Im Erwachsenenalter steigt dieser Anteil auf 30%. Daher wird eine regelmäßige Kontrolle der TSH-Spiegel angeraten. Bei Hypothyreose erfolgt die Substitution mit Schilddrüsenhormon.

Nicht selten entwickelt sich eine sensorineurale **Schwerhörigkeit**; die Mehrheit der erwachsenen Frauen mit Turner-Syndrom hat ein auffälliges Audiogramm.

Bei Frauen mit Turner-Syndrom treten Veränderungen der herznahen Anteile der Aorta gehäuft auf. Dazu gehören die angeborenen Aortenisthmusstenosen, aber auch die im Erwachsenenalter häufig auftretenden Dilatationen der Aorta ascendens und das deutlich erhöhte Risiko für Aortendissektion. Es wird eine regelmäßige Kontrolle mittels **Echokardiographie** alle 3–5 Jahre angeraten. Die Gabe von Betablockern kann erwogen werden.

Triple-X-Syndrom

Der **Karyotyp 47,XXX** findet sich bei etwa 1:1.000 neugeborenen Mädchen. In 90% der Fälle stammt das zusätzliche X-Chromosom von der Mutter. Frauen mit Karyotyp 47,XXX zeichnen sich durch eine normale körperliche Entwicklung, eine normale Gonadenfunktion, normale Pubertät und Fertilität aus. Die Betroffenen sind häufig groß gewachsen (meist über der 80. Perzentile) und haben eine relative Mikrozephalie (Kopfumfang durchschnittlich zwischen der 25. und 35. Perzentile). Gehäuft finden sich Berichte von Verzögerungen beim Erreichen der Meilensteine der motorischen Entwicklung. Koordinationsstörungen werden berichtet. Frauen mit Karyotyp 47,XXX haben in der Regel keine geistige Behinderung, auch hier ist der durchschnittliche IQ jedoch etwa 10–15 Punkte geringer als bei nicht betroffenen Geschwistern. Teilleistungsschwächen finden sich vor allem im sprachlichen Bereich (expressive Sprache und verbales Lernen). Nach Geburt eines Kindes mit Karyotyp 47,XXX besteht kein erhöhtes Wiederholungsrisiko für nachfolgende Geschwister. Auch für Kinder betroffener Frauen besteht kein erhöhtes Aneuploidierisiko.

Polysomie X

Das Vorliegen von zwei oder mehr zusätzlichen Geschlechtschromosom bewirkt eine Verminderung des IQ und eine Zunahme der morphologischen Auffälligkeiten. Frauen mit **Karyotyp 48,XXXX** haben einen durchschnittlichen IQ von 60 (Bandbreite von 30–75). Morphologische Auffälligkeiten sind häufig, aber variabel. Es finden sich eine Mittelgesichtshypoplasie, ein Hypertelorismus, ein Epikanthus, nach lateral ansteigende Lidachsen und Klinodaktylie der 5. Finger; die Fazies ähnelt manchmal dem Down-Syndrom.

Klinefelter-Syndrom

Epidemiologie

Das Klinefelter-Syndrom ist die häufigste Aneuploidie der Geschlechtschromosomen. Die Inzidenz wird auf **1:500–1:1.000** unter allen männlichen Neugeborenen geschätzt. Es handelt sich um die häufigste Ursache des männlichen Hypogonadismus. Das Klinefelter-Syndrom ist für 5–15% aller Fälle von männlicher Infertilität verantwortlich. Es findet sich besonders häufig bei Männern mit Azoospermie.

⑰ Praxisfall

Herr Weingarten ist 19 Jahre alt und wurde kürzlich gemustert. Der Truppenarzt stellte den Verdacht auf das Vorliegen eines Klinefelter-Syndroms und überwies ihn in die Genetische Poliklinik. Herr Weingarten ist groß gewachsen und adipös im Bauch- und Hüftbereich. Er berichtet, dass die Pubertät bei ihm relativ spät einsetzte und er sich nur einmal die Woche rasieren muss. Er hat Abitur gemacht, meint aber, dass ihm das Lernen in der Oberstufe deutlich schwerer gefallen war, als seinem älteren Bruder, und er auch keine so gute Abiturnote erreichte. Die körperliche Untersuchung zeigt eine leichte Gynäkomastie und eine geringe Körperbehaarung; die Hoden sind sehr klein. Die Chromosomenanalyse bestätigt den Karyotyp 47,XXY. Zur weiteren Betreuung und zum Beginn einer Testosteronsubstitution wird Herr Weingarten in die endokrinologische Sprechstunde überwiesen.

Klinische Merkmale

Vor der Pubertät sind Jungen mit Karyotyp 47,XXY meist klinisch unauffällig, und die Diagnose wird in der Regel erst nach dem 12. Lebensjahr gestellt; wenn es sich nicht um den Befund einer pränatalen Chromosomenanalyse, z. B. aufgrund erhöhten mütterlichen Alters handelt. Viele Patienten stellen sich mit verspätetem Eintritt in die Pubertät und Gynäkomastie in der Klinik vor oder fallen bei der Musterung auf. Oft wird die Diagnose auch erst im Rahmen der Abklärung eines unerfüllten Kinderwunsches gestellt. Grund hierfür ist die Tatsache, dass viele Männer mit 47,XXY phänotypisch kaum auffällig sind.

Männer mit Klinefelter-Syndrom sind eher groß gewachsen. Die Gesichts- und Körperbehaarung ist spärlich, eine Rasur ist oft nur ein- oder zweimal pro Woche notwendig. Zeichen des **hypergonadotropen Hypogonadismus** sind eine Gynäkomastie, ein weibliches Behaarungsmuster, kleine Hoden und ein relativ kleiner Penis (◘ Abb. 19.13). Unbehandelte Männer mit Klinefelter-Syndrom haben ein erhöhtes Risiko für eine Osteoporose.

Auch das Klinefelter-Syndrom verursacht in der Regel **keine geistige Behinderung**, allerdings liegt der IQ der Betroffenen etwa 10–15 Punkte unter dem familiären Erwartungswert. Der Verbal-IQ ist etwas höher als der operationale IQ, eine leichte Dyslexie ist nicht selten. Psychosozial wirken Männer mit Klinefelter-Syndrom manchmal (aber keineswegs immer) verunsichert, scheu und unreif. Kontaktarmut und Integrationsschwierigkeiten können auftreten.

Abb. 19.13. Klinefelter-Syndrom bei jungem Mann. Zu den typischen klinischen Merkmalen gehören u. a. weibliche Körperstatur, Gynäkomastie und spärliche Behaarung mit weiblichem Verteilungsmuster. (Mit freundlicher Genehmigung von G.F. Hoffmann, Universitäts-Kinderklinik Heidelberg)

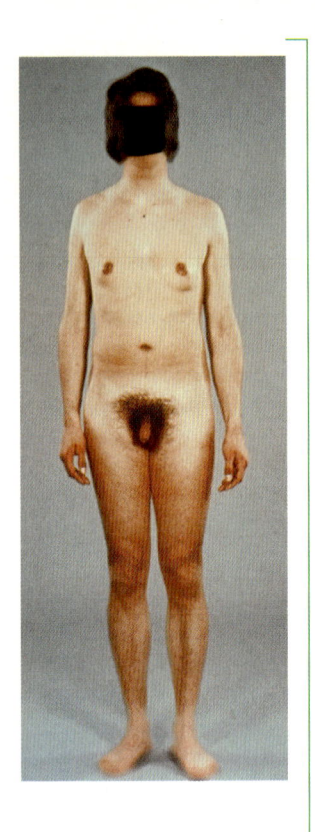

Diagnostik

Die klinische Verdachtsdiagnose wird mittel Chromosomenanalyse aus Lymphozyten bestätigt. Darüber hinaus sollte eine endokrinologische Abklärung erfolgen. Kardinalbefund ist der hypergonadotrope Hypogonadismus: Die Testosteronwerte sind im Schnitt auf die Hälfte des Normalwertes reduziert, FSH und LH sind erhöht. Das Ejakulat zeigt eine Azoospermie.

Zytogenetik

Bei gut 3/4 der Männer mit Klinefelter-Syndrom findet man den Karyotypen **47,XXY**, deutlich seltener sind andere Anomalien wie 48,XXXY oder 48,XXYY oder 49,XXXXY. Bei etwa jedem fünften Mann liegt ein Mosaik vor. Auch hier bestehen mehrere Möglichkeiten. 47,XXY/46,XY oder 47,XXY/46,XX oder 47,XXY/46,XY/46,XX oder auch 47,XXY/46,XY/45,X. Das überzählige X-Chromosom

▼

kommt etwas häufiger vom Vater und geht auf eine Non-Disjunction in der 1. meiotischen Reifeteilung der Spermatozoen zurück.

Therapie
Bezüglich einer hormonell unterstützenden Therapie ist eine frühzeitige Diagnose schon vor Eintritt der Pubertät günstig. In diesen Fällen wird eine **Testosteron-Substitution** im Alter von 11–12 Jahren begonnen. Die Behandlung führt zu einer männlicheren Statur, verstärktem Haarwuchs in Gesicht und Schambereich, verbessertem Selbstbewusstsein, weniger Müdigkeit und besserer Libido, einem Mehr an Muskelkraft und einer besseren Knochendichte. Selbst im Alter von 20–30 Jahren zeigt der Beginn einer Therapie mit Testosteron klinischen Nutzen – sogar, wenn die Testosteronwerte gar nicht erniedrigt sind.

30% aller Männer mit Karyotyp 47,XXY haben eine Gynäkomastie. Es wird manchmal darauf hingewiesen, dass diese Männer ein deutlich erhöhtes Risiko für Brustkrebs besitzen. Das ist zwar richtig, denn es ist im Vergleich zu Männern mit 46,XY etwa 20-fach erhöht. Dennoch liegt es nur bei 1:5.000 und bietet daher keinen Grund für Screening-Untersuchungen mit Mammographie.

Karyotyp 47,XYY
Der Karyotyp 47,XYY gehört mit einer Inzidenz von 1:840 bei männlichen Neugeborenen zu den häufigsten numerischen Chromosomenaberrationen. Die Betroffenen zeigen meist ein normales Wachstum, einen normalen Körperbau, eine normale Gonadenfunktion und normale Fertilität und bleiben insofern klinisch unauffällig. Manchmal wird ein beschleunigtes Längenwachstum der im Grundschulalter beobachtet; die meisten betroffenen Jungen erreichen im frühen Adoleszenzalter die 75. Perzentile für die Körpergröße. Gelegentlich finden sich Verhaltensauffälligkeiten wie Misslaunigkeit, hyperaktives Verhalten und eine erniedrigte Frustrationstoleranz, vor allem im Kindes- und Jugendlichenalter. Der IQ ist in der Regel im Normbereich, doch können Teilleistungsschwächen im verbalen Bereich (expressive Sprache und Sprachrezeption) auftreten. Kleinere motorische Auffälligkeiten im Sinne einer »*minimal brain dysfunction*« (Beeinträchtigungen der Feinmotorik, geringer Intentionstremor) wurden wiederholt beschrieben.

19.2 Strukturelle Chromosomenaberrationen

Strukturelle Chromosomenstörungen können über zahlreiche unterschiedliche Mechanismen auftreten. Von besonderer Bedeutung sind unbalancierte Translokationen, die nicht selten auf eine balancierte Translokation bei einem der Eltern zurückgehen, sowie interstitielle Deletionen und Duplikationen, die oft durch ungleiche Rekombination zwischen benachbarten repetitiven Sequenzen auf einem Chromosom verursacht werden. Bei den **unbalancierten Translokationen** sind in der Regel zwei Chromosomenabschnitte betroffen, von denen einer dupliziert (trisom), der andere deletiert (monosom) ist. Diese Abschnitte erfassen in der Regel auch die jeweiligen Chromosomenenden. Nicht selten ist eines der beiden translozierten Segmente so klein, dass es pathophysiologisch keine Bedeutung hat; man spricht dann von sog. Einzelsegment-Deletionen oder -Duplikationen. Der klinische Schweregrad ist wesentlich von der Größe der jeweiligen Chromosomenabschnitte abhängig; Deletionen haben in der Regel deutlich stärkere Auswirkungen als Duplikationen. Es gibt eine sehr große Vielfalt von unterschiedlichen unbalancierten Translokationen, wobei einige wenige terminale Deletionen wie das Cri-du-chat-Syndrom (Deletion 5p) oder das Wolf-Hirschhorn-Syndrom (Deletion 4p) als umschriebene genetische Syndrome bekannt geworden sind.

Viele unbalancierte Translokationen sind bereits in der normalen Chromosomenanalyse nachweisbar; alternativ werden sie auch über das Subtelomerscreening mittels genomischer Quantifizierung oder FISH-Analyse erkannt. Diese Untersuchung erfasst auch die nicht seltenen **Subtelomerdeletionen**, bei denen kleine genreiche Segmente an den Chromosomenenden fehlen. Das klinische Bild ist sehr variabel, Subtelomerdeletionen finden sich mit einer Häufigkeit im unteren einstelligen Prozentbereich auch bei mentaler Retardierung ohne wesentliche morphologische Auffälligkeiten. Wie die Subtelomerdeletionen lassen sich auch die **interstitiellen Deletionen und Duplikationen** lichtmikroskopisch meist nicht erkennen und müssen molekularzytogenetisch (mittels FISH) oder mit einer der neueren molekularen Methoden zur genomischen Quantifizierung (z. B. MLPA) oder DNA-Chips nachgewiesen werden. Wenn ein genetisches Syndrom von einer lichtmikroskopisch nicht mehr sichtbaren Deletion verursacht wird, spricht man von einem »**Mikrodeletionssyndrom**«. Der klinische Phänotyp wird nicht selten durch wenige wichtige Gene in dem betroffenen Bereich oder sogar durch die Deletion oder Duplikation eines einzelnen wichtigen Gens bestimmt. Für die meisten bekannten Mikrodeletionssyndrome sind typische klinische Merkmale bekannt, deren Vorkommen zur gezielten Analytik bei den betroffenen Personen veranlasst. Allerdings werden atypische Präsentationsformen über eine enge klinische Indikationsstellung meist nicht diagnostiziert. Mit dem Fortschreiten der molekularen Analysemethoden, speziell über DNA-Chip-basierte Ansätze wie die vergleichende genomische Hybridisierung (CGH) oder SNP-Chips können inzwischen auch klinisch weniger eindeutige Krankheitsbilder und sogar monogene, durch große Deletionen verursachte Krankheiten erkannt werden. Es ist zu erwarten, dass die entsprechende Diagnostik in den nächsten Jahren in die Routinediagnostik bei mentaler Retardierung und ungeklärten genetischen Dysmorphiesyndromen eingehen wird.

Viele Deletionssyndrome gelten als *contiguous gene syndromes*, ein Begriff, der Mitte der 1980er Jahre geprägt wurde. Dieser Begriff fußt auf der Hypothese, dass in den jeweils deletierten Chromosomenabschnitten mehrere verschiedene Gene hintereinander liegen, deren Ausfall jeweils für einzelne Symptome des klinischen Gesamtbildes des Syndroms verantwortlich gemacht werden kann. Diese Annahme hat sich in den vergangenen Jahren für einige Syndrome als falsch erwiesen. So konnte etwa für das Alagille-Syndrom und das Rubinstein-Taybi-Syndrom gezeigt werden, dass jeweils der Defekt eines einzelnen Gens für das Gesamtbild klinischer Symptome verantwortlich ist. In Folge dieser Erkenntnis wird beim Gebrauch des Begriffes der *contiguous gene syndromes* heute zur Vorsicht geraten.

Deletion 4p (Wolf-Hirschhorn-Syndrom)

Die partielle Monosomie des kurzen Arms von Chromosom 4 resultiert in einem charakteristischen Retardierungssyndrom mit prä- und postnataler **Wachstumsretardierung**, **Mikrozephalie** und typischen **fazialen Dysmorphien:** hohe Stirn, Hypertelorismus mit nach lateral abfallenden Lidachsen, Strabismus divergens, breite, gebogene Nase mit prominenter Wurzel (wie bei antiken griechischen Helmen), kurzes Philtrum, eine runde Mundöffnung mit nach unten gebogenen Mundwinkeln. Mikrogenie, und tief sitzende, dysplastische Ohren, z. T. mit präaurikulären Anhängseln (Abb. 19.14). Nicht selten finden sich Anomalien der Augen, z. B. Iriskolobome. Begleitende Fehlbildungen umfassen Lippen-Kiefer-Gaumen-Spalten, gelegentlich Herzfehler, ZNS-Fehlbildungen und urogenitale Fehlbil-

Abb. 19.14. Wolf-Hirschhorn-Syndrom: hohe Stirn, Hypertelorismus, nach lateral abfallende Lidachsen, breite Nasenwurzel, dysplastisches Ohr. (Mit freundlicher Genehmigung von G. Tariverdian, Institut für Humangenetik Heidelberg)

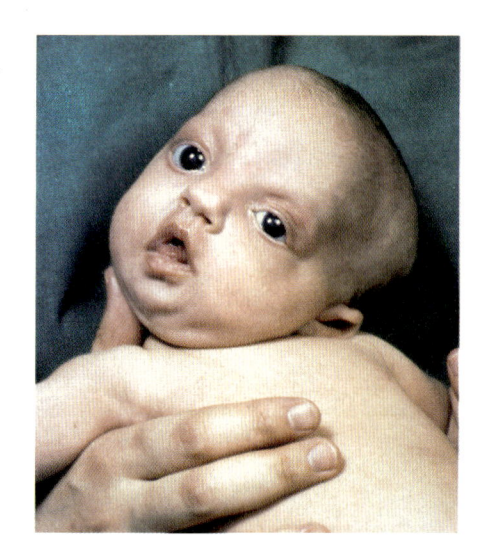

dungen. Etwa 1/3 der Patienten mit Wolf-Hirschhorn-Syndrom verstirbt im ersten Lebensjahr. Die Überlebenden haben in den meisten Fällen eine Epilepsie und eine schwere Behinderung. 40% aller Betroffenen lernen laufen, nur 10% werden kontinent. In einer Vielzahl der Fälle ist die Deletion bereits **lichtmikroskopisch sichtbar**. Die für das Krankheitsbild kritische Region ist 4p16.3. **85–90%** der Fälle stellen **De-novo-Deletionen** dar, in der Mehrzahl dieser Fälle handelt es sich um Deletionen des väterlichen Chromosoms Nummer 4. In 10–15% der Fälle findet sich bei einem der beiden Eltern eine balancierte Translokation unter Beteiligung des kurzen Arms von Chromosom 4.

Deletion 5p (Cri-du-chat-Syndrom, Katzenschreikrankheit)

Eine partielle Deletion des kurzen Arms von Chromosom 5 führt zum Cri-du-chat-Syndrom. Aufgrund eines laryngealen Entwicklungsdefekts (der auch zu einem angeborenen Stridor führt) fallen die Kinder v. a. in den ersten Lebensmonaten durch ein **katzenähnliches, klagend hochtoniges Schreien** auf, das sich im Lauf des ersten Lebensjahres jedoch verliert. Die Kinder sind bei Geburt meist untergewichtig und muskulär hypoton. Die typische Gesichtsdysmorphie umfasst eine **Mikrozephalie, rundes Gesicht, Hypertelorismus** mit breiter Nasenwurzel, Epikanthus und lateral abfallende Lidachsen, hoher spitzer Gaumen und tiefsitzende, leicht dysplastische Ohren. Ein Strabismus findet sich bei etwa 60% der Betroffenen (Abb. 19.15). Die Gesichtsdysmorphien **verändern sich mit dem Alter**: Für ältere Patienten mit Cri-du-chat-Syndrom sind eher ein langes Gesicht und ein großer Mund typisch. Die meisten Patienten sind schwer **mental retardiert**, der durchschnittliche IQ im Erwachsenenalter liegt bei 35. In **85–90%** der Fälle von Cri-du-chat-Syndrom handelt es sich um **De-novo-Deletionen**, die meist **lichtmikroskopisch erkennbar sind**.

Abb. 19.15. Cri-du-chat-Syndrom bei 5-jährigem Jungen: milde faziale Dysmorphie mit Hypertelorismus, breiter Nasenwurzel und Strabismus

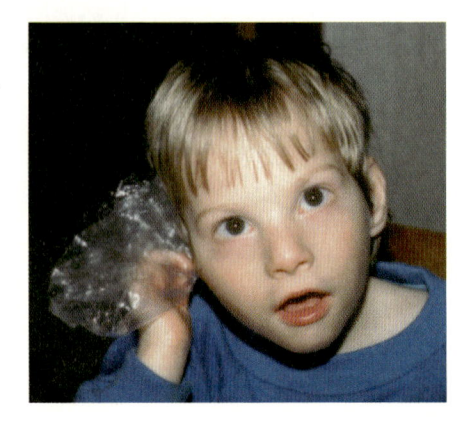

> **Wichtig**
>
> **Zytogenetische Gemeinsamkeiten von Wolf-Hirschhorn-Syndrom und Cri-du-chat-Syndrom**
> - In den meisten Fällen lichtmikroskopisch erkennbare Deletionen
> - Deletionen des kurzen Chromosomenarms (Wolf-Hirschhorn-Syndrom: 4p⁻, Cri-du-chat-Syndrom: 5p⁻)
> - 85–90% freie De-novo-Deletionen, 10–15% Translokationen
> - Die meisten De-novo-Deletionen sind paternalen Ursprungs

Williams-Beuren-Syndrom (Mikrodeletionssyndrom 7q11.23)

Es handelt sich um ein klinisch charakteristisches Retardierungssyndrom mit Gefäßanomalien, typischen Gesichtszügen und freundlich-extrovertierter Persönlichkeit. Besonders typisch ist eine **supravalvuläre Aortenstenose,** die sich bei 50% der Patienten findet; nicht selten (27% der Fälle) findet sich eine periphere Pulmonalstenose. Neugeborene mit Williams-Beuren-Syndrom haben oft eine muskuläre Hypotonie, und eine intermittierende Hyperkalzämie. Die **charakteristische Fazies** der Patienten mit Williams-Beuren-Syndrom wird auch als »Faunsgesicht« beschrieben (Abb. 19.16). Die Lidspalten sind kurz mit Telekanthus und mit fülliger Periorbitalregion. Das Mittelgesicht ist hypoplastisch, die Nase ist klein, mit z. T. flacher Wurzel und antevertierten Nares. Wangen und Lippen sind füllig, das Philtrum ist lang, der Mund ist relativ groß und wird nicht selten offen gehalten; typisch sind des Weiteren hypoplastische Zähne mit großen Zahnlücken. Die Augen sind oft blau mit einer »**Iris stellata**« (Sternenhimmelmuster der Iris). Mit zunehmendem Alter können sich die Gesichtszüge vergröbern. Es bestehen eine leichte Mikrozephalie und eine relativ kleine Körpergröße.

Patienten mit Williams-Beuren-Syndrom zeigen meist ein freundlich-offenes, zugewandtes, manchmal distanzlosen Verhalten. Sie sind verbal ausdrucksstark, wobei das Gesprochene häufig recht inhaltslos ist (was auch als »**Cocktailparty-Verhalten**« beschrieben wird). Aufgrund der Verhaltenscharakteristika erscheint die mentale Retardierung oft weniger ausgeprägt, als sie es tatsächlich ist: der durchschnittliche IQ liegt bei 56, bei einer Spannweite von 40–80. Weitere Charakteristika der Patienten sind eine raue, heisere Stimme eine Empfindlichkeit gegenüber Lärm und eine Vorliebe für Musik. Dem Williams-Beuren-Syndrom zugrunde liegt eine **Mikrodeletion der Region 7q11.23**. Die Diagnose wird durch Fluoreszenz-in-situ-Hybridisierung (FISH) der entsprechenden Region gestellt (Abb. 19.17). In den meisten Fällen findet sich eine Deletion von rund 1,5 Mb Größe. Mehr als 20 Gene konnten in dieser Region bislang identifiziert werden, darunter *ELN* (kodiert für **Elastin**) und *LMK1* (kodiert für LIM-Kinase1).

Abb. 19.16. Williams-Beuren-Syndrom: typische Gesichtszüge bei einem 13 Monate alten Mädchen: kurze Lidspalten, füllige Periorbitalregion, hypoplastisches Mittelgesicht, antevertierte Nares und ein langes, prominentes Philtrum

Abb. 19.17. Williams-Beuren-Syndrom: Kontrollsonden von Chromosom 7 (grün) zeigen auf beiden Chromosomen bzw. in den Interphasekernen jeweils zwei Signale, die Zielsonde in der Williams-Beuren-Region (rot) ist dagegen nur einmal vorhanden. (Mit freundlicher Genehmigung von A. Jauch, Institut für Humangenetik Heidelberg)

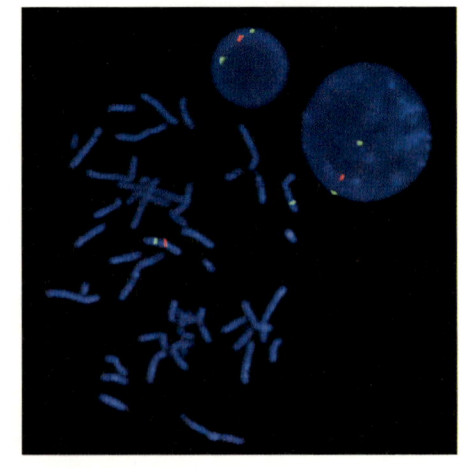

> **Wichtig**
>
> Bei jedem Kind mit angeborener supravalvulärer Aortenstenose sollte eine FISH-Untersuchung der Region 7q11.23 diskutiert werden. Die supravalvuläre Aortenstenose wird durch die Haploinsuffizienz des Elastin-(*ELN*-)Gens verursacht; es gibt auch eine autosomal-dominant erblichen Form der isolierten supravalvulären Aortenstenose, die durch Mutationen im *ELN*-Gen verursacht wird.

Prader-Willi-Syndrom und Angelman-Syndrom

In jeweils 70% der Fälle sind Mikrodeletionen der Region 15q12 für die Entstehung des Prader-Willi-Syndroms bzw. des Angelman-Syndroms verantwortlich, die Ursache dieser Krankheitsbilder ist jedoch nicht eine Haploinsuffizienz der deletierten Gene (verringerte Synthese der Genprodukte) sondern das vollständige Fehlen bestimmter Genprodukte aufgrund elterlicher Prägung. Eine ausführliche Darstellung dieser Krankheitsbilder findet sich daher im ▶ Kap. 4.3.

Rubinstein-Taybi-Syndrom

Das Rubinstein-Taybi-Syndrom ist ein Retardierungssyndrom mit **Mikrozephalie**, postnatalem **Minderwuchs** und **typischen kraniofaziale Auffälligkeiten**: Hypotelorismus mit lateral abfallenden Lidachsen, schmale gebogene Nase mit prominentem Nasensteg (der von der Seite aus betrachtet deutlich über die Nasenflügel hinausragt), kurzes Philtrum mit flachem Winkel zwischen Philtrum und Nasensteg, hypoplastische Maxilla mit hohem, engen Gaumen, Mikrogenie, tief sitzende, dysplastische Ohren (◘ Abb. 19.18). Besonders typisch sind auch **verbreiterte Endphalangen von Daumen und Großzehen**. Die Knochenreifung ist verzögert, Herzfehler sind nicht selten, es besteht eine deutliche mentale Entwicklungsstörung. Lange Zeit wurde das Rubinstein-Taybi-Syndrom für ein *contiguous gene syndrome* gehalten. Mittlerweile hat sich herausgestellt, dass nur 10–25% der Fälle ihre Ursache in einer Mikrodeletionen des Bereichs 16p13.3 haben. Die große Mehrzahl der Fälle geht auf **Mutationen** eines einzelnen Gens (*CREBBP, cyclic AMP-regulated enhancer binding protein*) in diesem Bereich zurück.

◘ **Abb. 19.18. Rubinstein-Taybi-Syndrom**: typisches Profil. (Mit freundlicher Genehmigung von G. Tariverdian, Institut für Humangenetik Heidelberg)

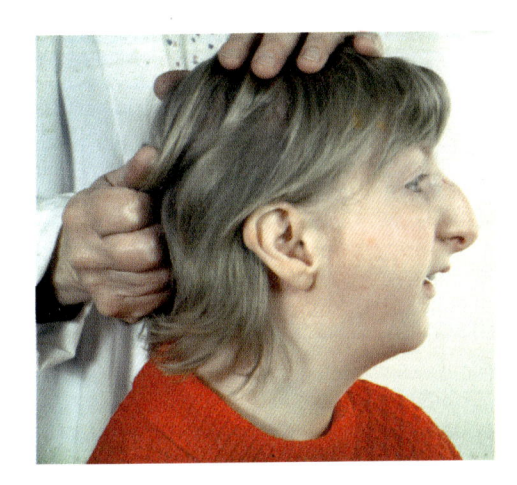

Smith-Magenis-Syndrom (Mikrodeletionssyndrom 17p11.2)

Bei diesem nicht seltenen Retardierungssyndrom ist das **Verhalten** der Patienten der Schlüssel zur Diagnose. Betroffene Kinder sind oft extrem unruhig und destruktiv. Darüber hinaus zeigen sie ein sehr typisches **Schlafverhalten**: sie schlafen nachts in der Regel nur wenige Stunden während sie tagsüber so müde sind, dass sie z. T. nicht wach zu halten sind. Das Smith-Magenis-Syndrom ist eine für die Eltern extrem belastende Krankheit. Die meisten Patienten zeigen selbstverletzendes Verhalten mit Onychotillomanie (Ausreißen von Finger- und Zehennägeln). Typisch sind außerdem Tics der oberen Extremitäten, zum Beispiel Händeklatschen oder auch das Umarmen des eigenen Oberkörpers (*self-hugging*). Leichte, wenig spezifische Gesichtsdysmorphien und gelegentlich Organfehlbildungen wie angeborene Herzfehler, ZNS-Fehlbildungen, Skelettanomalien sowie Innenohrschwerhörigkeit können als ergänzende Befunde vorliegen. Die Patienten zeigen einen postnatalen Minderwuchs und haben kleine Hände mit kurzen Fingern (Brachydaktylie). Es besteht eine mentale Retardierung mit durchschnittlichem IQ von etwa 40–50. Vor allem sprachlich sind die Betroffenen stark beeinträchtigt. Die Stimme ist typischweise tief und rau. Dem Syndrom zugrunde liegt eine interstitielle Deletion der Region 17p11.2. Meist handelt es sich um De-novo-Deletionen, doch es finden sich auch Fälle autosomal-dominanter Erblichkeit von einem Elternteil auf 50% der Kinder. Die Inzidenz wird auf 1:25.000 geschätzt.

Deletion 22q11 (velokardiofaziales Syndrom, DiGeorge-Syndrom u. a.)

Die Deletion 22q11 ist mit einer geschätzten Inzidenz von 1:2.000 eines der häufigsten bekannten Mikrodeletionssyndrom des Menschen. Gleichzeitig handelt es sich um eine der häufigsten Ursachen für angeborene, syndromale Herzfehler v. a. im Ausflusstrakt. Eine ausführliche Darstellung findet sich in ▶ Kap. 21.1.

Markerchromosomen

Bei etwa 0,06% der Bevölkerung finden sich im Rahmen einer Chromosomenanalyse kleine, überzählige Chromosomen, die auch als »Markerchromosomen« bezeichnet werden. Sie sind meist so klein, dass anhand klassischer Bänderungstechniken keine Zuordnung möglich ist. Erst FISH-Untersuchungen können i. d. R. die Herkunft der Markerchromosomen klären. Einige Markerchromosomen zeigen eine Assoziation mit Fehlbildungen und mentaler Retardierung, andere scheinen keine erkennbaren phänotypischen Effekte zu bewirken. Markerchromosomen entstehen entweder als Isochromosomen (durch Quer- statt Längsteilung am Zentromer) oder als invertierte Duplikationen bestimmter Chromosomenabschnitte. Bekannte Krankheitsbilder, die durch Markerchromosomen verursacht werden, sind das **Cat-eye-Syndrom** (eine Inversionsduplikation des kurzen Arms und eines kleinen Teils – 22q11 – des langen Arms von Chromosom 22, die u. a. durch Irisikolobome charakterisiert ist) und das **Pallister-Killian-Syndrom** (Isochromosom 12p, ▶ Kap. 4.4).

20 Haut und Bindegewebe

Die Haut als größtes Organ des Menschen spielt bei jeder klinisch genetischen Untersuchung eine wesentliche Rolle. Hautveränderungen können wertvolle Hinweise auf zahlreiche genetische Krankheiten geben. Dabei ist in besonderem Maße auf die Pigmentierung der Haut zu achten (Hyperpigmentierungen, Hypopigmentierungen), aber auch auf ihre Textur und Dehnbarkeit. Die Verteilung der Hautveränderungen kann auf den Zeitpunkt einer Genmutation im Lauf der embryonalen Entwicklung oder auch auf einen zugrunde liegenden Vererbungsmechanismus (X-Inaktivierung, Lyonisierung) hinweisen. Veränderungen der Haut sollten das Interesse des Untersuchers immer auch auf andere Organe ektodermalen Ursprungs lenken: Haare, Zähne, Nägel und Schweißdrüsen. Schließlich seien die neurokutanen Syndrome oder Phakomatosen erwähnt, eine heterogene Gruppe genetisch bedingter Krankheiten, die durch Dysplasien vor allem neuroektodermaler Gewebe charakterisiert sind (▶ Kap. 32.6.1).

20.1 Erbliche Hautkrankheiten

Albinismus

Der Begriff »Albinismus« umfasst eine ganze Reihe erblicher **Störungen der Melaninsynthese**. Bei diesen Krankheiten sind Anzahl, Verteilung und Struktur der Melanozyten in der Haut, in den Haarfollikeln und im Auge unauffällig. Auch die Melanosomen innerhalb der Melanozyten sind unverändert. Einzig und allein die Menge des produzierten Melanins ist verringert. Man unterscheidet vereinfacht den **okulokutanen Albinismus** (OCA), bei dem alle melanozytenhaltigen Organe (Haut, Haare, Auge) betroffen sind, vom **okulären Albinismus** (OA), bei dem nur das Auge (OA) betroffen ist. Die kumulative Inzidenz des Albinismus liegt etwa bei 1:10.000.

Eine der häufigsten Formen von Albinismus ist der okulokutane Albinismus Typ 1 (**OCA1**). Ihm liegen Mutationen des *TYR*-Gens auf Chromosom 11 zugrunde, das für die **Tyrosinase** kodiert. Diese Form des Albinismus ist autosomal-rezessiv erblich. Unterschiedliche Mutationen führen zu unterschiedlich schweren klinischen Krankheitsbildern. Patienten mit OCA1A besitzen keine verbleibende Tyrosinaseaktivität. Sie fallen bereits bei Geburt durch ihr weißes Haar, eine weiße Haut und hellblaue bis rötlich erscheinende Augenfarbe auf. Patienten mit OCA1B haben eine gewisse Restaktivität an Tyrosinase. Der okulokutane Albinismus Typ 2 (**OCA2**) ist ebenfalls autosomal-rezessiv erblich. Ihm liegen Mutationen im *OCA2*-Gen (kodiert für das »P-Protein«) auf Chromosom 15 zugrunde. Die häufigste Form des okulären Albinismus (OA1) ist X-chromosomal-rezessiv erblich.

Melanin hat eine wesentliche Bedeutung im Rahmen der embryonalen Entwicklung des optischen Systems, und eine kutane und okuläre Hypopigmentierung allein reicht nicht aus, um die Diagnose »Albinismus« zu stellen. Zusätzlich sind **spezifische Veränderungen in der Entwicklung und der Funktion der Augen und der Sehnerven** obligat. Die Kardinalsymptome des Albinismus sind neben der Hypopigmentierung ein Nystagmus, eine verminderte Sehschärfe (in Folge einer fovealen Hypoplasie), ein Strabismus und eine verminderte Fähigkeit zum räumlichen Sehen (bedingt durch eine verminderte Tiefenwahrnehmung aufgrund abnormer Verknüpfungen zwischen Retina und optischem Kortex). Eine psychomotorische Retardierung gehört nicht zum Symptomspektrum des Albinismus. Wann immer ein Patient mit Albinismus eine mentale Retardierung aufweist, muss eine andere Erklärung als der Albinismus dafür gefunden werden.

Durch den verminderten Melaningehalt der Haut besteht eine starke Lichtempfindlichkeit mit erhöhter Gefahr von wiederholtem schwerem Sonnenbrand und daraus folgend auch von Hauttumoren. Lichtschutzmaßnahmen stehen daher therapeutisch/prophylaktisch ganz im Vordergrund. Dies gilt für die Haut, aber auch für die Augen!

■ ■ ■ Assoziation mit Prader-Willi- bzw. Angelman-Syndrom

Das *OCA2*-Gen liegt in dem für das Prader-Willi- und das Angelman-Syndrom kritischen Bereich auf dem langen Arm von Chromosom 15. Liegt dem Prader-Willi- oder Angelman-Syndrom eine Deletion von 15q11-q13 zugrunde, gehört eine Hypopigmentierung der Haut aufgund einer Haploinsuffizienz dieses Gens zu den typischen Symptomen. Einzelne Fälle von Prader-Willi- bzw. Angelman-Syndrom in Kombination mit *OCA2* wurden beschrieben. In diesen Fällen liegt meist auf dem einen Chromosom 15 eine Deletion vor, auf dem anderen Chromosom 15 eine Mutation im *OCA2*-Gen.

Vitiligo

Vitiligo ist eine recht häufige, **erworbene** Depigmentierung der Haut. Familiäre Häufung kommt vor, Männer und Frauen sind gleich häufig betroffen. Ein genauer Erbgang ist bislang nicht bekannt.

Incontinentia pigmenti

Die Incontinentia pigmenti, auch Bloch-Sulzberger-Syndrom genannt, ist eine seltene, X-chromosomal-dominant erbliche Dermatose, die auf Mutationen im *NEMO*-Gen zurückzuführen ist und im homo- oder hemizygoten Zustand einen Letalfaktor darstellt. Als Beispiel für eine X-chromosomale Mosaik-Krankheit ist sie in ▶ Kap. 4.4 beschrieben.

Xeroderma pigmentosum

Es handelt sich um eine sehr seltene, **autosomal-rezessiv** erbliche Krankheit, die sich durch eine extrem hohe **Photosensitivität** auszeichnet. Sie kann durch Mutationen in verschiedenen Genen verursacht werden, wobei die jeweiligen Genprodukte immer an der Exzisionsreparatur nach UV-induzierten DNA-Schäden beteiligt sind. Bereits in der Kindheit entwickeln sich bei den Betroffenen nach Sonnenexposition schwere Sonnenbrände, die schon bald zum Bild einer chronisch lichtgeschädigten Haut führen (Abb. 20.1). Mit einem Durchschnittsalter von nur 8 Jahren entwickeln sich erste **Karzinome der Haut**, meist Basalzellkarzinome oder spinozelluläre Karzinome. 97% dieser Tumoren entstehen im Gesicht, am Kopf oder im Nacken der Patienten, was auf die entscheidende pathogenetische Bedeutung der Sonnenexposition hinweist. Melanome entwickeln sich nur bei 5% der Betroffenen. Die meisten Patienten zeigen progrediente ophthalmologische Symptome (Photophobie, Konjunktivitis, Teleangiektasien von Bindehaut und Augenlidern), später auch ophthalmologische Neoplasien.

Ichthyosen

Ichthyosen sind erbliche Dermatosen, die durch eine Störung der epidermalen Differenzierung mit übermäßiger Hornproduktion gekennzeichnet sind. Die häufigste Ichthyose ist die autosomal-dominant erbliche **Ichthyosis vulgaris**. Im Gegensatz zu anderen Ichthyosen sind Neugeborene klinisch unauffällig. Erst nach

Abb. 20.1. Xeroderma pigmentosum bei einem 8-jährigen Mädchen. Die Gesichtshaut ist durch ungeschützte Sonneneinstrahlung schwer geschädigt. (Mit freundlicher Genehmigung von V. Voigtländer, Klinikum Ludwigshafen)

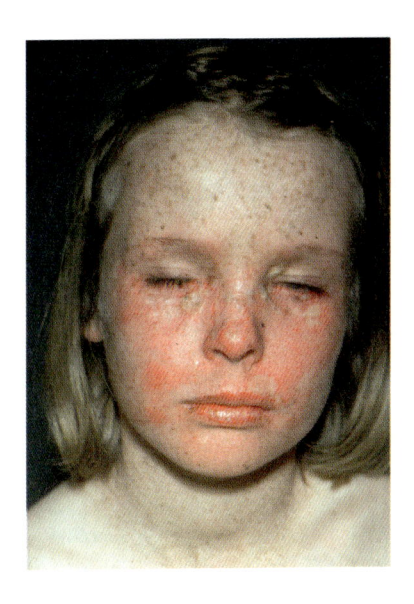

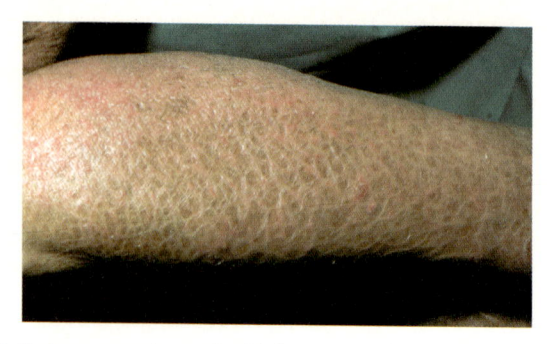

Abb. 20.2. X-chromosomal-rezessive Ichthyose: Hyperkeratose mit schmutzig-grauen, haftenden Hautschuppen. (Mit freundlicher Genehmigung von V. Voigtländer, Klinikum Ludwigshafen)

dem 3. Lebensmonat wird die Haut zunehmend trocken und es bilden sich weiße bis schmutziggraue, haftende Schuppen. Prädilektionsstellen sind die Streckseiten der Extremitäten. Der ursächliche Gendefekt ist bislang nicht bekannt. Etwa jeder 6.000. Junge ist von der **X-chromosomal-rezessiven Form** der Ichthyosis betroffen. Diese unterscheidet sich von der autosomal-dominanten Form durch ein insgesamt früheres Auftreten und eine stärkere Ausprägung der ichthyösen Schuppung. Die Handinnenflächen und die Fußsohlen sind aber (im Gegensatz zur autosomal-dominanten Form) nicht betroffen. Die Krankheit beruht auf einem Mangel der Steroidsulfatase. Meist handelt es sich um einen kompletten Verlust des Gens durch Deletionen auf dem kurzen Arm des X-Chromosoms.

Epidermolysis bullosa

Der Begriff »Epidermolysis bullosa« umfasst eine heterogene Gruppe von ererbten (mechanobullösen) oder erworbenen (autoimmunen) Genodermatosen, bei denen bereits geringe Traumata oder mechanischer Stress zur Blasenbildung der Haut führen (Köbner-Phänomen; Abb. 20.3). Ursache für die drei wichtigen, **intraepidermalen Formen**, Epidermolysis bullosa simplex (EBS), Epidermolysis bullosa herpetiformis (EBH) und Epidermolytische Hyperkeratosis (EH) sind **Mutationen der Keratine**, die am Aufbau des Zytoskeletts der Keratinozyten beteiligt sind. Diese Formen der Epidermolysis bullosa sind nicht narbenbildend. Die wichtige **narbenbildende (dermolytische) Form** wird auch als Epidermolysis bullosa dystrophica (EBD) bezeichnet. Hier liegen **Mutationen des Kollagens Typ 7** zugrunde, die Hauptbestandteil der Ankerfibrillen der Basalmembran ist. Bei den junktionalen Epidermolysen findet die Spaltbildung zwischen der basalen Plasmamembran der Keratinozyten und der Basalmembran statt. Sie werden durch Mutationen in Genen ausgelöst, deren Genprodukte Teil der Hemidesmosomen oder der Lamina rara sind.

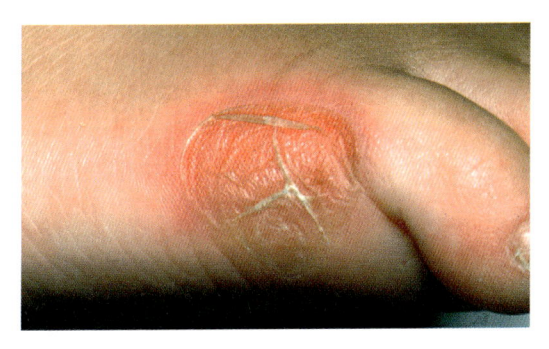

Abb. 20.3. Köbner-Phänomen bei Epidermolysis bullosa simplex. (Mit freundlicher Genehmigung von V. Voigtländer, Klinikum Ludwigshafen)

Psoriasis

Die Schuppenflechte (Psoriasis vulgaris) ist als eine der häufigsten Hautkrankheiten bei etwa **2% der Bevölkerung** anzutreffen. Es handelt sich um eine akut exanthematisch oder chronisch stationär verlaufende entzündliche Erkrankung der Haut, zum Teil unter Beteiligung der Gelenke. Das typische klinische Bild von scharf begrenzten, erythematösen, leicht erhabenen Plaques mit silbrig grauer Schuppung erlaubt meist eine eindeutige Diagnosestellung. Prädilektionsstellen sind die Extremitätenstreckseiten, vor allem die Knie und Ellenbogen, aber auch der behaarte Kopf und die Rima ani. Die Psoriasis ist eine multifaktorielle Erkrankung. Familien- und Zwillingsstudien belegen eine starke genetische Komponente: Die Konkordanzrate eineiiger Zwillinge liegt bei 65–70%, die Konkordanzrate zweieiiger Zwillinge nur bei 15–20%. Verwandte ersten Grades eines Betroffenen haben ein 8- bis 23%-iges Risiko, selbst an Psoriasis zu erkranken. Bislang konnten neun **Psoriasis-Suszeptibilitäts-Genloci** identifiziert werden, sie heißen *PSORS1* bis *PSORS9* (für **PSOR**iasis-Suszeptibilitäts-Locus). Einige dieser Loci decken sich mit der genetischen Kopplung des atopischen Ekzems im Kindesalter. Die Prädisposition für Psoriasis wird außerdem durch Polymorphismen verschiedener Zytokin-Allele beeinflusst. Als umweltbedingte Triggerfaktoren der Psoriasis gelten u. a. Streptokokkenangina, Stress oder Medikamente (Lithium, β-Blocker).

Teleangiektatische Fehlbildungen

Teleangiektasien sind Erweiterungen der Kapillargefäße an Haut und Schleimhäuten, die im Gegensatz zu Petechien wegdrückbar sind. Sie sind meist erworben, finden sich jedoch als differenzialdiagnostisch wichtiger Befund bei auch bei verschiedenen genetischen Krankheiten wie der Ataxia teleangiectatica (Louis-Bar-Syndrom) (▶ Kap. 31.1.2). Zu den teleangiektatischen Fehlbildungen gehört auch der **Naevus**

Abb. 20.4a, b. Telangiektasien bei M. Osler. Telangiektasien der Lippen (**a**) und Schleimhäute (**b**, hier der Zunge) sind ein typischer Befund beim dominant erblichen M. Osler, der klinisch durch gehäuftes Nasenbluten und ggf. schwere gastrointestinale, pulmonale oder zerebrale Blutungen gekennzeichnet ist. Lebensbedrohliche Lungenblutungen durch arteriovenöse Fehlbildungen sind eine gefürchtete Komplikation in der Schwangerschaft. Der M. Osler wird durch Mutationen in den Genen *ENG* und *ALK1* verursacht

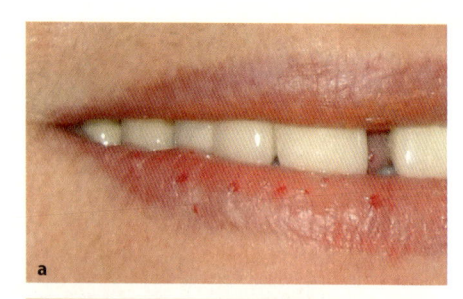

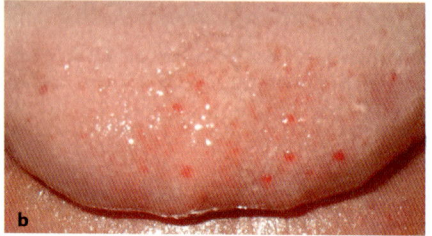

flammeus (Feuermal), ein meist bei Geburt vorhandener, nur in bestimmten Konstellationen (z. B. Storchenbiss im Nacken) rückbildungsfähiger großflächiger Nävus. **Angiokeratome** sind durch eine zusätzliche hyperkeratotische Reaktion der Epidermis charakterisiert; sie finden sich generalisiert u.a. bei bestimmten lysosomalen Speicherkrankheiten, speziell dem Morbus Fabry (▶ Kap. 24.2).

20.2 Erbliche Bindegewebskrankheiten

Ehlers-Danlos-Syndrom

Als Ehlers-Danlos-Syndrom wird eine genetisch, biochemisch und klinisch heterogene Gruppe erblicher Bindegewebsstörungen mit Überstreckbarkeit der Gelenke, Hyperelastizität der Haut und Fragilität verschiedener Gewebe bezeichnet. Die geschätzte Gesamtprävalenz liegt bei 1:5.000. Der Vererbungsmodus ist in der Regel **autosomal-dominant**.

■■■ **Was bedeutet »Überstreckbarkeit«?**
Die Definition von »Überstreckbarkeit der Gelenke« erfolgt anhand von 5 oder mehr Punkten auf einer Skala nach Beighton und Wolf (maximale Gesamtpunktzahl: 9).
- Passive Dorsiflexion der kleinen Fingers von >90° gegenüber der Palma manus: 1 Punkt pro Hand

20.2 · Erbliche Bindegewebskrankheiten

- Passive Apposition des Daumens bis zur Berührung des Unterarms: 1 Punkt pro Hand
- Hyperextension der Ellenbogen von >10°: 1 Punkt pro Ellenbogen
- Hyperextension der Knie von >10°: 1 Punkt pro Knie
- Vorwärtsbeugung des Rumpfes bei durchgestreckten Knien – wenn die Handflächen flach auf dem Boden aufliegen: 1 Punkt

Klassische Form des Ehlers-Danlos-Syndroms (früher: Typ I und II). Das bekannteste Merkmal der klassischen Form des EDS ist die extreme Überdehnbarkeit der Haut und Gelenke (◘ Abb. 20.5). Die Haut ist leicht zerreißlich und zeigt eine schlechte Wundheilung; abgeheilte Wunden stellen sich typisch zigarettenpapierähnlich dar. Neben der Überstreckbarkeit der Gelenke finden sich habituelle Luxationen der Gelenke (Ellenbogen und Knie), außerdem rezidivierende Distorsionen und Gelenkergüsse. Das »Gorlin-Zeichen« (Zungenspitze kann die Nase berühren) ist unspezifisch. Aufgrund der allgemeinen Bindegewebsschwäche finden sich gehäuft Leistenhernien, Rektalprolaps und Blasendivertikel, bei Frauen Uterusprolaps und Zervixinsuffizienz. Hinzu kommen ophthalmologische Zeichen: blaue Skleren und Strabismus, Myopie, Linsenektopie, Retinaablösungen und Bulbusrisse schon nach leichteteren Traumen. Es besteht ein erhebliches Risiko für Dilatationen der Aorta ascendens mit Gefahr der Aortenruptur. Ein Großteil der Fälle ist auf **Defekte des Kollagens V** durch Mutationen in den *COL5A1*- und *COL5A2*-Genen zurückzuführen.

Hypermobile Form des Ehlers-Danlos Syndroms (früher: Typ III). Im Gegensatz zu anderen Typen des EDS finden sich bei dieser Form keine Fragilität der Haut und keine abnorme Narbenbildung. Hauptmerkmale sind die Überstreckbarkeit der kleinen und großen Gelenke sowohl eine samtartige, hyperelastische Haut. Viele Patienten zeigen eine Dilatation der aszendierenden Aorta mit Gefahr der Ruptur. Ätiologie und Pathogenese sind bislang ungeklärt.

◘ **Abb. 20.5. Ehlers-Danlos-Syndrom.** (Mit freundlicher Genehmigung von V. Voigtländer, Klinikum Ludwigshafen)

Vaskuläre Form des Ehlers-Danlos Syndroms (früher: Typ IV). Die Haut ist bei dieser Form des EDS nicht überstreckbar, sondern sehr straff, dünn und zerreißlich. Es besteht eine erhebliche Neigung zu Suffusionen und Ekchymosen. Das venöse Netz ist durch die dünne Haut sehr gut sichtbar. Die Narbenbildung ist normal, die Überstreckbarkeit beschränkt sich auf die kleinen Gelenke. Die Betroffenen haben ein hohes Risiko für lebensgefährliche, spontane Rupturen von intestinalen, uterinen und anderen Arterien (A. splenica, Aa. renales, Aorta descendens). Die mittlere Lebenserwartung beträgt 48 Jahre. Ursächlich sind Störungen der Synthese, der Struktur oder der Sekretion von **Kollagen III**.

Marfan-Syndrom

Mehr als 100 Jahre ist es her, dass Dr. Antoine Marfan den ersten Fall beschrieb, für den er seinerzeit den Begriff »**Dolichostenomelie**« (Lang- und Schmalgliedrigkeit) wählte. Die Diagnose beruht auf klinischen Kriterien und wird in der Regel ohne technische Hilfsmittel gestellt.

Praxisfall

Der 9-jährige Dennis wird von seinen Eltern mit Verdacht auf Marfan-Syndrom vorgestellt. Anamnestisch waren Schwangerschaft und Geburt unauffällig, Dennis lief frei im Alter von 11–12 Monaten, erste Worte sprach er allerdings erst mit 2,5 Jahren. Auffällig waren immer eine geringe Muskelspannung und eine überdurchschnittliche Körperlänge (97. Perzentile). Er geht jetzt in die 3. Klasse der Grundschule und kommt dort gut zurecht. Im Alter von 7 Jahren war beim Rennen einmal Herzrasen aufgetreten; die kardiologische Abklärung zeigte eine mäßiggradige Dilatation der Aorta ascendens. Bei einer kürzlich erfolgten augenärztlichen Untersuchung wurde eine ausgeprägte Subluxation beider Linsen festgestellt und Dennis in die genetische Poliklinik überwiesen. Die Familienanamnese ist unauffällig. In der körperlichen Untersuchung ist Dennis ein freundlicher, altersentsprechend entwickelter Junge. Körpergröße (146 cm) und Spannweite (150 cm) liegen über dem altersentsprechenden Normbereich, das Verhältnis der beiden Werte ist jedoch im Normberich (<1,05). Die typischen Arachnodaktylie-Zeichen (Murdoch, Steinberg) sind nachweisbar, darüber hinaus besteht eine deutliche Hypermobilität der Gelenke. Im Bereich des Kopfes hat Dennis einen hohen »gotischen« Gaumen und eine leichte Retrognathie. Es besteht eine leichte Trichterbrust, aber keine Skoliose. Die übrige körperliche Untersuchung ergibt einen unauffälligen Befund. Insgesamt lässt sich klinisch bei Dennis die Verdachtsdiagnose »Marfan-Syndrom« bestätigen, da zwei Hauptkriterien erfüllt sind (Linsenektopie, Aortendilatation) und das Skelettsystem beteiligt ist. Da die Eltern klinisch unauffällig sind, ist eine Neumutation wahrscheinlich; eine molekulargenetische Analyse ist nicht notwendig. Kardiologische und ophthalmologische Untersuchungen sowie eine Wiedervorstellung nach einem Jahr zur Verlaufskontrolle werden vereinbart.

▼

Epidemiologie

Die Inzidenz liegt bei **1–2 pro 10.000**. Männer und Frauen sind gleich häufig betroffen. Das Marfan-Syndrom ist **autosomal-dominant** erblich; der Anteil der **Neumutationen** wird auf **15–30%** geschätzt. Die meisten Neumutationen entstehen in der väterlichen Keimbahn, und zwar statistisch häufiger bei erhöhtem väterlichem Alter. Dieser Zusammenhang wurde für mehrere autosomal-dominante Krankheiten beschrieben (z. B. auch für die Achondroplasie), dennoch haben die meisten Patienten mit Neumutation keinen besonders alten Vater.

Klinische Merkmale und diagnostische Kriterien

Die Diagnose des Marfan-Syndroms erfolgt anhand klinischer Kriterien, die spezifische Befunde in **mehreren Organsystemen** beschreiben. Eine molekulargenetische Analyse ist sehr teuer (das Fibrillin-Gen hat insgesamt 65 Exons) und in der Regel nicht notwendig. Die Diagnose wird gestellt, wenn mindestens zwei der nachfolgenden **Hauptkriterien** vorliegen und zusätzlich ein drittes Organsystem betroffen ist.

Skelettsystem. Die Veränderungen des Skelettsystems sind besonders auffällig. Ein **Hochwuchs** ist für sich alleine kein diagnostisches Kriterium, richtungsweisend ist vielmehr eine Überlänge der Arme und Beine im Verhältnis zum Rumpf. Dies wird durch den Quotient aus Armspanne zur Körpergröße (beim Marfan-Syndrom >1,05) bzw. über das Verhältnis von Oberlänge zu Unterlänge objektiviert. Die **Arachnodaktylie** wird über das Murdoch-Zeichen und das Steinberg-Zeichen objektiviert (Abb. 20.6).

- **Murdoch-Zeichen** (auch Handgelenkszeichen): Beim Umfassen des kontralateralen Handgelenks ragt die Daumenspitze über die distale Phalanx des kleinen Fingers hinaus.
- **Steinberg-Zeichen** (auch Daumenzeichen): Wenn der Patient die Hand zur Faust verschließt, ist auf der ulnaren Seite der Faust der gesamte Fingernagel des Daumens sichtbar.

Weitere Skelettzeichen sind: Pectus carinatum (Hühnerbrust, Kielbrust; Abb. 20.7), schwere Formen des Pectus excavatum (Trichterbrust), Skoliose (>20°), Protrusio acetabuli sowie Plattfüße durch Abkippung des Innenknöchels nach medial. Als Hauptkriterium gilt das Vorliegen von mindestens vier der typischen Skelettzeichen.

Augen. Als diagnostisches Hauptkriterium gilt die **Subluxation der Linse,** die im Gegensatz zur Homozystinurie typischerweise nach oben erfolgt (Abb. 20.8). Auch im Rahmen traumatischer Ereignisse beim gesunden Patienten luxiert die

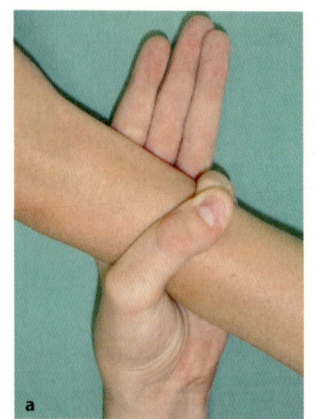

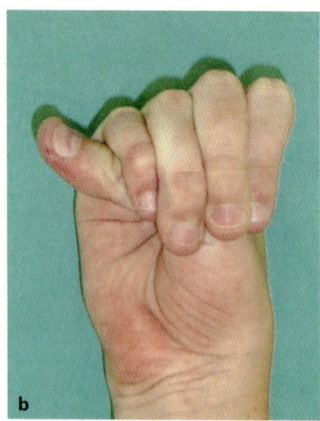

Abb. 20.6a, b. Merkmale des Marfan-Syndroms an der Hand bei einem 13-jährigen Jungen. **a** Murdoch-Zeichen, **b** Steinberg-Zeichen

Abb. 20.7. Neben den typischen Gesichtszügen ist auch das Pectus carinatum deutlich sichtbar. (Mit freundlicher Genehmigung von G. Tariverdian, Institut für Humangenetik Heidelberg)

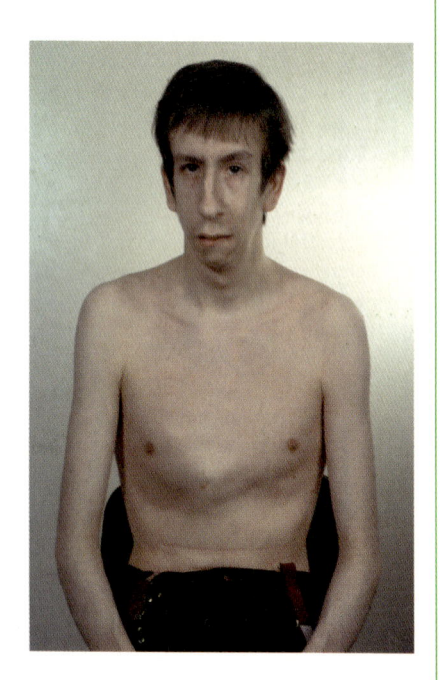

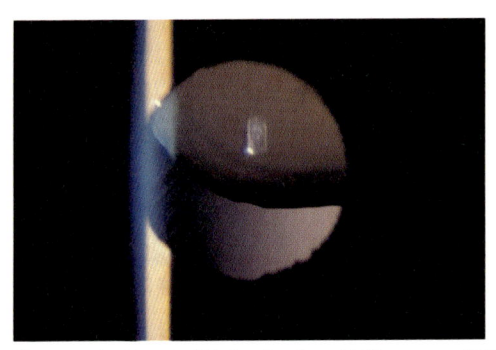

Abb. 20.8. Subluxation der Linse bei Marfan-Syndrom. Bei Personen mit Marfan-Syndrom ist die Aufhängung der Linse durch lockere oder zum Teil fehlende Zonulafasern geschwächt. Die Linse disloziert in Richtung der verbleibenden, intakten elastischen Zonulafasern, beim Marfan-Syndrom typischerweise nach oben. In dieser Spaltlampenaufnahme einer teildilatierten Iris ist der Unterrand der Linse des rechten Auges eines Patienten mit Marfan-Syndrom zu sehen. Die Linse ist nach oben, innen disloziert. (Mit freundlicher Genehmigung von R. Lewis, Baylor College of Medicine, Houston)

Linse meist nach unten. Patienten mit Marfan haben darüber hinaus häufig eine schwere Kurzsichtigkeit (Myopie).

Herz-Kreislauf-System. Als diagnostische Hauptkriterien gelten die **Dilatation der Aortenwurzel** (immer mit Beteiligung der Sinus von Valsalva) und die **Dissektion der Aorta ascendens**. Die schweren Komplikationen einer Aortenruptur oder eines Linksherzversagen bei chronischer Aortenklappeninsuffizienz sind zugleich die beiden **Haupttodesursachen** bei Marfan-Syndrom.

Lungen. Bei Patienten mit Marfan-Syndrom treten häufiger Spontanpneumothoraces durch Ruptur von sog. subapikalen Bläschen auf.

Ein Hauptkriterium kann schließlich nur mittels bildgebender Verfahren (CT oder MRT) nachgewiesen werden: die **lumbosakrale Duraektasie** (70–90% der Patienten). Als Hauptkriterien gelten ebenfalls ein erstgradiger **Verwandter** mit gesichertem Marfan-Syndrom oder der Nachweis einer sicher pathogenen Mutation.

Ätiologie und Genetik
Das Marfan-Syndrom wird in der Regel durch Mutationen im **Fibrillin** *(FBN1)*-Gen auf Chromosom 15q verursacht. In etwa 1/4 der Fälle handelt es sich um

Neumutationen. 70% davon sind *missense*-**Mutationen**. Die Penetranz des Marfan-Syndroms ist sehr hoch (wahrscheinlich 100%), aber die Expressivität sehr unterschiedlich. Eine enge Genotyp-Phänotyp-Korrelation existiert nicht. Selbst in der gleichen Familie (mit der gleichen, von einer Generation auf die nächste vererbten Mutation) findet sich häufig eine erhebliche Variabilität der Phänotypen. Ein besonders schwerer Phänotyp (manchmal auch als »neonatales Marfan-Syndrom« bezeichnet) wird nicht selten von Mutationen in den zentralen Abschnitten des Gens (zwischen Exon 24 und 32) verursacht.

Fibrillin 1. Fibrillin 1 ist ein Protein der extrazellulären Matrix und stellt einen Baustein der Mikrofibrillen dar. Sie finden sich sowohl in elastischen als auch in nichtelastischen Geweben. Mikrofibrillen erfüllen nicht nur strukturelle Funktionen, sondern spielen auch im Rahmen der Regulation bestimmter Wachstumsfaktoren und Zytokine eine wichtige Rolle. Unter anderem sind sie für die Sequestration und Aktivierung des Wachstumsfaktors TGFβ verantwortlich. Eine Dysregulation des TGFβ-Signalwegs ließ sich in der embryonalen Lunge, in der Mitralklappe und in der Aorta ascendens eines Mausmodells des Marfan-Syndroms nachweisen.

Differenzialdiagnosen

Die **Homozystinurie** ist eine autosomal-rezessive Stoffwechselkrankheit, bedingt durch einen Mangel der Cystathionin-β-Synthetase. Es finden sich zahlreiche marfantypische Auffälligkeiten wie Ectopia lentis (typischerweise nach unten), schwere Myopie, Großwuchs mit schlankem Habitus, Brustkorbdeformitäten, Skoliose, Mitralklappenprolaps, gotischer Gaumen und Hernien. Weitere Symptome grenzen die Homozystinurie vom Marfan-Syndrom ab: mentale Retardierung, Epilepsie, Osteoporose und oft lebensgefährliche, rezidivierende Thrombembolien. Die Symptomatik ist progredient. Etwa die Hälfte der Patienten spricht gut auf eine Therapie mit Pyridoxin (Vitamin B6) an, und auch die anderen Patienten können u. a. mit einer methioninarmen Diät und Betain (fördert die Remethylierung von Homocystein zu Methionin) erfolgreich behandelt werden. Es ist daher besonders wichtig, diese Diagnose bei Verdacht auf Marfan-Syndrom auszuschließen!

Weitere Differenzialdiagnosen: Loeys-Dietz-Syndrom (zusätzlich Hydrozephalus, Lernschwäche, Kraniosynostose, Gaumenspalte u. a.), Stickler-Syndrom, Klinefelter-Syndrom, Ehlers-Danlos-Syndrom, MASS-Phänotyp (**M**itralklappenvorfall, milde **A**ortendilatation, Auffälligkeiten von **S**kelett und Haut = **s**kin), Beals-Syndrom (Arachnodaktylie mit angeborenen Krakturen), Shprintzen-Goldberg-Syndrom.

Klinisches Management
In Kindheit und Adoleszenz sollte besonderes Augenmerk auf die Prävention einer schweren Skoliose gelegt werden. Diesbezüglich empfiehlt sich eine regelmäßige, kinderorthopädische Betreuung. Aufgrund der Häufigkeit okulärer Beteiligung (schwere Myopie und Subluxatio lentis) sind regelmäßige augenärztliche Kontrollen angeraten.

Kardiovaskuläre Komplikationen können in jedem Lebensalter auftreten. Um sie früh zu erkennen, sollten regelmäßige echokardiographische Kontrollen durchgeführt werden. Schon in früher Kindheit findet sich bei >60% der Patienten ein Mitralklappenprolaps. Daher ist bei allen zahnärztlichen Eingriffen an eine entsprechende antibiotische Prophylaxe zu denken.

Die **prophylaktische Behandlung mit β-Blockern** ohne intrinsische sympathomimetische Aktivität (z. B. Metoprolol, Atenolol) führt zu einer deutlichen Verringerung der Aortenwurzeldilatationen und ihrer kardiovaskulären Komplikationen (v. a. Aortendissektion). Sie gilt daher bislang als Standardtherapie eines jeden Patienten mit Marfan-Syndrom. Alternative pharmakologische Therapieansätze (vielversprechend mit ACE-Hemmern oder Angiotensin-Rezeptor-Antagonisten) befinden sich in der klinischen Erprobung.

Darüber hinaus sollten Kontaktsportarten (Fußball, Basketball, Boxen etc.) vermieden werden.

21 Kreislaufsystem und Hämatologie

21.1 Angeborene Herzfehler

Etwa **7–8 von 1.000** lebend geborenen Kindern haben einen angeborenen Herzfehler. Diese Zahl beinhaltet nicht den offenen Ductus arteriosus des Neugeborenen und auch nicht die häufigen, aber im Kindesalter meist asymptomatischen Anomalien bikuspide Aortenklappe und Mitralklappenprolaps. Bei zwei bis drei von 1.000 Neugeborenen ist die Anomalie so schwerwiegend, dass sie bereits im Neugeborenenalter symptomatisch wird und einer operativen Intervention während des ersten Lebensjahres bedarf. Die Gesamtprävalenz angeborener Herzfehler ist für Jungen und Mädchen etwa gleich. Einzelne Fehlbildungen zeigen aber durchaus eine Wendigkeit zum einen oder anderen Geschlecht: Linksherzobstruktionen und Transpositionen der großen Gefäße finden sich häufiger bei Jungen, persistierende Ductus, Vorhofseptumdefekte und Pulmonalstenosen hingegen bei Mädchen.

Der Ventrikelseptumdefekt (VSD) ist der bei weitem häufigste Herzfehler. Die relativen Häufigkeiten der einzelnen angeborenen kardialen Anomalien finden sich in ◘ Tab. 21.1.

Epidemiologische Studien zeigten ein **globales intrafamiliäres Wiederholungsrisiko** isolierter Herzfehler von **2–5%**. Dies ist Ausdruck einer weitgehend polygenen und multifaktoriellen Genese. Häufig handelt es sich bei Wiederholung

◘ **Tab. 21.1.** Relative Häufigkeit angeborener Herzfehler (nach von Bernuth 2003)

Herzfehler	Abkürzung (engl.)	Relative Häufigkeit (%)
Ventrikelseptumdefekt	VSD	30–45
Pulmonalstenose	PaVS	5–13
Vorhofseptumdefekt	ASD	5–11
Persistierender Ductus arteriosus	PDA	5–10
Aortenklappenstenose	AoVS	4–8
Aortenisthmusstenose	CoA	4–7
D-Transposition der großen Gefäße	D-TGA	3–7
Fallot-Tetralogie	TOF	3–5
Hypoplastisches Linksherz	HLHS	1–4

Tab. 21.2. Wiederholungsrisiken angeborener Herzfehler

Familiäre Konstellation	Empirisches Wiederholungsrisiko (%)
Gesunde Eltern, ein betroffenes Kind	1–3
Betroffener Vater	2–3
Betroffene Mutter	5–6
Zwei betroffene Kinder bzw. ein betroffener Elternteil + ein betroffenes Kind	10
Mehr als zwei betroffene, erstgradige Verwandte	50

innerhalb der Familie nicht um die gleiche Anomalie. Und auch bei gleicher Anomalie können Expressivität und klinischer Schweregrad eine erhebliche Variabilität aufweisen. Das Wiederholungsrisiko ist bei verschiedenen Herzfehlern recht unterschiedlich. Linksherzobstruktionen zeigen ein besonders hohes Wiederholungsrisiko: 8% beim hypoplastischen Linksherz (HLHS) und über 6% bei der Aortenisthmusstenose. Darüber hinaus ist das Risiko, einen Herzfehler an die eigenen Kinder zu vererben, bei betroffenen **Frauen** mit fast 6% beinahe doppelt so hoch wie bei betroffenen Männer. Tab. 21.2 zeigt empirische Wiederholungsrisiken bei bestimmten familiären Konstellationen.

Ätiologie der Herzfehler. Heutige Schätzungen gehen davon aus, dass etwa 80% aller angeborenen Herz- und Gefäßanomalien multifaktoriell bedingt sind. Nur für jeden 5. Herzfehler kann bislang eine klare pathogenetische Ursache identifiziert werden. 5–15% der Herzfehler beruhen auf Chromosomenanomalien (numerische Chromosomenaberrationen, Strukturdefekte von Chromosomen, Mikrodeletionssyndrome), 3–5% auf Defekten einzelner Gene und 1–2% auf teratogenen Noxen während der Schwangerschaft. Die Evaluation eines Patienten mit kongenitalem Herzfehler sollte daher immer eine ausführliche Familienanamnese, die Frage nach Infektionserkrankungen während der Schwangerschaft, nach maternaler Exposition teratogener Noxen, nach Alkohol, Drogen, Medikamenten und chemischen Substanzen beinhalten. Auch mütterliche Stoffwechselkrankheiten wie Diabetes mellitus oder Phenylketonurie zeigen eine Assoziation mit kindlichen Herzfehlbildungen. Eine Auflistung häufiger Teratogene findet sich in Tab. 21.3.

Isoliert oder Teil eines übergeordneten Syndroms? Bei jedem Kind mit angeborenem Herzfehler ist nach zusätzlichen, extrakardialen Anomalien und Fehlbildungen zu suchen. Bis zu 25% aller Patienten zeigen weitere Auffälligkeiten. Häufigste numerische Chromosomenanomalie mit Herzfehler ist die Trisomie 21. Etwa 50% der Patienten mit Down-Syndrom haben einen Herzfehler, besonders häufig (und

◘ **Tab. 21.3.** Assoziation einiger teratogener Noxen mit kongenitalen Herzfehlern beim Kind (nach Burn and Goodship 2002)

Teratogen	Risiko für kongenitalen Herzfehler (%)	Häufigste Herzfehler
Röteln-Infektion	35	Periphere Pulmonalarterienstenose, PDA, VSD, ASD
Maternaler Diabetes mellitus	3–5	Konotrunkale Herzfehler
Maternale PKU	25–50	TOF
Lupus erythematodes der Mutter	20–40	Reizleitungsstörungen
Alkoholabusus der Mutter	25–30	VSD, ASD
Retinoide	10–20	Konotrunkale Herzfehler
Lithium	???	Ebstein-Anomalie

Abkürzungen ◘ Tab. 21.1

typisch) atrioventrikuläre Fehlbildungen (▶ Kap. 19.1). Beim Mikrodeletionssyndrom 22q11 (s. u.) finden sich typischerweise konotrunkale Herzfehler (Anomalien des Aortenbogens, TOF, Pulmonalatresie mit VSD, *double outlet right ventricle* [DORV] oder D-TGA); wenn ein solcher Herzfehler bei passendem klinischen Gesamtbild vorliegt, ist eine gezielte FISH-Analyse sinnvoll. Bei Vorliegen einer supraventrikulären Aortenstenose hingegen sollte eine Mikrodeletion 7q11 (Williams-Beuren-Syndrom) ausgeschlossen werden. Eine Auflistung syndromaler Krankheiten mit angeborenen Herzfehlern zeigt ◘ Tab. 21.4.

▪▪▪ Noonan-Syndrom

Der klinische Phänotyp bietet manche Ähnlichkeiten mit dem Turner-Syndrom: proportionierter Minderwuchs, überschüssige Nackenhaut und perinatales Lymphödem. Ein tiefer Haaransatz, Schildthorax und Cubitus valgus sind häufig. Die angeborenen Herzfehler sind im Gegensatz zum Turner-Syndrom jedoch meist rechtsseitig; typisch ist eine angeborene Pulmonalstenose. Die fazialen Auffälligkeiten unterscheiden sich wesentlich vom Turner-Syndrom (◘ Abb. 21.1). Die Intelligenz ist meist im Normbereich. Jungen und Mädchen sind gleichermaßen betroffen. Das Noonan-Syndrom kann durch heterozygote Mutationen in verschiedenen Genen verursacht werden; am häufigsten sind Mutationen im *PTPN11*-Gen. Die Krankheit ist wird autosomal-dominant vererbt; dennoch ist bei vielen betroffenen Individuen die Familienanamnese leer – Neumutationen sind häufig.

21.1 · Angeborene Herzfehler

Abb. 21.1. Noonan-Syndrom bei einem 1½ Jahre alten Jungen. Besonders typisch ist die Augenpartie mit Hypertelorismus bzw. Telekanthus, Ptose und nach lateral abfallender Lidachse. Bei allen Kindern mit Minderwuchs, Herzfehler und diesen Gesichtszügen sollte ein Noonan-Syndrom in Betracht gezogen werden

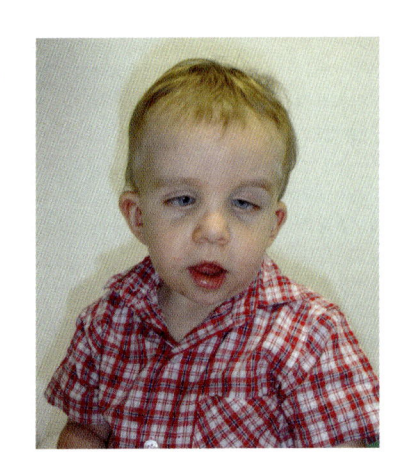

Tab. 21.4. Syndromale Krankheiten mit angeborenen Herzfehlern (nach Kreuder 2004)

Krankheit	Häufigkeit angeborener Herzfehler (%)	Typische Herzfehler
Numerische Chromosomenaberrationen		
Down-Syndrom (Trisomie 21)	45	AV-Kanal (40%)
Edwards-Syndrom (Trisomie 18)	80–90	Septierungs- und Klappendefekte
Pätau-Syndrom (Trisomie 13)	80–90	Septierungs- und Klappendefekte
Turner-Syndrom (Monosomie X)	25	Aortenisthmusstenose (10%)
Mikrodeletionssyndrome		
DiGeorge-Syndrom/VCFS (Mikrodeletion 22q11)	85	VSD (62%), DORV (52%), TOF (21%)
Williams-Beuren-Syndrom (Mikrodeletion 7q11)	60	Supravalvuläre Aortenstenose (50%)
Syndrome mit Mutation/Deletion einzelner Gene		
Noonan-Syndrom	80–90	Pulmonalklappenstenose (60%)
Alagille-Syndrom	>90%	Periphere Pulmonalstenose (60–75%)
Holt-Oram-Syndrom	70–80	ASD, VSD

Mikrodeletion-22q11-Syndrom
(velokardiofaziales Syndrom, Shprintzen-Syndrom, DiGeorge-Syndrom)

Die Klärung der molekularen Grundlagen genetischer Syndrome hat in den letzten 15 Jahren einerseits zu einer verbesserten Klassifizierung von nur scheinbar einheitlichen Krankheitsbildern geführt, anderseits aber auch gezeigt, dass scheinbar unterschiedliche Syndrome durch die gleichen molekulargenetischen Veränderungen verursacht sein können. Ein gutes Beispiel dafür sind das **DiGeorge-Syndrom**, 1965 als Kombination von Hypoparathyreoidismus und Thymushypoplasie beschrieben, und das **Shprintzen-Syndrom** bzw. **velokardiofaziale Syndrom,** bei dem die Kombination von Gaumenspalte, Herzfehlern und typischer Fazies im Zentrum der klinischen Beobachtung steht. Bei beiden Syndromen handelt es sich um verschiedene Manifestationsformen des gleichen genetischen Defekts, einer klassisch-zytogenetisch meist nicht sichtbaren Deletion (= Mikrodeletion) im Bereich von Chromosom 22q11, die zu einer Entwicklungsstörung der 3. und 4. Schlundtasche führt.

Praxisfall

Julienne wird im Alter von 5 Jahren in der genetischen Poliklinik vorgestellt, nachdem durch eine FISH-Analyse die Diagnose einer Mikrodeletion 22q11 gestellt worden war. Wie die Eltern berichten, war die Schwangerschaft zunächst unauffällig verlaufen. In der 38. Schwangerschaftswoche zeigte sich jedoch ein Wachstumsrückstand (intrauterine Retardierung) und bei Geburt war Julienne in allen Körpermaßen knapp unter der unteren Normgrenze. Zusätzlich fielen eine mediane Gaumenspalte und ein klinisch nicht bedeutsamer Herzfehler (perimembranöser VSD) auf. In den ersten 5 Monaten erhielt Julienne Sondenernährung. Die Gaumenspalte wurde im Alter von 2 Jahren operativ verschlossen. Das Wachstum der Körpermaße verlief kontinuierlich knapp unter der 3. Perzentile. Im Alter von 3 Jahren wurden eine generalisierte, leichte muskuläre Hypotonie und überstreckbare Gelenke dokumentiert. Die motorische Entwicklung war regelrecht, während die Sprachentwicklung verzögert verlief. Eine Chromosomenuntersuchung zeigte einen strukturell und zahlenmäßig unauffälligen weiblichen Chromosomensatz. Im Rahmen eines stationären Aufenthaltes wurde aufgrund der Kombination von Herzfehler, Gaumenspalte und typischen Auffälligkeiten des Aussehens durch die konsiliarisch hinzugezogene Humangenetikerin der Verdacht auf eine Mikrodeletion 22q11 gestellt und molekularzytogenetisch bestätigt. Die Untersuchung der Eltern zeigt einen unauffälligen Normalbefund, es handelt sich also um eine Neumutation.

Epidemiologie

Die Mikrodeletion 22q11 ist das häufigste bekannte *contiguous gene syndrome* des Menschen. Die Inzidenz liegt etwa bei 1:2.000.

Klinische Merkmale

Nahezu 200 verschiedene Symptome und Befunde wurden bei Patienten mit Mikrodeletion 22q11 beschrieben. Keines davon ist pathognomonisch und keines obligat vorhanden, es gibt aber einige »Kardinalsymptome«, welche die entsprechende Diagnose sehr wahrscheinlich machen.

85% aller Patienten mit Deletion 22q11 haben einen angeborenen **Herzfehler,** typischerweise »**konotrunkale**« Fehlbildungen im Bereich des »Ausflusstrakts« des Herzens. Am häufigsten finden sich ein VSD (62%), ein Abgang des Aortenbogens aus dem rechten Ventrikel (52%) oder eine Fallot-Tetralogie (21%). Die andere typische Fehlbildung ist eine **Gaumenspalte** (◘ Abb. 21.2); manchmal besteht eine Laryngomalazie. Das Shprintzen-Syndrom bzw. velokardofaziale Syndrom ist durch typische faziale Auffälligkeiten charakterisiert: langes, ovales Gesicht mit grenzwertig kurzen Lidspalten, relativ langem Mittelgesicht, auffälliger Nase (prominenter, wie gepolstert wirkender Nasenrücken, schmale Nasenflügel) und abnorm geformten Ohren (*overfolded helix*) (◘ Abb. 21.3). Manche Neugeborene haben ein asymmetrisches Schreigesicht. Weitere körperliche Auffälligkeiten sind Mikrozephalie (40%), Muskelhypotonie (70–80%) sowie überstreckbare Finger (63%). Manchmal kann man die Diagnose durch Zuhören stellen: die Hypotonie der Pharynxmuskulatur zeigt sich nicht selten durch eine auffallend näselnde Sprache. Diese Muskelhypotonie führt zugleich zu obstruktiven Schlafapnoen. Zum DiGeorge-Syndrom gehört schließlich ein Hypoparathyreoidismus mit Hypokalzämie (60%) bis hin zu Tetanie bzw. Krampfanfällen (20%). Aufgrund der Thymushypoplasie kann es zu einer gesteigerten Infektanfälligkeit kommen.

◘ **Abb. 21.2. Gaumenspalte.** (Mit freundlicher Genehmigung von G.F. Hoffmann, Universitäts-Kinderklinik Heidelberg)

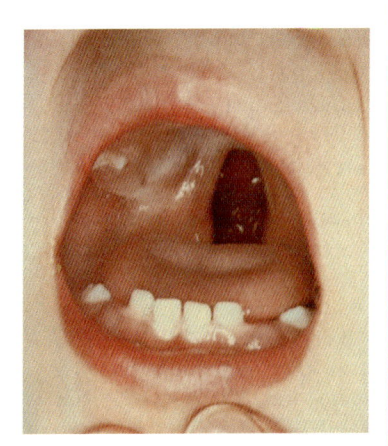

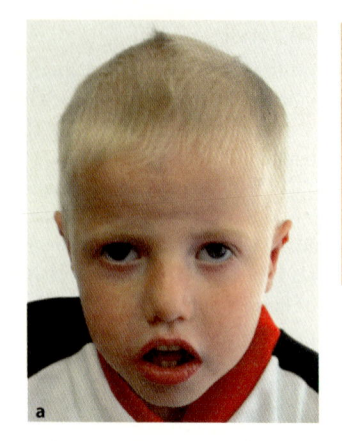

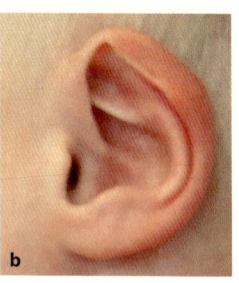

Abb. 21.3a, b. Mikrodeletion-22q11-Syndrom. a Knabe mit ovaler Gesichtsform, langem Mittelgesicht und typisch auffälliger Nase; **b** overfolded helix

Wichtig

Wann immer bei einem Neugeborenen eine Kombination aus (speziell konotrunkalem) Herzfehler und Gaumenspalte vorliegt, sollte eine FISH-Diagnostik auf Deletion 22q11 veranlasst werden.

Entwicklung

Ein gewisses Maß an **Lernschwierigkeiten** zeigen fast alle Personen mit Mikrodeletion 22q11, bei 2/3 der Betroffenen sind die kognitiven Beeinträchtigungen jedoch nur gering. Etwa jeder fünfte Betroffene hat mittelschwere bis schwerwiegende Lernschwierigkeiten, einige zeigen eine geringgradige mentale Retardierung. Der **IQ** liegt meist **zwischen 70 und 90**. Dabei liegen die sozialen Fähigkeiten meist höher als die intellektuellen Fähigkeiten. Häufig ist vor allem die Sprachentwicklung verzögert. Etwa jeder zehnte Patient mit Mikrodeletion 22q11 entwickelt eine psychiatrische Symptomatik. Besonders häufig sind Schizophrenie und bipolare Störungen mit Beginn im zweiten Lebensdezennium.

Ätiologie

Dem Krankheitsbild zugrunde liegt eine Deletion auf dem langen Arm von Chromosom 22 (22q11.21-q11.23). Typischerweise handelt es sich um eine Deletion von **1,5–3 Mb Länge** (3 Mb in fast 90% d. F.). Die typische deletierte Region umfasst

25–30 Gene. Bis heute ließ sich keine gute Korrelation zwischen der Größe der Deletion und dem klinischen Phänotyp nachweisen.

Bei 15% der Patienten ist eine Deletion schon lichtmikroskopisch im Rahmen einer hochauflösenden Chromsomenanalyse sichtbar. Goldstandard zur Diagnosesicherung ist die **FISH-Analyse**. Bei einigen Patienten mit typischem Phänotyp ist aber auch die FISH-Analyse unauffällig; die molekularen Grundlagen der Krankheit bei diesen Patienten sind ungeklärt, möglicherweise handelt es sich um Punktmutationen in einem bislang noch unbekannten Gen.

In **90%** der Fälle ist die Deletion beim betroffenen Indexpatienten **de novo** aufgetreten. In den verbleibenden 10% handelt es sich um vererbte Deletionen. Der Erbgang ist **autosomal-dominant**. Die intrafamiliäre Variabilität ist jedoch erheblich.

> **Wichtig**
>
> Nach Diagnose einer Mikrodeletion 22q11 sollten immer auch die Eltern sowie ggf. Geschwister und andere Familienmitglieder untersucht werden, da die Krankheit auch oligosymptomatisch verlaufen kann und manche Betroffene als einzige Auffälligkeit im Erwachsenenalter nur eine etwas verminderte Intelligenz aufweisen.

Warum es im Bereich 22q11.21-q11.23 so häufig zu Deletionen kommt, versteht man heute recht gut. Es handelt sich um einen Verlust chromosomalen Materials im Rahmen einer sog. homologen Rekombination im ersten Stadium der meiotischen Prophase. Die »kritische« Region wird beiderseits von Bereichen mit *low copy repeats* flankiert. Auf Chromosom 22q finden sich mehrere solche Regionen. Gelegentlich lagern sich die Chromosomen in nicht-homologen Bereichen mit gleichen *low copy repeats* aneinander. Wenn in diesem Bereich dann eine »*interchromosomale Rekombination*« stattfindet, kann ein Chromosomenabschnitt verloren gehen, was zu einer Deletion 22q11 führt. In seltenen Fällen kommt es auch zu intrachromosomalen Schleifenbildungen, in dem sich die *low copy repeats* links und rechts der kritischen Region aneinanderlagern und der dazwischen liegende Bereich (22q11.21-q11.23) verloren geht. Man spricht in diesem Fall von »**intrachromosomaler Rekombination**«. Schließlich wurde vor wenigen Jahren auch das Gegenstück zur Mikrodeletion 22q11 beschrieben, die **Duplikation** dieses Bereichs, die ein gänzlich anderes Krankheitsbild verursacht.

21.2 Kardiomyopathie

Die WHO definiert Kardiomyopathien als alle Krankheiten des Myokards, die mit einer kardialen Funktionsstörung einhergehen, aber nicht durch angeborene Herzfehler, Herzklappenfehler, Koronarsklerose oder Entzündung bedingt sind. Zahlreiche Kardiomyopathien zeigen eine familiäre Häufung. Eine ausführliche Familienanamnese ist bei jedem Fall von Kardiomyopathie unablässlich. Neben hypertropher und dilatativer Kardiomyopathie gibt es auch noch die arrhythmogene rechtsventrikuläre Kardiomyopathie (ARVCM) und die seltene restriktive Kardiomyopathie.

Hypertrophe Kardiomyopathie (HCM)

Die HCM ist eine diastolische Dehnbarkeitsstörung des verdickten Herzmuskels. Sie findet sich bei bis zu 0,2% der Bevölkerung und ist eine der häufigsten Todesursachen bei **jungen Leistungssportlern**. In mehr als der Hälfte der Fälle tritt eine HCM familiär auf. Die Vererbung erfolgt meist autosomal-dominant mit inkompletter Penetranz. Zahlreiche Mutationen in bislang mehr als 10 verschiedenen Genen konnten als Ursache für eine HCM identifiziert werden. Am häufigsten finden sich Mutationen in den Genen für die β-**Myosin-Schwerkette** (30–35%), für das **myosinbindende Protein C** (20–30%) und für **Troponin T** (10–15%). Weitere Mutationen wurden in den Genen für α-Tropomyosin, Troponin I, Myosin-Leichtkette, Aktin, Titin und α-Myosin-Schwerkette beschrieben.

Hauptkomplikation hypertropher Kardiomyopathien ist der plötzliche Herztod mit einem Häufigkeitsgipfel zwischen dem 14. und 30. Lebensjahr. Besonders gefährdet sind junge Männer, in deren Familie ein plötzlicher Herztod vorkam, sowie Patienten mit Mutationen im Gen für Troponin T.

Eine HCM bei **Neugeborenen und Säuglingen** ist außergewöhnlich. In diesen Fällen sollten Stoffwechselkrankheiten (z. B. Glykogenspeicherkrankheit Typ II (Morbus Pompe), Fettsäureoxidationsstörungen, mitochondriale Krankheiten u. a.) sowie andere monogene Krankheiten (v. a. Noonan-Syndrom) als mögliche Ursachen in Betracht gezogen werden.

Dilatative Kardiomyopathie (DCM)

Die DCM ist hämodynamisch definiert als systolische Pumpstörung mit eingeschränkter Ejektionsfraktion bei dilatiertem, vergrößertem Herzen. Die Prävalenz ist mit 0,04% (40 pro 100.000) erheblich geringer als die der HCM. Man unterscheidet Fälle von »idiopathischer dilatativer Kardiomyopathie« (isoliertes Auftreten einer Kardiomyopathie) von Fällen »spezifischer dilatativer Kardiomyopathie« (Kardiomyopathie im Rahmen einer Systemerkrankung).

Bei **idiopathischer dilatativer Kardiomyopathie** findet sich in 20–30% der Fälle eine familiäre Häufung mit meist autosomal-dominanter Vererbung. Unter den bislang identifizierten Genprodukten, deren Defekte zu DCM führen, finden sich Desmin, α-Aktin und δ-Sarkoglykan.

Bei familiärem Auftreten von DCM sollte in besonderem Maße nach »**spezifischen Kardiomyopathien**« geforscht werden (d. h. nach zugrunde liegenden muskulären, neuromuskulären, metabolischen oder anderen Systemerkrankungen). Beispielhaft seien als Differenzialdiagnosen genannt: Muskeldystrophien (Duchenne, Becker, Emery-Dreifuß, Gliedergürtel-Typ etc.), Friedreich-Ataxie, CDG-Syndrom und mitochondriale Krankheiten.

21.3 Erbliche Rhythmusstörungen

Long-QT Syndrom

Das Long-QT-Syndrom ist durch eine Verlängerung der frequenzkorrigierten QT-Zeit (QTc), Veränderungen der T-Wellen-Morphologie und eine Sinusbradykardie gekennzeichnet. Ab einer QTc >500 ms besteht ein erhöhtes Risiko für das Auftreten ventrikulärer Tachykardien, ganz besonders für das Auftreten von **Torsade-de-pointes-Tachykardien**. Dies kann sich klinisch als Synkope, als Krampfanfall oder auch direkt als plötzlicher Herztod manifestieren.

Man unterscheidet erworbene und angeborene Formen des Long-QT-Syndroms. Mutationen in bislang sieben verschiedenen Genen wurden als Ursache von **angeborenen Formen des Long-QT-Syndroms** nachgewiesen. In über 95% der Fälle finden sich deaktivierende Mutationen in verschiedenen Untereinheiten von zwei **Kaliumkanälen**, welche das Aktionspotenzial der kardialen Reizleitung in den Purkinje-Fasern steuern. Interessanterweise gibt es auch ein Short-QT-Syndrom, das durch aktivierende Mutationen in diesen Genen verursacht wird und ebenfalls zu einem plötzlichen Herztod führen kann. In vielen Fällen ist ein Long-QT-Syndrom erworben durch die **Einnahme von Medikamenten**, die die transmembranösen Kaliumströme hemmen. Bei einem Teil dieser Patienten findet man prädisponierende Mutationen in einem der Gene, welche das erbliche Long-QT-Syndrom verursachen. Wie bei anderen Krankheiten zeigt sich also auch hier ein Spektrum von genetischen und nichtgenetischen Faktoren, die in der Zusammenwirkung das eigentliche klinische Bild erklären.

21.4 Blutgruppen

Blutgruppen sind erbliche, strukturelle Eigenschaften von Blutbestandteilen, die sich aufgrund genetischer Variabilität innerhalb der Bevölkerung unterscheiden und mittels spezifischer Antikörper nachgewiesen werden können. Die wichtigsten Blutgruppenantigene sind glykosilierte Lipide oder Proteine auf der Oberfläche von Erythrozyten.

Das AB0-System

Karl Landsteiner war im Jahre 1901 Erstbeschreiber des AB0-Systems, er erhielt dafür 1930 den Nobelpreis für Medizin. Die Blutgruppen des AB0-Systems stellen das wichtigste Blutgruppenmerkmal bei der Bluttransfusion dar. Sie werden durch das AB0-Gen auf Chromosom 9 determiniert. Wie im ▶ Kap. 4.2 beschrieben verhalten sich die Blutgruppen A und B **kodominant** zueinander, jedoch **dominant** zur Blutgruppe 0. Dem entsprechend gibt es vier Hauptphänotypen, nämlich Blutgruppe A (Genotyp AA oder A0), Blutgruppe B (Genotyp BB oder B0), Blutgruppe 0 (Genotyp 00) und Blutgruppe AB (Genotyp AB).

Ein spezifisches Merkmal des AB0-Systems ist, dass Personen ohne Antigen A oder B immer Antikörper gegen das fehlende Antigen ausbilden. Wahrscheinlich liegt das an den ähnlichen Oberflächenantigenen von natürlich vorkommenden Darmbakterien. Ab dem 3.–6. Lebensmonat finden sich bei allen Trägern der Blutgruppe A im Serum Antikörper gegen B, bei Trägern der Blutgruppe B Antikörper gegen A, bei Trägern der Blutgruppe 0 Antikörper gegen A und B. Personen mit Blutgruppe AB weisen im Serum weder Antikörper gegen A, noch gegen B auf.

Die Blutgruppenbestimmung der AB0-Blutgruppen erfolgt als Agglutinationsreaktion mittels Testseren (◘ Abb. 21.4). ◘ Tab. 21.5 nennt die Häufigkeit der Blutgruppen des AB0-Systems in Deutschland.

◘ **Abb. 21.4.** Blutgruppenbestimmung

Blutgruppe	Testseren		
	Anti-A	Anti-B	Anti-A und Anti-B
A	●	○	●
B	○	●	●
AB	●	●	●
0	○	○	○

○ = keine Agglutination   ● = Agglutination

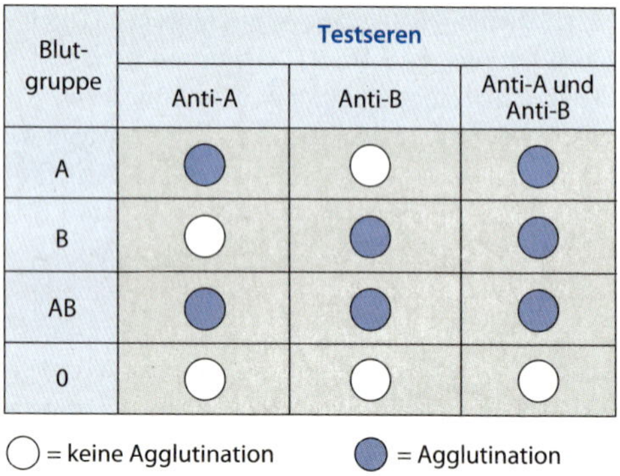

◘ **Tab. 21.5.** Häufigkeit der Blutgruppen des AB0-Systems

Blutgruppenmerkmal	Häufigkeit in Deutschland
A	43%
0	41%
B	11%
AB	5%

Das Rhesus-System

Das erythrozytäre Rhesus-System besteht aus insgesamt fünf Antigenen: C, D, E, c und e. Es wird von zwei homologen, nebeneinander liegenden Genen auf Chromosom 1p36 kodiert. Die größte klinische Bedeutung kommt dem Rhesus-Antigen D zu, deshalb spricht man von Rhesus-positiven (Rh+) und Rhesus-negativen (Rh-) Personen und meint damit Personen, die auf der Oberfläche ihrer Erythrozyten das Antigen Rh-D exprimieren und solche, die das nicht tun. Rhesus-positive Personen haben mindestens eine funktionelle Kopie des *RHD*-Gens, während Rhesus-negative Personen homozygot für eine Deletion dieses Gens sind. C/c bzw. E/e werden durch unterschiedliche Epitope des vom *RHCE*-Gen kodierten Proteins bedingt, wobei jeweils zwei unterschiedliche kodominante Allele vorliegen. Es gibt auch eine seltene Nullmutation des *RHCE*-Gens, die bei homozygotem Vorliegen und homozygoter *RHD*-Deletion eine chronische hämolytische Anämie verursacht.

Die Häufigkeit Rhesus-negativer Personen variiert stark zwischen verschiedenen ethnischen Gruppen. Während etwa 15% der Deutschen Rhesus-negativ sind, beträgt deren Häufigkeit unter Japanern nur 0,5%. Antikörper gegen den Rhesus-Faktor bilden Rhesus-negative Personen nur dann, wenn das Immunsystem mit dem Rhesus-Faktor in Kontakt kommt. Dies kann bei Bluttransfusionen geschehen, bei Frauen aber auch während der Schwangerschaft und vor allem bei der Geburt eines Rhesus-positiven Kindes.

21.5 Anämien

Hereditäre Sphärozytose

Mit einer Prävalenz von 1:5.000 handelt es sich um die häufigste angeborene hämolytische Anämie in Mitteleuropa. In mindestens 75% der Fälle wird die Sphärozytose autosomal-dominant vererbt und es findet sich ein betroffener Elternteil. In den restlichen 25% handelt es sich um eine autosomal-dominante Vererbung mit eingeschränkter Penetranz, eine autosomal-rezessiver Vererbung oder um Neumutationen.

Pathophysiologisch handelt es sich um genetische Defekte von Strukturproteinen der Erythrozytenmembran, meist von **Spektrin oder Ankyrin**. Klinisch kommt es zu Anämien und/oder Ikterus im Neugeborenenalter. Im Erwachsenenalter finden sich gelegentlich hämolytische Krisen mit Ikterus, Fieber und Oberbauchschmerzen. Es besteht eine erhöhte Inzidenz von Billirubin-Gallensteinen. Bei rezidivierenden hämolytischen Krisen wird gilt die Splenektomie als Therapie der Wahl (erst bei Kindern >5 Jahren).

Sichelzellanämie

Die Sichelzellanämie ist die häufigste Hämoglobinopathie und eine der häufigsten autosomal-rezessiv erblichen Krankheiten weltweit. Im tropischen Afrika sind 20–40% der Bevölkerung heterozygote Anlageträger.

Pathogenese. Hämoglobin ist beim Erwachsenen ein Tetramer aus je zwei α-Globinketten und zwei β-Globinketten, die von unterschiedlichen Genen kodiert werden. Das Sichelzell-Hämoglobin HbS entsteht durch eine Punktmutation im sechsten Codon des für die β-Kette kodierenden *HBB*-Gens. Ein Basenaustausch von GAG nach GTG (auf Nukleotidebene bezeichnet als Mutation c.17A>T) bewirkt eine Aminosäuresubstitution von Glutaminsäure zu Valin (auf Proteinebene bezeichnet als Mutation E6V). HbS besteht damit aus zwei normalen α-Ketten und zwei abnormen β-Ketten. Bei homozygot Erkrankten besteht das Hämoglobin des Bluts zu 80% aus HbS und zu 20% aus HbF (αα/γγ). Im deoxygenierten Zustand verklumpt HbS, die Erythrozyten nehmen Sichelform an, verlieren ihre Verformbarkeit, werden in Milz und Leber sequestriert und abgebaut. Außerdem verstopfen sie Kapillaren und kleine Arteriolen. Es kommt zu Organinfarkten. In besonderem Maße ist die Milz betroffen, die deshalb oft nach initialer Vergrößerung innerhalb einiger Jahre fibrosiert und schrumpft (»Autosplenektomie«).

> **Wichtig**
>
> Sichelzellanämie wird durch eine Aminosäuresubstitution Glu→Val an Position 6 in der β-Kette des Hämoglobins ausgelöst. Im Gegensatz zu anderen Mutationen im *HBB*-Gen, die zu einem Funktionsverlust und zur β-Thalassämie führen, verursacht diese spezifische Mutation im deoxygenierten Zustand des Hämoglobins eine Verklumpung und die typische Formveränderung der Erythrozyten.

Klinik. Heterozygote Anlageträger sind meist asymptomatisch. Bei Homozygoten treten erste Symptome 3–6 Monate nach der Geburt auf, wenn HbF zunehmend durch HbS ersetzt wird. Krisenhaft kommt es zu hämolytischer Anämie und schmerzhaften vasookklusiven Krisen mit Organinfarkten (Milz, Nieren, Gehirn, Lunge, Knochen).

Diagnose. Im Blutausstrich sind Sichelzellen nicht regelmäßig zu sehen. Der luftdichte Verschluss eines Tropfens EDTA-Blut auf einem Objektträger durch ein Deckglas begünstigt die Entstehung von Sichelzellen (»Sichelzelltest«). Die definitive Diagnose erfolgt durch HB-Elektrophorese.

Therapie. Eine Heilung kann bei homozygoten Patienten nur durch allogene Knochenmarktransplantation oder Stammzelltransplantation erreicht werden. Alle übrigen Maßnahmen (Meidung von O2-Mangel und Exsikkose), Schutz vor Infekten, Analgesie, Hydrierung, etc. haben rein prophylaktische bzw. symptomatische Bedeutung. Wegen der Funktionsstörung der Milz sollten Patienten mit Sichelzellanämie gegen Pneumokokken und Haemophilus influenzae geimpft werden und in den ersten Lebensjahren prophylaktisch Penicillin erhalten.

Sichelzellanämie und Malaria. Heterozygote Anlageträger für Sichelzellanämie haben eine gewisse Resistenz gegen Malaria tropica (durch Infektion mit Plasmodium falciparum). Dies ist in Endemiegebieten für Malaria ein Selektionsvorteil, was die hohen Allelfrequenzen des Sichelzellallels in Äquatorialafrika und anderen Malariagebieten erklärt.

Thalassämien

Der Name dieser Krankheitsgruppe kennzeichnet ihre besondere Verbreitung im Mittelmeerraum (*gr. thalassa* bzw. *thalatta* = Meer), aber auch in anderen subtropischen und tropischen Ländern. Thalassämien sind hier besonders häufig, weil sie (wie der Glucose-6-P-Dehydrogenase-Mangel und die Sichelzellanämie) bei Heterozygoten eine partielle Resistenz gegenüber Malaria bieten. Sie wirken somit als Selektionsvorteil der Heterozygoten in Endemiegebieten. Im Zuge der zunehmenden Migration und Mobilität sind Thalassämien mittlerweile weltweit anzutreffen.

Bei den Thalassämien handelt es sich um **quantitative Störungen der Hämoglobinsynthese** (im Gegensatz zu den qualitativen Störungen wie z. B. der Sichelzellanämie). Zugrunde liegt eine Fehlregulation der Synthese der Globinketten des Hämoglobins: bei der α-Thalassämie ist die α-Kette des Globins betroffen, während bei der β-Thalassämie die Synthese der β-Kette vermindert ist.

ⓐ Praxisfall

Wegen bekannter heterozygoter β-Thalassämie beider Eltern wurde bei Charikía im Säuglingsalter eine Hämoglobinanalyse durchgeführt, die den typischen Befund einer homozygoten Major-Thalassämie zeigte. Im weiteren Verlauf blieb Charikía allerdings bis zum Schulalter asymptomatisch, benötigte bei Hb-Werten von 8–9 g/dl keine Transfusionen und zeigte eine normale körperliche Entwicklung. Erst im Alter von 8 Jahren wurde Charikía mit zunehmender Anämie sowie Hepatosplenomegalie, Ikterus und Facies thalassaemica in der hämatologischen Ambulanz der Kinderklinik vorgestellt. Das Blutbild zeigte eine hypochrome, mikrozytäre Anämie (Hb 6,9 g/dl, Hkt 22%, MCV 61 fl, MCH 19,4 pg), der Blutausstrich die typische Poikilozytose und Anisozytose der Erythrozyten. Leukopenie (3.000/μl) und Thrombozytopenie (105.000/μl) waren Hinweise auf einen Hypersplenismus. In der Hämoglobinanalyse fanden sich deutlich erhöhte Konzentrationen von HbA2 (αα/δδ 5%) und HbF (**αα/γγ** 37%). Eine Hämosiderose wurde

▼

u. a. durch normale klinisch-chemische Parameter des Eisenstoffwechsels und eine Leberbiopsie ausgeschlossen, Herzfunktion und -morphologie waren echokardiographisch unauffällig, Röntgenaufnahmen zeigten typische Knochenveränderungen durch verstärkte Hämatopoese im Schädel und den Röhrenknochen. Nach Splenektomie stieg der Hb-Wert wieder in den Bereich von 8–9 g/dl. Molekulargenetische Untersuchungen zeigten eine Compound-Heterozygotie für zwei unterschiedliche Mutationen, von denen eine mit einer gewissen Restfunktion assoziiert ist. Interessanterweise lag bei Chariklía auch eine heterozygote Deletion eines der beiden α-Globingene vor (drei funktionierende Genkopien vorhanden, Überträgerstatus für α-Thalassämie). Die dadurch verringerte Synthese von überschüssigen α-Globinketten hat möglicherweise zu dem günstigen Phänotyp einer Thalassaemia intermedia beigetragen. (Modifizierter Fallbericht publiziert von Kulozik et al. (1993) Ann Hematol 66:51–54).

α-Thalassämie

α-Thalassämien sind in Europa relativ selten. Sie kommen vor allem in Südostasien, Südchina und im Mittleren Osten vor.

Für das Verständnis der α-Thalassämie muss man sich klar machen, dass α-Globin von **2 homologen Genen** (*HBA1* und *HBA2*) kodiert wird, also insgesamt **4 Genkopien** des α-Globins vorliegen. Beide Gene liegen direkt hintereinander auf Chromosom 16p13.3 und werden meist gekoppelt vererbt. Je mehr dieser vier Genkopien fehlen bzw. durch Mutation verändert sind, desto schwerer der klinische Phänotyp.

- Fehlt nur eine Genkopie, spricht man von einer **Thalassaemia minima**. Diese ist klinisch völlig unauffällig.
- Fehlen zwei Genkopien (Genotyp entweder -α/-α oder --/αα), spricht man von einer **Thalassaemia minor**. Betroffene Personen sind zwar klinisch meist asymptomatisch, haben aber hämatologische Auffälligkeiten (leichte, mikrozytäre Anämie, milde Poikilozyose und Anisozytose).
- Fehlen drei Genkopien, spricht man von der »**HbH-Krankheit**« (--/-α). Es kommt zur Bildung von HbH (ββ/ββ), das präzipitiert und intraerythrozytäre Einschlusskörperchen (*inclusion bodies*) bildet (Abb. 21.5). Klinisch zeigen diese Patienten variabel ausgeprägte hämolytische Anämien, Splenomegalie und gelegentlich Hepatomegalie.
- Der Funktionsverlust aller vier Genkopien verursacht die schwerste Form der α-Thalassämie, die **Hb-Barts-Krankheit**. Diese Form führt zum Hydrops fetalis (Abb. 21.6) und ist nicht lebensfähig. Die wenigen Patienten, die lebend geboren werden, versterben meist innerhalb der ersten Lebenstage. Die Betroffenen bilden Hb-Barts, ein Hämoglobin, das nur aus γ-Globinen zusammengesetzt ist (γγ/γγ). Es hat eine sehr hohe Sauerstoffaffinität und führt zur schweren Hypoxie der peripheren Gewebe.

Abb. 21.5. HbH-Krankheit: HBH-Zellen im Blutausstrich nach Färbung mit Brilliantkresylblau. (Kulozik in Gadner 2006)

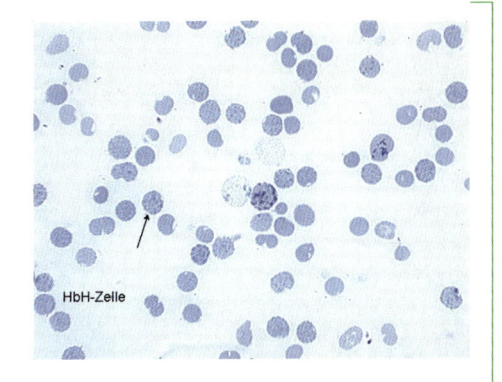

Abb. 21.6. Hb-Barts-Hydrops fetalis: peripheres Blutbild. (Kulozik in Gadner 2006)

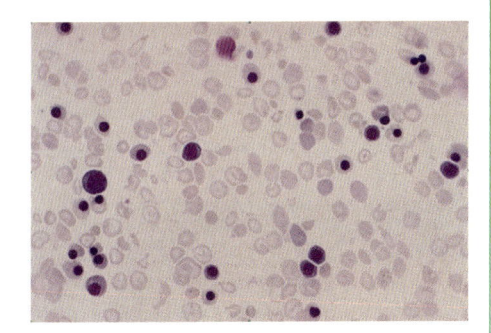

β-Thalassämie

β-Thalassämien sind weit häufiger als α-Thalassämien. Im **Mittelmeerraum** gehören sie zu den häufigsten Ursachen einer mikrozytären Anämie. Da es nur ein Gen und folglich zwei Genkopien für β-Globin gibt, gibt es auch nur zwei Schweregrade der β-Thalassämie, nämlich die **Thalassaemia minor** (bei Heterozygotie, -/β) und die **Thalassaemia major** (bei Homozygotie für eine Mutation des β-Globins, -/-).

Patienten mit β-**Thalassaemia minor** zeigen klinisch keine bzw. milde Symptome. Manchmal besteht neben einer leichten Anämie eine leichte Splenomegalie. Laboruntersuchungen zeigen typischerweise eine milde, hypochrome Anämie (Hb 10–11 g/dl, verringertes MCV und MCH); HbA_2 (αα/δδ) ist immer erhöht. Im Blutausstrich finden sich ggf. Anisozytose, Poikilozytose und Targetzellen. Differenzialdiagnostisch meist leicht abzugrenzen ist die Eisenmangelanämie, da bei Thalassaemia minor das Serumeisen in der Regel normal oder sogar erhöht ist. Im Gegensatz zur Sphärozytose ist bei Thalassaemia minor die osmotische Resistenz der Erythozyten erhöht und nicht vermindert. Eine Therapie ist bei Thalassaemia minor meist nicht erforderlich.

Bei der **β-Thalassaemia major** handelt es sich um ein schweres Krankheitsbild. Bei Geburt sind die betroffenen Kinder noch unauffällig, da HbF (αα/γγ) kein β-Globin enthält. Typischerweise entwickeln die Kinder dann im Alter von **3–6 Monaten** eine zunehmende Hepatosplenomegalie und eine schwere mikrozytäre Anämie mit Aniso- und Poikilozytose, Polychromasie und Dakryozyten (tränenförmigen Erythrozyten). Die überschüssigen α-Ketten neigen zur Aggregation und bilden schwer lösliche Einschlusskörperchen in den erythrozytären Vorläuferzellen im Knochenmark.

Die Hepatosplenomegalie bei Thalassaemia major ist Folge einer extramedullären Blutbildung. Aber auch die intramedulläre Blutbildung ist massiv gesteigert, was die Knochenform verändert. Neben typischen fazialen Veränderungen mit Vergrößerung der Gesichtsknochen (Facies thalassaemica; ◘ Abb. 21.7) können pathologische Frakturen, Wachstumsstörungen und typische radiologische Auffälligkeiten (z. B. sog. Bürstenschädel; ◘ Abb. 21.8) auftreten. Eine Eisenüberladung durch gesteigerte intestinale Aufnahme von Eisen bzw. speziell die häufigen Bluttransfusionen führen zur Hämosiderose mit entsprechenden Schäden in Herz, Pankreas, Leber und anderen Organen.

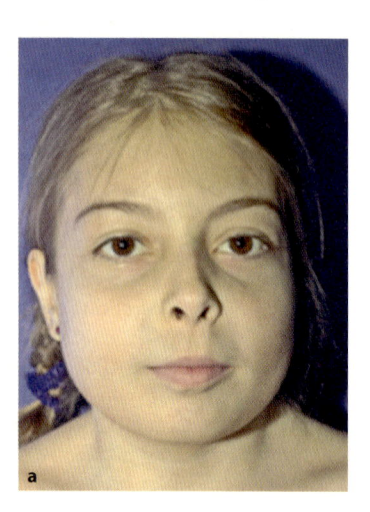

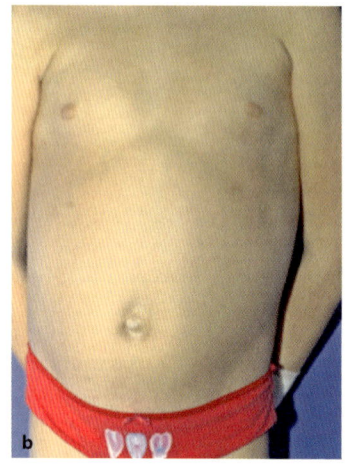

◘ **Abb. 21.7a, b. β-Thalassaemia intermedia** bei einem 13-jährigen Mädchen. **a** Typische Facies thalassaemica mit Vergrößerung u. a. von Jochbein und Maxilla. **b** ausgeprägte abdominelle Schwellung durch Hepatosplenomegalie. (Mit freundlicher Genehmigung von A. Kulozik, Universitäts-Kinderklinik Heidelberg)

Abb. 21.8. β-Thalassaemia major: Bürstenschädel. (Kulozik in Gadner 2006)

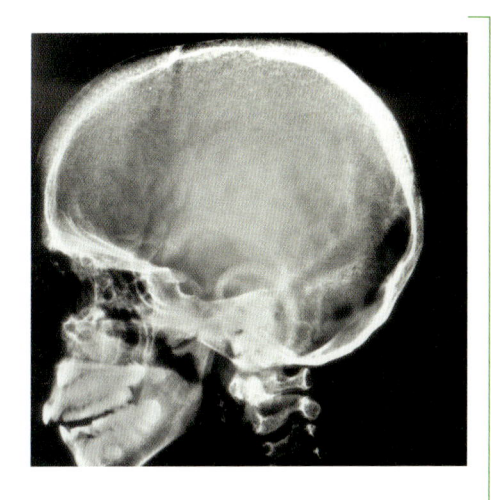

Therapie
Die Thalassaemia minor erfordert meist keine Therapie.
Die **symptomatische** Behandlung der Thalassaemia major hat zwei Standbeine:
- Ausgleich der Anämie mit **Erythrozytenkonzentraten** (in der Regel alle 4 Wochen, Ziel: Hb über 10 g/dl halten)
- Konsequente **Eisenelimination** durch die Chelatbilder Deferoxamin oder Deferipron (ab dem 3. Lebensjahr)

Die durchschnittliche Lebenserwartung bei konsequenter symptomatischer Therapie liegt heute bei über 40 Jahren.

Einen kausalen und gleichzeitig kurativen Therapieansatz bietet die **allogene Knochenmark- oder Stammzelltransplantation**. Durch Knochenmarktransplantation bei HLA-identischem Spender ist in über 90% der Fälle eine Heilung zu erreichen. Gentherapeutische Ansätze sind in der Erprobung.

Ätiologie
α-Thalassämie ist meist durch **Deletionen** im Bereich der beiden α-Globingene verursacht, die durch chromosomale Fehlpaarung entstehen. Sehr große Deletionen beinhalten beide α-Globingene und sind für die schweren Formen der α-Thalassämie verantwortlich. Punktmutationen als Ursache einer α-Thalassämie sind relativ selten. Die **β-Thalassämie** wird dagegen seltener durch größere Deletionen verursacht. Bislang wurden mehr als 700 verschiedene HBB-Varianten beschrieben, die in der Regel durch **Punktmutationen** oder kleine Insertionen/Deletionen verursacht werden.

21.6 Erbliche Blutungsneigung

Hämophilien

Innerhalb der großen Gruppe der Blutgerinnungsstörungen ist der Begriff »Hämophilie« für zwei X-chromosomal vererbte Krankheiten reserviert, den **Faktor-VIII-Mangel (Hämophilie A)** und den **Faktor-IX-Mangel (Hämophilie B)**.

> **Wichtig**
>
> Faktor VIII der Blutgerinnung besteht aus zwei funktionellen Untereinheiten:
> - Faktor VIII = antihämophiles Globin (Nomenklatur: Antigen = VIII:Ag, Funktion = VIII:C)
> - VWF = von-Willebrand-Faktor, Trägerprotein von Faktor VIII:C (Nomenklatur: Antigen = VWF:Ag, Ristocetin-Cofaktor-Aktivität = VWF:RCo, Kollagenbindungskapazität = VWF:CB, Faktor-VIII-Bindungskapazität = VWF:FVIIIB)
>
> Ein Mangel an Faktor VIII:C führt zur Hämophilie A, ein Mangel an vWF zum von-Willebrand-Syndrom.

Praxisfall

Frau Landau ist 26 Jahre alt und das erste Mal schwanger. Sie kommt in die genetische Beratung, da bei ihrem verstorbenen Vater eine Bluterkrankheit (Hämophilie A) vorgelegen hatte und sie sich über damit verbundene Risiken informieren wollte. Der Vater war im Alter von 2,5 Jahren durch häufige blaue Flecken aufgefallen; die Faktor-VIII-Aktivität lag unter 1%. Aufgrund von wiederholten Gelenkblutungen hatte er schon als Jugendlicher schmerzhafte Beugeeinschränkung im rechten Knie und eine Einschränkung des Streckens im linken Ellenbogengelenk. Später kam es durch kontaminierte Gerinnungsfaktoren zu einer Infektion mit Hepatitis C und im Verlauf zu einer chronischen Hepatitis mit Leberzirrhose, an der er Mitte der 80er Jahre im Alter von 31 Jahren verstarb. Nebenbefundlich war damals auch eine HIV-Infektion ohne klinischen Hinweis auf eine erworbene Immunschwäche nachgewiesen worden. Drei Brüder des Vaters verstarben ebenfalls in jungen Jahren (21–40 Jahre) an Komplikationen einer Hämophilie. Frau Landau berichtet, dass sie im Rahmen einer Tonsillektomie im Alter von 22 Jahren viermal Nachblutungen hatte, ansonsten sind keine Symptome einer verstärkten Blutungsneigung aufgetreten. Auch die Menstruation ist normal. Die Faktor-VIII-Aktivität bei lag in mehreren Messungen zwischen 38 und 56%. Die genetische Beraterin erklärt Frau Landau das Wiederholungsrisiko von 50% bei Jungen, und weist darauf hin, dass seit Einführung von gentechnisch hergestelltem (rekombinantem) Faktor VIII kein Infektionsrisiko für virale Krankheiten mehr besteht. Allerdings kann die Behandlung gelegentlich durch das Auf-

▼

treten von Antikörpern gegen Faktor VIII erschwert werden. Faktor VIII ist nicht plazentagängig, dennoch sind während der Schwangerschaft auch bei Vorliegen einer Hämophilie beim Kind keine wesentlichen Blutungskomplikationen zu erwarten. Selten kommt es nach der Geburt zu schweren Blutungen, und eine Entbindung in einem gut ausgestatteten Krankenhaus ist daher zu empfehlen. Geburtszange oder Saugglocke sollten vermieden werden. Bei einem Sohn sollte direkt nach Geburt die Faktor-VIII-Konzentration im Nabelschnurblut bestimmt werden.

Epidemiologie
Die Hämophilie A ist die häufigste der schweren Blutgerinnungsstörungen. Die Prävalenz der Hämophilie A liegt unter Männern bei 1:10.000, die der Hämophilie B bei 1:30.000.

Klinische Merkmale
Die Schwere der Krankheit variiert erheblich. Sie reicht von schwersten Blutungen schon bei Geburt (u. a. aus der Nabelschnur oder nach Zirkumzision) bis hin zu sehr milden Ausformungen (◘ Abb. 21.9), die komplett asymptomatisch bleiben und manchmal erst in hohem Alter diagnostiziert werden. Die Schwere korreliert aber sehr gut mit der Restaktivität von Faktor VIII bzw. Faktor IX und kann anhand dieser auch vorhergesagt werden. Eine Übersicht bietet ◘ Tab. 21.6.

Diagnostik
Typischer Befund bei der initialen Gerinnungsdiagnostik ist eine **verlängerte PTT** (Marker für das intrinsische Gerinnungssystem) bei **normalem Quick-Wert** bzw.

◘ **Abb. 21.9. Hämophilie A**: Stirnhämatom. (Mit freundlicher Genehmigung von G. Tariverdian, Institut für Humangenetik Heidelberg)

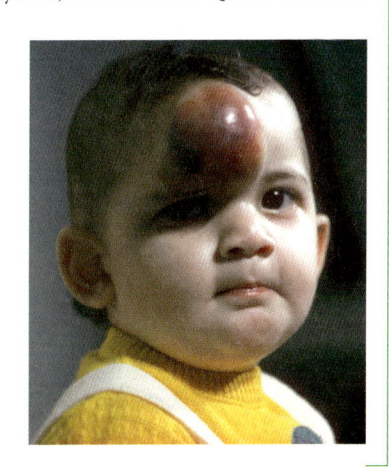

Tab. 21.6. Schweregrade der Hämophilie A und B

Klassifikation	Aktivität von Faktor VIII bzw. Faktor IX	Klinik
Schwere Hämophilie	<1%	Spontane Blutungen, Beginn in früher Kindheit. Hämarthrosen obligatorisch vorhanden
Mittelschwere Hämophilie	1–5%	Blutungen auch nach inadäquatem Trauma. Selten spontane Blutungen
Leichte Hämophilie	6–15%	Hämatome nach schwerem Trauma, Nachblutungen nach Operationen
Subhämophilie	16–50%	Meist klinisch unauffällig
Normal	>50%	

INR (Marker für das extrinsische Gerinnungssystem). Im Gegensatz zum häufigen von-Willebrand-Syndrom (vWS) ist die **Blutungszeit normal** (◘ Abb. 21.10).

Bedeutsam im Rahmen der Diagnosestellung ist die **Familienanamnese** (in 2/3 der Fälle positiv) und die genaue Blutungsanamnese. Spontane Blutungen sind bei Hämophilie häufig, bei vWS selten. Die Abgrenzung zwischen Hämophilie A und B erfolgt durch **Bestimmung der Aktivität der Faktoren** VIII und IX.

Genetik

Hämophilie A. Das *F8*-Gen für Faktor VIII liegt fast am Ende des langen Arms des X-Chromosoms (Xq28). Zahlreiche verschiedene Mutationen wurden als Ursache einer Hämophilie A beschrieben, besonders häufig sind jedoch größere **Inversionen** innerhalb des Gens, die sich bei fast 50% der schweren Fälle finden. Etwa 5% der Patienten haben Deletionen im *F8*-Gen, die ebenfalls mit einer schweren Hämophilie assoziiert sind.

Eine homozygote **Hämophilie A bei Frauen** ist sehr selten. Falls ein Mädchen oder eine Frau eine Hämophilie zeigen sollte, muss ein chromosomal männliches Geschlecht (z. B. testikuläre Feminisierung) ausgeschlossen werden. Alternative Erklärungsmöglichkeiten sind eine extrem ungünstige Lyonisierung, eine Translokation des *F8*-Gens oder Hemmkörper gegen Gerinnungsfaktoren (z. B. nach Schwangerschaft).

Hämophilie B. Das *F9*-Gen für Faktor IX liegt im Bereich Xq26-27.3. In den meisten Fällen sind Punktmutationen für die Entstehung einer Hämophilie B ursächlich, an zweiter Stelle stehen Deletionen. Inversionen im *F9*-Gen sind eher selten.

Intrinsisches Gerinnungssystem

Prüfe durch PTT (normal 20–35sec)

Extrinsisches Gerinnungssystem

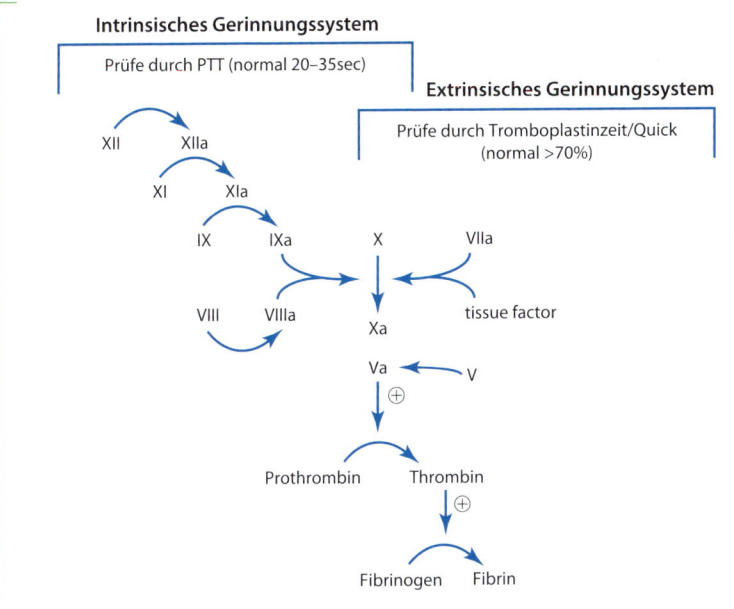

Prüfe durch Tromboplastinzeit/Quick (normal >70%)

XII → XIIa
XI → XIa
IX → IXa
VIII → VIIIa
X ← VIIa
↓
Xa
tissue factor
Va ← V
⊕
↓
Prothrombin → Thrombin
⊕
↓
Fibrinogen → Fibrin

Abb. 21.10. Intrinsisches und extrinsisches Gerinnungssystem

Therapie

Die Therapie umfasst die **Prophylaxe** von Blutungen (keine Kontaktsportarten, Schutz durch z. B. Knie- und Ellenbogenprotektoren, keine i.m. Injektionen, keine Gabe von ASS usw.), eine sorgfältige lokale **Blutstillung** (Kompression, Naht, Fibrinkleber) und die **Substitution von Gerinnungsfaktoren**. Bei leichter bis mittelschwerer Hämophilie werden Gerinnungsfaktoren nach Bedarf gegeben, bei schwerer Hämophlilie ist eine Dauerbehandlung notwendig. Es stehen mittlerweile hochwertige, rekombinante oder virusinaktivierte/hochgereinigte Faktorenpräparate zur Verfügung. Die somatische Gentherapie für Hämophilie-Patienten befindet sich in einem (vielversprechenden) Versuchsstadium.

Von-Willebrand-Syndrom (vWS)

Die nach dem finnischen Arzt Erik Adolf von Willebrand benannte Krankheit (in Deutschland nach dem deutschen Hämatologen Rudolf Jürgens auch von-Willebrand-Jürgens-Syndrom genannt) ist die häufigste angeborene Gerinnungsstörung. Sie wird durch **quantitative oder qualitative Defekte des von-Willebrand-Faktors (VWF)** verursacht, der vom großen (52 Exons) *VWF*-Gen auf Chromosom 12p13.3 kodiert wird. Die Prävalenz der Krankheit wird mit bis zu 1% der Bevölkerung angegeben. Allerdings sind dabei z. T. auch heterozygote Mutationsträger erfasst, die oft nur sehr milde oder keine klinischen Auffälligkeiten zeigen. Die Prävalenz eines klinisch relevanten vWS wird auf 1:10.000 geschätzt.

Klinik. Die meisten Patienten haben keine oder nur diskrete Blutungssymptome. Es bestehen Störungen der primären und sekundären Hämostase. Der Verdacht auf vWS wird oft aufgrund einer vermehrten Blutungsneigung im Rahmen von operativen Eingriffen geäußert.

Pathogenese/Genetik. Der VWF ist einerseits das Trägermolekül für Faktor VIII (und damit Teil des »Faktor-VIII-Komplexes« und der sekundären Blutstillung), vermittelt aber auch die Thrombozytenadhäsion bei Gefäßverletzungen und stellt damit eine wichtige Säule der primären Blutstillung dar. Diagnostisch bedeutsam ist die Verlängerung der Blutungszeit durch die Thrombozytenfunktionsstörung - bei Hämophilie ist die primäre Blutstillung und damit die Blutungszeit normal.

> **Wichtig**
>
> Ein Mangel an VWF führt sowohl zu einer gestörten Thrombozytenadhäsionsfähigkeit als auch zu einer gestörten plasmatischen Gerinnung. Das klinische Spektrum reicht von einer asymptomatischen Funktionsstörung bis zu einer schweren Blutungsneigung.

21.7 Erbliche Thromboseneigung (Thrombophilie)

Bei bis zu 50% aller Patienten mit tiefer Venenthrombose (TVT) gibt es hereditäre Ursachen für eine Thrombophilie.

Als Verdachtshinweise für eine mögliche genetische Veranlagung gelten:
- Auftreten der ersten TVT im Alter von <60 Jahren
- Rezidivierende TVTs
- Atypische Lokalisation der TVT
- Positive Familienanamnese

APC-Resistenz (Faktor-V-Leiden)
Bei insgesamt etwa 30% aller Thrombosepatienten findet sich eine **gestörte Inaktivierung von Faktor Va durch aktiviertes Protein C** (APC). Man spricht von einer »APC-Resistenz«. In der Allgemeinbevölkerung liegt die Prävalenz für

21.7 · Erbliche Thromboseneigung (Thrombophilie)

◘ Tab. 21.7. Thromboserisiko bei APC-Resistenz

Faktor-V-Leiden-Mutation	Orale Kontrazeption	Thromboserisiko
Nein	Nein	1-fach
Nein	Ja	4-fach
Heterozygot	Nein	7-fach
Heterozygot	Ja	30-fach
Homozygot	Nein	80-fach
Homozygot	Ja	>200-fach

APC-Resistenz bei 5%. Der Krankheit liegt in mehr als 90% der Fälle eine Punktmutation im für Faktor V kodierenden *FV*-Gen zugrunde, welche unter dem Namen **Faktor-V-Leiden-Mutation** bzw. R506Q (Basensubstitution von G nach A an Nukleotid 1691) bekannt ist (nomenklatorisch korrekt wäre sie als Mutation R534Q auf Proteinebenen bzw. c.1601G>A auf DNA-Ebene zu bezeichnen). Der Austausch von Arginin durch Glutamin an dieser Stelle beseitigt die Protein C-Schnittstelle.

Das Thromboserisiko ist bei Heterozygotie für die Faktor-V-Leiden-Mutation im Vergleich zur Allgemeinbevölkerung 7-fach erhöht. Durch Einnahme oraler Kontrazeptiva kommt es zu einer gefährlichen Multiplikation des Thromboserisikos (◘ Tab. 21.7).

Andere erbliche Ursachen einer Thrombophilie

Prothrombin-Mutation 2021G>A. Diese Mutation im 3'-untranslatierten Bereich des *F2*-Gens für Prothrombin führt zu einem Anstieg der Konzentration von Prothrombin. Sie findet sich heterozygot bei 1–2% der Europäer und führt dann zu einem 2- bis 6-fach erhöhten Risiko für venöse Thrombosen. Bei Homozygotie für die Mutation ist nach dem aktuellen Wissensstand das Thromboserisiko nicht wesentlich höher.

Protein-C-Mangel. Liegt die Aktivität von aktiviertem Protein C unter 50% des Normalwertes, spricht man von einem Protein-C-Mangel. Dieser führt zu einer verminderten Inaktivierung von Faktor Va und Faktor VIIIa. Eine Vielzahl von Mutationen des *PROC*-Gens wurde beschrieben. Heterozygotie führt zu einem etwa 8-fach erhöhten Thromboserisiko.

Antithrombin-III-Mangel. Auch hier definiert sich der Mangel über eine Aktivität von weniger als 50% des Normalwertes. Bei Typ 1 handelt es sich um eine quantitative Verminderung des Antithrombin III Spiegels im Blut, bei Typ 2 sind die Spiegel normal, aber die Enzymaktivität ist vermindert. In verschiedenen Studien wurde für Heterozygote ein 5- bis 20-fach erhöhtes Thromboserisiko ermittelt.

Protein-S-Mangel. Mutationen im *PROS1*-Gen führen heterozygot zu einem etwa 5-fach erhöhten Thromboserisiko.

Sind mehrere der genannten Defekte bei einer Person gleichzeitig vorhanden, multiplizieren sich die genannten Thromboserisiken. Homozygotie für schwere Mutationen von Protein C, Protein S und Antithrombin III führt zu schweren Krankheitsbilder mit Auftreten von schweren Thrombosen z. T. bereits pränatal.

22 Atmungssystem

Die mit Abstand wichtigste genetisch bedingte Lungenkrankheit, und eine der häufigsten autosomal-rezessiv erblichen Krankheiten in Europa, ist die Mukoviszidose. Viele andere Krankheiten, die sich im Atmungssystem manifestieren, sind dagegen multifaktoriell bedingt, und genetische Faktoren spielen nur eine mehr oder weniger große, zum Teil noch unverstandene Rolle. Auch die Suszeptibilität für Atemwegsinfekte wird teilweise durch genetische Faktoren mit beeinflusst.

22.1 Monogene Lungenkrankheiten

Mukoviszidose (zystische Fibrose, CF)
Epidemiologie
Die Mukoviszidose ist eine der häufigsten autosomal rezessiven Krankheiten in Europa. Die Inzidenz liegt bei 1:2.000 bis 1:2.500. Das entspricht einer Heterozygotenfrequenz von 1:20 bis 1:25.

■■■ Warum ist Mukoviszidose so häufig?
Mukoviszidose ist eine schwerwiegende Krankheit. Noch vor 30 Jahren erlebte kaum ein Patient seinen 20. Geburtstag. Die Wahrscheinlichkeit, Kinder zu bekommen, war für die Betroffenen minimal, und auch die milderen Formen führen bei Männern zu einer Infertilität. Trotzdem sind 4–5% der Westeuropäer Überträger für die Krankheit. Wie konnte ein so nachteiliges Allel so häufig werden? Inzwischen gibt es Hinweise darauf, dass Träger für *CFTR*-Mutationen schwere infektiöse Durchfallerkrankungen wie die Cholera unbehandelt besser überleben als Personen, die am *CFTR*-Locus homozygot für den Wildtyp sind. Noch im 19. Jahrhundert sind in Europa und Nordamerika in mehreren Epidemien Hunderttausende an der Cholera gestorben. Bewiesen ist diese Hypothese nicht, aber das ist retrospektiv auch sehr schwierig.

ⓘ Praxisfall
Bei Michael wurde die Diagnose einer Mukoviszidose im Alter von drei Monaten gestellt. Schwangerschaft und Geburt waren unauffällig gewesen, Michael hatte jedoch nach der Geburt kaum an Gewicht zugenommen und bis zum dritten Lebensmonat eine schwere Anämie entwickelt. Die im Rahmen einer stationären Abklärung durchgeführten Untersuchungen ergaben einen auffälligen Schweißtest, eine erniedrigte Pankreas-Elastase sowie stark erhöhte Fette im Stuhl, sowie deutlich erhöhte Werte für Trypsin im Serum. Mutationsanalysen zeigten Homozygotie für die häufigste Mutation ΔF508. Inzwischen
▼

ist Michael an die CF-Ambulanz der Universitäts-Kinderklinik angebunden. Er erhält zu seinen Mahlzeiten Enzymkapseln; darüber hinaus werden regelmäßig Physiotherapie und Inhalationen durchgeführt. Er ist inzwischen 8 Monate alt, hat unter dieser Therapie gut an Gewicht zugenommen und entwickelt sich altersentsprechend.

Klinische Merkmale

Klinische Symptome der CF ergeben sich aus einer Verstopfung von tubulären Strukturen durch zähe Sekrete und manifestieren sich bei der klassischen Form meist schon im ersten Lebensjahr. **20%** aller Neugeborenen mit CF weisen einen **Mekoniumileus** auf (◘ Abb. 22.1). Das terminale Ileum ist hierbei mit zähem, klebrigem Mekonium verstopft. Klinisch fallen die Kinder dann durch zunehmende abdominale Schwellung bei fehlendem Mekoniumabgang innerhalb der ersten 48 Lebensstunden auf. Der Mekoniumileus ist beinahe pathognomonisch für eine Mukoviszidose.

Respiratorische Symptome sind Anlass der Erstvorstellung bei mehr als 50% der Patienten. Dabei ist zu beachten, dass die Lungen der Patienten bei Geburt noch

◘ **Abb. 22.1. Mekoniumileus bei einem Neugeborenen mit Mukoviszidose.** Die Obstruktion beim Mekoniumileus erfolgt in der Regel am ileozökalen Übergang vor der Bauhin-Klappe. Das auf der Abbildung durch Kontrastmittel teilweise dargestellte Kolon ist dünnlumig (Mikrokolon), während das Ileum massiv aufgestaut und im distalen Bereich durch zähes Mekonium verstopft ist. In der Mehrheit der Fälle ist eine operative Revision notwendig. (Mit freundlicher Genehmigung von M. Mall, Universitäts-Kinderklinik Heidelberg)

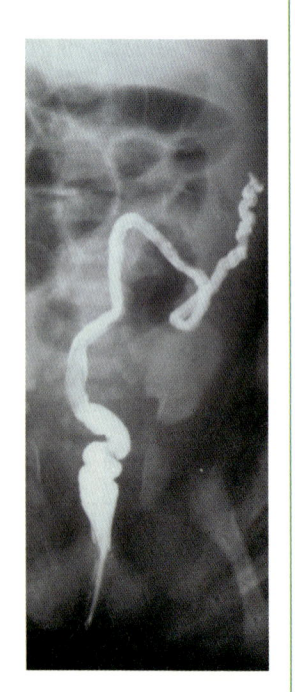

normal sind und die respiratorische Beeinträchtigung erst in den ersten Lebensmonaten beginnt. Klinisch steht ein **chronischer Husten**, zunächst trocken und unproduktiv, im weiteren Verlauf mit mukoidem bis putridem Expektorat, im Vordergrund. Auch **rezidivierende Pneumonien** können einen Hinweis auf das Vorliegen einer CF geben. Richtungsweisend ist hier vor allem das Erregerspektrum: häufigster Erreger der Erstinfektion ist *Staphylococcus aureus*. Im Verlauf der Krankheit werden die Luftwege zunehmend geschädigt und Infektionen mit *Pseudomonas aeruginosa* werden immer häufiger. Weitere respiratorische Manifestationen bzw. Komplikationen der CF sind: Polyposis nasi (in 10–50% der Fälle), chronische Sinusitis, chronische obstruktive Atemwegskrankheit (COPD), Bronchiektasien (◘ Abb. 22.2) und pulmonale Hypertension. Die chronische Hypoxie führt oft zur hypertrophen pulmonalen Osteoarthropathie mit den typischen Trommelschlägelfingern (◘ Abb. 22.3). Eine terminale respiratorische Insuffizienz ist die häufigste Todesursache bei Mukoviszidose.

◘ **Abb. 22.2. Chronische Lungenerkrankung bei Mukoviszidose.** Im Röntgen-Thorax zeigen sich eine Überblähung der Lunge, ausgeprägte Bronchiektasien sowie eine diffuse streifige Zeichnungsvermehrung im Sinne chronischer Veränderungen nach abgelaufenen Lungenentzündungen. (Mit freundlicher Genehmigung von J. Schenk, Pädiatrische Radiologie, Universitäts-Klinikum Heidelberg)

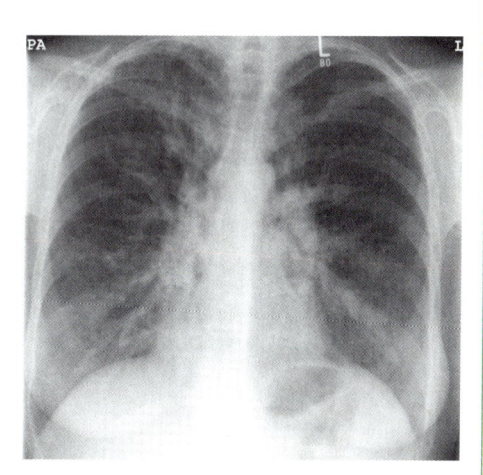

◘ **Abb. 22.3. Trommelschlägelfinger als klinisches Zeichen einer chronischen Hypoxie bei terminaler Mukoviszidose.** (Mit freundlicher Genehmigung von von M. Mall, Universitäts-Kinderklinik Heidelberg)

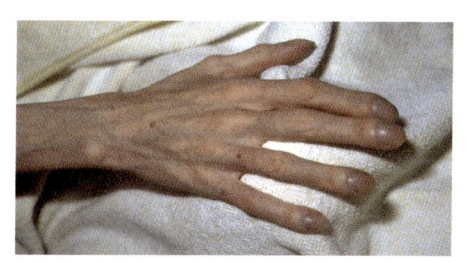

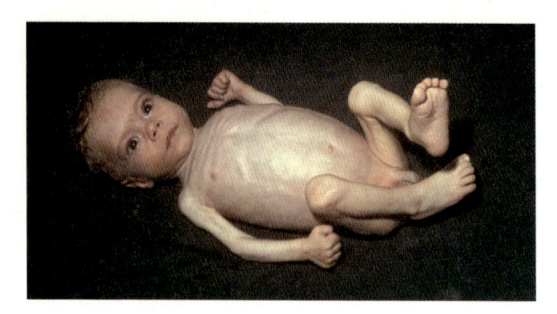

Abb. 22.4. Dystrophie bei einem Säugling mit Mukoviszidose. Eine schwere Gedeihstörung, bedingt durch eine exokrine Pankreasinsuffizienz und Malabsorption, ist neben dem Mekoniumileus eine der häufigsten Manifestationsformen einer Mukoviszidose im ersten Lebensjahr. (Mit freundlicher Genehmigung von von M. Mall, Universitäts-Kinderklinik, Heidelberg)

Komplikationen einer **exokrinen Pankreasinsuffizienz** sind das andere Hauptmerkmal der klassischen CF. Betroffene Kinder zeigen häufig schon in den ersten Lebenswochen massige, fettglänzende und übelriechende Stühle und entwickeln eine z. T. schwere **Gedeihstörung** (Abb. 22.4) und **Hypoproteinämie**. Langfristig können Symptome eines Mangels der fettlöslichen Vitamine E, D, K und A auftreten. Die Produktion abnormer Sekrete führt zur Obstruktion und Dilatation der Pankreasgänge; da die Pankreasenzyme zunächst weiter produziert werden, kommt es zur teilweisen Selbstverdauung der Bauchspeicheldrüse mit **Fibrose** und Zystenbildung (daher der Name »zystische Fibrose«).

Die **Gallenwege** weisen eine besonders hohe Expression des CFTR auf. Schon in der Neugeborenenperiode kann sich eine Beteiligung des hepatobiliären Systems durch Cholestase mit Icterus prolongatus zeigen. Die Leber selbst ist langfristig in Form einer **fokalen** oder **multilobulären Zirrhose** betroffen – diese findet sich bei mehr als ¾ aller erwachsenen CF-Patienten, kann aber ggf. bereits in der frühen Kindheit zu typischen Komplikationen wie Umgehungskreislauf oder Hypoproteinämie mit Ödemen führen. Ein Leberversagen steht an zweiter Stelle der Todesursachen bei CF.

Fast alle Männer mit CF sind infertil mit **Azoospermie** als Folge einer kongenitalen, bilateralen Aplasie der Vasa deferentia (**CBAVD**). Störungen der Sekretion innerhalb der Samenbläschen führen darüber hinaus zu einer veränderten chemischen Zusammensetzung und vor allem auch einem reduzierten Volumen des Ejakulats. Bei milden Formen der CF kann die CBAVD das einzige Symptom sein oder ist nur mit einer chronischen Bronchitis/Sinusitis assoziiert. In diesen Fällen finden sich besondere Mutationen wie die sog. 5T-Intronvariante auf mindestens einer Kopie des *CFTR*-Gens.

Genetik und Pathophysiologie

Die CF ist **autosomal rezessiv** erblich und wird durch Mutationen im ***CFTR*-Gen auf Chromosom 7q31.2** verursacht (230 kb Länge, 27 Exons). Das Genprodukt, der ***cystic fibrosis transmembrane conductance regulator*** ist ein **ATP-abhängiger Chloridkanal**, der in der apikalen Membran von Epithelzellen in allen exkretorischen Drüsen des Körpers sitzt und zur sog. ABC-Transporterfamilie (ABC = *ATP binding cassette*) gehört. Bislang sind mehr als 1000 Mutationen im *CFTR* Gen beschrieben, allerdings sind nur einige wenige Mutationen wirklich häufig. Die in Europa mit großem Abstand häufigste Mutation ist »**Delta-F508**« (ΔF508 bzw. F508del). Der Verlust der drei Nukleotide CTT in Exon 10 verursacht im fertigen Genprodukt die Deletion (Δ) der Aminosäure Phenylalanin (F) an Position 508 in der »nukleotidbindenden Domäne 1«. Das so veränderte CFTR-Protein wird intrazellulär ausgemustert und im Proteasomenkomplex der Zelle abgebaut, noch bevor es seinen Bestimmungsort in der apikalen Zellmembran erreicht. ΔF508 hätte eine Restfunktion, wenn es an die Zelloberfläche gelangen würde. Ein experimenteller Therapieansatz der CF ist daher die Blockierung der intrazellulären Proteolyse des mutierten Proteins.

60% der deutschen Patienten mit klassischer CF sind homozygot für die Mutation ΔF508. 35% sind compound-heterozygot mit Beteiligung der ΔF508 Mutation. Lediglich 5% der Patienten haben komplett andere Mutationen im *CFTR*-Gen. Es sei an dieser Stelle verwiesen auf die »5T-Intronvariante« im *CFTR* Gen und ihre klinische Bedeutung (▶ Kap. 3.5). Eine **Compound-Heterozygotie** für ΔF508 und die 5T/13TG-Variante führt meist zu einer milden Form der CF bzw. bei Männern zu einer CBAVD.

Im Zentrum der Pathogenese der CF steht eine mangelhafte Hydratation exokriner Sekrete aufgrund eines gestörten Ionentransports (CFTR ist sowohl an der Ionensekretion, als auch an der Ionenabsorption beteiligt). Der zähe Schleim in den kleinen Atemwegen führt zu Störungen der mukoziliären Clearance, begünstigt eine bakterielle Besiedlung und führt zu den rekurrierenden Infekten der Luftwege. Im Pankreas wird ein chlorid-, bikarbonat- und wasserarmes Sekret gebildet, welches nicht nur die Pankreasgänge verstopft, sondern auch die Löslichkeit der Sekreteiweiße (Enzyme) deutlich herabsetzt. Bezüglich der Schweißbildung fällt vor allem die gestörte Rückresorption von Natriumchlorid ins Gewicht. Dies führt zu einem abnorm salzigen Schweiß, der diagnostisch bedeutsam ist (Pilocarpin-Test) und schon vor vielen hundert Jahren als Symptom der Mukoviszidose bekannt war.

▼

Diagnostik

Wichtigster diagnostischer Test ist der **Schweißtest**, bei dem der Salzgehalt des Schweißes bestimmt wird. Durch Auftragen von Pilocarpin, einem direkt wirkenden Parasympathomimetikum, wird dabei eine lokal verstärkte Schweißbildung stimuliert. Ein Chloridgehalt des Schweißes von >60 mmol/l (bei Neugeborenen >90 mmol/l) ist diagnostisch für eine Mukoviszidose. Alternativ steht eine Messung der **transepithelialen nasalen Potenzialdifferenz** zur Verfügung. Hinweise auf eine Mukoviszidose lassen sich auch aus der Bestimmung des **immunreaktiven Trypsins** (IRT) oder seit jüngstem des **Pankreatitis-assoziierten Proteins** (PAP) z. B. aus einem getrockneten Blutstropfen gewinnen, was an einzelnen Orten (z. T. zusammen mit einer DNA-Analyse) für ein Neugeborenenscreening auf Mukoviszidose verwendet wird.

Aufgrund der Größe des *CFTR*-Gens beschränkt sich die primäre **DNA-Diagnostik** zunächst auf ein Screening der häufigsten Mutationen in der Population des Patienten. Dazu werden verschiedene Kits kommerziell angeboten. Mit dieser Methodik lässt sich bei deutschen Patienten auf knapp 90% der CF-Allele die krankheitsauslösende Mutation nachweisen. Das bedeutet, dass bei etwa ¾ der von CF betroffenen homozygoten Patienten beide Mutationen, bei etwa 1/4 der Patienten nur eine der beiden Mutationen und bei 2% der Patienten keine Mutation nachgewiesen wird. Bei Personen aus anderen Ländern ist die Sensitivität solcher Screeningtests z. T. deutlich niedriger, und die Herkunft der Probanden muss bei der Interpretation eines negativen Untersuchungsbefundes immer berücksichtigt werden (Abb. 22.5). Die (teure) Sequenzierung aller Exons, Introngrenzen und Promoterregionen von *CFTR* hat eine Sensitivität von gut 98% unabhängig von der Herkunft des Patienten.

Eine **Pränataldiagnostik** ist molekulargenetisch möglich. Sie kann sowohl durch direkten Mutationsnachweis als auch indirekt durch eine Kopplungsanalyse durchgeführt werden, sofern DNA vom Indexpatienten und beiden Eltern vorhanden ist. Bei der indirekten Diagnostik werden die mutationstragenden Allele über Polymorphismen im *CFTR*-Gen nachgewiesen.

Therapie

Die Therapie bezüglich der Lunge zielt besonders auf die Entfernung des zähen Bronchialsekrets (Mukolyse, Drainagelagerung, Klopfmassage) sowie das Vermeiden von Atemwegsinfekten (speziell *Pseudomonas*-Infektionen durch Inhalation mit Tobramycin); als ultima ratio kommt eine Lungentransplantation in Frage. Die Pankreasinsuffizienz wird u. a. durch Substitution von Pankreasenzymen (Tab. 22.1) behandelt. Eine somatische Gentherapie ist in klinischer Erprobung.

▼

22.1 · Monogene Lungenkrankheiten

Deutsche Patienten:
87% der CF-Allele erkannt

Allel 1: 87% / 13%
Allel 2
- 2 Mutationen nachgewiesen 76%
- nur eine Mutation 22%
- keine Mutation 2%

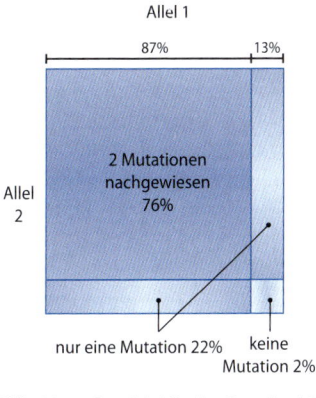

50% der CF-Allele erkannt

Allel 1: 50% / 50%
Allel 2
- 2 Mutationen nachgewiesen 25%
- nur eine Mutation 50%
- keine Mutation 25%

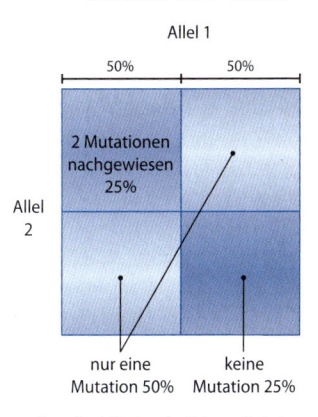

Abb. 22.5. Sensitivität der Standard-Mutationsanalyse bei Mukoviszidose. Bei deutschen Patienten werden mit der Standardmethode nur 87% der CF-Allele erkannt; daraus lässt sich ableiten, dass bei etwa ¾ der Patienten die Mutationen auf beiden Genkopien gefunden werden. Wenn die Mutationsanalyse nur 50% der mutierten Allele in der Population erfasst, weil z. B. die für deutsche Patienten optimierte Methode für türkische Patienten verwendet wird, werden (ohne Berücksichtigung von Konsanguinität) nur bei ¼ der Patienten beide Mutationen nachgewiesen, bei einem weiteren Viertel der Patienten wird keine der beiden Mutationen gefunden

Tab. 22.1. Pankreasenzyme

Enzym	Funktion
α-Amylase	Abbau von Stärke
Lipase, Phospholipase A, Colipase	Hydrolyse von Lipiden
Proteasen (Trypsin, Chymotrypsin, Elastase, Carboxypeptidasen)*	Abbau von Proteinen und Peptiden
* = werden als Proenzyme sezerniert	

Verlauf und Prognose

Der Verlauf der Mukoviszidose wird vor allem vom Ausmaß der Lungenbeteiligung und vom Ernährungszustand bestimmt. Der Schweregrad der Krankheit ist dabei in hohem Maß von der jeweiligen *CFTR*-Mutation abhängig. Die durchschnittliche Lebenserwartung hat sich in den vergangenen Jahren und Jahrzehnten entscheidend verbessert und liegt heute bei über 30 Jahren. Für jetzt geborene Patienten mit CF wird eine durchschnittliche Lebenserwartung von mindestens 40–50 Jahren angegeben.

22.2 Multifaktorielle Lungenkrankheiten

Asthma bronchiale

Asthma bronchiale ist die häufigste chronische Krankheit des Kindesalters in Deutschland. Atopische Krankheiten (Asthma bronchiale, allergische Rhinitis und atopische Dermatitis) haben eine Gesamtinzidenz von 25%. Sie sind ätiologisch verwandt und zeichnen sich durch eine überschießende IgE-Bildung (Typ-I-Reaktion) aus. Bereits seit Anfang des 20. Jahrhunderts ist bekannt, dass atopische Krankheiten eine starke erbliche Komponente aufweisen. Anhand aktueller Zwillingsstudien wird der genetische Anteil bei der Entstehung des Asthma bronchiale auf bis zu 75% geschätzt. Im Rahmen großer Kopplungsanalysen wurden zahlreiche Kandidatengene identifiziert, die eine Assoziation mit Asthma bronchiale aufweisen. Es handelt sich in den meisten Fällen um **immunmodulierende Genprodukte**, darunter CD14 (ein Bestandteil des Endotoxin-Rezeptors, der bei der Regulation von IgE eine Rolle zu spielen scheint), verschiedene Toll-like-Rezeptoren (deren Mutationen zu einer veränderten Reaktion des Immunsystems auf bakterielle Lipopolysaccharide führen) und mehrere Interleukine (v. a. IL-4 und IL-13) bzw. deren Rezeptoren (die wiederum die Produktion von IgE kontrollieren).

Lungenemphysem

Die Definition der WHO beschreibt das Lungenemphysem als »irreversible Erweiterung der Lufträume distal der Bronchioli terminales infolge Destruktion ihrer Wand«. Das Lungenemphysem ist die wichtigste Spätkomplikation der Chronisch Obstruktiven Bronchitis (COPD) und eine der führenden Todesursachen westlicher Industrienationen. Als Risikofaktoren gelten Zigarettenrauchen, Luftverschmutzung und rezidivierende bronchopulmonale Infekte. Endogene Faktoren umfassen Antikörpermangel (v. a. IgA-Mangel), primäre ziliäre Dyskinesie und Mangel an Proteaseinhibitoren.

α_1-Antitrypsin ist der Proteaseinhibitor mit der höchsten Konzentration im Plasma; er hemmt u. a. Elastase, Trypsin, Chymotrypsin, Thrombin und bakterielle Proteasen. Ein schwerer α_1-**Antitrypsin-Mangel** findet sich bei 1–2% aller Patienten mit Lungenemphysem. Zugrunde liegen Mutationen im *SERPINA1*-Gen auf Chromosom 14q32.1. Über 90 Mutationen sind mittlerweile bekannt, die durch isoelektrische Fokussierung anhand ihrer Wanderungsgeschwindigkeit erkannt und durch alphabetische Bezeichnungen definiert werden. Von besonderer klinischer Relevanz ist das häufige »**Z-Allel**« (Allelfrequenz 0,5–2%) mit einer Aminosäuresubstitution E342K (Glutamat nach Lysin, eigentlich E366K). Diese führt zu einer abnormen Faltung des Genprodukts und dadurch zu einer gestörten hepatischen Sekretion des α_1-Antitrypsins. Personen, die homozygot für das Z-Allel sind, weisen eine um 85% reduzierte Plasmakonzentration an α$_1$-Antitrypsin auf. 1/4 der Betroffenen entwickelt in Folge der Akkumulation des Proteins in den Hepatozyten bereits im Kindesalter eine Leberzirrhose. Im Erwachsenenalter kommt es in der großen Mehrzahl der Fälle durch eine progressive Degradation der Alveolarsepten zur Entwicklung eines Lungenemphysems.

> **Wichtig**
>
> Ein schwerer α$_1$-Antitrypsin-Mangel kann bereits in der Serumelektrophorese am Fehlen der α$_1$-Globinfraktion erkannt werden.

23 Verdauungssystem

23.1 Fehlbildungen des Gastrointestinaltrakts

Fehlbildungen des Gastrointestinaltrakts umfassen Atresien, Malrotationen, Bauchwanddefekte, Zwerchfelldefekte und anorektale Malformationen.

Der Gastrointestinaltrakt entwickelt sich aus einem einfachen, ektodermalen Rohr zwischen der 5. und der 12. Woche (p.m.) der Embryonalentwicklung. Er erstreckt sich dabei von der Rachenmembran bis zur Kloakenmembran und gliedert sich in Vorderdarm, Mitteldarm und Enddarm. Der **Vorderdarm** umfasst den Ösophagus, die Trachea und die Lungenknospen, den Magen sowie das proximale Duodenum mit Leber und Pankreas. Der **Mitteldarm** geht aus der Nabelschleife hervor. Als physiologischer Nabelbruch liegt der Mitteldarm ab der 6. Woche außerhalb der Leibeshöhle in einer Auftreibung der Nabelschnur. In der 10. Entwicklungswoche kehrt der Mitteldarm in die Leibeshöhle zurück und führt dabei die Darmdrehung (um 270° im Uhrzeigersinn) aus. Aus dem **Enddarm** entstehen das distale Drittel des Colon transversum, das Colon descendens, das Sigmoid und das Rektum. Die embryologische Aufteilung in Vorder-, Mittel- und Enddarm spiegelt sich in der arteriellen Versorgung der entsprechenden Abschnitte (durch Truncus coeliacus, A. mesenterica sup. und A. mesenterica inf.) wider.

Atresien

Ösophagusatresie. Eine Ösophagusatresie findet sich bei einem von 3000–4000 Lebendgeborenen. In 85% der Fälle handelt es sich um einen Typ IIIb nach Vogt mit Fistelbildung zwischen dem distalen Ösophagusende und der Trachea. Die Hälfte aller Kinder mit Ösophagusatresie weist zusätzliche Fehlbildungen auf. Eine wichtige Differenzialdiagnose ist die VACTERL-Assoziation (▶ Kap. 13.3) mit gleichzeitig bestehenden Fehlbildungen der Wirbelsäule, des Herzens, der Extremitäten, der Nieren und im Anorektalbereich.

Duodenalatresie. Die betroffenen Kinder fallen postpartal durch galliges Erbrechen, gespanntes Abdomen, Hyperbilirubinämie und fehlenden Mekoniumabgang auf. Diagnostisch richtungsweisend ist das »*Double-bubble-Phänomen*« in der Abdomenübersichtsaufnahme. 20–30% aller Kinder mit Duodenalatresie haben eine Trisomie 21.

Analatresie. Anorektale Atresien sind Ausdruck einer embryonalen Entwicklungsstörung des urorektalen Septums. Sie finden sich bei einem von 5000 Lebendgeborenen. In bis zu ⅔ der Fälle finden sich assoziierte Fehlbildungen.

Besonderes Augenmerk ist auch in diesem Fall auf eine mögliche VACTERL-Assoziation (▶ Kap. 13.3) zu richten.

Bauchwanddefekte

Gastroschisis. Es handelt sich um einen typischerweise rechts paraumbilikal gelegenen Bauchwanddefekt. Ein Bruchsack besteht nicht. Die Nabelschnur inseriert normal und ist nicht in den Defekt mit einbezogen. Aufgrund des fehlenden Bruchsacks haben die vorgefallenen Darmanteile Kontakt mit dem Fruchtwasser, sind ödematös verdickt und gelegentlich streckenweise verklebt. Lediglich in 5–20% der Fälle von Gastroschisis finden sich assoziierte Fehlbildungen.

Omphalozele. Ursache für eine Omphalozele ist die unvollständige Rückbildung des physiologischen Nabelbruchs. Darmanteile verbleiben außerhalb der Bauchhöhle in einem Bruchsack, der aus Nabelschnurhäuten besteht. Bei bis zu 60% der Kinder finden sich assoziierte Fehlbildungen. Eine wichtige Differenzialdiagnose ist das Beckwith-Wiedemann-Syndrom (syn. »Exomphalos-Makroglossie-Gigantismus-Syndrom«; ◘ Abb. 23.1). ◘ Tab. 23.1 zeigt den Unterschied zwischen einer Omphalozele und einer Gastrochisis.

Zwerchfellhernie

Die Häufigkeit angeborener Zwerchfellhernien beträgt 1:2.000–10.000 Geburten. Am häufigsten handelt es sich um dorsolaterale Zwerchfelldefekte. Assoziierte Fehlbildungen finden sich bei 15–40% der Patienten. Besonders häufig finden sich

◘ **Abb. 23.1.** Omphalozele bei einem Neugeborenen mit Wiedemann-Beckwith-Syndrom

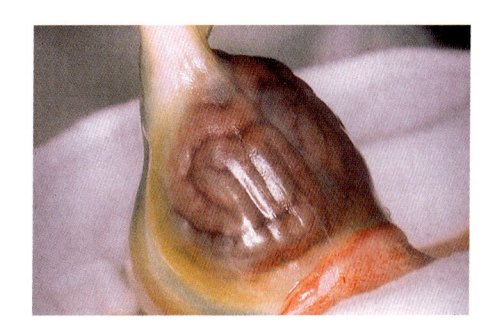

◘ **Tab. 23.1.** Vergleich Omphalozele – Gastroschisis

	Omphalozele	Gastroschisis
Bruchsack vorhanden?	Ja	Nein
Assoziierte Fehlbildungen	Häufig	Selten

Zwerchfellhernien im Rahmen numerischer Chromosomenstörungen, v. a. bei den Trisomien 21, 13 und 18. Prognostisch entscheidend ist das Ausmaß der bei Zwerchfellhernien praktisch immer vorhandenen sekundären Lungenhypoplasie.

Morbus Hirschsprung (Kongenitale intestinale Aganglionose)

Eine »Stuhlträgheit Neugeborener in Folge von Dilatation und Hypertrophie des Colons« wurde 1886 erstmals von dem dänischen Kinderarzt Harald Hirschsprung beschrieben. Ursache ist das angeborene Fehlen der intramuralen Ganglienzellen des Rektums – mit variabler Ausdehnung nach kranial. In den allermeisten Fällen beschränkt sich die **Aganglionose** auf **Rektum und Sigmoid**. Lediglich in 8% der Fälle ist das gesamte Kolon betroffen, noch viel seltener der gesamte Darm.

Epidemiologie

Der M. Hirschsprung ist mit einer Inzidenz von **1:5.000** die häufigste Ursache einer intestinalen Obstruktion bei Neugeborenen. Jungen sind etwa viermal häufiger betroffen als Mädchen.

Klinischer Verlauf

Ein erster Verdacht auf einen M. Hirschsprung ergibt sich, wenn ein Neugeborenes auch 24 h nach Geburt noch kein Mekonium abgesetzt hat (◘ Abb. 23.2). Der spätestens im Verlauf der nachfolgenden Tage offensichtliche **Stuhlverhalt** kann sich mit zum Teil explosionsartigen, oft dünnflüssigen Stuhlentladungen abwechseln. Hinzu kommen ein zunehmend aufgetriebenes Abdomen, später auch Gedeihstörung und in schweren Fällen Stuhlerbrechen. Die wichtigste, auch heute oft noch tödliche Komplikation des M. Hirschsprung ist das **toxische Megakolon**, bei dem Bakterien die Darmwand penetrieren und eine septische Infektion hervorrufen, ggf. mit Meningitis. Die massive Dilatation der prästenotischen Darmanteile kann außerdem in einer Darmperforation enden. Bei Neugeborenen mit Verdacht auf M. Hirschsprung ist wegen dieser lebensbedrohlichen Komplikationen eine rasche und vollständige Diagnostik verpflichtend; erst nach sicherem Ausschluss der Fehlbildung dürfen sie aus der stationären Behandlung entlassen werden.

Etwa 70% aller Patienten mit M. Hirschsprung haben keine Auffälligkeiten in anderen Organen. 18% der Patienten zeigen weitere Fehlbildungen auf, die ggf. im Kontext eines angeborenen Syndroms stehen. 12% aller Patienten mit M. Hirschsprung haben eine Chromosomenstörung, meist eine Trisomie 21.

Genetik und Pathophysiologie

Es gibt viermal so viele Knaben wie Mädchen mit M. Hirschsprung (♂:♀ = **4:1**). Das Wiederholungsrisiko für Geschwister liegt bei etwa 4% und ist damit gegenüber der

23.1 · Fehlbildungen des Gastrointestinaltrakts

Abb. 23.2. Morbus Hirschsprung.
Stenose und massive proximale Aufweitung des Kolon im seitlichen Röntgen-Abdomen. (Mit freundlicher Genehmigung von G. F. Hoffmann, Universitäts-Kinderklinik Heidelberg)

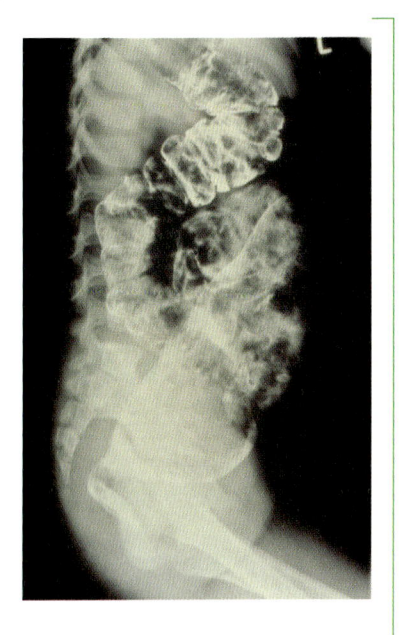

Allgemeinbevölkerung 200-fach erhöht. Interessanterweise ist das Wiederholungsrisiko für nachfolgende Geschwister höher, wenn es sich bei dem Indexpatienten um ein Mädchen handelt. Dieser sog. **Carter-Effekt** kennzeichnet einen geschlechtsspezifischen Schwellenwert und ist typisch für eine multifaktorielle Vererbung: Das Auftreten der Fehlbildung bei einem Mädchen spricht für »stärkere« genetische Faktoren und erklärt das höhere Wiederholungsrisiko in dieser Familie. Die Wahrscheinlichkeit, dass eine **familiäre Form des M. Hirschsprung** vorliegt, ist darüber hinaus höher, wenn ein langstreckiger Befall des Kolons vorliegt (in diesen Fällen 20% positive Familienanamnese). Inzwischen sind mehrere Gene bekannt, die mit dem Auftreten eines M. Hirschsprung assoziiert sind. Die Genprodukte sind in allen Fällen an der Migration und Reifung der Neuroblasten im Darm beteiligt. Wichtigster Vertreter dieser Gruppe ist die **Rezeptortyrosinkinase RET**. Mutationen im *RET*-Gen sind autosomal-dominant erblich. Andere Formen des familiären M. Hirschsprung werden durch Mutationen in den Genen z. B. für Endothelin 3 oder Endothelin-B-Rezeptor verursacht und werden autosomal-rezessiv vererbt. Ein Morbus Hirschsprung findet sich auch im Rahmen zahlreicher Chromosomenstörungen und genetischer Fehlbildungssyndrome.

▼

> **Wichtig**
>
> Ein Morbus Hirschsprung wird typischerweise durch *RET*-Mutationen mit Funktionsverlust verursacht, während bestimmte aktivierende Mutationen im *RET*-Gen eine Multiple Endokrine Neoplasie (MEN) Typ 2 (▶ Kap. 32.5) verursachen. In manchen Fällen besteht ein Übergang von M. Hirschsprung und MEN 2A.

Diagnostik

Die körperliche Untersuchung bei Kindern mit M. Hirschsprung zeigt ein aufgetriebenes, stuhlgefülltes Abdomen bei leerer Rektumampulle. Die weiterführende Diagnostik umfasst:

- **Anorektale Manometrie.** Sie ist eine Art Screeningmethode. Nachgewiesen wird eine fehlende Relaxation des inneren Analsphinkters bei rektaler Ballondilatation.
- **Kolonkontrasteinlauf.** Er sollte in diesem Fall ohne vorherige Darmentleerung durchgeführt werden, damit der Kalibersprung der Dickdarmweite besser erkannt werden kann.
- **Rektumbiopsie.** Sie ist für die Krankheit beweisend und sollte etwa 2–3 cm oberhalb der Linea dentata an der Dorsalseite des Rektums entnommen werden.

Therapie

Die Therapie ist operativ und wird meist zweizeitig durchgeführt. In der ersten Sitzung wird eine operative Entlastung durch Anlage eines Anus praeter erreicht. In der zweiten Sitzung wird das aganglionäre Segment entfernt und mit dem Anorektum reanastomosiert. Das toxische Megakolon wird mit parenteraler Ernährung und Breitbandantibiotika behandelt.

23.2 Leberfunktionsstörungen

Hämochromatose

Die Hämochromatose ist eine Eisenspeicherkrankheit mit **Eisenüberladung des Körpers** (»Siderose«) in Folge einer fehlgesteuerten Eisenaufnahme. Das klinische Bild der Hämochromatose kann durch Mutationen in verschiedenen Genen hervorgerufen werden. Mutationen in vier verschiedenen Genen (*HFE, TFR2, hemojuvelin* und *hepcidin*) konnten bislang bei Patienten mit Hämochromatose identifiziert werden. Mutationen in *ferroportin* sorgen für ein pathologisch distinktes

Krankheitsbild. Die große Mehrzahl an Patienten mit Hämochromatose weist Mutationen im *HFE*-Gen auf. Dies ist die »klassische Form« der Hämochromatose. Man spricht daher auch von »**HFE-Hämochromatose**« und »**Non-HFE-Hämochromatose**«.

Der normale Eisengehalt des Körpers beträgt ca. 3,5 g bei Männern (etwa so viel wie ein Eisennagel) und ca. 2,2 g bei Frauen (bedingt durch den regelmäßigen Blutverlust im Rahmen der Menstruation). Wenn dieser normale Eisengehalt um das 5-fache überschritten wird, kommt es zur Organmanifestation. Man unterscheidet **primäre und sekundäre Siderosen**. Die primäre Form ist die hereditäre Hämochromatose im klassischen Sinn. Sekundäre Siderosen sind z. B. Anämien mit Eisenüberladung (Thalassämien, MDS etc.) und Siderosen im Rahmen chronischer Lebererkrankugen (auch alkoholtoxische Leberschäden).

Epidemiologie

Wahrscheinlich ist die HFE-Hämochromatose die häufigste autosomal-rezessiv erbliche Krankheit in unserem Kulturkreis. Die Prävalenz liegt bei **1:300**, die Heterozygotenfrequenz beträgt somit etwa 1:15 bis 1:20. Nur ¼ der Homozygoten entwickeln jedoch das manifeste, klinische Bild einer Hämochromatose, d. h. die Penetranz liegt bei 25%. Das Geschlechterverhältnis für die manifeste Hämochromatose liegt bei ♂:♀ = 10:1. Die Krankheit manifestiert sich meist nach dem 4. Lebensjahrzehnt.

👁 Praxisfall

Herr Sandbrink stellt sich im Alter von 42 Jahren in der genetischen Poliklinik vor. Seit zwei Jahren hat er chronische Gelenkschmerzen, für die bislang keine Ursache gefunden wurde; vor wenigen Monaten kam eine ausgeprägte Müdigkeit hinzu. Im Rahmen eines kürzlichen Kuraufenthaltes fielen erhöhte Serumeisen- und Plasmaferritinwerte auf, und die Verdachtsdiagnose Hämochromatose wurde gestellt. Bei der Erstellung des Familienstammbaumes fällt auf, dass eine Schwester an Leberzirrhose erkrankt ist, was Herr Sandbrink auf eine langjährige Alkoholkrankheit zurückführt. Die anderen Geschwister und die Eltern sind gesund. Eine Mutationsanalyse zeigt eine Homozygotie für die häufigste Hämochromatose-Mutation C282Y im *HFE*-Gen. Der Humangenetiker erklärt Herrn Sandbrink, dass eine Arthropathie eine häufige Komplikation der Hämochromatose ist, und weist auf die Notwendigkeit einer regelmäßigen Therapie in Form von Aderlässen hin, auch wenn die Arthropathie dadurch meist nicht geheilt werden kann. Zur weiteren Betreuung wird Herr Sandbrink in der Hämochromatosesprechstunde der Gastroenterologie angemeldet. Da auch für die Geschwister ein erhöhtes Erkrankungsrisiko besteht, wird ihnen eine genetische Beratung angeboten.

▼

Klinische Merkmale

Schon Ende des 19. Jahrhunderts wurde die Hämochromatose als klassische Trias **Hepatomegalie, Diabetes und Bronzefärbung der Haut** beschrieben. Es handelt sich hierbei nach wie vor um die häufigsten Symptome. Die nachfolgenden Prozentzahlen beziehen sich auf die symptomatischen Patienten und nicht auf die Gesamtheit der homozygoten Anlageträger.

- Lebervergrößerung (90%), Leberzirrhose (75%)
- Diabetes mellitus (70%), wegen der begleitenden Hautpigmentierung auch »Bronzediabetes« genannt
- Dunkle Hautpigmentierung (75%), grau bis braun, v. a. an sonnenexponierten Stellen, aufgrund einer Zunahme der Melanozyten in der Haut und einer zunehmenden Verdünnung der Epidermis
- Schmerzhafte Arthropathie (30–50%), v. a. Metakarpophalangealgelenke I–III und proximale Interphalangealgelenke, später auch Handgelenke und Knie
- Sekundäre Kardiomyopathie (15–20%) durch Eiseneinlagerung, »digitalisrefraktäre Herzinsuffizienz«, häufig mit Rhythmusstörungen (AF)
- Weitere Symptome: Müdigkeit, abdominelle Schmerzen, Libidoverlust beim Mann, Amenorrhö bei der Frau

> **Wichtig**
>
> Ältere Patienten stellen sich häufig mit einer Symptomkonstellation aus Abgeschlagenheit, Bauchschmerzen und Arthritis vor, jüngere Patienten eher mit kardialen Beschwerden oder ggf. Amenorrhö.

Genetik

Ursächlich für die HFE-Hämochromatose sind Mutationen des ***HFE*-Gens** auf Chromosom 6p21.3. *HFE* kodiert für ein atypisches MHC-I (*major histocompatibility class I*)-Protein, das auf der Zelloberfläche mit β2-Mikroglobulin dimerisiert und die Eisenaufnahme durch Transferrin reguliert. Es gibt in Europa zwei häufige *HFE*-Mutationen, C282Y und H63D. Mehr als 90% der Patienten sind **homozygot für die Mutation C282Y** (c.845A>G auf DNA-Ebene), die unabhängig vom tatsächlichen Eisenbedarf des Organismus zu einer 3-fach gesteigerten Eisenaufnahme der Mukosaepithelzellen des Duodenums führt. 5% der Patienten sind *compound*-heterozygot für C282Y und H63D, Homozygotie für H63D führt nicht zu Symptomen.

▪▪▪ Non-HFE-Hämochromatose

Einige Hämochromatose-Patienten mit **juveniler Hämochromatose,** einer schweren Verlaufsform mit frühem Manifestationsalter, sind homozygot für Mutationen im *HAMP*-Gen, das für

▼

das Protein **Hepcidin** kodiert. Hepcidin ist ein zentraler Regulator der intestinalen Eisenaufnahme und hemmt auch die Eisenfreisetzung aus Makrophagen. Bei manchen heterozygoten Mutationsträgern zeigen sich klinische Auffälligkeiten in Abhängigkeit von zusätzlich vorliegenden *HFE*-Mutationen.

Andere Patienten mit autosomal-rezessiv erblicher, juveniler Hämochromatose haben Mutationen im *HFE2*-Gen auf Chromosom 1q21.1. Dieses Gen kodiert für **Hemojuvelin,** einen Modulator der Expression von Hepcidin. Es kommt zu einer schweren Eisenüberladung mit Organschäden noch vor dem 30. Lebensjahr. Beide Geschlechter sind gleich häufig betroffen. Eisenablagerungen finden sich v. a. in der Hypophyse, den Nebennierenrinden, der Schilddrüse, den Nebenschilddrüsen und den Gonaden. Häufig versterben die Patienten in Folge eines Herzversagens. Therapie der Wahl ist auch bei der juvenilen Hämochromatose der regelmäßige Aderlass.

Bei einigen Patienten mit Hämochromatose fanden sich *Nonsense*- oder *Missense*-Mutationen im *TFR2*-Gen, welches für den **Transferrin-Rezeptor 2** kodiert. Im Gegensatz zum Transferrin-Rezeptor 1, welcher die zelluläre Eisenaufnahme mittels Endozytose vermittelt, ist TFR2 für die Kontrolle der Eisenaufnahme notwendig. Die genauen pathophysiologischen Zusammenhänge sind noch nicht verstanden.

Mutationen im **Ferroportin** kodierenden *SLC40A1*-Gen führen zu einer **autosomal-dominant** erblichen Eisenüberladung des Körpers. Die betroffenen Personen haben relativ normale Serumeisenspiegel, zeigen aber eine Akkumulation von Eisen in den Makrophagen. Ferroportin ist sowohl für die intestinale Eisenresorption als auch für den Export von Eisen aus Makrophagen und Hepatozyten notwendig. Ein Funktionsverlust führt also nicht zu einer primären Steigerung der intestinalen Eisenresorption wie bei anderen Formen der HFE- und Non-HFE-Hämochromatose. Vollständiges Fehlen des Proteins ist embryonal letal.

Eisenstoffwechsel

◘ Abb. 23.3 zeigt vereinfacht unser derzeitiges Verständnis vom Eisenstoffwechsel eukaryontischer Zellen. Während Eisen auf vielerlei Weise in die Zelle gelangen kann (oberer Teil der Abbildung), gibt es nur einen einzigen bislang bekannten Weg für das Eisen, um wieder aus der Zelle heraus zu kommen, nämlich über das Protein **Ferroportin** (dessen Mutationen zu einer autosomal-dominant erblichen Form der Eisenüberladung des Körpers führen). TfR steht für »Transferrin-Rezeptor«. DMT-1 bedeutet »divalenter Metall-Transporter Typ 1« und spielt eine wichtige Rolle bei der Resorption des Eisens aus dem Darm (nachdem das dreiwertige Eisen aus der Nahrung durch die Ferrireduktase zu Fe^{2+} reduziert wurde). Monozyten und Makrophagen haben darüber hinaus die Fähigkeit, durch Haptoglobin antransportiertes Hämoglobin mit Hilfe des Rezeptors CD163 aufzunehmen. Innerhalb der Zelle gelangt ein großer Anteil des aufgenommenen Eisens in die Mitochondrien, wo unter anderem die Hämsynthese stattfindet. Als intrazelluläres Speicherprotein für Fe^{3+} dient Ferritin, welches bis zu 4.500 mol Fe^{3+} pro mol Ferritin aufnehmen kann.

- **HFE:** HFE bildet einen Komplex mit dem Transferrin-Rezeptor 1. In vitro inhibiert es die Bindung von Transferrin an TfR1 und damit die transferrinvermittelte Eisenaufnahme der Zelle.
- **Hepcidin:** Hepcidin ist ein Peptidhormon, das von der Leber synthetisiert wird. Es gilt als Inhibitor der intestinalen Eisenresorption. Zugleich reguliert es die Eisenabgabe aus Makrophagen und anderen Zellen. Neue Studien weisen darauf hin, dass Hepcidin an Ferroportin bindet, dessen Internalisierung in die Zelle bewirkt und auf diesem Weg den Eisenexport aus der Zelle inhibiert.
- **Hemojuvelin:** Die genaue Funktion ist noch nicht vollständig geklärt. Es ist jedoch bekannt, dass Personen mit Mutationen im *HFE2*-Gen verminderte Hepcidinspiegel aufweisen.

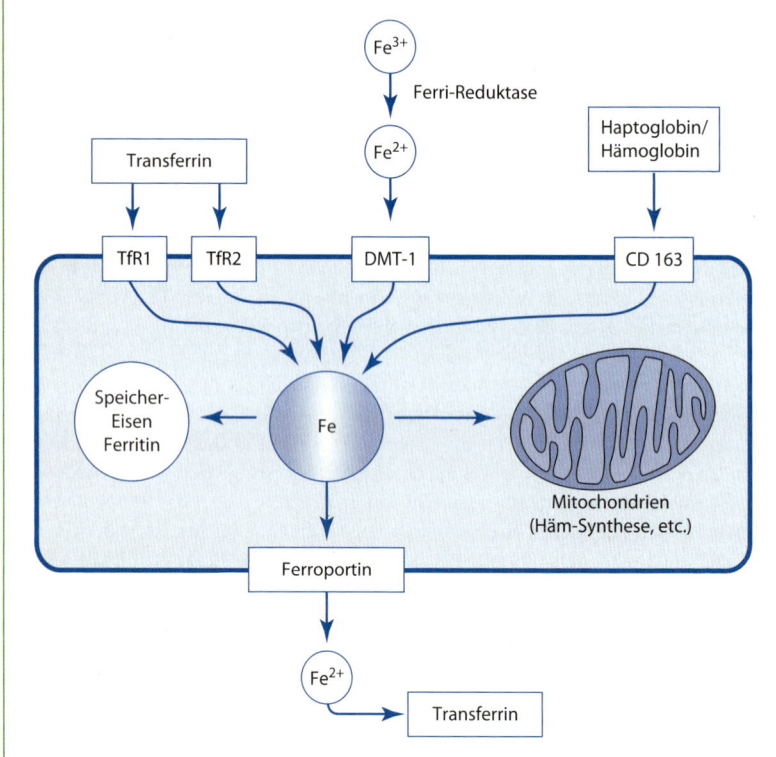

Abb. 23.3. Eisenstoffwechsel der Zelle. Erläuterungen ▶ Text. (Vereinfacht nach Hentze et al. 2004)

Diagnostik
- **Labor:** Plasmaferritin >500 µg/l, Transferrinsättigung >60%
- **Molekulargenetischer Nachweis** der Mutation C282Y o. ä.
- **Leberbiopsie** mit Histologie und Eisenkonzentrationsbestimmung; typisch sind v. a. periportale Eisenablagerungen (bei sekundärer Eisenüberladung finden sich diese v. a. in den Kupffer-Sternzellen)

Therapie und Verlauf
Therapie der ersten Wahl sind regelmäßige **Aderlässe**, zunächst wöchentlich, später vierteljährlich. Richtwerte sind Hb 11–12 g/dl und Ferritin 20–50 µg/l. Unterstützend wirkt eine möglichst **eisenarme Diät** (das kann bei der Auswahl der Töpfe anfangen: Kochen in einem klassischen Wok geht mit einer erheblichen Eisenaufnahme einher ...). Schwarzer Tee, zu den Mahlzeiten getrunken, kann die Eisenaufnahme reduzieren.

Bei frühzeitiger Therapie besteht für die Patienten mit klassischer HFE-Hämochromatose keine Einschränkung der Lebenserwartung. Wegen des erhöhten Risikos für die Entwicklung einer Leberzirrhose und ggf. eines hepatozellulären Karzinoms (27% der nicht behandelten Patienten), werden regelmäßige Vorsorgeuntersuchungen mit Sonographie und AFP-Bestimmung angeraten.

23.3 Ikterus und Hyperbilirubinämie

Ikterus ist eine Gelbfärbung von Haut, Schleimhäuten und Skleren durch die Ablagerung von Bilirubin im Gewebe. Er ist das klinische Merkmal der Hyperbilirubinämie. Während das Gesamtbilirubin im Serum physiologischerweise maximal 1,1 mg/dl beträgt, hat es bei klinisch manifestem Sklerenikterus ein Konzentration von mindestens 3 mg/dl.

Direkt oder Indirekt? Man unterscheidet eine »direkte« und eine »indirekte« Hyperbilirubinämie, je nachdem ob v. a. das direkte (konjugierte) Bilirubin oder das indirekte (unkonjugierte) Bilirubin erhöht ist. Während indirekte Hyperbilirubinämien ein Zeichen für vermehrte Bilirubinbildung oder mögliche Störungen des Bilirubinstoffwechsels sind, finden sich direkte Hyperbilirubinämien typischerweise bei Leberzellschäden (z. B. Hepatitis) oder bei Cholestase (Gallestau). Beim **physiologischen Neugeborenenikterus** handelt es sich um eine indirekte Hyperbilirubinämie. Sie ist auf einen vermehrten Hämoglobinabbau in den ersten Lebenstagen bei zugleich unvollständig ausgereifter Aktivität der hepatischen Glukoronyltransferase zurückzuführen. Das vermehrt anfallende unkonjugierte (indirekte) Bilirubin kann also nicht entsprechend schnell glukuroniert und in direktes (und damit ausscheidungsfähiges) Bilirubin überführt werden.

Genetisch oder nicht genetisch? Die möglichen Ursachen der Hyperbilirubinämie und damit des Ikterus sind vielgestaltig und in den meisten Fällen nicht genetischer Natur (Hepatitiden, Leberzirrhose, Cholangitis, Choledocholithiasis u. v. m.). Familiäre Hyperbilirubinämiesyndrome sind aber differenzialdiagnostisch zu bedenken. Als genetische Krankheiten mit indirekter Hyperbilirubinämie sind v. a. der Morbus Gilbert-Meulengracht und das Crigler-Naijar-Syndrom wichtig. Beide sind auf eine verminderte Aktivität des Enzyms UDP-Glukoronyltranferase zurückzuführen. Genetische Krankheiten mit vorwiegend direkter Hyperbilirubinämie sind das Dubin-Johnson-, das Rotor- und das Alagille-Syndrom.

Genetische Störungen der Bilirubin-Glukoronidierung

Das **Gilbert-Syndrom**, auch **Morbus Meulengracht** oder Icterus intermittens juvenilis genannt, ist eine harmlose Stoffwechselstörung mit auf 25–40% des Normalwerts verminderter Aktivität der UDP-Glukuronyltransferase. Meist um das 20. Lebensjahr zeigt sich erstmals eine milde, vorwiegend indirekte Hyperbilirubinämie bei einem Gesamtbilirubin von weniger als 6 mg/dl. Zum Teil finden sich Hyperbilirubinämien auch nur intermittierend, z. B. im Rahmen von Infekten, bei Stress, Fasten oder abhängig vom Menstruationszyklus. Diagnostisch macht man sich den Anstieg des indirekten Bilirubins nach Fasten oder nach Gabe von Nikotinsäure zunutzen. Ursache ist u. a. ein häufiger **genetischer Polymorphismus** im *UGT1A1*-Gen, der bei bis zu 10% der Mitteleuropäer homozygot vorliegt. Obwohl es sich um ein autosomales Gen handelt, findet sich der Morbus Gilbert-Meulengracht weit häufiger bei Männern als bei Frauen. Eine Therapie ist nicht erforderlich. Beim **Crigler-Najjar-Syndrom** ist die UDP-Glukuronyltransferase-Aktivität aufgrund von rezessiven Mutationen im *UGT1A1*-Gens deutlich stärker vermindert. Abhängig von der Restaktivität ist der Schweregrad variabel; Kinder mit dem schweren Typ I weisen bereits bei Geburt einen Kernikterus auf; der einzig kurative Ansatz ist die Lebertransplantation. **Dubin-Johnson-Syndrom** und **Rotor-Syndrom** sind gutartige Hyperbilirubinämiesyndrome mit vorwiegend direkter Hyperbilirubinämie, bei denen die Ausscheidung der Bilirubin-Glukuronide in die Gallecanaliculi gestört ist. Die Betroffenen zeigen neben dem Ikterus meist keine weiteren Symptome.

Alagille-Syndrom

In Folge von Gallengangsaplasie bzw. -hypoplasie findet sich bei Alagille-Syndrom eine direkte Hyperbilirubinämie. Es handelt sich um eine autosomal-domiante Krankheit in Folge von Mutationen des *JAG1*-Gens. Ein kleiner Teil der Fälle ist auf Mikrodeletionen im kurzen Arm von Chromosom 20 zurückzuführen.

24 Stoffwechselkrankheiten

Der Begriff *inborn errors of metabolism* wurde im Jahr 1909 von Archibald Garrod geprägt. Angeborene Stoffwechselstörungen, von denen kumulativ etwa jedes 500ste Neugeborene betroffen ist, werden **meist autosomal-rezessiv** vererbt und stellen in vielen Fällen aufgrund einer akut schweren, häufig aber unspezifischen Symptomatik eine besondere Herausforderung für den betreuenden Arzt dar. Im deutschen Sprachraum fallen angeborene metabolische Krankheiten in den Tätigkeitsbereich der Pädiater, wohingegen die betroffenen Kinder in manchen anderen Ländern (u. a. in den USA) von Fachärzten für Klinische Genetik betreut und behandelt werden.

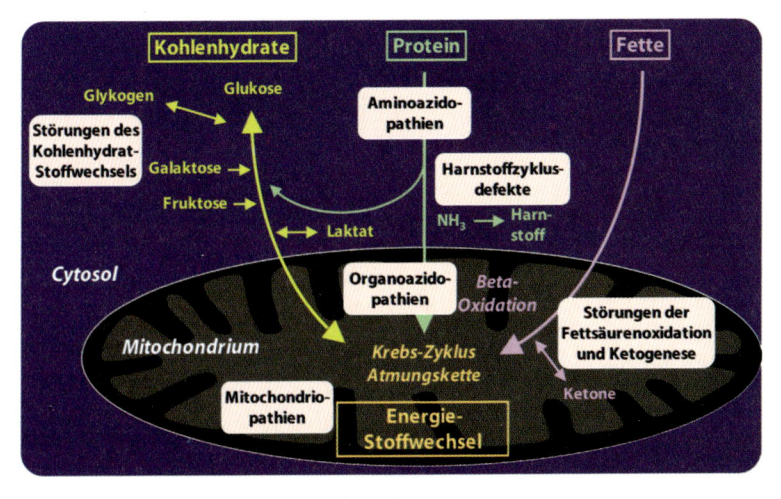

24.1 Störungen des Intermediärstoffwechsels

Viele klassische Stoffwechselkrankheiten sind Enzymdefekte im Intermediärstoffwechsel, also im Abbau von »kleinen Molekülen« aus den drei Grundbestandteilen der Nahrung (Kohlenhydrate, Protein und Fettsäuren) oder im mitochondrialen Energiestoffwechsel. Die wichtigsten Komponenten dieser Stoffwechselwege sind in ◘ Abb. 24.1 zusammengefasst. Die Krankheitsbilder, die aus diesen Störungen resultieren, sind oft dynamisch, sie fluktuieren mit der Stoffwechsellage des betrof-

◘ **Abb. 24.1.** Störungen des Intermediärstoffwechsels

fenen Patienten und können daher oft auch behandelt werden. Die meisten Störungen des Intermediärstoffwechsels lassen sich durch eine metabolische Basisdiagnostik (Bestimmung von Laktat, Ammoniak, Blutzucker, Säure-Basen-Status und Urinstix) sowie selektive Screeninguntersuchungen (Aminosäuren im Plasma, organische Säuren im Urin, Acylcarnitine im getrockneten Blutstropfen) rasch diagnostizieren (▶ Kap. 16). Störungen des Intermediärstoffwechsels manifestieren sich in aller Regel erst nach der Geburt, da die Stoffwechselveränderungen über die Plazenta aufgefangen werden können.

> **Wichtig**
>
> Störungen des Intermediärstoffwechsels sind besonders wichtig, weil sie sich meist behandeln lassen.

24.1.1 Störungen des Kohlenhydratstoffwechsels

Patienten mit Störungen des Kohlenhydratstoffwechsels zeigen ein relativ breites Symptomspektrum. Abhängig vom Enzymdefekt werden klinische Auffälligkeiten durch Metabolitentoxizität, Energiemangel, Hypoglykämie oder Glykogenspeicherung verursacht. Wichtigste diagnostische Parameter sind neben der Leberfunktion und -größe die Bestimmung von Blutzucker und Laktat sowie ggf. die Bestimmung von Galaktose und ihren Metaboliten.

Störungen im Stoffwechsel von Galaktose oder Fruktose

Patienten mit Störungen im Stoffwechsel von Galaktose oder Fruktose entwickeln klinische Symptome erst nach Aufnahme von Nahrungsmitteln mit Laktose (Galaktose-Glukose-Disaccharid, z. B. Milch und Milchprodukte) bzw. Fruktose oder Saccharose (Kochzucker = Fruktose-Glukose-Disaccharid). Galaktose-1-Phosphat bzw. Fruktose-1-Phosphat, die bei der klassischen Galaktosämie bzw. der hereditären Fruktoseintoleranz akkumulieren, sind insbesondere für Leber, Nieren und Gehirn toxisch. Klinisches Erscheinungsbild, Diagnostik und Therapie der klassischen Galaktosämie werden im ▶ Kap. 16.4 dargestellt.

Glykogenspeicherkrankheiten (Glykogenosen)

Die verschiedenen Glykogenspeicherkrankheiten sind Folge verminderter Aktivitäten unterschiedlicher Enzyme und Transportproteine des Glykogen- und Glukosestoffwechsels. Sie manifestieren sich durch die pathologische Glykogenspeicherung (z. B. isolierte Hepatomegalie) und entsprechende Organfunktionsstörungen (z. B. Hepatopathie, Kardiomyopathie, Myopathie) bzw. durch Hypoglykämien (meist 6–8 h nach einer Mahlzeit) und sind meist autosomal-rezessiv erblich. Die kumulative Inzidenz liegt bei 1:20.000. Die wichtigsten Krankheiten sind der **Morbus von Gierke** (Glykogenose Typ I, Leitbefund Hypoglykämien und Hepatomegalie) und der **Morbus Pompe** (Typ II, Leitbefund Kardiomyopathie).

24.1.2 Störungen der Fettsäurenoxidation und Ketogenese

Die mitochondriale Oxidation von Fettsäuren ist eine der wichtigsten Energiequellen des Organismus und deckt beim Fasten bis zu 80% des gesamten Bedarfs. Das Gehirn ist nicht in der Lage, Fettsäuren zu verwerten, kann sich jedoch an den Abbau von hepatisch synthetisierten Ketonen adaptieren. Abhängig vom genauen Enzymdefekt können sich Störungen der Fettsäurenoxidation und Ketogenese vielfältig manifestieren:

- Schwere, oft letale **Hypoglykämien** mit Krampfanfällen und Koma sowie mangelnder Ketonkörperproduktion während kataboler Zustände (verlängertes Fasten >8–12 h, Operationen, Infektionen usw.); Erstmanifestation oft im späten Säuglingsalter
- Schwere neonatale **Laktatazidose, Kardiomyopathie und Hepatopathie** ähnlich einem Atmungskettendefekt aufgrund einer toxischen Wirkung von langkettigen Fettsäurenverbindungen
- Chronische **muskuläre Störungen** (Muskelschwäche, Schmerzen, rezidivierender Rhabdomyolyse, akute oder chronische Kardiomyopathie u. a.) bei weniger schweren Störungen der Oxidation langkettiger Fettsäuren

MCAD-Mangel

Die autosomal-rezessiv erbliche Krankheit (MCAD = mittelkettige Acyl-CoA-Dehydrogenase) ist mit einer Inzidenz von 1:6.000 die häufigste und wichtigste Störung der Fettsäurenoxidation in Europa und wird inzwischen auch im erweiterten Neugeborenenscreening erfasst. Sie manifestiert sich typischerweise in der zweiten Hälfte des ersten Lebensjahrs, wenn die Kinder anfangen, nachts durchzuschlafen und durch den engeren Kontakt mit anderen Kindern die ersten Infekte auftreten. Klinisch im Vordergrund steht das akute **hypoglykämische Koma** nach verlängertem Fasten oder bei kataboler Stoffwechsellage z. B. während einer ansonsten banalen Gastroenteritis mit Trinkschwäche und Erbrechen. Die betroffenen Kinder werden lethargisch und trüben rasch ein; unbehandelt können innerhalb von 1–2 h Krampfanfällen und Herzstillstand auftreten. In der Vergangenheit starb etwa ein Viertel der betroffenen Kinder während der Erstmanifestation. Die Diagnose wird über das typische klinische Bild mit hypoketotischer Hypoglykämie sowie den Nachweis spezifischer **Acylcarnitine** gestellt. Die in Europa sehr **häufige Mutation K329E** (auch als K304E bezeichnet; Allelfrequenz 85–90%) im *ACADM-Gen* lässt sich molekulargenetisch leicht nachweisen. Die Behandlung erfolgt einfach und effektiv durch **Vermeidung von Fasten**. Nach Diagnosestellung ist die Prognose exzellent – uns ist kein Patient bekannt, der bei bekanntem MCAD-Mangel verstorben oder durch eine schwere Entgleisung geschädigt wurde.

24.1.3 Störungen des Aminosäurenstoffwechsels

Der Abbau speziell der essenziellen Aminosäuren erfolgt typischerweise zunächst in einem mehr oder weniger langen zytosolischen Reaktionsweg. Nach Desaminierung werden die entstehenden organischen Säuren oft rasch zu CoA-Estern aktiviert und in den Mitochondrien vollständig oxidiert. Störungen in letzterem Reaktionsweg werden als Organoazidopathien bezeichnet und weiter unten besprochen. Die **Aminoazidopathien** verursachen (wie die Störungen des Galaktose- und Fruktosestoffwechsels) klinische Symptome meist über eine **spezifische Toxizität von bestimmten Metaboliten**, die sich aufgrund des Enzymdefekts anstauen. Einige Aminoazidopathien (wie z. B. die Histidinämie) bleiben asymptomatisch, da die sich anstauenden Produkte nicht toxisch sind. Der mitochondriale Energiestoffwechsel ist in der Regel nicht beeinträchtigt, deswegen treten akute Entgleisungen nur bei wenigen Krankheiten auf, Laktat, Ammoniak, Blutzucker und Säure-Basen-Status sind meist unauffällig. Die Diagnose erfolgt durch die Quantifizierung der Aminosäuren im Plasma bzw. über den Nachweis bestimmter Abbauprodukte durch die Analyse der organischen Säuren im Urin. Aminoazidopathien lassen sich meist durch eine **Spezialdiät** mit stark reduzierter Zufuhr der im Abbau gestörten Aminosäure behandeln. Ein anderer therapeutischer Ansatz ist die pharmakologische Verringerung von toxischen Metaboliten durch Hemmung von Reaktionsschritten, die dem eigentlichen Stoffwechselblock vorausgehen; dies wird speziell bei der Behandlung der Tyrosinämie Typ I erfolgreich angewandt (Gabe von NTBC, ◘ Abb. 24.2). Die wichtigste und häufigste Aminoazidopathie ist die Phenylketonurie.

Phenylketonurie (PKU)

Die PKU wird durch eine genetische Störung des Enzyms **Phenylalanin-Hydroxylase** (PAH) verursacht, die die Umwandlung von Phenylalanin (Phe) zu Tyrosin katalysiert (◘ Abb. 24.2). Es kommt zu einem z. T. massiven Anstieg von Phe im Körper und in der Folge zu einer progredienten Hirnschädigung. Die PKU ist so etwas wie eine »Modellkrankheit« innerhalb der Genetik. Sie war die erste identifizierte neurogenetische Krankheit (Følling 1934), die erste behandelbare genetische Stoffwechselstörung (Diät: Bickel 1953) und die erste Krankheit, die durch ein universelles Neugeborenenscreening präventiv erkannt wurde (Guthrie-Test 1963). Die PKU ist die häufigste Störung des Aminosäurenstoffwechsels.

▼

24.1 · Störungen des Intermediärstoffwechsels

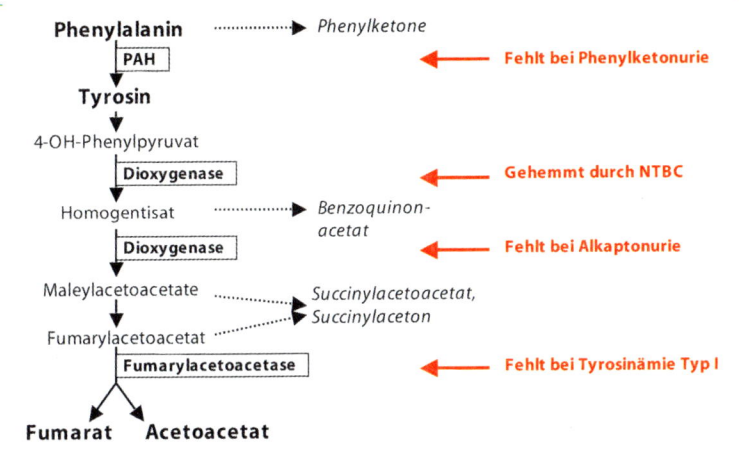

```
Phenylalanin  ········▶ Phenylketone
   │
  [PAH]                          ◀── Fehlt bei Phenylketonurie
   ▼
Tyrosin
   │
4-OH-Phenylpyruvat
  [Dioxygenase]                  ◀── Gehemmt durch NTBC
   ▼
Homogentisat  ········▶ Benzoquinon-
                         acetat
  [Dioxygenase]                  ◀── Fehlt bei Alkaptonurie
   ▼
Maleylacetoacetate  ········▶ Succinylacetoacetat,
Fumarylacetoacetat ········▶ Succinylaceton
  [Fumarylacetoacetase]          ◀── Fehlt bei Tyrosinämie Typ I
   ▼      ▼
Fumarat  Acetoacetat
```

Abb. 24.2. Stoffwechsel von Phenylalanin und Tyrosin

Praxisfall

Frau Shabani ist vor wenigen Jahren von Albanien nach Deutschland umgesiedelt und stellt sich in der genetischen Poliklinik vor, da alle sieben Kinder von ihr eine geistige Behinderung und variable Fehlbildungen haben. Ein Kind verstarb im Neugeborenenalter an einer Fallot-Tetralogie. Alle anderen Kinder (Alter 2–17 Jahre) haben eine meist ausgeprägte Entwicklungsstörung bzw. geistige Behinderung mit Mikrozephalie und zum Teil eine Epilepsie bzw. Herzfehler und Wirbelfehlbildungen. Frau Shabani selber ist eine einfache Frau, eine formelle Intelligenztestung wird u. a. wegen Sprachproblemen nicht durchgeführt. Die Analyse der Phenylalaninspiegel im Blut bei Frau Shabani zeigte stark erhöhte Werte von ca. 1.500 µmol/l (Norm <90 µmol/l), eine molekulargenetische Untersuchung bestätigt die Diagnose einer Phenylketonurie (Compound-Heterozygotie für die schwere Mutation P281L und die Mutation L48S mit Restaktivität). Als die Mutter in Albanien geboren wurde, gab es dort kein Neugeborenenscreening auf PKU; ihre eigene mentale Entwicklung war vermutlich wegen der Restaktivität der Mutation L48S nur mäßig beeinträchtigt. Dennoch ist bei allen Kindern das typische Fehlbildungssyndrom einer maternalen PKU aufgetreten. (Modifizierter Fallbericht aus Knerr et al., BMC Pediatrics 2005,5:5)

Epidemiologie

Die Häufigkeit der PKU ist in verschiedenen ethnischen Gruppen sehr unterschiedlich und reicht von etwa 1:4.000 in Irland und der Türkei bis zu unter 1:100.000 in Finnland und Japan. In Deutschland liegt die Inzidenz bei etwa **1:10.000**.

Klinische Merkmale und Verlauf

Neugeborene mit PKU zeigen keinerlei Auffälligkeiten, da die Stoffwechselstörung vor der Geburt von der Mutter ausgeglichen wird. Erst nach der Geburt kommt es zu einer z. T. massiven Erhöhung des Phe-Spiegels im Blut (**Hyperphenylalaninämie**) und zur progredienten Verzögerung der psychomotorischen Entwicklung, erkennbar etwa ab dem 3. Lebensmonat. Unbehandelt führt die klassische PKU zu einer **schweren Hirnschädigung** mit meist schwerer mentaler Retardierung (50% d. F. IQ <35), Krampfanfällen und Spastizität (Abb. 24.3) sowie aggressiven, autistischen und psychotischen Verhaltensauffälligkeiten. Durch den relativen Tyrosinmangel ist auch die Melaninsynthese reduziert, die als typisch beschriebenen Merkmale blaue Augen, blonde Haare und blasser Teint gelten dabei aber eigentlich nur für (Nord-)Europäer. Unbehandelte PKU-Patienten in anderen Völkern haben oft nur einen etwas helleren Teint als familiär erwartet. Ein charakteristischer »muffiger« oder auch »mäuseartiger« Geruch unbehandelter Patienten entsteht durch die Ausscheidung von Phenylessigsäure, einem Abbauprodukt des Phenylalanins, in Schweiß und Urin.

Varianten der Hyperphenylalaninämie

— Als **Phenylketonurie** (PKU) werden die Formen des PAH-Mangels bezeichnet, bei denen die Phe-Werte im Blut über 600 µmol/l ansteigen und daher eine

Abb. 24.3. Unbehandelte Phenylketonurie mit Spastik. (Mit freundlicher Genehmigung von H. Bickel †, Universitäts-Kinderklinik Heidelberg)

phenylalaninarme Diät notwendig ist. Abhängig von der Phe-Toleranz werden schwere, mittelschwere und milde Formen der PKU unterschieden.
- Von einer **milden Hyperphenylalaninämie** (MHP) spricht man, wenn der Phe-Spiegel im Plasma unter 600 µmol/l liegen und daher keine Diät notwendig ist.
- Eine Hyperphenylalaninämie kann auch durch einen **genetischen Mangel von Tetrahydrobiopterin** (BH_4) verursacht werden, dem Cofaktor der PAH und anderer Hydroxylasen. Betroffene Patienten haben neben einer oft nur milden Erhöhung der Phe-Werte auch eine Störung im Stoffwechsel verschiedener Neurotransmitter; die Behandlung ist schwieriger und weniger erfolgreich als bei der PKU.

Genetik und Pathophysiologie

Die PKU ist **autosomal-rezessiv** erblich. Das *PAH*-Gen befindet sich auf Chromosom 12q und umfasst 13 Exons. Über 400 verschiedene, krankheitsverursachende Mutationen des *PAH* Gens wurden beschrieben, im Wesentlichen Punktmutationen, die z. T. mit sehr unterschiedlichen Restaktivitäten des Enzyms assoziiert sind. Das Mutationsspektrum unterscheidet sich deutlich zwischen unterschiedlichen europäischen Populationen, in den meisten Ländern gibt es aber einzelne häufige Mutationen. In Deutschland sind ¾ der Patienten *compound*-heterozygot für zwei krankheitsverursachende Mutationen. Lediglich 25% der Patienten sind für eine Mutation homozygot. Die Populationsgenetik der PKU wird genauer in ▶ Kap. 14.4 beschrieben.

Diagnostik

Die Prognose der PKU hängt entscheidend davon ab, ob eine effiziente Behandlung bereits vor Auftreten erster Symptome begonnen wurde. Der Nutzen eines Neugeborenenscreenings ist insofern unmittelbar einleuchtend. Kinder mit PKU kommen gesund und ohne klinische Symptome auf die Welt. Wird die Diagnose rechtzeitig gestellt und in den ersten Lebenswochen mit einer phenylalaninarmen Diät begonnen, entwickeln sich die Betroffenen normal mit normaler Intelligenz.

Die **Phe-Spiegel im Blut** von PKU-Patienten sind bei Geburt weitgehend normal, steigen aber über die ersten Lebensstunden und -tage durch Katabolismus auch ohne Nahrungszufuhr rasch auf pathologische Werte an. Phe und Tyrosin (das bei PKU-Patienten typischerweise erniedrigt ist) lassen sich problemlos aus einem getrockneten Blutstropfen bestimmen. Der klassische **Guthrie-Test** verwendete dazu einen bakteriellen Inhibitionstest (▶ Kap. 16.2); inzwischen wird das sog. erweiterte Neugeborenenscreenings mittels **Tandem-Massenspektrometrie** durchgeführt, mit der auch zahlreiche andere behandelbare Stoffwechselkrankheiten
▼

erfasst werden können. Die Blutentnahme für das Neugeborenenscreening sollte heutzutage am 2.–3. Lebenstag erfolgen.

Therapie

Die Therapie der PKU besteht in einer **phenylalaninarmen Diät.** Dabei wird die Zufuhr von natürlichem Eiweiß so stark reduziert, dass die Phe-Werte im Blut einen bestimmten, altersabhängigen Grenzwert nicht überschreiten. Die individuelle **Phe-Toleranz** wird besonders vom Genotyp beeinflusst: »milde« Mutationen mit Restaktivität sind mit einer erhöhten Phe-Toleranz assoziiert, da größere Mengen von natürlichem Phe verstoffwechselt werden können. Eine MHP benötigt keine Behandlung. Für den Phe-Gehalt verschiedener Nahrungsmittel stehen Tabellen zur Verfügung.

In der Praxis bedeutet dieses Therapieprinzip, das entsprechend auch für zahlreiche andere Stoffwechselkrankheiten verwendet wird, eine erhebliche Einschränkung. Kinder mit klassischer, schwerer PKU dürfen zum Beispiel im Alter von 5 Jahren täglich nur 200 g natürliches Eiweiß zu sich nehmen. Proteinreiche Lebensmittel wie Fleisch, Fisch oder Eier sind verboten, und auch Backwaren, Obst und Gemüse müssen abgewogen werden und sind in der Menge beschränkt. Inzwischen kann man aber Phe-arme Spezialprodukte wie Brot oder Nudeln kaufen, die unbeschränkt verwendet werden können.

Ohne weitere Maßnahmen würde diese Diät zu einem schweren Eiweißmangel der Kinder führen. Daher müssen die anderen Aminosäuren (außer Phe) sowie **Vitamine und Spurenelemente zusätzlich als Supplemente eingenommen** werden. Bis heute sind die anderen Aminosäuren nur als Pulver oder große Tabletten erhältlich, welche u. a. aufgrund der schwefelhaltigen Aminosäuren schlecht schmecken. Auch die Kosten sind für manche Familien ein Problem: Die für die Behandlung der PKU notwendigen Spezialprodukte werden von den Krankenkassen in Deutschland nicht immer bzw. nur teilweise übernommen, da es sich nach Auffassung mancher Kassen um »Diätprodukte« handelt.

Vor einigen Jahren wurde bemerkt, dass sich die Phe-Toleranz bei vielen Patienten mit milder PKU durch die Gabe des Cofaktors Tetrahydrobiopterin (BH_4) verbessern oder sogar normalisieren kann. Kinder mit einer solchen »**BH_4-responsiven PKU**« können also mehr natürliches Eiweiß essen oder benötigen gar keine Diät. Dies gilt aber meist nur für Patienten, bei denen sowieso eine eher milde Form der Krankheit vorliegt, bei Kindern mit klassischer PKU ist BH_4 nicht wirksam.

Die Betreuung der PKU-Patienten sollte durch eine spezielle Stoffwechselambulanz stattfinden. Überwacht wird die Behandlung durch regelmäßige, anfangs wöchentliche Kontrollen des Phe-Spiegels im Blut. Die aktuellen deutschen Richtlinien sehen vor, dass ab dem Alter von 10 Jahren deutlich höhere Phe-Spiegel im

Blut akzeptiert werden und die Diät daher entspannt werden kann. Eine Fortführung der Diät auch im Erwachsenenalter wird empfohlen.

Prognose
Die Prognose ist bei frühem Behandlungsbeginn und guter Einstellung exzellent. Es treten dann keinerlei kognitive Beeinträchtigungen oder andere Komplikationen auf. Wird die Therapie verspätet begonnen, ist mit bleibenden Schäden zu rechnen. Allerdings kann eine Diät auch bei bis dahin unbehandelten Erwachsenen eine günstige Wirkung z. B. auf das Verhalten zeigen.

> **Wichtig**
>
> Hohe mütterliche Phe-Spiegel in der Schwangerschaft (>360 µmol/l) sind teratogen und führen dosisabhängig zu Fehlbildungen und einer schweren, irreversiblen Hirnschädigung. Kinder mit sog. **maternaler PKU** haben bei Geburt typischerweise eine Mikrozephalie, häufig einen Herzfehler und andere körperliche Auffälligkeiten. Frauen mit PKU müssen unbedingt noch **vor Eintritt einer Schwangerschaft mit einer strengen Diät** beginnen. Die intrauterine Phe-Konzentration ist um 50% höher als im mütterlichen Blut, und die bei der Mutter gemessenen Werte sollten 240 µmol/l nicht überschreiten. Die Diät muss über die gesamte Dauer der Schwangerschaft hinweg eingehalten werden. Eine diätetische Behandlung des Kindes nach Geburt ist zwecklos, sofern das Kind nicht selber eine PKU hat. Eine maternale PKU sollte auch in der Differenzialdiagnose einer mentalen Retardierung erwogen werden, wenn die Mutter aus einem Land ohne Neugeborenenscreening kommt.

Organoazidopathien
Organoazidopathien sind **Störungen im mitochondrialen Stoffwechsel von Coenzym-A-aktivierten Karbonsäuren**, die über die Analyse der organischen Säuren im Urin nachweisbar sind. Im Gegensatz zu den Aminoazidopathien ist bei den Organoazidopathien auch der mitochondriale Energiestoffwechsel beeinträchtigt, was sich u. a. in den oft erhöhten Laktatwerten zeigt. Weitere wichtige Laborbefunde sind eine deutliche metabolische Azidose, Ketose, Hyperammonämie und Hypoglykämie. Klinisch manifest werden die klassischen Organoazidopathien in der Mehrzahl der Fälle (>70%) schon in der Neugeborenenperiode durch eine **metabolische Enzephalopathie** mit Lethargie, Trinkschwäche, rezidivierendem Erbrechen, Dehydratation und Tonusstörungen. Die Therapie besteht in der Akutsituation in einer Umkehrung der katabolen Stoffwechsellage und einer strengen Proteinkarenz. Langfristig ist eine proteinreduzierte Diät einzuhalten. Nicht betrof-

fene Aminosäuren werden substituiert, ebenso Vitamine, Spurenelemente und Carnitin. Die kumulative Inzidenz der Organoazidopathien liegt bei 1:6.000 Neugeborenen. Wichtige Krankheiten sind die **Glutarazidurie, Isovalerianazidurie, Propionazidurie** und **Methylmalonazidurie**.

Harnstoffzyklusdefekte

> **Wichtig**
>
> Genetische Störungen in der Entgiftung des im Aminosäureabbau entstehenden Ammoniaks (NH_3) gehören zu den häufigsten Stoffwechselkrankheiten (kumulative Inzidenz ca. 1:8.000). Sie können sich in jedem Lebensalter manifestieren, sind meist leicht zu diagnostizieren (werden aber oft übersehen) und sind prinzipiell behandelbar. **Die notfallmäßige Bestimmung von NH_3** gehört zur Basisdiagnostik bei allen Patienten mit unklarer Enzephalopathie.

Die Entgiftung von Ammoniak erfolgt über einen 5-schrittigen Reaktionsweg, in dessen Verlauf zwei Moleküle NH_3 und CO_2 auf ein Trägermolekül (die nicht proteinogene Aminosäure Ornithin) übertragen und schließlich als Harnstoff abgespalten und im Urin ausgeschieden werden. Der vollständige Harnstoffzyklus ist nur in der Leber möglich. Für alle fünf notwendigen Enzyme (und einzelne zusätzlich notwendigen Proteine) sind genetische Defekte bekannt. Leitbefund (und oft einzige klinisch-chemische Auffälligkeit) sind erhöhte Ammoniak-Konzentrationen im Blut.

Klinik. Schwere Formen manifestieren sich bereits im Neugeborenenalter (meist schon ab dem 2. Lebenstag) mit Trinkunlust, Lethargie, Hyperventilation, Krampfanfällen und einer zunehmend schweren Enzephalopathie bis hin zum Koma. Die betroffenen Kinder zeigen darüber hinaus Temperaturinstabilität, Reflexverlust und häufig intrakranielle Blutungen durch eine zunehmende Gerinnungsstörung. Chronische Verlaufsformen, die sich klinisch später manifestieren, gehen mit psychomotorischer Retardierung, Gedeihstörung und episodisch auftretenden neurologischen Auffälligkeiten wie Lethargie oder Ataxie einher. Rezidivierende Enzephalopathien mit Verhaltensauffälligkeiten und Verwirrung stehen typischerweise im Zusammenhang mit hoher Proteinzufuhr oder einer katabolen Stoffwechsellage.

Diagnostik. Der entscheidende Laborbefund ist die **Hyperammonämie**. NH_3-Werten von >150 µmol/l bei Neugeborenen oder >100 µmol/l bei älteren Kindern muss sofort nachgegangen werden, denn die Zeitspanne bis zum Auftreten irreversibler Organschäden ist bei Harnstoffzyklusdefekten oft nur kurz. Hinzu kommt die notfallmäßige Bestimmung der Aminosäuren in Plasma und Urin sowie die Bestimmung der organischen Säuren und der Orotsäure im Urin.

Therapie. Wesentliche Säule der Notfallbehandlung bei Hyperammonämie ist der sofortige Stopp der Proteinzufuhr und die Umkehr der Stoffwechsellage hin zu einem Anabolismus. Dies erfolgt durch hochkalorische Infusionen. Der Harnstoffzyklus wird durch Gabe von Arginin unterstützt, Ammoniak wird durch die Gabe von Natriumbenzoat oder -phenylbutyrat entgiftet. Bei sehr hohen Ammoniakwerten ist eine extrakorporale Entgiftung (durch Hämofiltration oder Dialyse) in die Wege zu leiten. Die Langzeitbehandlung besteht in einer streng eiweißreduzierten Diät (wobei auf einen hohen Anteil von hochwertigem Protein bzw. essenziellen Aminosäuren geachtet werden muss) sowie in der Gabe von entgiftenden bzw. unterstützenden Medikamenten.

Ornithintranscarbamylase-(OTC-)Mangel. Der X-chromosomal erbliche OTC-Mangel ist der häufigste Harnstoffzyklusdefekt. Betroffene (hemizygote) Jungen zeigen meist eine schwere Hyperammonämie, die oft im Neugeborenenalter zum Tode führt. Bei betroffenen Mädchen ist das klinische Bild hingegen sehr variabel – selbst innerhalb der gleichen Familie zeigt sich eine erhebliche interindividuelle Variabilität, die unter anderem vom X-Inaktivierungsmuster in der Leber abhängig ist. Nicht selten versterben betroffene Mädchen an einer akut auftretenden Stoffwechselentgleisung im Rahmen eines banalen Infektes, ohne vorher irgendwelche Auffälligkeiten zu zeigen. Eine genaue Familienanamnese und ggf. molekulargenetische Untersuchungen im *OTC*-Gen sind hier von besonderer Wichtigkeit.

24.1.4 Störungen des Energiestoffwechsels

Als **Mitochondriopathien** im engeren Sinn werden genetisch bedingte Störungen der Enzyme bzw. Enzymsysteme verstanden, die direkt in der Energiegewinnung durch oxidative Phosphorylierung involviert sind. Zu diesen zählen insbesondere **PDH-Komplex, Citratzyklus, Atmungskette und ATP-Synthase**. Die einzelnen Störungen überschneiden sich klinisch, pathophysiologisch und genetisch, da manche Proteine bei mehreren Enzymkomplexen mitwirken und die Akkumulation mancher Substanzen eine hemmende Wirkung auf andere Enzyme hat. Zahlreiche Krankheiten des Intermediärstoffwechsels, speziell die mitochondrial lokalisierten Organoazidopathien und Fettsäurenoxidationsdefekte, stören sekundär auch die oxidative Phosphorylierung. Umgekehrt verursacht eine Hemmung der Atmungskette (z. B. durch O_2-Mangel, genetische Störungen oder Hemmstoffe) einen Anstieg des $NADH/NAD^+$-Quotienten, wodurch sekundär PDH und andere Enzyme gehemmt werden. Die energieliefernde Funktion der Mitochondrien stellt also quasi ein komplex geflochtenes Netzwerk aus ineinander greifenden Stoffwechselvorgängen dar, das auf unterschiedlichste Weise gestört werden kann. Es ist oft schwierig, die genaue Ursache einer Störung des Energiestoffwechsels zu identifizieren.

Die Vererbung ist vielfältig (rezessiv, dominant, X-chromosomal oder mitochondrial/maternal) mit variabler Ausprägung und Penetranz. Atmungskettendefekte bei Kindern werden oft durch Mutationen in nukleären Genen für Untereinheiten oder Assemblierungsfaktoren der Atmungskette verursacht, welche meist in den ersten fünf Lebensjahren symptomatisch werden. Die maternal in variabler Ausprägung vererbten Störungen der mitochondrialen DNA (mtDNA) sind häufiger mit umschriebenen klinischen Syndromen assoziiert; bei Kindern finden sie sich nur in etwa 5–10% der Fälle. Wichtige, durch mtDNA-Mutationen verursachte Syndrome (MELAS, MERRF, NARP, Kearns-Sayre, Pearson, LHON) sind in ▶ Kap. 5.6 dargestellt.

Klinik. Krankheiten, welche die zelluläre Versorgung mit ATP stören, führen zu vielfältigen **Funktionsstörungen besonders in stark energieabhängigen Organen** wie Gehirn und Retina, Herz oder Niere. Klinisch finden sich vielgestaltige Kombinationen von neuromuskulären und anderen Symptomen mit Einbeziehung verschiedener, unabhängiger Organsysteme, teilweise erklärbar durch gewebsspezifische Expression des genetischen Defekts. Der Verlauf ist variabel, jedoch oft rasch progredient.

Atmungskettendefekte können sich in jedem Lebensalter manifestieren. Oft ist schon die intrauterine Entwicklung beeinträchtigt, was zu Frühgeburtlichkeit, schwerer Dystrophie und (zerebralen) Fehlbildungen führen kann. Kleinkinder zeigen oft ein enzephalomyopathisches Krankheitsbild, während beim Erwachsenen Myopathien überwiegen. Bestimmte gehäuft beobachtete Symptomkonstellationen werden als Syndrome zusammengefasst; eine strenge Abgrenzung ist jedoch aufgrund des wechselnden klinischen Bildes und Überschneidungen der molekularen Grundlagen meist nicht möglich. Die Symptome sind oft progredient, können aber auch über einen längeren Zeitraum statisch sein.

> **Wichtig**
>
> Leitbefund der Mitochondriopathien ist die Laktaterhöhung, jedoch schließen auch konstant normale Laktatwerte eine Mitochondriopathie keinesfalls aus.

Diagnostik. Zur klinischen Abklärung bei Verdacht auf Mitochondriopathie gehören
- eine genaue Untersuchung des Muskelstatus inkl. Aktivitätsbestimmung der CK im Serum sowie ggf. Ultraschall des Muskels und EMG,
- eine vollständige neurologische Untersuchung mit EEG sowie
- die genaue Abklärung anderer Organfunktionen.

Eine Mitochondriopathie sollte in jedem Fall dann ernsthaft erwogen werden, wenn in **mindestens drei Organsystemen** Auffälligkeiten vorliegen, die zu einem mitochondrialen Energiemangel passen könnten. Im Zentrum der dann weiterführenden Diagnostik steht die wiederholte Bestimmung der **Laktatkonzentration** in Blut, Urin und Liquor, z. B. ein Laktattagesprofil. Gelegentlich ist eine leichte Erhöhung von Alanin bei der Analyse der Aminosäuren im Blut richtungsweisend. Die Bestimmung von Pyruvat ist diagnostisch meist nicht hilfreich. Ein **MRT** des Kopfes kann wichtige neuroradiologische Befunde liefern. Eine **chirurgische Muskelbiopsie** kann diagnostisch entscheidend sein, sollte aufgrund der Invasivität jedoch nur in einem gut ausgestatteten mitochondrialen Zentrum durchgeführt werden. Die Analyse der mitochondrialen DNA ist meist nur bei klinischen Merkmalen eines spezifischen mtDNA-Syndroms hilfreich.

■■■ mtDNA-Depletionssyndrome

Der enge Zusammenhang zwischen nukleär und mitochondrial kodierten Genen zeigt sich besonders in der Gruppe der mtDNA-Depletionssyndrome. Eine Abnahme der zellulären mtDNA-Menge als diagnostisch richtungsweisender Befund wurde erstmals in den 1990er Jahren beschrieben und hat sich seither als wichtiges pathogenetisches Prinzip herausgestellt. Es kann durch verschiedene Primärdefekte verursacht werden, zugrunde liegen jedoch immer **Mutationen in nukleären Genen,** die für die **Replikation der mtDNA** notwendig sind. Dem entsprechend werden die mtDNA-Depletionssyndrome meist **autosomal-rezessiv** vererbt. Klinisch werden mehrere Formen unterschieden, Erstmanifestation ist meist in den ersten beiden Lebensjahren. Die **hepatozerebrale Form** ist durch akute Leberfunktionsstörungen bis hin zum fulminanten Leberversagen, »mitochondriale« ZNS-Symptome (Myoklonusepilepsie, Ataxie, Enzephalopathie) mit episodenhafter Verschlechterung sowie Gedeihstörung und Dystrophie gekennzeichnet. Sie wird häufig durch Mutationen in den Genen für die mitochondriale Deoxyguanosinkinase (Purinrecycling) oder DNA-Polymerase γ (mtDNA-Replikation) verursacht. Die **myopathische** Form mit nichtepisodischer progredienter Myopathie und *ragged red fibres* wird typischerweise durch Mutationen in der mitochondrialen Thymidinkinase 2 (Pyrimidinrecycling) verursacht. Zentraler diagnostischer Test ist die Analyse der mtDNA-Menge im Gewebe, ggf. zusammen mit einer gezielten molekulargenetischen Untersuchung.

24.2 Störungen des lysosomalen Stoffwechsels

Lysosomen dienen dem intrazellulären Abbau von kleinen bis zum Teil sehr großen Molekülen. Dazu enthalten sie in einem sauren Milieu (pH 5) zahlreiche verschiedene Hydrolasen. Genetische Defekte lysosomaler Enzyme führen zum gestörten Abbau spezifischer Substrate, zu deren intralysosomalem Anstau und daraus resultierender Funktionsstörung der betroffenen Zellsysteme und Organe.

Mukopolysaccharidosen

Mukopolysaccharidosen sind Störungen im Abbau der Glykosaminoglykane, also modifizierten (aminierten, sulfatierten und acetylierten) Polysaccharidketten, die

Abb. 24.4. Morbus Hurler. Die von dieser klassischen Mukopolysaccharidose betroffenen Kinder sind bei Geburt meist unauffällig und zeigen im Verlauf des Säuglings- und Kleinkindalter eine progrediente Retardierung, Kleinwuchs mit typischen Skelettveränderungen, vergröberte Gesichtszüge, Hornhauttrübung und Hepatosplenomegalie. Haut und Haare sind fest bzw. verdickt. Kardiale Komplikationen sind die häufigste Todesursache. (Mit freundlicher Genehmigung von G. Tariverdian, Institut für Humangenetik, Heidelberg)

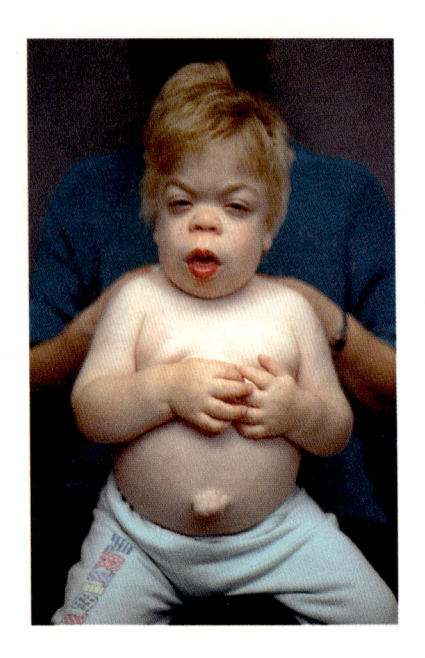

an ein Proteinskelett geheftet als Proteoglykane die Grundsubstanz der extrazellulären Matrix bilden. Alle Mukopolysaccharidosen zeigen mehr oder weniger ausgeprägte, progrediente Skelettveränderungen mit Knochendysplasien und Kontrakturen (»Dysostosis multiplex«). Auffallend ist die typische Fazies mit vergröberten Gesichtszügen. Auch eine mehr oder weniger starke Organomegalie findet sich bei praktisch allen Patienten mit Mukopolysaccharidose. Die meisten (aber nicht alle) Formen zeigen eine progrediente, z. T. schwere psychomotorischer Retardierung. Bei einigen Formen treten eine Kardiomyopathie oder Herzklappenstörungen, Korneatrübungen oder Schwerhörigkeit auf. Für die Mukopolysaccharidosen Typ I (Hurler, Scheie; Abb. 24.4), Typ II (Hunter) und Typ VI (Maroteaux-Lamy) ist eine **Enzymersatztherapie** mit rekombinant hergestelltem Enzym möglich, wobei die mentale Retardierung nicht behandelbar ist. Für alle anderen Typen bleibt die Therapie vorerst rein symptomatisch. Die meisten Mukopolysaccharidosen werden autosomal-rezessiv vererbt.

Sphingolipidosen

Sphingolipide sind Membranlipide aus fettsäurehaltigem Ceramid und meist komplexen Zuckerketten oder auch einfacheren hydrophilen Seitenketten. Sie kommen ubiquitär vor, sind aber besonders als **Bestandteile des Nervengewebes** von

Bedeutung. Dem entsprechend manifestieren sich Sphingolipidosen oft primär im zentralen und peripheren Nervensystem. Daneben werden Sphingolipide nicht selten in Zellen des retikuloendothelialen Systems und anderen Organen gespeichert. Klinisch im Vordergrund stehen meist eine **progrediente psychomotorische Retardierung, neurologische Auffälligkeiten, Epilepsie, Ataxie und/oder Spastik.** Eine Hepatosplenomegalie ist nicht selten, Dysmorphien und Skelettdeformitäten liegen meist nicht vor. Eine Sphingolipidspeicherung lässt sich lichtmikroskopisch nicht selten durch den Nachweis von Lymphozytenvakuolen oder von Schaumzellen im Knochenmark darstellen. Die Diagnose wird durch gezielte Enzymanalysen bestätigt. Abgesehen vom M. Fabry sind die Sphingolipidosen **autosomal-rezessiv** erblich. Wichtige Sphingolipidosen sind der **M. Tay-Sachs** und der **M. Niemann-Pick**, mit schwerem neurodegenerativen Krankheitsverlauf, sowie der **M. Gaucher**, bei dem z. T. vor allem eine extreme Splenomegalie im Vordergrund steht. Der **M. Fabry** unterscheidet sich sowohl klinisch als auch im Erbgang (X-chromosomal) von allen anderen lysosomalen Speicherkrankheiten. Leitsymptom sind intermittierende schwere brennende Schmerzen und Kribbelparästhesien in den Fingern und Zehen, die oft schon im Grundschulalter beginnen, sowie u. a. Angiokeratome der Haut.

Bei den meisten Sphingolipidosen (Ausnahme: M. Gaucher und M. Fabry) findet man oft einen »**kirschroter Makulafleck**«: Aufgrund von hellen Lipideinlagerungen in den Ganglienzellen der Makula-Peripherie erscheint diese selbst im Zentrum dunkelrot. Bei Verdacht auf eine Sphingolipidose sollte daher eine Untersuchung des Augenhintergrundes durchgeführt werden.

24.3 Störungen des Lipidstoffwechsels

Störungen des Lipid- und Lipoproteinstoffwechsels ziehen aufgrund ihrer pathophysiologischen Bedeutung bei der Entstehung von Atherosklerose ein besonders starkes Interesse der biomedizinischen Forschung auf sich. **Herz-Kreislauf-Erkrankungen** stehen in der Todesursachenstatistik Deutschlands auf Platz eins. Epidemiologische Studien haben eine große Anzahl von Risikofaktoren für Atherosklerose identifiziert, eine Erkrankung, welche die großen und mittelgroßen Arterien des Körpers betrifft und eine der wesentlichen Ursachen bzw. Voraussetzungen für Erkrankungen wie Myokardinfarkt oder Schlaganfall darstellt. Hohe Spiegel bestimmter Lipoproteine im Blut, vor allem der **LDLs** (*low density lipoproteins*), sind dabei Ausgangspunkt vieler Formen der **Atherosklerose**, wohingegen die Spiegel der HDLs (*high density lipoproteins*) eine inverse Korrelation mit dem Risiko für Koronararterienerkrankung aufweisen. In den meisten Fällen von Atherosklerose handelt es sich um Ereignisse multifaktorieller Genese. Die selteneren, monogenen Störungen des Lipidstoffwechsels haben in den vergangenen Jahren und Jahrzehnten wesentlich zu unserem heutigen Verständnis der gesamten Krankheitsentität beigetragen.

Familiäre Hypercholesterinämie (LDL-Rezeptormangel)

Die familiäre Hypercholesterinämie (FH) ist eine wichtige Ursache für das gehäufte Auftreten von Herzinfarkten oder anderen kardiovaskulären Krankheiten in einer Familie. Sie wird durch Mutationen im Rezeptor des *low-density-lipoproteins* (LDLR) hervorgerufen und **autosomal-dominant** vererbt. Der sehr seltene homozygote LDLR-Mangel führt schon im Kindesalter zu ggf. tödlichen Herzinfarkten.

Praxisfall

Zwei eineiige Zwillinge türkischer Eltern wurden im Alter von 2 Jahren zur weiteren Abklärung vorgestellt, da sie symmetrische Hautläsionen (Xanthome) an Ellenbogen, Knien, Händen und Knöcheln aufwiesen (Abb. 24.5a). Lipidanalysen zeigten eine massive Hypercholesterolämie mit einem Gesamtcholesterol von 1150–1250 mg/dl bei beiden Kindern. Die konsanguinen Eltern hatten beide eine bis dahin unerkannte mäßige Hypercholesterolämie (250–350 mg/dl). Die Familienanamnese war weitgehend unauffällig bezüglich kardiovaskulärer Komplikationen. Eine konservative Behandlung der Zwillinge zeigte keinen therapeutischen Effekt, vielmehr hatten die Xanthome im Alter von 3 Jahren massiv an Größe zugenommen (Abb. 24.5b). Unter regelmäßiger Lipid-Apharese (alle 2 Wochen) wurden die Xanthome weicher und nahmen nicht mehr an Größe zu; die betroffenen Knaben hatten bis zum aktuellen Alter von 9 Jahren keine kardiovaskulären Komplikationen. (Fallbericht aus Zschocke u. Schäfer, The Lancet 2003, 361:1641)

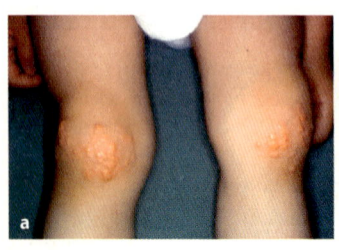

Abb. 24.5a, b. Homozygoter LDLR-Mangel. a Bilaterale Xanthome an den Streckseiten der Knie eines 2-jährigen Knaben. **b** Befund bei Wiedervorstellung im Alter von 3 Jahren mit erheblicher Größenprogredienz

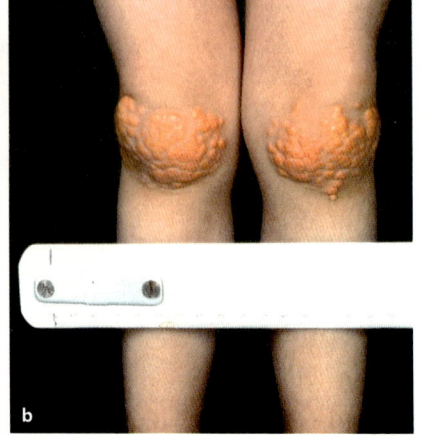

Epidemiologie

Mit einer geschätzten **Prävalenz** von etwa **1:500** handelt es sich bei der FH zwar um eine der häufigsten monogenen Stoffwechselstörungen, von der Gesamtzahl der Hypercholesterinämien in der Bevölkerung sind aber weit weniger als 5% auf einen LDL-Rezeptormangel zurückzuführen. Für den homozygoten LDLR-Mangel wird eine Inzidenz von 1:1.000.000 angegeben.

Pathophysiologie

Der LDL-Rezeptor besitzt eine Schlüsselrolle innerhalb des Cholesterinstoffwechsels des Körpers. Von der Dichte der LDL-Rezeptoren auf den Zelloberflächen eines Organs hängt dessen Fähigkeit ab, LDL-Cholesterin aus dem Blut zu eliminieren. 70% aller **LDL-Rezeptoren** des Körpers befinden sich auf den **Leberzellen**. Bei heterozygoten Personen mit FH sind die für den Abtransport der im Blut zirkulierenden LDL-Partikel notwendigen Rezeptoren in ihrer Funktion gestört und/oder ihrer Zahl verringert, bei homozygoten Trägern können sie ganz fehlen. Als Folge zirkulieren im Blut dauerhaft erhöhte Mengen an LDL (und damit LDL-Cholesterin). Diese werden dann z. T. auf LDL-Rezeptor-unabhängigen Wegen abgebaut, z. B. mittels Endozytose durch Makrophagen und Monozyten. Das Einwandern solcher Zellen in die Gefäßwand, deren Proliferation und weitere Endozytose von LDL-Cholesterin stellt einen der ersten Schritte auf dem Weg zur Atherosklerose dar.

Klinische Merkmale

Schon bei Geburt ist bei **Heterozygoten mit FH** die LDL-Konzentration im Plasma auf das Doppelte erhöht. Für viele Jahre bleibt das erhöhte LDL-Cholesterin (Spiegel zwischen 300 und 500 mg/dl) der einzige, stumme Hinweis auf die genetische Störung. Zwischen dem 30. und 40. Lebensjahr erleiden viele Heterozygote dann unerwartet ihren ersten Herzinfarkt. Die KHK-Manifestation tritt bei Frauen etwa 7–10 Jahre später auf. **Xanthome** und **Arcus corneae** können frühe Warnzeichen sein (Abb. 24.6).

Abb. 24.6. Xanthelasmen bei einer Patientin mit familiärer Hypercholesterinämie. (Mit freundlicher Genehmigung von V. Voigtländer, Klinikum Ludwigshafen)

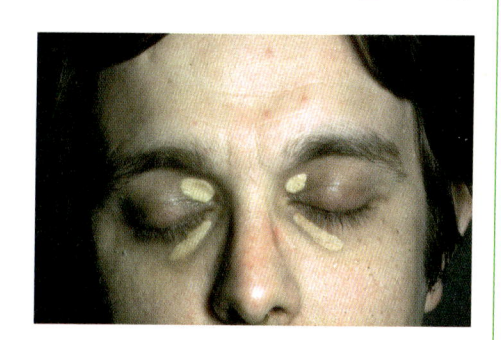

Homozygote Träger eines LDLR-Mangels haben schon von Geburt an LDL-Cholesterinspiegel bis zu 1200 mg/dl (bis zu 10-fach erhöht). Sie entwickeln bereits im frühen Kindesalter Xanthome, die z. T. sehr rasch zunehmen. Tödliche Herzinfarkte infolge weit fortgeschrittener Koronargefäßerkrankung treten hier oft schon im Kindes- und Jugendalter auf.

Genetik
Das Gen für den LDL-Rezeptor liegt auf Chromosom 19. Viele verschiedene Mutationen (über 500) wurden als Ursache einer FH beschrieben, darunter Punktmutationen wie auch genomische Rearrangements, die durch das Vorliegen von *Alu*-Repeats innerhalb des *LDLR*-Gens begünstigt werden. Manche Mutationen haben einen dominant negativen Effekt und zeigen damit trotz Heterozygotie eine massive Erhöhung der Cholesterolspiegel wie bei Personen mit homozygotem LDL-Rezeptormangel.

Diagnostik
Es findet sich eine Hypercholesterinämie (bei Heterozygoten um die 300 mg/dl, bei Homozygoten >600 mg/dl) bei normalen Triglyzeriden. LDL und VLDL sind stark erhöht, das HDL erniedrigt. Eine ausführliche Familienanamnese ist unerlässlich. Mutationsanalysen des *LDLR*-Gens sind möglich und spielen vor allem bei der frühzeitigen Diagnostik in Familien mit prämaturen Koronargefäßerkrankungen eine wichtige Rolle.

Therapie
Die Behandlung **heterozygoter Patienten** hat zum Ziel, die erhöhten LDL-Cholesterinwerte in den Normalbereich abzusenken:
- **Cholesterinsenkende Diät:** Fettreduktion, gesättigte tierische Fette meiden und pflanzliche ungesättigte Fette bevorzugen, regelmäßiger Konsum von Seefisch (hoher Gehalt an Omega-3-Fettsäuren), obst- und gemüsereich essen, mediterrane Kost, cholesterinarm ernähren, Körpergewicht insgesamt normalisieren (ca. 2.000 kcal/Woche). Regelmäßiges Ausdauertraining.
- **Medikamente: Statine** (Hemmstoffe der HMG-CoA-Reduktase am Beginn der endogenen Cholesterin-Synthese) sind die wirksamsten LDL-cholesterinsenkenden Medikamente. Sie vermindern das Herzinfarktrisiko und die Gesamtmortalität bei Primär- und Sekundärprävention der KHK. Alternativ (oder zusätzlich) stehen Anionenaustauscherharze (Gallensäurebinder), Nikotinsäure und Fibrate zur Verfügung.

Beim **homozygoten LDL-Rezeptormangel** ist auch durch strikte Diät und medikamentöse Therapie keine ausreichende Senkung des Serumcholesterins zu erreichen. Hier hat sich v. a. die LDL-Apherese bewährt; darüber hinaus kann eine Lebertransplantation, bei schwerster KHK ggf. auch zusätzlich eine Herztransplantation in Erwägung gezogen werden.

24.4 Störungen anderer Stoffwechselwege

Peroxisomale Krankheiten

Zum Schutz der Zelle vor Sauerstoffradikale werden viel **sauerstoffabhängige Reaktionen** in besonderen Organellen, den Peroxisomen durchgeführt. Wichtige Reaktionswege sind die α- und β-Oxidation verschiedener (z. B. sehr langkettiger = überlangkettiger) Fettsäuren sowie (zumindest in einigen Schritten) die Biosynthese von spezifischen Phospholipiden, Cholesterol und Gallensäuren. Zahlreiche, als **Peroxine** bezeichnete (und von *PEX*-Genen kodierte) Proteine sind für die Peroxisomenbildung und den Membrantransfer notwendig. Peroxisomale Krankheiten werden entweder durch Störungen der Peroxisomenbildung, Störungen des Membrantransfers oder durch den Mangel einzelner peroxisomaler Proteine verursacht.

Die klinischen Merkmale bei peroxisomalen Krankheiten sind variabel und umfassen u. a. **neurologische Störungen** (Enzephalopathie, Hypotonie, Epilepsie, Taubheit), **Skelettanomalien** (speziell proximal kurze Extremitäten, epiphysäre Verkalkungen), **Augenanomalien** (Retinopathie, Katarakt, Blindheit), kraniofaziale **Dysmorphien** (schwere Formen) und **Leberfunktionsstörungen** (neonatale Hepatitis, Hepatomegalie, Cholestase, Zirrhose). Die Diagnostik beinhaltet u. a. die Bestimmung spezifischer peroxisomaler Substanzen wie überlangkettige Fettsäuren (VLCFA), Phytansäure oder Plasmalogene.

Abb. 24.7. Zellweger-Syndrom. Kinder mit dieser schwersten Störung der Peroxisomenbildung haben als Neugeborene eine ausgeprägte muskuläre Hypotonie neben zahlreichen anderen Symptomen der peroxisomalen Fehlfunktion

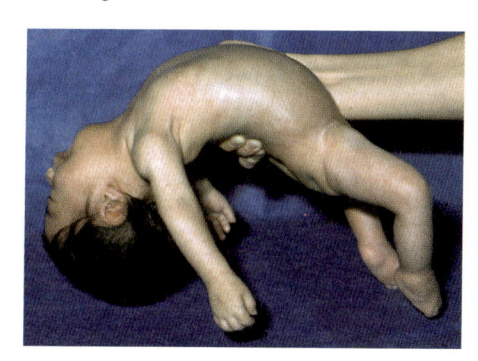

Zu den peroxisomalen Krankheiten gehören u. a. das **Zellweger-Syndrom** (Abb. 24.7), die **X-chromosomale Adrenoleukodystrophie**, die durch eine progrediente Neurodegeneration (Untergang des Myelins bzw. der weißen Substanz des ZNS) mit Morbus Addison bei betroffenen Knaben gekennzeichnet ist, sowie die in ▶ Kap. 26.2 besprochene **rhizomele Chondrodysplasia punctata**.

Störungen der Sterolsynthese

Cholesterol wird endogen in einem vielschrittigen Prozess aus Acetyl-CoA synthetisiert. Sterolsynthesestörungen manifestieren sich klinisch typischerweise als konnatale Multisystemerkrankungen mit fazialen Dysmorphien und variablen Skelettdysplasien; sie sollten auch bei ungeklärten Aborten mit fetaler Dysmorphie in Betracht gezogen werden. Zu den Sterolsynthesestörungen gehören u. a. die Chondrodysplasia punctata Conradi Hünermann, die durch einen Mangel der 3β-Hydroxysteroid-Δ8,Δ7-Isomerase verursacht wird (▶ Kap. 26.2), sowie das **Smith-Lemli-Opitz-Syndrom** (SLOS; Abb. 24.8). Der Erbgang ist meist autosomal-rezessiv.

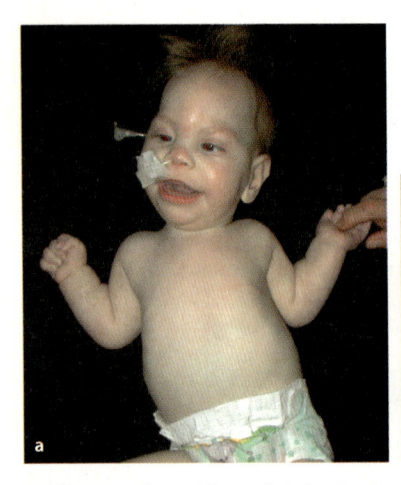

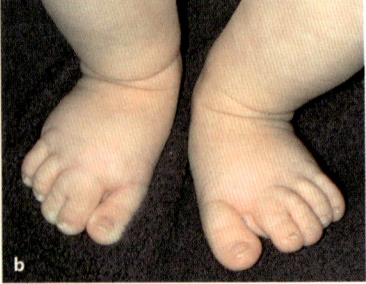

Abb. 24.8a, b. Smith-Lemli-Opitz-Syndrom (SLOS). Betroffene Kinder haben in der Regel eine Mikrozephalie mit prominenter Stirn, kleiner Nase mit antevertierten Nares (nach vorne gestellten Nasenlöchern) und Mikrogenie (**a**). Diagnostisch richtungsweisend ist eine Syndaktylie der Zehen 2/3 (**b**). Fehlbildungen von Urogenitaltrakt, Herz und Gehirn sind häufig, die meisten betroffenen Knaben haben Genitalfehlbildungen (Hypospadie). Eine schwere Trinkschwäche macht oft eine Sondenernährung notwendig. Schwerste Formen des SLOS sind in der Regel pränatal letal. Eine Cholesterolsubstitution hat einen positiven Einfluss auf Verhalten und Verlauf, verhindert aber nicht eine schwere Behinderung

Störungen des Purin- und Pyrimidinstoffwechsels

Purine und Pyrimidine sind die Vorläufer der Nukleinsäuren; sie werden zu Harnsäure (Purine) bzw. zu β-Aminosäuren (Pyrimidine) abgebaut. Zahlreiche Enzymdefekte wurden beschrieben, welche sich abhängig vom Defekt renal (Nierensteine, Niereninsuffizienz), neurologisch (psychomotorische Retardierung, Epilepsie, Bewegungsstörungen), muskulär (Muskelkrämpfe, Muskelschwund), hämatologisch (Anämie, Immundefekte) oder skelettal (Gicht, Minderwuchs) manifestieren. Kinder mit **Lesch-Nyhan-Syndrom** zeigen eine schwere psychomotorischer Retardierung, neurologische Auffälligkeiten und einen charakteristischer Drang zur Automutilation (Selbstverstümmelung); Abb. 24.9.

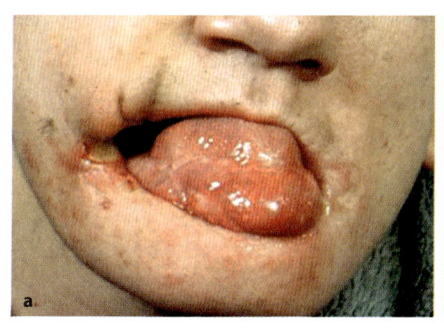

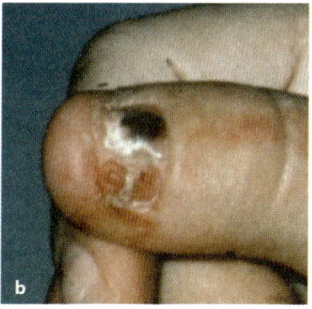

Abb. 24.9a, b. Lesch-Nyhan-Syndrom. Schwere, selbst zugefügte Verletzungen von Mund (**a**), Zunge und Daumen (**b**) bei einem jugendlichen Patienten. (Mit freundlicher Genehmigung von G. Tariverdian, Institut für Humangenetik Heidelberg)

Angeborene Glykosylierungsstörungen (CDG)

Congenital disorders of glycosylation sind angeborene Defekte der N-Glykosylierung von Proteinen. Ebenso vielfältig wie die verschiedenen Funktionen der Glykoproteine im Organismus ist das Spektrum der von CDGs verursachten klinischen Symptome, die alle Organsysteme betreffen können. Nicht selten finden sich auch funktionelle Auffälligkeiten wie Gerinnungsstörungen, endokrine oder gastrointestinale Störungen. Meist bestehen eine deutliche psychomotorische Retardierung und neurologische Auffälligkeiten. Bislang wurden etwa 20 verschiedene Enzymdefekte der N-Glykosylierung von Proteinen identifiziert. Die Diagnose erfolgt primär durch **isoelektrische Fokussierung des Transferrins** im Serum und wird enzymatisch oder molekulargenetisch bestätigt. Bis auf CDG Ib, das durch orale Gabe von Mannose behandelt werden kann, ist die Therapie symptomatisch.

> **Wichtig**
>
> Die CDGs gehören zu den wenigen Stoffwechselstörungen, die morphologische Auffälligkeiten beim Neugeborenen verursachen können. Mit der isoelektrischen Fokussierung von Transferrin steht ein einfacher und kostengünstiger Screeningtest zur Verfügung, der bei allen Kindern mit ungeklärter Multisystemkrankheit und morphologischen Auffälligkeiten veranlasst werden sollte.

CDG Typ Ia. Der durch einen Mangel des Enzyms Phosphomannomutase verursachte Typ Ia ist mit Abstand am häufigsten und liegt bei etwa 80% der bekannten CDG-Patienten vor. Die Erkrankung kann sich im Säuglingsalter als **Multisystemkrankheit** mit schweren Infekten, Leber- oder Herzinsuffizienz, Blutungen oder Thrombosen manifestieren. Ältere Kinder zeigen meist eine nicht progrediente mentale Retardierung und neurologische Symptome. Typische morphologische Auffälligkeiten sind u. a. eine **abnorme Fettgewebsverteilung** und **invertierte Brustwarzen**. Die Diagnose wird enzymatisch bestätigt, die Behandlung ist symptomatisch.

Neurotransmitterdefekte

Synthese und Abbau von Neurotransmittern werden durch zahlreiche Enzyme gesteuert, deren Fehlen typischerweise zu schweren, z. T. progredienten Enzephalopathien mit frühem Krankheitsbeginn führt. Verschiedene Krankheiten manifestieren sich als frühkindliche epileptische Enzephalopathie und lassen sich z. T. durch Gabe von spezifischen Vitaminen oder Cofaktoren effektiv behandeln (z. B. pyridoxinabhängige Krampfanfälle). Störungen der Dopaminbiosynthese verursachen progrediente extrapyramidale Störungen von intermittierender fokaler Dystonie, »hereditärer spastischer Diplegie« oder »Zerebralparese« bis hin zu schweren (letalen) infantilen Enzephalopathien. Die Diagnose beruht auf der quantitativen Bestimmung der Neurotransmitter oder ihrer Metaboliten im Liquor, diese spezielle Analytik ist jedoch nicht automatisch bei Kindern mit Enzephalopathie indiziert und ist bei isolierter mentaler Retardierung oder unspezifischen Verhaltensstörungen nicht sinnvoll.

25 Endokrinium und Immunsystem

Eine ausführliche Abhandlung des differenzialdiagnostisch wichtigen Themas »Erhöhte Infektanfälligkeit« mit Darstellung der wichtigsten Immundefizienzsyndrome findet sich in ▶ Kap. 37.

25.1 Diabetes mellitus

Typ-I-Diabetes

Der Typ-I-Diabetes beruht auf einer Zerstörung der B-Zellen in den Langerhans-Inseln des Pankreas durch Autoimmuninsulitis und führt zu einem absoluten Insulinmangel des Organismus. Obwohl Typ-I-Diabetes nur **selten familiär** auftritt, spielen genetische Faktoren eine wichtige, prädisponierende Rolle. Wie bei vielen Autoimmunerkrankungen findet sich auch bei Typ-I-Diabetes eine Assoziation zu bestimmten HLA-Merkmalen. Mehr als 90% der Personen mit Typ-I-Diabetes haben die **HLA-Merkmale DR3 und/oder DR4**.

Die prädisponierenden HLA-Merkmale liegen in unmittelbarer Nähe mehrerer immunregulatorische Gene auf Chromosom 6. Das genetische Risiko für einen Typ-I-Diabetes in Familien kann durch die Bestimmung der gemeinsamen HLA-Allele zwischen dem Indexpatienten und seinen Geschwistern genauer bestimmt werden. Das höchste Risiko haben neben eineiigen Zwillingen (35–50%) HLA-identische Geschwister (18–20%). Geschwister, die nur ein HLA-Merkmal gemeinsam haben, weisen ein Risiko von 5% auf, während das Risiko für nicht-HLA-identische Geschwister dem der Allgemeinbevölkerung entspricht.

Neben den HLA-Merkmalen auf Chromosom 6 gibt es weitere Prädispositionsloci im Genom, darunter *IDDM2*, das auf eine variable VNTR-Sequenz vor dem Insulin-Gen auf Chromosom 11p15 lokalisiert wurde.

Typ-II-Diabetes

Der Typ-II-Diabetes hat sich in westlichen Industrienationen zu einer epidemisch vorkommenden Erkrankung entwickelt. Seine Inzidenz steigt mit dem Ausmaß an Überernährung. Pathogenetisch spielen beim Typ-II-Diabetes zwei Faktoren eine besondere Rolle: eine gestörte Insulinsekretion und eine herabgesetzte Insulinwirkung (Insulinresistenz). Es handelt sich (wie auch der Typ-I-Diabetes) um eine **multifaktorielle Erkrankung**.

Eine positive Familienanamnese führt zu einem 2,4-fach erhöhten Risiko für Typ-II-Diabetes. 15–25% der Verwandten ersten Grades einer Person mit Typ-II-Diabetes entwickeln selbst eine gestörte Glukosetoleranz oder einen manifesten Typ-II-Diabe-

Tab. 25.1. Genetische Defekte bei MODY

Locus	Chromosom	Gen
MODY 1	20q	*hepatocyte nuclear factor 4 alpha*
MODY 2	7p	Glukokinase
MODY 3	12q	*hepatocyte nuclear factor 1 alpha*
MODY 4	13q	*insulin promotor factor 1, pancreatic duodenum homeobox 1*
MODY 5	17q	*hepatocyte nuclear factor 1 beta*
MODY 6	2q	NeuroD1

tes. Das Risiko für Typ-II-Diabetes beträgt 38% wenn ein Elternteil Typ-II-Diabetes hat(te). Die Konkordanzrate für eineiige Zwillinge beträgt 35–60%, für zweieiige Zwillinge 17–20%. Schließt man eine gestörte Glukosetoleranz in die Betrachtung mit ein, erhöht sich die Konkordanzrate für eineiige Zwillinge auf bis zu 90%.

Trotz der starken genetischen Komponente bei der Entstehung des Typ-II-Diabetes und großer Forschungsanstrengungen konnten bislang nur wenige risikomodifizierende Kandidatengene für Typ-II-Diabetes identifiziert werden.

MODY (*maturity onset diabetes of the young*)

Mitte der 1960er Jahre wurden erstmals Familien mit autosomal-dominant erblichen Formen von Diabetes mellitus identifiziert. Es handelt sich hierbei um Subtypen des Typ-II-Diabetes (ohne Auto-Antikörper-Nachweis gegen Inselzellen), aber mit auffallend jungem Manifestationsalter. Wie sich herausstellte, handelt es sich bei MODY um eine heterogene Erkrankung. Bislang sind sechs Gene bekannt, deren Mutationen zu einem MODY-Phänotyp führen. Fünf Gene kodieren für jeweils einen Transkriptionsfaktor, bei MODY 2 ist das Enzym Glukokinase mutiert. Alle bislang bekannten Formen zeigen eine reduzierte Insulinsekretion und sind autosomal-dominant erblich (Tab. 25.1).

Die verschiedenen MODY-Formen

MODY 3 ist die häufigste MODY-Diabetesform in Europa, Nordamerika und Japan (etwa 70% aller MODY-Fälle). *Hepatocyte nuclear factor* 1α und 4α (defekt bei MODY 3 bzw. MODY 1) sind Transkriptionsfaktoren, die die gewebsspezifische Expression des Proinsulins in den B-Zellen des Pankreas regulieren. Darüber hinaus steuern sie die Expression weiterer Proteine, die am Glukosetransport, dem Glukosestoffwechsel und an mitochondrialen Stoffwechselprozessen beteiligt sind. Zwei Drittel der betroffenen Personen werden im Verlauf insulinpflichtig.

MODY 2 ist mit etwa 14% aller Fälle die zweithäufigste MODY-Form. Bei ansteigendem Blutzucker wird Glukose vermehrt in die pankreatische B-Zelle aufgenommen und über das Enzym Glukokinase der Glykolyse zugeführt. Dadurch steigt der intrazelluläre ATP/ADP-Quotient, was wiederum die Insulinfreisetzung triggert. Patienten mit MODY 2 haben eine verringerte Glukokinaseaktivität, und dieser Mechanismus wird erst bei erhöhten Blutzuckerwerten ausgelöst; die Insulinsekretion ist ansonsten normal. Betroffene Personen sind klinisch oft asymptomatisch, und die erhöhten Blutzuckerspiegel werden zufällig entdeckt.

Die MODY-Typen 4–6 sind im Vergleich zu den anderen Formen sehr selten.

25.2 Adrenogenitales Syndrom

Der Begriff des adrenogenitalen Syndroms (AGS) beschreibt eine genetische Störung der Steroidhormonsynthese der Nebennierenrinde, bei der eine mangelnde **Synthese von Kortisol und Mineralokortikoiden** sekundär mit einer **übersteigerten Synthese von männlichen Sexualhormonen** einhergeht. Es ist die häufigste Form der angeborenen Nebennierenrinden-(NNR-)Insuffizienz und zugleich die häufigste Ursache für einen Pseudohermaphroditismus femininus. Unter dem Begriff AGS werden 3 verschiedene, **autosomal-rezessiv** erbliche Enzymdefekte subsumiert:

- **21-Hydroxylase-Mangel** (>90% der Fälle) wird nachfolgend genauer besprochen.
- **11β-Hydroxylasemangel** (5–10% der Fälle) zeigt als Leitsymptome Virilisierung und **Bluthochdruck**. Es handelt sich um die sog. salzretinierende Form

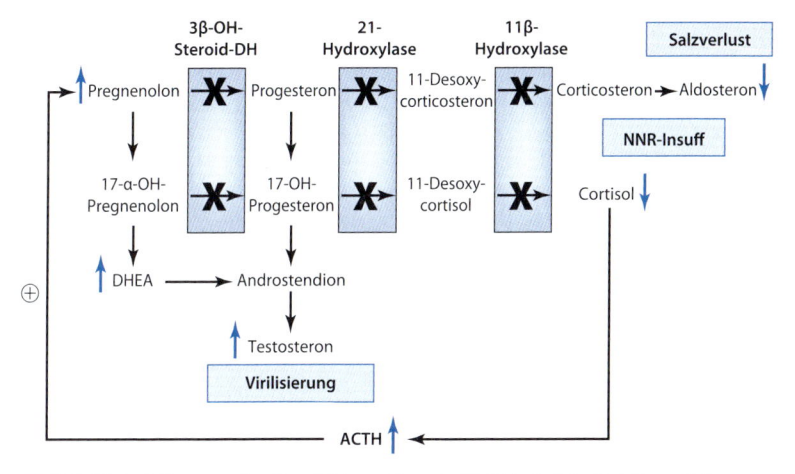

◻ **Abb. 25.1.** **Störungen der Steroidbiosynthese bei AGS** (mögliche Defekte und daraus resultierende Veränderungen sind *blau* eingezeichnet. Klinisch ersichtliche Folgen in *blauen Boxen*)

des AGS infolge einer Überproduktion von 11-Desoxykortikosteron, das als schwaches Mineralokortikoid wirkt.
- **3β-Hydroxylasemangel** (<5% der Fälle) stellt sich klinisch wie der 21-Hydroxylasemangel dar.

Eine Übersicht über die Synthese der Nebennierensteroide und die entsprechenden Enzymdefekte bietet ◘ Abb. 25.1.

21-Hydroxylase-Mangel

Praxisfall
Herr und Frau Koch haben seit 3 Jahren unerfüllten Kinderwunsch und kommen in die genetische Beratung, um mögliche genetische Ursachen abzuklären. Bei Herrn Koch waren die Vorbefunde, darunter mehrere Spermiogramme, unauffällig. Frau Koch hatte nach Absetzen der Pille nur unregelmäßige Perioden (Oligomenorrhö). Darüber hinaus klagt sie über verstärkte Körperbehaarung. Kürzlich wurde bei Hormonuntersuchungen eine erhöhte Konzentration von Testosteron im Blut (Hyperandrogenämie) festgestellt. Da die Gesamtkonstellation auf eine milde Form eines adrenogenitalen Syndroms (AGS) hinweisen könnte, veranlassen Sie eine molekulargenetische Untersuchung des *CYP21A2*-Gens, das für die Steroid-21-Hydroxylase kodiert. Die Analyse zeigt Compound-Heterozygotie für die Mutationen Q318X und V304M. Q318X führt zu einem vollständigen Verlust der Enzymaktivität und verursacht homozygot bzw. zusammen mit einer anderen schweren Mutation im *CYP21A2*-Gen ein klassisches AGS mit Salzverlust und pränataler Virilisierung von Mädchen. V304M dagegen hat eine hohe Restaktivität. Der Befund bestätigt die Diagnose eines milden AGS und damit sowohl die hormonellen Auffälligkeiten als auch die Infertilität bei Frau Koch. Therapeutisch beginnen Sie mit einer Kortisolsubstitution, worunter sich die Hormonwerte verbessern und die Periode regelmäßiger wird. Gleichzeitig besprechen Sie mit Ehepaar Koch das Risiko für ein Kind mit einem schweren AGS, wenn Herr Koch Überträger für AGS sein sollte. In diesem Fall wäre eine vorgeburtliche Therapie indiziert, um eine Virilisierung eines betroffenen Mädchens zu verhindern. Zur weiteren Abklärung führen Sie eine molekulargenetische Heterozygotendiagnostik bei Herrn Koch durch. Diese Untersuchung hat einen unauffälligen Befund ergeben, wodurch ein Überträgerstatus von Herrn Koch weitestgehend ausgeschlossen wird. Eine vorgeburtliche Therapie ist daher nicht notwendig.

Epidemiologie
Die homozygote, klassische Form hat in Deutschland eine Inzidenz von etwa 1:10.000. Das entspricht einer Heterozygotenfrequenz von 1:50. Ein AGS mit Salzverlust wird 3-mal häufiger diagnostiziert als ein AGS ohne Salzverlust.

▼

Varianten

Es werden (klinisch und genetisch) 3 Schweregrade des 21-Hydroxylase-Mangels unterschieden:
- **AGS mit Salzverlust** (häufigste Form), hier ist die Biosynthese von Kortisol und Aldosteron beeinträchtigt.
- **AGS ohne Salzverlust**, hier ist im Wesentlichen nur die Kortisolbiosynthese gestört.
- *Late onset*-AGS. Es finden sich zwar die typischen biochemischen Veränderungen, aber in milder Ausprägung. Klinische Auffälligkeiten werden bei Mädchen oft erst in der Pubertät festgestellt.

Bei allen Varianten des AGS ist die Androgensynthese gesteigert.

Klinik

Während das Fehlen von Kortisol und Mineralokortikoiden erst nach der Geburt zu klinischen Problemen führt, beginnt die Virilisierung von Mädchen mit AGS schon in der Frühschwangerschaft. Die fetale NNR produziert schon ab der 6. Gestationswoche vermehrt Androgene, und **Mädchen** mit klassischem AGS werden aufgrund eines virilisierten, **intersexuellen äußeren Genitales** typischerweise schon bei Geburt erkannt. Je nachdem, wie schwer die Virilisierung ist (Einteilung nach Prader), kann es durchaus vorkommen, dass man das Neugeborene zunächst für einen Jungen mit Hypospadie hält. Alle Mädchen besitzen jedoch ein vollkommen normales inneres Genitale, d. h. Uterus, Tuben und Ovarien. **Knaben** mit AGS sind dagegen **bei Geburt weitgehend unauffällig;** ggf. fällt eine Vergrößerung des Penis auf, außerdem sind Penis, Skrotum und Mamillen häufig vermehrt pigmentiert (Abb. 25.2). Die Hyperplasie der NNR ist sonographisch leicht darstellbar.

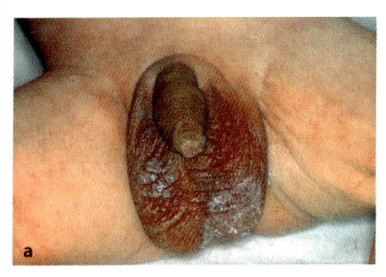

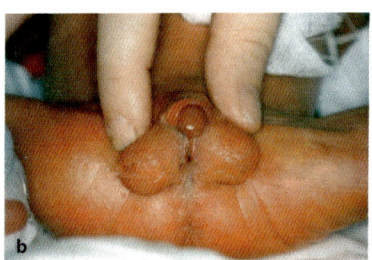

Abb. 25.2. Adrenogenitales Syndrom. **a** Hyperpigmentierung im Genitalbereich und Penishyperplasie bei einem Knaben. **b** Intersexuelles Genitale bei einem Mädchen. (Mit freundlicher Genehmigung der Universitäts-Kinderklinik Heidelberg)

Ein **Salzverlustsyndrom** bei schwerem AGS zeigt sich ab der zweiten Lebenswoche. Die betroffenen Kinder (Knaben wie Mädchen) entwickeln eine Trinkschwäche, nehmen an Gewicht ab und haben Durchfälle. Wiederholtes **starkes Erbrechen** führt nicht selten zu einer massiven Exsikkose. Die Analyse der Serumelektrolyte ist nun richtungsweisend: **Kalium ist erhöht** und **Natrium erniedrigt**. Unbehandelt nimmt die Hyperkaliämie innerhalb von 1–2 Wochen bedrohliche Werte an (bis 10 mmol/l), und die Kinder versterben in der 3.–4. Lebenswoche an Elektrolytentgleisung und Herzversagen.

> **Wichtig**
>
> Eine wichtige Differenzialdiagnose zu diesem Zeitpunkt ist die Pylorusstenose. Beim AGS mit Salzverlust fehlt die für die Pylorusstenose typische metabolische Alkalose, und es besteht immer eine Hyperkaliämie, die bei der Pylorusstenose nie auftritt.

Bei Kindern **ohne Salzverlust** tritt unbehandelt mit zunehmendem Alter die ungewünschte Androgenwirkung in den Vordergrund. Knaben und Mädchen entwickeln oft schon im Alter von 6–8 Jahren Zeichen der Pubertät (Mädchen allerdings ohne Brustentwicklung). Dabei handelt es sich um eine **Pseudopubertas praecox**, da die Gonaden kindlich bis hypoplastisch sind (die Androgene werden ja ektop, in der NNR, gebildet). Betroffene Kinder sind zunächst weit größer als ihre Altersgenossen, aber das Knochenalter ist viele Jahre voraus, die Epiphysenfugen schließen vorzeitig und die Endgröße ist deutlich zu klein.

■■■ *Late-onset*-AGS oder nicht-klassisches AGS

Personen mit *Late-onset*-AGS haben meist eine Restaktivität der 21-Hydroxylase von 25–50%. Sie produzieren normale Mengen von Kortisol und Aldosteron bei leicht bis mittelgradig erhöhter Konzentration männlicher Sexualhormone. Personen mit *Late-onset* AGS sind in 2/3 der Fälle **compound heterozygot**, mit einer »milden« Mutation (mit Restaktivität) auf mindestens einem Allel. Die Prävalenz ist hoch, eine Untersuchung in New York ermittelte eine Häufigkeit auf 1/100.

Das häufigste Symptom, mit welchem sich Frauen mit *Late-onset* AGS in der Klinik vorstellen, ist **Hirsutismus** (60%), gefolgt von Oligomenorrhö (55%), Akne (33%) und **Infertilität** (13%). Zugleich entwickeln viele Frauen mit *Late-onset*-AGS ovarielle Zysten. Das *Late-onset*-AGS ist damit eine wichtige Differenzialdiagnose zum Syndrom der polyzystischen Ovarien. Personen mit *Late-onset*-AGS benötigen nicht immer eine Glukokortikoidtherapie. Viele bleiben zeitlebens asymptomatisch. Dringende Therapieindikationen sind: schwere Akne, Hirsutismus, Menstruationsstörungen, testikuläre Tumoren und Infertilität. Es werden geringere Mengen an Glukokortikoiden substituiert als bei klassischem AGS.

Genetik

Das Gen für die 21-Hydroxylase liegt auf dem kurzen Arm von Chromosom 6 in unmittelbarer Nähe zu den HLA-Loci. Direkt neben dem funktionellen Gen **CYP21** gibt es noch ein sehr ähnliches Pseudogen *CYP21 P*, das jedoch inaktiv ist. Zahlreiche für den 21-Hydroxylasemangel verantwortliche Mutationen gehen auf einen Austausch von genetischem Material zwischen Gen und Pseudogen zurück, bei denen das aktive Gen einen Funktionsverlust erleidet.

Diagnostik

Neben dem richtungsweisenden klinischen Bild und den Elektrolytverschiebungen beruht die Diagnose des AGS auf der Hormondiagnostik, mit erniedrigtem Kortisol, erhöhtem ACTH und Hyperandrogenämie. Im Plasma können je nach Enzymdefekt die entsprechenden Hormonvorstufen nachgewiesen werden (bei 21-Hydroxylasemangel das 17-OH-Progesteron). Der Nachweis der krankheitsauslösenden Mutationen kann Aussagen über den Schweregrad erlauben, ist aber v. a. für die Steuerung der pränatalen Therapie in nachfolgenden Schwangerschaften von Nutzen.

▪▪▪ Pränatale Therapie

Durch Behandlung der Mutter mit Dexamethason während der Schwangerschaft lässt sich die fetale Hypophysen-NNR-Achse unterdrücken und damit die intrauterine Virilisierung weiblicher Feten weitgehend vermeiden. Allerdings muss mit dieser Therapie unmittelbar nach Feststellen der Schwangerschaft, spätestens in der 6. SSW begonnen werden. Dies ist natürlich nur möglich, wenn bekannt ist, dass beide Eltern Überträger für AGS sind, weil sie z. B. schon ein erkranktes Kind haben. Die Behandlung wird begonnen, obwohl statistisch nur eines von acht Kindern davon profitiert. Die ab der 11. SSW durchführbare Chorionzottenbiopsie entscheidet dann, ob diese Therapie bis zur Geburt fortgesetzt werden muss oder nicht: Handelt es sich um einen Jungen, kann die Behandlung beendet werden, handelt es sich um ein Mädchen, lässt sich durch eine DNA-Analyse feststellen, ob es betroffen ist, oder nicht. Nur bei betroffenem Mädchen wird die Behandlung fortgesetzt.

Therapie

Die Therapie besteht in einer lebenslangen **Substitutionsbehandlung** mit Glukokortikoiden (Hydrokortison). In allen Stresssituationen muss die Glukokortikoiddosis kurzfristig erhöht werden (Patientenausweis!). Bei Aldosteronmangel werden zusätzlich Mineralokortikoide (synthetisches 9α-Fluorkortisol) substituiert.

Operative Genitalkorrektur: Bei Mädchen mit intersexuellem Geniale vom Typ 3 und 4 nach Prader ist eine operative Korrektur indiziert. Mädchen mit Typ 5 nach Prader werden bei Geburt immer als Knaben verkannt. Eine operative Korrektur ist in diesem Stadium kaum möglich. Es wird meist empfohlen, die Kinder als Jungen zu erziehen und später (nach Gonadektomie und Hysterektomie) hormonell mit Androgenen zu substituieren.

25.3 Autoimmun-Polyendokrinopathien

Die Gruppe der auch als polyglanduläre Autoimmunsyndrome bezeichneten Erkrankungen sind durch das gleichzeitige Auftreten von zwei oder mehr autoimmunologisch verursachte Endokrinopathien (z. B. Hypoparathyreoidismus und Nebenniereninsuffizienz) charakterisiert. In der Regel kommt es zu einer endokrinen Unterfunktion. Oft können schon vor der Manifestation der Krankheit organspezifische Autoantikörper nachgewiesen werden, die Hinweise auf den zu erwartenden weiteren Verlauf geben können.

Mehrere unterschiedliche Typen werden unterschieden. Das **polyglanduläre Autoimmunsyndrom Typ I** wird durch Mutationen im Autoimmun-Regulatorgen *AIRE* verursacht und ist autosomal-rezessiv erblich; Hauptmerkmale sind mukokutane Candidiasis, Hypoparathyreoidismus und Nebenniereninsuffizienz (Morbus Addison). Beim häufigeren, polygen verursachten **Typ II** hingegen besteht neben einem Morbus Addison eine Immunthyreoiditis (syn. Schmidt-Syndrom) und/oder ein Diabetes mellitus Typ I (syn. Carpenter-Syndrom). Die seltene **X-chromosomale Polyendokrinopathie mit Immundefizienz und Diarrhö** manifestiert sich typischerweise als schweres autoimmunologisches Krankheitsbild mit Diabetes mellitus Typ I beim Neugeborenen; sie wird durch Mutationen im *FOXP3*-Gen verursacht.

26 Skelett und Bewegungssystem

26.1 Abnorme Knochenbrüchigkeit

Osteogenesis imperfecta

Wichtigste monogene Krankheit mit abnormer Knochenbrüchigkeit ist die Osteogenesis imperfecta, auch »Glasknochenkrankheit« genannt. Klinisch werden vier verschiedene Typen (Schweregrade) unterschieden. Ätiopathogenetisch liegen allen vier Typen Mutationen der Gene *COL1A1* oder *COL1A2* zugrunde, die für Bestandteile des Kollagens I kodieren. Eine ausführliche Darstellung der Krankheit und ihrer molekulargenetischen Defekte findet sich in ▶ Kap. 4.2.

26.2 Skelettdysplasien

Die Skelettdysplasien umfassen eine heterogene Gruppe angeborener Krankheiten, welche durch genetische Störungen der Knorpel- und Knochenbildung zu morphologischen Fehlbildungen der Extremitäten, des Rumpfes und/oder des Schädels führen. In den meisten Fällen resultiert daraus ein disproportionierter Kleinwuchs. Je nach Lokalisation der Wachstumsstörung werden rhizomele, mesomele und akromele Formen des disproportionierten Kleinwuchses unterschieden. Eine bildliche Darstellung dieser Kleinwuchsformen findet sich in ▶ Kap. 35.1.

Weit mehr als 100 verschiedene Skelettdysplasien werden anhand klinischer und radiologischer Auffälligkeiten unterschieden. Für viele dieser Skelettdysplasien konnten in den vergangenen Jahren die zugrunde liegenden Gendefekte aufgeklärt werden.

Achondroplasie

Bei der Achondroplasie handelt es sich um die häufigste Skelettdysplasie. Das typische Erscheinungsbild macht sie zu einer »prima vista« Diagnose – und das seit Tausenden von Jahren. In der klassischen Malerei finden sich zahlreiche Abbildungen von Menschen mit Achondroplasie.

> **Praxisfall**
> Frau Schwengel stellt sich mit ihrem 3jährigen Sohn in der genetischen Poliklinik vor. Kurz nach der Geburt war bei Timo klinisch die Diagnose Achondroplasie gestellt worden; die gezielte molekulare Analyse bestätigte die spezifische Mutation G380R im *FGFR3*-Gen.
> ▼

Frau Schwengel hat weiteren Kinderwunsch und möchte sich über das Wiederholungsrisiko informieren. Die körperliche Untersuchung von Timo zeigt die typischen Befunde einer Achondroplasie. Abgesehen von häufigen Mittelohrentzündungen ist Timo gesund und entwickelt sich geistig altersentsprechend. Die seit Geburt bestehende milde Hypotonie wurde von Anfang an mit Krankengymnastik behandelt und macht aktuell keine Probleme mehr. Die Meilensteine der motorischen Entwicklung verliefen bei Timo grenzwertig verzögert. Bei der Durchsicht des Familienstammbaumes fallen keinerlei Besonderheiten, insbesondere keine weiteren Achondroplasiefälle oder sonstige Skelettanomalien auf; Frau und Herr Schwengel sind beide gesund und haben eine normale Körpergröße. Es handelt sich also bei Timo um eine Neumutation; das Wiederholungsrisiko bei weiteren Kindern ist sehr gering (0,2%).

Epidemiologie
Die Prävalenz der Achondroplasie liegt etwa bei 1:20.000.

Klinische Merkmale
Betroffene Kinder fallen schon **bei Geburt** durch einen **disproportionierten Kleinwuchs** auf. Die Körpergröße liegt meist im unteren, der Kopfumfang jedoch im oberen Normbereich. Oft besteht eine muskuläre Hypotonie.

Kopf/Gesicht. Der Kopf ist im Verhältnis zur Körpergröße immer, im Verhältnis zur Altersnorm manchmal zu groß (Abb. 26.1). Es besteht meist ein großes, frontoparietal ausladendes Schädeldach mit relativ kurzer Basis. Durch die Wachstumsstörung der Schädelbasis bleiben das Foramen Magnum und die venösen Abflusskanäle häufig zu eng, was zur Behinderung der Liquorzirkulation und der Entstehung eines **Hydrocephalus internus** führen kann. Die Gesichtszüge werden als vergröbert wahrgenommen, mit ausladender Stirn und Progenie bei gleichzeitiger **Mittelgesichtshypoplasie** und eingesunkener Nasenwurzel.

Abb. 26.1. Achondroplasie bei einem 8 Monate alten Knaben. (Mit freundlicher Genehmigung der Universitäts-Kinderklinik Heidelberg)

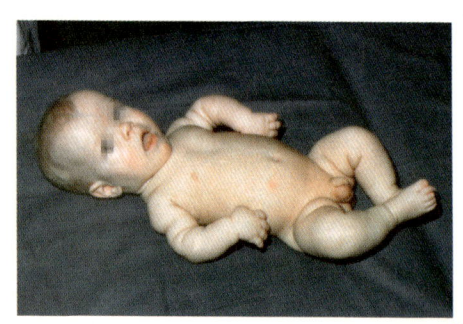

Rumpf/Extremitäten. Die Extremitäten sind deutlich verkürzt, vor allem die proximalen Anteile (Oberarme, Oberschenkel). Man spricht in diesem Zusammenhang von einem **rhizomelen Kleinwuchs** (▶ Kap. 35.1). Typisch ist die Spreizstellung der kurzen Finger, die auch als »**Dreizackhand**« bezeichnet wird, sowie eine Ulnardeviation der Hände, eine Streckhemmung der Ellenbogen sowie Genua vara (O-Beine). Der Thorax ist glockenförmig. An der Wirbelsäule besteht meist eine lumbosakrale Lordose, mit lumbalwärts zunehmender Einengung des Wirbelkanals, was vor allem in Kombination mit der fortschreitenden Hyperlordose zu einer Kompression des Wirbelkanals, z. T. mit neurologischen Ausfällen führen kann.

Entwicklung/Verlauf. Patienten mit Achondroplasie zeigen **keine Beeinträchtigung der Intelligenz**. Aufgrund der anfänglichen muskulären Hypotonie lernen die meisten Kinder verspätet Sitzen und Laufen. Die Prognose ist diesbezüglich jedoch gut, denn die Hypotonie verschwindet im Lauf der ersten Lebensjahre spontan, und mit ihr auch die am Anfang vorhandene Sitzkyphose. Die Dysproportionierung des Skeletts hingegen nimmt im Lauf der Jahre weiter zu. Es resultiert ein charakteristischer Kleinwuchs mit Endgrößen um 130 cm bei Männern und um 125 cm bei Frauen.

Genetik

Die Achondroplasie ist eine **autosomal-dominant** erbliche Krankheit mit 100%-iger Penetranz. Ursächlich ist eine Störung des **Rezeptors für den Fibroblasten-Wachstumsfaktor 3 (FGFR 3)**, der die Zellteilungsrate in enchondralen Knorpelzellsäulen steuert. Das Gen für FGFR 3 liegt auf Chromosom 4p16.3. Die Achondroplasie wird fast immer durch eine von zwei verschiedenen Basenänderungen (c.1138G>A oder G>C) verursacht, die die gleiche Aminosäurenänderung (Gly380Arg) innerhalb der Transmembrandomäne des Rezeptors bewirken. Die Mutation führt zu einer konstitutionellen Dimerisierung des Rezeptors auch ohne extrazellulären Liganden (FGF). Der Rezeptor wird also durchgehend aktiviert (*gain-of-function*). In 80–90% der Fälle handelt es sich um Neumutationen, ein Keimzellmosaik eines Elternteils ist recht selten. Nach einem betroffenen Kind gesunder Eltern besteht ein Wiederholungsrisiko von 0,2%. Wie für neu entstandene Punktmutationen typisch stammt das mutierte *FGFR3*-Allel meist vom Vater, und es besteht statistisch eine gewisse Assoziation mit erhöhtem väterlichem Alter.

Patienten mit Achondroplasie sind in der Regel **fertil**, allerdings haben betroffene Frauen häufig ein flaches, breites Becken mit verengtem Beckeneingang, was nicht selten ein **Geburtshindernis** darstellt. Die Wahrscheinlichkeit, die Krankheit weiterzuvererben, liegt bei 50%. Wenn zwei Partner mit Achondroplasie gemeinsam

Kinder bekommen, besteht ein 25%-iges Risiko für **Homozygotie** des FGFR3-Defekts. Dies führt zu einem besonders schweren, meist früh letalen Phänotyp, der vom klinischen Bild her der Thanatophoren Dysplasie (s. u.) sehr ähnlich ist.

▪▪▪ Hypochondroplasie

Die Hypochondroplasie wird durch andere Mutationen des *FGFR3*-Gens verursacht und wie die Achondroplasie autosomal-dominant vererbt. Das Erscheinungsbild ist ähnlich, die Veränderungen in Händen und Wirbelsäule sind aber erheblich milder, und die Gesichtszüge sind weitgehend unauffällig. Die Erwachsenengröße liegt zwischen 130 cm und 150 cm. Die diagnostische Abgrenzung erfolg radiologisch.

▪▪▪ Thanatophore Dysplasie

Auch diesem schweren klinischen Phänotyp (thanatophor = todbringend) liegen bestimmte dominante Mutationen des *FGFR3*-Gens zugrunde. Aufgrund eines massiv verengten, glockenförmigen Thorax versterben die betroffenen Kinder schon kurz nach Geburt an respiratorischem Versagen. Am Beatmungsgerät können die Kinder jahrelang überleben. Sie bleiben aber psychomotorisch schwer behindert und erreichen eine Körpergröße von selten mehr als 80 cm.

Diagnostik

Die Diagnose der Achondroplasie erfolgt **klinisch** und wird ggf. radiologisch bestätigt. Eine molekulargenetische Diagnostik ist i. d. R. nicht nötig, auch wenn die Untersuchung relativ kostengünstig ist (nur zwei Mutationen im gleichen Codon).

Therapie

− Es gibt keine kausale Therapie.
− Regelmäßige orthopädische, HNO-ärztliche und (im Falle einer entstehenden Kompressionssymptomatik) neurochirurgische Kontrollen sind anzuraten.
− Für gewöhnlich bedarf ein sich entwickelnder Hydrozephalus aufgrund guter Spontanheilung keiner Therapie. Wird der Hydrozephalus symptomatisch, ist die Anlage eines ventrikulo-peritonealen Shunts indiziert.
− Obstruktive Apnoen sind häufig durch adenoide Vegetationen bedingt. Diese sind (auch mehrfach) zu entfernen.
− Aufgrund adenoider Vegetationen, ggf. in Verbindung mit Wachstumsstörungen der Schädelbasis, neigen Kinder mit Achondroplasie zu chronischen bzw. rekurrierenden Otitiden. Diese sind konsequent zu behandeln, um Schallleitungsstörungen und verzögerte Sprachentwicklung zu verhindern.

Abb. 26.2. Rhizomele Chondrodysplasia punctata. Verkürzung des Oberarmknochens mit gesprenkelten Verkalkungen. (Mit freundlicher Genehmigung von G.F. Hoffmann, Universitäts-Kinderklinik Heidelberg)

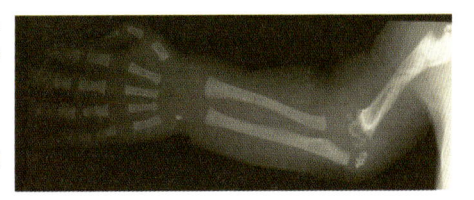

Chondrodysplasia punctata

Der Krankheitsbegriff beschreibt die röntgenologisch nachweisbaren kleinen Kalzifikationen (»**Kalkspritzer**«), vor allem in den knorpeligen Epiphysen und im Bereich der Wirbelsäule. Dieses Phänomen ist jedoch unspezifisch und findet sich bei einer Vielzahl erblicher und nicht erblicher Krankheiten. Die Krankheit geht mit einem (meist pränatalen) disproportionierten Minderwuchs mit verkürzten Extremitäten einher.

Die »klassische Form« der Chondrodysplasia punctata ist das X-chromosomal-dominante **Conradi-Hünermann-Syndrom**. Die Krankheit ist auf Defekte des Emopamil-bindenden Proteins (EBP) zurückzuführen, das als 3β-Hydroxysteroid-Δ8,Δ7-Isomerase eine Reaktion der Sterolsynthese katalysiert (▶ Kap. 24.8) und über eine Sterolanalyse nachgewiesen werden kann. Das klinische Bild umfasst asymmetrische Verkürzungen der Extremitäten, Skoliose, Katarakt und diverse Hautmanifestationen (Ichthyose, Erythem, Hautatrophien, Alopezie etc.). Hemizygotie für Mutationen des *EBP*-Gens wirkt in vielen Fällen als Letalfaktor, lebend geborene Knaben mit Conradi-Hünermann-Syndrom sind oft schwer betroffen. Die **rhizomele Form** der Chondrodysplasia punctata mit Verkürzung vor allem der Oberarme und Oberschenkel wird autosomal-rezessiv vererbt und ist eine peroxisomale Krankheit (Abb. 26.2; ▶ Kap. 24.8).

> **Wichtig**
>
> Warfarin (Marcumar) wie auch ein schwerer Vitamin-K-Mangel in der Schwangerschaft induziert eine Phänokopie des Conradi-Hünermann-Syndrom mit identischen Skelettveränderungen, allerdings ohne die Manifestation an Haut und Haaren (Warfarin-Embryopathie).

26.3 Kraniosynostosen

Unter dem Begriff Kraniosynostose versteht man den vorzeitigen Verschluss einer oder mehrerer Schädelnähte. Durch ein verringertes Wachstum quer zur Naht und ein verstärktes Wachstum längs zur Naht kommt es im Verlauf zu einer z. T. erheblichen Verformung des Schädels. Ist beispielsweise die Sagittalnaht vorzeitig verschlossen, ist das Schädelwachstum in die Breite gestört, der Schädel wächst verstärkt in die Länge (nach frontal und nach okzipital). Es resultiert ein »Dolichozephalus« (Langschädel). Eine Kraniosynostose lässt sich klinisch anhand der aus ihr hervorgehenden, charakteristischen Schädeldeformität erkennen. Vier wichtige Schädeldeformitäten und die ihnen zugrunde liegenden vorzeitigen Nahtverschlüsse sind in ◘ Abb. 26.3 dargestellt. Multiple Synostosen können zum klinisch schweren Bild des »Kleeblattschädels« führen, bei dem der Hirnschädel zu beiden Seiten und nach oben stark ausgebuchtet ist, mit Verlagerung der Ohren nach unten und schlechter Prognose.

Kraniosynostosen können isoliert auftreten; in diesem Fall ist der vorzeitige Verschluss der Schädelnaht nicht mit weiteren morphologischen oder funktionellen Auffälligkeiten assoziiert. Von komplexen Kraniosynostosen spricht man, wenn neben dem Hirnschädel auch der Gesichtsschädel betroffen ist. Bei syndromalen Kraniosynostosen hingegen finden sich zusätzliche morphologische und/oder

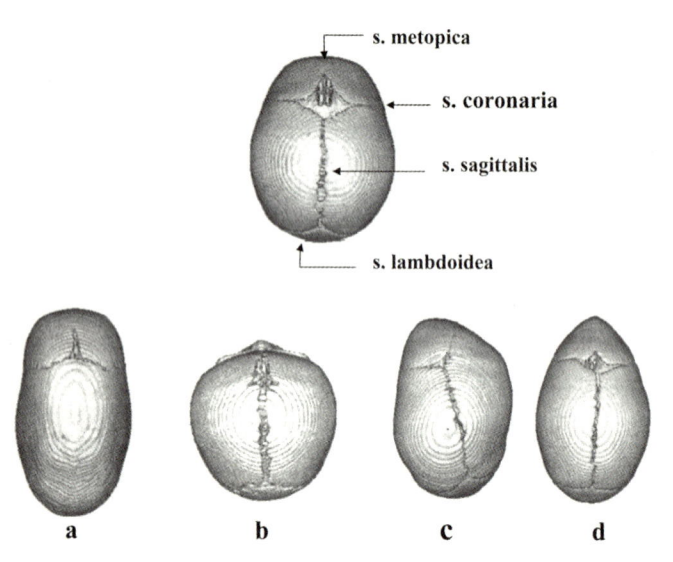

◘ **Abb. 26.3. Schädeldeformitäten nach vorzeitigem Nahtverschluss. a** Dolichozephalus (Langschädel) nach vorzeitigem Verschluss der Sutura sagittalis. **b** Brachyzephalus (Kurzschädel) nach vorzeitigem Verschluss der Sutura coronalis. Der Schädel ist häufig auch relativ hoch (Turrizephalus, Turmschädel). **c** Plagiozephalus (Schiefschädel) nach vorzeitigem Verschluss der rechten Sutura coronalis. **d** Trigonozephalus (Dreiecksschädel) nach vorzeitigem Verschluss der Sutura frontalis. (Aus Lentze et al. 2002)

funktionelle Anomalien beim betroffenen Kind. Die syndromalen Kraniosynostosen sind fast immer **autosomal-dominant** erblich; Neumutationen sind häufig.

Unbehandelt nimmt die Schädeldeformität über die ersten Lebensjahre zu. Bei nahezu allen Formen kommt es früher oder später zu einer **Pansynostose**, also dem Verschluss aller Schädelnähte. Neben kosmetischen (und damit häufig sozialen) Problemen kann infolge des zu kleinen Schädelinnenraums (»**Kraniostenose**«) auch der intrakranielle Druck ansteigen, mit den üblichen neurologischen Komplikationen. Häufig führt eine **Orbitastenose** zu einer Protrusion der Augen sowie zur Optikusatrophie und Blindheit (wichtige Komplikation!). Ein vorzeitiger Verschluss der Lambdanaht kann zu einer Herniation ins Foramen magnum und zum Hydrozephalus führen.

Die **diagnostische Abklärung** umfasst neben der Röntgenaufnahme des Schädels eine ophthalmologische Untersuchung (Strabismus?) und ggf. intrakranielle Druckmessung. Speziell bei syndromalen Formen kann eine gezielte molekulargenetische Untersuchung induziert sein, die sich am klinischen Bild ausrichtet. Die **Behandlung** erfolgt **neurochirurgisch** durch Eröffnung des Schädeldachs mit Exzision der verschlossenen Naht. Im ersten Lebensjahr wächst der Knochen aus der Dura nach, später ist eine Modellierung notwendig. Bis zum 8. Lebensjahr sind Rezidive zu erwarten. Nicht zuletzt wegen der erschwerten neurochirurgischen Möglichkeiten sowie wegen des Operationsrisikos (Letalität bei Sinusverletzung) sollte eine Operation möglichst lange herausgezögert werden, sofern keine schweren Komplikationen auftreten.

Die meisten Kraniosynostosen werden durch unterschiedliche Mutationen in den **Fibroblasten-Wachstumsfaktor-Rezeptoren (FGFR) 1 oder 2** verursacht und sind dominant erblich. Neumutationen sind häufig. Nicht selten treten typische Mutationen unabhängig voneinander wiederholt auf. Mutationen des dritten Wachstumsfaktorrezeptors FGFR3 führen typischerweise zu einem gestörten Wachstum der langen Röhrenknochen (z. B. Achondroplasie); wichtigste Ausnahme ist die Mutation P250R im *FGFR3*-Gen als Ursache des Muenke-Syndroms. Weitere wichtige Gene sind *TWIST* (das für einen Transkriptionsfaktor kodiert) sowie *EFNB1*.

▪▪▪ Weitere FGFR-Mutationen

Die Prolin→Arginin-Mutationen P252R in *FGFR1*, P253R in *FGFR2* und P250R in *FGFR3* betreffen jeweils genau die gleiche Position in der Linker-Region zwischen den »immunglobulinähnlichen Domänen« II und III. Alle drei sind häufige Ursachen von Kraniosynostosen: eines Pfeiffer-Syndroms bei FGFR1, eines Apert-Syndroms bei FGFR2 und eines Muenke-Syndroms bei FGFR3. Die klinischen Folgen dieser Mutationen sind nicht direkt auf die Funktion der verschiedenen Gene zurückzuführen, vielmehr scheint es sich um gleichgerichtete *Gain-of-function*-Mutationen zu handeln, die zu einer verstärkten Bindungsfähigkeit für bestimmte Liganden (Fibroblasten-Wachstumsfaktoren) führen.

26.3.1 Kraniosynostosen durch FGFR-Mutationen

Crouzon-Syndrom (Dysostosis craniofacialis)

Das **Crouzon-Syndrom** ist mit einer Inzidenz von 1:25.000 eines der häufigeren Kraniosynostosesyndrome. Es wird durch zahlreiche unterschiedliche Mutationen meist in der immunglobulinähnlichen Domäne III des *FGFR2*-Gens verursacht. Die klinischen Symptome beschränken sich auf Kopf- und Halsbereich. Ein vorzeitiger Verschluss der Koronarnaht führt zu einer **Brachyzephalie** und **Turrizephalie**. Die Patienten haben eine prominente Stirn, einen Hypertelorismus mit abfallender Lidachse sowie eine Mittelgesichtshypoplasie und eine meist hakenförmig gebogene Nase. Aufgrund einer vorzeitigen Synostose der Lambdanaht kommt es zu einer **Exophthalmie** (in Extremfällen zu Subluxationen der Augäpfel) und ophthalmologischen Komplikationen. Relativ früh tritt eine **Pansynostose** auf, bei ¾ der Patienten schon vor dem 4. Lebensjahr. Die Intelligenz der Patienten mit Crouzon-Syndrom ist normal, kann aber z. B. durch Komplikationen einer intrakraniellen Drucksteigerung beeinträchtigt werden.

Andere Kraniosynostosen

Der kraniofaziale Befund des **Pfeiffer-Syndroms** ähnelt oft dem Crouzon-Syndrom, zusätzlich bestehen jedoch eine Verbreiterung von Daumen und Großzehen sowie variable kutane Syndaktylien der Finger und Zehen. In den meisten Fällen wird es (wie das Crouzon-Syndrom) durch verschiedene andere Mutationen in der immunglobulinähnlichen Domäne III des *FGFR2*-Gens verursacht. 5% der Fälle werden durch die Mutation P252R im *FGFR1*-Gen verursacht.

Das **Apert-Syndrom** ist seltener, aber auch schwerer als andere Kraniosynostosen (○ Abb. 26.4). Neben den typischen Konsequenzen einer vorzeitigen Koronarnahtsynostose (Brachy-/Turrizephalie) und den fazialen Zeichen der Gesichtsschädelbeteiligung haben die betroffenen Kinder typischerweise ausgedehnte Syndaktylien der Finger und Zehen; die meisten Patienten sind auch ohne intrakraniale Druckerhöhung mental retardiert. Das Apert-Syndrom wird fast immer durch eine von zwei Mutationen S252W bzw. P253R im *FGFR2*-Gen verursacht.

Das erst in den späten 1990er Jahren beschriebene **Muenke-Syndrom** wurde über den Nachweis der gleichen Mutation P250R im *FGFR3*-Gen als Krankheitseinheit erkannt. Es gilt inzwischen als die häufigste molekulargenetisch charakterisierbare Kraniosynostose (ca. 8% aller Fälle einschließlich der isolierten Kraniosynostosen), hat aber auch ein relativ mildes klinische Bild. Neben einer vorzeitigen Koronarnahtsynostose finden sich gelegentlich eine diskrete Brachydaktylie (kurze Finger) oder selten Taubheit. Eine Testung auf diese Mutation und ggf. Untersuchung von Familienangehörigen sollte bei allen Fällen einer isolierten Koronarnahtsynostose diskutiert werden.

◘ Abb. 26.4. Apert-Syndrom. (Mit freundlicher Genehmigung von G.F. Hoffmann, Universitäts-Kinderklinik Heidelberg)

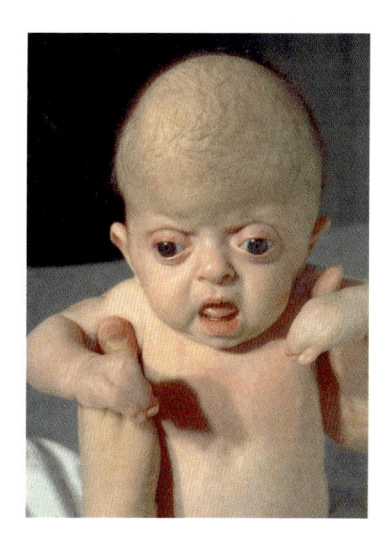

26.4 Metabolische Knochenkrankheiten

Familiärer Phosphatdiabetes

Der **familiäre Phosphatdiabetes,** auch als »familiäre hypophosphatämische Rachitis« oder »Vitamin-D-resistente-Rachitis« bezeichnet, ist die häufigste hereditäre Rachitisform. Die Inzidenz beträgt 1:20.000–25.000, Der Phosphatdiabetes wird durch Mutationen im *PHEX*-Gen verursacht und ist **X-chromosomal-dominant** erblich. Eine verminderte Phosphatresorption im proximalen Tubulus der Niere führt zu einer Hypophosphatämie und über das herabgesetzte Kalzium-Phosphat-Produkt zu einer verminderten Kalziumeinlagerung in den Knochen mit der Entwicklung einer **Rachitis und Osteomalazie**. Die betroffenen Kinder fallen meist im 2. Lebensjahr durch einen zunehmenden Kleinwuchs, einen auffällig breitbeinigen Gang und rachitische Beindeformitäten auf. Labordiagnostisch richtungsweisend ist die verminderte Serumphosphatkonzentration bei normaler Kalziumkonzentration. Der Vitamin-D-Stoffwechsel ist nicht gestört. Die Therapie besteht primär in der Substitution von Phosphat, dessen intestinale Resorption durch Gabe von aktivem Vitamin D zusätzlich unterstützt wird. Die Differenzialdiagnostik umfasst u. a. die seltene, autosomal-rezessiv erbliche **Vitamin-D-abhängige-Rachitis**, die durch gestörte Synthese von aktivem Vitamin D oder Endorganresistenz verursacht wird.

Pseudohypoparathyreoidismus (PHP) und Albrightsche hereditäre Osteodystrophie

Im Gegensatz zum Hypoparathyreoidismus (HP) besteht beim PHP kein Parathormonmangel, sondern eine **Endorganresistenz** (von Nieren und Skelett) gegenüber Parathormon. Das verminderte Ansprechen auf Parathormon führt zu einer **vermehrten tubulären Phosphatreabsorption** mit Hyperphosphatämie bei gleichzeitiger Hypokalzämie aufgrund der verminderten Kalziummobilisation aus dem Knochen. Ein PHP findet sich speziell bei der **Albrightschen hereditären Osteodystrophie** (AHO), einem genetischen Syndrom mit gedrungenem Kleinwuchs, mäßiger Adipositas, kurzen Händen und Füßen (verkürzten Metakarpalia und Metatarsalia), und mentaler Retardierung (durchschnittlicher IQ 60). Endokrine Störungen umfassen neben dem PHP (der dann als **PHP Typ Ia** bezeichnet wird) auch einen hypergonadotropen Hypogonadismus und eine Hypothyreose. Es gibt auch Patienten mit AHO ohne PHP, was dann als Pseudopseudohypoparathyreoidismus (PPHP) bezeichnet wird.

Die komplexen Zusammenhänge zwischen AHO und PHP wurden erst in den vergangenen Jahren geklärt. Im Mittelpunkt der Pathogenese steht das *GNAS*-**Gen** auf Chromosom 20q13.3, ein komplexes Gen, das über die Verwendung unterschiedlicher Promotoren für mehrere unterschiedliche Proteine kodiert. Wichtigstes Genprodukt ist die α-Untereinheit eines G-Proteins, das die Signale von zahllosen hormonellen und anderen Rezeptoren weiterleitet. In den proximalen Nierentubuli sowie in Schilddrüse, Hypophyse und Ovarien ist das Gen **paternal imprimiert**, kann also nur von der mütterlichen Genkopie gelesen werden. Auf unterschiedlichem Wege ist das *GNAS*-Gen in unterschiedlichen Krankheitsbildern involviert:

- Heterozygote inaktivierende Mutationen auf dem **maternalen** Allel verursachen **PHP Typ Ia**, also AHO plus Resistenz gegen Parathormon, TSH und Gonadotropin, da die paternale Genkopie u. a. in den Nieren nicht abgelesen wird.
- Heterozygote inaktivierende Mutationen auf dem **paternalen** Allel verursachen AHO ohne PHP, was als **Pseudopseudohypoparathyreoidismus (PPHP)** bezeichnet wird, oder **progressive ossäre Heteroplasie**, die in der frühen Kindheit mit kleinen Verknöcherungen in der Haut beginnt und sich später auch auf das Bindegewebe ausdehnt.
- Paternale uniparentale Disomie von Chromosom 20q13 verursacht **PHP Typ Ib**, das durch Parathormonresistenz ohne AHO gekennzeichnet ist; familiäre Formen dieser Krankheit werden durch Mutationen in dem zugehörigen Imprinting-Zentrum verursacht.
- Aktivierende Mutationen, die ein »Abschalten« der GTPase-Reaktion verhindern, sind bei durchgehendem Vorliegen vermutlich **pränatal letal.**
- Aktivierende Mutationen in Mosaikform verursachen das **McCune-Albright-Syndrom** mit einer Kombination von polyostotischer fibröser Dysplasie der langen Röhrenknochen, Café-au-lait-Flecken sowie endokrinen Störungen.

> **■ ■ ■ G-Proteine**
>
> G-Proteine (Guaninnukleotid-bindende Proteine) gehören zu den wichtigsten Molekülen der zellulären Signaltransduktion. Als zentrale *second messenger* leiten sie die Signale von Rezeptoren an nachfolgende Effektoren; ihr Name bezieht sich darauf, dass sie den Wechsel zwischen GDP und GTP als Signalmechanismus verwenden. Die großen, heterotrimeren G-Proteine bestehen aus drei Untereinheiten α, β und γ, die jeweils von unterschiedlichen Genen kodiert werden können (13, 5 und 14 Gene jeweils für die α-, β- und γ-Untereinheit). Für die Erforschung der G-Proteine erhielten Gilman und Rodbell 1994 den Nobelpreis für Medizin.

Bei der **Vererbung** des PHP Typ Ia besteht also eine komplexe Abhängigkeit vom elterlichen Geschlecht: Vererbt ein Vater mit PHP Ia oder PPHP sein mutiertes Allel, entsteht bei den betroffenen Nachkommen ein PPHP. Wird das gleiche defekte Allel jedoch von einer Mutter mit PHP Ia oder PPHP vererbt, entsteht ein PHP Ia. Die **Therapie** des PHP Ia besteht aus der Gabe von aktivem Vitamin D zur Normalisierung des Serumkalziums und der oralen Applikation enteraler Phosphatbinder (z. B. Kalziumkarbonat).

26.5 Multifaktorielle angeborene Skelettfehlbildungen

Klumpfuß

Beim Klumpfuß (**Pes equinovarus, excavatus et adductus**) handelt es sich um eine fixierte und passiv nicht ausgleichbare Fehlstellung des Fußes. Die Fehlstellung ist komplex und besteht aus 4 Komponenten: Equinus (Spitzfuß), Varus (Supination), Excavatus (Hohlfuß) und Adductus (Sichelfuß). Differenzialdiagnostisch abzugrenzen ist die »Klumpfußhaltung«, die aktiv oder passiv komplett ausgleichbar ist.

Die Häufigkeit beträgt 2–3 pro 1.000 Neugeborene. **Knaben sind doppelt so häufig betroffen wie Mädchen.** In der Hälfte der Fälle handelt es sich um einen beidseitigen Befall. Je nach Rigidität des Klumpfußes werden 4 Schweregrade unterschieden.

Ein Klumpfuß kann durch exogene, intrauterine Faktoren (z. B. Oligohydramnion) verursacht werden, findet sich aber auch im Rahmen von zahllosen (neuro-)genetischen Krankheiten. Doch auch bei isoliertem Klumpfuß ohne ersichtliche exogene oder genetische Ursache findet sich gelegentlich eine familiäre Häufung. Im Sinne eines **multifaktoriellen Vererbungsmechanismus** erfolgt die Angabe des Wiederholungsrisikos anhand empirischer Erhebungen. Nach einem sporadischen Fall von Klumpfuß wird das Wiederholungsrisiko für nachkommende Geschwister mit etwa 3% angegeben.

Angeborene Kontrakturen/Arthrogryposen

Der Begriff »Athrogryposis multiplex congenita« beschreibt das angeborene Vorliegen multipler, nicht progredienter Gelenkkontrakturen an den Extremitätengelenken und z. T. auch an der Wirbelsäule (Abb. 26.5). Die Inzidenz beim Neugeborenen beträgt etwa 1:3000. Arthrogryposen werden durch mangelnde fetale Bewegungen (**fetale Akinesie**) verursacht und können isoliert oder als Symptom eines übergeordneten Krankheitsbildes auftreten. Die Differenzialdiagnose ist aufwändig.

Die auch als **Amyoplasie** bezeichnete klassische Arthrogryposis multiplex congenita (AMC, 30% aller Fälle) ist durch ein weitgehendes Fehlen der Muskulatur und schwere, nicht progrediente Kontrakturen aller Gelenke, eine charakteristische Haltung des Körpers und der Extremitäten und ein rundes Gesicht gekennzeichnet. Sie ist nicht genetisch verursacht: Eineiige Zwillinge sind in der Regel diskordant für das Krankheitsbild. Es wird angenommen, dass die Amyoplasie durch eine generalisierte intrauterine Durchblutungsstörung zum Zeitpunkt der Entwicklung der motorischen Vorderhornzellen verursacht wird. Das nicht innervierte Muskel-

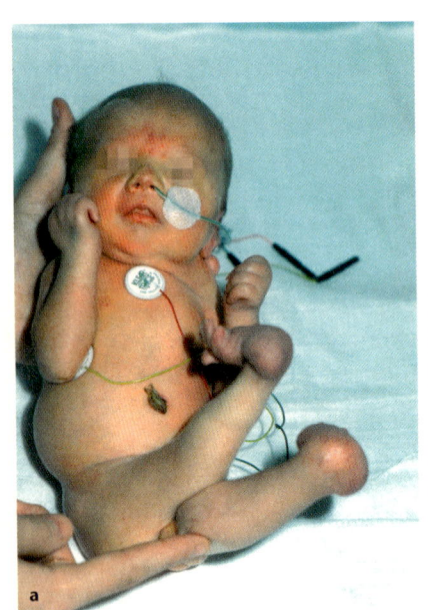

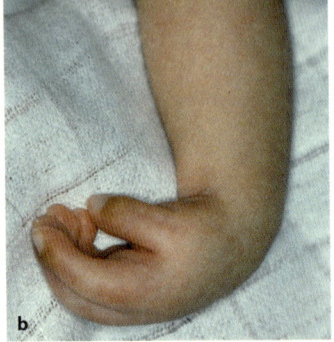

Abb. 26.5a, b. Arthrogryposis multiplex congenita. Beachte u. a. das Fehlen der Beugefalten an der Hand (**b**), was auf eine frühe Störung der aktiven Bewegung seit der Embryonalentwicklung hinweist. (Mit freundlicher Genehmigung der Universitäts-Kinderklinik Heidelberg)

gewebe wird im Verlauf durch fibröse Bänder und Fettgewebe ersetzt. Die Intelligenz ist normal. Das Wiederholungsrisiko ist sehr gering (unter 1%).

Bei den diagnostizierten Grundkrankheiten handelt es sich in der Regel entweder um eine primäre **neurologische Störung** (ca. 90%) oder eine **genetische Muskelkrankheit** (5–10%). Weitere Ursachen sind schwere **Bindegewebskrankheiten** sowie **maternale Krankheiten** (z. B. Myasthenia gravis). Das Fehlen der Beugefurchen z. B. an den Fingern kennzeichnet eine bereits im ersten Trimenon fehlende Beugung der entsprechenden Gelenke. Bei den eher seltenen Arthrogryposen aufgrund von **intrauterinem Platzmangel** (Oligohydramnion) sind die Beugefurchen immer vorhanden.

Zahlreiche seltene monogene Formen von Arthrogypose wurden identifiziert, darunter autosomal-dominante und mehrere X-chromosomal erbliche Formen. Für sporadische Fälle, bei denen keine Zuordnung zu einem spezifischen Krankheitsbild getroffen werden kann, wird das empirische Wiederholungsrisiko mit 5% angegeben.

Hüftgelenksdysplasie

Eine Darstellung dieser multifaktoriell erblichen Krankheit erfolgt in ▶ Kap. 5.7

27 Harntrakt

Fehlbildungen des Urogenitaltraktes sind häufig. Sie machen **35–45% aller angeborenen Fehlbildungen** aus. In einer Vielzahl der Fälle (72%) sind sie mit anderen morphologischen Fehlbildungen assoziiert. Fehlbildungen der Nieren treten mit einer Inzidenz von 3–6/1.000 Neugeborenen auf.

27.1 Angeborene Nierenfehlbildungen

Nierenagenesie

Eine **unilaterale Nierenagenesie** findet sich etwa bei jedem tausendsten Neugeborenen. Ursache hierfür ist eine Fehlentwicklung des primitiven Harnleiters und des metanephrogenen Blastems. Die kontralaterale Niere ist kompensatorisch hypertrophiert. In vielen Fällen handelt es sich um einen sonographischen Zufallsbefund.

Eine **bilaterale Nierenagenesie** ist mit einem extrauterinen Leben nicht vereinbar. Die Häufigkeit liegt bei 1:5.000. Meist fällt bereits während der Schwangerschaft (ab der 14. SSW) eine schwere Oligo- bis Ahydramnie auf (Fruchtwasser wird vom kindlichen Urin gebildet). Diese wiederum führt beim Feten zu multiplen Fehlbildungen im Sinne einer Potter-Sequenz. Die Potter-Sequenz ist keine spezifische Folge der bilateralen Nierenagenesie, sondern kann verschiedene Ursachen haben (▶ Kap. 13.3).

Hufeisenniere

Die Hufeisenniere ist die häufigste (>90%) Fusionsanomalie der Nieren. Sie ist durch eine Parenchymbrücke an den unteren Nierenpolen unterhalb der Arteria mesenterica inferior gekennzeichnet. Hufeisennieren treten mit einer Häufigkeit von etwa 1:500 auf. Dabei sind Männer häufiger betroffen als Frauen (♂:♀ = 2–3:1). Etwa die Hälfte aller Hufeisennieren weist Begleitanomalien des Urogenitaltraktes auf (vesikourethraler Reflux, Ureterduplikatur, Harnröhrenanomalien, Kryptorchismus u. a.).

> **Wichtig**
>
> Die Hufeisenniere ist eine häufige Fehlbildung bei Turner-Syndrom – sie findet sich bei etwa 15% aller Fälle.

27.2 Zystische Nierenkrankheiten

Autosomal-dominante polyzystische Nierenkrankheit

Die autosomal-dominante polyzystische Nierenkrankheit (ADPKD) ist eine der häufigsten monogenen Krankheiten überhaupt. Die Inzidenz liegt bei **1:1.000**. Es handelt sich um eine **Multisystemkrankheit**, denn Zysten finden sich nicht nur in den Nieren, sondern auch in der Leber, den Samenbläschen, dem Pankreas und der Arachnoidea. Darüber hinaus finden sich gehäuft vaskuläre Anomalien (intrakranielle Aneurysmen bei etwa 10% der Betroffenen, Dilatation der Aorta, Mitralklappenprolaps).

Klinik. In den meisten Fällen von ADPKD entwickeln sich die Nierenzysten erst mit zunehmendem Lebensalter. Das typische **Manifestationsalter** für ADPKD liegt **jenseits des 40. Lebensjahres**. Typische Beschwerden bei Erstvorstellung sind: Abdominal- und Flankenschmerzen, Makrohämaturie, arterielle Hypertonie, Nephrolithiasis oder rezidivierende Harnwegsinfekte. In den meisten Fällen ist die Diagnose anhand einer einfachen sonographischen Untersuchung zu stellen. Dabei gelten mehr als 3 Nierenzysten als verdächtig auf ADPKD.

Häufige **Komplikationen** bei ADPKD sind Zystenrupturen mit Makrohämaturie und bakterielle Infektionen der Nierenzysten. 50% aller Patienten mit ADPKD entwickeln eine arterielle Hypertonie. Das Risiko für die Entstehung eines Nierenzellkarzinoms ist erhöht. Etwa die Hälfte der Patienten mit ADPKD entwickelt bis zum 60. Lebensjahr eine terminale Niereninsuffizienz. Die mit ADPKD häufig assoziierten Leberzysten sind in der Regel asymptomatisch und führen praktisch nie zu einem Leberversagen. Gelegentlich führen Leberzysten jedoch durch ihr schieres Volumen zu Symptomen (Blähgefühl, Dyspnoe, frühes Sättigungsgefühl, Rückenschmerzen etc.). Seltene Komplikationen von Leberzysten im Rahmen der ADPKD sind Zystenruptur und -infektion.

Genetik. In 85% der Fälle von **autosomal-dominanter** polyzystischer Nierenkrankheit findet sich eine Mutation im ***PKD1*-Gen** auf Chromosom 16p, in 15% der Fälle eine Mutation in ***PKD2*** auf Chromosom 4q. Die Genprodukte heißen Polyzystin 1 bzw. Polyzystin 2. Zahlreiche verschiedene Mutationen wurden für *PKD1* und *PKD2* nachgewiesen. In den meisten Fällen handelt es sich um »private« Mutationen der jeweiligen betroffenen Familien. Eine positive Familienanamnese findet sich bei 90% aller Patienten mit ADPKD, die verbleibenden 10% sind auf Neumutationen zurückzuführen. Patienten mit Mutationen in *PKD1* sind meist schwerer betroffen als Patienten mit Mutationen in *PKD2* (früheres Diagnosealter und frühere terminale Niereninsuffizienz). Die nicht ganz seltene Kombination einer ADPKD und einer tuberösen Sklerose (▶ Kap. 32.6) ist ein typisches ***contiguous gene syndrome***, das durch eine größere, sowohl das *PKD1*-Gen als auch das *TSC2*-Gen umfassende Deletion verursacht wird.

Therapie. Die Therapie der ADPKD ist symptomatisch bzw. präventiv bezüglich der Komplikationen. Von essenzieller Bedeutung ist eine gute medikamentöse Blutdruckeinstellung, um die Entwicklung der terminalen Niereninsuffizienz zu verzögern.

Autosomal-rezessive polyzystische Nierenkrankheit

Die autosomal-rezessiv erbliche polyzystische Nierenkrankheit (ARPKD) tritt mit einer geschätzten Häufigkeit von 1:20.000 bis 1:40.000 Neugeborenen auf und ist damit erheblich seltener als die autosomal-dominante polyzystische Nierenkrankheit. Die Mehrzahl der Patienten wird in der Neonatalperiode klinisch auffällig. Nicht selten besteht eine schwere respiratorische Insuffizienz, die sowohl auf eine mangelhafte pulmonale Entwicklung (bei intrauteriner Oligurie im Sinne einer Potter-Sequenz) als auch auf eine mechanische Einschränkung der Atemexkursion durch die raumfordernden Zystennieren zurückzuführen sein kann. Die beiden Nieren sind als riesige Tumoren bilateral im Abdomen tastbar. Mehr als 50% der Kinder mit ARPKD entwickeln im Lauf der ersten Lebensdekade ein terminales Nierenversagen. Zusätzlich besteht immer auch eine **kongenitale Leberfibrose**, die in der Neonatalperiode aber nicht immer klinisch relevant ist. In vielen Fällen entwickelt sich auf dem Boden dieser Leberfibrose eine portale Hypertension. Die Prognose für Patienten mit ARPKD ist v. a. von der Schwere der pulmonalen Komplikationen in der Neugeborenenperiode abhängig. Mit Hilfe intensivmedizinischer Maßnahmen liegt die 1-Jahres-Überlebensrate bei ARPKD heute bei 80–90%. Die ARPKD ist auf Mutationen im Gen *PKHD1* (*polycystic kidney and hepatic disease 1*) zurückzuführen.

27.3 Krankheiten des renalen Tubulussystems

Als **Bartter-Syndrom** wird eine Gruppe von autosomal-rezessiv erblichen Krankheiten bezeichnet, die durch eine hypokaliämische metabolische Alkalose und einen hyperreninämischen Hyperaldosteronismus gekennzeichnet sind. Ursache ist eine Störung der tubulären Rückresorption von Salz im dicken, aufsteigenden Teil der Henle-Schleife. Ein Bartter-Syndrom kann durch unterschiedliche Transportdefekte (6 verschiedene Gene) verursacht werden, die mit unterschiedlichen klinischen Merkmalen assoziiert sind.

Die **renal-tubuläre Azidose** (RTA) ist eine Störung des Säure-Basen-Haushaltes, bei der die Niere nicht im Stande ist, eine normale Bikarbonatkonzentration des Plasmas aufrecht zu erhalten. Es kommt zu einer metabolischen Azidose mit

Hyperchlorämie (*»non-ion-gap acidosis«*), Bikarbonaturie, verminderter Ausscheidung titrierbarer Säuren im Urin und erhöhtem pH des Urins. Die metabolische Azidose führt zu Kalziumabbau im Knochen, zu Nephrokalzinose und nicht selten zu erheblichen Wachstumsverzögerungen der betroffenen Patienten. Eine renal-tubuläre Azidose kann als isolierte Krankheit, als Teil eines renalen Fanconi-Syndroms oder auch im Rahmen zahlreicher anderer Krankheiten und Erkrankungen auftreten (z. B. bei Aldosteronmangel oder auch bei chronischer Pyelonephritis). Der entscheidende Therapieansatz der metabolischen Azidose bei RTA besteht in der oralen Substitution von Bikarbonat. Eine rechtzeitige Korrektur der Azidose gestattet in der Regel ein normales Längenwachstum der betroffenen Kinder.

28 Genitalorgane und Sexualentwicklung

Das Geschlecht des Embryos ist bereits zum Zeitpunkt der Befruchtung genetisch bestimmt. Schlüssel für die **sexuelle Determinierung** des Embryos ist der Hodendeterminierende Faktor (**TDF**, *testis determining factor*) in der **SRY**-Region (*sex determining region of the Y*) auf dem Y-Chromosom. Die geschlechtsspezifische Differenzierung der Gonaden beginnt ab dem 50.– 55. Tag der Embryonalentwicklung.

Y vorhanden. In Anwesenheit von SRY entstehen in der indifferenten Gonadenanlage Sertoli- und Leydig-Zellen. Die fetalen Sertoli-Zellen produzieren **Anti-Müller-Hormon** (AMH), das für den Untergang aller Derivate des Müller-Ganges (Uterus, Tuben, oberer Teil der Vagina) verantwortlich ist. Die fetalen Leydig-Zellen produzieren **Testosteron**. Dieses stabilisiert die Wolff-Gänge und gestattet deren Ausdifferenzierung zu Vasa deferentia, Nebenhoden und Samenbläschen. In der Peripherie wird Testosteron durch das Enzym 5α-Reduktase zu **Dihydrotestosteron** metabolisiert, das die Virilisierung der äußeren Genitalorgane induziert.

Ohne Y. In Abwesenheit des Y-Chromosoms (bzw. der SRY) entwickeln sich die indifferenten Gonaden zu Ovarien. AMH und Testosteron fehlen, die äußeren Genitalorgane entwickeln sich weiblich, und die Wolff-Gänge bilden sich bis auf wenige Überreste zurück.

28.1 Störungen der Geschlechtsentwicklung

Intersexualität bezeichnet Störungen der Geschlechtsentwicklung, bei denen nicht alle geschlechtsbestimmenden oder geschlechtstypischen Merkmale (z. B. Chromosomen, Gonaden, äußere Geschlechtsorgane) einem Geschlecht entsprechen oder einem Geschlecht klar zugeordnet werden können. Eine alternative Bezeichnung ist **Hermaphroditismus**. Man unterscheidet traditionell den sehr seltenen »Hermaphroditismus verus«, bei dem sowohl Hoden- als auch Ovarialgewebe vorliegt, vom »Pseudohermaphroditismus«, bei dem das gonadale Geschlecht eindeutig männlich oder weiblich ist, jedoch nicht dem äußeren Aspekt entspricht.

> **Wichtig**
>
> - **Pseudohermaphroditismus masculinus** (XY female): Das chromosomale Geschlecht ist **männlich**, der Phänotyp zeigt eine unzureichende Maskulinisierung.
> - **Pseudohermaphroditismus femininus** (XX male): Das chromosomale Geschlecht ist **weiblich** bei abnormer, phänotypischer Virilisierung.

Gonadendysgenesie

Eine Fehlentwicklung der Gonaden kann durch zahlreiche genetische Störungen verursacht werden und geht nicht notwendigerweise mit Auffälligkeiten des äußeren Genitales einher. Die häufigste Ursache sind die gonosomalen Aneuploidien, speziell das Turner-Syndrom (▶ Kap. 19.1) und das Klinefelter-Syndrom (▶ Kap. 19.1). Beim **Swyer-Syndrom** ist das chromosomale Geschlecht männlich, die Differenzierung der Gonaden zu Hoden ist jedoch gestört. Es entwickelt sich ein weiblicher Phänotyp (Pseudohermaphroditismus masculinus, XY female) mit dysgenetischen Ovarien, die ein hohes malignes Entartungsrisiko haben. Die Krankheit kann u. a. Y-chromosomal (Mutationen in *SRY*) oder X-chromosomal-rezessiv (Duplikation des *DAX1*-Gen im *dosage sensitive sex reversal*/DSS-Locus) verursacht werden.

> **Wichtig**
>
> Bei Frauen mit gemischt weiblichem und männlichen Gonadengewebe, z. B. bei Turner-Syndrom mit chromosomalem Mosaik 45,X/46,XY oder beim Swyer-Syndrom, besteht ein 25%iges Risiko für spätere maligne Entartung. Das Gonadengewebe sollte bis zum 10. Lebensjahr entfernt werden.

Androgenresistenz

Die häufigste Ursache eines Pseudohermaphroditismus masculinus ist ein **Defekt des intrazellulären Androgenrezeptors,** häufig auch als »testikuläre Feminisierung« bezeichnet. Betroffene Personen haben ein männliches Geschlecht (**46,XY**), männliche innere Geschlechtsorgane, eine normale Produktion des Testosterons im Hoden und eine normale periphere Bildung von Dihydrotestosteron. Aufgrund einer Störung der peripheren Wirkungsvermittlung der Androgene ist der äußere Aspekt jedoch **weiblich**. Die Androgenresistenz ist **X-chromosomal-rezessiv** erblich, das heißt, statistisch sind nur 25% der Kinder von heterozygoten Frauen normale Knaben.

Personen mit kompletter Androgenresistenz wachsen als **Mädchen** auf. Sie werden klinisch häufig aufgrund ausbleibender Regelblutung oder wegen einer vermeintlichen Leistenhernie (die sich dann als Leistenhoden herausstellt) vorstellig. Das äußere Erscheinungsbild ist in diesen Fällen komplett weiblich mit blind endender, verkürzter Vagina, aber ohne Uterus und mit bilateralen Testes. Häufig fehlt jede sekundäre Geschlechtsbehaarung (fehlende oder spärliche Achsel- und Schambehaarung), man spricht auch von *hairless women*. Die empfundene Geschlechtsidentität ist in der Regel weiblich. Der Phänotyp kann jedoch stark variieren und von einer isolierten Hypospadie beim ansonsten phänotypisch unauffälligen Knaben bis zu einem komplett weiblichen Phänotyp reichen. Bei inkompletter Androgenresistenz kann es zu einer deutlichen Androgenisierung in der Pubertät kommen.

▪ ▪ ▪ Geschlechtsidentität
Die empfundene Geschlechtsidentität wie auch Verhaltensunterschiede zwischen den Geschlechtern werden u. a. durch direkte Wirkungen der Sexualhormone auf das Gehirn vermittelt. Studien an Tieren z. B. mit kompletter Androgenresistenz weisen darauf hin, dass für eine »Maskulinisierung« des Gehirns ein normal funktionierender Androgenrezeptor notwendig ist.

Vorgehen. Das therapeutische Vorgehen richtet sich nach dem prädominanten äußeren Aspekt und der empfundenen Geschlechtsidentität der Betroffenen. Bei inkompletter Androgenresistenz kann ggf. durch eine Entfernung der Hoden vor der Pubertät eine Androgenisierung vermieden werden. Ansonsten werden die Hoden bis zum Ende der Pubertät in situ belassen, um eine natürliche Pubertätsentwicklung zu ermöglichen. Anschließend sollte wegen des malignen Entartungsrisikos eine Gonadektomie durchgeführt werden, mit nachfolgend zyklischer Substitution von Östrogenen.

Störungen der Androgenbiosynthese
Ein weiblicher Phänotyp bei männlichem Chromosomensatz (XY-weiblich) findet sich auch bei Androgensynthesedefekten. Am häufigsten ist der autosomal-rezessiv erbliche **5α-Reduktase-Mangel**, bei dem die endokrine Funktion der Hoden normal ist, die peripheren Zielzellen jedoch Testosteron nicht in das vielfach potentere Dihydrotestosteron umwandeln können. Der Phänotyp kann stark variieren und reicht von einem fast weiblichen äußeren Genitale mit kurzer, blind endender Vagina bis hin zu Kindern mit Mikropenis und Hypospadie. Während der Pubertät kommt es zu einem (wenn auch sehr eingeschränkten) Wachstum des Penis. Der Bartwuchs bleibt spärlich. Ein Brustdrüsenwachstum bleibt in der Regel aus. Die Diagnose erfolgt durch den Nachweis der Steroidmetabolite.

XX-Mann
Eine Entwicklung von Hoden bei weiblichem Karyotyp (46,XX) findet sich bei **Translokationen von *SRY* auf ein X-Chromosom**, verursacht durch ungleiches Crossing-over zwischen Yp und Xp in der väterlichen Meiose. Der Erbgang ist for-

malgenetisch X-chromosomal-dominant; das klinische Bild ähnelt dem Klinefelter-Syndrom. Betroffene Männer haben kleine Testes, spärliches Bartwachstum und eine verminderte Körperbehaarung. Ein intersexuelles Genitale kann vorkommen. 1/3 der Betroffenen entwickelt eine Gynäkomastie.

Adrenogenitales Sydrom

Das adrenogenitale Syndrom (AGS) ist eine genetische Störung, bei der eine mangelnde Synthese von Kortisol und Mineralokortikoiden mit einer übersteigerten Synthese von männlichen Sexualhormonen einhergeht. Es ist die häufigste Ursache für einen Pseudohermaphroditismus femininus. Eine ausführliche Darstellung findet sich in ▶ Kap. 25.2.

▪▪▪ Differenzialdiagnose intersexuelles Genitale
- Ein nicht eindeutig männliches oder weibliches Genitale in Assoziation mit **zusätzlichen Fehlbildungen** bzw. morphologischen Auffälligkeiten findet sich bei den erblichen Sterolbiosynthesedefekten (speziell Smith-Lemli-Opitz-Syndrom) und anderen genetischen Dysmorphiesyndromen (z. B. kampomele Dysplasie).
- Bei Fehlen zusätzlicher morphologischer Anomalien ist die wahrscheinliche Diagnose abhängig vom Karyotyp:
  - 46,XX: adrenogenitales Syndrom oder exogene Androgenzufuhr
  - 46,XY: Androgenresistenz, ggf. Androgensynthesedefekte

28.2 Genitalfehlbildungen

Hypospadie

Hypospadie bezeichnet eine Fehlmündung der Harnröhre an der Ventralseite des Penis (◘ Abb. 28.1). Ihre Häufigkeit wird auf bis zu 0,5% aller männlichen Neugeborenen geschätzt. Je nach Mündungsort unterscheidet man glanduläre, penile, penoskrotale, skrotale und perineale Formen der Hypospadie. Die Genese ist in der Regel multifaktoriell. Die Hypospadie ist zugleich Minimalform des intersexuellen Genitales. Nach assoziierten Fehlbildungen ist daher immer zu suchen.

Epispadie

Bei dieser sehr seltenen Fehlbildung (1:30.000) mündet die Urethra auf der Dorsalseite des Penis. In der Regel ist die Epispadie mit einer gespaltenen Urethra und einer Blasenexstrophie kombiniert. Bei Blasenexstrophie wölbt sich die Hinterwand der Harnblase durch einen Defekt der Bauchdecke und der vorderen Blasenwand nach außen vor.

Abb. 28.1. Hypospadie Grad III

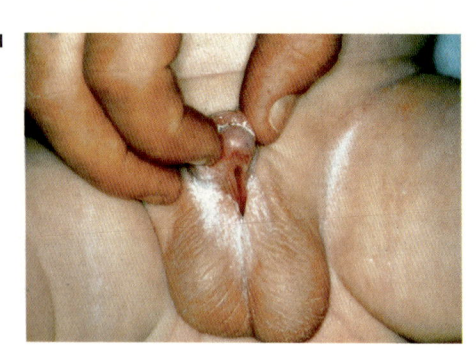

Maldescensus testis

Der Begriff bezeichnet einen Entwicklungsdefekt, bei dem (einseitig oder beidseitig) der Hoden nicht vollständig in das Skrotum deszendiert (Hodenhochstand). Man unterscheidet verschiedene Formen:
- **Kryptorchismus:** Nicht tastbare Hoden im Bauchraum.
- **Gleithoden:** Hoden liegt im unteren Bereich des Leistenkanals und lässt sich bei Untersuchung unter Zug in das Skrotum verlagern.
- **Pendelhoden:** Hoden liegt wechselweise im Skrotum oder im unteren Leistenkanal. Es handelt sich um eine Normvariante.

Ein Maldescencus testis findet sich bei 4–5% aller männlichen Neugeborenen. In den meisten Fällen kommt es im Lauf des ersten Lebensjahres zu einem spontanen Descencus. Ist dies nicht der Fall, erfolgt im zweiten Lebensjahr die therapeutische Intervention hormonell mit hCG, ggf. in Verbindung mit GnRH. Die chirurgische Therapie besteht in Orchidolyse und Orchidopexie.

Es wird angenommen, dass ein Maldescensus testis Folge einer mangelhaften pränatalen Androgensekretion ist. Auch bei Störungen der Androgensynthese und bei Androgenrezeptordefekten findet sich meist ein Hodenhochstand.

Fehlbildungen des weiblichen Genitales

Septierungen und Doppelbildungen der weiblichen Genitalorgane sind häufig (geschätzte Inzidenz: 1–3%) und sind auf mangelhafte Verschmelzungen der kaudalen Abschnitte der Müller-Gänge zurückzuführen. Eine der häufigsten Anomalien ist der Uterus bicornis; im Extremfall liegt der Uterus verdoppelt vor (Uterus duplex), mit Einmündung in eine gemeinsame Vagina. Eine andere Gruppe von Fehlbildungen entsteht durch vollständige oder teilweise Atresie eines oder beider Müller-Gänge. Morphologische Fehlbildungen des weiblichen Genitales sind stets als Differenzialdiagnose im Rahmen der Abklärung weiblicher Sterilität zu bedenken.

# 29 Augen

29.1 Angeborene Störungen des Farbensehens

Die angeborenen Störungen des Farbensehens werden in drei große Kategorien eingeteilt (◘ Abb. 29.1):
- Störungen des Rot-Grün-Sehens
- Störungen des Blau-Gelb-Sehens
- Totale Farbenblindheit (Achromasie)

Man unterscheidet weiterhin Farbsehschwächen (z. B. Prot**anomalie** = Rotschwäche) von Farbenblindheit (z. B. Prot**anopie** = Rotblindheit). Die mit Abstand häufigsten Farbsinnstörungen sind die X-chromosomal erblichen Störungen des Rot-Grün-Sehens. Ihre kumulative Häufigkeit beträgt (abhängig von der ethnischen Herkunft) 3–9% bei Männern und 0,4% bei Frauen. Der häufigste Defekt ist dabei die Deuteranomalie (Grünschwäche) mit einer Inzidenz von 4–5% unter Männern.

Störungen des Rot-Grün-Sehens. Auf dem langen Arm des X-Chromosoms (Xq28) finden sich hintereinander mehrere homologe Gene, die für das Sehpigment der roten und grünen Zapfen kodieren. Die Gene sind zu 98% identisch, ihre Struktur unterscheidet sich lediglich durch eine 1,3 kb große Insertion in Intron 1 des Gens für den roten Sehfarbstoff. Das erste Gen in der Reihe kodiert für rotes Sehpigment

◘ **Abb. 29.1. Ishihara-Tafel zur Prüfung der Farbsichtigkeit.** (Aus Grehn, 2006). Personen mit normaler Farbsichtigkeit erkennen die Zahl 26

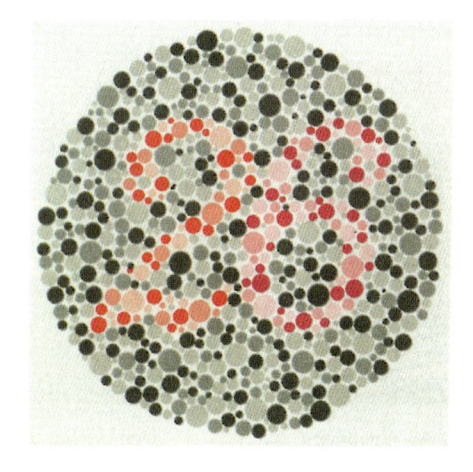

(*OPN1LW* = *Opsin1 long wave sensitive*) und ist immer einzeln vorhanden, während die Zahl der dahinter liegenden OPN1MW-Gene für grünes Pigment (*Opsin1 medium wave sensitive*) variabel ist: 50% der X-Chromosomen tragen drei, 5% fünf oder mehr *OPN1MW*-Gene. Nur die ersten beiden Gene in dieser Reihe werden exprimiert, gesteuert durch eine Locus-Kontroll-Region (LCR). Aufgrund von funktionellen Polymorphismen unterscheidet sich die Farbwahrnehmung schon im Normalfall bei unterschiedlichen Personen. Schwere Störungen des Rot-Grün-Sehens entstehen in der Regel durch Deletionen in Folge eines **ungleichen Crossing-overs** zwischen den verschiedenen Genen. Aufgrund der komplexen Sequenzvariabilität ist auch der Phänotyp bei den Störungen des Rot-Grün-Sehens variabel. Bei der seltenen **Blauzapfenmonochromasie** (z. B. durch eine LCR-Deletion) fehlen die Zapfen sowohl für langwelliges als auch mittelwelliges Licht, was zu einer schweren Sehstörung führt. Alle diese Störungen werden **X-chromosomal-rezessiv** vererbt. 15% aller Frauen sind Carrier für Störungen des Rot-Grün-Sehens. Im Falle einer ungünstigen X-Inaktivierung können im Ausnahmefall auch sie von Störungen des Rot-Grün-Sehens betroffen sein.

Andere Störungen des Farbsehens. Störungen des **Blau-Gelb-Sehens** sind weit seltener anzutreffen als Störungen des Rot-Grün-Sehens. Das Gen, welches für den Sehfarbstoff der Blauzapfen kodiert, liegt auf Chromosom 7 (*Opsin1 short wave sensitive*). Die Häufigkeit der Tritanopie (Blaublindheit) wird auf 1:500 geschätzt. In den bislang bekannten Fällen fanden sich Missense-Mutationen im *OPN1SW*-Gen. Die Vererbung ist autosomal-dominant mit inkompletter Penetranz. Die seltene **Achromasie** wird autosomal-rezessiv vererbt und beruht auf einer gestörten Signaltransduktion aller Zapfen aufgrund eines Kanaldefektes. In Analogie zur Nachtblindheit bei Fehlen der Stäbchenfunktion wird die Achromasie auch als Tagblindheit bezeichnet.

> **Wichtig**
>
> Störungen des Rot-Grün-Sehens werden X-chromosomal-rezessiv vererbt.
> Störungen des Blau-Gelb-Sehens werden autosomal-dominant vererbt.

29.2 Katarakt

Der **graue Altersstar** (Cataracta senilis) ist mit einem Anteil von über 90% die häufigste aller Kataraktformen. Die Ursache ist in der Regel multifaktoriell; wie im Rahmen von Zwillingsstudien gezeigt werden konnte, spielen genetische Einflüsse eine Rolle. Aus humangenetischer Sicht existieren 4 wichtige Arten der Linsentrübung:

- Isolierte hereditäre kongenitale Katarakt
- Katarakt im Rahmen einer angeborenen okulären Erkrankung
- Katarakt als Teil eines übergeordneten, genetischen Syndroms
- Katarakt im Rahmen einer Stoffwechselkrankheit

Angeborene Katarakte sind für 10% aller Fälle von Blindheit bei Kindern verantwortlich. Jedes 250. Neugeborene weist eine kongenitale Katarakt auf (wenn auch nicht immer klinisch relevant).

- Zahlreiche Gene, deren Mutationen eine **isolierte hereditäre kongenitale Katarakt** verursachen, konnten identifiziert werden. Die meisten bekannten Gendefekte werden autosomal-dominant vererbt. Viele autosomal-dominant erbliche Formen der angeborenen Katarakt sind auf **Gendefekte der Crystallin-Proteine** zurückzuführen.
- Katarakte im Rahmen **angeborener okulärer Krankheiten** finden sich bei Aniridie, Mikrokornea, Mikrophthalmie, Retinitis pigmentosa und anderen Krankheiten.
- Katarakte finden sich als Symptom bei folgenden **monogenen Krankheiten**: Incontinentia pigmenti, **myotone Dystrophie**, Neurofibromatose Typ II, alle Progeriesyndrome, tuberöse Sklerose, Pseudohypoparathyreoidismus, u. v. m. Kongenitale Katarakte finden sich weiterhin im Rahmen **chromosomaler Aberrationen**, darunter Trisomie 13 und Trisomie 18. Bei Trisomie 21 können Katarakte ab einem Alter von 10 Jahren auftreten.
- Schließlich seien als wichtige Differenzialdiagnose einer frühzeitig manifestierten Katarakt folgende **Stoffwechselkrankheiten** genannt: **Galaktosämie**, Homozystinurie, Diabetes mellitus (»Schneeflockenkatarakt«), peroxisomale Krankheiten (Chondrodysplasia punctata, Zellweger-Syndrom, Morbus Refsum u. a.), Smith-Lemli-Opitz-Syndrom, Morbus Wilson (»Sonnenblumenkatarakt«), Morbus Fabry, Glucose-6-Phosphat-Dehydrogenase-Mangel u. a.

> **Wichtig**
>
> Die Galaktosämie ist eine wichtige Differenzialdiagnose bei Entwicklung einer Katarakt innerhalb der ersten Lebenswoche.

29.3 Blindheit

Die Prävalenz von Blindheit im Kindesalter wird auf 30–100 pro 100.000 geschätzt. In den allermeisten Fällen ist die Blindheit angeboren (ca. 90%), erheblich seltener kommt es zur Erblindung im Kindesalter oder später. Einige humangenetisch relevante Ursachen von angeborener bzw. erworbener Blindheit werden im Folgenden vorgestellt.

Retinopathia pigmentosa

Der Begriff der Retinopathia (oder fälschlich Retinitis) pigmentosa kennzeichnet einerseits einen ophthalmologischen Befund (z. B. bei Störungen des mitochondrialen Energiestoffwechsels), andererseits aber auch eine ganze Gruppe erblicher, isolierter Netzhautkrankheiten, die als gemeinsame Merkmale einen progredienten Untergang des retinalen Pigmentepithels, eine Nachtblindheit, eine hochgradige konzentrische Gesichtsfeldeinschränkung und eine erhebliche Herabsetzung der Sehschärfe aufweisen. Die kumulative Inzidenz liegt bei 1:3.500.

Klinik. Betroffene Personen bemerken meist schon in der Kindheit eine Sehschwäche bei Dunkelheit (Nachtblindheit). Im weiteren Verlauf engt sich das Gesichtsfeld zunehmend konzentrisch ein, bis schließlich nur noch ein zentraler Gesichtsfeldrest besteht (Tunnelblick). Ein Zurechtfinden im Raum ist zu diesem Zeitpunkt meist schon stark erschwert. Verschiedene Formen der Retinopathia pigmentosa sind unterschiedlich schnell progredient. Der Nutzen einer **diätetischen Behandlung** z. B. mit Vitamin A, Vitamin E oder Docosahexaensäure (DHA) ist umstritten.

Augenhintergrundsbefund. Bei der Untersuchung des Augenhintergrundes zeigen sich charakteristische Pigmentablagerungen, die aufgrund ihrer Form als »Knochenkörperchen« oder »Knochenbällchen« beschrieben werden (◘ Abb. 29.2). Die Netzhautgefäße sind eng gestellt, die Papille stellt sich wachsgelb und atrophisch dar.

◘ **Abb. 29.2. Retinopathia pigmentosa.** (Mit freundlicher Genehmigung von G.F. Hoffmann, Universitäts-Kinderklinik Heidelberg)

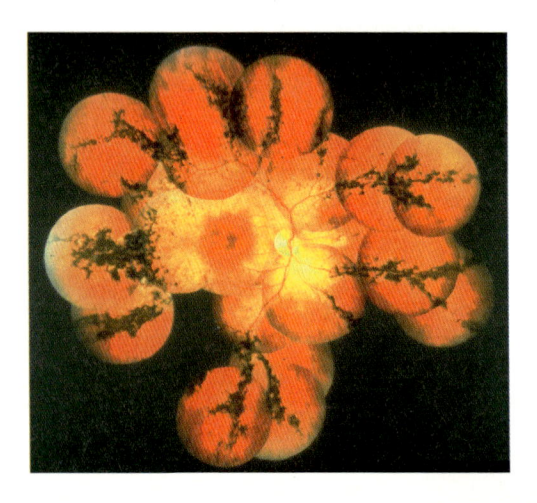

Genetik. Die Retinopathia pigmentosa zeichnet sich durch eine erhebliche **genetische Heterogenität** aus (d. h. Defekte in vielen verschiedenen Genen verursachen die gleiche Krankheit). Bei etwa 50% der Patienten mit Retinopathia pigmentosa besteht eine positive Familienanamnese. Unter diesen sind 30–50% autosomal-dominant, 10–40% autosomal-rezessiv und 10–30% X-chromosomal erblich. Ein erheblicher Anteil der autosomal-dominant erblichen Fälle wird durch Mutationen im *RHO*-Gen verursacht, welches für den Sehfarbstoff **Rhodopsin** kodiert. Mehr als 100 verschiedene Mutationen des *RHO*-Gens wurden bei Patienten mit Retinopathia pigmentosa identifiziert.

Syndromale Formen. 20–30% der Fälle von Retinopathia pigmentosa treten im Rahmen eines übergeordneten Krankheitsbildes auf. Die häufigste syndromale Form (10–20% aller Fälle) ist das **Usher-Syndrom**, bei dem zusätzlich eine starke Schwerhörigkeit und ggf. eine vestibuläre Ataxie vorliegt. Es ist autosomal-rezessiv erblich kann durch Mutationen in mindestens 11 verschiedenen Genen verursacht werden. Beim **Bardet-Biedl-Syndrom** (ca. 5% aller Fälle) finden sich zusätzlich Adipositas, Polydaktylie, Hypogenitalismus, strukturelle und funktionelle Nierenstörungen sowie eine psychomotorische Retardierung. Es wird autosomal-rezessiv bzw. zum Teil triallelisch (digenisch) vererbt und durch Mutationen in mindestens 10 verschiedenen Genen verursacht. Zu den seltenen, jedoch potenziell **behandelbaren** Formen gehören die Abetalipoproteinämie, der Morbus Refsum sowie der familiäre Vitamin-E-Mangel.

Retinoblastom

Das Retinoblastom ist ein genetisch bedingter maligner Tumor der Netzhaut und nach dem Aderhautmelanom der zweithäufigste primäre Augentumor überhaupt. Eine Darstellung des Krankheitsbildes erfolgt im ▶ Kap. 32.2.

Leber-Optikusatrophie

Die von Theodor Leber im Jahr 1871 erstmals beschriebene Krankheit wird maternal über die mitochondriale DNA vererbt, betrifft vorwiegend junge Männer im Alter zwischen 15 und 35 und führt zu einer akut bis subakut verlaufenden Neuritis nervi optici mit großem, irreversiblem Zentralskotom. Eine Darstellung der Krankheit erfolgt in ▶ Kap. 5.6 im Kontext der mitochondrial erblichen Krankheiten.

Juvenile X-chromosomale Retinoschisis

Mutationen des für Retinoschisin kodierenden Gens *RS1* auf Chromosom Xp führen zum rezessiv erblichen Krankheitsbild der juvenilen X-chromosomalen Retinoschisis, der häufigsten Ursache einer juvenilen Makuladegeneration. Die Krankheit ist gekennzeichnet durch bilaterale Netzhautspaltungen, die zu einem erheblichen Visusverlust bereits im Lauf der ersten Lebensdekade führen. In der Augenhintergrunduntersuchung zeigt sich eine radspeichenartige Makulopathie mit feinen, zystoiden Hohlräumen. Die geschätzte Prävalenz der juvenilen X-chromosomalen Retinoschisis ist vom ethnischen Kontext abhängig und beläuft sich auf bis zu 1:15.000 in manchen Ländern (z. B. Finnland).

Nachtblindheit

Eine teilweise oder vollständige Störung der Stäbchenfunktion wird meist sekundär durch einen Vitamin-A-Mangel oder eine Netzhauterkrankung verursacht. Angeborene Formen können durch Mutationen in verschiedenen Genen mit unterschiedlichen Erbgängen verursacht werden; am häufigsten sind X-chromosomale Formen.

30 Ohren und Gehör

30.1 Erbliche Formen der Gehörlosigkeit

Mehrere hundert Gene sind bekannt, deren Mutationen erbliche Formen der Taubheit hervorrufen können. Dabei kann es sich um Schallleitungsstörungen oder Schallempfindungsstörungen oder Kombinationen aus beiden handeln, um isolierte Formen der Gehörlosigkeit oder um Gehörlosigkeit im Rahmen eines übergeordneten Syndroms. Darüber hinaus unterscheidet man zwischen prälingualer und postlingualer Taubheit: Bei Verlust des Hörvermögens vor dem 7. Lebensjahr geht der bis dahin vorhandene Sprachschatz meist wieder verloren. Man spricht von **prälingualer Taubheit**. Nach Erreichen des 7. Lebensjahres bleibt hingegen das akustische Gedächtnis für Sprache erhalten. Man spricht von **postlingualer Taubheit**.

Jedes **2.000ste bis 1.000ste Kind** weist bei Geburt eine erhebliche Schwerhörigkeit auf. Mehr als die Hälfte aller Fälle von prälingualer Taubheit ist auf genetische Ursachen zurückzuführen. Meist handelt es sich um **autosomal-rezessiv** erbliche Fälle isolierter (nicht syndromaler) Taubheit, die wiederum zu etwa 50% durch homozygote Mutationen des für **Connexin 26** kodierenden Gens *GJB2* verursacht werden. Die Übertragerrate für taubheitsassoziierte *GJB2*-Mutationen in der Allgemeinbevölkerung beträgt etwa 3%. Eine andere rezessiv erbliche Taubheitsform wird durch Mutationen des *GJB6*-Gens verursacht, das für Connexin 30 kodiert.

> **Wichtig**
>
> Erbliche Taubheit zeichnet sich durch eine erhebliche **Heterogenität** aus. Deshalb ist es durchaus möglich, dass Eltern, die beide an einer autosomal-rezessiv erblichen Form der Taubheit leiden, normal hörende Kinder bekommen. Ist beispielsweise der Vater homozygot für eine Mutation des *GJB2*-Gens und die Mutter homozygot für eine Mutation des *GJB6*-Gens, so werden alle Kinder dieser Beziehung heterozygot sein für die Mutation von *GJB2* und heterozygot für die Mutation von *GJB6*. Zugleich wird aber keines der Kinder eine angeborene Form der Gehörlosigkeit aufweisen.

Erheblich seltener finden sich Fälle autosomal-dominant erblicher, nicht-syndromaler Taubheit oder Fälle von Taubheit im Rahmen eines übergeordneten Syndroms. ■ Abb. 30.1 gibt eine Übersicht über die Ursachen prälingualer Taubheit.

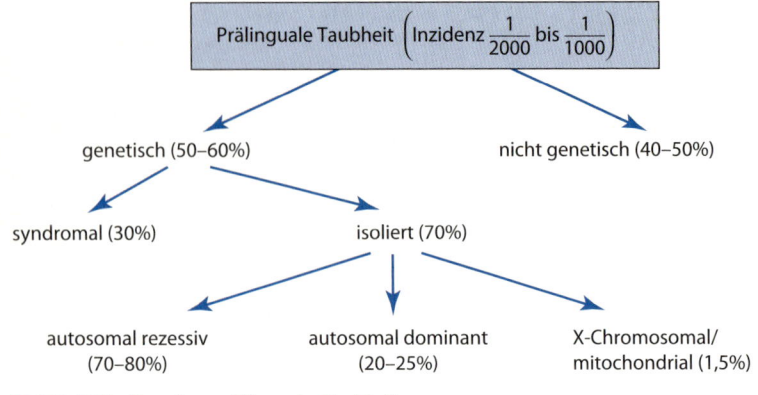

```
                    Prälinguale Taubheit (Inzidenz 1/2000 bis 1/1000)
                    ┌───────────────────┴───────────────────┐
            genetisch (50–60%)                      nicht genetisch (40–50%)
            ┌──────┴──────┐
    syndromal (30%)    isoliert (70%)
                       ┌──────┼──────┐
          autosomal rezessiv  autosomal dominant  X-Chromosomal/
              (70–80%)            (20–25%)        mitochondrial (1,5%)
```

Abb. 30.1. Ursachen prälingualer Taubheit

Einige Beispiele für Taubheit im Rahmen eines übergeordneten, genetischen Syndroms:

- **Waardenburg-Syndrom:** Schallempfindungsstörung in unterschiedlich schwerer Ausprägung, weiße Stirnlocke (partieller Albinismus), Gesichtsdysmorphie. Autosomal-dominant erblich.
- **Neurofibromatose Typ II:** bilaterale Tumoren des 8. Hirnnerven (Vestibularis-Schwannome) mit Gehörverlust, meist ab der 3. Lebensdekade (▶ Kap. 32.6). Autosomal-dominant erblich.
- **Crouzon-Syndrom:** Kraniosynostose-Syndrom (▶ Kap. 26.3). Eine Schallleitungsstörung findet sich bei mehr als 50%. Zum Teil ist sie Folge einer kompletten Atresie der äußeren Gehörgänge. Autosomal-dominant erblich.
- **Usher-Syndrom:** angeborene Schallempfindungsstörung **plus** Entwicklung einer Retinitis pigmentosa ab der 2. Lebensdekade (▶ Kap. 29.3). Autosomal-rezessiv erblich.
- **Pendred-Syndrom:** angeborene Schallempfindungsstörung **plus** Entwicklung einer euthyreoten Struma in Folge einer Jodverwertungsstörung (meist in der Pubertät oder später).
- **Alport-Syndrom:** progressive Schallempfindungsstörung, progressive Glomerulonephritis. In den meisten Fällen X-chromosomal erblich.

30.2 Umweltfaktoren und Taubheit

Eine wichtige Differenzialdiagnose der kongenitalen Taubheit sind pränatale Infektionen mit Erregern des TORCH-Spektrums (**T**oxoplasmose, **R**öteln, **C**ytomgalie,

Herpes). Bakterielle Meningitiden sind ätiologisch bedeutsam bei Fällen postnatal beginnender Taubheit. Der erworbene Gehörverlust bei Erwachsenen wird vorwiegend auf den Einfluss von Umweltfaktoren zurückgeführt (v. a. lang andauernder Schall von über 90 dB[A]), doch die Anfälligkeit gegenüber solchen Hörschäden stellt wiederum ein Zusammenspiel von Genetik und Umwelt dar. So konnte gezeigt werden, dass ein bestimmter Polymorphismus im mitochondrialen Genom (A→G an Position 1555 der mtDNA) die Wahrscheinlichkeit erhöht, bleibende Hörschäden als Folge einer Aminoglykosid-Therapie zu erleiden.

31 Neurologische und neuromuskuläre Krankheiten

31.1 Neurodegenerative Krankheiten des zentralen Nervensystems

Die neurodegenerativen Krankheiten sind durch einen fortschreitenden Untergang von normal angelegten Nervenzellen gekennzeichnet. Zu dieser großen Gruppe gehören zahlreiche der bereits im Kapitel »Stoffwechselkrankheiten« (▶ Kap. 24) besprochenen Störungen. So führen z. B. viele lysosomale Speicherkrankheiten durch den Anstau bestimmter Metabolite zu einen vorzeitigen Untergang von Neuronen und/oder weißer Substanz im zentralen und peripheren Nervensystem. Ein besonderes Kennzeichen dieser Krankheiten ist ein dynamischer, progredienter Verlauf bzw. ein »**Entwicklungsknick**«: Nach einer Phase der scheinbar normalen, altersgerechten psychomotorischen Entwicklung bleibt die Entwicklung der Kindes stehen, und schließlich gehen bereits erlernte Fähigkeiten wieder verloren.

Viele neurodegenerative Krankheiten betreffen primär die graue Substanz des Gehirns und führen zu neuronalen Ausfällen mit Verhaltensänderungen, Anfällen und Demenz als Frühsymptomen. Klinisch, pathophysiologisch und neuroradiologisch lassen sich davon die **Leukodystrophien** abgrenzen, bei denen primär die weiße Substanz betroffen ist (*gr. leukos*, weiß). Sie zeichnen sich durch eine frühe Beteiligung des motorischen Systems (mit seinen langen Nervenfasern) aus: Spastik, Paresen und Ataxie treten früh auf, wohingegen Anfallsleiden und Demenz eher Spätsymptome der Leukodystrophien sind.

31.1.1 Stammganglienkrankheiten

Morbus Parkinson

Der Morbus Parkinson wird klinisch durch die Kardinalsymptome Ruhetremor, Bradykinesie, Rigidität und eine zunehmende Störung der Haltungsreflexe charakterisiert und ist pathophysiologisch betrachtet Folge eines Funktionsverlustes der dopaminergen Systeme des Gehirns. Die Ätiologie des Morbus Parkinson ist komplex, multifaktoriell und bis heute nur unvollständig verstanden. In den meisten Fällen tritt die Krankheit sporadisch auf, doch 10–30% aller Patienten mit Parkinson-Krankheit haben mindestens einen Verwandten ersten Grades, der ebenfalls betroffen ist bzw. betroffen war. Schon früh waren Familien mit autosomal-dominant erblichen Formen des Parkinsonismus in der Literatur bekannt.

Mehrere krankheitsassoziierte Gene des Morbus Parkinson konnten identifiziert werden, darunter *SNCA*, das für das Protein **α-Synuclein** kodiert und mit autosomal-dominanten Formen des Parkinsonismus assoziiert ist. α-Synuclein ist ein kompetitiver Inhibitor des Enzyms Tyrosinhydroxylase, welches die Synthese von L-DOPA aus Tyrosin katalysiert. Duplikationen von *SNCA* führen zu Morbus Parkinson mit einem Erkrankungsbeginn zwischen dem 38. und 65. Lebensjahr, wohingegen Triplikationen mit einem erheblich früheren Erkrankungsalter (24.–48. Lebensjahr) einhergehen.

Mutationen in *PINK1*, *DJ1* und *PARK2* sind jeweils für autosomal-rezessiv erbliche Formen des Parkinsonismus verantwortlich. Diese gehen in vielen Fällen mit einem sehr jungen Erkrankungsalter (typischerweise zwischen dem 20. und 40. Lebensjahr) einher. Mutationen (in den meisten Fällen Punktmutationen) in *PARK2* sind nach heutigen Erkenntnissen für bis zu 50% aller juvenilen, familiären Fälle von Morbus Parkinson verantwortlich und finden sich darüber hinaus bei 18% aller sporadischen Krankheitsfälle mit Krankheitsbeginn vor dem 50. Lebensjahr. *PARK2* kodiert für **Parkin**, einen wichtigen Bestandteil des intrazellulären Ubiquitin-Proteasomen-Komplexes.

Die Identifizierung familiärer Fälle von Morbus Parkinson und die Aufklärung der zugrunde liegenden molekularen Defekte haben in den vergangenen Jahren in großem Maße zum pathophysiologischen Verständnis der Krankheit »an sich« beigetragen und bieten nun Ansatzmöglichkeiten für neue therapeutische Strategien.

Chorea Huntington (Morbus Huntington, Chorea major)

Die Chorea Huntington war Mitte der 80er Jahre die erste Krankheit, bei der ein infauster neurodegenerativer Verlauf im Erwachsenenalter mittels Genanalyse beim klinisch unauffälligen Anlageträger vorhergesagt werden konnte. Sie ist nach wie vor das wichtigste Beispiel für das Problem der **prädiktiven Diagnostik** bei Fehlen therapeutischer Ansätze.

Praxisfall

Eine 40jährige Mutter kommt mit ihrem 13-jährigen Sohn Kevin in die genetische Beratung. Sie macht sich große Sorgen, dass ihr Sohn ebenso wie sein 55-jähriger Vater an Chorea Huntington erkranken könnte, und wünscht eine molekulargenetische Testung. Nachdem der ehemals freundliche Mann nach einigen Ehejahren im Alter von 45 Jahren zunehmend aggressiv und unberechenbar im Umgang wurde, hatte sie sich von ihm getrennt. Nach der Trennung verbrachte der Mann mehrere Monate mit einer schweren Psychose in einer psychiatrischen Klinik. Über die Jahre entwickelte er zunehmend choreatiforme Bewegungsstörungen und eine Demenz und lebt aktuell in einer Pflegeeinrichtung. Nachdem bei Kevins Großvater bei ähnlicher Symptomatik Chorea Huntington diagnostiziert worden war, entschied sich der Exmann für eine molekulargenetische Untersuchung, die auch bei ihm die Diagnose bestätigte (45 Repeats). Kevin selber ist altersentsprechend entwickelt und neurologisch unauffällig. In der Beratung mit Mutter und Sohn wird neben Krankheitsbild und Erbgang v. a. die Problematik einer prädiktiven Diagnostik auf Chorea Huntington besprochen und erklärt, warum bei Minderjährigen grundsätzlich keine solche Testung bei Chorea Huntington durchgeführt wird. Man würde dem Kind nicht nur die Möglichkeit nehmen, sich später gegen eine Testung zu entscheiden, der Nachweis eines Anlageträgerschaft hätte auch erhebliche Konsequenzen für Versicherungsmöglichkeiten und ggf. Berufswahl (z. B. Möglichkeit der Verbeamtung). Dem Jungen wird angeboten, sich nach Erreichen der Volljährigkeit erneut zur genetischen Beratung vorzustellen.

Epidemiologie
Die Inzidenz liegt unter Westeuropäern bei etwa 1:20.000. Unter Finnen, Chinesen und Japanern ist die Chorea Huntington bis zu 10-mal seltener. Männer und Frauen sind gleich häufig betroffen.

Klinische Merkmale und Verlauf
Anlageträger für Chorea Huntington sind in Kindheit und Jugend klinisch fast immer unauffällig. Das **Erkrankungsalter** liegt zwischen 30 und 50 Jahren, mit einem **Gipfel um das 45. Lebensjahr**. Lediglich in 5–10% der Fälle manifestiert sich die Krankheit schon vor dem 20. Lebensjahr.
Die klassische Symptomen-Trias für Morbus Huntington besteht aus:
- Bewegungsstörungen (v. a. extrapyramidal-motorisch)
- Kognitiven Störungen (bis hin zur Demenz)
- Psychiatrischen Auffälligkeiten

Oft beginnt die Erkrankung mit zunehmender Unruhe und »**psychischen Auffälligkeiten**«. Familienmitglieder berichten von Wesensveränderungen mit mürrischem Grundton und depressiven Verstimmungen. Untersucht man die entsprechenden Patienten genauer, sind in den allermeisten Fällen schon zu diesem Zeitpunkt Anzeichen von Bewegungsstörungen vorhanden, die von den Betroffenen jedoch überspielt bzw. in Bewegungsabläufe integriert werden. Das gilt in besonderem Maße für das **unwillkürliche Grimassieren** der Gesichtsmuskulatur.

> **Wichtig**
>
> Gerade im frühen Krankheitsstadium besteht aufgrund der depressiven Verstimmungen eine deutlich erhöhte Suizidgefahr.

31.1 · Neurodegenerative Krankheiten

Motorische Störungen. Schon die Bezeichnung »Chorea Huntington« weist auf das auffälligste Merkmal der Erkrankung hin, die typischen choreatiformen Bewegungen. Es handelt sich hierbei um einschießende, typischerweise kurze und abrupte **unwillkürliche Bewegungen**, die zu Beginn v. a. Gesicht und obere Extremität betreffen und nicht willentlich unterdrückt werden können. Im Extremitätenbereich bewirken sie ausfahrende, schlenkernde, zum Teil auch wurmförmige Bewegungen. Manchmal beginnt die Hyperkinese halbseitig und dehnt sich später auf die andere Körperhälfte aus. Eine **Hyperlordosierung** des Rumpfes ist häufig. Im Fortlauf der Krankheit kommt es zu zunehmenden Störungen der zielgerichteten Bewegungen und der Augenfolgebewegungen. Schnelle Alternierungen sind oft nur noch sehr eingeschränkt möglich (**Dysdiadochokinese**). Die Sprache wird dysarthrisch, zunehmend unverständlich und wirkt abgehackt. Nach und nach entwickelt sich eine **Dysphagie**, denn Kaumuskulatur und Zunge sind in ständiger funktionsloser Bewegung. Im Spätstadium kommt es zu erheblicher Gewichtsabnahme, zu Inkontinenz und Mutismus.

Psychische Veränderungen. Zu den frühen psychischen Veränderungen gehört die depressive Verstimmung mit suizidalen Tendenzen. Wie sich die Persönlichkeit verändert, ist aber in erheblichem Maße von der gesunden Primärpersönlichkeit des Patienten abhängig. Zurückgezogene Patienten neigen eher zu gehemmter Depression, wohingegen extrovertierte Personen eher eine zunehmende Aggressivität und Enthemmtheit (u. a. in sexueller Hinsicht) zeigen. Diese Patienten können sehr reizbar, unverträglich und in Einzelfällen affektiv so enthemmt sein, dass es zu Gewaltdelikten kommen kann. Hinzu kann eine wahnhafte Verkennung (Verfolgungswahn, Eifersuchtswahn, etc.) bis hin zu paranoiden Psychosen kommen. Man spricht auch von einer »**Choreophrenie**«.

Kognitive Störungen. Lernen, Aufmerksamkeit und Merkfähigkeit sind im Krankheitsverlauf zunehmend beeinträchtigt. Häufig sind auch **Denkverlangsamungen** (z. B. Haften an Denkinhalten) und Störungen des Auffassungsvermögens vorhanden. Schließlich entwickelt sich eine manifeste **Demenz**. Im Gegensatz zu vielen Patienten mit M. Alzheimer sind sich die Patienten mit Chorea Huntington ihrer kognitiven Einbußen meist bewusst.

Genetik und Ätiologie
Die Chorea Huntington ist eine der ganz wenigen **autosomal-dominant** erblichen Krankheiten, bei denen sich das Krankheitsbild von homo- und heterozygoten Anlagenträger nicht wesentlich unterscheidet. Der Krankheitsbeginn ist in beiden Fällen gleich, allenfalls zeigen homozygote Betroffenen eine etwas raschere Progre-
▼

dienz. Neumutationen sind extrem selten. Meist ist eine leere Familienanamnese auf fehlende klinische Daten oder den frühen Tod von Familienangehörigen zurückzuführen.

Verantwortlich für die Krankheit ist die **Expansion einer Polyglutamin-Sequenz (CAG)$_n$** im kodierenden Bereich (5'-Genregion) des *Huntingtin*-Gens auf Chromosom 4p16.3. Personen mit 10–35 CAG-Repeats haben kein Erkrankungsrisiko. Bei 27–35 Repeats kann es allerdings zu einer Repeatexpansion in der Keimbahn kommen, so dass Kinder von der Krankheit betroffen sein können (»Prämutation«). Personen mit 36–39 Repeats weisen eine variable Penetranz auf, d. h. manche entwickeln Symptome der Chorea Huntington, andere nicht. Ab 40 CAG-Repeats erkranken alle Betroffenen an Chorea Huntington. Es besteht eine **inverse Korrelation zwischen Anzahl der Repeats und Erkrankungsalter** (je mehr Repeats, desto früher erkranken die Patienten), eine Vorhersage des Erkrankungsalters im Einzelfall ist jedoch nicht möglich.

Der verlängerte (CAG) Repeat, nicht aber das Normalallel, verhält sich meiotisch instabil. Bei Vererbung über den Vater kommt es in vielen Fällen zur Trinukleotidexpansion. Man spricht von **paternaler Antizipation**. Wer also das kranke Allel vom Vater geerbt hat, muss mit einem herabgesetzten Erkrankungsalter rechnen. Neumutationen werden nicht beobachtet, eine leere Familienanamnese ist in aller Regel auf fehlende klinische Daten, den frühen Tod von Familienangehörigen bzw. eine ausgeprägte Repeatexpansion zurückzuführen.

Neuropathologie

Neuropathologisch zeigt sich eine **Degeneration von Nervenzellen**, v. a. im **Corpus striatum** (Nucleus caudatus, Putamen) und Nucleus subthalamicus. Am stärksten betroffen sind mittelgroße Neuronen, die bestimmte Neurotransmitter (GABA und Enkephalin bzw. »Substanz P«) produzieren. Die Atrophie des **Corpus striatum** zeigt sich makroanatomisch und ggf. im MRT an einer Erweiterung der Seitenventrikel. Im fortgeschrittenen Stadium ist oftmals das gesamte Hirn **atrophisch**. Es kommt zu einem Hydrocephalus e vacuo mit erweiterten Seitenventrikeln, verbreiterten Sulci und maßgeblich geschrumpften Gyri. Die Gesamtgehirnmasse ist reduziert.

Diagnostik

Beim symptomatischen Patienten lässt sich die Diagnose Chorea Huntington aufgrund des Krankheitsbildes, des Verlaufs und ggf. der Familienanamnese **klinisch** stellen. Die molekulargenetische Diagnostik mit Nachweis der typischen CAG-Repeatexpansion im *Huntingtin*-Gen (PCR-Amplifikation) hat eine 100%-ige Sensitvität und Spezifität, ist technisch einfach und schnell (◘ Abb. 31.1).

▼

31.1 · Neurodegenerative Krankheiten

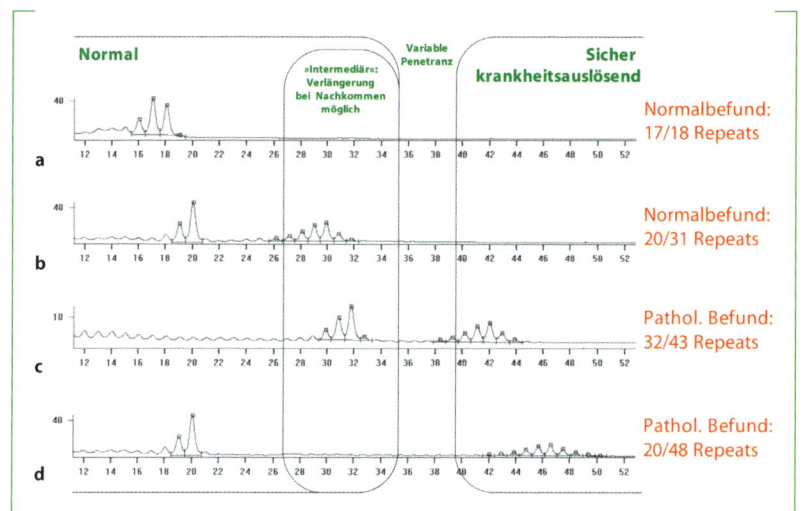

Abb. 31.1a–d. Molekulargenetische Diagnostik bei Chorea Huntington. Durch die Fragmentlängenanalyse auf dem Sequenziergerät lassen sich die Repeatgrößen auf den beiden Allelen in aller Regel rasch und zuverlässig darstellen. (Mit freundlicher Genehmigung von B. Janssen, Institut für Humangenetik Heidelberg)

Wichtig

Auf molekulargenetischem Weg kann eine Anlageträgerschaft für die Chorea Huntington sehr einfach präsymptomatisch nachgewiesen werden. Auf Empfehlung u. a. auch der Betroffenen und ihrer Familien soll diese **prädiktive Diagnostik** nur im Rahmen eines triphasischen Betreuungskonzeptes durchgeführt werden. Erst nach humangenetischer Beratung, neurologischer Untersuchung und psychotherapeutischem Gespräch werden im Rahmen einer Zweitberatung ggf. zwei Blutproben für die molekulargenetische Diagnostik entnommen und unabhängig voneinander untersucht. Die Befundmitteilung erfolgt im Rahmen eines weiteren humangenetischen Beratungsgesprächs. Die Richtlinien zur Durchführung der prädiktiven Diagnostik der Chorea Huntington betonen die umfassende Aufklärung des Betroffenen über die Krankheit und den Test, die Freiwilligkeit des Tests und den Schutz vor genetischer Diskriminierung. Eine prädiktive Diagnostik darf nur bei volljährigen Personen durchgeführt werden. Es wird empfohlen, mehrere Wochen zwischen Blutentnahme und Analyse verstreichen zu lassen, um dem Betroffenen Zeit zu geben, den Untersuchungsauftrag ggf. noch zurückzurufen.

Therapie
Eine kausale Therapie ist nicht vorhanden. Die Hyperkinese kann zumindest vorübergehend durch die Einnahme von Dopaminantagonisten gemildert werden. Die psychischen Alterationen sind durch Antidepressiva oder Neuroleptika positiv zu beeinflussen, allerdings auch nur im Anfangsstadium. Wichtiger als jede medikamentöse Therapie ist die unterstützende Begleitung des Patienten und seiner Familienmitglieder. Hochkalorische Nahrung bewahrt die Patienten vor zu starkem Gewichtsverlust.

Prognose
Der Verlauf ist chronisch fortschreitend. Schubweise Verschlechterungen und stationäre Zwischenphasen wechseln sich ab. Die durchschnittliche Krankheitsdauer beträgt 12–15 Jahre und ist bis heute therapeutisch nicht zu beeinflussen. Im Endstadium kommt es meist zu Rigidität und Akinese mit einer zunehmenden Versteifung der Gelenke. Die zu diesem Zeitpunkt meist vorhandene schwere Dysphagie führt nicht selten zu Aspirationspneumonien, die mit 33% auch die häufigste Todesursache darstellen. Das durchschnittliche Todesalter liegt bei 57 Jahren.

▪▪▪ Juveniler Verlauf (sog. Westphal-Variante)
Bis zu 10% der Patienten mit Chorea Huntington erkranken vor ihrem 20. Lebensjahr. Meist handelt es sich um Patienten mit hohen (CAG)-Repeatzahlen nach paternaler Antizipation (>80% dieser Patienten); in manchen Fällen erkranken die Kinder noch vor ihren Vätern. Das klinische Erscheinungsbild unterscheidet sich von der klassischen Chorea Huntington und ist durch eine parkinsonähnliche Symptomatik mit ausgeprägter Brady- bis Akinese und muskulärer Rigidität geprägt. Das Krankheitsbild ist rapide progredient.

31.1.2 Ataxien

Zahlreiche neurodegenerative Krankheiten haben als Hauptsymptome eine chronisch progrediente Ataxie, mit **zunehmender Gangunsicherheit, Störung der Feinmotorik, verwaschener Sprache und Augenbewegungsstörungen**. Mehr als 50 verschiedene genetisch definierte Formen sind bekannt; klinisch-pathophysiologisch werden dominante und rezessive Ataxieformen voneinander abgegrenzt.

Spinozerebelläre Ataxien
Die **autosomal-dominant** vererbten progredienten Ataxien werden unter dem Begriff spinozerebelläre Ataxien (SCA) zusammengefasst (übrigens unabhängig davon, ob das Rückenmark von der Krankheit betroffen ist, oder nicht). Zahlreiche

verantwortliche Genorte und krankheitsauslösende Mutationen wurden in den vergangenen Jahren identifiziert. Dabei wurden die Genorte in der Reihenfolge ihrer Beschreibung als spinozerebelläre Ataxie Typ 1 bis 30 (**SCA1-SCA30**) durchnummeriert. SCA3, auch unter dem Namen **Machado-Joseph-Krankheit** bekannt, ist die häufigste spinozerebelläre Ataxie in Deutschland.

Klinik. Krankheitsbeginn der spinozerebellären Ataxien ist in den meisten Fällen nach dem 25. Lebensjahr. Über viele Jahre bis Jahrzehnte hinweg entwickeln sich langsam progredient die Symptome einer zerebellären Ataxie mit Gang-, Stand- und Extremtitätenataxie, mit Augenbewegungsstörungen und Dysarthrie. Die Sprechstörung ist besonders typisch, denn neben der Artikulation sind auch die Stimmgebung und die Sprechatmung erheblich beeinträchtigt. Die Stimme ist rau, die Stimmgebung und v. a. das Atmen während des Sprechens unkontrolliert. Man spricht bei Patienten mit SCA auch von »Sprechen mit Luftverschwendung«. Hinzu kommen Begleitsymptome wie Demenz, Epilepsie, Tremor, Dystonie, Spastik, Polyneuropathie u. a., die auf eine spezifische Unterform der spinozerebellären Ataxien hinweisen können und damit auch das Vorgehen im Rahmen einer molekulargenetischen Diagnosesicherung vorgeben.

Genetik. Die häufigsten SCAs sind auf Störungen der Nukleotidexpansion zurückzuführen. Meist handelt es sich dabei (wie bei der Chorea Huntington) um Trinukleotidkrankheiten mit einer **Polyglutaminexpansion** aufgrund einer Erhöhung der Zahl von CAG-Repeats im jeweils verantwortlichen Gen. Diese Krankheiten beruhen auf einem toxischen *Gain-of-function*-Mechanismus ab einer Repeatzahl von etwa 40 Kopien. Das dabei ebenfalls auftretende Phänomen der **Antizipation**, also die ggf. von Generation auf Generation zunehmende Krankheitsschwere, spielt bei der genetischen Beratung der betroffenen Familien eine wesentliche Rolle. Bei einer Form (SCA7) kann die Antizipation sehr extrem sein, und es ist möglich, dass schwer betroffene und früh erkrankte Kinder an den Komplikationen der SCA versterben, noch bevor der betroffene Eltern- oder Großelternteil für die Krankheit klinisch symptomatisch wird (▶ Kap. 3.6).

Friedreich-Ataxie

Die wichtigste **autosomal-rezessiv** erbliche Ataxieform ist die Friedreich-Ataxie, die im Gegensatz zu den SCAs vor dem 25. Lebensjahr, meist im Alter zwischen 10 und 15 Jahren beginnt. Mit einer Prävalenz von 1:25.000 bis 1:50.000 handelt es sich um die häufigste erbliche Ataxie in Europa; sie findet sich bei der Hälfte aller Patienten.

Klinik. Die Krankheit beginnt schleichend mit **Gleichgewichtsstörungen, Gangunsicherheit und Dysarthrie** und später Ataxie auch der oberen Extremitäten. Typische Befunde sind abgeschwächte oder fehlende Muskeleigenreflexe bei spastischer Erhöhung des Muskeltonus v. a. in den Beinen, sowie Störungen der Oberflächen- und Tiefensensibilität. Im weiteren Verlauf zeigen sich Skelettverformungen (Friedreich-Fuß, Friedreich-Hand, Skoliose) sowie häufig eine **Kardiomyopathie**, die in etwa der Hälfte der Fälle schließlich zum Tode führt. Andere Komplikationen umfassen Optikusatrophie mit Nystagmus, Diabetes mellitus, vegetative Symptome (kalte Füße durch gestörte Blutzirkulation), Schluckbeschwerden, Obstipation sowie Blasenentleerungsstörungen. Die Krankheit verläuft unaufhaltsam progredient, wobei eine Rollstuhlpflicht meist 10 Jahre nach Krankheitsbeginn und der Tod des Betroffenen durchschnittlich 36 Jahre nach Krankheitsbeginn eintritt. Etwa ein Viertel der Patienten zeigt einen atypischen Verlauf mit späterer Manifestation und langsameren Verlauf.

Genetik. Die Friedreich-Ataxie wird durch einen Mangel bzw. eine Funktionsverlust des Proteins Frataxin verursacht, das eine wichtige Rolle in der zellulären Eisenhomöostase spielt. Das für Frataxin kodierende *FRDA*-Gen liegt in der zentromerischen Region von Chromosom 9q. Die große Mehrzahl an Patienten mit Friedreich-Ataxie ist homozygot für eine instabile Expansion eines **GAA-Trinukleotidrepeats in Intron 1 des *FRDA*-Gens**. Während Normalallele 5-33 GAA-Repeats aufweisen, ist die Anzahl bei Patienten mit Friedreich-Ataxie auf 66 bis 1.700 erhöht. Die Repeatlängenvermehrung stört die Transkription und das normale Spleißen am *FRDA*-Locus und führt zur Verminderung funktionstüchtigen Frataxins in der Zelle. Frataxinmangel bewirkt eine mitochondriale Akkumulation von Eisen, verminderte Aktivität mitochondrialer Enzyme, verstärkte Sensitivität gegenüber oxidativem Stress und schließlich einen apoptotischen Zelluntergang.

Ataxia teleangiectatica (Louis-Bar-Syndrom)

Die **autosomal-rezessiv** erbliche Ataxia telangiectasia (AT) gehört zu den **DNA-Reparaturdefekten** (▶ Kap. 32.7). Die Krankheit wird durch Mutationen des *ATM*-Gens (*mutated in ataxia teleangiectasi*a) auf Chromosom 11q22 verursacht. Sie ist durch eine besondere Sensitivität auf ionisierende Strahlen gekennzeichnet, was sich auch zytogenetisch als erhöhte Chromosomenbrüchigkeit nachweisen lässt. Klinische Hauptmerkmale sind eine zerebelläre Ataxie, Teleangiektasien, Immundefekte und eine Prädisposition für maligne Tumoren.

Klinik. Die **zerebelläre Ataxie** beginnt früh, in der Regel bereits im Alter von 1–2 Jahren. Hinzu kommen eine okulomotorische Apraxie (Störung der schnellen Augenbewegungen), eine muskuläre Hypotonie, choreoathetotische Bewegungsstörungen und eine erhöhte Infektneigung. Ab einem Alter von 3–10 Jahren treten die diagnostisch oft erst richtungsweisende **Teleangiektasien** auf, zunächst an den Konjunktiven, später auch auf Lidern, im Gesicht und anderen Körperarealen (◘ Abb. 20.4). Die große Mehrzahl der Patienten mit Ataxia teleangiectatica (AT) hat einen humoralen und/oder zellulären Immundefekt. Die daraus resultierende **Infektanfälligkeit** ist zugleich der wichtigste Grund für die erheblich reduzierte Lebenserwartung der Betroffenen, die auch heute noch meist unter 40 Jahren liegt. Zweithäufigste Todesursache bei AT sind neoplastische Veränderungen, v. a. **Leukämien und Lymphome**. Das Lebenszeitrisiko für maligne Erkrankungen liegt bei 35–40%.

Genetik. Mehr als 500 verschiedene Mutationen wurden beschrieben. Am häufigsten finden sich Nullmutationen, die zum vollständigen Verlust der Proteinfunktion führen.

31.1.3 Krankheiten der Pyramidenbahn

Amyotrophe Lateralsklerose

Die amyotrophe Lateralsklerose (ALS) ist eine progressive, **neurodegenerative Krankheit des 1. und 2. Motoneurons**. Sie manifestiert sich selten vor dem 50. Lebensjahr. Das voll ausgebildete Krankheitsbild ist durch die Kombination aus atrophischen und spastischen Lähmungen gekennzeichnet. Paresen, Faszikulationen und Atrophien der kleinen Handmuskeln, atrophische oder spastische Paresen der Unterschenkel und Füße, oder bulbäre Lähmungen sind häufige Erstsymptome, die zur Vorstellung beim Neurologen führen. Die Krankheit ist in den meisten Fällen rasch progredient und führt bei zwei Drittel der Erkrankten innerhalb von 5 Jahren zum Tode. Schluckstörungen mit Aspirationspneumonie und Lähmungen der Atemmuskulatur führen zur respiratorischen Insuffizienz und gehören zu den häufigsten Todesursachen.

Die Inzidenz der ALS liegt bei 1–2 pro 100.000 Einwohner, die Prävalenz bei 5/100.000. Etwa jeder zehnte Patient mit ALS hat eine positive Familienanamnese. **Autosomal-dominant, autosomal-rezessiv und X-chromosomal-rezessiv erbliche Formen** der ALS sind bekannt und verschiedene krankheitsassoziierte Gene sowie chromosomale Suszeptibilitäts-Loci wurden identifiziert.

Spinale Muskelatrophie

Spinale Muskelatrophien (SMA) sind **Krankheiten des 2. Motoneurons**. Durch eine progrediente Degeneration der Vorderhornzellen im Rückenmark kommt es zu einer zunehmenden Muskelhypotonie und Muskelatrophie. Je nach Manifestationsalter und Verlauf werden 4 verschiedene Typen unterschieden; eine besonders schwere neonatale Form mit pränatalem Beginn, schweren Kontrakturen und respiratorischem Versagen wird gelegentlich als Typ 0 bezeichnet. Die spinale Muskelatrophie ist **autosomal-rezessiv** erblich. Die Heterozygotenfrequenz in Deutschland beträgt 1/50, die Inzidenz der Krankheit liegt bei etwa 1:10.000 Neugeborenen.

Typ I (Werdnig-Hoffmann). Beginn nach Geburt oder in den ersten 6 Lebensmonaten. Viele Kinder haben bereits nach Geburt eine ausgeprägte, **generalisierte muskuläre Hypotonie**, wobei die Beine stärker als die Arme und die proximalen Muskeln stärker als die distalen betroffen sind. Bei anderen Säuglingen entwickelt sich eine zunehmende Trinkschwäche und ein Stillstand der motorischen Entwicklung. Manchmal verliert ein zuvor normal erscheinender Säugling innerhalb weniger Tage die Fähigkeit, die Beine zu bewegen und zu strampeln. Die Kinder bewegen nur in geringem Maß Finger und Zehen. Muskeleigenreflexe sind nicht auslösbar. Die Zunge zeigt feine Faszikulationen. Die Gesichtsmuskulatur ist nicht betroffen, und die Kinder haben einen normalen, lebhaften Gesichtsausdruck. Typisch ist eine **paradoxe Atmung**: Bei Inspiration sinkt der Thorax ein, der Bauch wölbt sich vor. Bei Exspiration hingegen wird der Bauch wieder eingezogen, während sich der Thorax weitet. Eine Parese der Interkostalmuskulatur begünstigt die Entstehung von Atelektasen. 80% der Kinder versterben im 1. Lebensjahr an respiratorischem Versagen bzw. nicht beherrschbaren Pneumonien, kaum ein Kind wird älter als 2 Jahre.

Typ II (intermediärer Typ). Beginn zwischen dem 6. und dem 12. Lebensmonat. Die betroffenen Kinder können zumindest vorübergehend frei Sitzen, jedoch nicht laufen.

Typ III (Kugelberg-Welander). Patienten mit SMA Typ III erlernen das Laufen rechtzeitig oder leicht verspätet. Erste klinische Auffälligkeiten entwickeln sich meist zwischen dem 2. und 8. Lebensjahr, wenn die Betroffenen (ähnlich wie bei Muskeldystrophie Duchenne) beim Laufen ein »watschelndes« Gangbild und beim Aufstehen vom Boden ein Gowers-Manöver zeigen. Die Gehfähigkeit bleibt lange erhalten, verschlechtert sich aber häufig während des Wachstumsschubs in der Pubertät. Die Lebenserwartung entspricht der der Allgemeinbevölkerung. Als **adulte SMA Typ IV** wird die Krankheit bei Manifestation im Erwachsenenalter bezeichnet.

Diagnostik und Genetik. Die Diagnose wird klinisch gestellt und molekulargenetisch gesichert. Es gibt 2 nahezu identische krankheitsassoziierte Gene *SMN1* und *SMN2* (SMN steht für *survival of motor neuron*), die invertiert in einer duplizierten Region auf Chromosom 5q13 liegen. Das Genprodukt ist vermutlich an der RNA-Prozessierung in den Neuronen beteiligt. *SMN2* unterscheidet sich von *SMN1* u. a. durch eine Punktmutation an Position +6 von Exon 7, die das Spleißen dieses Exons beeinträchtigt: Nur 10% der SMN2-Transkripte kodieren für das normale Protein, bei den übrigen 90% ist das Genprodukt durch das Fehlen von Exon 7 funktionslos. SMN2 kommt darüber hinaus in unterschiedlicher Kopienzahl vor: auf manchen Allelen ist es gar nicht vorhanden, auf anderen ein oder zweimal. Die SMA wird durch den homozygoten **Verlust des *SMN1*-Gens** verursacht; in den allermeisten Fällen (95%) liegt eine typische **Deletion von Exon 7 und Exon 8** des Gens vor,

Punktmutation sind selten. *SMN2* kann aufgrund der Spleißvariante den Verlust von *SMN1* nicht ausgleichen, die Kopienzahl des Gens modifiziert jedoch die Krankheitsschwere: Während sich bei SMA Typ I fast immer eine oder zwei Kopien von *SMN2* finden, liegen bei Typ III praktisch immer drei oder vier (oder mehr) Kopien von *SMN2* vor.

31.1.4 Leukodystrophien

Morbus Pelizäus-Merzbacher

Diese X-chromosomal-rezessiv erbliche Krankheit ist ein Prototyp einer Leukoenzephalopathie. Sie beruht auf einer gestörten Bildung von Proteolipoprotein 1 (PLP1), dem Hauptbestandteil der Myelinscheiden im Gehirn, und manifestiert sich besonders während der Myelinisierung der Nervenfasern in den ersten Lebensjahren. Charakteristisches Merkmal ist eine **primäre Hypomyelinisierung** und fleckförmige Demyelinisierung des Gehirns. Das periphere Nervensystem ist nicht betroffen. Die klassischen Erstsymptome der Krankheit sind Nystagmus und Muskelhypotonie, später entwickeln sich zerebelläre und pyramidale Symptome, die im Verlauf zu einer dystonen Bewegungsstörung führen. Es besteht eine mentale Retardierung und später eine deutliche geistige Behinderung. Die Krankheit ist meist langsam progredient, bei der klassischen Form ist ein Überleben bis in die 6. oder 7. Lebensdekade möglich.

▪▪▪ Genetik des Morbus Pelizäus-Merzbacher

Die molekularen Grundlagen des Morbus Pelizäus-Merzbacher sind komplex, und obwohl nur ein Gen betroffen ist, sind **verschiedene Pathomechanismen** involviert. Die häufigste nachweisbare Veränderung ist eine Duplikation des gesamten *PLP1*-Gens, welche zu einer Überexpression führt und die Myelinisierung vermutlich über eine Imbalance der normalen Myelinbestandteile beeinträchtigt. Interessanterweise verursachen Nullmutationen im *PLP1*-Gen, bei denen kein Genprodukt gebildet wird, ein relativ mildes Krankheitsbild, bei dem v. a. der Erhalt der Myelinscheiden gestört zu sein scheint. Manche *Missense*-Mutationen wiederum führen zur Bildung eines abnorm gefalteten Proteins und in der Folge durch eine grundlegende Störung der Proteinprozessierung im endoplasmatischen Retikulum zum frühzeitigen apoptotischen Untergang der myelinbildenden Oligodendrozyten und einem besonders schweren neonatalen Krankheitsbild. Ein neonataler M. Pelizaeus-Merzbacher wird auch beobachtet, wenn drei oder mehr Kopien des *PLP1*-Gens vorliegen. Schließlich gibt es milde *Missense*-Mutationen im PLP1-Gen, welche das gesonderte Krankheitsbild der **spastischen Paraplegie Typ 2** verursachen, das durch Schwäche und Spastik der Beine gekennzeichnet ist, während ZNS-Symptome in der Regel fehlen. **Heterozygote Frauen** können ebenfalls neurologische Auffälligkeiten zeigen, paradoxerweise häufiger dann, wenn bei den hemizygoten Jungen in der Familie ein eher milder Phänotyp vorliegt.

31.1.5 Andere neurodegenerative Krankheiten

Rett-Syndrom

Praxisfall

Frau und Herr Hoffmeister stellen sich mit ihrer 2¾-jährigen Tochter Sarah in der genetischen Poliklinik vor. Sarah hat eine zunehmende Entwicklungsstörung, deren Ursache ungeklärt ist. Schwangerschaft, Geburt und erstes Lebensjahr waren abgesehen von einer leichten muskulären Hypotonie unauffällig gewesen, erste Worte benutzte Sarah im Alter von 13 Monaten. Die Eltern hatten in den folgenden Monaten das Gefühl, dass sich Sarah nicht mehr so rasch entwickelte, häufiger schrie und weniger interessiert schien als vorher, eindeutige Probleme ließen sich jedoch nicht festmachen. Im Alter von 19 Monaten kam es dann scheinbar im Zusammenhang mit einem fieberhaften Infekt (ohne klare Ursache) über mehrere Wochen zu einem Verlust von erworbenen Fähigkeiten. Sarah benutzte keine Worte mehr, war ungeschickt, spielte kaum noch mit Gegenständen, hielt keinen Blickkontakt und wirkte nicht selten abwesend. Auch der Kopfumfang blieb im Wachstum zurück. Als die Kinderärztin bei Sarah stereotype knetende Bewegungen der Hände bemerkte, überwies sie die Eltern mit der Verdachtsdiagnose Rett-Syndrom in die Humangenetik. Die Diagnose wurde durch den Nachweis einer bereits bei anderen Patienten beobachteten Mutation im *MeCP2*-Gen bestätigt.

Epidemiologie

Die Prävalenz des Rett-Syndroms liegt bei **1:10.000 Mädchen**. Es handelt sich um die zweithäufigste Ursache für mentale Retardierung (nach dem Down-Syndrom) bei Mädchen; die Krankheit ist für bis zu 10% aller geistigen Behinderungen bei Mädchen verantwortlich.

Klinische Merkmale

Alle betroffenen Kinder sind **bei Geburt unauffällig** und entwickeln sich in den ersten 6–18 Lebensmonaten normal (◘ Abb. 31.2a). Die Meilensteine der Entwicklung (soziales Lächeln, Sitzen, Krabbeln, Laufen) werden meist »fristgerecht« erreicht. Lediglich eine gewisse **muskuläre Hypotonie** kann von Beginn an vorhanden sein. Als erstes Merkmal fällt häufig ab dem 6. Lebensmonat eine **Dezeleration des Schädelwachstums** auf, die im Verlauf zu einer Mikrozephalie führt. Nach einer kurzen Zeit der Stagnation der Entwicklung kommt es zum **Verlust bereits erworbener Funktionen** v. a. im Bereich der Motorik und der Sprache.

Als Kardinalsymptom des Rett-Syndroms entwickeln sich **Handstereotypien**, die als waschende und knetende Bewegungen beschrieben werden (◘ Abb. 31.2b). Die zielgerichtete Handlungsfähigkeit ist beeinträchtigt, das Gangbild unsicher (Apraxie, Tremor, Ataxie). Die betroffenen Mädchen ziehen sich in sich selbst zurück

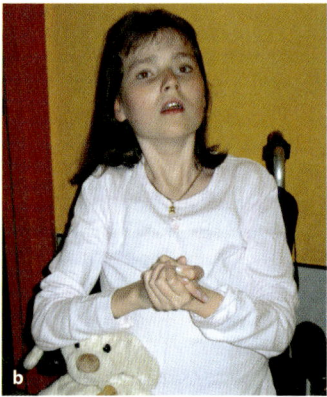

Abb. 31.2a, b. Rett-Syndrom. Das gleiche Mädchen im Alter von 1 Jahr (**a**) nach weitgehend unauffälliger Entwicklung im Säuglingsalter; **b** im Alter von 12 Jahren, mit den typischen Handstereotypien

Abb. 31.3. Rett-Syndrom: schwere Skoliose

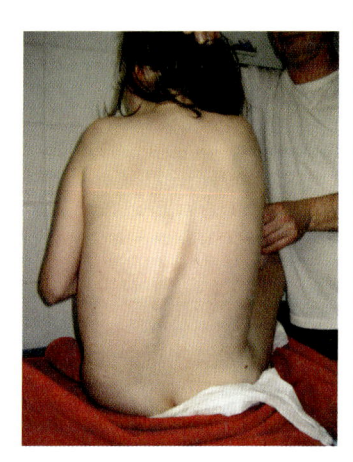

(autistisches Verhalten) und zeigen nicht selten Panik- und Schreiattacken sowie Episoden von Apnoe und Hyperpnoe. Nach der Phase der raschen Regression verlangsamt sich der Krankheitsverlauf und es folgt ein stationäres Stadium. Im Schulalter oder später entwickelt sich häufig eine schwere **Skoliose** (Abb. 31.3). Das MRT des Gehirns zeigt typischerweise eine Volumenreduktion von Frontalhirn und Kleinhirn. Bis zu 50% der Patientinnen mit Rett-Syndrom entwickeln Epilepsien.

Genetik und Ätiologie

Ursache für das Rett-Syndrom sind Mutationen im *MeCP2*-**Gen** auf dem langen Arm des X-Chromosoms (Xq28). Das normale Genprodukt MeCP2 (*methyl-CpG-binding protein 2*) bindet im menschlichen Genom an methylierte DNA und verursacht eine Deacetylierung der Histone und verstärkte Kondensation des Chromatins. Auf diese Weise kommt es zur Unterdrückung der Expression zahlreicher Gene. Defektem MeCP2 fehlt die Fähigkeit, die Transkription dieser Gene zu inhibieren.

Krankheitsauslösende Mutationen sind bei Jungen in den allermeisten Fällen letal (pränataler **Letalfaktor**); daher sind vom Rett-Syndrom fast nur Mädchen betroffen. Formalgenetisch liegt ein **X-chromosomal-dominanter** Erbgang vor. Inzwischen sind einige milde Mutationen bekannt, die bei Jungen mit dem Leben vereinbar sind; das seltene »**männliche Rett-Syndrom**« ist gekennzeichnet durch eine mittelschwere bis schwere mentale Retardierung, eine stark verzögerte Sprachentwicklung und Bewegungsstörungen (v. a. Tremor und Bradykinesie). Ein Rett-Syndrom bei Jungen kann darüber hinaus im Einzelfall auch durch postzygotische *MeCP2*-Mutationen (Mosaik) oder durch das gleichzeitige Bestehen eines Klinefelter-Syndroms (Chromosomensatz 47,XXY) entstehen.

In 99,5% der Fälle handelt es sich um De-novo-Mutationen. Ein Keimzell-Mosaik bei einem der Eltern ist eine seltene Ausnahme. Das Wiederholungsrisiko ist folglich gering.

Diagnostik

Die **diagnostischen Kriterien** umfassen 8 Krankheitsmerkmale, die in der Regel vorhanden sein sollten:
1. Normale Prä- und Perinatalperiode
2. Weitgehend normale psychomotorische Entwicklung in den ersten 6 Lebensmonaten
3. Normaler Kopfumfang bei Geburt
4. Postnatale Dezeleration des Schädelwachstums
5. Verlust sinnvoller Handfunktionen im Alter zwischen 6 Monaten und 2,5 Jahren
6. Stereotype Handbewegungen
7. Regression des Verhaltens und zunehmender sozialer Rückzug
8. Gangdyspraxie

Gegen ein Rett-Syndrom sprechen: Organomegalie, Retinopathie, Optikusatrophie, Hinweise auf perinatale oder postnatale Hirnschäden und neurologische Störungen in Folge schwerer Infektion oder in Folge eines Schädel-Hirn-Traumas.

In etwa 80% der Fälle lässt sich molekulargenetisch die krankheitsauslösende Mutation im *MeCP2*-Gen nachweisen. In diesen Fällen kann in nachfolgenden

Schwangerschaften zum Ausschluss eines Keimzellmosaiks eine Pränataldiagnsotik angeboten werden.

Therapie und Prognose
Eine kausale Therapie ist nicht bekannt. Neben der üblichen symptomatischen Betreuung und Förderung werden bei schwerer Agitation ggf. Risperidon in niedriger Dosierung oder auch selektive Serotonin Reuptake-Inhibitoren (SSRI) eingesetzt. Zur antikonvulsiven Therapie bieten sich Carbamazepin oder Valproat an. Im Jugendlichen- und Erwachsenenalter erfordert die oft schwere Skoliose häufig chirurgische Intervention. Gleiches gilt für schwere Fußfehlstellungen.

Die Lebenserwartung bei Rett-Syndrom ist per se nicht vermindert. Es werden jedoch immer wieder unerwartete Todesfälle in Folge kardialer Arrhythmien oder nächtlicher Apnoen beobachtet.

31.2 Andere Krankheiten des zentralen Nervensystems

31.2.1 Strukturelle Fehlbildungen des zentralen Nervensystems

Die **vorgeburtliche Entwicklung des ZNS** braucht deutlich länger als die der anderen Organsysteme und erstreckt sich auch über die gesamte Fetalperiode. Selbst nach der Geburt ist die Entwicklung des Nervensystems noch nicht abgeschlossen. Das ZNS ist folglich nicht nur anfällig für Störungen der Morphogenese in den ersten drei Schwangerschaftsmonaten, sondern ebenso für ischämische oder toxische Ereignisse in der Spätschwangerschaft.

Die beiden Großhirn-Hemisphären kann man etwa **5 Wochen post conceptionem** (p.c.) erkennen. Zu diesem Zeitpunkt ist auch schon eine grobe Einteilung in Telenzephalon (Großhirn), Dienzephalon (Zwischenhirn), Mesenzephalon (Mittelhirn), Metenzephalon (sog. Hinterhirn mit Kleinhirn und Brücke) und Myelenzephalon (verlängertes Mark) möglich. Störungen der **neuronalen Proliferation** verursachen u. a. eine Mikrozephalie und eine Simplifizierung des gyralen Musters.

Anschließend beginnt die **Phase der Migration** der Neurone in den Kortex und der **Organisation der kortikalen Schichten**. Diese Phase dauert bis in die Mitte des zweiten Trimenons hinein. In die Gruppe der neuronalen **Migrationsstörungen** gehört eine zunehmende Zahl von molekulargenetisch charakterisierten Krankheiten wie die **Lissenzephalien** oder das Doppel-Kortex-Syndrom.

Häufig findet sich bei Kindern mit Entwicklungsstörungen oder im Rahmen von genetischen Syndromen eine **Agenesie oder Hypoplasie des Corpus callosum**. Auch hier liegt die Ursache in schweren Defekten der kortikalen Neurone in der Embryonalentwicklung. Das Corpus callosum entwickelt sich jedoch über die gesamte Schwangerschaft hinweg und auch darüber hinaus und bietet auf diese Art Angriffsfläche für vielerlei Entwicklungsstörungen (Dysgenesien des Corpus callosum).

Entwicklungsstörungen des ZNS **im dritten Trimenon** gehen seltener auf genetische Störungen zurück. In dieser Phase der Fetalzeit werden insbesondere periventrikuläre Läsionen bzw. Defekte der kortikalen oder tiefen grauen Substanz beobachtet.

> **Wichtig**
>
> **Entwicklungsstörungen des ZNS**
> - 1. und 2. Trimenon: Ursache eher genetisch
>   - Störungen der Proliferation
>   - Störungen der Migration, z. B. Lissenzephalie
>   - Störungen der Organisation und späten Migration, z. B. bilaterale Polymikrogyrie
> - 3. Trimenon: Ursache eher infektiös/ischämisch

Neuralrohrdefekte

Normalerweise schließt sich das Neuralrohr am Ende der 4. Embryonalwoche. Ist dieser Vorgang gestört, kommt es zu Neuralrohrdefekten (*neural tube defects*, NTD, auch als dorsale Dysraphien bezeichnet), die von der Anenzephalie bis hin zur Spina bifida occulta ein weites Spektrum an Schweregraden aufweisen. Neuralrohrdefekte gehören zu den **häufigsten** kongenitalen Fehlbildungen mit einer Inzidenz bei Geburt von 0,2–1%. Die Ätiologie ist **multifaktoriell** und wird durch Umweltfaktoren (z. B. Vitaminstatus der Mutter) beeinflusst.

Die **Anenzephalie** (◘ Abb. 31.4a) ist die schwerste Form der Neuralrohrdefekte. Sie entsteht durch einen fehlenden Verschluss des Neuralrohrs am rostralen (oberen) Ende und ist durch das weitgehende Fehlen der parietalen Schädelkalotte und der beiden Großhirnhemisphären gekennzeichnet. Meist fehlt auch das Kleinhirn, der Hirnstamm ist oft hypoplastisch. Anenzephal geborene Kinder können manchmal einige Tage überleben; es sind dann primitive Reflexe nachweisbar.

Die **Enzephalozele** (◘ Abb. 31.4b) ist eine Herniation von Hirngewebe durch einen Defekt des knöchernen Schädels (meist okzipital). Das heraustretende Gewebe ist von Haut oder einer dünnen Membran bedeckt. In der Hälfte der Fälle entsteht zusätzlich ein Hydrozephalus.

Bei **Meningozele/Meningomyelozele** (◘ Abb. 31.4c) handelt es sich um Läsionen, die auf einen mangelhaften oder fehlenden Verschluss des Neuralrohrs im Bereich der Wirbelsäule zurückgehen. Bei einer Meningozele wölben sich lediglich die Meningen durch den Wirbelspalt hervor, bei einer Meningomyelozele tritt

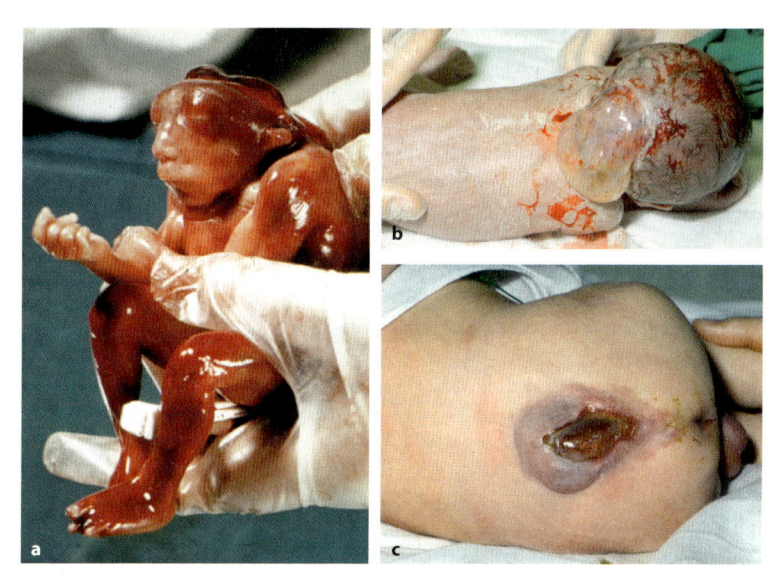

Abb. 31.4a–c. Neuralrohrdefekte. a Anenzephalie; **b** Enzephalozele; **c** Meningomyelozele. (Mit freundlicher Genehmigung der Universitäts-Kinderklinik Heidelberg)

außerdem auch Rückenmark durch den Spalt. Klinisch bedeutsam ist, dass Patienten mit einer von Haut bedeckten Meningozele häufig **keine** neurologischen Defizite haben. Sobald aber Nervengewebe offen liegt, sind neurologische Schäden zwangsläufig (z. B. Klumpfußstellung bis Paraplegie). Nicht selten entwickelt sich ein Hydrozephalus.

Die **Spina bifida occulta** kennzeichnet die äußerlich nicht sichtbare Spaltung der Wirbelbögen im Lumbosakralbereich, wobei sich oft eine abnorme Behaarung, Pigmentierung bzw. Grübchenbildung im betroffenen Bereich findet. Eine klinisch relevante Folge ist das **Tethered-cord-Syndrom,** eine abnorme Anheftung des Rückenmarkskonus im Canalis vertebralis, welche im Verlauf des Wachstums zu neurologischen Komplikation in den unteren Extremitäten führt (zunächst ziehende Schmerzen, dann motorische und sensible Ausfälle der unteren Extremität und Sphinkterschwäche mit Inkontinenz) und dann operativ korrigiert werden muss.

Ätiologie. Isolierte Neuralrohrdefekte sind in der Regel **multifaktoriell mit Schwellenwerteffekt** verursacht, d. h., sowohl genetische als auch exogene Faktoren spielen eine Rolle. Ein deutlich erhöhtes Risiko besteht bei Müttern mit Diabetes mellitus (Risiko bis zu 1%) und oder Valproat-Medikation (Risiko bis zu 5%). **Folsäuresubstitution** verringert die Häufigkeit von Neuralrohrdefekten besonders auch bei Frauen, die bereits ein Kind mit einer solchen Fehlbildung haben. Allerdings müssen entsprechende Präparate spätestens in den allerersten Tagen der Schwangerschaft (**perikonzeptionell**) eingenommen werden, später als 30 Tage nach Konzeption wird kein Effekt mehr erreicht. Daher wird Frauen, die eine Schwangerschaft planen, die präkonzeptionelle Einnahme von Folsäure empfohlen.

> **Wichtig**
>
> **Prä-/perikonzeptionelle Einnahme von Folsäure**
> - Für alle Frauen: 0,4 mg/Tag
> - Für Frauen, die bereits ein Kind mit Neuralrohrdefekt hatten: 5 mg/Tag

Neuralrohrdefekte werden heutzutage meist durch Ultraschalluntersuchungen erkannt, können aber auch durch **erhöhte Werte von AFP** (α-Fetoprotein) im Blut der Mutter auffällig werden. Die Bestimmung dieses Markers war Teil des inzwischen veralteten Triple-Tests in der 15.–18. SSW. Erhöhte Werte von **AFP und Acetylcholinesterase im Fruchtwasser** können ebenfalls auf einen Neuralrohrdefekt hinweisen.

> **Wichtig**
>
> **Wiederholungsrisiko bei Neuralrohrdefekten (NTD)**
> - Inzidenz in der Gesamtpopulation: 1:300 bis 1:1.000
> - Gesamtpopulation bei Folsäure-Gabe: 1:2.000 oder seltener
> - Ein Geschwister mit NTD: 1:25
> - Ein Geschwister mit NTD bei Folsäure-Gabe: 1:100

Holoprosenzephalie

Die Holoprosenzephalie (HPE) ist eine strukturelle Fehlbildung des Gehirns, bei der die Aufteilung des Großhirns in 2 Hemisphären und Ventrikelsysteme unvollständig ist. Auch die Aufteilung in je zwei Bulbi olfactorii, Bulbi optici und Tractus optici ist gestört.

Klassischerweise unterscheidet man 3 Subtypen (nach DeMyer)
- **Alobäre HPE**: schwerste Form, keine Trennung der Großhirnhemisphären, kein Interhemisphärenspalt, ein Großhirnventrikel (statt zwei Seitenventrikeln).

▼

31.2 · Andere Krankheiten des zentralen Nervensystems

- **Semilobäre HPE**: Der linke und rechte Frontal- und Parietallappen sind fusioniert. Der Interhemisphärenspalt existiert nur okzipital.
- **Lobäre HPE**: mildeste Form. Die Großhirnhemisphären und die Seitenventrikel sind weitgehend getrennt. Lediglich im vordersten Bereich der Frontallappen liegt eine Verschmelzung vor.

Praxisfall

Ehepaar R., eine 32-jährige Rechtsanwältin und ein 35-jähriger Investmentbanker, kommen in die genetische Beratung. Sie sind besorgt, da ihr erstes Kind vor einem Jahr mit einer Holoprosenzephalie geboren wurde und nach 5 Lebenstagen verstarb. Die Schwangerschaft war ohne Komplikationen verlaufen, alle vorgeburtlichen Untersuchungen waren unauffällig gewesen. Das Kind hatte einen normalen Karyotyp. Nun wollen sich Herr und Frau R. über das Wiederholungsrisiko informieren. Beide Ehepartner haben keine wesentlichen gesundheitlichen Probleme. Herr R. war im Alter von 4 Monaten adoptiert worden und kann keine Informationen über seine leiblichen Eltern geben. Die Familienanamnese von Frau R. ist nicht richtungsweisend. Bei der klinischen Untersuchung fällt auf, dass Herr R. einen leichten Hypotelorismus mit schmalem (»zusammengekniffenen«) Nasenrücken, nur einen einzelnen mittleren oberen Schneidezahn, kein oberes Frenulum und eine gespaltene Uvula hat. Da Sie wissen, dass es sich dabei um Minimalbefunde einer Holoprosenzephalie handelt, die u. a. durch Mutationen im *sonic hedgehoc gene* (*SHH*-Gen) verursacht werden können und dann autosomal-dominant erblich sind, veranlassen Sie eine molekulargenetische Diagnostik. Tatsächlich findet sich bei Herrn R. eine bekannte krankheitsauslösende Mutation im *SHH*-Gen. Sie erklären den Eltern, dass jedes weitere Kind mit 50%-iger Wahrscheinlichkeit die mutierte *SHH*-Genkopie vom Vater erben wird, dass die klinische Ausgestaltung (der Phänotyp) jedoch sehr unterschiedlich sein kann. Die Bandbreite kann auch innerhalb derselben Familie von einer schweren, pränatal letalen Hirnfehlbildung bis hin zu Minimalsymptomen wie bei Herrn R. reichen. Nach ausführlicher Besprechung der Bedeutung des Befundes entscheiden sich die Eltern gegen eine molekulargenetische Testung bei einer nachfolgenden Schwangerschaft, jedoch für eine engmaschige pränatale Überwachung mit regelmäßigen Ultraschalluntersuchungen.

Epidemiologie

Häufigste Fehlbildung des Gehirns beim Menschen: 1:250 bei Embryos, 1:10.000–1:20.000 bei Neugeborenen.

Ätiologie (◘ Abb. 31.5)

▼

Ätiologie der Holoprosenzephalie

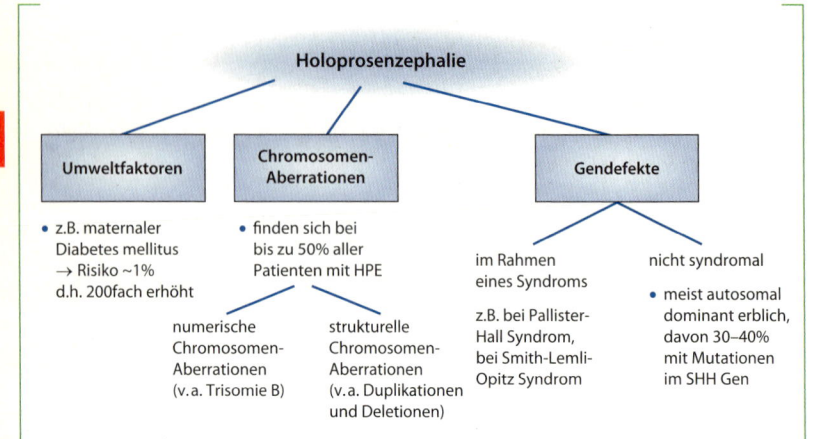

- **Umweltfaktoren**
  - z.B. maternaler Diabetes mellitus → Risiko ~1% d.h. 200fach erhöht

- **Chromosomen-Aberrationen**
  - finden sich bei bis zu 50% aller Patienten mit HPE
    - numerische Chromosomen-Aberrationen (v.a. Trisomie B)
    - strukturelle Chromosomen-Aberrationen (v.a. Duplikationen und Deletionen)

- **Gendefekte**
  - im Rahmen eines Syndroms
    - z.B. bei Pallister-Hall Syndrom, bei Smith-Lemli-Opitz Syndrom
  - nicht syndromal
    - meist autosomal dominant erblich, davon 30–40% mit Mutationen im SHH Gen

Abb. 31.5. Ätiologie der Holoprosenzephalie

Klinische Merkmale

Die klinischen Auffälligkeiten sind in hohem Maße vom Schweregrad der HPE abhängig. Patienten mit **alobärer HPE** haben eine Mikrozephalie und eine meist schwere geistige Behinderung, häufig mit zerebralen Krampfanfällen. Weitere Komplikationen wie Kleinwuchs, vegetative Dysregulation, Schluckstörungen, Hydrozephalus etc. können abhängig von der genauen zerebralen Fehlbildung bzw. als Teil eines der Holoprosenzephalie zugrunde liegenden Syndroms auftreten. Die typischen **kraniofazialen Auffälligkeiten** sind nicht immer mit dem Schweregrad der Hirnfehlbildung korreliert (Abb. 31.6). Das Spektrum reicht von einer **Zyklopie** (einzelnes Auge mit Proboszis = Nasenrüssel über dem Auge) bei der alobären HPE über Mikrophthalmie bzw. Kolobome bis hin zur (fast) **normalen Fazies** ggf. mit Mikrosymptomen bei autosomal-dominant erblicher HPE. Häufig treten orofaziale Fehlbildungen (bilaterale Lippenspalte, mediale Lippen-Kiefer-Gaumenspalte u. a.) auf.

> **Wichtig**
>
> **Mikrosymptome bei Holoprosenzephalie**
> Die autosomal-dominant erbliche HPE hat eine zum Teil enorme Variabilität der Expression auch innerhalb der gleichen Familie, was teilweise sicher auch durch (noch ungeklärte) genetische Faktoren verursacht wird. Zu den Mikrosymptomen bzw. Minimalbefunden gehören u. a.:
> - Hypotelorismus
> - Einzelner oberer Schneidezahn

31.2 · Andere Krankheiten des zentralen Nervensystems

- Anosmie/Hypoosmie bei fehlendem Bulbus olfactorius
- Fehlendes Frenulum der Oberlippe
- Schmaler (»zusammengekniffener«) Nasenrücken
- Bifide (gespaltene) Uvula

Diagnostik
- Die Diagnose wird mittels Bildgebung des Gehirns gestellt, vorzugsweise durch ein **MRT**. Auf diesem Weg erfolgt auch die Klassifikation des Subtyps.
- Eine **Chromosomenanalyse** ist unabdingbar, da die Hälfte der Neugeborenen mit HPE eine Chromsomenstörung (v. a. Trisomie 13 und Monosomie 18p) aufweist. Etwa 5% der HPEs gehen auf submikroskopische Deletionen zurück, die u. a. durch **FISH-Analyse** nachgewiesen werden können.

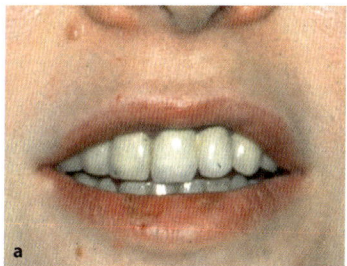

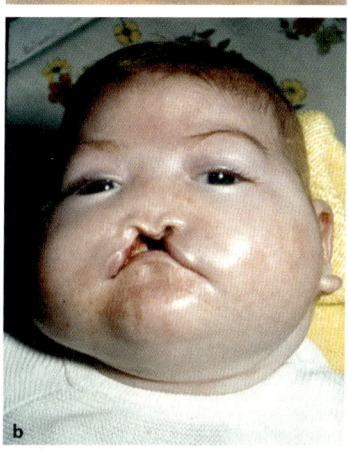

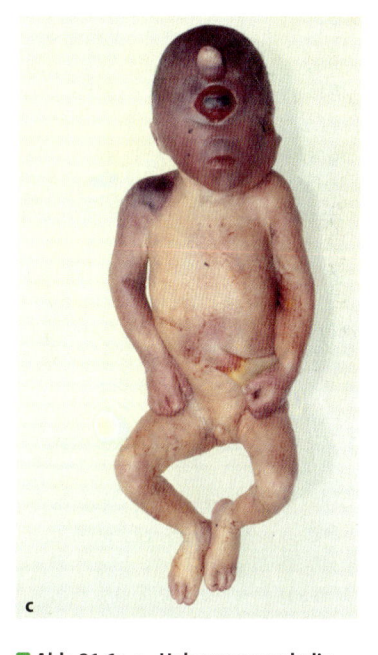

Abb. 31.6a–c. Holoprosenzephalie. **a** Einzelner Schneidezahn; **b** fazialer Aspekt mit Lippen-Kieferspalte; **c** Zyklopie

- Bei 20–25% der Patienten finden sich heterozygote Mutationen in einzelnen Genen, u. a. *SHH, ZINC2* (oft schwere HPE mit weniger stark ausgeprägten fazialen Auffälligkeiten) oder *GLI2* (oft typische Fazies ohne Hirnfehlbildung). Dies kann durch gezielte **molekulargenetische Analysen** abgeklärt werden. Nicht selten besteht eine Compound-Heterozygotie mit Mutationen in zwei unterschiedlichen Genen; hier verschwimmt die Grenze zwischen monogener und polygener bzw. multifaktorieller Vererbung.
- Bei 18–25% der Patienten tritt die HPE im Rahmen eines Syndroms (z. B. Pallister-Hall-Syndrom, Smith-Lemli-Opitz-Syndrom) auf. Die Diagnostik richtet sich nach dem zugrunde liegenden Syndrom.

Klinisches Management
Besonders bedeutsam ist die sorgfältige klinische Untersuchung und gezielte Diagnostik innerhalb der ersten Lebenstage. Die Behandlung ist symptomatisch und supportiv. Die Beratung ist v. a. von der zugrunde liegenden Ursache abhängig. Gerade deshalb ist eine ätiopathologische Abklärung der HPE von entscheidender Bedeutung. Zu beachten ist die erhebliche Variabilität in der Expressivität der autosomal-dominant erblichen HPEs.

Prognose
Patienten mit Zyklopie überleben nur selten die erste Lebenswoche. Etwa 50% der Patienten mit alobärer HPE sterben in den ersten 4–5 Lebensmonaten, 80% im ersten Lebensjahr. Von den Patienten mit semilobärer HPE überleben etwa 50% das erste Lebensjahr. Am Ende des Spektrums stehen Patienten mit geringer Expression einer autosomal-dominant erblichen HPE, die oft eine völlig normale Lebenserwartung haben.

31.2.2 Mentale Retardierung

Die Versuche, mentale Retardierung zu definieren, sind vielfältig und in den meisten Fällen nicht unumstritten. Nach einer Definition des deutschen Bildungsrates im Jahr 1974 gilt als geistig behindert, wer »… *infolge einer organisch-genetischen oder anderweitigen Schädigung in seiner psychischen Gesamtentwicklung und seiner Lernfähigkeit so sehr beeinträchtigt ist, dass es voraussichtlich lebenslanger sozialer und pädagogischer Hilfen bedarf. Mit den kognitiven Beeinträchtigungen gehen solche der sprachlichen, sozialen, emotionalen und der motorischen einher.* […]«.

Im ICD-10 wird anstatt des Begriffes mentaler Retardierung der Terminus Intelligenzminderung benutzt. Demnach handelt es sich um einen »…*Zustand von verzögerter oder unvollständiger Entwicklung der geistigen Fähigkeiten; besonders beeinträchtigt sind Fähigkeiten, die sich in der Entwicklungsperiode manifestieren und die zum Intelligenzniveau beitragen, wie z. B. Kognition, Sprache, motorische und soziale Fertigkeiten«.*

Im Gegensatz zum ICD-10 hat sich im internationalen Sprachgebrauch der Begriff »*mental retardation*« (MR) durchgesetzt, dieser wird aber in den meisten Fällen über eine Intelligenzminderung mit einem **IQ von 70 oder weniger** definiert. Diese Richtmarke liegt nicht zufälligerweise bei einem IQ von 70. Da man von einem durchschnittlichen IQ von 100 ausgeht, bei einer Standardabweichung von 15, liegt ein IQ von 70 also genau zwei Standardabweichungen unter dem Mittelwert.

> **Wichtig**
>
> Die motorische und kognitive Entwicklung von gesunden Kindern ist sehr variabel, und initial bestehende Auffälligkeiten werden vielfach im Laufe der Jahre aufgeholt. Dieser prognostischen Unsicherheit wird der recht allgemeine Begriff der **Entwicklungsverzögerung** gerecht. Bei klar beeinträchtigter Entwicklung spricht man dagegen besser von einer **Entwicklungsstörung**. Der Begriff »mentale Retardierung« als Bezeichnung für geistige Behinderung ist insofern eigentlich euphemistisch und wird von einigen Neuropädiatern abgelehnt.

Man unterscheidet Patienten mit **leichter MR (IQ 50–70)** von solchen mit **schwerer MR (IQ<50)**. In 80–85% aller Fälle von geistiger Behinderung liegt eine leichte MR vor. Während in dieser Gruppe Personen mit geringem sozioökonomischem Status überrepräsentiert sind, finden sich Patienten mir schwerer MR gleich häufig in allen sozialen Schichten.

Die Gesamtprävalenz mentaler Retardierung in der Allgemeinbevölkerung beträgt 1–3%, die der schweren MR beläuft sich auf 0,3–0,5%. Mehrere Studien haben gezeigt, dass bei schwerer MR mit höherer Wahrscheinlichkeit (in bis zu 90% der Fälle) eine zugrunde liegende Ätiologie identifiziert werden kann, während milde Formen der MR in 50–80% der Fälle unklassifiziert bleiben. Die Eltern von Kindern mit milder MR haben überproportional häufig eine Intelligenz im unteren Normbereich, und vielfach handelt es sich bei milder MR nicht um eine spezifische Krankheit, sondern um das Ende des Gauß-Verteilungsspektrums der IQ-Werte. Davon unbenommen ist natürlich die Tatsache, dass auch die normale Intelligenz zu einem erheblichen Teil genetisch determiniert ist.

Die Ursachen einer mentalen Retardierung sind extrem vielfältig. Bei genauer klinisch-genetischer und pädiatrischer Abklärung in einem tertiären Zentrum lässt sich bestenfalls in bis zu 50% der Fälle eine eindeutige Diagnose stellen. In bis zu 25% der Fälle wird die MR durch eine monogene Krankheit verursacht (OMIM verzeichnet weit mehr als 1.000 Einträge unter dem Begriff »mental retardation«).

Chromosomale Auffälligkeiten finden sich in bis zu 20% der Fälle von MR, abhängig u. a. von der erreichten zytogenetischen Auflösung. Teratogene Faktoren in der Schwangerschaft sind selten (<10% der Fälle), Geburtskomplikationen als Ursache inzwischen meist unwahrscheinlich (<1%). Mit einer Inzidenz von 1:650 ist die Trisomie 21 die häufigste Ursache für schwere mentale Retardierung.

Man unterscheidet zwischen der syndromalen mentalen Retardierung, bei der neben der Intelligenzminderung weitere klinische Auffälligkeiten vorhanden sind, und der nichtsyndromalen oder isolierten mentalen Retardierung. Ein erheblicher Anteil der Fälle von syndromaler mentaler Retardierung ist auf kleine **subtelomerische chromosomale Rearrangements** oder **chromosomale Mikrodeletionen** (<3–5 MB) zurückzuführen (geschätzt 5–7% aller Formen von syndromaler MR), die im Rahmen einer herkömmlichen lichtmikroskopischen Chromosomenanalyse nicht detektiert werden können. Die Möglichkeit, solche Chromosomenstörungen nachzuweisen, hat sich in den letzten Jahren erheblich verbessert (▶ Kap. 15.2) und die notwendigen Methoden werden in den nächsten Jahren vermutlich noch stärker in die Routinediagnostik eingehen.

Während die leicht mentale Retardierung eine ausgewogene Geschlechterverteilung zeigt, liegt für die schwere mentale Retardierung eine deutliche **Dysbalance in der Geschlechtsverteilung** vor. Jungen sind ungleich häufiger betroffen (1,3- bis 1,5-mal häufiger als Mädchen). Ursache dafür sind (u. a.) einige geschlechtsgebunden (d. h. X-chromosomal) vererbte Formen mentaler Retardierung. Etwas mehr als 200 verschiedene Krankheiten mit X-chromosomaler mentaler Retardierung (XLMR = *X-linked mental retardation*) sind in der Literatur beschrieben. Die häufigste Ursache für XLMR ist das Fra(X)-Syndrom.

Diagnostik

Bei allen Kinder mit mentaler Retardierung gehört eine **komplette neurologische und dysmorphologische Untersuchung** einschließlich einer formellen Entwicklungstestung (bzw. IQ-Testung) zur klinischen Basisabklärung. Eine hochauflösende **Chromosomenanalyse** ist in allen Fällen sinnvoll, unabhängig vom Schweregrad und zusätzlichen Begleitauffälligkeiten; vermutlich wird eine DNA-Chip-basierte Mikrodeletionsanalyse in wenigen Jahren zur Basisdiagnostik dazugehören (aktuell sind Sensitivität und Spezifität der Untersuchung noch unklar). Ein **MRT des Kopfes** sollte bei allen Kindern mit neurologischen Auffälligkeiten (einschließlich Mikrozephalie und Makrozephalie) und IQ <70 durchgeführt, sofern anderweitig keine Diagnose zu stellen ist. Eine molekulargenetische **Analyse auf Fra(X)-Syndrom** ist bei allen Jungen mit ungeklärter mentaler Retardierung sinnvoll, sofern keine Mikrozephalie vorliegt. **Weiterführende Untersuchungen** (einschließlich Stoffwechselanalysen) sind abhängig vom klinischen Bild und den Differenzialdiagnosen im Einzelfall zu erwägen.

Fra(X)-Syndrom

Die häufigste Ursache X-chromosomal-vererbter mentaler Retardierung ist das Fragile-X-Syndrom, auch Martin-Bell-Syndrom genannt. Ihren Namen hat die Krankheit von einer Besonderheit in der Chromosomenanalyse bei den betroffenen Patienten: werden ihre Lymphozyten in folsäurearmem Medium (oder unter Zusatz des Folsäureantagonisten Methotrexat) kultiviert, treten vermehrt Brüche am terminalen Ende des X-Chromosoms auf. Seit 1991 weiß man, dass die Krankheit durch eine starke Zunahme der Wiederholungszahl eines »CGG-Repeats« verursacht wird, die zu einer Hypermethylierung der DNA und Blockierung der Expression des *FMR1*-Gens führt.

🔖 Praxisfall

Ehepaar Löffler kommt in die genetische Beratung. Bei der 15-jährigen Sabrina wurde vor kurzem ein Fra(X)-Syndrom diagnostiziert, und Herr und Frau Löffler möchten sich nun über die Bedeutung der Diagnose für Sabrina bzw. für andere Familienmitglieder informieren. Sabrina war nach unauffälliger Schwangerschaft zum Termin geboren worden; die Körpermaße bei Geburt waren im Normbereich. Ihre Entwicklung verlief verzögert. Sie lief mit 16 Monaten, war mit 3½ Jahren tagsüber sauber und begann erst zu dieser Zeit, erste Worte zu sprechen. Ein 10tägiger Krankenhausaufenthalt zur Abklärung der Entwicklungsverzögerung blieb ohne Ergebnis, Ergo- und Logotherapie wurden begonnen. Sabrina besuchte zunächst den regulären Kindergarten, wechselte dann aber auf einen Integrationskindergarten und wurde mit 7 Jahren in eine Sonderschule eingeschult. Ehepaar Löffler hat noch eine 11-jährige Tochter und einen 9-jährigen Sohn, die gesund sind und normale Schulen besuchen. Herr Löffler ist Metzgermeister. Ein Bruder seines Vaters war geistig behindert, eine Diagnose ist aber nicht bekannt. Frau Löffler hat einen Hauptschulabschluss und ein Ausbildung als Fachverkäuferin gemacht. Bei ihrem 68-jährigen Vater wurde kürzlich der Verdacht auf eine Demenz mit neurologischen Auffälligkeiten gestellt, Behinderungen in der Familie sind nicht bekannt. Sie erklären die Diagnose des Fra(X)-Syndroms und weisen darauf hin, dass es mit großer Wahrscheinlichkeit keinen Zusammenhang mit der Behinderung bei dem Onkel von Herrn Löffler gibt. Vielmehr ist anzunehmen, dass das Fra(X)-Syndrom von Frau Löffler weitergegeben wurde. Sie besprechen die Möglichkeit eines FXTAS-Syndroms bei ihrem Vater und die Risikokonstellationen in ihrer Familie. Zur weiteren Abklärung entnehmen Sie Frau Löffler eine EDTA-Blutprobe für die molekulargenetische Diagnostik.

Epidemiologie

Das Fra(X)-Syndrom ist die häufigste bekannte monogene Ursache einer mentalen Retardierung. Schätzungen zufolge sind mindestens 6% aller Fälle geistiger Behinderung beim Mann auf diese Krankheit zurückzuführen. Die Prävalenz liegt damit bei ca. **1:4.000 bei Männern**. Die Prävalenz bei Frauen beträgt etwa 1:8.000.

Klinische Merkmale
Bei Geburt zeigen Betroffene häufig ein erhöhtes Gewicht und einen eher großen Kopfumfang (um die 97. Perzentile). Hinzu kommen Trinkschwäche, häufig gastroösophagealer Reflux und eine psychomotorische Retardierung. Die Meilensteine der Entwicklung sind verzögert: Laufen erst nach dem 18. Lebensmonat, Sprachentwicklung oft erst nach dem 3. Lebensjahr.

Im Kindesalter sind Patienten mit Fra(X)-Syndrom eher scheu und kontaktarm. Nicht selten zeigen sie ein autistisches Verhalten mit Berührungsabwehr, wenig Augenkontakt und verbalen Perseverationen. Es entwickelt sich eine zunehmende motorische Hyperaktivität mit Bewegungsstereotypien, Handflattern und Handbeißen. Die geistige Entwicklung bleibt weiter deutlich zurück, v. a. sprachlich bestehen starke Defizite. Der gemessene IQ liegt meist zwischen 30 und 50 (98% mit IQ<70).

Die **kraniofazialen Auffälligkeiten** werden mit zunehmendem Alter deutlicher (Abb. 31.7). Man spricht von einem »Hineinwachsen« in den typischen Phänotyp. Hierzu gehören: ein langes, schmales Gesicht mit prominentem Kinn und prominenter Stirn, große, fleischige Ohren, Epikanthus, häufig Strabismus und eine breite Nase (zunehmend prominent mit zunehmendem Alter).

Es besteht eine angeborene **Bindegewebsschwäche**, die sich in einer auffallend weichen, samtigen Haut der Patienten manifestiert. Hinzu kommen pastö-

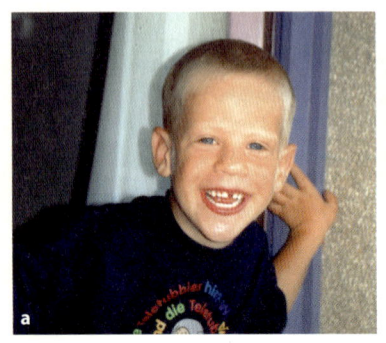

Abb. 31.7a, b. Fra(X)-Syndrom. a Fra(X)-Syndrom im Schulalter: recht milde faziale Auffälligkeiten mit großen, fleischigen Ohren und Progenie. **b** Fra(X)-Syndrom bei einem 28-jährigen Mann: breite Nase, Progenie, große Ohren

Abb. 31.8. Fra(X)-Syndrom: ausgeprägte Furchung der Fußsohlen. (Mit freundlicher Genehmigung von G. Tariverdian, Institut für Humangenetik Heidelberg)

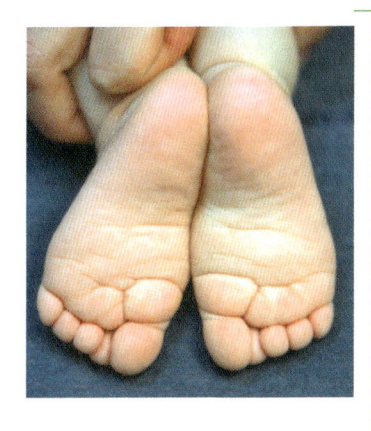

Abb. 31.9. Fra(X)-Syndrom: Makroorchidismus. (Mit freundlicher Genehmigung von G. Tariverdian, Institut für Humangenetik Heidelberg)

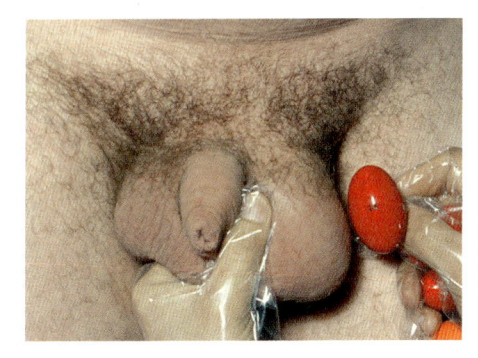

se Hände und Füße mit starker Furchung (Abb. 31.8), überstreckbare Gelenke und eine gehäufte Inzidenz an Myopie, Skoliose, Plattfüßen und Mitralklappenprolaps.

Mit der Pubertät kommt bei den betroffenen Männern ein weiteres Kardinalsymptom hinzu: der **Makroorchidismus** (Abb. 31.9). Die Hoden wachsen ab einem Alter von etwa 9 Jahren durch die ganze Pubertät hindurch bis zu einem durchschnittlichen Hodenvolumen von 50 ml im Erwachsenenalter.

Heterozygote Frauen mit Vollmutation zeigen einen insgesamt milder ausgeprägten Phänotyp, meist ebenfalls mit diskreten fazialen Auffälligkeiten (prominentes Kinn u. a.). In 50–60% der Fälle kommt es zu einer mentalen Retardierung. Nicht retardierte Frauen zeigen eine erhöhte Inzidenz psychiatrischer Symptome.

> **Wichtig**
> Bei Vorliegen einer Mikrozephalie ist ein Fra(X)-Syndrom weitestgehend ausgeschlossen.

Genetik und Ätiologie

Ursache für das Fra(X)-Syndrom ist eine CGG-**Trinukleotidexpansion** in der 5' untranslatierten Region von ***FMR1*** (*fra(X) mental retardation gene*). Dieses Gen liegt auf dem langen Arm des X-Chromosoms und kodiert für ein Protein, welches FMRP genannt wird (*fra(X) mental retardation protein*). Normalerweise findet man an dieser Stelle zwischen 6 und 54 CGG-Repeats. Das Vorliegen einer **Vollmutation** von über 200 Repeats führt zu einer Hypermethylierung des *FMR1*-Gens und in der Folge zur Blockierung der Transkription, so dass kein FMRP mehr gebildet wird.

Bei Vorliegen von 55 bis 200 Repeats spricht man von einer »**Prämutation**«, die nicht mit einer mentalen Retardierung assoziiert ist. Allerdings ist dieses Allel instabil, und es kann speziell in der weiblichen Meiose eine Amplifikation zur Vollmutation mit über 200 Repeats erfolgen. Die Wahrscheinlichkeit, mit der eine Expansion stattfindet, hängt von der Größe der Prämutation ab: ab 100 Repeats ist eine Expansion zur Vollmutation wahrscheinlich. In der männlichen Meiose kommt es in aller Regel nicht zur Amplifikation. Die Gesichtszüge von Personen mit Prämutation sind unauffällig, Frauen haben aber ein erhöhtes Risiko für eine vorzeitige Menopause.

▪▪▪ FXTAS (Fragiles-X-assoziiertes-Tremor/Ataxie-Syndrom)

Prämutationen des Fra(X)-Syndroms führen besonders bei Männern im Alter zu einem neurologischen Krankheitsbild, das erst in den letzten Jahren genauer charakterisiert wurde und als »fragiles-X-assoziiertes-Tremor/Ataxie-Syndrom« (FXTAS) bezeichnet wird. Es ist gekennzeichnet durch eine spät beginnende, progressive zerebelläre Ataxie mit Intentionstremor. Hinzu kommen weitere neurologische Symptome wie Defizite im Kurzzeitgedächtnis, Parkinsonismus, periphere Neuropathie, neuromuskuläre Schwäche der unteren Extremität und eine zunehmende autonome Dysfunktion. Die Symptome finden sich bei 20% der Männer zwischen 50 und 60 Jahren, bei 40% der Männer zwischen 60 und 70 Jahren, bei 50% der Männer zwischen 70 und 80 Jahren und bei mehr als ¾ aller Männer mit Prämutation über 80 Jahren. Auch einige Frauen mit Prämutation entwickeln Tremor und Ataxie.

Eine Übersicht über die Abhängigkeit von Trinukleotidexpansion, Geschlecht und klinischem Erscheinungsbild gibt ◘ Tab. 31.1.

Tab. 31.1. Repeatexpansionen von *FMR1* und dazugehörige Klinik

Bezeichnung	Anzahl der (CGG)ₙ Trinukleotid-Repeats	Methylierung am *FMR1*-Locus	Klinische Erscheinung bei Männern	Klinische Erscheinung bei Frauen
Normal	Unter 55	Nicht methyliert	Gesund	Gesund
Prämutation	55–200	Nicht methyliert	Unauffällig, mit zunehmendem Alter häufig FX-TAS	Meist unauffällig, ggf. FXTAS. Etwa 25% mit vorzeitiger Menopause
Vollmutation	>200	Hypermethyliert	100% betroffen, klinisches Vollbild nach Pubertät	50% variabel betroffen, 50% klinisch unauffällig

FXTAS = Fragiles-X-assoziiertes-Tremor/Ataxie-Syndrom

Mosaike. Bei 15–20% der Jungen mit Fra(X)-Syndrom findet sich ein Mosaikbefund aus Zelllinien mit Vollmutation und Prämutation bzw. Zelllinien mit und ohne Hypermethylierung. Die Betroffenen zeigen ein abgeschwächtes klinisches Bild, sind aber dennoch in der Regel mental retardiert. Auf zellulärer Ebene entspricht dieser Befund der X-chromosomalen Heterozygotie bei der Frau.

Genetik

In der weiblichen (nicht der männlichen) Keimbahn kann, aber muss es nicht, zur Expansion einer Prämutation kommen; eine Rückbildung einer Vollmutation zur Prämutation wird nicht beobachtet. Vollmutationen werden von betroffen Männern nicht weitergegeben. Daraus lassen sich folgende Regeln der Vererbung ableiten:
- Jeder Patient mit Vollmutation hat eine Mutter mit Prä- oder Vollmutation
- Die Nachkommen von Frauen mit Prämutation haben in 50% eine Prä- oder Vollmutation. Ob sich eine Prämutation im Rahmen der mütterlichen Meiose zu einer Vollmutation verlängert, ist stark von der Größe der Prämutation abhängig: bei <70 Repeats liegt die Expansionswahrscheinlichkeit unter 20%, bei mehr als 90 Repeats beträgt sie etwa 80%, während es bei mehr als 100 Repeats fast immer zu einer Amplifikation zur Vollmutation kommt.
- Die Nachkommen von Frauen mit Vollmutation haben in 50% eine Vollmutation, aber nie eine Prämutation.
- Töchter von Männern mit Prämutation oder Vollmutation (Mosaik) haben immer eine Prämutation.

Diagnostik

Bei klinischem Verdacht erfolgt die Diagnose mittels PCR zur genauen Bestimmung der Repeatzahlen im Normal- bzw. Prämutationsbereich, sowie zusätzlich mit Southern-blot-Analyse für den Nachweis von größeren Repeatexpansionen. Bei der Southern-blot-Analyse sollte auch der Methylierungsstatus bestimmt werden (durch Verwendung von methylierungs- und nichtmethylierungsabhängigen Restriktionsenzymen) um Prämutationen und Vollmutationen funktionell zu unterscheiden (◘ Abb. 15.4d).

Klinisches Management

Es existiert keine kausale Therapie. Wie bei allen Kindern mit psychomotorischer Retardierung wird die Entwicklung durch Ergotherapie, Logopädie und ggf. Krankengymnastik sowie später durch Sonderpädagogik unterstützt. Den Familien werden psychosoziale Hilfen angeboten. Ausgeprägte Verhaltensauffälligkeiten, welche die soziale Interaktion erheblich belasten können, können ggf. medikamentös behandelt werden (z. B. Methylphenidat bei Hyperaktivität). Zum frühen Nachweis ophthalmologischer Probleme (speziell Strabismus und Myopie), die bei bis zu 50% der Patienten auftreten, sollten regelmäßige augenärztliche Kontrollen veranlasst werden.

31.2.3 Epilepsie

Epilepsien gehören zu den häufigsten neurologischen Erkrankungen. Die Inzidenz liegt bei etwa 1:2.000 pro Jahr, die Prävalenz bei 0,5–1%. Die Ätiologie ist in der Regel multifaktoriell; es wird geschätzt, dass eine **genetische Disposition** zu etwa **40–50%** zum Auftreten einer Epilepsie beiträgt. Nur etwa 2% aller Epilepsien folgen einem monogenen Vererbungsmodus. Epilepsien finden sich als ein Merkmal bei zahlreichen Grunderkrankungen, z. B. monogen erblichen Stoffwechselstörungen oder erblich bedingten Fehlbildungen des Gehirns. Auch Chromosomenaberrationen sind eine wichtige Ursache von Epilepsien in früher Kindheit.

Das **Wiederholungsrisiko** in der Familie lässt sich für die häufigen idiopathischen generalisierten Epilepsien, deren Ursache unbekannt bzw. multifaktoriell ist, nur abschätzen. Das Erkrankungsrisiko für nahe Verwandte beträgt bei sporadischen Fällen etwa 4–10%. Die Konkordanzrate ist bei eineiigen Zwillingen erheblich höher als bei zweieiigen Zwillingen (0,76 gegenüber 0,33).

Monogene Epilepsien. In den letzten Jahren wurden Mutationen in zahlreichen verschiedenen Genen als Ursachen von spezifischen Epilepsiesyndromen identifiziert. In den meisten Fällen ist der Erbgang formalgenetisch autosomal-dominant, die Genprodukte sind typischerweise Proteine von Ionenkanälen. Dabei stellen sich einzelne Epilepsiesyndrome (wie z. B. die juvenile myoklonische Epilepsie) als ätiologisch polygen dar (**Polygenic**), sie können also durch Mutationen in unterschiedlichen Genen verursacht werden. Umgekehrt können verschiedene Mutationen des gleichen Gens zu unterschiedlichen Arten von Epilepsie führen (**Polyphänie**). Mutationen des *SCN1A*-Gens, welches für die α-Untereinheit eines zentralnervösen Natriumkanals kodiert, finden sich z. B. sowohl bei der schweren myoklonischen Epilepsie des Kindesalter als auch bei der meist deutlich benigneren »generalisierten Epilepsie mit Fieberkrämpfen plus«.

31.2.4 Autismus

Autismus-Spektrum Störungen gelten unter allen kinder- und jugendpsychiatrischen Krankheiten als die Störungen mit dem stärksten genetischen Einfluss. Die Prävalenz des Autismus wird auf 3 bis 6 pro 1.000 geschätzt, mit deutlicher **Knabenwendigkeit** (♂:♀ = 3:1). Es besteht eine hohe Komorbidität mit anderen psychischen Störungen und körperlichen Krankheiten, v. a. mit mentaler Retardierung (etwa 30% der Fälle) und mit Epilepsie (etwa 20% der Fälle).

Man unterscheidet zwischen dem so genannten idiopathischen Autismus (90% der Fälle) und dem syndromalen Autismus (etwa 10% der Fälle). Beim syndromalen Autismus findet sich der Autismus als ein Symptom innerhalb eines übergeordneten Syndroms. Wichtige Differenzialdiagnosen des **syndromalen Autismus** sind das Fra(X)-Syndrom, das Rett-Syndrom, die tuberöse Sklerose und das Smith-Magenis-Syndrom.

Auch für den sog. **idiopathischen Autismus** spielen genetische Einflüsse eine bedeutsame Rolle, wie im Rahmen zahlreicher Zwillings- und Adoptionsstudien gezeigt werden konnte. Während für monozygote Zwillingen eine Konkordanz von 60–90% ermittelt wurde, findet sich bei dizygoten Zwillingen lediglich eine Konkordanz von bis zu 10%. Das Wiederholungsrisiko nach einem autistischen Kind liegt für nachfolgende Kinder bei 2–7% und damit 50- bis 200-mal höher als in der Allgemeinbevölkerung.

31.2.5 Psychiatrische Krankheiten

Psychiatrische Krankheiten wie die schizophrenen Psychosen, bipolar affektive Psychosen, Panikstörungen etc. sind in den meisten Fällen multifaktoriell bzw. polygen verursacht. Die genetische Erforschung dieser Krankheiten ist dadurch erschwert, dass verlässliche biologische Marker zur Identifizierung der jeweiligen Krankheits-

Tab. 31.2. Geschätzter genetischer Anteil in der Ätiologie psychiatrischer Krankheiten

Krankheit	Genetik (●) – Umwelt (•)	Genetischer Anteil
Schizophrene Psychosen	●●●●●●●●●●●●●●●●●●●●●●●	82–84%
Bipolar affektive Psychosen	●●●●●●●●●●●●●●●●●●●●●●●	80%
Endogene Depression	●●●●●●●●●●●●●●●●●●●●●●●	60%
Panikstörungen	●●●●●●●●●●●●●●●●●●●●●●●	40%
Phobische Störungen	●●●●●●●●●●●●●●●●●●●●●●●	35%
Generalisierte Angststörungen	●●●●●●●●●●●●●●●●●●●●●●●	30%

modifiziert nach Schumacher et al. (2002) Genetik schizophrener Psychosen. In: Rieß u. Schöls, Neurogenetik. Kohlhammer, Stuttgart, S. 539–573

entitäten fehlen. Die Ergebnisse von Zwillingsstudien weisen auf einen zum Teil erheblichen genetischen Anteil in der Ätiologie bestimmter psychiatrischer Krankheiten hin (Tab. 31.2).

Schizophrenie

Schizophrene Psychosen sind mit einer Erkrankungswahrscheinlichkeit (*life time risk*) von 1% sehr häufig. Männer und Frauen sind etwa gleich häufig betroffen. Zahlreiche Zwillings- und Familienstudien haben konsistent gezeigt, dass eine familiäre bzw. genetische Belastung den stärksten prädisponierenden Faktor für die Entwicklung einer Schizophrenie darstellt. Aktuelle Metaanalysen schätzen den Erblichkeitsanteil schizophrener Psychosen auf 80–85%. Die Konkordanzrate bei monozygoten Zwillingen ist meist dreifach höher als bei dizygoten Zwillingen, liegt aber selbst bei monozygoten Zwillingen meist nur bei 50%, was auf einen im Einzelfall erheblichen Einfluss von Umweltfaktoren auf die Entwicklung einer schizophrenen Psychose hinweist.

Für die große Mehrzahl schizophrener Psychosen muss von einem **genetisch komplexen Erbgang** ausgegangen werden. Im Rahmen von Kopplungsanalysen konnten zahlreiche chromosomale Suszeptibilitätsregionen und Kandidatengene für die Entwicklung einer schizophrenen Psychose identifiziert werden.

▪▪▪ Genetik der schizophrenen Psychose

Region **22q11** stellt ein Beispiel für eine Suszeptibilitätsregion dar. Diese Region ist nicht nur der Ort einer häufigen Mikrodeletion (▶ Kap. 21.1), sie enthält u. a. auch das Gen für die Katechol-O-Methyltransferase (*COMT*), welche eine wichtige Funktion im Dopamin-Abbau hat. Bei Patienten mit Mikrodeletion 22q11 ist die Inzidenz psychiatrischer Erkrankungen (Schizophrenie, bipolare affektive Störung, Angststörungen etc.) deutlich erhöht. Ob eine Psychose mit dem Verlust einer *COMT*-Kopie assoziiert ist, ist offen. Ein weiteres Gen in der gleichen Region ist *PRODH*, das für die Prolindehydrogenase kodiert. Dieses Enzym ist für die Bereitstellung von Glutamat im präsynaptischen Neuron und damit für die Synthese des Liganden der NMDA-Rezeptoren mit verantwortlich.

Das Lebenszeitrisiko für eine schizophrene Psychose beträgt bei einem betroffenen Elternteil etwa 6%, bei einem betroffenen Geschwister 9%, bei einem betroffenen Kind 13%. Sind mehrere Familienmitglieder betroffen, erhöht sich das Risiko zum Teil erheblich.

Bipolar affektive Psychosen

Während das Lebenszeitrisiko, eine bipolar affektive Psychose zu entwickeln, in der Allgemeinbevölkerung bei 0,5–1,5% liegt, haben Verwandte ersten Grades eines Betroffenen bereits ein Risiko von 5–10%. Ist der eineiige Zwillingsbruder (bzw. die eineiige Zwillingsschwester) erkrankt, besteht gar ein Lebenszeitrisiko von 40–70%. Damit scheinen **bipolare Störungen stärker genetisch beeinflusst** zu sein **als unipolare Störungen** (wie die endogene Depression). Mehrere chromosomale Suszeptibilitätsloci für bipolare affektive Psychosen wurden identifiziert, die verantwortlichen Gene sind jedoch noch nicht bekannt.

31.3 Krankheiten des peripheren Nervensystems

Abhängig von den geschädigten Nervenfasern lassen sich die peripheren Neuropathien als motorisch, sensorisch oder autonom charakterisieren. Erbliche Neuropathien sind die häufigste Ursache für langsam progrediente Schwäche in den distalen Extremitäten.

31.3.1 Hereditäre motorische und sensible Neuropathien (HMSN)

Die auch als **Charcot-Marie-Tooth-Neuropathien (CMT)** bezeichneten hereditären motorischen und sensiblen Neuropathien sind die häufigsten erblichen Krankheiten des peripheren Nervensystems. Es handelt sich um eine genetisch heterogene Gruppe mit einer geschätzten Gesamtprävalenz von 1:2.500. Mindestens 7 verschiedene Typen werden klinisch voneinander abgegrenzt; die einzelnen Typen werden von Mutationen in mehreren verschiedenen Genen verursacht und dem entsprechend in eine größere Zahl von Untergruppen (mit Buchstaben unterschieden) aufgeteilt.

HMSN Typ I

Bei dieser klassischen Erkrankungsform handelt es sich um die häufigste erbliche Neuropathie. Sie ist **autosomal-dominant** erblich und ist durch eine progrediente neurale Muskelatrophie gekennzeichnet.

Klinik. Die Krankheit beginnt meist im Alter zwischen 5 und 20 Jahren. Es kommt zu einer langsam **progredienten Atrophie und Schwäche der Fuß- und Unterschenkelmuskulatur**, rascher Ermüdbarkeit und inadäquaten **Muskelschmerzen** nach körperlicher Anstrengung. Die betroffenen Patienten fallen in ihrer Leistung gegenüber Gleichaltrigen zurück, der Gang wird zunehmend ungeschickt. Paresen der Peronäusmuskulatur erschweren das Anheben der Füße beim Laufen und machen ein ungewöhnlich hohes Anheben der Knie notwendig. Man spricht in diesem Zusammenhang vom »Steppergang«. Infolge der Muskelatrophie entwickeln sich Fußdeformitäten (Hohlfuß mit Hammerzehen; ◘ Abb. 31.10), die Unterschenkel sind of stark atrophisch und imponieren im Vergleich zur noch gut erhaltenen proximalen Muskulatur als »Storchenbeine«. Sensible Ausfallsymptome sind typischerweise strumpf- bzw. handschuhförmig begrenzt, am deutlichsten herabgesetzt sind das **Vibrations-** und das **Lageempfinden** in den entsprechenden Bereichen. Bei der Untersuchung der Betroffenen fallen charakteristische Verdickungen der peripheren Nerven auf, die mitunter als derbe Stränge subkutan tastbar sind (z. B. Nervus auricularis magnus).

Diagnostik. Die motorische und sensible **Nervenleitgeschwindigkeit** ist bei HMSN Typ I typischerweise stark reduziert, meist auf Werte unter 20 m/s. Bioptisch finden sich Zeichen einer segmentalen Demyelinisierung mit zwiebelschalenartig angeordneten Schwann-Zellen und axonaler Begleitdegeneration.

Genetik. Die Krankheit ist wie alle Typen der HMSN genetisch heterogen. Bei der 70–80% der Patienten mit HMSN Typ I finden sich heterozygote **Duplikationen**

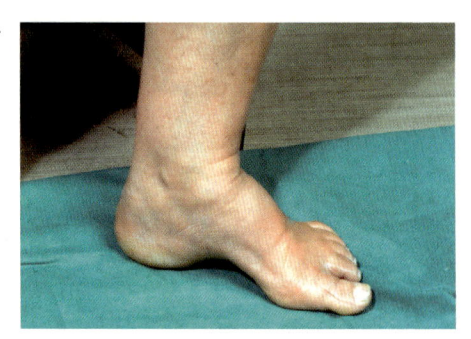

◘ **Abb. 31.10.** Hereditäre motorische und sensible Neuropathien **Typ I**: Hohlfuß

des *PMP22*-Gens auf Chromosom 17p12. Man spricht in diesem Fall von HMSN Typ Ia. In 1/3 der Fälle handelt es sich um De-novo-Mutationen.

▪▪▪ *PMP22*-Mutationen
PMP22 kodiert für das periphere Myelinprotein 22, einen zentralen Bestandteil der Myelinscheide der peripheren Nerven. Störungen der peripheren Myelinisierungen können sowohl durch Gendosisveränderungen als auch durch Punktmutationen in diesem Gen verursacht werden. Aufgrund von Sequenzhomologien in der Umgebung des Gens auf Chromosom 17p12 kommt es in der Meiose häufiger zu einem ungleichen Crossing-over. Eine daraus resultierende **Duplikation** führt zu einer etwa 1,5-fachen Überexpression des Proteins und in der Folge zu Demyelinisierung und sekundärem Verlust der Axone. Es ist die mit Abstand häufigsten Ursache der HMSN Typ I. Eine **homozygote Duplikation oder Punktmutationen** im Gen führen zu der deutlich rascher progredienten und schwereren Verlaufsform, der HMSN Typ III. Eine **Deletion** des Gens führt dagegen zu einer auf 50% reduzierten Genexpression und verursacht das gänzlich andere Krankheitsbild der **hereditären Neuropathie mit Neigung zu Druckläsionen**, bei der mechanische Belastungen reversible Lähmungen und Parästhesien auslösen können. Die Pathogenese der HMSN Typ Ia und verwandter Krankheiten aufgrund von *PMP22*-Mutationen ähnelt also der Pathogenese des Morbus Pelizäus-Merzbacher und verwandter Krankheiten aufgrund von *PLP1*-Mutationen, mit dem wesentlichen Unterschied, dass bei der HMSN die Myelinscheiden der peripheren Nerven gestört sind, beim Morbus Pelizäus-Merzbacher die Myelinscheiden in der weißen Substanz des Gehirns.

31.4 Erbliche Muskelkrankheiten

Bei den **Muskeldystrophien** handelt es sich um genetisch verursachte Krankheiten, die primär, aber nicht ausschließlich die Skelettmuskulatur betreffen. Sie sind gekennzeichnet durch progrediente Muskelschwäche in Folge von Muskelzelluntergang und Fibrosierung. Mehr als 20 verschiedene Formen von Muskeldystrophie werden unterschieden, darunter autosomal-dominante, autosomal-rezessive und X-chromosomal-rezessive Krankheiten.

Muskeldystrophien Duchenne und Becker
Die häufigste Muskeldystrophie, die X-chromosomal-rezessiv erbliche »Duchenne-Muskeldystrophie« (DMD) wurde bereits 1868 von Duchenne und 1879 von Gowers klinisch beschrieben. Becker und Kiener beschrieben fast 100 Jahre später (1955) einen milderen, ebenfalls X-chromosomal erblichen Typ, der (wie wir heute wissen) durch allelische Mutationen im gleichen Gen verursacht wird. Diese mildere Verlaufsform wurde in Folge »Becker-Muskeldystrophie« (BMD) genannt.

Praxisfall

Eine Muskelschwäche wurde bei Elias etwa im Alter von 2 Jahren im Kindergarten beobachtet, wo Schwierigkeiten mit dem Treppensteigen und eine Fallneigung auffielen. Im Rahmen der weiterführenden Diagnostik wurde eine stark erhöhte Kreatinkinase festgestellt. Die Sicherung der Verdachtsdiagnose einer Duchenne-Muskeldystrophie erfolgt primär molekulargenetisch durch den Nachweis einer Deletion der Exons 46–48 im Dystrophin-Gen. Auf eine Muskelbiopsie, bei der man eine Dystrophinopathie auch histologisch hätte nachweisen können, wurde verzichtet. Elias ist aktuell 3½ Jahre alt, er ist durch die Muskelerkrankung gegenwärtig noch nicht wesentlich beeinträchtigt, kann z. B. aus der Hocke aufstehen ohne sich an seinen eigenen Beinen abzustützen. Wegen einer leichten geistigen Entwicklungsstörung nimmt er zweimal wöchentlich an einer Sprachfördermaßnahme teil. Die Mutter ist heterozygot für die bei Elias nachgewiesene Deletion, sie hat also ein Wiederholungsrisiko von 50% für nachfolgende Söhne. In der weiteren Familie sind keine Personen mit Muskelschwäche bekannt; eine molekulargenetische Testung von Risikopersonen in der weiblichen Linie wird dringend empfohlen.

Epidemiologie

Die Inzidenz der DMD liegt bei 1:3.500 männlichen Neugeborenen. Die BMD ist mit 1:18.000 männlichen Neugeborenen deutlich seltener.

Klinische Merkmale der DMD

Jungen mit DMD zeigen meist schon von Geburt an eine muskuläre Schwäche und lernen meist verzögert (nach dem 18. Lebensmonat) frei zu laufen. Das Gangbild bleibt stets unsicher, doch ist die Klinik zunächst so dezent, dass den Eltern (und dem Kinderarzt) die motorische Unsicherheit häufig erst im 3.–4. Lebensjahr auffällt. Nicht selten wird die Diagnose zufällig gestellt, nachdem eine routinemäßige Bestimmung der CK-Werte im Blut massiv erhöhte Werte aufwies. Spätestens mit 5 Jahren wird das klinische Korrelat der zunehmenden Muskelschwäche augenfällig. Die Kinder weisen eine deutliche Hyperlordose der Lendenwirbelsäule auf und die Waden zeigen die charakteristische Pseudohypertrophie (»Gnomenwaden«; Abb. 31.11).

Ein klassisches klinisches Zeichen der Duchenne-Muskeldystrophie (und anderer Muskeldystrophien) ist das **Gowers-Manöver** (Abb. 31.12). Beim Aufstehen vom Boden bzw. aus der Hocke müssen sich die Patienten mit den Händen auf Knien und Oberschenkeln abstützen, um »an sich selbst hinaufzuklettern«. Darüber hinaus ist das **Trendelenburg-Zeichen** nachweisbar: Beim Gehen kippt das Becken jeweils auf die Spielbeinseite hin ab, was klinisch als »Watschelgang« imponiert. Ursache ist die Muskelschwäche des M. gluteus medius.

▼

Abb. 31.11. Pseudohypertrophie der Waden bei Duchenne-Muskeldystrophie. »Pseudo«, weil es sich nicht um eine Zunahme von Muskelgewebe handelt. Vielmehr ist die quergestreifte Muskulatur untergegangen und wurde durch Binde- und Fettgewebe (sog. Vakatfett- und -bindegewebe) ersetzt

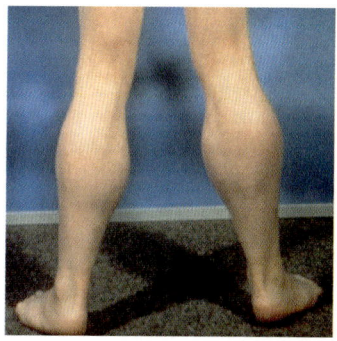

Abb. 31.12. Gowers-Manöver bei einer Patientin mit Gliedergürtel-Muskeldystrophie

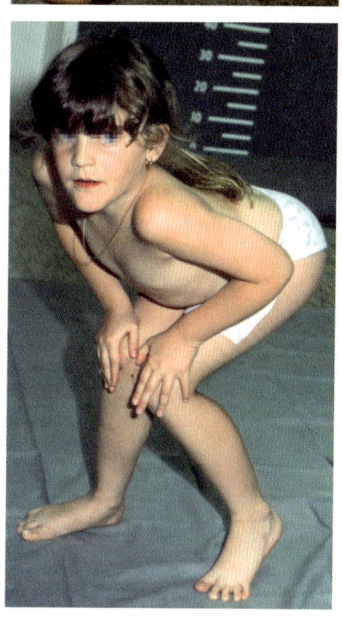

Mit zunehmendem Alter wird die motorische Behinderung immer deutlicher. Aufgrund einer Verkürzung der Achillessehnen laufen die Jungen zunehmend auf Zehenspitzen. Treppensteigen ist nur durch mühsames Hochziehen am Geländer möglich. Selbständiges Laufen wird immer problematischer; in der Regel sind alle Patienten mit DMD **vor Vollendung des 13. Lebensjahres rollstuhlpflichtig**. Nach Verlust der Gehfähigkeit nehmen Kontrakturen und Skoliose meist rasch zu, darüber hinaus kommt es zu einer fortschreitenden Schwäche auch der Arm- und Schultermuskulatur. Häufig stellen sich im Alter von 14–18 kardiale Symptome ein (Herzrhythmusstörungen, Kardiomyopathien).

Das wichtigste Problem der fortschreitenden DMD ist eine Atemschwäche, welche sich klinisch u. a. durch Kurzatmigkeit, gepresste Stimme, Schwitzen, Tremor, Herzklopfen und gehäuftes nächtliches Erwachen zeigt. Die chronische Hypoxie z. B. durch nächtliche Hypoventilationen kann zusätzliche neuromuskuläre Probleme verursachen, darunter vermehrte Müdigkeit, Angst, Depression, Appetitminderung, Schwindel, Benommenheit oder Unkonzentriertheit.

Patienten mit DMD weisen häufig eine milde, nicht progrediente Intelligenzretardierung auf. Der durchschnittliche IQ liegt etwa 15 Punkte unter dem Erwartungswert.

Klinische Merkmale der BMD

Die Becker-Muskeldystrophie ist die **mildere Verlaufsform** der Dystrophinopathien. Sie ist deutlich seltener als die DMD (Verhältnis 1:6). Klinisch auffällig wird die BMD erst nach dem 5. Lebensjahr. Sie zeigt insgesamt die gleichen klinischen Symptome, aber später und langsamer progredient. Der **Gehverlust** erfolgt **nach dem 16. Lebensjahr** (Gehverlust zwischen dem 13. und 16. Lebensjahr = Intermediärformen). Die intrafamiliäre Variabilität ist bei BMD deutlich größer als bei DMD.

■■■ Mädchen mit Muskeldystrophie

Bei den meisten heterozygoten Anlageträgerinnen für DMD können die Muskelfasern, in denen die normale Genkopie exprimiert ist, die fehlende Funktion der mutierten Muskelfasern vollständig übernehmen. Diese Mädchen und Frauen sind klinisch unauffällig, auch wenn sie meist erhöhte CK-Werte aufweisen. Nur bei einem kleinen Teil (etwa 5–10%) der Frauen führt eine ungleichmäßige, ungünstige X-Inaktivierung (*skewed X-inactivation*) zu klinischen Beschwerden, die schlimmstenfalls dem Bild der DMD bei Knaben entsprechen. Eine Seltenheit, aber differenzialdiagnostisch durchaus bedenkenswert, ist eine typische DMD bei Mädchen mit Turner-Syndrom (Chromosomensatz 45,X).

Genetik und Ätiologie

Sowohl die DMD als auch die BMD werden durch Mutationen im **Dystrophin**-Gen auf Chromosom Xp21.2 verursacht. Dieses Gen besteht aus 79 kodierenden Exons, die sich über mehr als 2400 kb genomische DNA erstrecken. Sieben verschiedene Promotoren sind für die Transkription des Gens verantwortlich. Es handelt sich um das bisher größte bekannte menschliche Gen.

Bei **60%** der Patienten mit DMD und BMD kann eine **Deletion** einzelner oder mehrerer Exons nachgewiesen werden, in 5–10% finden sich Duplikationen. Die
▼

verbleibenden 30% der Fälle werden meist durch Punktmutationen oder ggf. intronische Mutationen verursacht. Prinzipiell gilt, dass Mutationen, die einen vollständigen Funktionsausfall des Proteins bewirken, den schweren Phänotyp (also DMD) verursachen. Es handelt sich hierbei meist um Deletionen oder Duplikationen mit Verschiebung des Leserahmens. Mutationen, die die Synthese eines teilweise funktionstüchtigen Dystrophins gestatten, führen zum milderen Phänotyp, der BMD. Typisch sind hier Deletionen, die den Leserahmen nicht verschieben.

Dystrophin ist normalerweise für eine Stabilisierung des muskulären Sarkolemms verantwortlich. Bei den Dystrophinopathien ist diese Stabilität gestört. Es kommt zu fokalen Einrissen der Plasmamembran und zum unkontrollierten Kalziumeinstrom in die Muskelzelle. Dies wiederum führt zur Aktivierung endogener Proteasen und zur vorzeitigen Apoptose der Zelle.

Diagnostik

Der einfachste und sensitivste Screening-Test ist die **Bestimmung der Kreatinkinase** (CK) im Serum. Sie ist bei betroffenen Knaben fast immer auf Werte >1.000 U/l erhöht. Überträgerinnen weisen meist (aber nicht obligat) erhöhte CK-Werte > 100 U/l auf.

Als apparative Zusatzdiagnostik zeigt die **Sonographie der Skelettmuskulatur** eine Echoverdichtung, die so weit gehen kann, dass sonographisch Knochen und Muskel nicht mehr voneinander unterschieden werden können. Die Elektromyographie (EMG) liefert nicht viel mehr Information als die Muskelsonographie. Da sie zudem recht schmerzhaft ist, wird von einer routinemäßigen Durchführung bei Patienten mit Muskeldystrophie abgeraten. Auch eine Muskelbiopsie mit Immunhistologie ist nur dann zu erwägen, wenn die DNA-Analyse nicht zum Mutationsnachweis führte.

> ■ ■ ■ **Histopathologie der Muskeldystrophien**
> Neben der endomysialen Fibrose und Vakatwucherung zeichnen sich die Muskeldystrophien histopathologisch durch Kaliberschwankungen von atrophen und hypertrophen Muskelfasern aus. Vermehrt sind zentral gelegene Muskelzellkerne sichtbar. Dies erlaubt eine sichere Abgrenzung zu den neurogenen Muskelatrophien, bei denen typischerweise eine Gruppenbildung einheitlicher Muskelfasertypen (Typ-I- und Typ-II-Fasern) vorliegt.

Die Diagnose wird in der Regel durch eine **molekulargenetische Untersuchung** gesichert. Als Methode der Wahl für den Nachweis von Deletionen und Duplikationen hat sich in den letzten Jahren MLPA (*multiplex ligation-dependent probe amplification*) durchgesetzt; früher wurden dazu Multiplex-PCR, Southern blot und/oder FISH verwendet. Der Nachweis von Punktmutationen oder kleinen strukturellen Aberrationen durch direkte Sequenzanalyse (mit/ohne vorgeschaltete Mutations-Scanningmethode) ist aufwändiger und teurer.

Therapie
Die Dystrophinopathien lassen sich zwar nicht heilen, durch Krankengymnastik und Medikamente lassen sich jedoch der Krankheitsprozess verlangsamen und Komplikationen verringern. Speziell wurde in den vergangen Jahren gezeigt, dass die frühzeitige und kontinuierliche Einnahme von **Glukokortikoiden** die Progression der DMD merklich verlangsamt. Eingesetzt wird dazu Deflazacort, ein synthetisches Derivat des Prednisolons (0,9 mg/kg/Tag). Wichtige Nebenwirkungen sind Gewichtszunahme, cushingoides Erscheinungsbild, verringertes Längenwachstum, Katarakt und Osteoporose.

Bei noch erhaltener Gehfähigkeit sind regelmäßige Dehnübungen von besonderer Wichtigkeit. Kontrakturen sollten früh gelöst werden, solange der Kraftverlust gering ist. Sehr früh sollte auch mit aktivem Atemtraining begonnen werden. Nach Verlust der Gehfähigkeit gewinnt die aktive und passive Krankengymnastik an Bedeutung. Eine Intensivierung des aktiven Atemtrainings und regelmäßige Lagerungsdrainagen sind notwendig, um die Komplikationen einer chronischen Hypoxie zu vermeiden; ggf. kann eine (nächtliche) Heimbeatmung erwogen werden. Atemwegsinfekte sollten frühzeitig antibiotisch behandelt werden. Bei Herzbeteiligung (Kardiomyopathie) werden Beta-Blocker und ACE-Hemmer gegeben. Zur Stabilisierung der Wirbelsäule kann ggf. eine Spondylodese erwogen werden, wenn der betroffene Knabe respiratorisch und kardial belastbar ist.

Prognose
Durch optimale Behandlung lässt sich die Lebenserwartung bei DMD von früher 18–25 Jahren bis ins 5. Lebensjahrzehnt verlängern. Haupttodesursache ist die Ateminsuffizienz, häufig vergesellschaftet mit Pneumonien. An zweiter Stelle stehen Herzinsuffizienz und Herzrhythmusstörungen. Die mittlere Lebenserwartung bei BMD lag früher bei 45 Jahren und lässt sich durch optimale Behandlung ebenfalls deutlich verbessern.

Myotone Dystrophie
Die myotone Dystrophie ist eine autosomal-dominant erbliche Multisystemerkrankung mit Muskeldystrophie und Myotonie, die auf eine Trinukleotidexpansion im 3'-nichttranslatierten Bereich des *DMPK*-Gens zurückzuführen ist. Eine ausführliche Darstellung des Krankheitsbildes und des zugrunde liegenden molekularen Pathomechanismus findet sich in ▶ Kap. 3.6.

32 Tumorerkrankungen

32.1 Leukämien und Lymphome

Für zahlreiche Leukämien und Lymphome wurden typische chromosomale Anomalien in den Tumorzellen nachgewiesen, wobei sich ganz bestimmte Aberrationen (balancierte Translokationen, seltener Inversionen und Insertionen) bzw. typische Kombinationen solcher Aberrationen wiederholen. Der zytogenetische Befund korreliert häufig eng mit spezifischen morphologischen, immunphänotypischen oder auch klinischen Parametern.

Chronisch myeloische Leukämie

Die chronisch myeloische Leukämie (CML) war die erste maligne Erkrankung des Menschen, für die ein spezifischer Chromosomendefekt nachgewiesen werden konnte. Es handelt sich hierbei um das sog. **Philadelphia-Chromosom**, das durch den reziproken Austausch des größten Teils des langen Arms von Chromosom 22 mit dem Ende des langen Arms von Chromosom 9 (▶ Kap. 3.4 und 7.2 sowie ◘ Abb. 3.2) entsteht. Diese **Translokation t(9;22)(q34.1;q11.2)** führt auf molekularer Ebene zum Zusammenschalten des Anfangsteils des BCR-Gens auf Chromosom 22q11 mit dem größten Teil des *ABL*-Protoonkogens (ab Exon 2) von Chromosom 9q34. Das dadurch neu entstehende **Fusionsgen BCR-ABL** auf dem Philadelphia-Chromosom kodiert für ein Fusionsprotein BCR-ABL mit Tyrosinkinase-Aktivität und proliferationsfördernder Wirkung. Die reziproke *ABL-BCR* Translokation auf Chromosom 9q+ hat hingegen keine funktionelle Bedeutung.

Eine Philadelphia-Translokation findet sich bei mehr als 90% aller Patienten mit CML (»klassische CML«). Die atypische CML ohne t(9;22) ist erheblich seltener. In vielen Fällen von zytogenetisch Philadelphia-negativer CML findet sich molekulargenetisch dann doch eine *BCR-ABL* Rekombination. Die wenigen Fälle von CML ohne *BCR-ABL*-Rekombination haben eine insgesamt schlechtere Prognose.

Pathogenese. Die Entstehung der CML erfolgt in mehreren Stufen, wobei in den meisten Fällen die Translokation zum Philadelphia-Chromosom den initialen Schritt darstellt. Das BCR-ABL Fusionsprotein verleiht der hämatopoetischen Stammzelle Wachstumsvorteile gegenüber anderen Stammzellen. In Folge des unkontrollierten Wachstums des Zellklons kommt es zu einer Anhäufung zusätzlicher chromosomaler Veränderungen und einer zunehmenden Dissoziation zwischen Proliferation und Differenzierung. Klinische Manifestation maximaler Proliferation und minimaler Differenzierung ist der sog. Blastenschub im fortgeschrittenen Stadium der CML.

> **Wichtig**
>
> Tumorspezifische balancierte chromosomale Translokationen haben nicht selten eine erhebliche prognostische Bedeutung. Sie finden sich nur in den Tumorzellen und sind also somatisch entstanden. Eine zytogenetische Untersuchung der entarteten Zelllinie gehört gerade bei den meisten Leukämien und Lymphomen zur Standarddiagnostik und liefert nicht selten auch Aussagen über therapeutische Strategien.

Therapie. In der chronischen Phase der CML können die klinischen Symptome und die Leukozytose mit Busulfan und Hydroxyurea behandelt werden. Eine Therapie mit **Interferon-α** führt in über 50% der Fälle zu einer »hämatologischen Remission« mit Normalisierung des peripheren Blutbildes und Besserung der klinischen Symptome. Eine komplette »zytogenetische Remission« mit Verschwinden des Philadelphia-positiven Zellklons ist jedoch selten (<10%). Bessere Ergebnisse zeigt die neue, spezifische Therapie der *BCR-ABL* positiven CML mit dem **BCR-ABL-Inhibitor Imatinib (Glivec)**. In der chronischen Phase der CML ist unter Glivec-Therapie mit bis zu 95% hämatologischen Remissionen und 80% zytogenetischen Remissionen zu rechnen. Eine grundsätzliche Heilung der CML ist jedoch nach wie vor nur durch **allogene Knochenmarktransplantation** oder periphere Stammzelltransplantation möglich.

Akute lymphatische Leukämie

Die akute lymphatische Leukämie (ALL) ist nicht nur die häufigste Leukämieform des Kindesalters, sondern zugleich die häufigste maligne Erkrankung des Kindesalters überhaupt. Sie ist nach den Daten des Mainzer Kinderkrebsregisters für insgesamt 29% aller malignen Erkrankungen im Alter unter 15 Jahren verantwortlich. Die häufigste zytogenetische Veränderung bei kindlicher ALL ist eine Translokation t(12;21)(p13;q22) mit Entstehung eines *TEL-AML1*-Fusionsgens (30% der Fälle).

Für Philadelphia-Translokationen mit *BCR-ABL* Fusionsgen besteht bei ALL eine beinahe lineare Altersabhängigkeit. Während Kinder mit ALL diesen genetischen Defekt in weniger als 5% der Fälle aufweisen, findet er sich bei etwa 35% aller erwachsenen Patienten und bei den über 60-jährigen ALL-Patienten sogar in mehr als 50% der Fälle. Der Nachweis einer *BCR-ABL*-Translokation bei ALL kennzeichnet eine besonders bösartige Form der Erkrankung. Trotz intensiver Chemotherapie und selbst nach Knochenmarktransplantation ist die Prognose in diesem Fall schlecht. Die unterschiedliche Frequenz von *BCR-ABL*-Translokationen im Kindes- und Erwachsenenalter erklärt daher zum Teil auch die besseren Heilungschancen von Kindern mit ALL (bis zu 80%) im Vergleich zu Erwachsenen (30–40%).

Nach Erreichen einer Remission hat der molekulare Nachweis einzelner residualer Leukämiezellen (*minimal residual disease*) prognostische Bedeutung. Patienten mit <1 Tumorzelle pro 10.000 Lymphozyten haben eine günstige Prognose, Patienten mit ≥1 Tumorzelle pro 1.000 Lymphozyten haben hingegen eine ungünstige Prognose.

32.2 Solide maligne Tumoren des Kindesalters

Retinoblastom

Retinoblastome sind bösartige Augentumoren des Kindesalters. In 60% der Fälle treten sie sporadisch auf, sind dann meist unilateral und unifokal. Bei 40% der Fälle liegt eine erbliche Form des Retinoblastoms vor, die Tumoren treten dann meist früher auf, sind häufig bilateral und/oder multifokal.

> **Wichtig**
>
> - **Sporadische Retinoblastome** sind meist unifokal und unilateral. Das durchschnittliche Manifestationsalter liegt bei 24 Monaten.
> - **Hereditäre Retinoblastome** sind häufiger multifokal und häufiger bilateral. Das durchschnittliche Manifestationsalter liegt bei 15 Monaten.

Klinik. Ein heller, weißlich-gelber Fleck hinter der Pupille (**Leukokorie**; ◘ Abb. 32.1) ist meist das erste klinische Symptom bei Retinoblastom. Zweithäufigster Grund der Erstvorstellung ist ein Strabismus, der eine Leukokorie begleiten oder ihr zeitlich vorausgehen kann. Ein Visusverlust wird im frühen Kindesalter meist nicht bemerkt. Seltenere klinische Symptome bei Retinoblastom sind Uveitis, Glaukom, Hyphäma (Blutansammlung in der vorderen Augenkammer), Protrusio bulbi und Schmerzen.

◘ **Abb. 32.1. Leukokorie bei Retinoblastom**. (Mit freundlicher Genehmigung von G.F. Hoffmann, Universitäts-Kinderklinik Heidelberg)

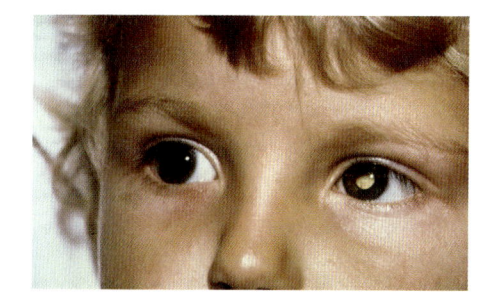

Genetik. Das *RB1-Gen* auf Chromosom 13q14.1-q14.2 spielt pathogenetisch die entscheidende Rolle. Es gilt als das klassische Tumorsuppressorgen. Anhand statistischer Analysen von Retinoblastom-Patienten formulierte Alfred Knudson im Jahre 1971 die **Two-hit-Hypothese** der Tumorentstehung. Erst der Funktionsverlust beider *RB1*-Allele in einer Retinoblastenzelle führt zur Tumorentstehung. Bei hereditärem Retinoblastom liegt eine *RB1*-Keimbahnmutation bereits in allen Körperzellen vor. Ein Retinoblastom entwickelt sich, wenn durch einen »*second hit*« auch das zweite RB1-Allel in einer Retinoblastenzelle seine Funktion verliert. Bei der sporadischen Form des Retinoblastoms sind hingegen zwei unabhängige somatische Ereignisse in der gleichen Zelle (bzw. nacheinander in der Zelllinie) zur Tumorentstehung erforderlich.

Nur 10% aller Kinder mit Retinoblastom weisen eine positive Familienanamnese auf. Bei den anderen Patienten mit erblichem Retinoblastom handelt es sich um De-novo-Mutationen in der elterlichen (häufiger der väterlichen als der mütterlichen) Keimbahn.

Die Wahrscheinlichkeit, bei ererbter *RB1*-Mutation ein Retinoblastom zu entwickeln, beträgt über 95%. Obwohl dabei nur ein mutiertes Allel des auf zellulärer Ebene »rezessiven« Tumorsuppressorgens vererbt wird, kommt es also fast immer zur klinischen Manifestation. Das erklärt den **autosomal-dominanten** Erbgang hereditärer Retinoblastome.

Mehr als 400 verschiedene Mutationen des *RB1*-Gens wurden bei Patienten mit Retinoblastom beschrieben. In der großen Mehrzahl der Fälle (85–90%) handelt es sich um Mutationen, die zu einem vorzeitigen Stopp-Codon führen (*Nonsense-, Frameshift-* oder *Spleiß-*Mutationen).

Therapie und Management. Bei unilateralem Retinoblastom wird in der Regel eine Enukleation des betroffenen Auges ggf. mit adjuvanter Strahlentherapie durchgeführt. Bei mittelgroßen Tumoren ist eine Brachytherapie (Kurzdistanzbestrahlung durch Aufnähen eines Strahlenträgers) möglich. Nur bei sehr kleinen Tumoren kommt eine Laser- oder Kryotherapie in Frage. Bei bilateralem Retinoblastom wird das schwerer betroffene Auge enukleiert und das kontralaterale Auge bestrahlt. Eine **dauerhafte Heilung** ist bei insgesamt gut **80%** aller Retinoblastom-Kinder möglich. Jahrelange Nachuntersuchungen sind jedoch notwendig. Hierbei ist auf eine kontralaterale Erkrankung zu achten, aber auch das erhöhte Risiko für andere Primärtumoren im Auge zu behalten.

Komplikationen. Patienten mit erblicher Form des Retinoblastoms haben ein erhöhtes Risiko für die Entwicklung weiterer maligner Tumoren, darunter Osteosarkome, Weichteilsarkome, Melanome und Pinealeome.

Abb. 32.2. Massive abdominelle Schwellung bei einem Neugeborenen mit Neuroblastom. (Mit freundlicher Genehmigung der Universitäts-Kinderklinik Heidelberg)

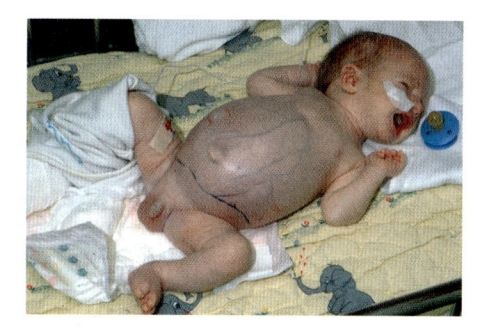

Neuroblastom

Neuroblastome sind **embryonale Tumoren des sympathischen Nervensystems** (Nebennierenmark, Grenzstrang, sympathische Ganglien). Sie gehören zu den häufigsten soliden Tumoren des Kindesalters (Abb. 32.2). Man unterscheidet vier Stadien (I–IV), wobei Stadium IV die schlechteste Prognose hat.

Genetik. In etwa 30% aller Neuroblastome findet sich eine Überexpression eines aufgrund seiner Expression in neuroektodermalem Gewebe als *MYCN* bezeichneten Gens der *MYC*-Onkogenfamilie. *MYCN* liegt auf Chromosom 2p24.1. Im Gegensatz zur Überexpression des *MYC*-Gens beim Burkitt-Lymphom, die durch Enhancer-Sequenzen der Immunglobulinloci nach Translokation verursacht wird, ist die *MYCN*-Überexpression beim Neuroblastom durch eine **Vervielfältigung von MYCN** verursacht. In einer Tumorzelle können bis zu 700 Genkopien vorliegen, z. T. als homogen färbende chromosomale Regionen, z. T. als kleine, von den anderen Chromosomen getrennte Chromosomenfragmente (»*double minutes*«). *MYCN*-Amplifikationen stellen einen wichtigen Prognoseparameter bei Neuroblastom dar. Während sich Amplifikationen von *MYCN* im Stadium I nur sehr selten finden, sind sie bei 40% der Fälle der fortgeschrittenen Stadien (III und IV) nachweisbar. Besonders bedeutsam ist die Tatsache, dass die Amplifikation von *MYCN* ein **vom Tumorstadium unabhängiger** Prognoseparameter ist. So sind z. B. Tumoren des eigentlich prognostisch günstigen Tumorstadiums II im Falle vorliegender *MYCN*-Amplifikationen häufig therapierefraktär und haben eine schlechte Prognose.

Erbliche Formen von Neuroblastom sind sehr selten.

Wilms-Tumor (Nephroblastom)

Wilms-Tumoren sind hochmaligne embryonale Tumoren der Niere. Die Inzidenz von Wilms-Tumoren liegt bei einem von 8.000 Kindern. Das durchschnittliche Erkrankungsalter liegt bei 3 Jahren; Jungen und Mädchen sind gleich häufig betroffen.

Ätiologie. Ein wesentlicher prädisponierender Faktor für die Entstehung von Wilms-Tumoren ist eine Persistenz von renalem Blastem (undifferenzierte embryonale Mesenchyminseln), und die große Mehrzahl der Wilms-Tumor-Prädispositionssyndrome geht mit einer solchen **Nephroblastomatose** einher. Die genauen molekularen Grundlagen der Tumorentstehung sind nur bei einem Teil der Patienten verstanden. Auch die genaue Funktion des bislang einzigen bekannten Wilms-Tumor-Gens *WT1* (*Wilms-Tumor 1*) ist noch nicht vollständig verstanden. Das Genprodukt spielt als Transkriptionsfaktor eine wichtige Rolle bei der Differenzierung von Nierengewebe am Übergang von mesenchymalem und epithelialem Gewebe (Glomerolus/Nephron und ableitenden Harnwegen).

Klinik. Wilms-Tumoren verursachen meist keine klinischen Beschwerden. Die Hälfte der Kinder fällt durch einen dicken Bauch beim Ankleiden oder beim Baden auf. Oft ist das Nephroblastom auch eine Zufallsdiagnose im Rahmen der Vorsorgeuntersuchungen. Lediglich 25–30% der Kinder zeigen klinische Beschwerden wie Bauchschmerzen, Hämaturie oder Obstipation. Etwa 5–10% aller Kinder mit Nephroblastom haben bilaterale oder multizentrische Tumoren.

Genetik. Inaktivierende somatische Mutationen im *WT1*-Gen finden sich bei etwa 10% aller Wilms-Tumoren. Darüber hinaus spielt das Gen eine wichtige Rolle bei verschiedenen Syndromen:
- Als **WAGR-Syndrom** wird die Kombination von **W**ilms-Tumor, **A**niridie, **ge**nitale Anomalien und mentale **R**etardierung bezeichnet. Ursache ist eine Mikrodeletion von Chromosom 11p13 unter Beteiligung des *WT1*-Gens und des PAX6-Gens.
- Patienten mit **Denys-Drash-Syndrom** haben bei Karyotyp 46,XY ein weibliches oder intersexuelles äußeres Genitale, eine diffuse mesangiale Sklerose und Wilms-Tumoren. Das Syndrom wird durch Missense-Mutationen (v. a. in Exon 8 oder 9) des *WT1*-Gens verursacht.
- Punktmutationen an der Spleiß-Donorstelle von Intron 9 des *WT1*-Gens führen zu **Frasier-Syndrom**, einer Assoziation von intersexuellem Genitale bei Karyotyp 46,XY mit fokal-segmentaler Glomerulosklerose und Gonadoblastomen.

Wilms-Tumoren finden sich gehäuft bei verschiedenen genetischen Großwuchssyndromen. So haben Patienten mit **Beckwith-Wiedemann-Syndrom** (▶ Kap. 35.2) in den Nieren nicht selten perilobäre Reste von renalem Blastem und entwickeln in 5% der Fälle einen Wilms-Tumor. Ein relativ hohes Risiko für Wilms-Tumoren haben auch Patienten mit Simpson-Golabi-Behmel-Syndrom (7,5%), Perlman-Syndrom (30%) oder Sotos-Syndrom (<5%).

Nur in sehr wenigen Fällen von Wilms-Tumor gibt es eine klare familiäre Prädisposition. Neben Familien mit *WT1*-Mutationen gibt es einige, bei denen die

Tumordisposition an andere chromosomale Loci koppelt, allerdings sind die entsprechenden Gene noch nicht eindeutig charakterisiert.

Therapie. Je nach Tumorstadium wird eine Operation entweder primär oder nach präoperativer Chemotherapie (u. a. mit Vincristin und Actinomycin D) zur Größenreduktion durchgeführt. Es erfolgt fast immer die komplette Entfernung der tumortragenden Niere (Tumornephrektomie). Ist eine radikale Operation nicht möglich, wird strahlentherapeutisch nachbehandelt. Wilms-Tumoren sind strahlensensibel. Die Prognose ist insgesamt gut: Mehr als 85% der Kinder mit Wilms-Tumor werden dauerhaft geheilt.

32.3 Brust- und Ovarialkrebs

Das Mammakarzinom ist das häufigste Karzinom der Frau. In Deutschland starben 1995 etwa 18.500 Frauen an Brustkrebs und 6.500 Frauen an Eierstockkrebs; die Zahl der Neuerkrankungen wird auf 42.600 bzw. 7.900 für Brust- bzw. Eierstockkrebs geschätzt. Jede 9. Frau erkrankt im Laufe ihres Lebens an Brustkrebs.

Große Studien zeigten, dass Verwandte 1. Grades von Frauen mit Brustkrebs ein etwa doppelt so großes Risiko haben, ebenfalls an Brustkrebs zu erkranken. Die Beobachtung, dass Verwandte von Frauen mit Ovarialkrebs auch ein 30- bis 60%-ig erhöhtes Risiko für Brustkrebs haben, legte schon früh die Vermutung nahe, dass bestimmte genetische Risikofaktoren für beide Tumorentitäten prädisponieren. Zwei dieser Prädispositiongene wurden in den Jahren 1990 und 1994 entdeckt und als ***BRCA1* und *BRCA2*** (*breast cancer genes 1 und 2*) bezeichnet.

▪▪▪ Risikofaktoren für Mammakarzinom
Brustkrebs ist eine multifaktorielle Erkrankung. Weitere Risikofaktoren sind:
- Menarche vor dem 12. Lebensjahr
- Menopause nach dem 55. Lebensjahr
- Erste Geburt nach dem 30. Lebensjahr
- Nulliparität
- Postmenopausale Adipositas
- Alkoholabusus
- Hormonersatztherapie
- Strahlung

Erblicher Brust- und Ovarialkrebs

Praxisfall

Wegen einer starken Belastung mit Krebserkrankungen in der Familie kommt Frau Dittner in die genetische Beratung. Bei der Mutter war im Alter von 45 bzw. 46 Jahren Brustkrebs erst einseitig, dann auch in der anderen Brust nachgewiesen worden; sie verstarb mit 48 Jahren an den Folgen der Krebserkrankung. Die Schwester der Mutter war im Alter von 58 Jahren ebenfalls an Brustkrebs erkrankt, sie ist aktuell 67 Jahre alt. Eine andere Schwester sowie der Bruder der Mutter sind gesund im Alter von 73 bzw. 78 Jahren. Bei der Großmutter mütterlicherseits wurde im Alter von 71 Jahren Eierstockkrebs festgestellt, an dem sie im Alter von 72 Jahren verstarb. Da die klinischen Kriterien für familiären Brust- und Eierstockkrebs erfüllt sind, wird eine molekulargenetische Diagnostik eingeleitet, die bei der von Brustkrebs betroffenen Tante durchgeführt wird. Die vollständige Sequenzanalyse und genomische Quantifizierung der beiden Gene *BRCA1* und *BRCA2* führen nicht zum Nachweis einer krankheitsauslösenden Mutation. Eine prädiktive Diagnostik bei Frau Dittner ist daher nicht möglich, so dass die intensive Früherkennungsdiagnostik für Hochrisikopatientinnen bis auf weiteres fortgesetzt werden muss.

Genetik und Ätiologie

Insgesamt sind nur 5–10% aller Fälle von Brustkrebs auf eine genetische Prädisposition zurückzuführen; wie üblich ist eine familiäre Form bei mehreren Erkrankten in der Familie bzw. bei frühem Erkrankungsalter wahrscheinlicher. Die Prävalenz von klinisch relevanten *BRCA1*-Mutationen in der Normalbevölkerung liegt zwischen 1:500 und 1:1.000. Für *BRCA2* sind bislang keine zuverlässigen Zahlen vorhanden, Schätzungen liegen zwischen 1:1.000 und 1:2.000.

BRCA1 liegt auf Chromosom 17q21, *BRCA2* auf Chromosom 13q21. Beide Gene kodieren für **Transkriptionsfaktoren**, die an der Zellzykluskontrolle beteiligt sind. Familiärer Brustkrebs durch Mutationen in *BRCA1* und *BRCA2* wird **autosomal-dominant** vererbt. Zur Krebsentstehung kommt es im Sinne der »Two-hit-Hypothese« auch hier erst durch den Verlust des zweiten, normalen Allels, z. B. durch eine größere Deletion. Dies lässt sich molekulargenetisch im Tumorgewebe ggf. durch einen Verlust der Heterozygotie (*loss of heterozygosity*, LOH) in der entsprechenden chromosomalen Region nachweisen.

Diagnostische Mutationsanalysen in den letzten Jahren haben zur Identifikation von inzwischen weit über **1.000 verschiedenen Mutationen** in *BRCA1* und *BRCA2* geführt. Die pathogenetische Relevanz speziell von selteneren Mutationen kann jedoch im Einzelfall höchst unsicher sein. Bei einigen Mutationen (z. B. *Nonsense*- oder *Frameshift*-Mutationen) lässt sich die funktionelle Bedeutung eindeutig ableiten, bei vielen *Missense*-Mutationen, die nur zur Veränderung einer einzelnen Aminosäure führen, ist die Krankheitsbedeutung jedoch fraglich. Man spricht dann von »*unclassified variants*«, die man nicht für eine prädiktive Diagnostik bei anderen Familienmitgliedern verwenden kann.

Klinische Merkmale

Mutationen in *BRCA1* und *BRCA2* führen zu einem erhöhten Risiko sowohl für Brustkrebs als auch Ovarialkrebs (Tab. 32.1). Die **Penetranz** ist dabei variabel; manche Anlageträgerinnen entwickeln schon vor dem 50. Lebensjahr mehrere primäre Tumoren, wohingegen andere Personen mit der gleichen Mutation bis über das 70. Lebensjahr hinaus kein einziges Karzinom aufweisen. Das Lebenszeitrisiko für **Brustkrebs** von Mutationsträgerinnen beträgt 85%, mehr als die Hälfte der betroffenen Frauen bekommt Brustkrebs schon vor dem 50. Lebensjahr. Das Risiko für die Entstehung eines **Ovarialkarzinoms** liegt bei *BRCA1*-Mutationen höher (44%) als bei *BRCA2*-Mutationen (27%).

Auch **Männer** mit Mutationen in *BRCA1* und *BRCA2* haben ein erhöhtes Krebsrisiko. *BRCA1*-Mutationen sind mit einem etwa dreifach erhöhten Risiko für die Entstehung eines **Prostatakarzinoms** assoziiert, führen aber nur sehr selten zu männlichem Brustkrebs. Im Gegensatz dazu besteht eine klare Assoziation zwischen *BRCA2*-Mutationen und **männlichem Brustkrebs**, mit einem Lebenszeitrisiko der Anlageträger von 6%. *BRCA2*-Mutationen zeigen eine geringere Assoziation zu Prostatakarzinomen, werden aber (bei Frauen und Männern) pathogenetisch mit Tumoren von Pankreas, Larynx, Ösophagus, Kolon, Magen, Gallensystem und mit Melanomen in Zusammenhang gebracht.

Tab. 32.1. Lebenslanges Erkrankungsrisiko bei krankheitsverursachenden Mutationen in *BRCA1* und *BRCA2*

	BRCA1	BRCA2
Mammakarzinom der Frau	85%	84%
Ovarialkarzinom der Frau	44%	27%
Mammakarzinom beim Mann	Gering	6%

Diagnostik

Der molekulargenetische *BRCA1*- bzw. *BRCA2*-Mutationsnachweis ist nur dann indiziert, wenn sich aus dem Erkrankungsalter bzw. aus der Familienanamnese eine erhöhte Wahrscheinlichkeit für eine familiäre Prädisposition ergibt. Diese Wahrscheinlichkeit lässt sich anhand von Computerprogrammen errechnen. Von einer **Hochrisikofamilie** spricht man, wenn mindestens eins der folgenden Kriterien erfüllt ist:
- Eine Person mit Brustkrebs im Alter von <30 Jahren oder
- eine Person mit bilateralem Brustkrebs im Alter von <40 Jahren oder

- Ovarialkrebs im Alter von <40 Jahren oder
- Brustkrebs und ein zusätzliches Karzinom des o. g. Tumorspektrums bei einer Person oder
- Brustkrebs bei einem Mann oder
- Brust-/Ovarialkrebs bei **zwei** erstgradig verwandten Frauen mit Erkrankungsalter <50 bei mindestens einer Person oder
- Mehr als **drei** Verwandte mit Brust-/Ovarialkrebs, von denen eine Frau mit den beiden anderen erstgradig verwandt ist (Ausnahme: Verwandtschaft über Männer), ohne Altersbeschränkung, oder
- Ein Angehöriger der Familie mit Brust-/Ovarialkrebs und bekannter Mutation.

Ist einer dieser Punkte erfüllt, liegt die Nachweiswahrscheinlichkeit für eine krankheitsverursachende *BRCA1/2*-Mutation bei mehr als 10%, und die Indikation für eine diagnostische Mutationsanalyse ist erfüllt.

Vorsorge und Prävention
Frauen in einer Hochrisikofamilie ist ein strenges und engmaschiges Vorsorgeprogramm anzubieten:
- **Ab dem 25. Lebensjahr** bzw. ab 5 Jahre vor dem frühesten Erkrankungsalter in der Familie regelmäßige Selbstuntersuchungen der Brust und zusätzlich alle 6 Monate eine ärztliche Brustuntersuchung incl. Ultraschall des Brustgewebes.
- **Ab dem 30. Lebensjahr** halbjährlich transvaginale Sonographie der Ovarien (lebenslang) und jährliche Bestimmung der CA-125-Konzentration. Jährliches MRT der Brust bis zum 50. Lebensjahr bzw. bis zur Involution des Drüsengewebes (MRT ist sensitiver, aber wohl weniger spezifisch als die Mammographie).

Jeder Frau mit nachgewiesener *BRCA1*- bzw. *BRCA2*-Mutation sollte eine **prophylaktische Mastektomie und Oophorektomie** als präventive Maßnahme angeboten werden. Die Entscheidung dafür oder dagegen bleibt letztlich der persönlichen Präferenz überlassen, die operative Prophylaxe ist jedoch mit einer eindeutig höheren Überlebenswahrscheinlichkeit assoziiert. Es gibt zwei Möglichkeiten der Mastektomie:
- Subkutane Mastektomie (etwa 5% Restgewebe)
- Ablatio mammae (ca. 1% Restgewebe)

Die Ablatio führt zu einer Risikominderung für Brustkrebs von über 90%. Eine Ovarektomie sollte typischerweise nach dem 35. Lebensjahr bzw. nach Erfüllung des Kinderwunsches erwogen werden. Es bleibt lediglich ein Restrisiko für Peritonealkrebs (von ca. 3%).

▼

> **▪ ▪ ▪ Brustkrebs bei anderen Krebsprädispositionssyndromen**
> Bei der klinischen Untersuchung von Patientinnen mit Brustkrebs können diskrete äußere Merkmale wichtige Hinweise auf das mögliche Vorliegen eines familiären Krebsprädispositionssyndroms sein:
> - **Hyperkeratotische Papillome im Lippenrot** finden sich bei **Cowden-Syndrom**, einer autosomal-dominant erblichen Krankheit mit der Entwicklung multipler Hamartome in verschiedenen Organen. Es findet sich eine disseminierte intestinale Polypose sowie ein erhöhtes Risiko für Mamma- und Schilddrüsenkarzinome.
> - **Mukokutane Melaninpigmentationen**, v. a. der Mundschleimhaut, aber auch perioral sowie an Händen und Füßen, können ein Hinweis auf **Peutz-Jeghers-Syndrom** sein, eine weitere autosomal-dominant erbliche Krankheit mit multiplen Hamartomen im Magen-Darm-Trakt. Die Polypen stellen eine fakultative Präkanzerose dar, die Entartungstendenz liegt bei 2–3%. Es besteht eine erhöhte Wahrscheinlichkeit für die Entwicklung von Mamma-, Uterus- und Pankreaskarzinomen.

32.4 Kolorektale Tumoren

Kolorektale Karzinome sind die häufigste krebsbedingte Todesursache der nicht rauchenden Bevölkerung und stellen damit eine der großen Herausforderungen für unser Gesundheitssystem dar. In den vergangenen Jahren und Jahrzehnten konnten mehrere Gene identifiziert werden, die mit moderater bis hoher Penetranz für die Entstehung von Dickdarmkrebs prädisponieren. Die Identifikation derer, die prädisponierende Genmutationen in sich tragen, ist eine der großen und ökonomisch bedeutsamen Maßnahmen der präventiven Medizin. Klassische Prädispositionssyndrome für Dickdarmkrebs sind die familiäre adenomatöse Polyposis (FAP) und das hereditäre, nichtpolypöse Kolonkarzinom (HNPCC).

> ### Familiäre adenomatöse Polyposis (FAP)
> **ⓕ Praxisfall**
> Der 19jährige Martin Becker kommt mit seinen Eltern und seinem jüngeren Bruder in die genetische Poliklinik. Vor etwa einem halben Jahr war bei ihm eine Anämie festgestellt worden. Zur Abklärung wurde eine Gastroskopie empfohlen, bei der zahlreiche Polypen im Magen nachgewiesen wurden. Bei einer Kontrolluntersuchung 5 Monate später waren die Magenpolypen im Wesentlichen unverändert, das Hämoglobin war jedoch auf 6,9 g/dl weiter abgefallen. Eine daraufhin durchgeführte Koloskopie zeigte mehrere Hundert Polypen (histologisch Adenome ohne Dysplasienachweis) im Dickdarm. Die Sonografie des
> ▼

Abdomens ergab bis auf eine leichte Vergrößerung der Milz unauffällige Befunde. Martin Becker und seine Eltern berichten, dass sie bereits mehrfach Blutauflagerungen auf dem Stuhl beobachtet hätten. Im Alter von 13 Jahren sei er in einer Universitäts-Kinderklinik wegen Knochenveränderungen (»Osteomen«, z. B. an der Stirn) untersucht worden; eine Diagnose sei nicht gestellt worden. Außerdem seien mehrere Hauttumoren, die Talgdrüsenveränderungen entsprochen hätten, entfernt worden. Die Familienanamnese ist bezüglich einer Polyposis unauffällig. Beim Vater wurden bereits mehrmals Magen- und Darmspiegelungen mit unauffälligem Befund durchgeführt; bei der Mutter ist eine Koloskopie geplant. Bei dem 55-jährigen Bruder der Mutter seien einzelne Dickdarmpolypen entfernt worden und jährliche Koloskopien empfohlen worden. Darmkrebserkrankungen in der Familie sind bislang nicht bekannt. Die molekulargenetische Diagnostik im *APC*-Gen zeigt bei Martin Becker Heterozygotie für die Mutation c.4393_4394delAG, eine sicher krankheitsauslösende Deletion mit Verschiebung des Leserasters. Dies bestätigt die Diagnose einer FAP. Die Mutation ist bei den Eltern nicht nachweisbar, es handelt sich also um eine Neumutation.

Epidemiologie
FAP ist für etwa 1% aller kolorektalen Karzinome in der Bevölkerung verantwortlich. Die Lebenszeitinzidenz liegt bei **1:7.000** aller Neugeborenen.

Klinische Merkmale
Krankheitsdefinierend ist das Auftreten von zahllosen (mindestens 100, oft über 1.000) **kolorektalen Adenomen**. Spätestens gegen Ende der Pubertät sind sie bei betroffenen Personen immer nachweisbar. Im Sinne der Adenom-Karzinom-Sequenz entwickeln sich diese zunächst gutartigen epithelialen Tumoren im Lauf der Jahre zunächst zu Epitheldysplasien und schließlich zu bösartigen, kolorektalen Karzinomen (Abb. 32.3). Unbehandelt zeigen FAP-Patienten spätestens im Alter

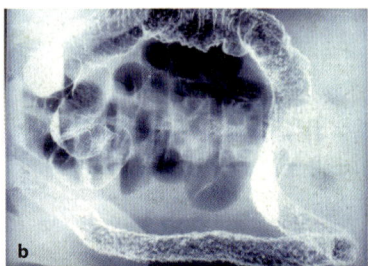

Abb. 32.3a, b. Familiäre adenomatöse Polyposis. a Präparat, **b** Röntgendarstellung

Abb. 32.4a–c. Extrakolonische Manifestationen der FAP. **a** CHRPE, **b** Epidermoidzyste, **c** Desmoid der Bauchwand. (Mit freundlicher Genehmigung von M. Kadmon, Chirurgische Universitätsklinik Heidelberg)

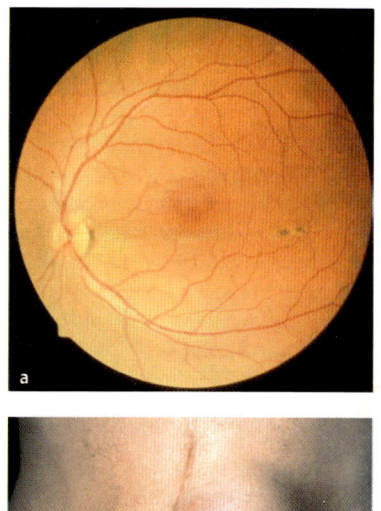

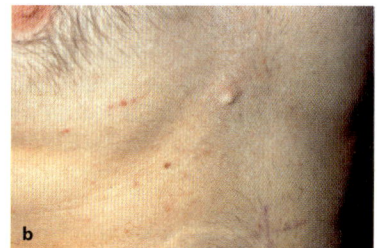

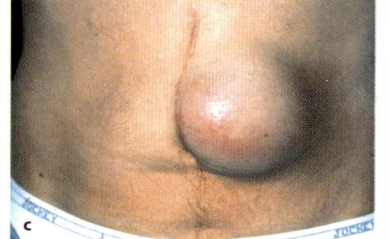

von 40 Jahren ausnahmslos mindestens ein kolorektales Karzinom. Man spricht daher bei der FAP von einer **obligaten Präkanzerose**.

Neben der Manifestation im Kolon zeigen Patienten mit FAP auch »**extrakolonische Manifestationen**« (Abb. 32.4). Dazu gehören:
- CHRPE (85% der Fälle) = kongenitale Hypertrophien des retinalen Pigmentepithels. Es handelt sich um einen harmlosen Augenhintergrundbefund, der aber diagnostisch genutzt werden kann.
- **Adenome des Duodenums** und Drüsenkörperzysten im Magen (80% der Fälle). Das Risiko für die Entstehung eines Duodenalkarzinoms liegt bei ca. 10%.
- Osteome der Mandibula und des Schädels (mehr als 90% der Fälle, klinisch irrelevant und gutartig).
- Epidermoidzysten (60%). Diese stellen v. a. ein kosmetisches Problem dar.
- Semimaligne Desmoide (5–10%). Sie sind die häufigste Todesursache der kolektomierten Patienten mit FAP.

- Erhöhtes Risiko für folgende Tumoren: papilläres Schilddrüsenkarzinom, Glio-/Medulloblastome des Gehirns (dann genannt: »**Turcot-Syndrom**«), Sarkome, Hepatoblastom des Kindes.

> **Wichtig**
>
> **Attenuierte FAP**: Seltene Variante der FAP, bei der die Zahl der Polypen weit unter 100 liegt (im Mittel 30) und deren Manifestationszeitpunkt weit später ist als bei der klassischen FAP (CRC meist im 5. Lebensjahrzehnt). Dennoch besteht ein hohes Karzinomrisiko.

Genetik und Ätiologie

Ursächlich für die Entstehung der FAP sind heterozygote Mutationen im *APC*-**Gen** (adenomatöse Polyposis coli) auf Chromosom 5q21-q22. Die Mehrzahl der gesicherten Mutationen führt zu einer Trunkierung des Genprodukts, entweder durch Punktmutation oder Deletion/Insertion mit Frameshift, so dass *downstream* der Mutation ein **vorzeitiges Stoppcodon** entsteht. Allerdings gibt es eine größere Zahl von *Missense*-Mutationen, deren pathogenetische Relevanz unklar ist, und die als unklassifizierte Varianten (UV) bezeichnet werden. FAP ist **autosomal-dominant** erblich. Bei etwa einen Viertel der Betroffenen ist die FAP erstmals aufgetreten, und die Familienanamnese ist diesbezüglich leer.

Funktionstüchtiges APC-Protein bindet an β-Catenin und ist Teil eines Proteinkomplexes, der u. a. zum Abbau von β-Catenin im Proteasomen-Komplex führt (◘ Abb. 32.5). Fehlt APC, bleibt β-Catenin im Zytoplasma ungebunden, kann problemlos in den Zellkern gelangen und sorgt dort für die Transkription einiger Onkogene, darunter *MYC* und *Cyclin D1*. Aufgrund dieser pathophysiologischen Zusammenhänge wird *APC* als **Tumorsuppressorgen** bezeichnet.

Diagnostik

Prinzipiell werden Adenome des Kolons mittels **Koloskopie** diagnostiziert. Rektumadenome können ggf. auch durch endorektalen Ultraschall nachgewiesen werden.

> **Wichtig**
>
> Wird ein einzelnes kolorektales Adenom diagnostiziert, sollte immer das gesamte Kolon auf mögliche weitere Adenome untersucht werden (komplette Koloskopie), da in bis zu 30% der Fälle mindestens ein weiteres Adenom vorliegt!

32.4 · Kolorektale Tumoren

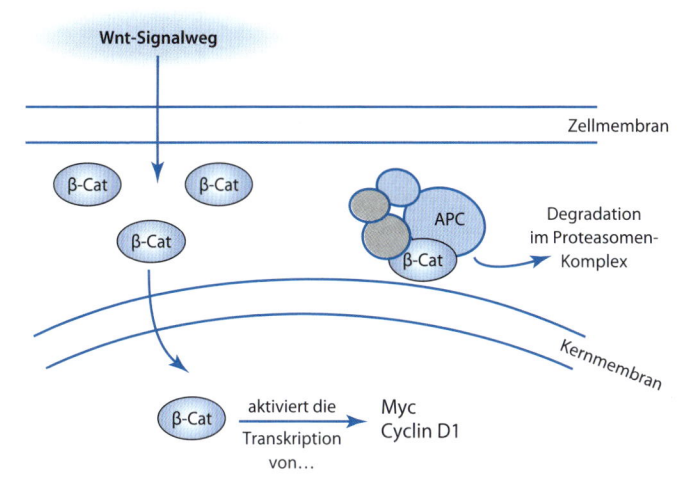

Abb. 32.5. APC und der β-Catenin-Signalweg. (Modifiziert nach Farrington und Dunlop 2004)

Eine ausführliche **Familienanamnese** sollte bei allen Fällen von Dickdarmkrebs selbstverständlich sein. Eine molekulargenetische Analyse des *APC*-Gens ist möglich. Da eine maligne Entartung schon bei Jugendlichen auftreten kann, sollten Kinder mit positiver Familienanamnese schon ab dem 10. Lebensjahr jährlich flexibel sigmoidoskopiert werden. Beim Auftreten erster Polypen erfolgt die Kolektomie, bei unauffälligem Befund kann ab dem 40. Lebensjahr auf 3-jährliche Untersuchungen umgestellt werden. Bei Kenntnis der familiären Mutation ist eine molekulargenetische Testung bei Kindern schon ab dem 10. Lebensjahr sinnvoll, da bei Fehlen der familiären Mutation keine Kontrolluntersuchungen mehr notwendig sind.

Therapie und Management

Patienten mit FAP sollten möglichst nach der Pubertät, aber vor dem 20. Lebensjahr **protektiv proktokolektomiert** werden (sphinktererhaltende ileoanale Pouchoperation). Das Auftreten neuer Adenome im Rektumstumpf ist möglich. Eine Langzeittherapie mit ASS oder mit Sulindac, einem nichtsteroidalen Antirheumatikum, setzt laut Studienlage dieses Risiko herab.

Nach Proktokolektomie sind **Vorsorgeuntersuchungen auf extrakolonische Manifestationen** vonnöten. Ab dem 30. Lebensjahr sollten Gastroduodenoskopien mit Inspektion der Papille durchgeführt und mindestens alle 3 Jahre wiederholt werden.

HNPCC (hereditäres nichtpolypöses Kolonkarzinom, Lynch-Syndrom)

Praxisfall
Frau Schmitz kommt zur genetischen Beratung. Vor einem Jahr wurde bei ihr im Alter von 43 Jahren ein Endometriumkarzinom diagnostiziert. Da noch weitere Personen in ihrer Familie an Krebs erkrankt waren, möchte sie sich über das Erkrankungsrisiko für ihre beiden Kinder informieren. Der Vater von Frau Schmitz war mit 68 Jahren an einem Kolonkarzinom erkrankt und ein Jahr nach Diagnosestellung verstorben. Bei einem Bruder des Vaters wurde im Alter von 53 Jahren ein Harnleiterkarzinom festgestellt. Im Alter von 63 Jahren erkrankte er zusätzlich an Darmkrebs. Zwei weitere Geschwister des Vaters sind gesund. Der Großvater väterlicherseits ist im Krieg gefallen, die Großmutter verstarb im Alter über 80 Jahren an einer Lungenentzündung. Bei der Mutter von Frau Schmitz sowie in deren Familie sind keine Krebserkrankungen bekannt. Da in der Familie von Frau Schmitz die Amsterdam-Kriterien erfüllt sind, kann die Diagnose eines HNPCC-Syndroms bereits klinisch gestellt werden (die Bethesda-Kriterien als Indikation für eine Untersuchung der Mikrosatelliteninstabilität wären übrigens bei Frau Schmitz selber und dem Bruder ihres Vaters jeweils auch dann erfüllt, wenn sie keine Verwandten mit Krebs gehabt hätten). Bei der Untersuchung des Tumorgewebes von Frau Schmitz wird eine Mikrosatelliteninstabilität nachgewiesen und immunhistochemisch das Fehlen von MLH1-Protein gezeigt. Bei der daraufhin durchgeführten Analyse von genomischer DNA aus einer Blutprobe von Frau Schmitz wird eine krankheitsverursachende Frameshift-Mutation im *MLH1*-Gen identifiziert. Diese lässt sich auch in einer asservierten DNA-Probe des Vaters von Frau Schmitz nachweisen. Frau Schmitz sollte neben den Nachsorgeuntersuchungen lebenslang das intensivierte Krebsfrüherkennungsprogramm für HNPCC-Patienten wahrnehmen. Ihre beiden 17 und 19 Jahre alten Kinder können nach genetischer Beratung eine prädiktive Diagnostik im Hinblick auf die familiäre Mutation durchführen lassen.

Epidemiologie
Die Inzidenz liegt bei ca. 1:1.000. Damit macht HNPCC etwa 5% aller kolorektalen Karzinome aus.

Klinische Merkmale
Wichtigstes Merkmal der HNPCC-Krebsdispositionskrankheit, auch Lynch-Syndrom genannt, ist das **familiär gehäufte Auftreten von Darmkrebs** bei relativ **jungem Erkrankungsalter**. Das mediane Alter für das Auftreten kolorektaler Karzinome bei HNPCC liegt bei 45 Jahren. Nur sehr selten treten diese Karzinome vor dem 25. Lebensjahr auf. Im Gegensatz zu sporadischen Karzinomen sind HNPCC-assoziierte Kolonkarzinome häufig (>50%) im rechten Kolonabschnitt zu finden, dort lokalisierte Karzinome sind daher immer HNPCC-verdächtig. Adenomatöse Polypen finden sich bei HNPCC nicht häufiger als in der Gesamtbevölkerung (fast

▼

immer weniger als 10 Polypen). Das Risiko für das Auftreten eines kolorektalen Karzinoms im Laufe des Lebens beträgt bei männlichen HNPCC-Mutationsträgern bis zu 75%. Frauen mit HNPCC-Anlageträgerschaft haben ein etwas geringeres Lebenszeitrisiko für Darmkrebs von bis zu 50%, jedoch ein Risiko von bis zu 70% für das Auftreten eines **Endometriumkarzinoms.** Zu den gehäuft auftretenden **extrakolonischen Neoplasien** zählen auch Karzinome von Magen (Lebenszeitrisiko bis zu 13%), Ovarien (13%), Gallentrakt (12%), Dünndarm (7%), Urothel, Pankreas und ZNS. Wie auch bei FAP spricht man bei Kombination von Darmkrebs mit einem Hirntumor von einem »**Turcot-Syndrom**«. Die Kombination mit Talgdrüsentumoren (die maligne entarten können) nennt sich »**Muir-Torre-Syndrom**«.

> **Wichtig**
>
> **Merkmale HNPCC-assoziierter kolorektaler Karzinomen im Vergleich zu sporadischen Karzinomen**
> - Früheres Diagnosealter (Mittelwert 44 Jahre)
> - Proximales Kolon häufiger betroffen
> - Erhöhte Wahrscheinlichkeit von multiplen kolorektalen Karzinome (synchron oder metachron)
> - Bessere Prognose für den Einzeltumor

Genetik und Ätiologie

HNPCC ist heterogen und wird in der Regel **autosomal-dominant** vererbt. Es wird durch Mutationen in Genen des **DNA-Mismatch-Reparatursystems** verursacht. Am häufigsten handelt es sich um Mutationen in den Genen *MLH1* **oder** *MSH2*, die zusammen etwa 90% der Fälle mit nachgewiesener Mutation ausmachen. Andere HNPCC-assoziierte Gene sind *MSH6, PMS1 und PMS2*. Wie bei anderen DNA-Reparaturgenen handelt es sich auch hier um Tumorsuppressorgene: Ererbte heterozygote Mutationen führen alleine noch nicht zu einem klinischen Phänotyp. Erst der »*second hit*« des gesunden Allels führt zum vollständigen Verlust funktionstüchtigen Proteins und dadurch zur Funktionsuntüchtigkeit des DNA-Mismatch-Reparaturapparats. Dies führt zu einer Lawine von Mutationen u. a. in Genen, die für die normale Zellfunktion wichtig sind. Diagnostisch erkennbar ist diese »Hypermutabilität« eines Zellklons an der so genannten **Mikrosatelliteninstabilität** (MSI; ◘ Abb. 32.6).

Diagnostik

Die Diagnose eines HNPCC erfolgt anhand der »**Amsterdam-II-Kriterien**« (1999). Alle der folgenden Kriterien müssen erfüllt sein:

▼

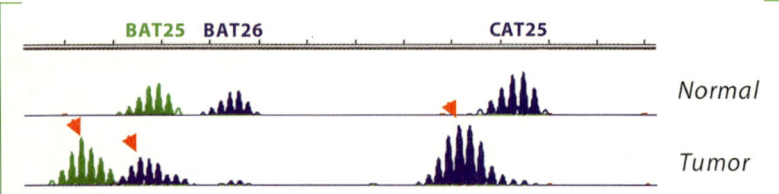

Abb. 32.6. Mikrosatelliteninstabilität bei HNPCC. Mikrosatelliten sind einfache, repetitive Sequenzen von 2–4 Nukleotiden, die auf unterschiedlichen Allelen unterschiedliche Wiederholungszahlen aufweisen können (▶ Kap. 2.3). In der Regel ist Wiederholungszahl (bzw. der Genotyp) in allen Zellen einer Person gleich. Bei einer Störung derReparatur von Basenfehlpaarungen (DNA-Mismatch-Repair-Defekt) kommt es dagegen zu einer Instabilität, d. h. mit der Zellteilung kann sich die Wiederholungszahl bestimmter Mikrosatelliten verändern. Im hier abgebildeten Beispiel wurden in DNA-Proben aus Darmkrebszellen und Blutzellen (Leukozyten) der gleichen Person unterschiedliche Längen (Wiederholungszahlen) der Mikrosatelliten BAT25, BAT26 und CAT26 festgestellt. Die Darmkrebszellen zeigen also eine klonale Veränderung, die zu einem Ausfall des DNA-Mismatch-Reparatursystems passt. Es besteht der dringende Hinweis auf eine HNPCC. (Mit freundlicher Genehmigung von M. Kloor, Institut für Pathologie der Universität Heidelberg)

- Mindestens 3 Familienangehörige mit Darmkrebs oder anderem HNPCC-assoziiertem Karzinom
- Einer dieser Patienten mit den beiden anderen erstgradig verwandt
- Mindestens 2 aufeinanderfolgende Generationen betroffen
- Diagnose bei mindestens einem Patienten vor dem 50. Lebensjahr
- FAP ausgeschlossen
- Karzinome histopathologisch verifiziert

Die **molekulargenetische Detektionsrate** bei erfüllten Amsterdam-Kriterien liegt bei 50–70%.

Weniger spezifisch als die Amsterdam-Kriterien sind die »**Bethesda-Kriterien**«, die eine Verdachtsdiagnose auch in kleineren Familien gestatten. Demnach wird ein Screening auf MSI angeraten, wenn der Patient ein kolorektales Karzinom oder ein Endometriumkarzinom im Alter von <45 Jahren aufweist. Gleiches gilt, wenn sich 2 HNPCC-assoziierten Karzinome bei ein und derselben Person (gleich welchen Alters) finden.

Ein wichtiges diagnostisches Kriterium ist die **Mikrosatelliteninstabilität** im Tumormaterial (Abb. 32.6). Es ist aber zu beachten, dass ca. 10–15% der sporadischen kolorektalen Karzinome MSI-positiv sind, während 10% der HNPCC-assoziierten kolorektalen Karzinome MSI-negativ sind. Welches Protein des DNA-Mis-

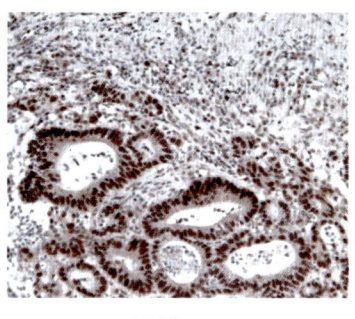

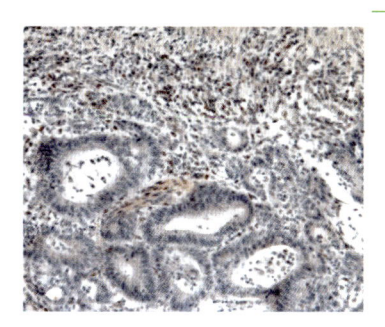

MLH1   MSH2

Abb. 32.7. Immunhistochemie bei HNPCC. Histochemisch ist in den Tumorzellen MLH1-Protein deutlich nachweisbar (**a**, rotbraune Färbung), während MSH2-Protein fehlt (**b**, hellblaue Färbung). Molekulargenetisch ließ sich eine Mutation im *MSH2*-Gen nachweisen. (Mit freundlicher Genehmigung von M. Kloor, Institut für Pathologie der Universität Heidelberg)

match-Reparatursystems (z. B. *MLH1* oder *MSH2*) im Tumorgewebe fehlt, lässt sich durch **immunhistochemische** Untersuchungen feststellen (Abb. 32.7). Dies erlaubt dann die gezielte Sequenzierung des wahrscheinlich betroffenen Gens.

Therapie
Wenn einmal die Diagnose »HNPCC« feststeht, gibt es 2 Möglichkeiten, wie therapeutisch verfahren werden kann. Es bleibt letztlich die Entscheidung des Patienten, für welchen Weg er sich entscheidet.
- Engmaschiges **Früherkennungsprogramm, einmal jährlich**, durchzuführen ab dem 25. Lebensjahr. Es umfasst: **Koloskopie**, Sono Abdomen, körperliche Untersuchung und bei Frauen einen transvaginalen Ultraschall. Das nach sporadischen Tumoren übliche Nachsorgeprotokoll mit Koloskopien alle 3–5 Jahre ist für Patienten mit HNPCC unzureichend, da in diesen Fällen mit einer raschen Progression vom Adenom zum Karzinom gerechnet werden muss. Speziell bei mehreren Verwandten mit Magenkrebs sollte jährlich auch eine Ösophagogastroduodenoskopie durchgeführt werden. Die früher empfohlene jährliche Urinzytologie hat nur eine geringe Sensitivität.
- Einige Patienten bevorzugen die Durchführung einer **prophylaktischen subtotalen Kolektomie**. Da das distale Kolon bei HNPCC eher selten befallen ist, ist eine Proktektomie mit Ileostomie nicht notwendig. Das in situ verbleibende Stück Kolon kann durch einfache Sigmoidoskopien alle 1–2 Jahre ausreichend überwacht werden. Das Früherkennungsprogramm für andere Organmanifestation sollte unverändert durchgeführt werden.

32.5 Multiple endokrine Neoplasien (MEN)

Mit der Bezeichnung MEN werden zwei autosomal-dominant erbliche Tumorprädispositionen bezeichnet, die durch variable Kombinationen von primär endokrinen Tumoren gekennzeichnet sind. Sie werden durch Mutationen in zwei unterschiedlichen Genen verursacht.

> **Wichtig**
>
> Typische Merkmale der multiplen endokrinen Neoplasien:
> - MEN1: Hyperparathyreoidismus, endokrine Pankreastumoren, Prolaktinom
> - MEN2: Medulläres Schilddrüsenkarzinom, Phäochromozytom, Hyperparathyreoidismus

Multiple endokrine Neoplasie Typ 1 (MEN1)

Die multiple endokrine Neoplasie Typ 1, auch Wermer-Syndrom genannt, wird durch Mutationen des ***MEN1*-Gens** auf Chromosom 11q13 verursacht und ist **autosomal-dominant** erblich. Die Tumoren bei MEN1 (mit Ausnahme der Gastrinome) bilden keine Metastasen.

- **Primärer Hyperparathyreoidismus** findet sich bei 90% aller Patienten mit MEN1 bereits im Alter von 20–25 Jahren. Die daraus resultierende Hyperkalzämie führt zu den klinischen Symptomen Lethargie, Depression, Anorexie, Konstipation, Übelkeit und Erbrechen, Hypertonie, verlängertem QT-Intervall, Diurese mit Dehydration und Kalziurie mit Steinbildung. Die verstärkte Knochenresorption erhöht das Frakturrisiko der betroffenen Patienten.
- **Pankreastumoren**, v. a. Gastrinome und Insulinome, finden sich bei 50% der Betroffenen. Gastrinome stellen sich klinisch als Zollinger-Ellison-Syndrom dar, Insulinome werden naturgemäß als Hypoglykämie vorstellig. Seltenere Pankreastumoren im Rahmen einer MEN1 sind Glukagonome und VIPome.
- Etwa 30% der Patienten mit MEN1 entwickeln **Hypophysentumoren**, meist Prolaktinome. Prolaktinome führen bei Frauen zu Oligomenorrhö bzw. Amenorrhö, ggf. begleitet von einer Galaktorrhö. Bei Männern ist eine sexuelle Dysfunktion meist das einzige klinische Merkmal eines Prolaktinoms.
- Nichtendokrine Tumoren mit Assoziation zu MEN1 sind faziale Angiofibrome, Kollagenome, Lipome, Meningeome, Ependymome und Leiomyome.

Genetik. *MEN1* ist ein **Tumorsuppressorgen**. Das Genprodukt **Menin** steuert die Transkription verschiedener Gene und hat wichtige Funktionen bei der Regulation der Zellproliferation, Apoptose und Genomstabilität; die genauen molekularen Grundlagen sind jedoch noch weitgehend unverstanden. 10% aller Patienten mit

MEN1 haben eine unauffällige Familienanamnese, aber auch in diesen Fällen können häufig Keimbahnmutationen in *MEN1* nachgewiesen werden.

Multiple endokrine Neoplasie Typ 2 (MEN2)

Die MEN2 ist eine der sehr wenigen familiären Krankheiten, die durch dominante Mutationen in einem **Protoonkogen** verursacht wird. Es handelt sich um »*Gain-of-function*«-Mutationen im ***RET*-Gen,** das für die RET-Rezeptortyrosinkinase kodiert. Leittumor ist das **medulläre Schilddrüsenkarzinom** (C-Zell-Karzinom), das bei etwa 10–25% aller Schilddrüsenkarzinome vorliegt. In einem Viertel der Fälle von medullärem Schilddrüsenkarzinom liegt ein erbliches MEN2 vor. Eine Übersicht über die Subtypen von MEN2 mit den entsprechenden Tumormanifestationen bietet ◘ Tab. 32.2.

MEN2A. Index-Patienten innerhalb einer Familie werden meist zwischen dem 15. und dem 20. Lebensjahr mit einem tastbaren Schilddrüsenknoten vorstellig. In den meisten Fällen liegt zu diesem Zeitpunkt bereits ein bilaterales bzw. multifokales medulläres Schilddrüsenkarzinom vor, das in 50% der Fälle schon in Halslymphknoten metastasiert ist. In 50% der Fälle entwickeln sich **Phäochromozytome,** die nicht selten bilateral auftreten. Sie metastasieren zwar äußerst selten, führen aber häufig zu medikamentös nur schwer beherrschbaren Hypertonien. 15–30% der Betroffenen haben einen **primären Hyperparathyreoidismus**. Bei der Mehrheit der Patienten liegen Cystein-Mutationen in der extrazellulären Domäne des RET-Proteins vor, die zu einer Dimerisierung und konstitutiven Aktivierung führen.

MEN2B. Bei diesem Subtyp finden sich neben einem medullären Schilddrüsenkarzinom charakteristische Mukosaneurinome der Lippen und der Zunge, eine Ganglioneuromatose des Gastrointestinaltrakts und ein marfanoider Habitus. 40–60% der Patienten entwickeln Phäochromozytome; ein Hyperparathyreoidismus ist selten. Aufgrund einer früheren Manifestation und Metastasierung des Schilddrüsenkarzinoms hat das MEN2B eine schlechtere Prognose. Bei 95% der Patienten mit MEN2B finden sich Punktmutationen in der Tyrosinkinase-Domäne in Exon 16 des *RET*-Protoonkogens.

FMTC. Ein **f**amiliäres **m**edulläres Schilddrüsenkarzinom (**t**hyroid **c**ancer) wird klinisch diagnostiziert, wenn innerhalb einer Familie vier oder mehr Fälle von medullärem Schilddrüsenkarzinom ohne Phäochromozytom und ohne primären Hyperparathyreoidismus vorliegen. In knapp 90% dieser Fälle lassen sich Mutationen im *RET*-Gen identifizieren, die eine geringer aktivierende Wirkung haben, als die bei MEN2A nachgewiesenen Mutationen.

▪▪▪ Morbus Hirschsprung und papilläres Schilddrüsenkarzinom

Weitere Krankheiten, bei denen das *RET*-Protoonkogen eine Rolle spielt, sind der Morbus Hirschsprung und das papilläre Schilddrüsenkarzinom. Die pathogenetischen Prinzipien sind sehr unterschiedlich:

- Ein **Morbus Hirschsprung** wird in 20–40% aller Fälle durch genomische (ggf. familiäre) Keimbahnmutationen mit Funktionsverlust des *RET*-Gens verursacht (▶ Kap. 23.1).
- Bei **papillärem Schilddrüsenkarzinom** sind in 40% aller Fälle klonale, somatische Rearrangements nachweisbar, bei denen eine Fusion der Tyrosinkinasedomäne von RET mit der 5'-Region eines anderen Gens zu einer RET-Aktivierung führt.

Management bei MEN2. Aufgrund der prophylaktisch-therapeutischen Konsequenzen ist bei familiärem medullärem Schilddrüsenkarzinom eine prädiktive molekulargenetische Diagnostik im Kindesalter, möglichst vor dem 6. Lebensjahr, angeraten. Bei MEN2B sollte die molekulargenetische Diagnostik so früh wie möglich erfolgen. Therapeutische Konsequenz eines positiven molekulargenetischen Befundes ist die prophylaktische Thyreodektomie im Vorschulalter (bei MEN2B im 1. Lebensjahr). Weitere Vorsorgeuntersuchungen sind: jährliche Katecholaminbestimmung im Urin (bei MEN2A und MEN2B) und die jährliche Bestimmung von Kalzium und Parathormon im Serum (bei MEN2A).

Genetik. RET ist eine Rezeptortyrosinkinase die u. a. wichtige Signale für Zellwachstum und -differenzierung von der Zellmembran an intrazelluläre Signalkaskaden vermittelt (▶ Exkurs). Ein wichtiger Effektor ist dabei das G-Protein RAS, das z. B. am Beginn der besonders intensiv untersuchten RAF-MEK-ERK-Kaskade steht. Eine pathologische RAS-Aktivierung findet sich auch bei zahlreichen anderen genetischen Krankheiten, z. B. bei Neurofibromatose Typ I (▶ Kap. 32.6).

Tab. 32.2. Subtypen der multiplen endokrinen Neoplasie Typ 2 – relative Häufigkeit und Tumorarten

	MEN2A	MEN2B	FMTC
Relative Häufigkeit bei MEN2	80%	5–6%	15%
Medulläres Schilddrüsenkarzinom (histologisch)	95%	100%	100%
Primärer Hyperparathyreoidismus	20–30%	Selten	0%
Phäochromozytom	50%	50%	0%
Mukosaneurinome und Ganglioneuromatose	0%	>98%	0%

MEN = multiple endokrine Neoplasie, FMTC = familiäres medulläres Schilddrüsenkarzinom

■■■ Proteinkinasen

1,7% aller humanen Gene kodieren für Proteinkinasen, zentrale Proteine in den Signaltransduktionswegen des Menschen. Bei knapp 20% handelt es sich um Tyrosinkinasen, die sowohl zytoplasmatisch als auch membranständig vorkommen. Eine Aktivierung von Proteinkinasen ist ein wichtiger Mechanismus der Krebsentstehung; so ist die Aktivierung der zytosolischen Tyrosinkinase ABL im Philadelphia-Chromosom ein zentraler Faktor in der Entstehung der chronisch myeloischen Leukämie (▶ Kap. 32.1). Bei der wichtigen Gruppe der **Rezeptortyrosinkinasen** handelt es sich um Transmembranproteine, bei denen eine Bindung von spezifischen extrazellulären Liganden zur Aktivierung einer katalytischen Domäne und nachfolgend zu einer Autophosphorylierung von Tyrosinresten führt. Phosphotyrosine wiederum dienen als Andockstellen von anderen Proteinen, die über unterschiedliche Mechanismen eine intrazelluläre Signalkaskade auslösen. Der Endeffekt ist eine Modifikation der Expression von spezifischen Genen. Rezeptortyrosinkinasen sind insofern wichtige Komponenten der Signalvermittlung von der Zellmembran zum Zellkern. Die Aktivität der Rezeptortyrosinkinasen ist normalerweise streng reguliert; ihre Gene sind nicht selten Protoonkogene, die bei Vorliegen von aktivierenden Mutationen zur Entstehung von Tumoren beitragen.

32.6 Hamartosen

Hamartome sind lokalisierte Tumoren aus reifen, ortsständigen Zellen, die mit dem Ursprungsorgan zusammen wachsen, jedoch nicht die normale Organisationsstruktur des Gewebes aufweisen. Es handelt sich also nicht um Neoplasien im eigentlichen Sinne, da sie primär keine übermäßige Wachstumsneigung aufweisen. Hamartome können in den unterschiedlichsten Geweben vorkommen, sind in aller Regel gutartig (bei maligner Entartung spricht man von einem Hamartoblastom) und sind meist unbemerkt, sofern sie nicht von außen sichtbar sind. Klinische Probleme können abhängig von der Lokalisation der Hamartome z. B. im Gehirn durch ihre Größe oder durch die Beeinträchtigung umgebender Organstrukturen auftreten. Von außen sichtbare Hamartome können kosmetisch entstellen und eine erhebliche psychische Belastung für die Betroffenen darstellen.

Als **Hamartosen** bezeichnet man eine Gruppe von **autosomal-dominant** erblichen Krankheiten, die durch das Auftreten multipler Hamartome in unterschiedlichen Organen gekennzeichnet sind. Sie haben als gemeinsamen Pathomechanismus einen Ausfall von Tumorsuppressorgenen. Ein anderer Ausdruck ist **Phakomatosen**; mit diesem Begriff fasste der niederländische Augenarzt van der Hoeve in den 1920er Jahren die Neurofibromatose Typ I und die tuberöse Sklerose als **neurokutane Krankheiten** mit ähnlichen, linsen- oder fleckartigen Veränderungen am Augenhintergrund zusammen.

Neurofibromatose Typ 1 (Morbus von Recklinghausen, NF1)

Praxisfall

Frau Weiss kommt mit ihren beiden 17 und 19 Jahre alten Kindern in die genetische Beratung. Bei ihr ist seit mehr als 20 Jahren eine Neurofibromatose Typ 1 (NF1) bekannt, und ihre Kinder möchten sich nun über ihr persönliches Risiko informieren, selbst die Erkrankung zu haben und vererben zu können. Die Diagnose bei Frau Weiss wurde im Alter von 23 Jahren aufgrund von zahlreichen Café-au-lait-Flecken und einigen Hautknötchen gestellt. Seither beobachtete sie bei sich eine langsame Zunahme der Neurofibrome, von denen einige operativ entfernt und histologisch untersucht wurden. Bei der körperlichen Untersuchung stellen Sie zusätzlich eine Sprenkelung in der Achselhöhle fest, auf der Iris sind Lisch-Knötchen erkennbar. Es besteht eine leichte Skoliose der Wirbelsäule. Sie erklären, dass damit 4 Hauptkriterien vorliegen und die Diagnose klinisch eindeutig bestätigt ist. Die körperliche Untersuchung der Kinder zeigt keine Auffälligkeiten. Sie erklären, dass eine NF1 damit bei den Kindern ausgeschlossen ist, und auch für zukünftige Enkel kein erhöhtes Erkrankungsrisiko besteht. Aufgrund der sicheren klinischen Diagnose ist eine molekulargenetische Untersuchung nicht notwendig.

Epidemiologie

Die NF1 gehört mit einer Inzidenz von 1:3.500 Neugeborenen weltweit zu den häufigsten monogenen Erbkrankheiten überhaupt. Männer und Frauen sind gleich häufig betroffen.

Klinische Merkmale

Das typische klinische Bild der NF1 entwickelt sich erst im Verlauf der Kindheit, und die Diagnose lässt sich speziell im Säuglingsalter oft noch nicht sicher stellen. Beim Erwachsenen ist die Diagnose einfacher aufgrund der klar definierten, nachfolgend durch Fettdruck hervorgehobenen **Hauptkriterien**, von denen mindestens zwei vorliegen müssen.

Das charakteristische Merkmal der NF1 sind **mindestens 6 Café-au-lait-Flecken** (Abb. 32.8). Es handelt sich um umschriebene, milchkaffeefarbene Hyperpigmentierungen der Haut, die mindestens einen Durchmesser von 0,5 cm (vor der Pubertät) bzw. 1,5 cm (nach der Pubertät) haben müssen, damit das NF1-Hauptkriterium erfüllt ist. Bei >99% der Patienten mit NF1 sind spätestens bis zum 2. Geburtstag zahlreiche Café-au-lait-Flecken vorhanden; dies ist oft auch der Anlass für die erstmalige Vorstellung eines Kindes beim Humangenetiker.

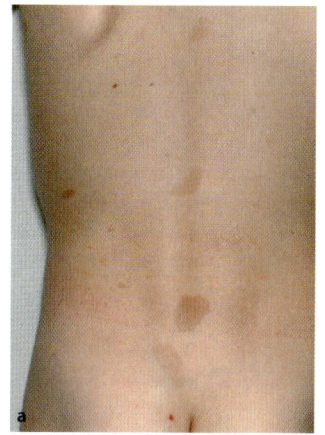

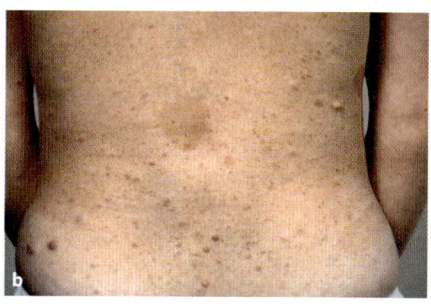

Abb. 32.8a, b. Neurofibromatose Typ 1. a Café-au-lait-Flecken bei einem 6-jährigen Kind. **b** Multiple Pigmentflecken und Neurofibrome bei einer erwachsenen Frau

Abb. 32.9. Neurofibromatose Typ 1: Axilläres Freckling bei einer 41-jährigen Frau

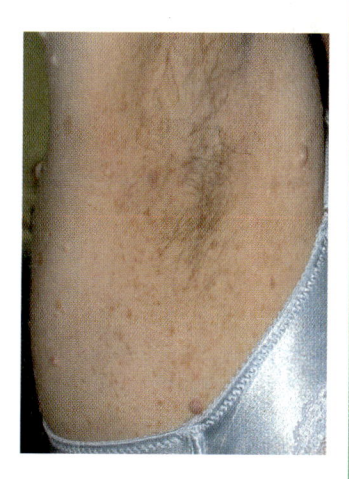

Café-au-lait-Flecken finden sich aber auch bei Gesunden und einzelnen anderen Krankheitsbildern, so dass sie isoliert noch keine sichere Diagnose erlauben. Sind nehmen in Größe und Anzahl bis zur Pubertät hin zu.

Eine weitere, typische Hautveränderung (vorhanden bei 40% der Patienten) ist die sog. **axilläre bzw. inguinale Sprenkelung** (»*axillary/inguinal freckling*«), eine sommersprossenartige Hyperpigmentierung (Abb. 32.9).

Neurofibrome, die der Krankheit den Namen gegeben haben, sind gutartige Tumoren des peripheren Nervenbindegewebes. Sie entwickeln sich oft erst nach der Pubertät, sind im fortgeschrittenen Alter aber bei >99% der Patienten vorhanden. **Plexiforme Neurofibrome** gehen von größeren viszeralen Nervensträngen aus, sind meist angeboren und können zum Teil enorme Ausmaße annehmen. Durch die massive Größenausdehnung kann es nicht nur zu schwerwiegenden kosmetischen Problemen, sondern auch zur Verdrängung benachbarter Organe kommen. Für plexiforme Neurofibrome besteht ein etwa 5%-iges malignes Entartungsrisiko (zu Neurofibrosarkomen oder malignen Schwannomen; die »regulären« dermalen Neurofibrome neigen nicht zur malignen Entartung). Plexiforme Neurofibrome finden sich bei 30% der Patienten mit NF1. Sie sind hochspezifisch für diese Krankheit.

Pathognomonisch für NF1 sind Hamartome der Iris, die sog. **Lisch-Knötchen** (◘ Abb. 32.10). Sie nehmen im Alter an Größe zu und sind bei nahezu allen erwachsenen Patienten mit NF1 vorhanden.

> **Wichtig**
>
> Die NF1 geht mit einer Vielzahl von Tumoren einher, die jedoch nur in seltenen Fällen maligne entarten. Das Risiko, an einem malignen Tumor zu erkranken, ist bei Erwachsenen mit NF1 gegenüber der Allgemeinbevölkerung nur leicht erhöht.

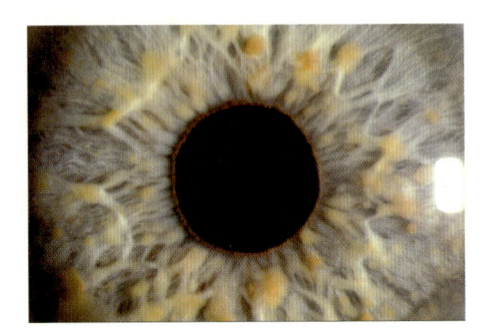

◘ **Abb. 32.10. Neurofibromatose Typ 1**: Lisch-Knötchen sind gutartige, kuppelförmige, avaskuläre melanozytische Hamartome, die auf der Oberfläche des Irisstromas sitzen. Ihre Farbe kann von gläsern-durchsichtig bis dunkelbraun variieren. Im Alter von 5 Jahren weisen etwa 35% aller Patienten mit NF1 Lisch-Knötchen auf, im Alter von 15 Jahren 98%. (Mit freundlicher Genehmigung von R. Lewis, Baylor College of Medicine, Houston)

Typische mit NF1 assoziierte Malignome sind neben den bereits erwähnten Neurofibrosarkomen v. a. juvenile myeloische Leukämien, Rhabdomyosarkome und Phäochromozytome. Die häufigsten intrazerebralen Tumoren bei NF1 sind **Optikusgliome**, die sich bei bis zu 15% aller NF1-Patienten finden. Meist sind sie allerdings asymptomatische Zufallsbefunde. 70% aller Optikusgliome sind auf eine NF1 zurückzuführen. Treten sie beidseitig auf, liegt mit fast 100%-iger Sicherheit eine NF1 beim Patienten vor.

Zu den Hauptkriterien der NF1 gehören auch noch typische Skelettdeformitäten (Thoraxdeformitäten, Kyphoskoliose, frühkindliche Verkrümmungen der langen Röhrenknochen, **Keilbeindysplasie**). Darüber hinaus gibt es andere Symptome und Befunde, welche die Diagnose einer NF1 unterstützen, aber nicht sichern, speziell ein Makrozephalus (45%) bei Kleinwuchs (30%). Nicht wenige betroffene Kinder zeigen psychomotorische Auffälligkeiten; eine Lernbehinderung findet sich bei 25–30% der Patienten. Auch eine Epilepsie kann auf eine NF1 zurückzuführen sein.

Genetik und Ätiologie

Die NF1 ist eine **autosomal-dominant** erbliche Krankheit mit variabler Expressivität und altersabhängiger Penetranz. Sie wird durch Mutationen im **Neurofibromin-Gen** auf Chromosom 17q verursacht. In 50% der Fälle liegen Neumutationen vor. Meist handelt es sich um Punktmutationen, aber auch Deletionen, Duplikationen, Insertionen, Splice-Mutationen u. a. wurden beschrieben.

Neurofibromin ist ein intrazelluläres Signalmolekül der RAS-GAP Signalkaskade. Liegt eine angeborene Mutation des *Neurofibromins* vor, findet sich intrazellulär nur die Hälfte des notwendigen Proteins. Die NF1-assoziierten Tumoren werden jedoch wie die anderen dominanten Tumorkrankheiten durch den Verlust des normalen Allels verursacht (»*second hit*«). ◘ Abb. 32.11 zeigt vereinfacht die Physiologie und Pathophysiologie des Neurofibromins in der Zelle.

Diagnostik

Die Diagnose NF1 wird **klinisch** anhand der 1997 revidierten Diagnosekriterien gestellt. Eine Sequenzierung des Neurofibromin-Gens ist in der Regel nicht indiziert; die Analyse ist aufgrund der Größe des Gens sehr aufwändig und teuer, und ihr Aussagewert ist begrenzt, da auch beim Nachweis einer Mutation deren pathogenetische Relevanz unklar sein kann (»unklassifizierte Variante«, UV).

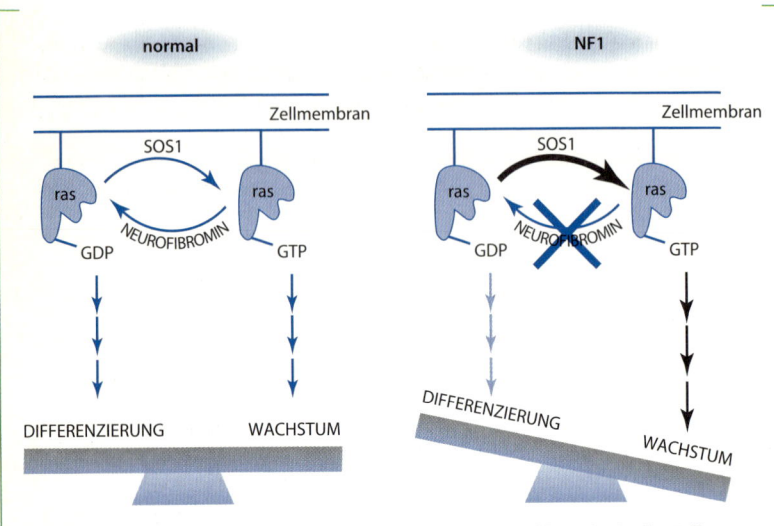

○ **Abb. 32.11. Physiologie und Pathophysiologie des Neurofibromins in der Zelle.** (Modifiziert nach Viskochil 2005)

> **Wichtig**
>
> **NIH-Diagnosekriterien für NF1:** Eine NF1 besteht, wenn zwei oder mehr der folgenden Merkmale vorliegen:
> - 6 oder mehr Café-au-lait-Flecken von >5 mm Durchmesser vor bzw. >15 mm nach der Pubertät
> - 2 oder mehr Neurofibrome oder mindestens 1 plexiformes Neurofibrom
> - Axilläre oder inguinale Sprenkelung
> - Optikusgliom
> - Lisch-Knötchen
> - Keilbeindysplasie
> - Verwandter 1. Grades mit Diagnose NF1

Therapie

Eine kausale Behandlung steht nicht zur Verfügung. Die Therapie erfolgt symptomatisch und sollte von einer neuropädiatrischen Ambulanz (ggf. NF-Zentrum) oder einem Humangenetiker koordiniert werden. Viele Befunde bzw. Symptome bedürfen keiner Therapie (auch die Optikusgliome meist nicht). Große oder kosmetisch störende Neurofibrome können chirurgisch entfernt werden, wachsen aber häufig nach. Gerade die Exzision der großen, plexiformen Neurofibrome bereitet Schwierigkeiten, denn nicht selten sind diese mit anderen Organen verwachsen und können nicht vollständig exzidiert werden.

Neurofibrome zeichnen sich durch einen sehr hohen Mastzellanteil aus und bereiten oft schweren Juckreiz. Linderung bringen Mastzellstabilisatoren (z. B. Ketotifen).

Neurofibromatose Typ 2 (NF2)

Mit einer Inzidenz von 1:25.000 ist die Neurofibromatose Typ 2 erheblich seltener als die NF1. Die Bezeichnung »Neurofibromatose« ist im Grunde genommen irreführend, denn die primären Tumoren bei NF2 sind nicht Neurofibrome sondern Schwannome oder Meningeome. Die klassischen Tumoren sind **bilaterale »Vestibularis-Schwannome«**, die bei über 80% der Betroffenen vorliegen (unilateral bei 6%) und aus Schwann-Zellen im Vestibularis-Anteil des 8. Hirnnerven hervorgehen (es sind also keine »Akustikus-Neurinome«). Klinische Symptome sind **Tinnitus und Schwindel, progrediente Hörminderung und Gleichgewichtsstörungen**. Das Manifestationsalter liegt bei durchschnittlich 18 bis 24 Jahren. Neben den Vestibularis-Schwannomen finden sich bei vielen NF2-Patienten auch Schwannome anderer Hirnnerven und peripherer Nerven. Sind subkutane periphere Nerven betroffen, können die Schwannome klinisch (nicht histologisch) wie periphere Neurofibrome bei NF1 imponieren – das ist aber auch die einzige wirkliche klinische Ähnlichkeit der beiden Neurofibromatosen. Subkapsuläre posteriore **Katarakte** treten bei NF2 häufig schon im **Kindesalter** auf und können diagnostisch richtungsweisend sein. Etwa die Hälfte der Betroffenen hat 1–3 Café-au-lait-Flecken, mehr als drei Flecken sind selten. Das *NF2*-Gen liegt auf Chromosom 22q12.2 und codiert für ein Protein namens **Merlin** oder Neurofibromin 2. Merlin gehört zu einer Familie von Proteinen, die das Aktin-Zytoskelett mit der Zellmembran verbinden, und scheint die Wachstumsfaktor-Signaltransduktion und die Zelladhäsion zu regulieren. Die NF2 ist **autosomal-dominant** erblich, in 50% der Fälle handelt es sich um Neumutationen.

Tuberöse Sklerose (Morbus Bourneville-Pringle)

Die tuberöse Sklerose ist eine Krankheit der Haut, des Gehirns, der Nieren und des Herzens. Sie ist autosomal-dominant erblich und gehört mit einer Inzidenz von 1:20.000 zu den häufigsten neurokutanen Syndromen.

Klinik. Die Krankheit manifestiert sich oft im Kleinkindalter durch eine schwer therapierbare **Epilepsie** und **psychomotorische Retardierung**. Diagnostisch richtungsweisend sind die Hautveränderungen:

- **White spots** sind kleine, meist ovale, hypopigmentierte Flecken der Haut, die häufig erst im Wood-Licht (UV-Licht mit 360 nm Wellenlänge) deutlich sichtbar werden und oft schon bei Geburt nachweisbar sind (Abb. 32.12a).
- **Faziale Angiofibrome** (gelblich-rote Papeln in schmetterlingsförmiger Verteilung auf den Wangen, auch als »Adenoma sebaceum« bezeichnet; Abb. 32.12b) entwickeln sich meist erst im Verlauf der Kindheit oder später. Im Unterschied zur Akne persistieren sie an der gleichen Stelle und betreffen keine Talgdrüsen.
- **Koenen-Tumoren** (sub- und periungualen Angiofibrome der Nagelfalz) finden sich bei den meisten erwachsenen Patienten; sie können zum Teil schmerzhafte Nagelrisse verursachen.

Weitere Hautbefunde sind fibröse, lederartige Plaques im Lendenbereich (Chagrin-Flecken) oder auf der Stirn. Bei der Untersuchung der Augen finden sich bei der Hälfte der Patienten charakteristische retinale Hamartome. Im ZNS finden sich subependymal gelegene Gliazellknötchen und die namengebenden **Tubera** (fokale Läsionen, die v. a. im Übergangsbereich zwischen weißer und grauer Substanz auftreten). Weitere typische Organmanifestationen sind **Rhabdomyome der Herzens**, die bei Geburt in der Regel nachweisbar sind und sich später zurückbilden, sowie **Angiomyolipome der Nieren**.

Von den betroffenen Kindern haben 60–80% eine (manchmal therapieresistente) Epilepsie, nur 50% haben eine normale Intelligenz (darunter die meisten Patien-

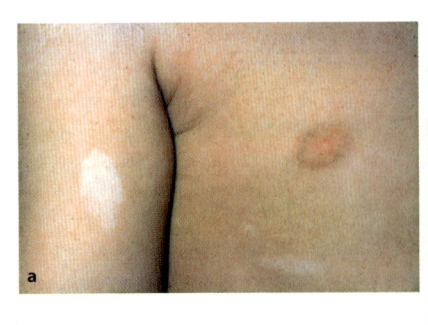

Abb. 32.12a, b. Tuberöse Sklerose. a Hypopigmentierte Flecken der Haut. **b** Adenoma sebaceum bei einer erwachsenen Patientin. (Mit freundlicher Genehmigung von V. Voigtländer, Klinikum Ludwigshafen)

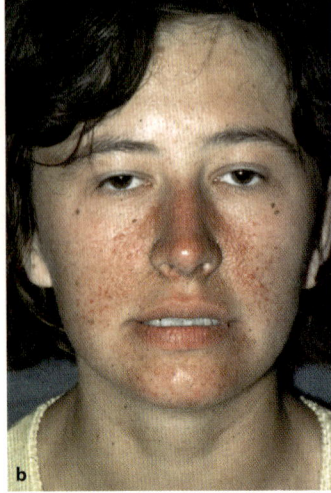

ten ohne zerebrale Krampfanfälle). Die ggf. vorliegende geistige Behinderung ist nicht selten so schwer, dass eine aktive Sprache nicht erreicht wird. Viele betroffene Kinder zeigen autistische oder disruptives Verhalten sowie Schlafstörungen.

Genetik. Mutationen in zwei verschiedenen Genen, ***TSC1* und *TSC2***, können zu tuberöser Sklerose führen. *TSC1* liegt auf Chromosom 9q und kodiert für das Protein Hamartin. *TSC2* liegt auf 16p und kodiert für Tuberin. Intrazellulär bilden Hamartin und Tuberin Heterodimere und sind wichtige Regulatoren des AKT-Signalweges. Die bekannten, krankheitsassoziierten Mutationen von *TSC1* und *TSC2* haben eine Penetranz von 100% bei erheblicher Variabilität der Expressivität. Bei einzelnen Patienten findet sich ein contiguous gene syndrome aufgrund einer großen Deletion von *TSC2* und dem benachbarten *ADPKD1*-Gen für autosomal-dominante Zystennieren (▶ Kap. 27.2).

Sturge-Weber-Syndrom

Das Sturge-Weber-Syndrom tritt **sporadisch** auf und ist charakterisiert durch eine **meningofaziale Angiomatose** mit zerebralen Verkalkungen. Die Inzidenz liegt bei 1:50.000. Einzelne familiäre Fälle wurden beschrieben, ein krankheitsverursachender Gendefekt ist jedoch bislang unbekannt, und vermutlich handelt es sich eher um eine komplexe kongenitale Fehlbildung. Typisches Kennzeichen ist ein angeborener, meist einseitiger **Naevus flammeus** im Ausbreitungsgebiet eines Trigeminusastes. Eine okuläre Beteiligung mit angiomatöser Veränderung der Choroidea ist häufig und führt nicht selten zur Ausbildung eines Glaukoms. Auch die Schleimhäute von Mund und Rachen können mitbefallen sein. Stets **ipsilateral** zum Naevus flammeus finden sich kapilläre Hämangiome der weichen Hirnhäute, Verkalkungen und Entwicklungsstörungen der Großhirnrinde. Die große Mehrzahl der Patienten mit Sturge-Weber-Syndrom entwickelt zerebrale Krampfanfälle im Lauf des 1. Lebensjahres. Eine mentale Retardierung findet sich bei ⅔ der Betroffenen.

32.7 Störungen der DNA-Reparatur

Eukaryontische Zellen verfügen über ein ausgefeiltes System zur Überwachung der Integrität des Genoms und zur Reparatur identifizierter DNA-Schäden. Tumorsuppressorgene, welche an der DNA-Reparatur beteiligt sind, werden als **Caretaker**-Gene bezeichnet. *Loss-of-function*-Mutationen in beiden Genkopien von Caretaker-Genen stören die DNA-Reparaturfähigkeit der Zelle. Sekundär kann es zur Aktivierung von Protoonkogenen und/oder zur Inaktivierung von Tumorsuppressorgenen kommen. Erbliche Krankheiten mit angeborenen Defekten der DNA-Reparatur sind daher in aller Regel mit einem deutlich erhöhten Risiko von Krebserkrankungen assoziiert (»Krebsdispositionssyndrome«).

▪▪▪ Arten der DNA-Reparatur in eukaryontischen Zellen

- **Mismatch-Reparatursysteme** werden zur Identifikation und Beseitigung von Basen-Fehlpaarungen verwendet. Eine der häufigsten Mutationen beim Menschen ist die »GC→AT Transversion«, die auf unterschiedliche Weise entstehen kann. So kann beispielsweise methyliertes Cytosin (z. B. in CpG-Dinukleotiden) durch hydrolytische Desaminierung in Uracil übergehen, welches wie Thymin mit Adenin paart. Wird die **Basenfehlpaarung** nicht rechtzeitig erkannt, so resultiert eine Mutation C→T bzw. auf dem komplementären Strang G→A. DNA-Fehlpaarungen werden beim Menschen wesentlich durch die Proteine MSH2 bis MSH6 sowie MLH1 und PMS2 erkannt. Keimbahnmutationen in den entsprechenden Genen verursachen HNPCC (hereditärem, nichtpolypösem Kolonkarzinom, ▶ Kap. 32.4). Nach Identifikation einer Basenfehlpaarung wird durch eine Endonuklease die freie Desoxyribose ausgeschnitten, durch eine DNA-Polymerase die korrekte Sequenz ergänzt und mit Hilfe einer DNA-Ligase im Doppelstrang verknüpft.
- Die **Basenexzisionsreparatur** ist eine wichtige Methode zur Entfernung von oxidativ veränderten oder alkylierten DNA-Basen. Reaktive Sauerstoffspezies führen z. B. zur oxidativen Modifikation von Guanin zu 8-Oxoguanin, das statt mit Cytosin mit Adenin paart. Ohne Reparatur würde im Tochterdoppelstrang auch hier ein GC-Paar durch ein AT-Paar ersetzt. Das Enzym Glykosylase kann die modifizierte bzw. falsche Base erkennen und unter Erhalt des Ribose-Phosphat-Rückgrats der DNA entfernen. Nachfolgend sorgen wiederum Exonukleasen, Polymerasen und Ligasen für das Ausschneiden des Defekts sowie die Neusynthese und Ligation des DNA-Strangs.
- Bei der **Nukleotidexzisionsreparatur** wird mit Hilfe von speziellen Helikasen und Endonukleasen ein etwa 26–28 bp großes DNA-Einzelstrangsegment, welches einen DNA-Schaden enthält, herausgeschnitten. Die entstandene Lücke wird durch Polymerasen und Ligasen wieder geschlossen. Die Methode ist besonders geeignet für die Reparatur von komplexeren Schäden (z. B. Vernetzungen) innerhalb eines Einzelstrangs, wie sie durch UV-Licht oder manche chemische Karzinogene entstehen. Beispiele für Krankheiten in Folge defekter Nukleotidexzisionsreparatur sind Xeroderma pigmentosum (▶ Kap. 20.1) und das Cockayne-Syndrom.
- Die **Rekombinationsreparatur** dient der Reparatur von DNA-Doppelstrangbrüchen und DNA-Crosslinks (kovalenten Querverbindungen im Doppelstrang), welche typischerweise durch ionisierende Strahlung oder auch unter dem Einfluss von Chemotherapeutika wie Cisplatin oder Mitomycin C entstehen. Verschiedene Mechanismen der Rekombinationsreparatur sind bekannt, darunter die **homologe Rekombination** (das intakte homologe Chromosom bzw. das Schwesterchromatid wird zur Wiederherstellung des defekten DNA-Stranges verwendet), die **nichthomologe End-zu-End-Verknüpfung** (Bruchstücke werden durch Exonuklease-Aktivität zurechtgeschnitten und anschließend durch Ligase kovalent verknüpft) und das **Einzelstrang-Annealing** (homologe Sequenzen an Doppelstrangbrüchen mit »sticky ends« werden erkannt und entsprechend zusammengefügt). Krankheitsbilder in Folge von Störungen der Rekombinationsreparatur sind die Fanconi-Anämie, das Bloom-Syndrom und das Nijmegen-Breakage-Syndrom.

Cockayne-Syndrom

Das Cockayne-Syndrom wird durch Mutationen der an der Nukleotidexzisionsreparatur beteiligten Gene *ERCC8* (Cockayne-Syndrom A, 25%) bzw. *ERCC6* (Cockayne-Syndrom B, 75%) verursacht und ist autosomal-rezessiv erblich. Es handelt sich um eine progrediente neurodegenerative Krankheit des frühen Kindesalters mit (z. T. erst postnatal auffälliger) Wachstumsverzögerung und abnormer Photosensitivität der Haut. Vor allem in lichtexponierten Bereichen der Haut kommt es zu erythematösen und verrukösen Eruptionen, die meist als Hyperpigmentierungen abheilen. Der Verlust subkutanen Fetts mit daraus resultierenden tief eingesunkenen Augen und ein frühzeitiger Haarverlust (Alopezie) lassen die betroffenen Patienten alt erscheinen. Katarakte, Optikusatrophie und eine Retinitis pigmentosa sind typische ophthalmologische Manifestationen des Cockayne-Syndroms.

Fanconi-Anämie (Fanconi-Panzytopenie-Syndrom)

Die Fanconi-Anämie ist charakterisiert durch angeborene **Radiusstrahlfehlbildungen, Wachstumsstörung, Knochenmarkversagen und ein erhöhtes Malignomrisiko**. Die Inzidenz beträgt etwa 1:100.000, die Heterozygotenfrequenz ist unter Ashkenazi-Juden mit 1:90 deutlich erhöht.

Klinik. Eine Fanconi-Anämie wird in der Mehrheit der Fälle schon bei Geburt als Fehlbildungssyndrom mit prä- und postnatalem Minderwuchs, Mikrozephalie, Radiusstrahlfehlbildungen oder anderen Skelettfehlbildungen (◘ Abb. 32.13) sowie Fehlbildungen der inneren Organe (Niere, Herz) manifest. Die psychomotorische Entwicklung ist verzögert. Die typischen hämatologischen Auffälligkeiten aplastische Anämie, Leuko- und Thrombozytopenie treten meist erst ab dem 3. Lebensjahr (vor dem 12. Lebensjahr) auf. Das mediane Alter bei Diagnosestellung liegt bei 8 Jahren. Ein Viertel der Patienten mit Fanconi-Anämie haben keine morphologischen Auffälligkeiten, so dass die Krankheit bei Panzytopenie

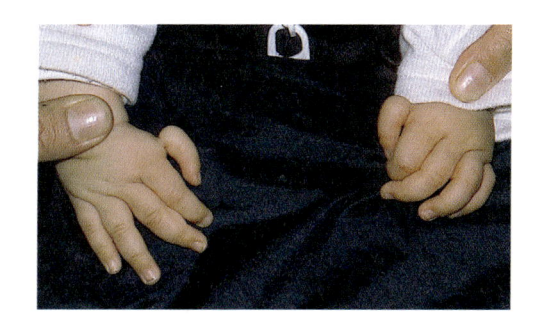

◘ **Abb. 32.13. Fanconi-Anämie:** Bilaterale Fehlbildung der Daumen

im Kindesalter als Differenzialdiagnose auch in Abwesenheit jeglicher Dysmorphien bedacht werden sollte. Die Prädisposition für Malignome umfasst insbesondere ein erhöhtes Risiko für myeloische Leukämien (bei 9% aller Patienten, meist AML) myelodysplastisches Syndrom (7%) und Plattenepithelkarzinome (Haut, Gastrointestinaltrakt). Die durchschnittliche Lebenserwartung beträgt 20 Jahre. **Heterozygote Anlageträger** haben ein leicht erhöhtes Malignomrisiko.

Diagnostik. Die Diagnose beruht primär auf einem zytogenetischen Nachweis einer **erhöhten Chromosomenbrüchigkeit** in kultivierten Leukozyten oder Fibroblasten nach Applikation von Alkylanzien (Crosslinkern, z. B. Diepoxybutan). Die molekulargenetische Diagnostik ist durch die große Heterogenität der Krankheit erschwert.

Genetik. Eine Fanconi-Anämie kann durch Mutationen in **bislang 12 bekannten Genen** verursacht werden, die als *FANCA, FANCB, FANCC* etc. bezeichnet werden. Zumindest ein Teil der Genprodukte bildet einen gemeinsamen nukleären Proteinkomplex, der bei der Reparatur von DNA-Crosslinks bzw. DNA-Doppelstrangbrüchen eine Rolle spielt. Alle Formen der Fanconi-Anämie werden **autosomal-rezessiv** vererbt, lediglich *FANCB* liegt auf dem X-Chromosom, und die Krankheit folgt in diesem Falle einem X-chromosomal-rezessiven Erbgang. Bei *FANCD1* handelt es sich um das Tumorsuppressorgen **BRCA2**, dessen Mutationen bei heterozygotem Vorliegen zu erblichem Brust- und Ovarialkrebs prädisponieren (▶ Kap. 32.3), bei homozygotem (oder compound-heterozygotem) Vorliegen eine Fanconi-Anämie verursachen.

Ataxia teleangiectatica

Eine **zerebelläre Ataxie**, okulokutane **Teleangiektasien** und ein zunächst zellulärer, später meist kombinierter **Immundefekt** bilden die klassische Trias dieser autosomal-rezessiv erblichen Krankheit, die in ▶ Kap. 31.1.2 näher beschrieben wird.

Bloom-Syndrom

Die Krankheit manifestiert sich meist im Kindesalter durch prä- und postnatalen **Minderwuchs**, ein durch Sonnenlicht induziertes **Schmetterlingserythem** im Gesicht, eine bakterielle **Infektneigung** (Immundefizienz) und endokrine Störungen. Das deutlich erhöhte Malignomrisiko zeigt keine Präferenz für bestimmte Tumoren. Das Bloom-Syndrom ist **autosomal-rezessiv** erblich und auf Mutationen in BLM-Gen auf Chromosom 15 zurückzuführen. Zytogenetisch findet sich eine erhöhte Frequenz von Chromosomenbrüchen und chromosomalen Rearrangements; besonders typisch ist eine erhöhte Rate von Schwesterchromatidaustauschen sowie Reunionsfiguren zwischen homologen Chromosomen.

Nijmegen-breakage-Syndrom

Wesentliche klinische Befunde sind **Minderwuchs**, eine progrediente **Mikrozephalie** mit auffälliger Fazies, und rezidivierende, v. a. bronchopulmonale **Infekte**. Meist besteht eine Lernschwäche oder psychomotorische Retardierung. Das Malignomrisiko betrifft besonders Leukämien und Lymphome (Lebenszeitrisiko etwa 35%). Die Krankheit ist **autosomal-rezessiv** erblich und wird durch Mutationen im *NBS1*-Gen verursacht; es gibt eine sehr häufige Deletion von 5 Basenpaaren in Exon 6 des Gens. Das Genprodukt **Nibrin** ist an der Reparatur von DNA-Doppelstrangbrüchen v. a. nach Einwirkung ionisierender Strahlung beteiligt.

32.8 Andere familiäre Krebsprädispositionssyndrome

Li-Fraumeni-Syndrom

Das seltene Krebsprädispositionssyndrom ist **autosomal-dominant** erblich und durch das gehäufte Auftreten von sehr unterschiedlichen Malignomen gekennzeichnet: Weichteilsarkome, Brustkrebs, Leukämien, Osteosarkome, Melanome und Tumoren des Kolons, des Pankreas, der Nebennierenrinde (NNR) und des Gehirns. Bereits im Alter von 30 Jahren ist die Hälfte der Mutationsträger an einem Tumor erkrankt, 90% bis zum Alter von 65 Jahren. Das Risiko, mehrere primäre Tumoren zu entwickeln, ist hoch.

Die klassischen **Diagnosekriterien** von Li und Fraumeni aus dem Jahr 1969 sind:
- Ein Knochen- oder Weichteilsarkom im Alter von <45 Jahren **und**
- ein erstgradiger Verwandter mit Krebs im Alter von <45 Jahren **und**
- ein erst- oder zweitgradiger Verwandter mit Krebs <45 Jahren oder einem Sarkom.

Alternativ werden die sog. Manchester-Kriterien verwendet:
- Ein Karzinom als Kind oder Sarkom/Hirntumor/NNR-Karzinom im Alter von <45 Jahren **und**
- ein erst- oder zweitgradiger Verwandter mit Li-Fraumeni-Syndrom -typischem Tumor im Alter <60 Jahren

Bei mehr als 50% der Patienten mit klinisch diagnostiziertem Li-Fraumeni-Syndrom lassen sich Keimbahnmutationen des Tumorsuppressorgens *TP53* auf Chromosom 17p13.1 nachweisen. Das von diesem Gen kodierte **Tumorprotein p53** hat eine Schlüsselfunktion als »Wächter (»*gatekeeper*«) des Genoms. Wenn am G_1/S-Checkpoint des Zellzyklus (also vor der DNA-Replikation) DNA-Schäden festgestellt werden, leitet p53 über die Transkription von apoptoserelevanten Genen den Zelluntergang ein.

Ein kleiner Teil der Fälle von Li-Fraumeni-Syndrom ist auf Keimbahnmutationen in *CHEK2* auf Chromosom 22q zurückzuführen. *CHEK2* kodiert für eine Serin-Threonin-Kinase, die Teil der p53-Signalkaskade ist.

> **Wichtig**
>
> **Somatische** Mutationen des *TP53*-Tumorsuppressorgens finden sich in mindestens der Hälfte aller malignen Tumoren. Damit ist *TP53* das am häufigsten mutierte Gen in menschlichen Malignomen.

Gorlin-Syndrom (Gorlin-Goltz-Syndrom, Basalzellnävussyndrom)

Mutationen in *PTCH* (*protein patched homologue* 1) auf Chromosom 9q verursachen diese **autosomal-dominant** erbliche Krankheit, die durch multiple, dicht stehende Basalzellkarzinome, v. a. im Gesicht, aber auch am Stamm und an den Extremitäten gekennzeichnet ist (◨ Abb. 32.14). Erste Basalzellkarzinome treten in den meisten Fällen um das 20. Lebensjahr auf. 70–80% der Patienten mit Gorlin-Syndrom weisen eine positive Familienanamnese auf, in 20–30% der Fälle handelt es sich wahrscheinlich um De-novo-Mutationen.

Von-Hippel-Lindau-Syndrom

Das Von-Hippel-Lindau-Syndrom (VHL) ist durch eine Prädisposition für eine Vielzahl von sonst seltenen Tumoren charakterisiert. Es wird durch Mutationen im Tumorsuppressorgen *VHL* auf Chromosom 3p25 verursacht und ist **autosomal-dominant** erblich. In 20% der Fälle handelt es sich um De-novo-Mutationen. Die meisten Patienten werden in der zweiten Lebensdekade symptomatisch; häufigster Vorstellungsgrund sind Sehstörungen oder zerebelläre Symptome. Charakteristische Tumoren, die jeweils bei 70–90% der Betroffenen bis zum 60. Lebensjahr auftreten, sind:
- **Retinale Angiome,** die rechtzeitig z. B. mit Laser behandelt werden müssen, um Blindheit zu vermeiden;

◨ **Abb. 32.14. Nävoides Basaliom bei Gorlin-Syndrom.** (Mit freundlicher Genehmigung von V. Voigtländer, Klinikum Ludwigshafen)

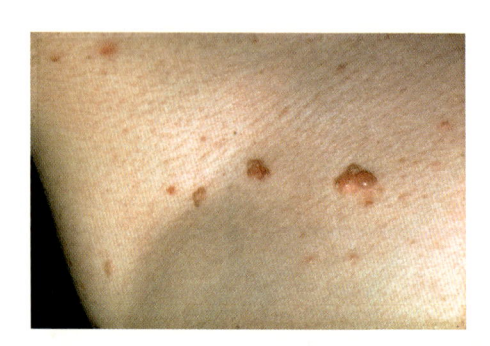

32.8 · Andere familiäre Krebsprädispositionssyndrome

- **Hämangioblastome des ZNS (besonders des Kleinhirns)** bzw. des Rückenmarks, die oft multipel oder rezidivierend auftreten und zwar primär gutartig sind, aufgrund ihrer Lokalisation jedoch zu den häufigsten Todesursachen zählen;
- **Nierenzellkarzinome,** die oft mit Nierenzysten assoziiert sind, nicht selten multifokal oder bilateral auftreten, und die häufigste Todesursache darstellen (durchschnittliches Diagnosealter 44 Jahre).

Bei etwa 20% der Patienten entsteht ein **Phäochromozytom** (VHL Typ II), wobei die Wahrscheinlichkeit des Auftretens u. a. von der zugrunde liegenden Mutation abhängt.

Besondere klinische Probleme

33 Sterilität und Infertilität – 475
33.1 Infertilität des Mannes – 476
33.2 Sterilität/Infertilität der Frau – 479

34 Fehlgeburten – 482

35 Wachstumsstörungen – 486
35.1 Kleinwuchs – 486
35.2 Großwuchs – 489
35.3 Adipositas – 491
35.4 Dystrophie – 494

36 Abnormer Kopfumfang – 496
36.1 Mikrozephalie – 496
36.2 Makrozephalie – 500

37 Erhöhte Infektanfälligkeit – 502

33 Sterilität und Infertilität

Eine Partnerschaft, bei der es trotz regelmäßigem, ungeschütztem Geschlechtsverkehr innerhalb eines Jahres nicht zu einer Schwangerschaft kommt, wird als **steril** bezeichnet. Unter dem Begriff **Infertilität** versteht man bei der **Frau** das Unvermögen, nach erfolgreicher Konzeption die Schwangerschaft auszutragen und zu gebären. Im allgemeinen medizinischen Sprachgebrauch werden die Begriffe Infertilität und Sterilität allerdings meist synonym verwendet.

Jedes siebte Paar weltweit bleibt ungewollt kinderlos. Dabei kann es sich um eine Sterilität oder um eine Infertilität handeln. Die Ursache für die Kinderlosigkeit liegt etwas häufiger bei der Frau als beim Mann (Abb. 33.1).

Die Abklärung von Sterilität oder Infertilität erstreckt sich immer auf **beide Partner**. Am Anfang steht ein ausführliches **Anamnesegespräch**. Neben der allgemeinen Anamnese sollte dieses Gespräch eine gynäkologische Anamnese der Frau und eine Zyklusanamnese beinhalten. Es sollten mögliche Probleme beim Geschlechtsverkehr sowie emotionale Probleme angesprochen werden. Wichtig ist eine genaue Medikamentenanamnese, da manche Pharmaka zu einer (oft reversiblen) Sterilität oder erektilen Dysfunktion führen können (z. B. Dopamin-Antagonisten). In der Stammbaumanalyse soll besonders auf Fehlgeburten, Behinderungen oder Infertilität bei Verwandten geachtet werden, da sie Hinweise auf eine balancierte Chromosomenstörung in der Familie geben können.

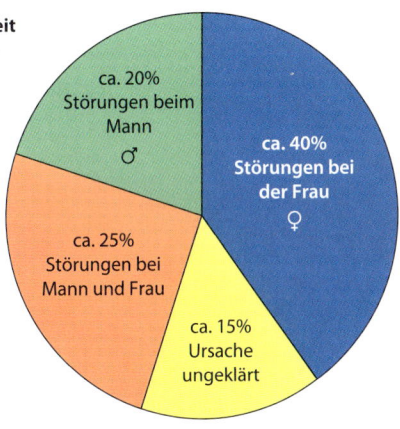

Abb. 33.1. Ursachen für Kinderlosigkeit

33.1 Infertilität des Mannes

Vielfältige Störungen kommen als mögliche Ursache für eine männliche Infertilität in Frage. Eine Übersicht bietet ◘ Abb. 33.2.

Klinische Untersuchung. Schon prima vista können erste Hinweise gewonnen werden, etwa bei einer abnormen Fettverteilung und/oder einem abnormem Behaarungstyp. Das Vorliegen einer Gynäkomastie in Kombination mit weiblichem Behaarungstyp kann auf eine relative Hyperöstrogenämie hinweisen, wie sie bei schwerer Leberzellschädigung, aber auch bei hypergonadotropem Hypogonadismus (z. B. im Rahmen eines Klinefelter-Syndroms) vorkommt.

Die **Untersuchung der Geschlechtsorgane** beinhaltet die Untersuchung des Penis (Hypospadie, Phimose, Balanitis?), Palpation der Hoden mit Beurteilung von Lage (Kryptorchismus?), Größe (gemessen durch vergleichende Palpation mit einem Orchidometer nach Prader) und Konsistenz (Hypogonadismus, Tumor?). Mittels Sonographie sollte eine asymptomatische Varikozele ausgeschlossen werden.

Spermiogramm. Das Spermiogramm ist wohl das wichtigste diagnostische Kriterium zur Beurteilung der Infertilität des Mannes. Nach 2- bis 3-tägiger Ejakulationsabstinenz wird mittels Masturbation frischer Samen gewonnen und unter dem Mikroskop untersucht. Beurteilt werden vor allem die Menge des Ejakulats, Dichte und Motilität der Spermatozoen. ◘ Tab. 33.1 stellt die Normwerte des Spermiogramms nach WHO-Richtlinien dar. ◘ Tab. 33.2 listet mögliche pathologische Befunde auf.

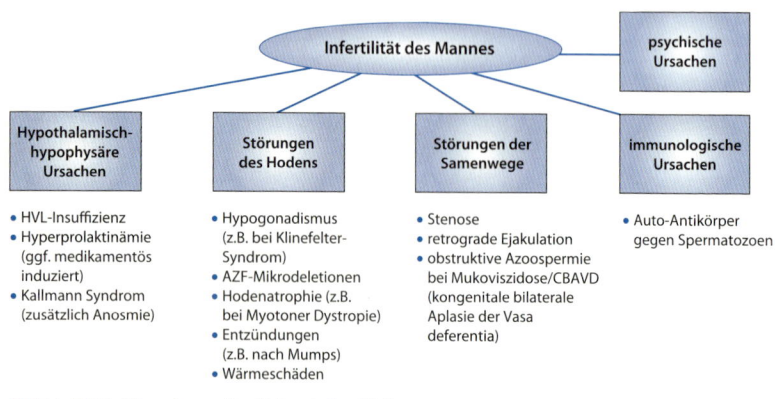

Infertilität des Mannes

- **Hypothalamisch-hypophysäre Ursachen**
  - HVL-Insuffizienz
  - Hyperprolaktinämie (ggf. medikamentös induziert)
  - Kallmann Syndrom (zusätzlich Anosmie)

- **Störungen des Hodens**
  - Hypogonadismus (z.B. bei Klinefelter-Syndrom)
  - AZF-Mikrodeletionen
  - Hodenatrophie (z.B. bei Myotoner Dystropie)
  - Entzündungen (z.B. nach Mumps)
  - Wärmeschäden

- **Störungen der Samenwege**
  - Stenose
  - retrograde Ejakulation
  - obstruktive Azoospermie bei Mukoviszidose/CBAVD (kongenitale bilaterale Aplasie der Vasa deferentia)

- **immunologische Ursachen**
  - Auto-Antikörper gegen Spermatozoen

- **psychische Ursachen**

◘ **Abb. 33.2.** Ursachen männlicher Infertilität

33.1 · Infertilität des Mannes

Tab. 33.1. Normwerte des Spermiogramms (nach WHO-Richtlinie)

Kriterium	Normwert
Menge des Ejakulats	2–6 ml
pH-Wert	7,2–7,8
Spermatozoendichte	20–80 Mio/ml
Motilität	>50% normal beweglich
Morphologie	<20% Fehlformen

Tab. 33.2. Pathologische Befunde eines Spermiogramms

Bezeichnung	Befund
Aspermie	Kein Sperma
Azoospermie	Keine Spermatozoen im Ejakulat
Oligozoospermie	<20 Mio. Spermatozoen pro ml
Asthenozoospermie	<50% normal bewegliche Spermien
Teratozoospermie	>50% Fehlformen

Hormonanalysen. Die Bestimmung von FSH und Testosteron im Plasma erlaubt die Unterscheidung zwischen hypergonadotropem Hypogonadismus (FSH ↑, Testosteron ↓) und hypogonadotropem Hypogonadismus (FSH ↓, Testosteron ↓).

Männliche Infertilität in der Humangenetik

Chromosomenanomalien. Vor allem bei Patienten mit Oligozoospermie sollte an eine zugrunde liegende Chromosomenanomalie gedacht werden. Je nach Studie zeigen 5–15% aller Patienten mit Oligozoospermie einen abnormalen Chromosomensatz. Im Allgemeinen gilt: **Je geringer die Anzahl von Spermatozoen im Ejakulat, desto wahrscheinlicher eine Chromosomenstörung.** Bei Patienten mit Oligozoospermie finden sich meist strukturelle Aberrationen (v. a. Robertson-Translokationen), bei Patienten mit nichtobstruktiver Azoospermie sind hingegen Abnormalitäten der Geschlechtschromosomen eher wahrscheinlich.

Männer mit Störungen der Geschlechtschromosomen haben klinisch meist kleine, feste Hoden, einen hypergonadotropen Hypogonadismus, häufig eine Gynäkomastie und meist entweder eine Azoospermie oder schwere Oligozoospermie. Mit Abstand am häufigsten ist dabei das **Klinefelter-Syndrom** mit einem Chromsomensatz 47,XXY oder einem Mosaik aus 46,XY/47,XXY. Während solche Patienten noch vor einigen Jahren unabänderlich zeugungsunfähig waren, kann ihnen heute mit Hilfe von **ICSI** (intrazytoplasmatischer Spermieninjektion) oft geholfen werden. Semina-

Tab. 33.3. Männliche Infertilität – Wichtige genetische Ursachen (nach Lissens et al. 2002)

Name	Häufigkeit	Klinische Merkmale	Hormone	Spermiogramm	Karyotyp	Ursache der Infertilität
Klinefelter-Syndrom	1:1.000 bei Männern	Männlicher Phänotyp, Hypogonadismus	↑FSH, LH ↓T, ↑Östr.	Azoospermie, OAT	47,XXY Mosaike	Störung der Spermiogenese
XX sex reversal	1:20.000	Genitale männl. bis Intersex; Hypogonadismus, Gonadendysgenesie	↑FSH, LH ↓T, ↑Östr.	Azoospermie	46,XX	80% *SRY*-Translokation auf das X-Chromosom
Chromosomentranslokationen	1:1.000 bei Männern	Männlicher Phänotyp	–	OAT oder NS		Störung der Spermiogenese
Kallmann-Syndrom	1:10.000	Pubertas tarda, Anosmie	↑FSH, LH ↓T Keine Antwort im GnRH Test	Azoospermie	46,XY	z. B. *KAL 1*-Gendefekt, führt zu abnormaler neuronaler Migration
Prader-Willi-Syndrom	1:10.000	Männlicher Phänotyp, MR, Adipositas, Hypogonadismus	↓FSH, LH ↓T	Unklar	46,XY	Unbekannt
CBAVD/Mukoviszidose	1:2.500		Normal	Obstruktive Azoospermie	46,XY	Bilaterale Aplasie der Vasa deferentia durch CFTR-Mutationen
Yq-Mikrodeletionen	? 1:400 bei Männern		Normal	Azoospermie, OAT	46,XY	Fehlende Spermatogenese durch AZF-Mikrodeletion

T = Testosteron, Östr. = Östrogen; OAT = Oligoasthenoteratospermie, NS = Normospermie, t(R) = Robertson-Translokation, t(r) = reziproke Translokation, AZF = Azospermiefaktor

le oder testikuläre Spermatozoen werden hierbei zur in-vitro-Befruchtung der Eizelle verwendet. Bei **XX-Männern** mit weiblichem Karyotyp 46,XX findet sich meist ein SRY-Gen auf einem X-Chromosom (Folge einer Translokation von Y nach X).

Hypogonadotroper Hypogonadismus. Patienten mit idiopathischem hypogonadotropem Hypogonadismus (IHH) haben meist eine mangelhafte Sekretion von Gonadotropin-Releasing-Hormon (GnRH). IHH in Kombination mit Anosmie (Aufhebung des Geruchsvermögens) wird als **Kallmann-Syndrom** bezeichnet und zählt mit einer Häufigkeit von 1:10.000 bei Männern zu den häufigeren monogenen Erbkrankheiten. Es gibt autosomal-rezessive, autosomal-dominante und X-chromosomal-rezessive Formen des Kallmann-Syndroms. Das Gen *KAL1* liegt in der pseudoautosomalen Region des X-Chromosoms und ist für eine Vielzahl der Fälle verantwortlich. Neben dem Kallmann-Syndrom sollte bei hypogonadotropem Hypogonadismus, vor allem in Assoziation mit Adipositas und mentaler Retardierung, an die mögliche Diagnose eines **Prader-Willi-Syndroms** (Häufigkeit 1:10.000) gedacht werden.

Azoospermie. Die häufigste Ursache für Azoospermie bzw. schwere Oligozoospermie bei unauffälligem Karyogramm sind **Mikrodeletionen am AZF-Locus** des Y-Chromosoms (mehrere *AZF*-Gene vorhanden!), die molekulargenetisch nachgewiesen werden können. Diese Untersuchung ist indiziert, wenn die Spermienzahl im Spermiogramm unter 1 Mio. pro ml Ejakulat liegt. Eine andere Ursache für ein Fehlen von Spermien im Spermiogramm ist eine Obstruktion der Samenwege (**obstruktive Azoospermie**). Die **kongenitale bilaterale Aplasie der Vasa deferentia (CBAVD)** zeichnet sich, wie der Name sagt, durch ein beidseitiges Fehlen der Samenleiter aus, was zu einer Blockade im Transport der Spermatozoen vom Nebenhoden in den distalen Genitaltrakt führt. Diese Form der obstruktiven Azoospermie ist eine Sonderform der Mukoviszidose (▶ Kap. 22.1) und ist für 1–2% aller Fälle männlicher Infertilität verantwortlich. Diagnostisch richtungsweisend ist neben der Azoospermie ein erniedrigter pH (<7,2) im Spermiogramm. Zur weiteren Abklärung sollte eine Mutationsanalyse im *CFTR*-Gen veranlasst werden, wobei dem Labor die Verdachtsdiagnose CBAVD mitgeteilt werden sollte.

Eine Übersicht genetisch bedingter Ursachen männlicher Infertilität bietet ◘ Tab. 33.3.

33.2 Sterilität/Infertilität der Frau

Im Gegensatz zum Mann, bei dem die Zeugungsfähigkeit erst jenseits des 60. Lebensjahres deutlich abnimmt, gehen bei der Frau die Konzeptionschancen schon ab dem 35. Lebensjahr stark zurück. Die Ursachen weiblicher Sterilität werden in folgenden Gruppen unterschieden (◘ Abb. 33.3):

- Hypothalamisch-hypophysär (ca. 30%)
- Ovariell (ca. 30%)
- Tubar, uterin, zervikal (ca. 15%)
- Vaginal
- Psychisch
- Extragenital

Genetische Ursachen weiblicher Infertilität sind meist mit anovulatorischen Zyklen oder Amenorrhö vergesellschaftet. Bei Frauen mit Pubertas tarda und primärer Amenorrhö sind **chromosomale Aberrationen** in mehr als 50% der Fälle ursächlich (v. a. Karyotyp 45,X). Handelt es sich um eine sekundäre Amenorrhö, ist der Anteil zwar geringer, dennoch sollte eine Chromosomenuntersuchung auch hier durchgeführt werden.

Diagnostische Maßnahmen bei Sterilität der Frau. Bei Abklärung einer Sterilität unklarer Genese steht auf Seiten der Frau die gynäkologische Anamnese und Untersuchung an erster Stelle. Diese beinhaltet eine Beurteilung der Zervix und eine ausführliche Zyklusdiagnostik. Darüber hinaus sind die Bestimmung von Schilddrüsenhormonen, Androgenen (Testosteron und DHEA im Serum) sowie Prolaktin wichtige Bausteine. Besondere Bedeutung hat die vaginale Sonographie, deren Aufgabe es ist, zum einen den Zustand des Endometriums zu beurteilen (sollte

Sterilität der Frau

Hypothalamisch-hypophysäre Ursachen
- Hyperprolaktinämie
- Hypophyseninsuffizienz (Sheehan-Syndrom)
- Hypophysentumoren

ovarielle Ursachen
- polyzystische Ovarien
- Ovarialtumoren
- Ovarialendometriose

Gonadendysgenesie
- Turner Syndrom (45, X)
- reine Gonadendysgenesie
- Swyer Syndrom (46, XY)

tubare Ursachen
- Z.n. Adnexitis
- Tubarendometriose

Zervikale Ursachen
- Dysmukorrhoe
- anatomische Veränderungen
- immobilisierende Antikörper gegen Spermatozoen

uterine Ursachen
- Myome
- angeborene Uterusanomalien

extragenitale Ursachen

NN
- AGS
- M. Cushing
- M. Addison

Schilddrüse
- Hypothyreose
- Hyperthyreose

- unbehandelter DM
- Drogen-, Alkohol-, Nikotinabusus

psychogene Ursachen

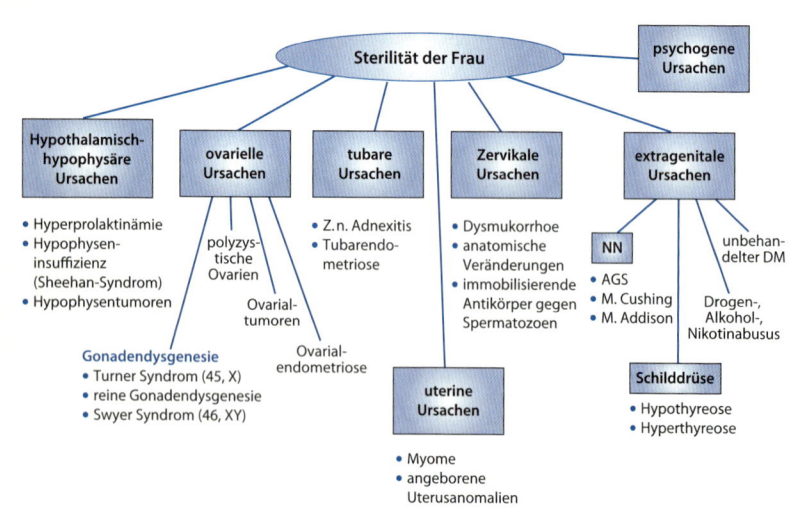

Abb. 33.3. Ursachen weiblicher Sterilität.
DM = Diabetes Mellitus, AGS = Adrenogenitales Syndrom

33.2 · Sterilität/Infertilität der Frau

präovulatorisch eine Dicke von 8–10 mm aufweisen), zum anderen aber auch eine Aussage über den Zustand der Ovarien zu machen (Gonadendysgenesie, polyzystische Ovarien etc.?). Weitere bildgebende Verfahren (z. B. Hysterosalpingographie) und ggf. invasive Maßnahmen (Endometriumbiopsie, Hysteroskopie, diagnostische Laparoskopie) schließen sich je nach Ergebnis der Voruntersuchungen an.

Gonadendysgenesie der Frau. Unter dem Begriff der Gonadendysgenesie versteht man die bindegewebige Veränderung der Ovarien (streak gonads). Der Follikelbestand der Ovarien ist hier durch vorzeitige Apoptose stark reduziert. Der Phänotyp ist weiblich: Tuben, Uterus, Vagina und Vulva sind normal angelegt, aber aufgrund des aus der Gonadendysgenesie resultierenden (hypergonadotropen) Hypogonadismus sekundär hypoplastisch.

Es gibt **3 Hauptursachen** der Gonadendysgenesie bei der Frau:

- **Ullrich-Turner-Syndrom** mit Karyotyp 45,X oder ähnlicher Chromosomenstörung (▶ Kap. 19.1)
- **Reine Gonadendysgenesie** mit Karyotyp 46,XX, z. B. durch Mutation im FSH-Rezeptor-Gen
- **Swyer-Syndrom** mit Karyotyp 46,XY bei weiblichem Phänotyp z. B. als Folge von SRY-Mutationen (Y-chromosomal) oder durch Duplikationen im DSS-Gen (dosage sensitive sex reversal, X-chromosomal-rezessiv). Der Gendefekt bleibt oft unbekannt. Wegen des Risikos einer malignen Entartung (Gonadoblastom) ist eine frühe Entfernung der Gonaden indiziert.

Hypothalamische Ursachen weiblicher Sterilität. Wie auch beim Mann können Mutationen des *KAL*-Gens zu einer X-chromosomal-rezessiven Form des hypogonadotropen Hypogonadismus mit begleitender Anosmie führen (**Kallmann-Syndrom**). Das KAL-Protein ist an der neuronalen Migration der GnRH Neuronen und olfaktorischer Neuronen beteiligt. Neben KAL können auch Genmutationen in *AHC-* (*adrenal hypoplasia congenita*), *Leptin-* und dem *Leptin-Rezeptor*-Gen zu hypogonadotropem Hypogonadismus mit daraus resultierender Sterilität der Frau führen.

Eine wichtige Ursache einer (ggf. sekundären) Amenorrhö mit erhöhten Testosteronspiegeln der Frau ist das **adrenogenitale-Syndrom** (AGS), das durch einen Mangel des Enzyms 21-Hydroxylase (Mutationen im *CYP21*-Gen) verursacht wird. Klinisch haben betroffene Frauen oft einen ausgeprägten **Hirsutismus** und ggf. Zeichen einer Virilisierung. Wenn auch der Partner Überträger für die Erkrankung ist, ergibt sich bei einer Schwangerschaft ggf. die Notwendigkeit einer **Therapie mit hochdosierten Steroiden**, um die Entstehung eines intersexuellen Genitales bei einem Mädchen mit schwerem AGS zu vermeiden.

34 Fehlgeburten

Als **Fehlgeburt oder Abort** bezeichnet man laut Definition der WHO die Abstoßung eines Feten mit einem Gewicht von weniger als 500 g. Ein fetales Gewicht von 500 g wird meist zwischen der 22. und 24. Woche p.m. erreicht. Wiegt der abgestoßene Fet mehr als 500 g, spricht man von einer Totgeburt.

Es werden unterschieden:
- **Frühabort**: bis einschließlich 16+0 SSW p.m. und
- **Spätabort**: ab 16+1 SSW p.m.

Habituelle Aborte liegen vor, wenn bei einer Frau mindestens drei Schwangerschaften mit einem spontanen Abort enden.

Nach heutigem Kenntnisstand enden etwa 50% aller erfolgreichen Konzeptionen in einer Fehlgeburt. In der Mehrzahl der Fälle handelt es sich jedoch um extreme Frühaborte, die aufgrund ihrer Symptomarmut gar nicht als Schwangerschaft bzw. Fehlgeburt wahrgenommen werden. Von allen klinisch wahrgenommenen Schwangerschaften enden »nur« noch 10–15% in einem Abort. Klinisch auffällig werden Fehlgeburten durch Blutungen und Unterleibsschmerzen, später auch Gewebeabgang oder bei Spätaborten durch Abgang von Fruchtwasser und eintretende Wehentätigkeit. Häufig werden Fehlgeburten auch über fehlende kindliche Lebenszeichen im Ultraschall festgestellt (verhaltener Abort bzw. *missed abortion*). Eine Übersicht über mögliche Abortursachen bietet ◘ Abb. 34.1.

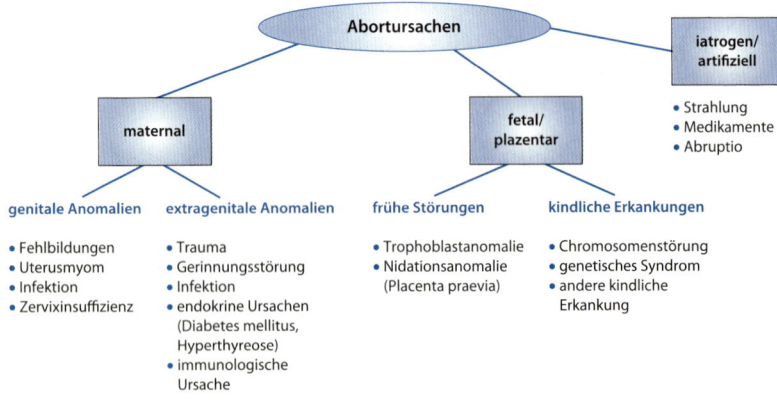

Abortursachen

- **maternal**
  - **genitale Anomalien**
    - Fehlbildungen
    - Uterusmyom
    - Infektion
    - Zervixinsuffizienz
  - **extragenitale Anomalien**
    - Trauma
    - Gerinnungsstörung
    - Infektion
    - endokrine Ursachen (Diabetes mellitus, Hyperthyreose)
    - immunologische Ursache
- **fetal/plazentar**
  - **frühe Störungen**
    - Trophoblastanomalie
    - Nidationsanomalie (Placenta praevia)
  - **kindliche Erkrankungen**
    - Chromosomenstörung
    - genetisches Syndrom
    - andere kindliche Erkankung
- **iatrogen/artifiziell**
  - Strahlung
  - Medikamente
  - Abruptio

◘ **Abb. 34.1. Abortursachen**

Chromosomenstörungen. Während nur 0,5–0,7% aller Neugeborenen chromosomale Aberrationen aufweisen, liegt dieser Anteil unter der Gesamtzahl der Schwangerschaften deutlich höher. Die Mehrheit der Fehlgeburten im ersten Trimenon wird durch eine Chromosomenstörung verursacht. 39 von 40 Schwangerschaften mit Chromosomenaberration des Embryos enden in einer Fehlgeburt (◘ Abb. 34.2).

Unter den Spontanaborten mit Chromosomenstörungen stellen **autosomale Trisomien** mit mehr als 50% die häufigste Störung dar. Es sei nochmals darauf hingewiesen, dass eine strenge Assoziation zwischen mütterlichem Alter und der Wahrscheinlichkeit eines trisomen Embryos besteht. Je höher das mütterliche Alter, desto höher das Risiko für eine meiotische *Non-Disjunction* bei der Entstehung der Eizelle. Dieser Effekt wird z. T. durch das jahrzehntelange Vorliegen der Keimzellen in der Prophase I erklärt. Von allen autosomalen Trisomien wird die **Trisomie 16** am häufigsten in Abortmaterial gefunden (bis zu 30%). Der Embryo zeigt bei Trisomie 16 eine schwere intrauterine Wachstumsverzögerung und wird im Schnitt in der 12. SSW abgestoßen. Lebendgeburten mit Trisomie 16 sind nicht bekannt.

Rein theoretisch sollte die Anzahl der durch *Non-Disjunction* bedingten autosomalen Monosomien genau so hoch sein wie die der autosomalen Trisomien. Interessanterweise werden **autosomale Monosomien** aber nur ganz selten in Abortmaterial nachgewiesen. Dies mag daran liegen, dass die meisten Monosomien bereits vor der Implantation letal sind. Auch für autosomale Monosomien besteht eine Assoziation mit fortgeschrittenem mütterlichem Alter.

20% aller Fehlgeburten im ersten Trimester gehen auf eine **X-chromosomale Monosomie** zurück, die damit zu den häufigsten Chromosomenstörungen überhaupt zählt. Sie ist zugleich die einzige Chromosomenstörung (neben 47,XYY), die keine Assoziation zum mütterlichen Alter aufweist. Die Monosomie X stellt die einzige lebensfähige chromosomale Monosomie dar (Ausnahme: Mosaike), doch selbst die X-chromosomalen Monosomien enden zu 99% in einer Fehlgeburt. Nach Feststellung eines Chromosomensatzes 45,X durch Amniozentese (ab der 14. SSW möglich) enden immer noch bis zu 75% dieser Schwangerschaften in einem spontanen Abort.

Triploidien machen 15% aller zytogenetisch auffälligen Aborte aus. Der klinische Befund hängt davon ab, ob der zusätzliche Chromosomensatz von der Mutter (digynische Triploidie) oder dem Vater (diandrische Triploidie, 2/3 der Fälle) kommt (▶ Kap. 3.3). **Tetraploidien** finden sich in 5%, unbalancierte strukturelle Chromosomenstörungen in 2% aller chromosomenaberranten Fehlgeburten.

Habituelle Aborte

Da etwa 15% aller wahrgenommenen Schwangerschaften in einer Fehlgeburt enden, würde man erwarten, dass in $0,15^3 = 0,34\%$ der Fälle drei aufeinander folgende Schwangerschaften mit einem spontanen Abort enden. Tatsächlich erleben aber 1–2% aller Paare drei oder mehr aufeinander folgende Fehlgeburten. Es scheint in

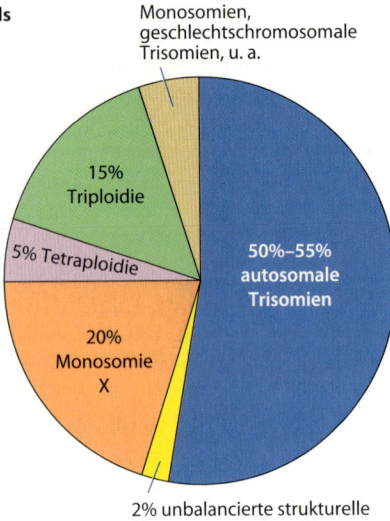

Abb. 34.2. Chromosomenstörungen als Abortursache

- Monosomien, geschlechtschromosomale Trisomien, u. a.
- 15% Triploidie
- 5% Tetraploidie
- 20% Monosomie X
- 2% unbalancierte strukturelle Chromosomenaberrationen
- 50%–55% autosomale Trisomien

etlichen Fällen also einen den habituellen Aborten zugrunde liegenden Mechanismus zu geben. Dem entspricht auch die Tatsache, dass nach dem Verlust einer Schwangerschaft das Risiko auf Abort für jede weitere Schwangerschaft auf 24% steigt. Nach drei Fehlgeburten liegt es schon bei 32% und nach sechs Fehlgeburten bei 53%.

Uterusfehlbildungen (Uterus septus, U. subseptus, U. arcuatus, U. bicornis etc.) gehören zu den häufigsten Gründen für habituelle Aborte. Bei 15–30% der Patientinnen mit habituellen Aborten konnten solche Fehlbildungen festgestellt werden (im Vergleich zu 0,5-2% in der Normalpopulation). Eine operative Korrektur dieser Fehlbildungen führt zu einem deutlichen Anstieg der Wahrscheinlichkeit einer erfolgreichen Schwangerschaft. Auch die **Zervixinsuffizienz** wird als mögliche Ursache wiederholter Aborte angeführt. Hier kann eine prophylaktische Cerclage Abhilfe schaffen.

Elterliche **Chromosomenstörungen** können zu habituellen Aborten führen. Bei 5,5% aller Paare mit drei oder mehr Fehlgeburten kann eine balancierte Chromosomenstörung bei einem Elternteil nachgewiesen werden (0,5% in der Allgemeinpopulation). Meist handelt es sich um reziproke oder Robertson-Translokationen, die dann das Risiko auf eine unbalancierte Situation beim Embryo mit sich bringen und somit das Risiko einer Fehlgeburt deutlich erhöhen. In ⅔ der Fälle ist die Frau Trägerin der Translokation, nur in ⅓ der Fälle der Mann, da balancierte Translokationen bei Männern häufiger zur Sterilität führen.

Bei drei oder mehr Aborten ohne bekannte gynäkologische Ursache sollte immer auch eine **humangenetische Beratung** beider Partner erfolgen. Diese beinhaltet eine ausführliche humangenetische Anamnese mit Erstellung des Stammbaums, eine ausführliche Schwangerschaftsanamnese möglichst mit Begutachtung von fetalpathologischen Befunden, und anschließend eine Chromosomenanalyse beider Eltern. Sind die Chromosomen beider Eltern normal, besteht bei zukünftigen Kindern **kein** gegenüber der Allgemeinbevölkerung erhöhtes Risiko für Chromosomenaberrationen, eine Chromosomenstörung eines späteren Kindes ist aber natürlich auch nicht ausgeschlossen.

Neben Chromosomenaberrationen können auch zahllose **monogene Krankheiten und Fehlbildungssyndrome beim Kind** zu Aborten führen. Das wiederholte Auftreten eines ähnlichen klinischen Bildes beim Feten spricht bei nicht betroffenen Eltern für eine autosomal rezessive Erkrankung, für die ein Wiederholungsrisiko von 25% angenommen werden muss. Die Geburt eines lebenden Kindes mit einer schweren genetischen Krankheit kann dann nicht unbedingt ausgeschlossen werden. Bei späten Fehlgeburten oder Totgeburten mit fetalen körperlichen Auffälligkeiten muss unbedingt versucht werden, die korrekte Diagnose zu stellen, um die Eltern genetisch richtig beraten zu können. Dazu sollte eine genaue klinisch-genetische und pathologische Untersuchung des Feten mit Chromosomenanalyse aus Blut oder Eihaut durchgeführt werden.

In manchen Fällen werden habituelle Aborte durch **immunologische Störungen** mit Bildung von Autoantikörpern erklärt. So können z. B. Antiphospholipid-Antikörper (Lupus-Antikoagulans) oder Antikardiolipin-Antikörper wiederholte Thrombosen und Infarkte der Plazenta verursachen, die schließlich zur Fehlgeburt führen. Beim **Antiphospholipid Syndrom** handelt es sich um ein Syndrom mit arteriellen und venösen Thrombosen und/oder wiederholten Fehlgeburten und/oder Immunthrombozytopenie plus zweimaligen Nachweis von Antiphospholipid-Antikörpern. Therapeutisch wird in der Schwangerschaft die Gabe von *low-dose* ASS plus *low-dose* Heparin zur Vermeidung plazentarer Thrombosen angeraten. Ein ähnlicher Pathomechanismus wird allgemein auch für die nichtimmunologischen **Störungen der Blutgerinnung** der Mutter (prokoagulatorisch und antikoagulatorisch) angenommen, die mit Fehlgeburtlichkeit in Verbindung gebracht wurden. Hierzu zählen: Faktor-V-Leiden, Faktor-XII-Mangel, Prothrombin-Mutationen und Protein-C-Defekte.

35 Wachstumsstörungen

35.1 Kleinwuchs

Wachstum ist ein im klassischen Sinne **multifaktorielles Geschehen** – es wird sowohl durch Umweltfaktoren als auch durch genetische Faktoren beeinflusst. Nach einer allgemeinen Faustregel liegt die »**Zielgröße**« für Mädchen 6,5 cm unterhalb der mittleren Elterngröße, die für Jungen 6,5 cm oberhalb, allerdings weichen die meisten Kinder heutzutage von dieser »Zielgröße« nach oben hin ab (säkularer Wachstumstrend). Dies reflektiert die bessere Ausschöpfung des genetischen Wachstumspotenzials durch günstige äußere Bedingungen (Ernährung, Hygiene etc.).

Als **kleinwüchsig** werden per definitionem Kinder bezeichnet, die **unter der 3. Perzentilenkurve** liegen.

Stellt sich ein Patient zur Abklärung von Kleinwuchs vor, sollte im Rahmen der Untersuchung zunächst geklärt werden, ob es sich um einen **isolierten Fall** handelt oder ob der Kleinwuchs **familiär** bedingt ist; beim familiären Kleinwuchs ist das Wachstum perzentilengerecht und das Knochenalter in der Regel normal. Entscheidend für die weitere Vorgehensweise ist außerdem, ob es sich um einen **prä- oder postnatalen** Kleinwuchs handelt. Wann genau wurde zum ersten Mal ein Trend zur Kleinwüchsigkeit erkannt? Ist der Patient parallel zu den **Perzentilenkurven** gewachsen oder hat er im Lauf seiner Entwicklung die Perzentilenkurven nach unten durchschnitte?

Schon beim ersten Betrachten des Patienten dürfte auffallen, ob die **Proportionen** von Rumpf und Extremitäten stimmen. Beim **proportionierten Kleinwuchs** erfolgt zunächst eine endokrinologische Abklärung. Beim **dysproportionierten Kleinwuchs** sollte primär an eine Skelettdysplasie gedacht werden, welche primär radiologisch weiter untersucht werden sollte. Man unterscheidet hier je nach Lokalisation der Wachstumsstörung u. a. rhizomele und mesomele Kleinwuchsformen (Abb. 35.1).

Dysproportionierter Kleinwuchs. Eine klassische genetische Erkrankung mit dysproportioniertem Kleinwuchs ist die **Achondroplasie** (▶ Kap. 26.1.1). Es handelt sich hierbei um eine Erkrankung mit **rhizomelem Kleinwuchs**, verursacht durch eine Mutation an einer spezifischen Stelle im FGFR3-Gen (fibroblast growth factor receptor 3). Von der Verkürzung betroffen sind vor allem die proximalen, großen Röhrenknochen (Humerus und Femur). Die **Hypochondroplasie** ist die »abgeschwächte« Form der Achondroplasie (ebenfalls FGFR3-Mutationen). Sie kommt wohl wesentlich öfter vor, ist aber aufgrund des milden klinischen Bildes und der weniger schwerwiegenden radiologischen Zeichen schwieriger zu diagnostizieren.

35.1 · Kleinwuchs

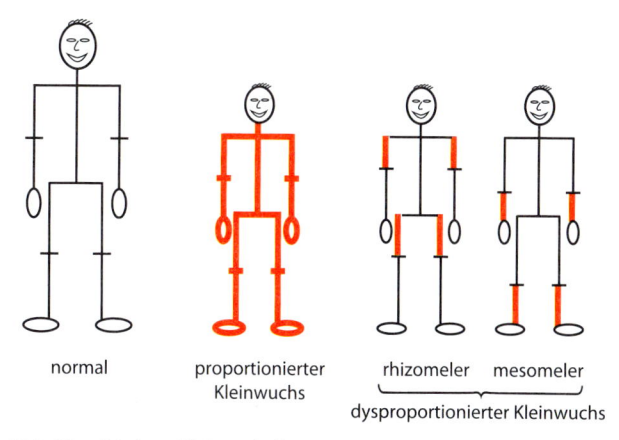

Abb. 35.1. Verschiedene Kleinwuchsformen. (Modifiziert nach Menger u. Zabel 1998)

normal — proportionierter Kleinwuchs — rhizomeler — mesomeler
dysproportionierter Kleinwuchs

Bei den häufigen Formen des **mesomelen Kleinwuchses** sind v. a. die mittleren Anteile der Extremitäten (also Unterarme und Unterschenkel) verkürzt. Die Körpergröße ist meist nur leicht verringert (nur selten jenseits von -3 SD). Bei Verdacht auf eine Skelettdysplasie als Ursache für dysproportionierten Kleinwuchs sollte eine **radiologische Diagnostik** erfolgen und folgende Aufnahmen umfassen: Hand, Becken a.p., Wirbelsäule a.p. und seitlich, langer Röhrenknochen mit Gelenkübergang. Eine ausführliche Abhandlung zum Thema »Skelettdysplasien« findet sich in ▶ Kap. 26.1.1.

Proportionierter Kleinwuchs. Bei proportioniertem Kleinwuchs ist die Unterscheidung zwischen prä- und postnatalem Kleinwuchs von besonderer Bedeutung. Ursachen für einen pränatalen Kleinwuchs können exogener (z. B. intrauterine Infektion, Teratogene wie z. B. Alkohol) oder auch endogener Art (Chromosomenstörungen, Dysmorphie- und Fehlbildungssyndrome) sein. Wie immer gilt: wenn der Kleinwuchs nur eine von vielen Auffälligkeiten darstellt, ist an eine syndromale Erkrankung zu denken (◘ Tab. 35.1) – auch die meisten **Chromosomenstörungen** zeigen einen mehr oder weniger stark ausgeprägten proportionierten Kleinwuchs. Eine Besonderheit ist das Turner-Syndrom, bei dem im Kindesalter ein Kleinwuchs durch Haploinsuffizienz des SHOX-Gens als einzige Auffälligkeit im Vordergrund stehen kann. Manchmal führt hier auch heute noch erst die Symptomkonstellation »kleinwüchsiges Mädchen mit ausbleibender Menarche« zur Diagnose. Bei proportioniertem Kleinwuchs, der sich ohne andere Auffälligkeiten erst postnatal manifestiert, ist primär an eine **endokrinologische** Ursache zu denken. Kleinwuchs kann z. B. das Leitsymptom einer Hypothyreose, eines Hyperkortisolismus und selbstverständlich auch eines Wachstumshormon (GH)-Mangels sein. Es sei darüber hinaus aber auch auf den »**psychosozialen Kleinwuchs**« als Ausdruck einer emotionalen Deprivation hingewiesen, bei welchem die betroffenen Kinder nach Lösung des Konflikts oft ein deutliches Nachholwachstum zeigen. In der weiterführenden **Labordiagnostik** bei Kleinwuchs sollte neben Hormonanalysen und einer Chromosomenanalyse ggf. eine Mutations- oder Deletionsanalyse des SHOX-Gens erwogen werden, sofern kein Verdacht auf ein bestimmtes Dysmorphiesyndrom besteht.

Eine differenzialdiagnostische Übersicht zum Thema Kleinwuchs bietet Abb. 35.2.

Tab. 35.1. Syndrome mit proportioniertem Minderwuchs

Syndrom	Pränatal/ postnatal	Klinische Merkmale	Gen(e)	Vererbung
Cornelia-de-Lange-Syndrom	Pränatal	Typische Facies, Synophrys (zusammengewachsene Augenbrauen), Mikromelie, Mikrozephalie, MR	*NIPBL* (*nipped-B like*), *SMC1L1*	Meist Neumutation, AD
Rubinstein-Taybi-Syndrom	Postnatal	Typische Facies (gebogene Nase), breite Daumen und Zehen, Mikrozephalie, MR	*CREBBP* (kodiert für das CREB binding protein), *EP300*	Meist Neumutation, AD
Russell-Silver-Syndrom	Pränatal	Kleines, dreieckiges Gesicht bei normal großem Kopf; Asymmetrie der Extremitäten, MR	Unbekannt	Meist unbekannt, ca. 10% mit matUPD(7)
Williams-Beuren-Syndrom	Pränatal	Supravalvuläre Aortenstenose, typische Facies (»Elfengesicht«), hypoplastische Zähne, milde Mikrozephalie, MR, verbal ausdrucksstark-inhaltsarm	*ELN* (kodiert für Elastin) u. a.	Mikrodeletion 7q11.23; meist Neumutation
Dubowitz-Syndrom	Pränatal	Mikrozephalie, Ptosis, breite Nase, kindliches Ekzem	Unbekannt	AR
Bloom-Syndrom	Pränatal	Teleangiektatisches Schmetterlingserythem, Hirsutismus, Mikrozephalie	*BLM* (kodiert für Bloom-Syndrom-Protein)	AR

AD = autosomal dominant, AR = autosomal-rezessiv, matUPD (7) = maternale uniparentale Disomie von Chromosom 7; MR = mentale Retardierung

Kleinwuchs

- **Normvarianten**
  - Familiärer Kleinwuchs
  - konstitutionelle Entwicklungsverzögerung
- **pathologischer Kleinwuchs**
  - **dysproportioniert**
    - v. a. Skelettdysplasien
  - **proportioniert**
    - **pränatal**
      - Chromosomenstörungen
      - Kleinwuchssyndrome
      - exogene Ursachen
        - Plazentainsuffizienz
        - teratogene Noxen
        - Infektionen
    - **postnatal**
      - endokrinologische Störungen (GH ↓, T_3/T_4 ↓, Cortisol ↑)
      - Mangelernährung
      - psychosoziale Deprivation
      - Herzfehler
      - gastrointestinale Erkrankungen
      - chron. Nierenerkrankungen

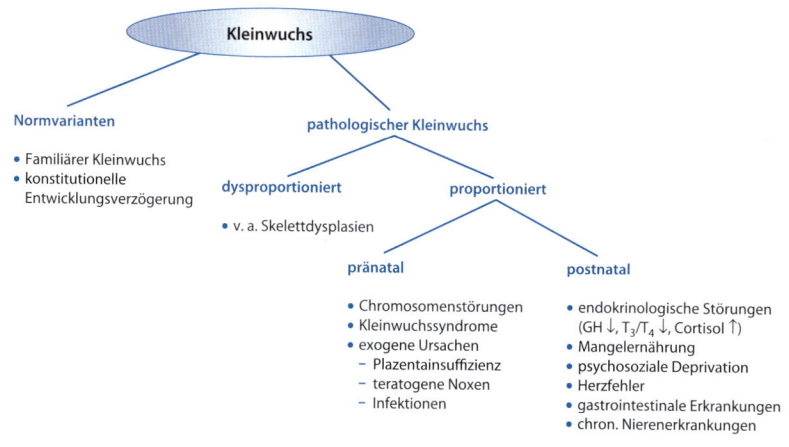

Abb. 35.2. Differenzialdiagnostischer Algorithmus bei Leitsymptom Kleinwuchs

> **Wichtig**
>
> Häufig wird eine »Plazentainsuffizienz« als Erklärung für pränatalen Kleinwuchs herangezogen. Dabei ist zu bedenken, dass diese selbst genetische Gründe haben kann, jedenfalls eine genetische Ursache dadurch nicht ausgeschlossen ist. Neugeborene mit intrauterin-nutritiv bedingtem Kleinwuchs zeigen oft ein Aufholwachstum nach der Geburt.

35.2 Großwuchs

Als **hochwüchsig** werden per definitionem Kinder bezeichnet, die über der 97. Perzentile für die Körpergröße liegen. Das Ursachenspektrum ist weit weniger vielfältig als das für Kleinwuchs. In den meisten Fällen stellt der Hochwuchs eine (familiäre) Normvariante dar. Nur in seltenen Fällen liegen pathologische Ursachen vor. Neben dem **generalisierten** Großwuchs gibt es auch Krankheiten mit **lokalisiertem** Großwuchs z. B. einer Körperhälfte oder einer einzelnen Extremität.

Besonderes Augenmerk sollte darauf gelegt werden, dass manche Großwuchssyndrome mit einem **erhöhten Risiko für Tumorerkrankungen** assoziiert sind, was mit einer Überexpression von Wachstumsfaktoren bzw. einem Mangel an Wachstumssuppressoren in Zusammenhang gebracht wird.

Im englischsprachigen Raum wird der Begriff der *overgrowth syndromes* verwendet, wobei dies nicht nur Groß- oder Hochwuchs im engeren Sinn meint, sondern übermäßiges Wachstum im Allgemeinen. Es werden als nicht nur die generalisierten Großwuchssyndrome erfasst sondern auch lokalisierte Störungen mit gesteigertem Wachstum an einem oder mehreren Körperteilen.

Bedeutsam ist die Unterscheidung zwischen **primärem und sekundärem Großwuchs**. Die primären Formen gehen auf eine intrinsische, zelluläre Hyperplasie zurück, wohingegen die sekundären Formen eine endokrinologisch-humorale Ursache (außerhalb des Skelettsystems) haben.

Wie bei den Kleinwuchssyndromen unterscheidet man darüber hinaus zwischen **pränatalem** und **postnatalem** Großwuchs. Die meisten primären Großwuchssyndrome wie das Beckwith-Wiedemann-Syndrom und das Sotos-Syndrom sind bereits bei Geburt nachweisbar (Tab. 35.2). Die häufigste Ursache eines prä-

Tab. 35.2. Großwuchssyndrome mit pränatalem Beginn

Syndrom	Klinische Merkmale	Gen(e)	Vererbung
Beckwith-Wiedemann-Syndrom	Makroglossie, typische Ohrfurchen, Bauchwanddefekte, Viszeromegalie, Hemihypertrophie, neonatale Hypoglykämie, erhöhtes Risiko für maligne abdominelle Tumoren, geistige Entwicklung oft normal	CDKN1C, H19, KCNQ10T1	Meist sporadisch, in 10–15% der Fälle AD mit meist mütterlicher Transmission (Imprinting von 11p15)
Sotos-Syndrom	Makrozephalie, Hypertelorismus, lateral abfallende Lidachse, vorzeitiger Zahndurchbruch, akzelerierte Knochenreifung, große Hände und Füße, muskuläre Hypotonie, erhöhtes Risiko für maligne Tumoren, MR	*NSD1* (kodiert für eine Histon-Lysin-N-Methyltransferase)	Neumutation, AD
Weaver-Syndrom	Ähnlich wie Sotos-Syndrom, andere Gesichtsmerkmale, Hypotelorismus, Auffälligkeiten der Hände (Klinodaktylie, breite Daumen, tief angesetzte Nägel)	Unklar, z. T. *NSD1*	Neumutation, AD
Simpson-Golabi-Behmel-Syndrom	Makrozephalie, »grobe« Gesichtsmerkmale (kurze, breite Nase, Makrostomie, Makroglossie), postaxiale Polydaktylie, Syndaktylie 2/3, Kryptorchismus, polyzystische Nieren, gastrointestinale Fehlbildungen, MR	*Glypican-3* u. a.	X-chromosomal-rezessiv (Frauen mit mildem Phänotyp)
Proteus-Syndrom	Regionaler Riesenwuchs der Hände und/oder Füße, Asymmetrie der Extremitäten, Hämangiome, Lipome, Lymphangiome etc. Gelegentlich MR	Unklar	Sporadisch
AD = autosomal-dominant, MR = mentale Retardierung			

natalen sekundären Großwuchses ist ein Diabetes mellitus der Mutter mit der daraus resultierenden diabetischen Makrosomie des Feten (Abb. 13.9).

Postnataler Großwuchs ist im Gegensatz zu pränatalem Großwuchs weit häufiger **sekundärer** Genese, z. B. im Rahmen einer Pubertas praecox (Östrogene oder Androgene ↑), einer Akromegalie (GH ↑) oder bei Hyperthyreose (T3/T4 ↑). Einzelne Erkrankungen weisen einen vorwiegend postnatalen, primären Großwuchs auf. Dazu gehören alle Situationen mit überzähligen Geschlechtschromosomen (XYY, Poly-X-Frauen, Klinefelter-Syndrom), aber auch das Marfan-Syndrom und die Homocystinurie. Eine relativ hohe Körpergröße findet man auch bei manchen Kindern mit Fra(X)-Syndrom. Syndromaler Großwuchs zeigt in den meisten Fällen zwar eine deutliche Differenz der Körperhöhe der Kindes zu der der Eltern, die Wachstumsgeschwindigkeit ist aber wie beim familiären Großwuchs in der Regel normal mit perzentilenparallelem Verlauf der Körpermaße.

Einige wenige Erkrankungen zeichnen sich durch **regional begrenztes** übermäßiges Wachstum aus. Beispiele sind das Klippel-Trenaunay-Weber-Syndrom, das Maffuci-Syndrom und das Proteus-Syndrom. Der diesen Erkrankungen zugrunde liegende Pathomechanismus ist noch sehr unzulänglich verstanden. Es wird vermutet, dass sie auf somatische Mutationen von wachstumsfördernden Genen zurückzuführen sind. Sie treten somit sporadisch auf und die entsprechende Symptomatik entwickelt sich fast immer erst postnatal.

> **Wichtig**
> - Pränataler Großwuchs: häufiger primäre Genese (genetisch)
> - Postnataler Großwuchs: häufiger sekundäre Genese (endokrinologisch)

35.3 Adipositas

Das deutsche Wort für Adipositas ist **Fettsucht**, und es beschreibt eine übermäßige Menge von Fettgewebe. Da die Messung des Körperfettgehalts technisch sehr aufwändig ist, behilft man sich mit dem BMI (*body mass index*) und definiert eine Adipositas als **BMI über der 97. Perzentile**.

Es ist zu beachten, dass der Körperfettgehalt während der Kindheit sehr stark vom Alter abhängt. Während des letzten Schwangerschaftstrimenons steigt der Körperfettgehalt kontinuierlich an, erreicht dann gegen Ende des ersten Lebensjahres einen Gipfel, fällt ab und beginnt während der Adoleszenz bis ins Erwachsenenalter hinein wieder zu steigen.

Grundsätzlich wird zwischen der primären und der sekundären Adipositas unterschieden. Von einer **sekundären Adipositas** spricht man, wenn eine erkennbare endokrinologische Erkrankung zu Grunde liegt bzw. Schädigungen des ZNS

(v. a. des Hypothalamus) beim Patienten bekannt sind. Die meisten Patienten haben jedoch eine **primäre Adipositas,** deren Entstehung in den meisten Fällen multifaktoriell bedingt ist. Ungünstige Umweltfaktoren (z. B. niedriger sozioökonomischer Status, fettreiche Ernährung, mangelnde körperliche Bewegung) können bei entsprechender genetischer Disposition eine Adipositas auslösen. Darüber hinaus wurden in den vergangenen Jahren mehrere, wenn auch seltene, monogene Formen der frühmanifesten Adipositas beschrieben, etwa bei Mutationen im *Leptin*-Gen. Mangel des von Adipozyten gebildeten Leptins führt zu Adipositas, Hyperphagie, Infertilität und Immundefekten. Der Phänotyp ist nach Gabe von Leptin vollkommen reversibel. Weitere Beispiele für Gene, deren Mutation zu einer frühmanifesten Adipositas führen kann, sind: Leptin-Rezeptor, Proopio-Melanocortin und Melanocortin-4-Rezeptor. Proopio-Melanocortin löst durch Bindung an den Melanocortin-4-Rezeptor Sättigungsempfinden aus (◘ Abb. 35.3).

In manchen Fällen ist die primäre Adipositas Teil eines genetischen Syndroms. Das bekannteste Beispiel dafür ist des **Prader-Willi-Syndrom,** wobei zu beachten ist, dass Patienten mit dieser Krankheit zusätzlich ein sehr spezifisches Entwicklungsmuster an den Tag legen. Ein ganz wichtiges Merkmal ist die ausgeprägte muskuläre Hypotonie, die im Säuglingsalter eine ausgeprägte Trinkschwäche und Gedeihstörung verursacht. Bis zum Alter von 6 Monaten sind Kinder mit Prader-Willi-Syndrom fast ausnahmslos untergewichtig; erst nach dem 1. Lebensjahr zeigt sich die für das Krankheitsbild so typische Hyperphagie und stammbetonte Adipositas (◘ Tab. 35.3). Viele Eltern freuen sich zunächst darüber, dass das Kind endlich gut isst. Eine frühe Diagnose des Prader-Willi-Syndroms noch im ersten Lebensjahr ist daher besonders wichtig, um frühzeitig die richtigen Verhaltensempfehlungen geben zu können.

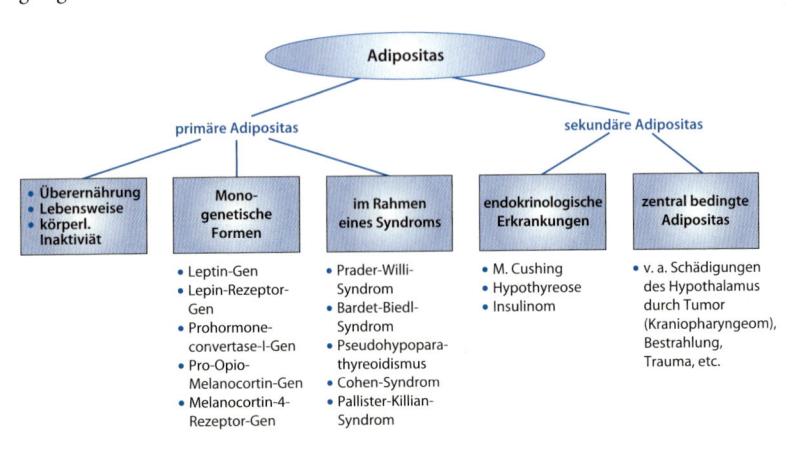

```
                              Adipositas
                  ┌───────────────┴───────────────┐
            primäre Adipositas              sekundäre Adipositas
```

primäre Adipositas			sekundäre Adipositas	
• Überernährung • Lebensweise • körperl. Inaktivität	Monogenetische Formen	im Rahmen eines Syndroms	endokrinologische Erkrankungen	zentral bedingte Adipositas
	• Leptin-Gen • Lepin-Rezeptor-Gen • Prohormone-convertase-I-Gen • Pro-Opio-Melanocortin-Gen • Melanocortin-4-Rezeptor-Gen	• Prader-Willi-Syndrom • Bardet-Biedl-Syndrom • Pseudohypoparathyreoidismus • Cohen-Syndrom • Pallister-Killian-Syndrom	• M. Cushing • Hypothyreose • Insulinom	• v. a. Schädigungen des Hypothalamus durch Tumor (Kraniopharyngeom), Bestrahlung, Trauma, etc.

◘ **Abb. 35.3.** Differenzialdiagnose Adipositas

35.3 · Adipositas

Zu den Krankheiten, die bei der Kombination von mentaler Retardierung und Adipositas nicht übersehen werden sollten, gehören auch das Fra(X)-Syndrom und Chromosomenstörungen (verschiedene spezifische Mikrodeletionen). Zum Nachweis eines Bardet-Biedl-Syndroms oder eines Cohen-Syndroms sollte bei Kindern ab 1–3 Jahren ein Elektroretinogramm (ERG) veranlasst werden.

Tab. 35.3. Differenzialdiagnosen syndromaler Adipositas

Syndrom	Klinische Merkmale	Gen(e)	Vererbung
Prader-Willi-Syndrom	Ausgeprägte Muskelhypotonie, kleine Hände und Füße, Hypogonadismus, Hypopigmentierung, milde bis mittelschwere MR, Trinkschwäche als Säugling, später Hyperphagie und stammbetonte Adipositas	*SNRPN, SNURF, P gene, MAGEL2, MKRN3* u. a.	Verlust des väterlichen 15q11-q13.; 75% Deletion, 20% matUPD, 5% Imprintingdefekt
Bardet-Biedl-Syndrom	Opthalmologische Auffälligkeiten (Myopie, Nystagmus, Retinale Dystrophie), postaxiale Polydaktylie, Nierenfehlbildungen, Hypogonadismus, Adipositas ab dem 2.–3. Lebensjahr, reduzierte Intelligenz (v. a. verbaler IQ)	BBS1, BBS2, ARL6, BBS4, BBS5, MKKS, BBS7, TTC8, B1, BBS10, TRIM32	AR/triallelisch; bislang sind 11 verschiedene Gen-Loci bekannt
Pseudohypoparathyreoidismus (Albright hereditäre Osteodystrophie)	Kurze Metakarpalia und Metatarsalia (vor allem des 4. und 5. Strahls), mit oder ohne Hypokalzämie und Hyperphosphatämie, rundes Gesicht, milde bis mittelschwere MR, mittelschwere Adipositas	*GNAS* (kodiert für die α-Untereinheit des G_S-Proteins)	AD
Cohen-Syndrom	Hypotonie, meist schwere MR, Maxilla-Hypoplasie mit sehr prominenten Schneidezähnen, chorioretinale Dystrophie, stammbetonte Adipositas (Beginn meist 5.–6. LJ)	*COH1 (VPS13B)*	AR
Pallister-Killian-Syndrom	Typische Facies (hohe Stirn), Pigmentierungsauffälligkeiten der Haut (Mosaikbefund!), Adipositas nicht obligat, meist schwere MR	Unklar	Mosaik-Tetrasomie 12p (im Blut oft nicht nachweisbar)
Maternales UPD-14-Syndrom	Adipositas, muskuläre Hypotonie, motorische Entwicklungsverzögerung, Kleinwuchs	Unklar	Oft familiäre Translokation, sonst sporadisch

MR = mentale Retardierung, matUPD = maternale uniparentale Disomie, AR = autosomal-rezessiv, AD = autosomal-dominant

35.4 Dystrophie

Besteht beim Menschen über einen längeren Zeitraum ein Mangel an Energie und/oder Protein, so kommt es (insbesondere bei Kindern) zur **Unterernährung**, die immer mit einer **Gedeihstörung** einhergeht.

Im deutschen Sprachgebrauch spricht man bei schwerer Unterernährung auch von **Dystrophie**, international eher von **Malnutrition**. Sind Kinder in Drittweltstaaten von schwerer Magerkeit mit Längenwachstumsstörung betroffen, bezeichnen wir das als **Marasmus**. Kommen schwere Ödeme, aufgetriebenes Abdomen und Hautstörungen hinzu, wird dies als **Kwashiorkor** bezeichnet.

Da in westlichen Entwicklungsstaaten eine ausreichende Versorgung mit Nahrungsmitteln in der Regel gewährleistet ist, findet man schwere Dystrophien bei Kindern meist nur als **Folge von Krankheiten**. Einzige Ausnahme sind solche Situationen, bei denen Kindern bewusst der Zugang zu Nahrungsmitteln verweigert wird, z. B. im Rahmen von Kindesmisshandlung und Vernachlässigung, aber auch bei besonders strengen, einseitigen Diäten.

Drei große Krankheitskomplexe können zur Dystrophie der Betroffenen führen (Abb. 35.4). Auf der einen Seite stehen die **Maldigestions- und Malabsorptionssyndrome**, bei denen eine ausreichende Aufnahme von Nährstoffen nicht gewährleistet ist. Auf der anderen Seite steht eine Vielzahl **chronischer Erkrankungen**, bei denen entweder die Verwertung im Körperstoffwechsel nicht adäquat funktioniert oder der Verbrauch an Energie die aufgenommene Menge übersteigt (ein gutes Beispiel ist dafür im Erwachsenenalter die Chorea Huntington). Schließlich kann auch eine schwere **muskuläre Hypotonie** speziell im Säuglingsalter zu einer ausgeprägten Trinkschwäche und Dystrophie führen. Typisch für alle Gruppen ist, dass die Mangelernährung wiederum zu rezidivierenden Infektionen des

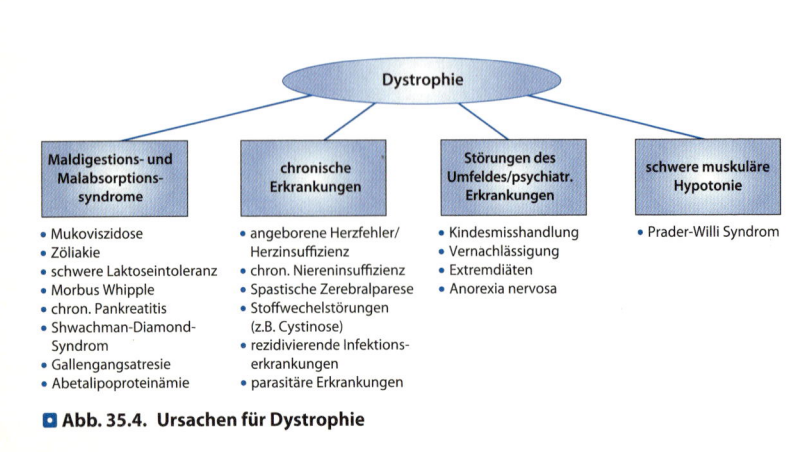

Dystrophie

Maldigestions- und Malabsorptionssyndrome
- Mukoviszidose
- Zöliakie
- schwere Laktoseintoleranz
- Morbus Whipple
- chron. Pankreatitis
- Shwachman-Diamond-Syndrom
- Gallengangsatresie
- Abetalipoproteinämie

chronische Erkrankungen
- angeborene Herzfehler/Herzinsuffizienz
- chron. Niereninsuffizienz
- Spastische Zerebralparese
- Stoffwechselstörungen (z.B. Cystinose)
- rezidivierende Infektionserkrankungen
- parasitäre Erkrankungen

Störungen des Umfeldes/psychiatr. Erkrankungen
- Kindesmisshandlung
- Vernachlässigung
- Extremdiäten
- Anorexia nervosa

schwere muskuläre Hypotonie
- Prader-Willi Syndrom

Abb. 35.4. Ursachen für Dystrophie

Gastrointestinaltraktes führt, was im Sinne eines Teufelskreises die Ernährungssituation weiter verschlechtert.

Klinik. Zunächst kommt es zu einem Abfall der Perzentilenkurve für das Gewicht. Sie liegt bei dystrophen Kindern oft weit unterhalb der Längenperzentile. Erst bei schwerer Mangelernährung kommt es auch zu einer Verringerung des Längenwachstums, während das normale Kopfwachstum auch dann noch erhalten bleibt. Klinisch wird die Mangelernährung durch den **Mangel an subkutanem Fettgewebe** auffällig. Typische Körperstellen hierfür sind das Gesäß (»Tabaksbeutelgesäß«), die inneren Oberschenkel und die Bauchhaut, während das Gesicht lange seine Form behält. Proteinmangel führt aufgrund des verringerten kolloidosmotischen Drucks des Serums zu Ödemen und Aszites.

Malabsorptions- und Maldigestionssyndrome fallen typischerweise durch chronische Durchfälle, Blähung und Flatulenz auf. Je nach Enzymmangel weist der Stuhl eine entsprechende Farbe und Konsistenz auf (z. B. Fettstühle bei Mukoviszidose). Bei Malabsorptionssyndromen liegt meist auch eine Eisenmangelanämie vor, typisch für die Mukoviszidose ist der Mangel an fettlöslichen Vitaminen (z. B. Blutgerinnungsstörungen durch Vitamin-K-Mangel). Nicht selten führt bei dystrophen Kindern die Mangelernährung auch zu psychomotorischer Verzögerung und verspätetem Erreichen der »Meilensteine« der Entwicklung.

36 Abnormer Kopfumfang

36.1 Mikrozephalie

Aufgrund der engen Beziehung zwischen **Hirn- und Schädelwachstum** ist die Mikrozepahlie in den meisten Fällen als Störung der Massenentwicklung des Gehirns anzusehen. Per definitionem liegt eine Mikrozephalie vor, wenn der Kopfumfang (okzipitofrontale Zirkumferenz, OFC) mehr als 2 Standardabweichungen unter der Norm liegt. Daraus folgt, dass 2,5% der Normalbevölkerung eine Mikrozephalie meist ohne zusätzliche neurologische bzw. mentale Beeinträchtigungen aufweisen. Bei der Beurteilung des Kopfumfangs müssen die elterlichen Werte unbedingt mit einbezogen werden.

Inwieweit der Nachweis einer nichtfamiliären **primären Mikrozephalie** beim Neugeborenen Anlass zu weiterführenden Untersuchungen gibt, muss im Einzelfall erwogen werden und wird wesentlich vom Vorliegen zusätzlicher Symptome und Befunde beeinflusst. Eine **sekundäre Mikrozephalie** mit progredientem Zurückbleiben des Kopfumfangs ist in jedem Fall Grund zur Sorge und sollte genauer abgeklärt werden.

Eine Mikrozephalie kann isoliert (sog. **Microcephalia vera**) oder mit zusätzlichen Symptomen und Befunden im Rahmen eines genetischen Syndroms auftreten. Eine mehr oder weniger stark ausgeprägte Verringerung des Kopfumfangs findet sich bei der Mehrheit der Chromosomenstörungen; darüberhinaus gehen zahllose monogene Syndrome mit einer Mikrozephalie einher. ◘ Tab. 36.1 nennt einige differenzialdiagnostisch wichtige Krankheiten. Klassische Chromosomenstörungen wie Trisomie 13 und 18 sind darin nicht extra aufgeführt.

Neben der Suche nach chromosomalen und anderen **genetischen Ursachen** muss im Rahmen der Abklärung einer Mikrozephalie besonders viel Wert auf die **Schwangerschaftsanamnese** gelegt werden. Mütterliche Stoffwechselerkrankungen (z. B. Phenylketonurie), ein schlecht eingestellter Diabetes mellitus, mütterliche Infektionen während der Schwangerschaft (z. B. Röteln, Zytomegalie, Herpes), ein übermäßige Alkoholkonsum während der Schwangerschaft bzw. die Einnahme von Medikamenten (Phenytoin, Aminopterin) oder Drogen ist in die Differenzialdiagnose mit einzuschließen.

36.1 · Mikrozephalie

Tab. 36.1. Syndrome mit Mikrozephalie

Syndrom	Klinische Merkmale	Gen(e)	Vererbung
Angelman-Syndrom	Fehlende Sprachentwicklung, Ataxie, Epilepsie, typische Facies, Makrostomie, schwere MR	UBE3A u. a.	Verlust des maternalen 15q11-q13
Cornelia-de-Lange-Syndrom	Synophrys (zusammengewachsene Augenbrauen), dünne Oberlippe, Mikromelie, Mikrozephalie, MR	NIPBL (nipped-B like), SMC1L1	AD
Deletion 4p (Wolf-Hirschhorn-Syndrom)	Hypertelorismus, Minderwuchs und Mikrozephalie, breite, gebogene Nase, Kopfasymmetrie, tief sitzende Ohren, präauriculäre Anhängsel, schwere MR, Epilepsie	Unbekannt	Meist sporadisch
Dubowitz-Syndrom	Minderwuchs, Ptosis, breite »Knubbelnase«, kindliches Ekzem, leichte MR	Unbekannt	AR
Fetales Alkoholsyndrom	Prä- und postnataler Minderwuchs, Herzfehler, verstrichenes Philtrum, schmale Oberlippe, MR	Unbekannt	–
Meckel-Gruber-Syndrom	Minderwuchs, zerebrale und zerebelläre Hypoplasie, Mikrophthalmie, Polydaktylie, Nierenfehlbildungen, MR	MKS1, TMEM67 u. a.	AR
Miller-Dieker-Syndrom	Schwere MR, Epilepsie, bitemporale Schädeleindellungen, prominente Stirn, kleine Nase, später Zahndurchbruch, Minderwuchs; im MRT Lissenzephalie (Agyrie)	LIS1 u. a.	Mikrodeletion 17p13.3, meist sporadisch
Rubinstein-Taybi-Syndrom	Typische Facies (gebogene Nase), breite Daumen und Zehen, Minderwuchs, MR	CREBBP (kodiert für das CREB binding protein), EP300	Meist sporadisch
Smith-Lemli-Opitz-Syndrom	Dysmorphie, variable Fehlbildungen, Dystrophie, muskuläre Hypotonie, Syndaktylie der Zehen 2/3, Katarakt, MR; gestörte Sterolsynthese	DHCR7 (kodiert für 7-Dehydrocholesterol-Reduktase)	AR
Williams-Beuren-Syndrom	Supravalvuläre Aortenstenose, typische Facies (volle Wangen), hypoplastische Zähne, Kleinwuchs, MR, verbal ausdrucksstark-inhaltsarm	ELN (kodiert für Elastin) u. a.	Mikrodeletion 7q11.2, meist sporadisch

AD = autosomal dominant, AR = autosomal rezessiv, MR = mentale Retardierung

> **Wichtig**
>
> Diagnosen, die man bei Mikrozephalie nicht übersehen sollte:
> - Maternale PKU
> - Kongenitale Infektion
> - Chromosomenstörung
> - Kraniosynostose
>
> Wichtige Untersuchungen:
> - Maternale Phenylalanin-Konzentration im Blut
> - TORCH-Analyse auf kongenitale Infektionen (Zeitpunkt der Analyse beachten!)
> - Chromosomenanalyse, Subtelomerscreening
> - Röntgen Schädel
> - MRT des Gehirns

Auch beim Kopfumfang wird zwischen der primären und der sekundären Mikrozephalie unterschieden. Die **primäre Mikrozephalie** ist pränatal angelegt und bei Geburt bereits vorhanden; oft finden sich zusätzliche Auffälligkeiten, die auf eine primäre genetische Ursache hinweisen. Die **sekundäre Mikrozephalie** entwickelt sich erst postnatal und sollte unbedingt zu einer weiterführenden Diagnostik veranlassen. Wie so oft in der Medizin ist weniger die einmalige Messung des Kopfumfangs aussagekräftig, als vielmehr die Beobachtung des Wachstumsverlaufs. Eine oft überschätzte Ursache für postnatale Mikrozephalie ist die schwere perinatale Asphyxie, für die das MRT richtungsweisende Befunde geben sollte (hypoxisch-ischämische Enzephalopathie mit periventrikulärer Leukomalazie). Aus dem Verlauf des Kopfumfangs lassen sich prognostische Aussagen gewinnen: Zeigen die Messungen im Lauf der ersten Lebensmonate nur eine sehr geringe bis gar keine Größenzunahme, so ist die Prognose schlecht.

Differenzialdiagnostische Abklärung. Zusätzlich zur vollständigen klinisch-genetischen Abklärung gehört zur Abklärung einer Mikrozephalie immer auch eine **Bildgebung des Gehirns** (in aller Regel ein MRT). Auf diesem Weg können ggf. zusätzliche Auffälligkeiten des ZNS aufgedeckt werden, die zur Diagnosefindung beitragen können (z. B. Holoprosenzephalie [▶ Kap. 31.2.1], Gyrierungsstörungen/Lissenzephalie, Myelinisierungsstörungen u. v. a.). Bei vielen genetischen Krankheiten findet sich allerdings ein normal strukturiertes, kleines Gehirn. Es sei an dieser Stelle darauf hingewiesen, dass intrakranielle Verkalkungen nicht zwangsläufig den Rückschluss auf ein infektiöses Geschehen zulassen, denn auch genetische Erkrankungen können diesen Befund hervorrufen (z. B. Pseudo-TORCH-Syndrom) und selbst die perinatale Asphyxie führt manchmal zu intrakraniellen Verkalkungen. Um den Verdacht einer infektiösen Genese bei Mikrozephalie zu erhärten,

36.1 · Mikrozephalie

sollte möglichst früh der serologische bzw. mikrobiologische Nachweis angestrebt werden. Schließlich ist bei Mikrozephalie immer auch eine **ophthalmologische Untersuchung** angezeigt, da sich nicht selten zusätzliche ophthalmologische Auffälligkeiten nachweisen lassen (z. B. Mikrozephalie mit Katarakt, Mikrozephalie mit Chorioretinopathie, Megalocornea-Mental-Retardation-Syndrom).

Microcephalia vera. Falls beim älteren Kind keine wichtigen anderen Auffälligkeiten und speziell keine wesentlichen intellektuellen Beeinträchtigungen vorliegen, handelt es sich eher wahrscheinlich um eine autosomal dominante Form der Mikrozephalie. Die Kopfumfangsmaße der Eltern und Geschwister sind dabei in die Überlegungen mit einzubeziehen, die Expressivität innerhalb der gleichen Familie kann jedoch recht unterschiedlich sein (◘ Abb. 36.1).

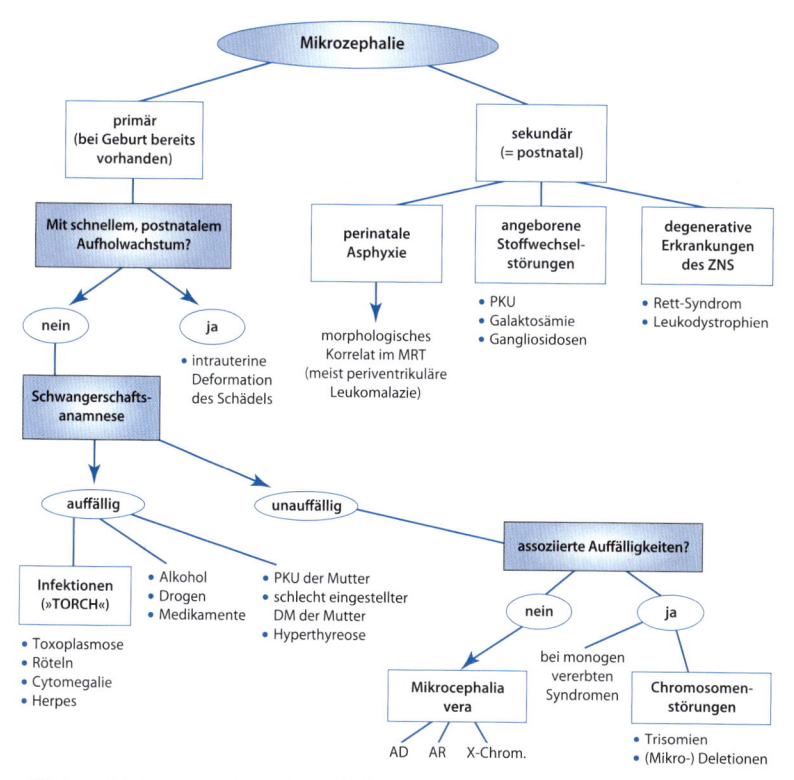

◘ Abb. 36.1. Ursachen der Mikrozephalie. PKV = Phenylketonurie; AO = Autosomal derminant; AR = Autosomal rezessiv

◘ Abb. 37.1 bietet einen differenzialdiagnostischen Algorithmus bei Mikrozephalie.

36.2 Makrozephalie

Auch für die Makrozephalie gilt, dass eine Überschreitung der 2. Standardabweichung über Norm zunächst nur eine geringe klinische Bedeutung hat. In vielen Fällen wird der »große Kopf« autosomal dominant vererbt, ohne eine Funktionseinschränkung mit sich zu bringen. Es handelt sich in diesen Fällen um die sog. genannte **benigne Makrozephalie**. Andererseits kann eine Makrozephalie auch ein wichtiger Hinweis auf genetische Krankheiten wie die **Stoffwechselstörung** Glutarazidurie Typ I oder den Morbus Canavan sein, speziell wenn zusätzliche Befunde wie eine muskuläre Hypotonie oder neurologische Auffälligkeiten hinzukommen. Bei perzentilenschneidendem Wachstum des Kopfumfangs im Säuglingsalter muss ein **Hydrozephalus** ausgeschlossen werden. Bei der echten **Megalenzephalie** hingegen ist das Ventrikelsystem klein.

Auch bei der Makrozephalie wird zwischen pränatalen und postnatalen Formen unterschieden, allerdings sind letztere Formen häufiger. In der Mehrheit der Fälle wird eine Makrozephalie durch progrediente raumfordernde Prozesse in der Schädelhöhle verursacht. Am häufigsten findet sich beim Kleinkind ein **Hydrozephalus** mit Erweiterung des Ventrikelsystems als Ursache für eine (nicht immer postnatale) Makrozephalie. Weitere raumfordernde Prozesse, die zu einem vermehrten Schädelwachstum führen können, sind Arachnoidalzysten, Hirntumoren, subdurale Blutungen (Hygrom), Abszesse etc. Eine zerebrale Bildgebung ist zur differenzialdiagnostischen Abklärung unabdingbar, wobei bei noch offenen Fontanellen eine Ultraschalluntersuchung des Schädels zunächst oft ausreicht.

Bei Kindern mit **Skelettdysplasie** wie der Achondroplasie kann eine Makrozephalie sowohl primär als auch sekundär durch einen Hydrozephalus verursacht sein. Bei der Achondroplasie ist auch ohne Hydrozephalus der Kopfumfang schon bei Geburt mehr als 2 Standardabweichungen über der Norm. Er nimmt während des ersten Lebensjahres weiter zu. Die hintere Schädelgrube ist flach mit hypoplastischen Foramina. Kleine Foraminae jugulares behindern den venösen Rückfluss und ein hypoplastisches Foramen magnum sorgt für einen verminderten Abfluss von Liquor cerebrospinalis mit intrakraniellem Druckanstieg, Ventrikulomegalie und weit klaffenden Fontanellen.

Eine postnatale perzentilenschneidende Zunahme des Kopfumfangs findet sich seltener bei verschiedenen **Stoffwechselstörungen**. Bei der Glutarazidurie Typ I, einer Organoazidopathie, besteht die Gefahr einer akuten Stoffwechselkrise mit schwerer irreversibler Hirnschädigung, und es sollte zumindest eine Untersuchung der organischen Säuren im Urin angeordnet werden. Häufiger findet sich eine Makrozephalie bei lysosomalen Speicherkrankheiten wie den Mukopolysaccharidosen, bei denen aber meist auch andere Organe (z. B. Leber, Milz) vergrößert sind und zunehmende Veränderungen im Aussehen des Gesichts auffallen.

Wie kaum anders zu erwarten, gehen einige der **Überwuchssyndrome** mit einer pränatalen Makrozephalie einher. Klassisch ist die Makrozephalie bei **Sotos-Syndrom**, das synonym auch als »zerebrales Gigantismussyndrom« bezeichnet wird. Etwa 50% der betroffenen Kinder zeigen schon bei Geburt eine Makrozephalie, im Alter von 1 Jahr sind es 100%. Die Liquorräume sind hierbei nur milde erweitert. Beim anderen »klassischen« Überwuchssyndrom, dem Beckwith-Wiedemann-Syndrom, ist eine Makrozephalie nur bei einem Teil der Patienten nachweisbar.

Ein relativ großer Kopfumfang findet sich auch beim Fra(X)-Syndrom und bei der Neurofibromatose Typ I, wobei hier der Wert noch im altersentsprechenden Normbereich liegen kann. Und schließlich könnte es sich auch um eine familäre Makrozephalie mit davon unabhängiger Retardierung handeln.

> **Wichtig**
>
> Die folgenden Untersuchungen sollte man bei Kindern mit mentaler Retardierung und Makrozephalie in Erwägung ziehen:
> - Chromosomenanalyse
> - Molekulare Diagnostik auf Fra(X)-Syndrom
> - Organische Säuren sowie Mukopolysaccharide und Oligosaccharide im Urin
> - Röntgen Schädel, Hände und Thorax
> - MRT des Gehirns

37 Erhöhte Infektanfälligkeit

Im Kleinkindes- und Vorschulalter werden bis zu 8 Infektionserkrankungen pro Jahr als noch normal betrachtet. Sobald mehr als 8 Infekte pro Jahr auftreten bzw. sobald sich chronische Infekte entwickeln, die trotz adäquater Therapie nicht ausheilen, spricht man von **erhöhter Infektanfälligkeit**.

Das Immunsystem des Menschen macht während der ersten Lebensjahre einen beachtlichen Reifungsprozess durch. Während man im Säuglings- und Kleinkindesalter aufgrund der noch vorhandenen partiellen Unreife des Immunsystems von einer **physiologischen Infektanfälligkeit** spricht, ist spätestens ab dem frühen Schulalter mit einer deutlichen Abnahme der Infekthäufigkeit zu rechnen.

Wann aber ist eine Infektanfälligkeit abklärungsbedürftig? Folgende Kriterien sollen als Richtschnur bei dieser Überlegung gelten:
- wenn **mehr als 8** Infektionserkrankungen pro Jahr durchgemacht werden,
- wenn Infekte auffallend **polytop** auftreten (Haut, Respirationstrakt, Intestinaltrakt, Harntrakt, ZNS etc.),
- wenn Infekte trotz adäquater Behandlung dazu neigen, zu **chronifizieren**,
- wenn Infektionen durch **opportunistische Erreger** verursacht werden,
- wenn Infektionen **atypisch** verlaufen, z. B. schwere Abszesse ohne systemischen Temperaturanstieg.

Man unterscheidet primäre und sekundäre Immundefekte. **Primäre Immundefekte** sind angeboren und i. d. R. genetisch bedingt. Es können verschiedene Komponenten des Immunsystems betroffen sein: T-Zell-System, B-Zell-System, Monozyten, Granulozyten, Komplement-System. **Sekundäre Immundefekte** sind erworben und Folgeerscheinungen anderer Krankheiten (z. B. im Rahmen von Leukämien, bei HIV-Infektion, als Folge immunsuppressiver Medikation, bei Malnutrition, schweren Leberschäden). Bezüglich des klinischen Vorgehens wird auf die pädiatrische Standardliteratur verwiesen; nachfolgend sollen nur die wichtigsten genetischen Immundefizienzsyndrome aufgeführt werden.

SCID (*severe combined immunodeficiency*)

Es handelt sich um die schwerste und am schnellsten fortschreitende Form der primären Immundefizienzsyndrome, mit schwerwiegenden Defekten sowohl der **zellulären** als auch der **humoralen Abwehr**. Die Kinder fallen schon in den ersten Lebensmonaten mit schweren bakteriellen, viralen und auch Pilzinfektionen auf. Meist besteht eine generalisierte Candidiasis und häufig finden sich chronische Pneumonitiden durch Infektion mit Pneumocystis jiroveci (früher: carinii). Hinzu kommen chronische, schwere Diarrhöen, die von verschiedensten Erregern ausgelöst sein können. Impfungen mit Lebendimpfstoffen können für diese Kinder tödlich sein. Unbehandelt ist SCID innerhalb der ersten beiden Lebensjahre tödlich.

Diagnostisch sind alle Parameter der zellulären wie auch der humoralen Abwehr auffällig: Lymphknoten und Tonsillen fehlen, ultrasonographisch ist kein Thymus nachweisbar. Blutuntersuchungen zeigen manchmal eine Lymphopenie, im Serum sind keine Immunglobuline nachweisbar.

Pathogenetisch handelt es sich in den meisten Fällen um die **X-chromosomal-rezessive »B-positive SCID«** mit fehlenden T-Lymphozyten, aber nachweisbaren B-Lymphozyten, die jedoch funktionsuntüchtig sind. Darüber hinaus gibt es einige autosomal-rezessiv erbliche Formen der SCID wie den **Adenosin-Desaminase-Mangel**, der die erste Krankheit überhaupt war, die mittels Gentherapie beim Menschen erfolgreich behandelt wurde.

Die **Behandlung** der SCID ist bislang nur durch Knochenmarktransplantation möglich. Alle anderen Therapieansätze sind entweder experimentell (Gentherapie) oder symptomatisch/prophylaktisch (Antibiotikaprophylaxe, Ig-Substitution, Isolierung).

Agammaglobulinämie

Die X-chromosomal vererbte Agammaglobulinämie (Bruton) ist das klassische Beispiel für einen isolierten B-Zell-Defekt. Die betroffenen Patienten sind in den ersten Lebensmonaten i. d. R. aufgrund des noch bestehenden »Nestschutzes« (plazentagängiges IgG) gesund, bevor im Alter von 6–12 Monaten zunehmend häufig bakterielle, pyogene Infekte auftreten. Als typische Lokalisationen gelten der Respirationstrakt und die Haut; im Rahmen von Komplikationen kommt es zu Meningitiden und Septitiden. Eher selten werden virale oder gramnegative Infekte beobachtet. Die **Diagnose** stützt sich auf den schweren Mangel an IgG, IgM und IgA, nachgewiesen durch Immunelektrophorese und quantitative Bestimmung der Immunglobuline. **Therapie** der Wahl ist neben der adäquaten antibiotischen Therapie der bakteriellen Infektionen die lebenslange Substitution mit intravenösen Immunglobulinpräparaten.

Selektiver IgA-Mangel

Der selektive Mangel an Immunglobulin A ist die am häufigsten beobachtete Immundefizienz überhaupt: Untersuchungen an gesunden Blutspendern zeigten eine Prävalenz von 0,1–0,2%. Bei den meisten Betroffenen verläuft dieser Mangel jedoch rein subklinisch. Der Vererbungsmechanismus ist unklar, doch unter Verwandten ersten Grades ist die Inzidenz für IgA-Defizienz 14-fach erhöht.

Mikrodeletion 22q11 (Thymushypoplasie)

Im Jahre 1965 beschrieb Angelo DiGeorge einen Patienten mit **Hypoparathryreoidismus** und zellulärer Immundefizienz in Folge von **Thymushypoplasie**. Innerhalb kurzer Zeit wurde eine Vielzahl weiterer Patienten mit gleicher Befundkonstellation beschrieben. Es zeigte sich, dass zum vollen Krankheitsbild weitere Störungen gehören, die sich embryologisch der 3. und 4. **Schlundtasche** zuordnen lassen, darunter typische kardiovaskuläre Fehlbildungen des Ausflusstrakts (z. B. Truncus arteriosus) sowie kraniofaziale Anomalien. Es ist Teil des klinischen Spektrums einer **Mikrodeletion von Chromosom 22q11.2** (► Kap. 21.1). Eine andere Manifestationsform des gleichen genetischen Defekts ist das velokardiofaziale Syndrom oder **Shprintzen-Syndrom** mit typischen kraniofazialen Auffälligkeiten, z. B. einer Gaumenspalte oder einer langen Nase mit hypoplastischen Nares. Kinder mit klassischem DiGeorge-Syndrom zeigen in den ersten Lebenstagen oft tetanische Krampfanfälle aufgrund von Hypokalzämie. Nach der Neugeborenenperiode bestimmen lebensbedrohliche Infektionen die Prognose; typisch sind Pilzinfektionen des Gastrointestinaltrakts, Pneumocystis jiroveci Pnemonien und therapiresistente Diarrhöen. Im peripheren Blut ist die Zahl der T-Lymphozyten vermindert, oft werden unreife T-Vorläuferzellen nachgewiesen.

Therapie: Nach der operativen Korrektur lebensbedrohlicher Fehlbildungen wie z. B. eines Herzfehlers (unter breiter antibiotischer Abschirmung) kann die Korrektur des Immundefekts angegangen werden – entweder durch die Transplantation von fetalem Thymusgewebe oder (zuverlässiger) durch Knochenmarktransplantation. Ohne Therapie des Immundefekts ist die Lebenserwartung von Kindern mit komplettem DiGeorge-Syndrom gering: 80% versterben im ersten Lebensjahr.

Wiskott-Aldrich-Syndrom

Die Trias aus **Thrombozytopenie, chronischem Ekzem** und **rezidivierenden opportunistischen Infektionen** kennzeichnet diese X-chromosomal-rezessive Erkrankung. Die Kinder fallen meist schon bei Geburt durch petechiale Blutungen auf. In Kombination mit Infekten (meist pyogene Erreger mit Polysacchrid-Kapsel; typisch sind: Pneumokokken, Meningokokken, Haemophilus und Pneumocystis jiroveci) kommt es häufig zur Verschlimmerung der Thrombozytopenie mit gastrointestinalen und intrakraniellen Blutungen.

Bei normaler B-Zell-Zahl sind IgA und IgE oft erhöht, IgM ist erniedrigt. Der Isohämagglutininspiegel ist niedrig oder gar nicht vorhanden.

Die **Therapie** ist symptomatisch (Antibiotika, Thrombozytenkonzentrate) bzw. kausal (Knochenmarktransplantation). Bei HLA-identischer Transplantation liegt die Erfolgsrate bei über 90%. Unbehandelte Patienten versterben meist an schweren Infektionen (60%), seltener an Blutungen (30%) oder lymphoretikulären Malignomen (5%).

Ataxia teleangiectatica (Louis-Bar-Syndrom)

Auch für dieses, autosomal-rezessive Syndrom gibt es eine klassische Symptom-Trias: **zerebelläre Ataxie, okulokutane Teleangiektasien und rezidivierende bronchopulmonale Infekte**. Hinzu kommt eine deutlich erhöhte Empfindlichkeit gegenüber ionisierenden Strahlen mit einer daraus resultierenden erhöhten Inzidenz für Malignome (u. a. Lymphome). Klinisch auffällig wird die Erkrankung meist, wenn die Kinder zu laufen beginnen, wobei die zerebelläre Ataxie zunächst oft als motorische Ungeschicklichkeit fehlinterpretiert wird. Die typischen Teleangiektasien entwickeln sich meist erst im Alter von 3–6 Jahren. Aufgrund der stets wiederkehrenden bronchopulmonalen Infekte kommt es zu bronchiektatischen Lungenveränderungen.

Pathogenetisch handelt es sich um den Defekt eines Gens (*ATM*), das für das Erkennen von DNA-Schäden wichtig ist. Die Ataxia teleangiectatica gehört zu den Chromosomen-Instabilitäts-Syndromen. Bislang steht keine kurative Therapie zur Verfügung, die Knochenmarktransplantation korrigiert lediglich den Immundefekt.

Weitere Chromosomen-Instabilitäts-Syndrome mit Immundefekt sind das **Nijmegen-breakage-Syndrom** und das **Bloom-Syndrom** (◘ Tab. 37.1; ► Kap. 32).

◘ Tab. 37.1. Immundefizienzsyndrome

Kategorie	Syndrom	Vererbung	T-Zell-Zahl	B-Zell-Zahl	Ig-Spiegel
Kombinierte T- und B-Zell-Immundefizienz	SCID (*severe combined immuno-deficiency*)	XR	↓	Normal oder ↑	Alle ↓
	Adenosin-Desaminase-Mangel	AR	Progressiv ↓	Progressiv ↓	Alle ↓
	Hyper-IgM-Syndrom	XR	Normal	Normal	IgM normal bis ↑, IgA ↓, IgG ↓
	DiGeorge-Syndrom	AD	Normal bis ↓	Normal	Normal bis ↓
Antikörpermangel	Agammaglobulinämie (Bruton)	XR	Normal	↓↓ bzw. –	↓↓ bzw. –
Phagozyten-Defekte	Septische Granulomatose	AR, XR	Normal	Normal	Normal
	Leukozytenadhäsions-Defekt	AR	Normal	Normal	Normal
Andere Syndrome mit Immundefekt	Wiskott-Aldrich-Syndrom	XR	Normal bis ↓	Normal	Normal, manchmal IgM ↓
	Ataxia teleangiectatica	AR	Normal	Normal	Normal
	Bloom-Syndrom	AR	Normal	Normal	Normal

AR = autosomal-rezessiv, XR = X-chromosomal-rezessiv, ↑ = erhöht, ↓ = erniedrigt, ↓↓ = stark erniedrigt, – = nicht nachweisbar

Patientenberichte

38 Patienten und deren Familien berichten – 509
38.1 Felix – 509
38.2 Zum 50. Geburtstag einer Frau mit Triple-X-Syndrom – 510
38.3 Simon – 512

38 Patienten und deren Familien berichten

38.1 Felix

Bereits in der späten Schwangerschaft mit Felix wurde durch Zufall festgestellt, dass unser Kind einen seltenen, schweren Herzfehler hat (Truncus arteriosus communis), den man jedoch operativ korrigieren könnte. Felix kam am 13.08.1998 nach einer sehr komplizierten, spontanen Entbindung sofort in einen Inkubator und wurde dann mit 4 Wochen in der Kinder-Herzklinik in X operiert. Bis dahin hatte er bereits 600 g an Gewicht verloren. Auch nach der OP trank er nur sehr wenig, so dass er mehrere Wochen mit einer Magensonde versorgt werden musste. Im Alter von acht Wochen durften wir ihn schließlich mit nach Hause nehmen, und unsere ältere Tochter Sophie konnte ihn nun endlich zum ersten Mal in den Arm nehmen.

Es hieß, wir bräuchten jetzt mit Felix vor allem viel Zeit und Geduld und es würde eine Weile dauern, bis er in der Entwicklung mit Gleichaltrigen wieder Schritt halten könnte. Daher machten wir uns auch keine großen Gedanken, als Felix nicht richtig auf Geräusche reagierte und seinen Kopf häufig seltsam seitlich nach hinten wegdrehte. Wir waren schon froh, dass er nun doch langsam an Gewicht zunahm.

Kurz vor Weihnachten waren wir bei der U4, da kamen die ersten niederschmetternden Tatsachen ans Licht: Felix hatte offensichtlich eine Seh- und Hörstörung, hypotone Bewegungsstörungen sowie eine Kleinhirnhypoplasie. Der Kinderarzt meinte, wir sollten uns jetzt überhaupt nicht verrückt machen. Er empfahl uns eine augenärztliche Untersuchung und ansonsten sollten wir in 8 Wochen wieder zur Kontrolle vorbeikommen. Wie gelähmt verließen wir die Praxis. Am darauf folgenden Tag entschieden wir uns, nicht lange abzuwarten, sondern gleich in die Uniklinik nach Y zu fahren, um die Gründe für diese Fehlentwicklung ausfindig zu machen – und auch mit der kleinen Hoffnung, dass sich die Diagnose des Kinderarztes als falsch herausstellen könnte. Es folgten vom Dezember 1998 bis März 1999 mehrere Klinikaufenthalte, die die Fehlentwicklungen bei Felix bestätigten, wobei jedoch keine eindeutige Ursache festgestellt wurde. Man empfahl uns, für Felix die Frühförderung zu beantragen und die weitere Entwicklung abzuwarten. Das war uns aber zu wenig.

Mehr zufällig gerieten wir an das kinderneurologische Zentrum in Z. Dort wurde der Verdacht auf CDG gestellt, der sich dann leider auch bestätigte. Für uns brach eine Welt zusammen, als wir die Infomappe vom Kindernetzwerk über CDG in den Händen hielten, denn wir waren nicht vorgewarnt und die Prognosen für Felix waren derart katastrophal, dass wir es zum damaligen Zeitpunkt bereuten, Felix durch die Herz-OP am Leben erhalten zu haben. Damals wäre eine psychologische Betreuung für unsere Familie absolut wichtig gewesen, aber keiner der Ärzte dachte bei der ganzen Sache an uns. Wir hatten immense Probleme mit unserer Situation und schienen völlig allein gelassen zu sein. Auch eine anschließende Kur mit Felix verschlimmerte das Ganze noch, da die letzte Hoffnung auf Besserung dort geschwunden war. Andere Kinder machten gute Fortschritte in ihrer Entwicklung, doch bei Felix tat sich in diesen 4 Wochen gar nichts.

Nach der Kur waren wir psychisch total am Boden und wir brauchten Monate, um zu begreifen: Wir müssen Felix so nehmen und akzeptieren, wie er ist, man kann aus ihm nichts »herausprügeln«. Was nicht geht, das geht halt nicht und Vergleiche mit anderen Kindern bringen sowieso nichts. Im Gegenteil: Es ist unfair gegenüber Felix und macht uns nur unzufrieden und unglücklich. Das ist das Wesentliche, was wir in den letzten 2 Jahren hinzugelernt haben.

Heute ist Felix 3 Jahre alt und geht seit kurzem in einen Kindergarten für Körperbehinderte. Es ist zum Glück bis jetzt vieles nicht eingetroffen, was in der Broschüre vom Kindernetzwerk als häufige Symptome genannt wurde. Er hatte bisher z. B. keine Krampfanfälle oder Lähmungen. Vom Orthopäden wurden bisher keine Kontrakturen festgestellt. Das Hör- und Sehvermögen hat sich bei Felix erfreulich gut verbessert, so dass er keine Brille benötigt, und auch die angepassten Hörgeräte konnten wir wieder zurückgeben. Ob Felix einmal das Laufen lernt, steht noch in den Sternen. Aber das Wichtigste für uns ist: Wir haben ein fröhliches und wissbegieriges Kind, das niemand in unserer Familie mehr missen möchte. Keiner von uns kann so natürlich und herzhaft lachen wie Felix. Es war ein langer und steiniger Weg bis hierher und es steht uns auch in Zukunft noch einiges bevor. Aber wir sind inzwischen an Erfahrungen viel reicher geworden und schauen nicht mehr so sehr auf die »Normen«, die von unserer Gesellschaft auferlegt werden, so dass wir der Zukunft mutig und mit viel Hoffnung entgegensehen. Denn wir wissen: Felix ist glücklich bei uns – egal, was die Zukunft noch bringen mag.

38.2 Zum 50. Geburtstag einer Frau mit Triple-X-Syndrom

Mein Leben begann 1955, in einer Zeit, als man noch mit den Nachkriegsereignissen zu kämpfen hatte. Man machte sich Sorgen um den Lebensunterhalt. Da war ein Kind, das erst mit 3 Jahren laufen lernte, eher die Folge der damals noch bestehenden Mangelernährung. Nach einer anderen Erklärung wurde gar nicht gesucht. So kam ich in den Genuss von viel Milch […] und dass ich endlich, mit 3 Jahren, auf eigenen Beinen stand, bezog man auf die gute Milch und die »gute Butter«, die ich regelmäßiger bekam als andere Kinder. […]

Der erste Schultag […] ist mir noch in guter Erinnerung. In der Klasse der I-Männchen war ich äußerlich unauffällig. Erinnern kann ich mich daran, dass ich mich nicht wohl fühlte zwischen all den Kindern. Warum, das weiß ich heute auch nicht zu sagen. Die erste Klasse war jedoch für mich die Hölle. Das Lernen fiel mir zunächst schwer, da ich mich in der Umgebung fremd und unsicher fühlte. Wobei ich durchaus den Lehrstoff beherrschte und eine gute Schülerin war. Es ist schwer zu beschreiben, was ich als 6- bis 10-jährige Schülerin empfand und erlebte. In diesem Alter macht man sich die Dinge noch nicht bewusst. Aber ich kann es mal so

38.2 · Zum 50. Geburtstag einer Frau mit Triple-X

beschreiben: »Ich fühlte mich immer irgendwie anders«. Auch von meiner Mutter hörte ich immer: »Sei doch mal wie die anderen Kinder«. Diesen Anspruch hatten meine Eltern schon an mich, so zu sein wie »andere Kinder«. Was immer sie auch damit meinten, ich wusste es nicht. …[…] Die Schulleistungen waren so, dass ich meine Erfolge im Deutschunterricht hatte, Sprachen lagen mir auch. Mathe war eher ein Problem, wobei ich später in Buchführung die Prüfung mit einer »1« bestanden habe. […]

Nach der Schulzeit begann ich eine Lehre als Rechtsanwalts- und Notargehilfin, schloss diese Ausbildung auch ab. Auch in dieser Zeit hatte ich das Gefühl, irgendwie passe ich nicht in den Kreis der jungen Leute. Im Tanzkurs, den ich mit 16 Jahren belegte, fühlte ich mich bei den Klängen der Musik gut. Auch heute tanze ich noch gern, sobald sich mal die Möglichkeit bietet. Aber der Umgang mit den jungen Männern war mir damals irgendwie schwer. Mir fehlte auch als junges Mädchen eine gewisse soziale Kompetenz, wenn es darum ging, mich im Kreise gleichaltriger Menschen zu bewegen. Wenn ich alte Fotos betrachte, würde ich mich als hübsche junge Frau bezeichnen. Rein äußerlich unterschied mich nichts von anderen Frauen.

1978 habe ich geheiratet, im Mai 1982 kam meine behinderte Tochter zur Welt. Im Dezember 1982 trennte ich mich von meinem Mann, wir ließen uns dann scheiden. Meine Tochter ist mit einem Hydrocephalus zur Welt gekommen. Die Probleme mit ihrem Shuntsystem verfolgten und verfolgen uns ständig. Auch zeigten sich immer mehr Probleme, die man dem Hydrocephalus nicht zuordnen konnte. Man machte bei ihr im Juli 1999 einen Gentest. Es wurde ein Gendefekt »46 XX, del 21q« bei ihr festgestellt. Somit war es natürlich interessant, ob ich den gleichen Gendefekt wie sie habe, und diesen an meine Tochter weitergegeben habe. Ich wurde also auch getestet.

Es stellte sich heraus, dass ich ein XXX-Syndrom habe […]. Die Ärztin, die mir meinen Befund per Telefon mitteilte, meinte gleich: »Sagen sie aber niemandem etwas von diesem Gendefekt.« Natürlich meinte sie es gut mit mir. Denn in der Literatur sind diese Frauen zum Teil auch geistig etwas neben der Spur. […]

Seit etwa 5 Jahren leide ich unter Zyklusbeschwerden. Man sagt, Frauen mit diesem Syndrom kämen evtl. früher in die Wechseljahre. Es könnte stimmen? Ich weiß es nicht. Von anderen Frauen weiß ich, dass sie unter gleichen Problemen leiden wie ich. Da ich in den letzten Jahren doch häufiger auf Ärzte angewiesen war, habe ich dann doch entgegen dem Rat der Ärztin damals mein XXX-Syndrom angegeben. Einige Ärzte konnten damit gar nichts anfangen. Andere interessierten sich schlagartig dafür, wie sich mein Sexualleben gestalten würde. […]

Ich blicke nun auf 50 Jahre zurück. Bis 1999 habe ich mich völlig unbelastet gefühlt. Mit dem Wissen um das dritte X in meinem Chromosomensatz war ich natürlich verunsichert. Auch was die medizinischen Beschreibungen einer XXX-Betroffenen betrifft, habe ich mich beschäftigt. Ein paar Ausführungen passen natürlich auch bei mir. Die muskuläre Entwicklung kann verzögert sein. Das Sozialverhalten/-empfinden ist nicht ganz der Norm entsprechend. Feinmotorisch hatte und habe ich es nie zu Höchstleistungen gebracht. Mein IQ wurde u. a. wegen einer angestrebten Umschulung getestet. Das Testergebnis ergab keinesfalls eine Lernbehinderung. Damals machte ich den Test für die Ausbildung zur Krankenschwester. [...] Rückblickend würde ich sagen, dass es für mich gut war, dass ich bis 1999 nichts von meinem Gendefekt wusste. Vermutlich hätte ich mich immer irgendwie am medizinischen Wörterbuch orientiert und geschaut, ob ich der Norm entspreche. Frühförderung in dem Sinne gab es in den Jahren nach 1955 noch nicht. Ob mir Gymnastik für die Muskeln wirklich viel mehr gebracht hätte? Evtl. hätte man von vorn herein eine geistige Minderbegabung vorausgesetzt. Hätte man mir die Chance gegeben, mich in einem normalen Schulalltag zu bewähren? Mein Leben wäre vermutlich in anderen Bahnen verlaufen. [...]

Und was den Gendefekt meiner Tochter betrifft, so steht dieser in keinem Zusammenhang mit mir. [...] Was mich betrifft, ich sehe mich als eine besondere Frau, in mancherlei Hinsicht. Man hat nämlich vergessen, im medizinischen Wörterbuch auch mögliche Begabungen und menschliche Vorzüge zu benennen. Von denen habe ich dann auch einige. »Einen Defekt zu haben bedeutet in keinem Fall, dass man defekt ist.« So betrachte ich diese Situation. Ich fühle mich nämlich nicht defekt. Ich bin einzigartig!

38.3 Simon

Simon kam am 29. Oktober 1998 zur Welt. Er wog 3535 g und war 51 cm groß. Soweit alles normal, nur die Hebamme wurde stutzig, da sie alles versuchte, doch Simon wollte einfach nicht schreien. Ich legte ihn an, aber er war wohl zu müde zum Trinken. Der Arzt untersuchte ihn nochmals, aber meint nur, der hat wohl keine Lust zum Schreien. Es ist alles in Ordnung. Sein Schreien kam einige Stunden später, jedoch sehr, sehr zaghaft. [...] Ich hatte vom ersten Moment an das Gefühl, Simon ist noch nicht ganz auf dieser Welt angekommen. Mir kam es auch sehr schnell so vor, dass er so ganz anders ist als seine Schwester. Der Kinderarzt meine immer nur, er brauche halt etwas länger als andere, ich muss mich halt noch gedulden. Mit drei Monaten konnte er immer noch nicht richtig seinen Kopf halten, der meines Erachtens auch sehr groß und schwer war. Meine Schwägerin (hatte selbst drei fast erwachsene Kinder und arbeitet mit behinderten Menschen) schöpfte schon sehr früh Verdacht und äußerte mir ihre Bedenken, ob das vielleicht nicht was »Ernstes« sein könnte. Ich ließ mich aber immer noch gern vom Kinderarzt vertrösten. Als Simon 6 Monate alt war, begannen wir mit Krankengymnastik, da er sehr muskelschwach war. Mit 10 Monaten stellte ich ihn der Frühförderung vor und von da an bekam er einmal pro Woche Ergotherapie. Als Simon knapp ein Jahr als war, war die Entwicklungsverzögerung eindeutig zu erkennen. Er konnte in keinster Weise sitzen und war sehr schwach. Nun meinte auch der Kinderarzt, wir sollten in die Kinderklinik fahren, um die Sache abzuklären. Simon hatte eine eigentlich normale Kopfgröße, aber sein Körper passte nicht dazu. Der war viel zu klein und schwach. Ich stillte Simon bis er ein Jahr alt war und begann auch mit dem Zufüttern. Es klappte, wenn auch noch sehr zäh und in kleinen Mengen. Im Klinikum angekommen, wurden mehrer Untersuchungen gemacht. Die Ärzte vermuteten, dass irgendetwas im Kopf nicht stimmt. Dieser Verdacht bestätigte sich aber nicht, dort wurde nichts Auffälliges festgestellt.

38.3 · Simon

Als letztes nahmen sie noch eine Blutprobe für eine Chromosomenanalyse. Ergebnis: partielle Trisomie von Chromosom 5 mit Deletion am Chromosom 18. […] Da wussten wir erst mal gar nicht, was das bedeuten sollte. Die Ärztin meinte nur, sie kann da auch nichts sagen, sie kennen keinen solchen Fall. Simon wird halt alles etwas später lernen als andere Kinder. Na ja, ich dachte, das wäre ja nicht weiter tragisch, wurde aber das Gefühl nicht los, dass dies noch nicht die ganze Tatsache ist. […] Wir suchten dann noch einen anderen Arzt auf, der sich sehr lange mit uns unterhielt. Auch er konnte uns natürlich nicht sagen, wie sich Simon weiterentwickelt, aber er war sich sicher, dass Simon irgendwann mal das Laufen lernt. Der Arzt sagte uns aber ganz klar: Eines muss ihnen bewusst sein, Simon kann gefördert werde und noch vieles lernen, aber er ist und bleibt behindert. So, dieses Wort behindert war gar nicht schön zu hören, aber ich war irgendwie erleichtert, nun endlich zu wissen, woran ich bin. Obwohl ich die erste Zeit sehr an mir zweifelte. Ich hatte überhaupt keine Erfahrung mit behinderten Menschen, fühlte mich total verunsichert, wie geht man mit solchen Menschen um? Eine Bekannte sagte dann zu mir: Jede Seele sucht sich ihre Eltern aus, und Simon wird schon gewusst haben, warum er euch als Eltern aussuchte. Irgendwie tröstete mich dies und ich dachte, wenn Simon mir das zutraut, dann will ich es mit ihm versuchen. Für meinen Mann war Simon vom ersten Tag an sein geliebter Sohn, egal ob gesund, krank, stark, schwach oder behindert. Er liebte ihn und ich spürte, auch Simon war sehr stark auf seinen Papa fixiert.

Inzwischen ist Simon 6 Jahre alt, er konnte mit 2½ Jahren frei laufen. […] Mit dem Essen war es eine Zeit lang sehr schwierig, da er nur sehr wenig aß. Ich kann mich an Zeiten erinnern, da ernährte ich ihn von ca. 2 Tellern Nudelsuppe pro Tag. Inzwischen hat sich das glücklicherweise wesentlich gebessert. Er isst nun ganz normal bei uns am Tisch mit. […] Seine Grob- und Feinmotorik sind nicht so gut ausgeprägt, daher ist er in vielen Dingen noch recht ungeschickt. Leider fällt er auch immer wieder hin oder um. […] Seit September 2002 geht er bei uns am Ort in den Kindergarten. Es wurde eine Einzelintegration durchgeführt und er fühlt sich dort sichtlich wohl. Da Simon sehr ängstlich ist, hatte er auch immer sehr große Angst vor anderen Kindern. Diese Angst gibt es nun aber nicht mehr. […] Als Simon frei laufen lernte, beendeten wir die Krankengymnastik. Bald darauf begannen wir die Logopädie. Inzwischen kann er schon einige Wörter sprechen, allerdings nicht so deutlich. Wer ihn jedoch kennt, kann ihn ganz gut verstehen. […] Die meisten Wörter bzw. Silben lernte er in den letzten Monaten, was vielleicht auch mit seinem kleineren Bruder zusammenhängt, denn als dieser anfing zu sprechen, kamen plötzlich auch von Simon viel mehr Laute.

Simon hat absolut kein Zeitgefühl, geschweige denn einen Zeitdruck. Er lebt so im Hier und Jetzt, dass ich ihn manchmal direkt darum beneide. Wir haben doch oftmals hier einen Termin und dort einen Termin, und um diese Uhrzeit sollten wir dort sein… Wenn ich dann hektisch werde, weiß Simon oft gar nicht, was nun los ist, wollte er doch gerade wieder schauen, wo der Vogel hinfliegt, oder ob ein Auto vorbeifährt… und dann vergisst er die ganze Welt um sich herum. Obwohl Simon auch Sehen, Hören, Riechen, Fühlen kann wie wir, bin ich mir sicher, er lebt in einer ganz anderen Welt als wir »normale« Menschen. Er verarbeitet diese Wahrnehmungen wohl ganz anders. Für ihn ist die Welt einfach interessant, unerklärlich und auch unberechenbar. […]

Simon ist behindert, und doch glaube ich, dass er so etwas wie ein 6er im Lotto ist. Er ist organisch gesund und musste bis jetzt noch nie operiert werden. Er hatte ab und an schon mal Probleme mit Durchfall, weswegen wir auch schon im Krankenhaus waren, und er ist ein bisschen infektanfälliger als meine anderen zwei Kinder. Aber alles hält sich noch schwer in Grenzen. Simon ist einzigartig, aber ich glaube jedes Kind und jeder Mensch ist einzigartig und sollte als etwas Besonderes betrachtet werden. Wenngleich Simons »Anderssein« nicht immer ganz einfach ist für uns alle und er durch sein Unverständnis und seine Ängste für viele alltäglichen Dinge meine Geduld manchmal sehr beansprucht, lieben wir ihn alle von ganzem Herzen und möchten ihn nicht mehr missen!

Anhang

Quellenverzeichnis – 516

Sachverzeichnis – 518

Quellenverzeichnis

Kapitel 1
Tab. 1.1: Häufigkeit genetischer Krankheiten: Rimoin DL et al.; Nature and frequency of genetic disease; 55-59; in: Rimoin DL (Hrsg.): Principles and Practice of Medical Genetics; Vol. 1; 4th edition; Churchill Livingstone; London, 2002

Kapitel 2
Abb. 2.2: Komplementäre Struktur der doppelsträngigen DNA: Barsh et al.; Genome structure and gene expression; 60-82; in: Rimoin DL (Hrsg.): Principles and Practice of Medical Genetics; Vol. 1; 4th edition; Churchill Livingstone; London, 2002
Abb. 2.5: Fluss genetischer Information: Barsh et al.; Genome structure and gene expression; 60-82; in: Rimoin DL (Hrsg.): Principles and Practice of Medical Genetics; Vol. 1; 4th edition; Churchill Livingstone; London, 2002
Abb. 2.8: Mitose: Löffler et al. (Hrsg.): Biochemie und Pathobiochemie, 8. Aufl.; Springer Medizin Verlag, Heidelberg, 2007
Abb. 2.9: Meiose: Löffler et al. (Hrsg.): Biochemie und Pathobiochemie, 8. Aufl.; Springer Medizin Verlag, Heidelberg, 2007

Kapitel 4
Abb. 4.11: Molekulare Ursache für Prader-Willi: Schuffenhauser S; Chromosomen – Aberrationen und Krankheitsbilder; 266-284; in: Lentze MJ et al. (Hrsg.): Pädiatrie, 2. Aufl.; Springer Verlag Berlin, Heidelberg, 2003

Kapitel 12
Abb. 12.1a: Erstellung eines Stammbaums: Bennett RL et al., Recommendations for standardized human pedigree nomenclature. Pedigree Standardization Task Force of the National Society of Genetic Counselors. Am J Hum Genet, Mar; 56(3):745-52, 1995
Abb. 12.2b: Interpupillarabstand: MacLachlan C and Howland HC, Normal values and standard deviations for pupil diameter and interpupillary distance in subjects aged 1 month to 19 years. Ophthalmic Physiol Opt, May; 22(3):175-82, 2002

Kapitel 13
Abb. 13.1: Meilensteine der Embryonalentwicklung: Clayton-Smith J and Donnai D; Human malformations; 488-500; in: Rimoin DL (Hrsg.): Principles and Practice of Medical Genetics; Vol. 2; 4th edition; Churchill Livingstone; London, 2002
Abb. 13.3: Potter-Sequenz: Jones KL; Smith's Recognizable Patterns of Human Malformation; 6th edition; Elsevier Saunders; Philadelphia, 2006

Quellenverzeichnis

Kapitel 17

Abb. 17.1: Messung der Nackentransparenz: Tariveridan und Paul: Genetische Diagnostik in Geburtshilfe und Gynäkologie, Springer-Verlag Heidelberg, 1999

Kapitel 21

Tab. 21.1: Relative Häufigkeit angeborener Herzfehler: Bernuth G et al.; Angeborenene Herz- und Gefäßanomalien; 1123-1155; in: Lentze MJ et al. (Hrsg.): Pädiatrie, 2. Aufl.; Springer-Verlag Berlin, Heidelberg, 2003

Abb. 21.5: HbH-Krankheit: Kulozik AE: Thalassämien in Gadner et al. (Hrsg.): Pädiatrische Hämatologie und Onkologie; Springer Medizin Verlag, Heidelberg, 2006

Abb. 21.6: Hb-Barts-Hydrops fetalis: Kulozik AE: Thalassämien in Gadner et al. (Hrsg.): Pädiatrische Hämatologie und Onkologie; Springer Medizin Verlag, Heidelberg, 2006

Abb. 21.8: β-Thalassaemia: Kulozik AE: Thalassämien in Gadner et al. (Hrsg.): Pädiatrische Hämatologie und Onkologie; Springer Medizin Verlag, Heidelberg, 2006

Kapitel 23

Abb. 23.3: Eisenstoffwechsel der Zelle: Modifiziert nach Hentze et al., Balancing acts: molecular control of mammalian iron metabolism. Cell. 2004 Apr 30; 117(3): 285-97. 2004

Kapitel 26

Abb. 26.3: Schädeldeformitäten nach vorzeitiger Nahtverschluss: Lentze et al: Padiatrie, Springer Medizin Verlag, Heidelberg, 2002

Kapitel 29

Abb. 29.1: Ishihara-Tafel zur Prüfung der Farbsichtigkeit: Grehn: Augenheilkunde, 29. Aufl; Springer Medizin Verlag, Heidelberg, 2006

Kapitel 32

Abb. 32.11: Physiologie und Pathophysiologie des Neurofibromins in der Zelle: Viskochil D; Neurofibromatosis Type 1; 369-384; in : Cassidy SB und Allanson JE (Hrsg.); Management of Genetic Syndromes; 2nd Edition; Wiley-Liss, Hoboken. 2005

Kapitel 35

Abb. 35.1: Verschiedene Kleinwuchsformen: Menger u. Zabel 1998; Spranger S; Differentialdiagnostisches Vorgehen beim Kleinwuchs unter besonderer Berücksichtigung genetischer Ursachen; Kinder- und Jugendarzt, 37. Jg., 2006

Sachverzeichnis

A

AB0-System 70, 71, 298
Aberrationen, chromosomale 5
Abort ▶ Fehlgeburt
Achondroplasie 363–367, 486
Achromasie 386
Acylcarnitin 335
Acyl-CoA-Dehydrogenase 221
Additionssatz 183, 184
Adenin 7
Adenom
– Duodenum 446
– kolorektales 446
Adipositas 491–493
– primäre 492
– sekundäre 491
ADPKD 377
ADPKD1-Gen 465
Adrenogenitales Syndrom 219, 220, 357–362, 383
– Infertilität 481
– mit Salzverlust 359
– ohne Salzverlust 359
Adrenoleukodystrophie, X-chromosomale 351
AFP-Bestimmung 228, 229
Aganglionose, kongenitale intestinale 324
AGE 123
Ahornsirupkrankheit 220
AIRE-Gen 362
Akinesie, fetale 374
Alagille-Syndrom 291, 332
Albinismus 275, 276
– Assoziation mit Angelman-Syndrom 276
– Assoziation mit Prader-Willi-Syndrom 276
– okulärer 275
– okulokutaner 275
Aldosteronmangel 379
Alkoholembryopathie 175–179, 497
Allel 42
Alport-Syndrom, Taubheit 392
Altern, genetische Grundlagen 122–126
Altersstar 386
Aminosäurenstoffwechselstörungen 336–341
Amniozentese 230
Amsterdam-II-Kriterien 451, 452
Amyoplasie 374
Analatresie 168, 322, 323
Anämie, hereditäre 299–305
Anamnese, genetische 146–148
Anaphase 32
Androgene, Synthesestörung 382
Androgenresistenz 381
Anenzephalie 410
Aneuploidie 45, 245
Angelman-Syndrom 83, 88–91, 156, 273, 276, 497
Angiofibrom, faziales 464
Angiokeratom 280
Angiom, retinales 470
Angiomatose, meningofaziale 465
Angiomyolipom 464
Angststörung, generalisierte 426
Aniridie 387
Ankyrin, Mutation 299
Anomalien 162

Sachverzeichnis

A–B

Anosmie 415, 481
Anticodon 20
Anti-Müller-Hormon 380
Antiphospholipid-Syndrom 485
Antithrombin-III-Mangel 311, 312
Antitrypsin-Mangel 320
Antizipation 58
Aortenisthmusstenose 288
Aortenklappenstenose 288
APC-Gen 448
APC-Resistenz 310, 311
Apert-Syndrom 370
A-posteriori-Wahrscheinlichkeit 187
Apraxie 404
A-priori-Wahrscheinlichkeit 185
Arachnodaktylie 283
Arcus corneae 349
Arthrogrypose 374
Arzneimittelreaktion, ungewöhnliche 127
Asthma bronchiale 320
Ataxia teleangiectatica 279, 402, 403, 468
Ataxie 400–403
– spinozerebelläre 400, 401
– zerebelläre 402
Atherosklerose 347
ATM-Gen 402
Augenabstand 151, 152
Autismus 425
Autoimmun-Polyendokrinopathie 362
Autoimmunsyndrom, polyglanduläres 362
Autosom 24
AZF-Gene 479
Azidose, renal-tubuläre 378, 379
Azoospermie 477, 479
Azoospermie-Faktor 28

B

Bardet-Biedl-Syndrom 389, 493
Barr-Körperchen 39
Bartter-Syndrom 378
Basaliom, nävoides 470
Basalzellnävussyndrom 470
Basenexzisionsreparatur 466
Basenpaare, komplementäre 8, 9
Bauchwanddefekt 323
Bayes-Theorem 185
BBS-Gen 493
BCHE-Gen 131
BCR-ABL-Transfusionsgen 435
Becker-Muskeldystrophie 429
Beckwith-Wiedemann-Syndrom 440
Beratung, humangenetische 138–145
– Aufgaben 140, 141
– Indikationen 141
Bethesda-Kriterien 452
Bikarbonaturie 379
Bilirubin
– Glukuronidierung 332
– Stoffwechselstörung 331
Bindegewebskrankheiten, erbliche 280–287
Biotinidase-Mangel 221
Blastenschub 435
Blaublindheit 386
Blau-Gelb-Sehen, gestörtes 386
Blauzapfenmonochromasie 386
Blindheit 387–390
BLM-Gen 488
Bloch-Sulzberger-Syndrom 92, 276
Bloom-Syndrom 468, 488
Blutgerinnungsstörungen 485
Blutgruppe 297–299
Blutungsneigung, erbliche 306–310
Brachyzephalie 370
BRCA1-Gen 441–444

BRCA2-Gen 442–444, 468
Brushfield-Flecken 249
Brustkrebs 441–445

C

Café-au-lait-Flecken 458
Capping 18
Caretaker-Gen 465
Carpenter-Syndrom 362
Carter-Effekt 109, 325
Cataracta senilis 386
Cat-eye-Syndrom 274
CD14-Gen 320
CDKN1C-Gen 490
cDNA 205
CFTR-Gen 53, 316, 317, 479
Charcot-Marie-Tooth-Neuropathie 427–429
CHARGE-Syndrom 167
CHEK2-Gen 470
Chondrodysplasia punctata 174, 367, 387
– rhizomele 351, 367
Chorea Huntington (major) 58, 395–400
– Westphal-Variante 400
Choreophrenie 397
Chorionzottenbiopsie 230–232
Chromosom 24
– homologes 25
Chromosomenaberrationen (-störungen)
– Häufigkeit 5
– numerische 43–45, 245, 246, 291
– strukturelle 43, 46–51, 267–274
– unbalancierte 47
Chromosomenanalyse 157, 196–200
– Bänderung 197, 198
– Indikationen 199
Cockayne-Syndrom 466, 467

Cocktailparty-Verhalten 271
Code, genetischer 20, 21
Codon 20
COH1-Gen 493
Cohen-Syndrom 493
COLIIA-Gen 363
Compound-Heterozygotie 214, 317
COMT-Gen 426
Conradi-Hünermann-Syndrom 174, 367
Contiguous-gene-Syndrom 48
Cornelia-de-Lange-Syndrom 488, 497
Corpus callosum, Agenesie 409
Cowden-Syndrom 445, 458
CREBBP-Gen 273, 488
Cri-du-chat-Syndrom 270
Crigler-Najjar-Syndrom 332
Crouzon-Syndrom 370, 392
Crystallin, Mutation 387
Cumarinembryopathie 174
CYP21-Gen 361
Cytosin 7

D

DAZ-Gene 28
Deformation 162
Deletion 48, 54
– 4p (Wolf-Hirschhorn-Syndrom) 269
– 5p (Cri-du-chat-Syndrom) 270
– 22q11 (velokardiofaziales Syndrom) 274, 292–295
– interstitielle 268
Delta-F508 317
Denaturierungsgradientengelelektrophorese 206
Denys-Drash-Syndrom 440
Depression, endogene 426
Derivatchromosom 47
Deuteranomalie 385

DGGE 206
dHPLC 206
Diabetes mellitus
- maternaler 180, 290
- Typ I 355
- Typ II 355
Diagnostik
- dysmorphologische 150–155
- molekulargenetische 142, 144, 145
- prädiktive 142
- präsymptomatische 145
DICER 38
Differenzierung, sexuelle 28
DiGeorge-Syndrom 274, 291–295
Diphtherie, genetische Grundlagen 24
Diplegie, hereditäre spastische 354
Direktsequenzierung 206, 207
Disjunction 35
Diskordanz 112
Disomie, uniparentale 80, 81, 86, 99
Disruption 163
DJ1-Gen 395
DNA
- Aufbau 7–9
- Methylierung 30, 78
- mitochrondriale 124
- Replikation 10, 11
- - Checkpoints 124
- Verpackung 25
DNA-Polymerase 209
DNA-Polymorphismus 212
DNA-Reparatur, Störungen 465–469
DNA-Reparaturgene 116, 121
DNA-Sequenzierung 211
DNA-Sonde 201, 203
Dolichostenomelie 282
dominant 68, 69
Dominanz, komplette 70
Dopamin, Synthesestörung 354
Doppel-Kortex-Syndrom 409
Down-Syndrom 246–251, 291

Dreizackhand 365
Dubin-Johnson-Syndrom 332
Dubowitz-Syndrom 488, 497
Duchenne-Muskeldystrophie 429–434
Ductus arteriosus, persistierender 288
Duodenalatresie 322
Duplikation 48, 268
Duraektasie, lumbosakrale 285
Dysdiadochokinese 397
Dysmorphologie 146
Dysostosis craniofacialis 370
Dysplasie 164
- thanatophore 366
Dystrophia myotonica
- Typ I 58–65
- Typ II 63
Dystrophie 494, 495
- myotone 58–65, 108, 387, 434
Dystrophin, Mutation 432, 433

E

Edwards-Syndrom (Trisomie 18) 251–255, 291
Ehlers-Danlos-Syndrom 280–282
Eigenanamnese 146, 147
Ektoderm 160
Elastin 488
ELN-Gen 271, 488
Embryologie 159–162
Embryonalperiode 159–161
Embryonenschutzgesetz 236
Embryopathia diabetica 180
Endometriumkarzinom 451
Energiestoffwechselstörungen 343–345
Enhancer 13
Entoderm 160
Entwicklungsstörung, Definition 417

Entwicklungsverzögerung, Definition 417
Enzephalopathie, metabolische 341
Enzephalozele 410
Enzymanalyse 216
Epidermolysis bullosa 278
Epigenetik 77–91
Epilepsie 424, 425, 461
– monogene 424, 425
– polygene 425
Epispadie 383
Euchromatin 26, 78
Eugenik 240, 241
Euploidie 45
Exon 14
Expressivität 96

F

Facies myopathica 60
Faktor-V-Leiden 310, 311, 485
Faktor-VIII-Mangel (Hämophilie A) 306–309
Faktor-IX-Mangel (Hämophilie B) 306–309
Faktor-XII-Mangel 485
Fallot-Tetralogie 288
familiäre adenomatöse Polyposis (FAP) 445–453
familiäres medulläres Schilddrüsenkarzinom 455
Familienanamnese 148, 149
FANC-Gene 468
Fanconi-Anämie 467, 468
FAP (familiäre adenomatöse Polyposis) 445–453
Farbensehen, gestörtes 385, 386
Favismus 131
FBN1-Gen 285

Fehlbildungen 159–180
– Assoziation 166, 167
– gastrointestinale 322–326
– genitale 383, 384
– okkulte 165
– primäre 162
– sekundäre 162
– skelettale 373–375
– teleangiektatische 279, 280
– urogenitale 376–379
Fehlgeburt
– Definition 482
– habituelle 482–484
– Ursachen 482
Ferroportin 329
fetales Alkoholsyndrom 175–179
Fetalperiode 159
Fetalperiode 162
fetofetales Transfusionssyndrom 114
Fetopathie, diabetische 180, 181
α-Fetoprotein 228, 412
Fettsäureoxidationsstörungen 335
Fettsucht ▶ Adipositas
FGFR1-Gen 369, 370
FGFR2-Gen 369, 370
FGFR3-Gen 363, 363, 369
Fibrillin 285, 286
Fibrose, zystische ▶ Mukoviszidose
Fischgeruchskrankheit 128
FISH-Diagnostik 200–203
Flaschenhalseffekt 193
Fluoreszenz-in-situ-Hybridisierung ▶ FISH
FMR1-Gen 422
FOXP3-Gen 362
Fra(X)-Syndrom 156, 419–424, 501
Fragiles-X-assoziiertes-Tremor/Ataxie-Syndrom 422
Frameshift-Mutation 54
Frasier-Syndrom 440
FRDA-Gen 402
freie Radikale 123

Friedreich-Ataxie 401
Fruchtwasserpunktion 230
Fruktosestoffwechselstörungen 334
Funktionstest 216
Fusionsprotein 47
FXTAS 422

G

Galaktosämie 222, 334, 387
Galaktosestoffwechselstörung 222, 334, 387
GALT-Gen 222
Gastrinom 454
Gastrointestinaltrakt, Fehlbildungen 322–326
Gastroschisis 323
Gastrulation 160
Gatekeeper-Gene 469
Gaumenspalte 293
Gedeihstörung 494
Gehörlosigkeit, hereditäre 391, 392
Gen
- Definition 11, 13
- Struktur 14
Gendrift 192
Genduplikation 14, 48, 81
Genexpression, Regulation 17
Genfluss 195
Genitalfehlbildungen 383, 384
Genmutationen 43, 44, 51–56
Genotyp 66, 68
Gerinnungssystem 309
Geschlechtschromosomen 25, 27–31
Geschlechtsentwicklung, Störungen 380–383
Geschlechtsidentität 382
Gestationsdiabetes 181
Gilbert-Syndrom 332

GJB6-Gen 391
Gleithoden 384
Glucose-6-Phosphat-Dehydrogenase-Mangel 131
Glukagonom 454
Glutarazidurie 342
Glykogenosen 334, 335
Glykosylierungsstörungen 353, 354
GNAS-Gen 372, 493
Gonadendysgenesie 381, 481
Gorlin-(Goltz)-Syndrom 470
Gorlin-Zeichen 280
Gowers-Manöver 430
G-Proteine 373
Großwuchs 489–491
- generalisierter 489
- postnataler 491
- primärer 490
- regional begrenzter 491
- sekundärer 490
Gründereffekt 193
Grünschwäche 385
Guanin 7
Guthrie-Test 216, 217, 339

H

Hämangioblastom 471
Hamartin 465
Hamartose 457
Hämochromatose 326–331
- juvenile 328
Hämoglobin
- Mutation 300, 301
- Synthesestörung 301
Hämophilie 306–310
- A 307, 308
- B 308, 309
Hardy-Weinberg-Gesetz 188–190

Harnstoffzyklusdefekte 342, 343
Hautkrankheiten, erbliche 275–279
HBA-Gen 302
Hb-Barts-Krankheit 302
HbH-Krankheit 302
Helicase 10
hemizygot 66
Hemojuvelin 329, 330
Hepatitis, neonatale 351
Hepatomegalie 328, 351
Hepcidin 329, 330
hereditäres nichtpolypöses Kolonkarzinom 450, 451
Hermaphroditismus 380
Herzfehler
- angeborene 288–295
- Assoziation mit Syndromen 290
- Ätiologie 289
Herzrhythmusstörungen, erbliche 297
Heterochromatin 26, 78
Heteropagi 114
Heteroplasie, progressive ossäre 372
Heteroplasmie 105
Heterozygotenvorteil 194
Heterozygotie 31, 66, 69
- Verlust 121
HFE-Gen 326, 328
HFE-Hämochromatose 327
Hirsutismus 360, 481
Histon 25
- Modifikation 78
HMSN 55, 427–429
HNPCC 450, 451
Holoprosenzephalie 256, 412–416
- alobäre 412, 414
- lobäre 413
- semilobäre 413
Holt-Oram-Syndrom 173, 291
Homoplasmie 105
homozygot 66
Homozystinurie 286

Hufeisenniere 376
Hüftgelenkdysplasie, angeborene 110
Humangenetik, ethische Aspekte 233–241
Humangenomprojekt 3
Huntingtin 398
Hutchinson-Gilford-Syndrom 125
Hydatidenmole 45
Hydrocephalus internus 364
11β-Hydroxylase-Mangel 357
21-Hydroxylase-Mangel 357–362
Hydrozephalus 500
Hyperammonämie 342
Hyperbilirubinämie 331, 332
Hyperchlorämie 379
Hypercholesterinämie, familiäre 348–351
Hyperparathyreoidismus, primärer 454, 455
Hyperphagie 85
Hyperphenylalaninämie 338
Hypertelorismus 270
Hyperthermie, maligne 130
Hypochondroplasie 366, 486
Hypoglykämie 335
Hypogonadismus, hypergonadotroper 85, 265, 479
Hypomyelinisierung, primäre 405
Hypophysentumor 454
Hypospadie 383, 476
Hypotelorismus 414
Hypothyreose 219
Hypotonie, muskuläre 404, 406, 492, 494

I

Ichthyose 277, 278
Ikterus 331
Imprinting, genomisches 77–91

Imprintzentrum 81
Incontinentia pigmenti 92, 276, 387
Infektion, intrauterine 171
Infertilität 475–481
– der Frau 479–481
– des Mannes 476–479
Insertion 54
Insulator-Sequenz 13
Insulinom 454
Interphase-FISH 203
Intersexualität 380
Intron 13, 14
Inversion 48
Isochromosom 49
– 12p 274
Isovalerianazidurie 342

J

JAG1-Gen 332

K

K329E-Gen 335
KAL-Gen 481
Kallmann-Syndrom 478, 479, 481
Kardiomyopathie 296, 335
– dilatative 296, 297
– hypertrophe 296
Karyogramm 199, 200
Karyotyp 47,XYY 267
Karzinom 115
– kolorektales 445–453
Katarakt 386, 387
Katzenschreikrankheit 270
Kearns-Sayre-Syndrom 107
Keilbeindysplasie 461

Keimzellmosaik 94
Ketogenesestörungen 335
Kinderlosigkeit 475–481
Kleinwuchs
– dysproportionierter 486, 487
– mesomeler 487
– proportionierter 487
– psychosozialer 488
Klinefelter-Syndrom 264–267, 477, 478
Klippel-Trenaunay-Weber-Syndrom 491
Klumpfuß 373
Knochenbrüchigkeit, abnorme 363–367
Kodominanz 70
Koenen-Tumor 464
Kohlenhydratstoffwechselstörungen 334
Kollagen, Mutation 278, 281
Kolonkarzinom, hereditäres nicht-polypöses (HNPCC) 450, 451
Koma, hypoglykämisches 335
Konkordanz 112
Konsanguinität 192
Kontraktur, angeborene 374
Kopplungsanalyse 212
Kortisol, Synthesestörung 357
Kraniostenose 369
Kraniosynostose 367–370
Krankheiten
– chromosomale 245–274
– monogene 5, 6
– multifaktorielle 6, 320, 321
– muskuläre 429–434
– neurodegenerative 394–409
– neurokutane 457–465
– peroxisomale 351, 387
– psychiatrische 425–427
Krebsdispositionssyndrome 465–471
Kryptorchismus 384

L

Labordiagnostik, genetische 196–214
Lateralsklerose, amyotrophe 403
LDL-Rezeptormangel 348–351
Leberfibrose, kongenitale 378
Leberfunktionsstörungen 326–331, 351
Leber-Optikusatrophie 107, 389
Leptin, Mutation 492
Lesch-Nyhan-Syndrom 156, 353
Leukämie 115, 435–437
– akute lymphatische 436, 437
– chronisch myeloische 435, 436
Leukodystrophie 394, 405
Leukokorie 437
Li-Fraumeni-Syndrom 469
Linksherz, hypoplastisches 288
Lipidstoffwechselstörungen 347–351
Lippen-Kiefer-Gaumen-Spalte 257, 414
Lisch-Knötchen 460
Lissenzephalie 409
LMK1-Gen 271
LOD-Score 212
Long-QT-Syndrom 297
loss of heterozygosity 121
Loss-of-function-Mutation 119, 465
Louis-Bar-Syndrom 279, 402, 403
Lungenemphysem 320, 321
Lungenkrankheiten
– monogene 313–319
– multifaktorielle 320, 321
Lupus erythematodes, maternaler 290
Lymphom 115
Lynch-Syndrom (HNPCC) 450
Lyon-Hypothese 29

M

Machado-Joseph-Krankheit 401
Maffuci-Syndrom 491
MAGEL2-Gen 493
Makroorchidismus 421
Makrozephalie 500, 501
Makulafleck, kirschroter 347
Malabsorptionssyndrom 494
Malariaresistenz, Sichelzellanämie 301
Maldescensus testis 384
Maldigestionssyndrom 494
Malformation ▶ Fehlbildungen
maligne Hyperthermie 130
Mammakarzinom 441–445
Marasmus 494
Marfan-Syndrom 282–287
Markerchromosom 274
MCAD-Mangel 221, 335
McCune-Albright-Syndrom 372
Meckel-Gruber-Syndrom 497
MeCP2-Gen 408
Medikamentenstoffwechsel 127, 128
Megakolon, toxisches 324
Megalenzephalie 500
Mehrlingsschwangerschaft 112–114
Meiose 34–36
Mekoniumileus 314
Melaninpigmentation, mukokutane 445
MELAS-Syndrom 106
MEN 454–457
– Typ 1 454
– Typ 2 117, 455
MEN1-Gen 454
Mendelsche Gesetze 95
Menin 454
Meningomyelozele 410
Meningozele 410
mentale Retardierung ▶ Retardierung, mentale

Merlin 463
MERRF-Snydrom 107
Metaphase 32
MET-Rezeptor 117
Methylierungstest 86
Methylmalonazidurie 342
Microarray 157, 207
Microcephalia vera 496, 499
Migrationsstörung, neuronale 409
Mikrodeletion 80, 268, 291
- 7q11 291
- 7q11.23 271
- 17p11.2 274
- 22q11 291–295
Mikrosatelliten 15
Mikrosatelliteninstabilität 451, 452
Mikrozephalie 469, 496–499
- isolierte 496
- primäre 496, 498
- sekundäre 498
Miller-Dieker-Syndrom 497
Minderwuchs 468, 469
Mineralokortokoide, Synthesestörung 357
Minisatelliten 15
miRNA 38
Mismatch-Raparatursystem 466
Missense-Mutation 52
Mitochondriopathie 343, 344
Mitose 31, 32, 33
MKKS-Gen 493
MKRN3-Gen 493
MLH1-Gen 451
MLPA 207
MODY 356
Molekulargenetik 204–214
Monosomie 45, 46, 81
- autosomale 246, 483
- X-chromosomale 259–264, 483
Morbus
- Addison 362

- Curshmann-Steinert 58
- Fabry 347, 387
- Gaucher 347
- Hirschsprung 111, 249, 324–326, 456
- Huntington 395–400
- Hurler 346
- Meulengracht 332
- Niemann-Pick 347
- Osler, 280
- Parkinson 394, 395
- Pelizäus-Merzbacher 405
- Pompe 335
- Recklinghausen ▶ Neurofibromatose Typ 1
- Refsum 387
- Tay-Sachs 347
- von Gierke 335
- Wilson 387
Mosaik
- somatisches 44, 91
- X-chromosomales 92
mRNA 16, 20, 37
MSH2-Gen 451
MSH6-Gen 451
mtDNA 104
- Depletionssyndrom 345
- Replikation 345
Muenke-Syndrom 370
Mukopolysaccharidose 345, 346
Mukoviszidose 313–319, 478
Müller-Gänge, Atresie 384
multiple endokrine Neoplasie ▶ MEN
Multiplikationssatz 184
Murdoch-Zeichen 283
Muskelatrophie, spinale 403, 404
Muskeldystrophie 429–434
- Becker 429
- Duchenne 429–434
Mutation 40, 41
- ▶ Genmutationen
- dynamische 56, 57

Mutation
- somatische 5, 6, 124
- stille 52
Mutations-Scanning 206
Mutations-Screening 205, 206
Mutationstypen 43
MYCN-Gen 439
Myelinprotein 22, Mutation 429
Myosin, Mutation 296
Myotone Dystrophie **58–65**, 108, 387, 434
Myotonie 60

N

Nabelschnurpunktion 232
N-Acetyltransferase-Gen 129
Nachtblindheit 390
Nackentransparenz 225
Naevus flammeus 279, 280, 465
NARP-Syndrom 107
NAT2-Gen 129
Nationaler Ethikrat 239
NBS1-Gen 469
NEMO-Gen 92
Neoplasie, multiple endokrine ▶ MEN
Nephroblastom 439–441
Nephroblastomatose 440
Neugeborenenikterus 331, 332
Neugeborenenscreening 215–222
- Durchführung 218
- erweitertes 217
Neuralleiste 161
Neuralrohrdefekt 228, 410–412
Neuroblastom 439
Neurofibrin, Mutation 461
Neurofibrom 460
Neurofibromatose
- Typ 1 458–463
- Typ II 392, 463
Neuropathie, hereditäre moto-sensorische (HMSN) 55, 427–429
Neurotransmitterdefekt 354
Neurulation 160, 161
NF1-Gen 461
NF2-Gen 463
Nibrin, Mutation 469
Nierenagenesie 376
Nierenkrankheit
- autosomal-dominante polyzystische 377
- autosomal-rezessive polyzystische 378
Nierenzellkarzinom 471
Nijmegen-breakage-Syndrom 469
NIPBL-Gen 488
Non-Direktivität 145
Non-Disjunction 35
- meiotische 245
Non-HFE-Hämochromatose 327
Non-Paternität 99
nonsense mediated decay 19
Nonsense-Mutation 52, 53
Noonan-Syndrom 290, 291
Northern Blot 210
NSD1-Gen 490
Nukleosom 25
Nukleotid 7
Nukleotidexzisionsreparatur 466
Nullmutation 52, 73

O

Ödem, dorsonuchales 226
Okazaki-Fragment 10
Oligohydramnion 163, 375
Omphalozele 323
Onkogen 117, 118

Ophthalmoplegie, chronisch progressive externe 107
OPN1LW-Gen 386
OPN1MW-Gen 386
OPN1SW-Gen 386
Opsin, Mutation 386
Optikusgliom 461
Organoazidopathie 341, 342
Organoazidurie 216, 220, 221
Ornithintranscarbamylase-Mangel 343
Ösophagusatresie 322
Osteodystrophie, Albrightsche hereditäre 372, 493
Osteogenesis imperfecta 72–77, 363
– Typ I 73, 74
– Typ II 73, 75
– Typ III 74, 75
– Typ IV 75
Osteomalazie 370
OTC-Mangel 343
Ovarialkarzinom 443

P

P252R-Gen 369
p53-Gen 469
PAH-Gen 339
Pallister-Hall-Syndrom 416
Pallister-Killian-Syndrom 93, 94, 274, 493
Pankreastumor 454
Panmixie 191
Pansynostose 369
Papillom, hyperkeratotisches 445
Paraplegie, spastische 405
Parathormonresistenz 372
PARK2-Gen 395
Parkin 395
Parkinson-Demenz 397

Parvovirus-B19-Infektion 172
Pätau-Syndrom (Trisomie 13) 256–258, 291
PAX6-Gen 440
Pearson-Syndrom 107
Pendelhoden 384
Pendred-Syndrom 392
Penetranz 96
Peutz-Jeghers-Syndrom 445
Pfeiffer-Syndrom 370
Phakomatosen 457
Phänotyp 66, 67
– enzymatischer 57
– klinischer 67
– metabolischer 57
– proteinchemischer 57
Phäochromozytom 455, 471
Pharmakodynamik 127, 128
Pharmakogenetik 127–133
Pharmakogenomik 133
Pharmakokinetik 127
Phenylalanin-Hydroxylase 336
Phenylketonurie 108, 336–341
– BH_4-responsive 340
– Heterozygotenvorteil 195
– maternale 181, 290, 341
– Neugeborenenscreening 220, 336, 339
– Therapie 340
Philadelphia-Chromosom 118, 435
Philadelphia-Translokation 47
Phobie 426
Phokomelie 173
Phosphatdiabetes, familiärer 370
Photosensitivität 277
PINK1-Gen 395
PKD1-Gen 377
PKD2-Gen 377
Pleiotropie 68
PLP1-Gen 405, 429
PMP22-Gen 429

PMS1-Gen 451
PMS2-Gen 451
Polyendokrinopathie, X-chromosomale 362
Polyglutamin-Krankheit 57
Polyglutamin-Sequenz 398
Polymerase α 10
Polymerase-Kettenreaktion 207, 209
Polymorphismus 41
- balancierter 70
Polyphänie 68, 425
Polyploidisierung 246
Polyposis, familiäre adenomatöse (FAP) 445–449
Polysom 21
Polysomie X 264
Populationsgenetik 195
Porphyrie, akute intermittierende 132
Potter-Sequenz 165
Prader-Willi-Syndrom 83–88, 156, 273, 276, 479, 492, 493
Prägung, genomische 78, 79, 83
Präimplantationsdiagnostik 236
Präimplantationsphase 159, 160
Prämutation 56
Pränataldiagnostik 223–233
- biochemische 228, 229
- Gründe 224
- invasive 229–232
- Mukoviszidose 318
- Schwangerschaftsabbruch 234
- Ultraschall 225, 226
Primer 209
Progeriesyndrome 125
Prolaktinom 454
Prometaphase 32
Promotor-Region 13
Proopio-Melanocortin 492
Prophase 32, 34
Propionazidurie 342
PROS1-Gen 312

Prostatakarzinom 443
Protanomalie 385
Protanopie 385
Protein, Pankreatitis-assoziiertes 318
Protein-C-Mangel 311, 485
Proteine, Glykosylierung 123
Proteinkinase 457
Protein-S-Mangel 312
Proteus-Syndrom 490, 491
Prothrombin, Mutation 311, 485
Protoonkogen 115, 117
Pseudocholinesterase 131
Pseudohermaphroditismus
- femininus 381
- masculinus 381
Pseudohypoparathyreoidismus 372, 373, 387, 493
Pseudopseudohypoparathyreoidismus 372
Pseudopubertas praecox 360
Psoriasis 279
Psychose
- bipolar affektive 426, 427
- schizophrene 426
Pterygium colli 260
Pulmonalstenose 288
Punktmutation 51, 73
Purinstoffwechselstörung 353
Pylorusstenose, hypertrophe 109
Pyramidenbahnkrankheiten 403–405
Pyrimidinstoffwechselstörungen 353

R

Rachitis 370
Radikale, freie 123
RAS-Gen 118
RB1-Gen 438
Rearrangement, genomisches 55

5α-Reduktase-Mangel 382
Rekombination
- homologe 466
- intrachromosomale 295
Rekombinationsreparatur 466
Restriktionsendonuklease 210
Restriktionslängenpolymorphismus 210
Retardierung, mentale 416–424
- Ätiologie 417, 418
- Definition 416
- leichte 417
- schwere 417
Retardierung, psychomotorische 461
RET-Gen 117, 325, 455
Retinoblastom 389, 437, 438
Retinopathia pigmentosa 388, 389
Retinoschisis, juvenile X-chromosomale 389, 390
Retrotransposon 15, 16
Rett-Syndrom 156, 406–409
- männliches 408
reverse Transkriptase 26
Rezeptortyrosinkinase 325, 457
Rhabdomyom 464
Rhesus-System 299
RHO-Gen 389
Rhythmusstörungen, erbliche 297
Ribosom 21, 22
Ribozym 37
Ringchromosom 49
Risikoberechnung 145, 182–195
- Additionssatz 183, 184
- Multiplikationssatz 184
RNA 36–39
- Capping 18, 19
- Interferenz 38, 39
- Spleißen 19
RNA-Editing 19
RNA-Polymerase 17, 18
RNA-Primer 10
RNAse P 37

Robertson-Translokation 49, 50, 250, 258
Roberts-Syndrom 173
Rotblindheit 385
Rötelnembryopathie 171, 290
Rot-Grün-Sehen, gestörtes 385
Rotor-Syndrom 332
Rotschwäche 385
rRNA 37
Rubinstein-Taybi-Syndrom 273, 488, 497
Russell-Silver-Syndrom 488

S

Salzverlustsyndrom 359, 360
Sarkom 115
Satelliten-DNA 15
Sauerstoffradikal 125
SCA-Gene 401
Schilddrüsenkarzinom
- familiäres 455
- medulläres 455
- papilläres 456
Schildthorax 260
Schizophrenie 426, 427
Schmetterlingserythem 468
Schneeflockenkatarakt 387
Schuppenflechte 279
Schwangerschaftsabbruch
- Durchführung 235
- Indikationen 234
Schweißtest, Mukoviszidose 318
Schwellenwerteffekt 108
Selbsthilfegruppe 142
Selektion 194
Shprintzen-Syndrom 292
Sichelzellanämie 300
Siderose 326, 327

Silencer 13
Simpson-Golabi-Behmel-Syndrom 490
single nucleotide polymorphism 42
siRNA 38
Skelettdysplasie 363–367, 500
Skelettfehlbildungen 373–375
skewed X-inactivation 30, 31, 100
Sklerose, tuberöse 377, 463–465
SMC1L1-Gen 488
Smith-Lemli-Opitz-Syndrom 352, 387, 416
Smith-Magenis-Syndrom 156, 274
SMN1-Gen 404
SMN2-Gen 404, 405
SNCA-Gen 395
snoRNA 38
SNP 42
snRNA 38
SNRPN-Gen 493
SNURF-Gen 493
Sonnenblumenkatarakt 387
Sotos-Syndrom 490
Southern Blotting 207, 210
Spektrin, Mutation 299
Spermatogenese 28
Spermiogramm 476, 477
Sphärozytose, hereditäre 299
Sphingolipidose 346
Spina bifida occulta 411
Spleißen 19
Spleiß-Mutation 53
Splicing 19
SRY 28
– Translokation 382
SSCP 206
Stammbaumanalyse 148, 149
Stammganglienkrankheiten 394
Star, grauer 386
Steinberg-Zeichen 283
Steppergang 428
Sterilität 475–481

Steroidbiosynthesestörung 357
Sterolsynthesestörung 351, 352
Stoffwechselanalyse 157
Stoffwechseldiagnostik 215–222
Stoffwechselkrankheiten, hereditäre 333–354
Stoppcodon 20
Storchenbein 428
Stress, oxidativer 123
Sturge-Weber-Syndrom 465
Subtelomerdeletion 268
Subtelomer-FISH-Untersuchung 157
Swyer-Syndrom 381, 481
Syndrom, Definition 166
α-Synuclein 395

T

5T-Intronvariante (CFTR) 53
Tabaksbeutelgesäß 495
Taubheit, hereditäre 391, 392
Teleangiektasie 402, 468
Telomer 15, 25–27
Telophase 32
Teratogen 165, 170, 171
Tethered-cord-Syndrom 411
Tetrahydrobiopterin-Mangel 339
Tetraploidie 45, 483
TFR2-Gen 326
Thalassämie 301–305
α-Thalassämie 302, 305
β-Thalassämie 303, 304, 305
Thalassaemia
– major 303, 304
– minima 302
– minor 302, 303, 305
Thalidomid-Embryopathie 172
Thrombophilie 310–312
Thymin 7

Topoisomerase 10
TORCH-Analyse 171
TORCH-Infektion 392, 393
Torsade-de-pointes-Tachykardie 297
Toxoplasmose 172
Transferrin, isoelektrische Fokussierung 353
Transferrin-Rezeptor 2 329
Transfusionssyndrom, fetofetales 114
Transition 51
Transkription 17, 18
– reverse 15
Translation 21–23
Translokation, chromosomale 47, 49, 118
– reziproke 49
– unbalancierte 268
Transposition der großen Gefäße 288
Transposon 15
Transversion 51
Trendelenburg-Zeichen 430
TRIM32-Gen 493
Trimethylaminurie 128
Trinukleotid-Repeat 56–58
Triple-Test 228
Triple-X-Syndrom 264
Triploidie 45, 483
Trisomie 45, 46
– 13 ▶ Pätau-Syndrom
– 18 ▶ Edwards-Syndrom
– 21 ▶ Down-Syndrom
– autosomale 246, 483
Trisomie-Rescue 81
Tritanopie 386
tRNA 20, 37
tRNA-Wobble 23
Troponin T, Mutation 296
Trypsin, immunreaktives 318
TSC1-Gen 465
TSC2-Gen 465
TTC8-Gen 493
Tuberin, Mutation 465

Tuberöse Sklerose 377, 463–465
Tumorgenetik 115–121
Tumorprogressions-Modell 116
Tumorsuppressorgen 115, 118–120, 448, 454
Turner-Syndrom 259–264, 291, 376, 481
Two-hit-Hypothese 119, 120, 438

U

Ubiquitinproteinligase 83
UGT1A1-Gen 332
Ullrich-Turner-Syndrom ▶ Turner-Syndrom
Ultraschalluntersuchung, Schwangerschaft 225, 226
Unabhängigkeitsregel 95
Uniformitätsregel 95
Untersuchung, genetische 150–155
UPD-14-Syndrom, maternales 493
Usher-Syndrom 389, 392
Uterus
– bicornis 384
– duplex 384
Uterusfehlbildung 384, 483

V

VACTERL-Assoziation 167–170
Varizelleninfektion 172
VATERR-Assoziation 167–170
Velokardiofaziales Syndrom 274, 292
Ventrikelseptumdefekt 288
Vererbung
– autosomal-dominante 95–97
– autosomal-rezessive 97–99
– holandrische 103

Vererbung
- maternale 105
- mitochrondriale 104–107
- multifaktorielle 108–111
- polygene 68
- X-chromosomal-dominante 102, 103
- X-chromosomal-rezessive 100–102
- Y-chromosomale 103

Verhaltensauffälligkeiten 155, 156
Vestibularis-Schwannom 463
Vierfeldertafel 186
Vitiligo 276
Vollmutation 56
von-Hippel-Lindau-Syndrom 470
von-Willebrand-Faktor 306
- Mutation 309
von-Willebrand-Syndrom 309, 310
Vorhofseptumdefekt 288

W

Waardenburg-Syndrom 392
Wachstumsstörungen 486–495
WAGR-Syndrom 440
Wahrscheinlichkeit, bedingte 186
Wahrscheinlichkeitsberechnung 186, 187
Weaver-Syndrom 490
Werner-Syndrom 125
Western Blot 210
White spots 462
Williams-Beuren-Syndrom 155, 156, 271, 272, 291, 497
Wilms-Tumor 439–441
Wolf-Hirschhorn-Syndrom 269, 497
WT1-Gen 440

X

Xanthom 349
X-Chromsosom 29, 30
Xeroderma pigmentosum 277
Xist 38
45X-Syndrom ▶ Turner-Syndrom
XX-Mann 382, 479

Y

Y-Chromosom 27, 28
Yq-Mikrodeletion 478

Z

Zellweger-Syndrom 351, 387
Zentromer 25, 26
Zerebralparese 354
ZNS, Entwicklungsstörungen 409–416
Zwerchfellhernie 323
Zwei-Schritt-Hypothese 119, 120, 438
Zwillinge
- eineiige 112
- siamesische 114
- zweieiige 112
Zyklopie 414
Zystenniere 465
zystische Fibrose ▶ Mukoviszidose
Zytogenetik, molekulare 200, 201
Zytomegalie, kongenitale 172